U0231424

第三版

白酒生产技术

BAIJIU
SHENGCHAN
JISHU

肖冬光 等 编著

化学工业出版社

·北京·

内容简介

本书是一部比较全面、有一定实用参考价值的白酒生产专著，内容上在第二版基础上进行了补充和更新，重点介绍了白酒酿造微生物、原料、糖化发酵剂、白酒生产机理、大曲酒生产技术、小曲酒生产技术、麸曲白酒生产技术、液态发酵法与新工艺白酒生产技术、低度白酒生产技术、副产物的综合利用、白酒风味与品评等，充分反映了我国白酒行业技术发展现状与当前实际生产技术水平。

本书适合从事白酒生产的相关技术人员和生产人员阅读，也可供白酒科研人员及有关大专院校师生参考。

图书在版编目（CIP）数据

白酒生产技术/肖冬光等编著. —3版. —北京：
化学工业出版社，2023.7
ISBN 978-7-122-43172-1

Ⅰ．①白… Ⅱ．①肖… Ⅲ．①白酒-酿酒 Ⅳ.
①TS262.3

中国国家版本馆CIP数据核字（2023）第052458号

责任编辑：张　彦　彭爱铭　　　　　　文字编辑：张熙然　刘洋洋
责任校对：宋　玮　　　　　　　　　　装帧设计：王晓宇

出版发行：化学工业出版社（北京市东城区青年湖南街 13 号　邮政编码 100011）
印　　装：河北鑫兆源印刷有限公司
710mm×1000mm　1/16　印张 29　字数 534 千字　2023 年 7 月北京第 3 版第 1 次印刷

购书咨询：010-64518888　　　　　　　　售后服务：010-64518899
网　　址：http://www.cip.com.cn
凡购买本书，如有缺损质量问题，本社销售中心负责调换。

定　　价：168.00元

第三版前言

《白酒生产技术》第一、二版自 2005 年和 2011 年由化学工业出版社出版发行以来，得到广大读者、专家和同仁的关怀、鼓励和指教，一些大专院校的生物工程、酿酒工程和食品科学与工程专业将其遴选为教材使用，在本书修订再版之际，特向诸位读者致以衷心的感谢。

2015 年，全国居民人均可支配收入 21966 元，2020 年上升至 32189 元，五年人均可支配收入复合增长率达 7.9%，中产阶级和富裕阶层人群持续扩大，有力地推动了白酒产品的消费升级。目前，我国高端白酒年产量约 30 万千升，仅占白酒总产量的 4% 左右，白酒市场表现具有不缺酒但缺少好酒的特点。随着我国经济的快速发展和人们生活水平的不断提高，对高端白酒需求的比例将持续上升。这就要求白酒行业通过科技创新、产品创新、品牌创新向市场提供更多、更优质的中高端白酒产品，以满足消费者不断增长的需求。

针对传统白酒行业存在的劳动强度大、生产技术水平低、高端白酒产量少等问题，中国酒业协会自 2005 年开始先后推出了 169 计划、158 计划、3C 计划，中国白酒产业技术创新战略联盟也提出了一系列科研举措，全方位规划白酒生产技术的发展趋向，引导企业科技创新、技术改造和产业升级，有力地促进了传统白酒的现代化进程和产品结构的转型升级，部分白酒企业呈现出机械化、自动化、生态化、信息化、智能化生产等特征。2020 年全国规模以上白酒企业 1040 家，总产量 740.7 万千升，销售收入 5836.4 亿元，利润 1585.4 亿元。

与 2015 年相比，规模以上白酒企业减少 523 家，产量下降 43.7%，销售收入增加 4.9%，实现利润增长 117.3%。显示白酒产品向品质提升的方向转变，中高端白酒产品的比例有所上升，产业发展模式开始从规模主导型向效益主导型转变。

2021 年 5 月，国家市场监督管理总局和国家标准化管理委员会发布了《白酒工业术语》和《饮料酒术语和分类》两项国家标准，被视为白酒"新国标"。新标准明确了"白酒"的定义为"以粮谷为主要原料，以大曲、小曲、麸曲、酶制剂及酵母等为糖化发酵剂，经蒸煮、糖化、发酵、蒸馏、陈酿、勾调而成的蒸馏酒。"而"以固态法白酒、液态法白酒、固液法白酒或食用酒精为酒基，添加食品添加剂调配而成，具有白酒风格的配制酒"，称为"调香白酒"。新国标明确了此前白酒概念中的模糊地带，对于规范企业生产、限制完善白酒品类、促进白酒行业品质提升具有积极意义。

鉴于白酒产业"转型升级"的发展趋势，本书第三版在保留第二版内容结构框架的同时，大量吸收了近年来白酒行业科技创新和技术进步的新成果，在此向这些从事白酒生产与科研的广大科技工作者表示衷心的感谢。与第二版比较，本版增减和更新的主要内容有：第二章调整为"白酒酿造微生物"，删减了微生物的形态、细胞结构、繁殖方式、分类等微生物学基础知识，增加了东方伊萨酵母、扣囊复膜酵母、芽孢杆菌、放线菌等白酒生产中常见微生物的介绍，以及白酒酿造用霉菌、酵母菌、细菌和放线菌的分离与筛选方法；原第三章（原料）中的"原料浸润与蒸煮"一节调至第五章（白酒生产机理）；第四章（糖化发酵剂）增加了"黑曲霉麸曲生产工艺"和乳酸菌、芽孢杆菌的纯种培养技术；第五章（白酒生产机理）删减了"与白酒生产有关的酶类"一节，对"有机酸""高级醇""酯类物质"等的形成机理进行了较大幅度的更新，同时增加了"吡嗪类化合物"的形成机理和"酒体设计"的内容；第六章（大曲酒生产技术）"清香型大曲酒"一节增加了"清蒸续糟生产工艺"，"酶制剂和活性干酵母"一节更新为"纯种糖化发酵剂在大曲酒生产中的应用",删减了部分内容并增加了"纯种麸曲在大曲酒生产中的应用";第七章(小曲酒生产技术)的"先培菌糖化后发酵工艺"一节更新为"米香型白酒生产工艺","边糖化边发酵工艺"一节更新为"豉香型白酒生产工艺","固态发酵工艺"一节的内容更新为"传统酿造工艺"和"自动化酿造工艺","小曲糖化大曲发酵法"更新为"馥郁香白酒生产工艺","大小曲串香工艺"更新为"药香型白酒生产工艺";第八章(麸曲白酒生产技术)增加了"高产酯低产高级醇酿酒活性干酵母的应用",其内容也可供大曲酒、小曲酒提酯降醇参考;原第九章和第十一章精简合并为第九章"液态发酵法与新工艺白酒生产技术",并增加了"新型液态发酵工艺"的内容;第十章(低度白酒生产技术)"低度白酒的勾兑与调味"一节更新为"提高低度白酒质量的技术关键";原第十二章(副产物的综合利用)调整为第十一章;原第十三章(白酒风味与品评)调整为第十二章,并对其内容进行了全面的更新;此外,其他各章节内容也都有一定的更新与删减。

本书第一、四、五、七、八章由肖冬光编写,第二、十章及附录由郭学武编写,第三、十一章由杜丽平编写,第六、十二章由张翠英编写,第九章由马立娟编写,全书由肖冬光负责统稿。

限于作者水平,本书不当之处,望读者不吝赐教。

肖冬光

2023 年 6 月

目 录

368 第十二章
白酒风味与
品评

第一章

绪　论

第一节　酿酒工业概述

生物技术的基础是发酵技术，而发酵技术的基础是酿酒技术。到目前为止，酿酒工业仍是世界生物工业中最大的产业。我国2020年全国酿酒行业规模以上企业总计1887家，销售总收入8353亿元，约占食品工业总产值的8.2%。酒是一种饮用食品，同时也是一种内涵丰富的文化用品。酒的生产、饮用和消费涉及各民族的性格、文化、宗教、礼仪、经济、法律法规和政治生活等各方面，与人们的生活质量和国家经济的发展密切相关。

一、酒的起源

关于酒的起源，说法很多。以我国为例，有"神农氏造酒""仪狄造酒""杜康造酒"等说法，于是我国酿酒的起源限定于5000年左右的历史。其实，杜康、仪狄等都只是掌握了一定技巧，善于酿酒罢了。从现代科学的观点来看，酒的起源经历了一个从自然酿酒逐渐过渡到人工酿酒的漫长过程，它是古代劳动人民在长期的生活和生产实践中不断观察自然现象、反复实践并经无数次改进而逐渐发展起来的。

就世界范围而言，葡萄酒、啤酒和黄酒的起源都在5000年以上，被称为三大古酒，其起源过程大致如下。

成熟的水果——葡萄酒：水果中含有丰富的糖类物质，是古人类的主要食物之一，采集的水果没有吃完，存放在容器中很容易被野生酵母菌自然发酵成酒，这就是水果酒的起源，其代表性的产品是葡萄酒，其相应的蒸馏酒为白兰地。

发芽的谷物——啤酒：在农耕时代开始前后，人类认识到含淀粉的植物种子（谷物等）可以充饥，便收集贮藏，以备食用。由于当时的保存条件有限，谷物在贮藏期间容易受潮湿或雨淋而导致发芽，谷物在发芽过程中会产生一定量的蛋白酶和淀粉酶，它们作用于谷物中的蛋白质和淀粉生成氨基酸和可发酵性糖，在野生酵母菌的作用下即变成酒，后来发展成为人们至今一直饮用的啤酒，其相应的蒸馏酒有威士忌等。

发霉的谷物——黄酒：贮藏的谷物受潮后，如环境中微生物含量丰富，则极易被曲霉、根霉等微生物污染并产生丰富的蛋白酶和淀粉酶。同样生成的氨基酸和可发酵性糖进一步被野生酵母菌作用后即生成酒，也即人们至今一直饮用的黄酒和清酒，其相应的蒸馏酒为白酒和烧酒。

到目前为止，全世界的酿酒技术几乎全部来自这三大起源，即成熟水果、发芽谷物和发霉谷物的自然微生物发酵。

此外，随着社会的发展，人类开始学会了原始的牧业生产，在存放剩余的兽乳时又发现了被自然界中的微生物发酵而成的乳酒，至今人们仍然饮用的代表性产品有马奶酒。

考古和文献资料记载表明，从自然酿酒到人工造酒这一发展阶段大约在7000～10000年以前。9000年以前，地中海南岸的亚述人发明了麦芽啤酒；7000年以前，中东两河流域的美索不达米亚人发明了葡萄酒，此外在格鲁吉亚发现了8000年以前酿造葡萄酒的证据；从出土的大量饮酒和酿酒器皿看，我国人工酿酒的历史可追溯到新石器时代的磁山文化、大地湾文化、贾湖文化和仰韶文化等时期，距今7000～9000年。

二、酒曲的起源

用谷物酿酒时，谷物中所含的淀粉需经过两个阶段才能转化为酒：一是将淀粉分解成葡萄糖等可发酵性糖的糖化阶段；二是将葡萄糖转化成酒精的酒化阶段。我国酒曲兼有糖化和发酵的双重功能，其制造技术的发明在四五千年前，这是世界上最早的保存酿酒微生物及其所产酶系的技术。时至今日，含有各种活性霉菌、酵母菌和细菌等微生物细胞及其酿酒酶系的小曲、大曲及各种散曲仍作为主要的糖化发酵剂，广泛应用于我国白酒和黄酒行业。

酒曲古称曲蘗，其发展分为天然曲蘗和人工曲蘗两个阶段。

因受潮而发芽长霉的谷物为天然曲蘗。由于天然曲蘗遇水浸泡后会自然发酵生成味美醉人的酒，待贮藏的粮谷较多时，人们就必然会模拟造酒，并逐渐总结出制造曲蘗和酿酒的方法。在这个阶段，曲、蘗是不分家的，酿酒过程中所需的酶系既包括谷物发芽时所产生的酶，也包括霉菌生长时所形成的酶。

随着社会生产力的发展，酿酒技术得以不断进步。到了农耕时代的中、后期，曲蘗逐渐分为曲和蘗，前者的酿酒酶系（糖化酶、蛋白酶等）主要来自于霉菌等微生物的生长，而后者则主要来自于谷物的发芽。于是，我们的祖先把用蘖酿制的"酒"称为醴，把用曲酿制的酒称为酒。曲、蘖分家后的曲蘖制造技术为曲蘖发展的第二阶段。至于曲、蘖分家的具体时间，大约在商周时期。

自秦代开始，用蘖造醴的方法被逐渐淘汰，而用曲制酒的技术有了很大的进步，曲的品种迅速增加，仅汉初杨雄在《方言》中就记载了近十种。最初人们用的是散曲，至于大曲、小曲出现的时间，目前尚无定论。其中小曲较早，一般认为是秦汉以前；而大曲较晚，大约在宋代至元代。

为什么用蘖造醴的方法会被淘汰呢？明代宋应星在《天工开物》中指出："古来曲造酒，蘖造醴。后世厌醴味薄，逐至失传，则并蘖法亦亡。"从发酵原理看，谷芽在发酵过程中仅起糖化作用，且糖化能力低于曲，加之蘖在制造过程中所网罗的野生酵母菌较少，因而蘖的糖化发酵能力较曲差，所造的醴酒度低（大概与今日的啤酒相同，其酒度可能只有 3°～4°），口味淡薄，最终逐渐被淘汰；而曲则不同，由于曲霉、根霉等具有较高的糖化力，其发酵酒的酒度较高，因而一直发展至今，目前我国黄酒的酒度大多在 10°～20° 之间。在西方，由于没有发明酒曲，以发芽谷物造酒的方法被一直保留下来，并逐渐发展成为今日的啤酒。

酒曲的发明，是我国劳动人民对世界的伟大贡献，被称为除四大发明以外的第五大发明。19 世纪末，法国科学家研究了中国酒曲，发现其糖化力远大于麦芽，从此改变了西方单纯利用麦芽糖化的历史。后来人们把这种用霉菌糖化的方法称为"淀粉酶法"（amylomyces process），又称"淀粉发酵法"（amylo process）。这种用霉菌糖化、用酵母菌发酵制酒的方法，奠定了现代酒精工业的基础，同时也给现代发酵工业和酶制剂工业的形成带来了深远的影响。

三、酒的分类

（一）发酵酒

以粮谷、薯类、水果、乳类等为主要原料，经发酵或部分发酵酿制而成的饮料酒。一般酒度为 2.5°～18°，低于 0.5° 为无醇酒，如无醇葡萄酒、无醇啤酒等；酒中除了乙醇和挥发性香味物质之外，还含有一定量的营养物质——糖类、氨基酸、肽、蛋白质、维生素、矿物质等。酿造酒根据原料和酿造工艺的不同可分为啤酒、果酒、葡萄酒、黄酒、米酒和日本清酒等。

（二）蒸馏酒

以粮谷、薯类、水果、乳类等为主要原料，经发酵、蒸馏、勾调而成的饮料酒。其酒度比发酵酒高，除乙醇之外还含有一定量的挥发性风味物质。酒度范围在 20°～70° 之间，世界各地、各民族都有其自身特点的蒸馏酒，其中产量较大的白酒、白兰地、威士忌、伏特加（俄得克）被称为世界四大蒸馏酒。

（三）配制酒

以发酵酒、蒸馏酒、食用酒精等为基酒，加入可食用的辅料、食品添加剂，进行调配、混合或再加工制成的饮料酒。主要有各种调香蒸馏酒、药酒、露酒、金酒、味美思、利口酒、鸡尾酒等。

第二节　白酒发展史

一、白酒的起源

白酒又名白干、烧酒、火酒，有些少数民族地区称阿剌吉酒，意为"再加工"之酒。它是以粮谷为主要原料，以大曲、小曲、麸曲、酶制剂及酵母等为糖化发酵剂，经蒸煮、糖化、发酵、蒸馏、陈酿、勾调而成的蒸馏酒。白酒是我国传统的蒸馏酒，与白兰地、威士忌、俄得克并列为世界四大蒸馏酒。但我国白酒生产中所特有的制曲技术、复式糖化发酵工艺和甑桶蒸馏技术等在世界各种蒸馏酒中独具一格。

蒸馏白酒的出现是我国酿酒技术的一大进步。秦汉以后历代帝王为求长生不死之药，不断发展炼丹技术，经过长期的摸索，不死之药虽然没有炼成，却积累了不少物质分离、提炼的方法，创造了包括蒸馏器具在内的种种设备。将蒸馏器具试用来蒸熬发酵酒，就出现了白酒；也有可能是将发酵酒作为炼制丹药的材料时，从凝结的蒸汽滴露偶然发现了白酒。有不少欧美学者认为，中国是世界上第一个发明蒸馏技术和蒸馏酒的国家。

单就蒸馏技术而言，我国最迟应在公元 2 世纪以前便掌握了。那么白酒的出现应在何时呢？对于此问题，古今学者有不同的见解，有说始于元代，有说始于宋代、唐代和汉代，至今仍无定论。

1. 始于元代说

白酒元代始创的依据是医药学家李时珍的《本草纲目》，其中写道："烧酒非古法也，自元代始创，其法用浓酒和糟入甑，蒸令气上，用器承取滴露，凡酸坏之酒，皆可蒸烧。近时惟以糯米或粳米，或黍或秫，或大麦，蒸熟，和曲酿瓮中七日，以甑蒸取，其清如水，味极浓烈，盖酒露也。"随着人们对历史的深入研究，认为白酒出现的年代要早得多。不过，在记述元代以前的蒸馏方法时，都是以酿造酒为原料的液态蒸馏，而李时珍所描述的"用浓酒和糟入甑，蒸令气上……"的蒸馏方法显然与现在所使用的甑桶固态蒸馏相似，无疑固态蒸馏（类似于填料塔）的提浓效果比液态蒸馏要好得多，其所得白酒的酒精度也就要高得多，这也许就是《本草纲目》中白酒出现年代较晚的原因所在。

这种特殊的蒸馏方式，在世界蒸馏酒上是独一无二的，是我国古代劳动人民的创举。

2. 始于宋代（金代）说

白酒的制造与蒸馏器具的发明是分不开的。1975年，河北省青龙县出土了一套铜制烧酒锅，以现代甑桶与之相比，只是将原来的天锅改为了冷凝器，桶身部分与烧酒锅基本相同。经有关部门进行蒸馏试验与鉴定，该锅为蒸馏专用器具。它的制造年代最迟不晚于公元1161—1189年，距今已有800多年。1163年南宋的吴俣《丹房须知》中记载了多种类型完善的蒸馏器，同期的张世南在《游宦纪闻》卷五中也记载了蒸馏器在日常生活中应用的情况。北宋田锡的《麴本草》中描述了一种美酒是经过2～3次蒸馏而得到的，度数较高，饮小量便醉，这与目前白兰地原酒的二次蒸馏法极为相似。此外，在《宋史》第八十一卷中记载："自春至秋，酤成即鬻，谓之小酒，其价自五钱至三十钱，有二十六等；腊酒蒸鬻，候夏而出，谓之大酒，自八钱至四十八钱，有二十三等。凡酝用粳、糯、粟、黍、麦等及曲法酒式，皆从水土所宜。"这就充分说明从北宋起就有蒸馏法酿酒了。《宋史》中所指的"腊酒蒸鬻，候夏而出"正是今日大曲酒的传统制造方法。

3. 始于唐代说

在唐代文献和诗词中，烧酒、蒸酒之名多有出现，如李肇（公元806年）所撰的《国史补》中有"酒则有剑南之烧春"（唐代普遍称酒为"春"）；白居易的"荔枝新熟鸡寇色，烧酒初开琥珀香"；雍陶的"自到成都烧酒熟，不思身更入长安"。显然，烧酒即白酒已在唐代出现，而且比较普及。从蒸馏工艺来看，唐开元年间（公元713—741年）陈藏器在《本草拾遗》中有"甄（蒸）气水，以器承取"的记载。此外在出土的隋唐文物中，还出现了只有15～20mL的酒杯，如果没有烧酒，肯定不会制作这么小的酒杯。由此可见，在唐代出现了蒸馏酒已是毋庸置疑的。

4. 始于汉代说

中国白酒（古称烧酒）最早明确记载于史料的是公元元年左右成书的《神农本草经疏》，该书在描述砒霜等剧毒之物时，曾写到"……若得酒及烧酒服，则肠胃腐烂，顷刻杀人"，在描绘桑葚酒时，也曾写到"……亦可以汁熬烧酒，藏之经年，味力愈佳"。西汉时期杨雄也曾著《方言》一书，书中曾记载着"酢馏，甑也"，即酸败后的酒可以通过蒸馏操作来处理，均是汉代记载蒸馏装置与出现白酒可能性的证据之一。

1981年，马承源先生撰文《汉代青铜蒸馏器的考察和实验》，介绍了上海市博物馆收藏的一件青铜蒸馏器，由甑和釜两部分组成，通高53.9cm，凝露室容积7500mL，储料室容积1900mL，釜体下部可容水10500mL，在甑内壁的下部有一圈穹形的斜隔层，可积累蒸馏液，而且有导流管至外。马先生还做了多次蒸馏实验，所得酒度平均20°左右。经鉴定这件青铜器为东汉初至中期之器物。2015年11月，在南昌西汉海昏侯墓出土的万余件文物中发现了一件蒸馏器，此蒸馏器出土于墓葬酒库中，很可能与蒸馏酒的生产有关。在四川彭县、新都先后两次出土了东汉的"酿酒"画像砖，其图形为生产蒸馏酒作坊的画像，该图与四川传统蒸馏酒设备中的"天锅小甑"极为相似。

综上所述，我国是世界上利用微生物制曲酿酒最早的国家，也是最早利用蒸馏技术制造蒸馏酒的国家，我国白酒的起源比西方威士忌、白兰地等蒸馏酒的出现要早1000年左右。

二、白酒生产技术的发展

如前所述，我国白酒的历史已有2000年左右，我们的祖先为世界酿酒生产技术的发展和科学文化的创造做出了杰出的贡献。然而，人类认识微生物的历史仅有100多年，我们的祖先并不知道酿酒是微生物发酵作用的结果，因而在如此漫长的历史时期白酒生产技术并没有获得大的进展。中国白酒生产技术的快速发展始于20世纪50年代，70多年来，白酒界许多专家、学者和工程技术人员辛勤耕耘，创造了众多科技成果，大大提高了白酒生产的技术水平和产品质量，推动了中国白酒的发展。

（一）传统白酒生产工艺的查定

1. 四川小曲酒查定

1957年3月，食品工业部和中国专买事业公司召集12省158名工人、技术人员，在四川永川酒厂进行四川糯高粱小曲酒先进操作经验工作总结，将李友澄小组的"匀、透、适操作法"和冉启才小组的"焖水操作法"认真查定，总结出版了《四川糯高粱小曲酒操作法》一书。这对提高全国小曲酒生产技术水平，节约粮食、降低生产成本，起到了非常重要的作用。1964年3月，在全国召开的酿酒会议上提出了要对四川糯高粱小曲酒操作规程进行一次系统修正，将新的技术改进加以总结。此后，四川方面专门组织力量，多处考察，并进行高粱小曲酒和玉米小曲酒试点，将经验总结成册，再次在全国推广，最终规范了固态法小曲酒生产工艺。

2. 泸州老窖大曲酒查定

1957年10月，食品工业部制酒工业管理局指示四川省糖酒研究院（现四川省食品发酵工业研究设计院有限公司）、四川省商业厅油盐糖酒贸易局、省轻工厅日用品工业局、泸州有关部门及宜宾、成都、绵竹、万县等15个单位，由四川省糖酒研究院陈茂椿高工任技术室主任、熊子书为副主任，诸葛鑫、李泽林、朱维伦等59位技术人员共同组成"泸州老窖大曲酒总结委员会"，蹲点泸州老窖，对泸州老窖大曲酒的传统酿造工艺进行全面的查定和总结。通过这次查定和总结，使人们对泸州老窖大曲酒的历史演变，从原料到制曲、酿酒工艺和成品，有了一个系统的概念。对酿造泸州老窖大曲酒的传统工艺操作，如老窖、万年糟、回酒发酵、低温发酵、延长发酵周期、熟糠拌料、滴窖勤舀等均做了总结和阐述，肯定了续糟发酵、熟糠拌料、滴窖勤舀、截头去尾、高温量水、踩窖等提高大曲酒质量的工艺措施。编写出了《泸州老窖大曲酒提高质量的初步总结》以及《泸州老窖大曲酒》一书，于1959年出版发行，并在全国范围内推广，对提高浓香型大曲酒的产品质量具有重要意义。

1964年四川省食品发酵研究所承担了轻工部重大科研项目"泸州大曲酒酿造过程微生物性状、有效菌株生化活动及原有生产工艺的总结与提高"，并与中国科学院西南生物研究所，以及宜宾、成都、绵竹、万县、邛崃等省内名优酒厂共同协作，对泸州大曲酒开展科学研究，深入探讨润粮、蒸粮、用曲量、用糠量、入窖发酵条件等与生产质量的关系，进而规范了泸州大曲酒的生产工艺，其研究成果对全国浓香型白酒生产企业具有指导意义。

3．贵州茅台酒查定

1959年4月，在轻工业部领导下，第一轻工业部发酵工业科学研究所（现中国食品发酵工业研究院）工程师熊子书会同贵州省轻工业厅、贵州省轻工业科学研究所、贵州省化工研究院、贵州农学院等单位的专家、技术人员联合组成"贵州茅台酒总结工作组"，深入贵州茅台酒厂，与茅台酒厂技术人员一起，对茅台酒传统酿造工艺进行了一次全面的系统发掘和科学总结。这次跟踪总结完善了传统操作方法，对制曲工艺、大曲常见病害、成品曲感官标准进行细致整理，大大地提高了麦曲的质量；酿酒工艺总结出了"高温制曲、高温堆积、轻水入窖、二次投料、9次蒸馏、8次加曲发酵、以酒养窖、7次摘酒、长期陈酿、精心勾兑"等整套工艺，为酱香型白酒"四高一长"和"12987"工艺的形成奠定了基础。

1964年10月至1966年4月，轻工业部和贵州省成立茅台科技试点组，抽调了辽宁、黑龙江、河北、天津、河南以及贵州省轻工业科学研究所、贵州董酒厂、贵州茅台酒厂科研人员22名，由轻工业部食品局高级工程师周恒刚具体负责，按照茅台酒的生产周期，分两期开展了科技试点研究。试点工作主要围绕规范贵州茅台酒的生产工艺、微生物环境以及酒的物质构成进行，对生产原料、酿造用水、制曲、堆积、发酵、蒸馏、香味物质组成等方面进行了深入研究。通过试点工作，分离并保存了70多种微生物菌株，建立了白酒微生物档案，并开展了"中草药对酒精酵母的影响"等研究，初步确定了乙酸乙酯等香气香味成分与微生物种群的对应关系；发现了酱香白酒的"窖底香"，其中己酸乙酯是其突出的香味成分；听取了茅台酒厂"三人核心组"的意见，肯定了茅台酒"酱香、窖底、纯甜"三种典型体香型的划分，为茅台酒科学合理贮藏和勾兑奠定了基础。此后，茅台酒厂能持续、稳定地生产和勾兑出酱香突出、优雅细腻、酒体纯厚、回味悠长、空杯留香持久、风格独特、酒质完美的茅台酒，并被命名为"酱香型酒"，也称"茅香型酒"。

4. 山西汾酒的查定

1964年，轻工业部与山西轻化工业厅组成汾酒试点组，对汾酒厂进行系统的查定总结和研究工作。试点工作由轻工业部食品发酵工业科学研究所所长秦含章负责，熊子书、周恒刚等全国三十多名专家组成"总结提高汾酒生产经验试点工作组"，进驻汾酒进行蹲点总结与研究。试点期间，科研人员深入汾酒车间近两年，用现代科学方法全面研究汾酒工艺，从原料、制曲、配料、发酵、蒸馏、贮存、勾兑等工艺流程，到检测方法，对汾酒生产各环节进行全方位的研究论证。试点工作共研究了200多个项目，进行了2000多次试验，获取了15000多个实验数据，对汾酒代代相传的操作经验进行了系统的整理，初步揭示了汾酒的生产规律并规范了汾酒的生产工艺。主要成就有四方面：一是建立了一套比较完整的分析检测方法，包括化学分析法、微生物实验法和汾酒品质尝评法；二是制定了完整的大曲生产工艺，进行了大曲微生物的分离与鉴定，筛选了酿酒酵母、生香酵母等重要菌株，确定了大曲贮存期，并对制曲工艺创新进行研究；三是对汾酒酿造工艺进行了总结及改进，对取样及检测方法进行了完善，制定了汾酒润糁标准和清茬、红心、后火曲的用曲量等操作标准，改进了蒸馏设备以及增香调味的方法；四是研究制定了汾酒的质量标准，解决了生产实际问题。这些成果对此后中国白酒的科学研究带来了深远的影响。

(二) 白酒生产新工艺

1. 麸曲白酒

1935年，黄海化学工业研究社提出用纯种曲霉制造麸曲生产白酒，随后在威海酒厂试产成功，由此开始了纯种培养微生物糖化发酵剂在我国白酒生产中的应用。1955年，《烟台酿酒操作法》的诞生使麸曲白酒的生产规范化。该操作法总结的"麸曲酒母、合理配料、低温入窖（池）、定温蒸烧"十六字经验，不仅成为当时酿酒操作技术的先进代表，而且成为指导整个白酒工艺操作的经典。与大曲酒相比，麸曲白酒具有发酵周期短、原料出酒率高等特点，但酒的香味不及大曲白酒。20世纪60年代后，纯种培养生香酵母（产酯酵母）技术等的应用，使麸曲白酒的质量得以不断提高，并产生了许多如六曲香、宁城老窖等优质麸曲白酒。

2. 液态法白酒与新工艺白酒

采用液态发酵法生产白酒是我国白酒工业史上的一次大胆创新。与固态法相比，该法具有出酒率高、劳动强度低等许多优点。20 世纪 50 年代曾有多家工厂做过酒精加香料调制白酒的尝试，但由于当时技术条件所限，产品缺乏白酒应有的风味质量而未获成功。20 世纪 60 年代中期，北京酿酒总厂采用固液结合的串香工艺，将酒精生产出酒率高和白酒传统固态发酵的特点有机地结合起来，生产出了风味达到普通固态法白酒水平的红星白酒。此后，全国各地在固体香醅制作、香醅提香方法、己酸菌发酵液增香以及酒精蒸馏方法的改进等方面进行了大量的科学研究与生产实践工作，创造出了"液态发酵酒除杂、固态发酵醅增香、固液法结合的工艺路线"。这条工艺路线不仅增加了产量，提高了效益，同时使液态法白酒的质量有了很大的提高。20 世纪 70 年代末，以食用酒精为基酒，利用固态发酵优质白酒的副产物——"酒头、酒尾"为调香物质兑制的白酒，成为当时物美价廉的新工艺白酒。20 世纪 80 年代，采用优质食用酒精加部分优质白酒和少量食用香精，经勾兑而生产出来的第二代新工艺白酒，使液态法白酒的质量进一步提高，作为中、低档白酒产品而受到广大消费者的欢迎。20 世纪 90 年代后出现的白酒调味液加食用酒精的生产方法使新工艺白酒的生产工艺得以进一步优化。近年来，随着人们生活水平的提高，高品质白酒的需求比例在不断上升，液态法和固液法白酒的产量有所下降。

3. 低度白酒

20 世纪 70 年代以前，除南方某些地区的小曲白酒外，大多数白酒都是 60° 以上的高度酒。发展低度白酒不仅可节约粮食、降低消耗、提高经济效益，同时有利于人们的身体健康。自 20 世纪 70 年代中期开始，研制成功了多项除去白酒降度后浑浊物的方法，如冷冻法、淀粉沉淀法、活性炭吸附法、硅藻土过滤法、离子交换法、分子筛法、膜过滤法等等。1987 年，在国家经济贸易委员会、轻工业部、商业部和农业部联合召开的全国酿酒工作会议上，确定了我国酿酒工业必须坚持"优质、低度、多品种、低消耗"的发展方向。20 世纪 80 ~ 90 年代，全国各地在提高原酒质量、增加香味成分、减少降度除杂过程中的香味损失和精心勾兑等诸多方面进行了大量的研究工作，基本上解决了低度白酒口味淡薄的问题。目前，在中、高档白酒中，50° 以下的降度白酒和 40° 以下的低度白酒已成为市场上的主导产品。

（三）白酒生产设备的更新

长期以来，白酒生产完全是手工操作，工人劳动强度大，操作环境恶劣。自 20 世纪 50 年代开始，研制和改进了许多白酒生产设备，使白酒生产逐步机械化，彻底改变了我国白酒生产设备简陋、劳动环境恶劣、生产效率低下的落后面貌。目前白酒机械化生产普遍采用的有：风送式二次除尘除杂原料粉碎与输送系统、大曲机械化制曲系统、麸曲机械通风制曲系统、麸曲圆盘制曲机，白酒酿造采用机械通风晾糟、吊车抓斗运输、抓斗翻醅、抓斗出窖、活动蒸馏甑、上甑机器人、基酒管道输送入库等，白酒贮存采用了不锈钢大型容器、陶坛立体库等，酒的老熟采用了包括高频处理、超声波处理、磁场处理和微波处理等在内的先进仪器设备，在过滤设备中，较为先进的设备有硅藻土过滤机、分子筛过滤机、超滤膜过滤机、活性炭过滤设备和多孔吸附树脂过滤设备等。计算机技术最初应用于白酒分析与勾兑工作，现在已渗透进白酒生产的方方面面，在生产管理、分析勾调、质量控制、贮藏运输、产品销售、真伪鉴定、产品溯源等各个环节，计算机技术都扮演着极其重要的角色。

近年来，随着高强度劳动操作工人的招工困难和人力成本的上升，机械化、自动化、信息化和智能化的白酒生产线在全国各地不断涌现，特别是在清香类和浓香型白酒自动化生产方面已有数十家企业取得良好的效果，成功实现了白酒行业的转型升级。但由于某些机械操作与手工操作存在较大差异，加之缺乏对传统白酒某些生产环节的科学认识，导致有些自动化生产的白酒的质量有所下降。

（四）高新技术在白酒工业中的应用

1．纯种培养微生物菌种的选育与应用

酿酒微生物是酒类生产过程中糖化与发酵的动力，菌种的性能直接影响到酒的产量与质量。所以，选育适合白酒酿造的优良微生物菌种一直是行业技术工作的重点。同时，白酒行业微生物纯种培养技术的应用，可抑制有害微生物对生产过程的影响、部分地净化白酒酿造的微生物体系，不仅大大提高了原料出酒率和白酒质量，同时推动了白酒行业的技术进步。

（1）曲霉菌的选育与固体麸曲培养技术的进展　最早用于白酒酿造的是黄曲霉和米曲霉，其缺点是糖化力低，耐酸性差，所以后来应用广泛的是耐酸性较强的黑曲霉。自 20 世纪 70 年代开始，中国科学院微生物研究所在黑曲霉生产菌种的选育上进行了一系列的研究工作，先后成功选育出优良的糖化菌株 AS3.4309（UV-11）和 UV-48，使固体麸曲的糖化力从最初的几百单位提高至 6000 单位左右。20 世纪 90 年代后，采用国外菌种生产，麸曲的糖化力可达 10000 ～ 20000U/g。此外，黑曲霉育种技术的进步为酒精生产用的液体曲糖化剂和专业化糖化酶的生产奠定了基础。目前，黑曲霉液体培养的糖化力可达 10 万 U/mL 以上，糖化酶的生产成本和价格大幅度下降。至 20 世纪 90 年代末，以黑曲霉为菌种的固体麸曲已逐渐被商品糖化酶所代替。进入 21 世纪后，由于商品糖化酶缺乏蛋白酶和酯化酶等酿酒所需酶系，虽然出酒率很高，但酒质很差。目前，采用全糖化酶和纯种酵母的酿酒工艺已逐渐被淘汰，大多是部分使用糖化酶或用于丢糟酒的生产。

（2）产酯酵母的分离与应用　产酯酵母的分离、纯化与应用最初始于麸曲白酒，主要是解决麸曲白酒酯含量低和口味淡薄的问题。自 20 世纪 60 年代初

开始，轻工业部食品发酵工业科学研究所、中国科学院微生物研究所、内蒙古轻化工科学研究所等单位在产酯酵母菌种的分离、白酒产酯机理、产酯酵母培养条件及在白酒生产中的应用等方面进行了大量卓有成效的研究工作。进入 20世纪 70 年代，固态或液态纯种培养的产酯酵母在麸曲白酒的生产中得到广泛应用，对提高麸曲白酒的质量起了关键作用。1990 年，天津轻工业学院（现天津科技大学）采用液 - 固结合培养和低温气流快速干燥等新技术，其生产的产酯 ADY 活细胞数达 100 亿～ 200 亿个 /g，与最初的纯种培养产酯酵母（活细胞数 2 亿～ 5 亿个 /g 或 2 亿～ 5 亿个 /mL）相比提高了几十倍，从而使产酯酵母实现了商品化生产。目前，各类产酯 ADY 的年产量约 3000 吨，其应用范围包括麸曲、小曲和大曲等各种白酒。

（3）己酸菌的分离与应用 1964 年茅台试点确认了窖底香的主体成分是己酸乙酯。随后内蒙古轻化工科学研究所、辽宁大学生物系等单位，从名优酒厂优质窖泥中分离到产己酸的己酸菌，并用含己酸菌的老窖泥为种子，扩大培养后用于"人工老窖"参与发酵，增加酒的主体香味成分。20 世纪 70 年代后，此项技术在全国浓香型白酒中普遍推广应用，并研究开发了多种己酸菌培养技术和在白酒中的使用方法。己酸菌应用技术打破了只有陈年老窖才能酿造优质浓香型白酒的规律，同时使自然条件相对较差的北方地区也能生产出优质的浓香型白酒。自 20 世纪 80 年代开始，天津轻工业学院（现天津科技大学）、中国科学院成都生物研究所等许多单位研制开发了多种己酸菌应用新技术，如固定化己酸菌技术、己酸菌酯化液培养技术、己酸菌固体香醅培养技术、活性己酸菌干剂制造技术等，使己酸菌在白酒生产中的应用多样化。

（4）芽孢杆菌的分离与应用 20 世纪 80 年代初，曹述舜等从酱香大曲中分离筛选出耐高温的细菌，首先用于细菌麸曲培养获得成功。随后有许多研究从高温大曲中筛选出了多种功能芽孢杆菌，包括地衣芽孢杆菌、枯草芽孢杆菌、解淀粉芽孢杆菌、贝莱斯芽孢杆菌和短小芽孢杆菌等。由于这些芽孢杆菌大多具有高产蛋白酶、淀粉酶、酯化酶和纤维素酶等酿酒酶系的特性，用于白酒生产有提高酒质和产量的良好效果，很快在全国许多白酒厂推广应用，特别是在多维麸曲白酒和芝麻香型白酒中普遍使用。近年来，发现一些芽孢杆菌属具有提高酒中吡嗪类物质含量、丰富白酒风味和提升白酒品质的功能，在全国各地掀起了芽孢杆菌在白酒生产中应用研究的高潮。

2. 色谱分析的应用

白酒微量成分的分析是白酒科学分类、勾调和正确评定白酒质量的基础。20 世纪 60 年代以前，由于受分析手段的限制，只能采用常规化学方法分析测定白酒中的总酸、总酯、总醛、甲醇、杂醇油等成分。由于对构成白酒香味的成分不能细分，因此人们对白酒的风味质量无从认识。20 世纪 60 年代后，采用纸色谱和柱色谱的方法首先定性了酒中几十种香味成分；自 70 年代开始，气相色谱用于白酒分析，使香味成分的定性组分增加至上百种；80 年代，毛细管色谱和色质联用的使用，可定性和定量测定白酒香味成分几百种，并明确了香味成分量比关系是形成白酒酒体特征的基础；90 年代初，应用分离性能更好的键合型毛细管柱和先进的仪器设备，进一步剖析了各种名优白酒的微量成分以及量比关系的重要作用。色谱分析的应用极大地促进了白酒生产技术的发展，明确了各种白酒的香气特征，为划分白酒香型奠定了科学依据。同时，微量成分的准确分析使人们认识到己酸菌、丁酸菌、丙酸菌、甲烷菌等细菌在白酒酿造中的重要作用，并加速推动了功能微生物在白酒生产中的应用。进入 21 世纪后，气质联用（GC-MS）、液质联用（HPLC-MS）、固相微萃取（SPME）、多维气相色谱（MDGC）、飞行时间质谱（TOF-MS）、气相色谱 - 嗅闻（GC-O）等分析技术的应用使人们可分析出更多的白酒微量成分，目前已明确的白酒风味成分有 2000 多种；而指纹图谱技术的应用为白酒的质量评价与产品鉴定开辟了新的途径。

3. 酶制剂与活性干酵母的应用

20 世纪 80 年代初，随着酶制剂生产技术的发展，酶制剂的活力单位得以迅速提高，为酶制剂在酿酒工业中的应用创造了条件。最初是麸曲制造设备和技术不完善的工厂使用糖化酶代替麸曲生产麸曲白酒，随后天津轻工业学院等单位对糖化酶、纤维素酶和酸性蛋白酶在白酒生产中的应用技术进行了一系列的研究工作，至 20 世纪 90 年代末酶制剂在白酒生产中的应用已相当广泛。

1988 年天津轻工业学院首先完成了酒精活性干酵母（ADY）的研究工作，随后在广东东莞糖厂酵母分厂和宜昌食用酵母基地顺利投入生产。随后在《酿酒科技》《食品与发酵工业》等杂志上发表了《用活性干酵母代替传统酒母发酵的研究》《大曲酒生产工艺改革的研讨》《酒精活性干酵母的活化与活细胞率的测定》等一系列文章，并于 1994 年出版了《酿酒活性干酵母的生产与应用技术》一书。详细介绍了酿酒活性干酵母的性能、复水活化和扩大培养的基本原理、在各种酿酒生产中的使用方法与工艺。从此在全国各地出现了酿酒活性干酵母在酿造工业中应用研究和生产实践的高潮。至 20 世纪 90 年代中期，酿酒 ADY 在白酒行业得到广泛应用，并成为当时各酒厂稳定质量、降低消耗、安全度夏、提高原料出酒率和经济效益的主要措施。

4. 分子生物技术在白酒微生物研究中的应用

白酒发酵的全过程均依赖于微生物的繁殖与代谢，传统可培养方法是最早应用于微生物研究的重要手段，它通过适宜的分离筛选条件得到纯菌，经形态观察和生理生化实验，进行微生物的种属鉴定。限于培养基成分和培养条件的限制，其中仅有约 1% 的微生物可通过可培养技术被人们所认识。随着生物技术的进步，各种微生物分析技术逐步应用到白酒微生物的研究中，人们逐渐认识到白酒微生物的丰富多样及其对风味成分的贡献。进入 21 世纪后，Biolog 全自动微生物鉴定仪和分子生物学鉴定方法的出现使得白酒微生物的鉴定工作简单快速，确保鉴定的完整性与准确性。自 2010 年开始，众多研究者采用 DGGE 技术、PCR 技术、宏基因组学、宏转录组学、蛋白组学、代谢组学、微生物组学、高通量筛选等现代分子生物技术，分析各种白酒生产过程中微生物的来源、组成、多样性及群落演替规律，研究菌群微生物的代谢特性与代谢网络，分析微生物群落与酿造环境、理化因子、酿造品质之间的关联关系以及微生物间的相互作用关系，明确关键功能微生物的代谢功能，探明传统白酒关键功能微生物与酿造环境、酿造品质之间的关联机制，揭示白酒微生物发酵及各种风味物质的形成机理，建立酿造过程功能微生物数据库及其群落调控技术，为白酒生产的工艺优化、现代化改造和品质提升提供理论基础。

三、白酒工业展望

白酒是我国特有的传统酒种，在漫长的发展过程中，形成了独特的工艺和风格，它以优异的色、香、味、格而受到广大饮用者的喜爱。"十三五"期间，中国白酒产业经过持续调整，产业结构得以优化，科技创新成效显著，产品品质稳步提升，在满足人民群众对高品质白酒需求的同时，取得了较好的经济效益。

（一）行业发展方向及思路

（1）品质升级　目前，我国高端白酒产量约 30 万千升，仅占白酒总产量的 4% 左右，白酒市场表现具有不缺酒但缺少好酒的特点。随着我国经济的快速发展和人们生活水平的不断提高，对高端白酒需求的比例将持续上升。这就要求白酒行业通过科技创新、产品创新、品牌创新向市场提供更多、更优质的中高端白酒产品，以满足人民不断增长的对美好生活的需求。

（2）进一步低度化　世界蒸馏酒的酒度大多在 40° 左右，如酒度超过 43° 则被视为烈性酒。按此标准，我国目前烈性酒的比例仍然较大，特别是酱香型白酒基本上都是 53° 的高度酒。据报道，我国人群中乙醛脱氢酶缺陷型人所占的比例较高，因乙醛在体内的积累会引起交感神经兴奋性增高、心率加快、皮肤温度升高等症状，故乙醛脱氢酶活性低的人酒量较小，不适宜饮高度白酒。在现有基础上，继续降低酒度，使平均酒度降至 40° 左右或更低，不仅可降低生产成本，同时有利于人们的身体健康，并使我国白酒的酒度与国际主要蒸馏酒的酒度趋于一致。

（3）风味与健康双导向　白酒中除含有大量风味物质和有益健康物质外，也含有许多影响健康和风味的物质，如甲醇、高级醇、醛类、氨基甲酸乙酯、生物胺、氰化物、硫化物、土臭素、粪臭素等，确保酒质纯净、卫生、安全，是白酒行业可持续发展的保证。应适当提高我国白酒国家标准的卫生指标，目前国家安全标准中只有甲醇和氰化物，所允许含量应进一步调低；氨基甲酸乙酯的标准应尽快实施，高级醇、醛类、苯环类物质等的含量也应有所限制。我国国家标准大多是参照名优酒厂的产品标准制定的，在卫生指标的提高上，名优白酒厂应继续起带头作用。要采用高新技术，对传统工艺中的某些环节进行改造，尽量减少酒中不利于健康物质的种类和含量，坚持风味与健康双导向，使白酒成为既风味协调又酒体纯净的"绿色"饮用酒。

（4）自然生态与酿造微生态双导向　白酒是自然固态发酵的产物，其实质是通过控制一定的发酵培养条件（即"人工"），网罗自然界的有益微生物（自然即"天"），使之酿造出美味的酒，也即"天人合一"。酿造好酒对自然生态环境的要求较高，发展白酒产业要注意保护和建设生态环境，坚持产业自然生态与酿造微生态双导向。目前一些名优酒厂已建成良好的生态园区、先进的环保设施和完善的生态产业链，为白酒产业的可持续发展打下了坚实的基础，也为当地的生态环境保护和建设做出了积极的贡献。

（5）国际推广　在世界蒸馏酒中，中国白酒的工艺先进而富有鲜明特征。国外蒸馏酒是纯种液态发酵，蒸馏出的基酒高级醇含量高、风味物质种类少，成品酒必须经橡木桶储存或添加食品添加剂等物质。而中国白酒独特的自然生料制曲工艺，网罗天然微生物发酵群落，并在发酵过程中产酒生香，不需添加任何物质即可形成丰富的风味物质。白酒积淀着深厚的中华民族文化和消费习惯，是中华民族产业的精髓之一。各种香型的名优白酒与当地独特的气候、土质、原料等密切相关，其形成的独特风格吸引了一代代消费者，数千年来只要有中华民族居住的地方就有中国白酒的消费市场。当前，经济全球化使各国市场开放程度加大，外国人可以到中国开发洋酒消费市场，我们也应在捍卫本土市场的同时，开发中国白酒的国际消费市场，用我们独特的风格、多样化的产品、深厚的酒文化去吸引世界各族人民。

（二）技术创新是白酒持续发展的动力

科学技术是第一生产力，在我国白酒工业的发展中得到了充分的体现，而今后白酒工业的发展仍将依靠技术进步。加强科技创新体系建设，深化科技体制改革，大力促进科学技术支撑高品质白酒的成果转化，助推我国白酒生产技术水平的提高和产业升级。

（1）白酒微生物及其发酵机理研究　深入研究各类白酒生产中的微生物区系及其群落演替规律，探明微生物群落与酿造环境和理化参数之间的关系以及代谢产物的形成机理，优化和调控传统制曲、制酒工艺中的某些环节，增强有益微生物的生长和代谢，限制有害微生物的生长和代谢，增加成品白酒中的有益健康和风味的物质，减少有害健康物质和异味物质，提高白酒的产品质量。

（2）白酒生产的优良菌株选育　对于麸曲白酒、液态发酵白酒、米香型白酒、豉香型白酒、芝麻香型白酒等纯种微生物参与糖化发酵的白酒生产，应利用现代生物技术选育低产高级醇、高产酯、抗逆性强、糖化发酵性能良好、风味平衡的优良菌种，进一步提高白酒的生产效率和品质。特别是麸曲白酒的糖化功能菌，二十世纪八九十年代，由于过分强调出酒率，只注重菌种的糖化性能，虽然糖化力逐渐提高，但由于忽视了蛋白酶、酯化酶等酿酒酶系的性能，致使麸曲白酒风味质量差，在白酒市场的比重逐年下降。需要重新选育糖化酶、蛋白酶、酯化酶等酿酒酶系丰富且平衡的优良菌株，研究多维麸曲及其协同糖化发酵机理，全面提升麸曲白酒的品质。对于传统固态发酵，应利用基因组学、转录组学、微生物学、代谢组学、高通量测序等技术，从酿酒生产过程和环境中分离、收集、选育重要的功能微生物，建立白酒企业功能微生物菌种库，进而开发成多菌种纯种微生物制剂，应用单一或多个特征微生物制剂强化酿造过程，用以弥补或调控因生产场所、生产工艺和自然环境条件变化引起的主要功能微生物菌群的变化与不足，从而稳定传统生产工艺的主要功能微生物菌群的基本组成和典型白酒的风味质量特征。同时，应继续研究纯种培养微生物（包括霉菌、酵母和细菌等）和酶制剂（包括酸性蛋白酶、纤维素酶、酯化酶等）与传统酒曲协同糖化发酵的机理及其应用技术，以弥补传统糖化发酵剂（大曲、小曲）的不足，提高白酒生产的稳定性。

（3）机械化与智能化研究　目前白酒生产是所有酿酒行业中劳动强度最大的，随着劳动力成本的增加，人们不愿从事繁重体力工作，白酒生产的机械化和智能化势在必行。白酒生产的二个主要特征是自然网罗微生物发酵和固态发酵，其发酵体系的复杂性是任何其他生物发酵无法比拟的，在生物反应层面、化学反应层面、物理变化层面和固态三传理论层面，还有许多科学问题尚待解决，致使目前的一些机械操作还不能完全模拟传统人工操作。应在研究白酒固态自然发酵理论的基础上，加大白酒生产机械化设备和在线检测仪器研制的力度，及时吸收其他饮料酒和国外酿酒行业的新技术、新成果，利用云技术、超级计算机技术、人工智能技术处理白酒生产过程中大量的信息及其关系，最后通过传感输送、机械化过程和在线控制手段最终实现生产过程的现代化和智能化改造，实现白酒行业生产技术水平的升级。

（4）副产物综合利用　进一步探索新工艺、研制新设备，组织力量攻关，解决好酒糟、黄水、底锅水、替换窖泥等白酒生产副产物的综合利用问题，以达到增加经济效益和减少环境污染的双重目标。

（5）白酒风味物质对乙醇代谢的影响　白酒不是酒精，含有上千种风味化合物，其中许多风味物质对人体健康有益，对饮酒后的感受和乙醇代谢速率有影响。深入探讨白酒主要风味物质与乙醇代谢规律和饮酒健康的关系，研究白酒不同风味物质含量及其量比关系对乙醇代谢和饮酒健康影响的分子机制，揭示好白酒"难醉易醒"的秘密，为低醉酒度白酒和健康白酒的开发奠定理论基础。

（6）酿酒原料标准化建设　研究原料成分和理化参数与酿酒工艺和风味品质的关系，在此基础上规范和提高酿酒原料的质量标准，逐步实现白酒酿酒原料的良种化、基地化，从而稳定白酒的质量，突出产品的地域风格和酒文化的内涵。

（7）白酒风味研究　尽可能利用色谱、质谱、光谱等现代化分析仪器设备，对各种香型的白酒进行剖析，继续研究酒中微量成分的种类及其量比关系对白酒风味和风格的影响，为进一步提高白酒质量和科学管理提供依据。通过对白酒风味化学、感官感知和大数据分析的深度融合，创新开发多香型融合的多风格白酒，以满足不同人群对美好口感的需求。

（8）加强小曲酒的研究　小曲酒是我国重要的酒种，但对它的研究大大落后于大曲酒。小曲酒出酒率高，便于实现现代化生产，也是很有希望进入国际市场的白酒品种。固态法生产的小曲酒因品质纯、净，有希望成为中国式的"俄得克"。半固态法小曲酒（米香型酒）因高级醇含量较高，醇香突出，其风格近似威士忌。如对它们进行深入研究和适当改造，有可能创造出外国人喜欢的酒种。

第三节　白酒的分类

我国白酒种类繁多，地域性强，产品各具特色，生产工艺各有特点，目前尚无统一的分类方法，现就常见的分类方法简述如下。

一、按生产方式分类

（一）固态法白酒

固态法白酒是我国大多数名优白酒的传统生产方式，即固态配料、发酵和蒸馏的白酒。其酒醅含水分60%左右，大曲白酒、麸曲白酒和部分小曲白酒均采用此法生产。不同的发酵和操作条件，产生不同香味成分，因而固态法白酒的种类最多，产品风格各异。

2022年6月1日正式实施的《白酒工业术语》国家标准（GB/T 15109—2021）固态法白酒的定义为"以粮谷为原料，以大曲、小曲、麸曲等为糖化发酵剂，采用固态发酵法或半固态发酵法工艺所得的基酒，经陈酿、勾调而成的，不直接或间接添加食用酒精及非自身发酵产生的呈色呈香呈味物质，具有本品固有风格特征的白酒"。

（二）半固态法白酒

半固态法白酒是小曲白酒的传统生产方式之一，包括先培菌糖化后发酵工艺的米香型白酒和边糖化边发酵工艺的豉香型白酒两种。

（三）液态法白酒

液态法白酒与酒精生产采用相似的方式，即液态配料、液态糖化发酵和蒸馏的白酒。但全液态法白酒的口味欠佳，必须与传统固态法白酒工艺有机地结合起来，才能形成白酒应有的风味质量，根据其结合方法的不同又可分为三种。

（1）固液结合发酵法白酒（也称串香白酒）　这是一种以液态发酵白酒或食用酒精为基酒，与固态发酵的香醅串蒸而制成的白酒。

（2）固液勾兑白酒　以液态发酵的白酒或食用酒精为基酒，与部分优质白酒及固态法白酒的酒头、酒尾勾兑而成的白酒。

（3）调香白酒　以优质食用酒精为基酒，加特制白酒调味液和少量食用香精等调配而成的白酒。

上述三种方法生产的白酒，既具有酒精生产出酒率高的优点，又不失中国传统白酒所应有的风格特征，因而都称为新工艺白酒或新型白酒。

按新的国家标准（GB/T 15109—2021），液态法白酒的定义为"以粮谷为原料，采用液态发酵法工艺所得的基酒，可添加谷物食用酿造酒精，不直接或间接添加非自身发酵产生的呈色呈香呈味物质，精制加工而成的白酒"。按此定义上述三种方法生产的新工艺白酒只有（1）、（2）种可称为液态法白酒。

二、按糖化发酵剂分类

（一）大曲白酒

以大曲为糖化发酵剂所生产的白酒，分续糟法和清糟法两种基本操作工艺。大曲一般以小麦、大麦和豌豆等为原料，拌水后压制成砖块状的曲坯，在曲房中培养，让自然界中的各种微生物在上面生长制成。因其块形较大，因而得名大曲。在大曲酒生产中，大曲既是糖化剂又是发酵剂。同时，在制曲过程中，微生物的代谢产物和原料的分解产物，直接或间接地构成了酒的风味物质，使白酒具有各种不同的独特风味，因此，大曲还是生香剂。一般情况下，大曲白酒的风味物质含量高、香味好，但发酵周期长、原料出酒率低、生产成本高。

（二）小曲白酒

以小曲为糖化发酵剂所生产的白酒。小曲包括药小曲、酒饼曲、无药白曲、浓缩甜酒药和散曲等，无论何种小曲，在制作过程中都接种曲或纯种根霉和酵母菌，因而小曲的糖化发酵力一般都强于大曲。小曲中的主要微生物有根霉、毛霉、拟内孢、乳酸菌和酵母等。其微生物种类不及大曲丰富，但仍属于"多微"糖化发酵酒曲。与大曲白酒发酵相比,小曲白酒的生产用曲量少、发酵周期短、出酒率高、酒质醇和,但香味物质相对较少,酒体不如大曲白酒丰满。

(三)麸曲白酒

麸曲白酒是 20 世纪 30 年代发展起来的,是以麸皮为载体培养的纯种曲霉菌(包括黑曲霉、黄曲霉和白曲霉)为糖化剂、以固态或液态纯种培养的酵母为酒母而生产的白酒。麸曲白酒的操作工艺与大曲白酒大体相同,由于采用纯种培养的微生物作糖化发酵剂,因而麸曲白酒的生产周期较短,出酒率较高,但酒质一般不如大曲白酒。目前,在某些企业以黑曲霉为菌种制造的麸曲已被商品糖化酶所代替,而酒厂的自培酒母也被商品活性干酵母所取代。因而麸曲白酒的定义应延伸为以纯种培养的微生物和酶制剂为糖化发酵剂,采用固态发酵法生产的白酒。

三、按白酒香型分类

(一)浓香型白酒

以粮谷为原料,采用浓香大曲为糖化发酵剂,经泥窖固态发酵、固态蒸馏、陈酿、勾调而成的白酒。浓香型白酒以泸州老窖特曲为代表,因而也称为泸型酒,其他代表性产品有五粮液、洋河大曲酒、剑南春酒、古井贡酒、全兴大曲酒、双沟大曲酒、宋河粮液、沱牌曲酒等。采用续糟法生产工艺,其风格特征是窖香浓郁、绵甜醇厚、香味谐调、尾净爽口。其主体香味成分是己酸乙酯,与适量的乙酸乙酯、乳酸乙酯和丁酸乙酯等一起构成复合香气。

(二)酱香型白酒

以粮谷为原料,采用高温大曲为糖化发酵剂,经传统固态法发酵、蒸馏、陈酿、勾调而成的白酒。酱香型白酒以茅台酒为代表,其他代表性产品有郎酒、武陵酒、国台、珍酒等。由于它具有类似于酱和酱油的香气,故称酱香型白酒。采用高温制曲、高温堆积、高温多轮次发酵等工艺,其风格特征是酱香突出、幽雅细腻、酒体醇厚、后味悠长、空杯留香持久。酱香型白酒的香气成分比较复杂,它以芳香类物质、吡嗪类物质和呋喃类物质等为主,以高含量有机酸、高沸点醛酮类物质为衬托,其他酸、酯、醇类物质为助香成分,组成了独特而优美的典型风格。有关酱香型白酒主体香味成分的确定目前仍在研讨之中。

(三)清香型白酒

以粮谷为原料,采用中温大曲、小曲、麸曲及酒母等为糖化发酵剂,经缸、池等容器固态发酵,固态蒸馏、陈酿、勾调而成的白酒。按糖化发酵剂的不同,清香型白酒分为大曲清香、小曲清香和麸曲清香。大曲清香以汾酒为代表,此外还有黄鹤楼酒、宝丰酒等。采用清糟法生产工艺,其风格特征是清香纯正、醇甜柔和、自然协调、后味爽净。其主体香味成分是乙酸乙酯,与适量的乳酸乙酯等构成复合香气。小曲清香以重庆江津酒和湖北劲酒为代表，采用续糟法生产工艺。麸曲清香以北京地区二锅头为代表，以续糟法生产工艺为主，也有采用清糟法生产工艺的。

（四）米香型白酒

以大米为原料，采用小曲为糖化发酵剂，经半固态法发酵、蒸馏、陈酿、勾调而成的白酒。米香型白酒以桂林三花酒、全州湘山酒、广东长乐烧等为代表，其特点是米香纯正、清雅，入口绵甜，落口爽净，回味怡畅。其主体香味成分是 β-苯乙醇、乳酸乙酯和乙酸乙酯。

（五）凤香型白酒

以粮谷为原料，采用大曲为糖化发酵剂，经固态发酵、固态蒸馏、酒海陈酿、勾调而成的白酒。凤香型白酒以西凤酒为代表，其主要特点是醇香秀雅，醇厚甘润，诸味谐调，余味爽净。以乙酸乙酯为主，一定量己酸乙酯为辅构成该酒酒体的复合香气。

（六）兼香型白酒

以粮谷为原料，采用一种或多种曲为糖化发酵剂，经固态发酵、固态蒸馏、陈酿、勾调而成的白酒。兼香型白酒又称复香型、混合型，是指具有两种以上主体香的白酒，具有一酒多香的风格。近年来，各香型白酒相互借鉴、工艺相互融合，产生了多种兼香型白酒，其中浓酱兼香型白酒以湖北白云边酒和黑龙江玉泉酒为代表，其风格特点是酱浓谐调、幽雅舒适，细腻丰满，回味爽净、余味悠长，风格突出。

（七）药香型白酒

以高粱、小麦、大米等为主要原料，按添加中药材的传统工艺制作大曲、小曲，用固态法大窖、小窖发酵，经串香蒸馏，长期储存，勾调而成的白酒。药香型白酒也称董香型白酒，以贵州董酒为代表。其风格特征是清澈透明、香气典雅，浓郁甘美、略带药香、谐调醇甜爽口，后味悠长，风格突出。

（八）芝麻香型白酒

以粮谷为主要原料，以大曲、麸曲等为糖化发酵剂，经堆积、固态发酵、固态蒸馏、陈酿、勾调而成的白酒。以山东景芝白干酒、山东扳倒井、江苏梅兰春酒、内蒙古纳尔松酒等为代表。其特征性成分是3-甲硫基丙醇，风格特征是清澈透明、酒香幽雅，入口丰满醇厚，纯净回甜，余香悠长，风格突出。

（九）特香型白酒

以大米为主要原料，以面粉、麦麸和酒糟培制的大曲为糖化发酵剂，经红褚条石窖池固态发酵，固态蒸馏、陈酿、勾调而成的白酒。特香型白酒以江西四特酒为代表，其风格特征是无色清澈透明，无悬浮物、无沉淀，香气幽雅、舒适，诸香协调，柔绵醇和，香味悠长，风格突出。

（十）豉香型白酒

以大米为原料，经蒸煮，用大酒饼作为主要糖化发酵剂，采用边糖化边发酵的工艺，经蒸馏、陈肉酝浸、勾调而成的白酒。豉香型白酒以广东玉冰烧酒为代表，其风格特征是豉香纯正，醇厚甘润，后味爽净，风格突出。其特征性成分有庚二酸二乙酯、辛酸二乙酯、壬二酸二乙酯。

（十一）老白干香型白酒

以粮谷为原料，采用中温大曲为糖化发酵剂，以地缸等为发酵容器，经固态发酵、固态蒸馏、陈酿、勾调而成的白酒。以河北衡水老白干酒为代表，其风味特征是清亮透明，酒体谐调，醇厚甘洌，回味悠长，具有乳酸乙酯和乙酸乙酯为主体的复合香气。它与清香型白酒的主要区别在于其乳酸乙酯与乙酸乙酯的比例相对较高。

（十二）馥郁香型白酒

以粮谷为原料，采用小曲和大曲为糖化发酵剂，经泥窖固态发酵、清蒸混入、陈酿、勾调而成的白酒。以湖南酒鬼酒为代表，其风格特征是色清透明，诸香馥郁、入口绵甜、醇厚丰满，香味协调、回味悠长，风格典型。

四、其他分类法

按酒质可分为高档白酒、中档白酒和低档普通白酒；按酒度可分为高度白酒（50°以上）、降度白酒（41°～50°）和低度白酒（40°以下）；按发酵时使用原料的不同可分为高粱白酒、玉米白酒、大米白酒等。

第四节　世界蒸馏酒概述

一、白兰地

白兰地是以葡萄或其他水果为原料，经发酵、蒸馏、橡木桶贮存，调配而成的蒸馏酒。白兰地（Brandy）一词由荷兰"烧酒"转化而来，有"可烧"的意思。在欧洲，"白兰地"指"用葡萄酒蒸馏而成的烈酒"，以其他水果为原料酿成的白兰地，应加上水果的名称，如苹果白兰地、樱桃白兰地等；在美国，白兰地的定义不仅限于葡萄，而是指"葡萄等水果发酵后蒸馏而成的酒"。

"Brandy"一词虽然来源于英语，但它的主要产地为盛产葡萄的法国科涅克（Cognec），大约起源于公元13～14世纪。在法国"科涅克烈酒"被称为"生命之泉"，后来科涅克成了世界性葡萄白兰地的代名词。现市场上常见的科涅克白兰地有轩尼诗（Hennessy）、马爹利（Martell）、人头马（Remy Martin）、告域沙（Courvuoisier）等。

除法国外，世界上许多国家都生产白兰地，其中产量较大的有意大利、西班牙、德国、美国、澳大利亚、葡萄牙、秘鲁、南非、希腊等。用葡萄酒蒸馏生产高度酒，在我国已有悠久的历史，而白兰地的真正工业化生产则是在1892年烟台张裕酿酒公司建立后才开始的。

按生产原料和工艺的不同，白兰地可分为如下四大类。

葡萄原汁白兰地：以葡萄汁、浆为原料，经发酵、蒸馏、在橡木桶中陈酿、调配而成的白兰地。

葡萄皮渣白兰地：以发酵后的葡萄皮渣为原料，经蒸馏、在橡木桶中陈酿、调配而成的白兰地。

水果白兰地：以新鲜水果为原料，经全部或部分发酵或用食用酒精浸泡、蒸馏而制成的白兰地，在白兰地名称前常冠以水果名称。

调配白兰地：以葡萄（水果）原汁或葡萄（水果）皮渣白兰地为基酒，加入一定量食用酒精调配而成的白兰地。

二、威士忌

威士忌（Whisky 或 Whiskey）在英国被称为"生命之水（water of life）"，是以谷物及大麦为原料，经发酵、蒸馏、贮存、调兑而成的蒸馏酒，酒精含量为40%～42%。

威士忌已有悠久的历史，大约在公元12世纪已开始生产。最早的产地是爱尔兰，目前盛产于英国的苏格兰地区和爱尔兰，在美国、加拿大、日本等地也有较大的产量。威士忌颇受世界各地消费者的欢迎，在国际市场上销量很大，也是国际畅通型的蒸馏酒产品。最著名的苏格兰威士忌有芝华士（Chivas）、尊尼获加（Johnnie Walker）、百龄坛（Ballantine's）、皇家礼炮（Royal Salute）等。

我国最早生产威士忌的是青岛葡萄酒厂。20世纪70年代后，有多家单位对威士忌的生产进行了研究，取得了一定的进展，但目前产量仍不大。

按生产原料和工艺的不同，威士忌可分为三大类。

麦芽威士忌：全部以大麦麦芽为原料，经糖化、发酵、蒸馏，在橡木桶陈酿两年以上。

谷物威士忌：以各种谷物（如黑麦、小麦、玉米、青稞、燕麦）为原料，经糖化、发酵、蒸馏，在橡木桶陈酿两年以上。

调配威士忌：以麦芽威士忌和/或谷物威士忌与其他威士忌按一定比例混合、调配而成的威士忌。

三、俄得克

俄得克又名伏特加，是俄语"Vodka"的译音，含有"可爱之水"的意思。俄得克主要以小麦、大麦、马铃薯、糖蜜等为原料，经发酵蒸馏成食用酒精，而后以食用酒精为基酒，经桦木炭脱臭、除杂后加工成40°到60°的产品。成品酒要求无色、晶莹透明，具有洁净的醇香，使人感到不甜、不苦、不涩，只有烈焰般的刺激，形成俄得克酒独具一格的特色。在各种调制鸡尾酒的基酒中，俄得克酒是最具有灵活性、适应性和变通性的一种酒。

俄得克源于俄罗斯和波兰，深受这两个国家人们的喜爱，人均饮用量居世界之冠。俄得克属于国际性的重要酒精饮料，除东欧地区外，美国、英国、法国等国家的消费量也很大。

我国山东青岛葡萄酒厂生产俄得克的历史较长，产品在国内历届评酒中均获过奖。20世纪80年代后，新疆、安徽、内蒙古等地开始生产俄得克，其产品主要出口俄罗斯和中亚国家。

四、朗姆酒

朗姆酒（Rum）也称为兰姆酒、蓝姆酒，是以甘蔗汁或甘蔗糖蜜为原料，经发酵、蒸馏、贮存和勾调而成的蒸馏酒。朗姆酒的主要生产特点是，选择特殊的产酯酵母、丁酸菌等共同发酵，蒸馏后酒精含量高达75%，新酒在橡木桶中经长年贮存后再勾兑成酒精含量为38%～50%（体积分数）的成品酒。

朗姆酒盛产于西印度群岛的牙买加、古巴、海地、多米尼加及圭亚那等加勒比海国家，是国际畅销产品，也是世界上消费量较大的酒种之一。

按产品特色朗姆酒可分为银朗姆、金朗姆、黑朗姆等品种。

银朗姆：又称白朗姆，是指蒸馏后的酒需经活性炭过滤后入桶陈酿一年以上。酒味较干，香味不浓。

金朗姆：又称琥珀朗姆，是指蒸馏后的酒需存入内侧灼焦的旧橡木桶中至少陈酿三年。酒色较深，酒味略甜，香味较浓。

黑朗姆：又称红朗姆，是指在生产过程中需加入一定的香料汁液或焦糖调色剂的朗姆酒。酒色较浓（深褐色或棕红色），酒味芳醇。

常见的朗姆酒有皮尔陶里乐朗姆酒（Puerto Rico Rum）、维京岛朗姆酒（Virgin Island Rum）、牙买加朗姆酒（Jamaican Rum）、巴贝多朗姆酒（Barbado Rum）等。

五、金酒

金酒（Gin）也叫琴酒，又名杜松子酒，酒精含量在35%以上。金酒是以食用酒精为基酒，加入杜松子及其他香料（芳香植物类）共同蒸馏而制成的蒸馏酒。

金酒起源于荷兰，但发展于英国。在荷兰，由于杜松子具有利尿作用，金酒最初视为特效药用饮料，传入英国后逐渐发展成为饮料酒中的一种定型产品。

世界上最负盛名的金酒是荷兰金酒和英国金酒，此外，在法国、德国、比利时、美国等地均生产各具特色的金酒产品。

六、其他蒸馏酒

（一）利口酒

利口酒（Liqueur）也称利久酒，"Liqueur"是法语的甜酒，英语则叫"Cordial"，是芳香烈酒的意思。利口酒是以食用酒精、白兰地等为基酒，再加上香草、果实、砂糖等制成的，因其所用原料不同、加工方法各异，通常可分为如下几种。

① 浸渍法：将果实、草药、木皮等浸入葡萄酒或白兰地中，再经分离而成。

② 滤出法：利用吸管原理，将所用的香料滤到酒精里。

③ 蒸馏法：将香草、果实、种子等放入酒精中蒸馏即得。

④ 香精法：将植物性的天然香精加入白兰地中，再调整其颜色和糖度。

常见的利口酒有派诺酒（Pernod）、法国当酒（D.O.M）、查特酒（Chartreuse）、意大利种力酒（Samubca）等。

（二）龙舌兰酒

龙舌兰酒（Tequla）是墨西哥的特产名酒。它是以龙舌兰为原料酿造而成的蒸馏酒，酒精含量在45%左右。

在酿造时，先将龙舌兰的枝干切成四等份，然后放入蒸汽锅内加热，取出后经粉碎、压榨取汁，泵入发酵槽内发酵2d，即可蒸酒。这种酒一般不需经过贮存即可出售，但也有人将其贮存后以陈年龙舌兰酒销售。

（三）白兰地烈酒

这是北欧大众化的国民酒，以小麦和马铃薯等为原料，经发酵后蒸馏，再加入菜籽一起精馏而成。这种酒和金酒的味道接近，酒度在40°～50°之间。丹麦人在饮用此酒时常以啤酒来加以冲淡。

（四）直布罗加酒

直布罗加酒是波兰所产的国民酒，也称Grain Walk，呈淡淡的黄绿色，看起来很清凉，酒度50°左右。因为在这种酒的瓶子内放有一颗野牛爱吃的直布拉草，所以又名牛草酒。

第二章

白酒酿造微生物

微生物（microorganism，microbe）`是指那些个体微小（一般<0.1mm）、构造简单、需借助显微镜才能看清其外形的一类低等生物的总称，它们有的是单细胞，有的是多细胞，还有的没有细胞结构，包括原核类的细菌、放线菌、蓝细菌、立克次氏体和支原体；真核类的真菌（酵母菌、霉菌和担子菌）、原生动物和显微藻类；非细胞类的病毒和亚病毒（类病毒、拟病毒和朊病毒）等。微生物具有体积小、面积大，吸收多、转化快，生长旺、繁殖快，适应强、易变异，分布广、种类多等特点。它们不但广泛存在于人们周围，与人们的日常生活有着密切的关系，而且在解决人类的衣食、健康、能源、资源和环境保护等方面显示出越来越重要且不可替代的独特作用。

在白酒生产中，通常所涉及的微生物主要有细菌、放线菌、酵母菌和霉菌四大类。

第一节 霉 菌

霉菌亦称丝状真菌，是真菌的一部分。凡生长在营养基质上形成绒毛状、蜘蛛网状或絮状菌丝体的真菌，统称为霉菌，即人们日常生活中见到的长毛的菌。

霉菌是工农业生产上极其重要的一类微生物，也是历史上应用较早的微生物。近年来霉菌在生产上的应用范围更加广泛，在农业、医药、化学、纺织、丝绸、食品、皮革等工业中都已广泛利用。但是也有些霉菌是动植物的病原菌，在南方潮湿季节，霉菌往往引起各类工业原料、成品及农业产品的腐蚀和霉烂而造成损失，土壤中有大量霉菌存在，空气中也常有霉菌孢子污染，霉菌喜欢在偏酸性的环境条件下生活。

霉菌是白酒酿造的主要微生物之一，在白酒酿造过程中起到至关重要的作用。其主要功能是产生多种活性酶，能够分泌糖化酶、液化酶、纤维素酶、蛋白酶、酯化酶、脂肪酶、果胶酶、漆酶等，对原料中淀粉、蛋白质等的降解具有重要作用，使得原料经过一段时间的反应后糖类及氨基酸含量升高，在为其他微生物的生长代谢提供基础物质的同时，也是白酒中风味物质的重要来源。大曲的制作原理就是最大限度地让霉菌等有益微生物着生繁殖，从而富集有利于后续发酵的酶类和微生物。霉菌的结构和形态因霉菌种类、生长环境、生长阶段的不同而不同，因而在大曲的培制过程中，可见大曲的断面呈五颜六色，制曲人员也通常凭借经验由其颜色来大体判定大曲的质量。霉菌的功能分化，对大曲的培养起着关键性的作用，当菌丝长入大曲坯体时，会吸收消耗曲坯内部的水分，不至于使大曲中的水因无出口而膨胀裂口，所以有"菌丝内插，水分挥发"的培养原理。这里要区别的功能是，菌丝起引水作用，孢子起着色作用，故而霉菌的这些特殊功能决定了大曲的质量特性。

白酒生产中发现的霉菌主要分为 7 个属：曲霉属、毛霉属、根霉属、犁头霉属、红曲霉属、青霉属和拟青霉属等，其中曲霉主要包括黑曲霉、米曲霉、黄曲霉等。

一、根霉

根霉（Rhizopus）属菌物界，真菌门，接合菌亚门，接合菌纲，毛霉目，毛霉科，根霉属。根霉普遍存在于空气、土壤以及淀粉质食品中。根霉的菌丝无隔膜、有分枝和假根，营养菌丝体上产生匍匐枝，匍匐枝的节间形成特有的假根，从假根处向上丛生直立、不分枝的孢囊梗，顶端膨大形成圆形的孢子囊，囊内产生孢囊孢子。成熟后的孢囊孢子从破裂的囊壁被释放出来，散布各处或随风飘扬，遇适宜的温度、水分、营养便开始繁殖。根霉在生长的过程中能产生大量的淀粉酶、蛋白酶、果胶酶、脂肪酶等，其代谢产物还包括柠檬酸、葡萄糖酸、乳酸、琥珀酸等有机酸，以及一些芳香性的酯类物质。根霉分为黑根霉、米根霉、华根霉、少根根霉几种。除具有假根的特征外主要和酵母菌共存。在制曲过程中，曲块表面用肉眼可以观察到的形状如同网状似的菌丝体就是根霉（其间可并存毛霉等）。根霉菌丝初始为白色，随着大曲发酵的品温不断上升和水分的挥发变为灰褐色或黑褐色。如果用显微镜观察，可以明显地看到其孢子囊。根霉如同曲霉，随着发酵的深入，菌丝插到大曲的基质中去。在某个方面，大曲菌丝的生长情况主要看根霉的着生状态，比如大曲中有断面整齐一说，就是看根霉菌丝是否健壮（图 2-1、图 2-2）。

根霉在生命活动过程中分泌大量淀粉酶，将淀粉转化为可发酵性糖，是酿酒生产中重要的糖化菌种。小曲中常见的根霉有河内根霉、米根霉、日本根

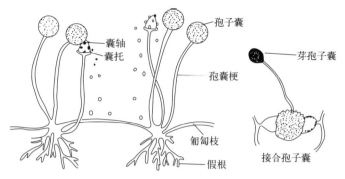

图 2-1　根霉的形态和构造

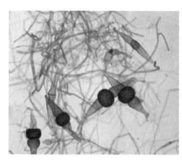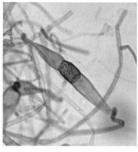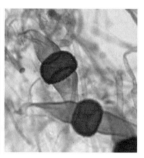

图 2-2　霉菌的有性生殖

在霉菌有性生殖中,相反交配类型的特殊菌丝接触,其末端膨大,两个细胞质混合。双亲的细胞核进入这个关节突起,形成一个厚壁接合孢子(棕色、粗糙)。细胞核融合(二倍体细胞),发生减数分裂,形成并散布单倍体孢子。

霉、华根霉、台湾根霉等,是小曲酒酿造中最主要的糖化功能菌,生产中最常使用的菌株有白曲根霉、米根霉、河内根霉(AS3.866、AS3.851、YG5-5)和Q303 根霉等。

　　大曲中的根霉实际上以米根霉(*Rhizopus oryzae*)为主,在土壤、空气及其他物质上亦常见。菌落疏松或稠密,最初白色后变为灰褐至黑褐色,葡匐枝爬行,无色。假根发达,指状或根状分枝。囊托楔形,菌丝形成厚垣孢子,接合孢子未见。发育温度 30 ~ 35℃,最适温度 37℃,41℃亦能生长。能糖化淀粉、转化蔗糖,产生乳酸、反丁烯二酸及微量酒精。产 L(+)乳酸能力强,达 70% 左右。米根霉除具有较强的糖化力外,还兼有一定的发酵力。另外可以产生相当量的乳酸,这显然对大曲和大曲酒的发酵不利。因此,要控制米根霉的生长繁殖和代谢产物积累,既要保证它在曲中的地位,又要控制它生成乳酸的量。当掌握和了解了米根霉的生活习性以后,则不难做到这点。

　　米根霉的最适生长温度为 37 ~ 41℃,但它的最适发酵(作用)温度在30 ~ 35℃。因此不难看出,如制曲培菌品温不超过 38℃即可达到控制米根霉大量生长繁殖的目的。所以，目前国内各香型大曲的前期培养品温，规定不超过40℃，其目的是了然的。米根霉是较强的糖化菌，在制曲和发酵过程都至关重要，所以恰到好处地控制它是生产工艺上的质量管理点。由于米根霉所产生的 L-乳酸（占总酸的70%）及丁烯二酸等物质对大曲酒的酒质影响较大，故大曲的生产过程始终把根霉属的总量和品种及大曲的工艺加以固定。

二、曲霉

曲霉菌在自然界分布广泛，几乎在一切类型的基质上都能出现。曲霉菌产生酶的能力很强，故在发酵工业、医药工业、食品工业、粮食贮藏等方面均有重要应用，目前已被利用的就有50～60种，几千年来我国劳动人民用曲霉酿酒、做酱、制醋等。

曲霉属的菌丝体发达，具横隔，多分枝，多核，无色或有明亮的颜色。曲霉属的分类根据 Raper 和 Fennell 的《曲霉属》（The *Aspergillus*，1965）一书，可共分为18个种群、132个种和18个变种。最新的研究表明，曲霉属拥有六个亚属、22个科，超过250个种。曲霉是大曲和其他曲中最常用的菌，其时常呈现的颜色有黑、褐、黄、绿、白五色。

（一）黑曲霉

黑曲霉（*Aspergillus niger*）是曲霉属黑色组的具有不同程度的黑褐色、红褐色、橄榄褐色和暗褐色等至黑色分生孢子头的菌群。其菌丝发达，具有很强的分泌能力，因不产毒素，无臭味，被 FDA 认证为 GRAS（generally recognized assafe）安全菌株。

黑曲霉的菌落一般较小，初期为白色，常呈现鲜黄色区域，继而变为厚绒状黑色，背面无色或中央部分略带黄褐色。分生孢子头幼时呈球形，逐渐变为放射形或分裂成若干放射的柱状，为褐黑色，顶囊球形，小梗双层，全面着生于顶囊，呈褐色。分生孢子呈球形，褐色素积于内壁和外壁间，短根状或块状而较粗糙（图2-3）。

黑曲霉具有很强的耐酸性，在低 pH 下不仅能够生长，还能够积累大量的柠檬酸、苹果酸、葡糖酸等。还能产生多种酶，包括纤维素酶、糖化酶、蛋白酶等。在白酒生产中应用的黑曲霉实际上指的是一个群，是指许多具有黑色或近于黑色孢子头的菌株。例如，宇佐美曲霉就是从黑曲霉中选育出来的；沪轻Ⅱ号及其变异株东酒Ⅰ号也是从黑曲霉中选育出来的。

图2-3　曲霉菌形态

近几年，全国推广使用的优良糖化菌 UV-11、UV-48、UV-10 等，仍属黑曲霉的变异株。它们都具有很强的糖化酶活力。

（二）黄曲霉

黄曲霉菌（*Aspergillus flavus*）是曲霉科（Aspergillaceae）一种常见的腐生型好氧真菌，是造成粮食霉变的主要病原真菌，多见于发霉的粮食、粮制品及其他霉腐的有机物上。菌落生长较快，结构疏松，表面灰绿色，背面无色或略呈褐色。菌体由许多复杂的分枝菌丝构成。营养菌丝具有分隔，气生菌丝的一部分形成长而粗糙的分生孢子梗，顶端产生烧瓶形或近球形顶囊，表面产生许多小梗（一般为双层），小梗上着生成串的表面粗糙的球形分生孢子。分生孢子梗、顶囊、小梗和分生孢子合成孢子头，可用于产生淀粉酶、蛋白酶和磷酸二酯酶等，也是酿造工业中的常见菌种。

黄曲霉群在自然界分布极广，土壤、腐败的有机质、贮藏的粮食及各类食品中都有出现。黄曲霉中的某些菌系能产生黄曲霉毒素。

菌落生长较快，由带黄色变为带黄绿色，最后色泽发暗。菌落平坦或呈放射状皱纹，背面无色或略带褐色。分生孢子头呈疏松放射状，后变为疏松柱状，小梗单层、双层或单双层并存于一个顶囊，顶囊呈球形或烧瓶形。在小型顶囊上仅有一层小梗。分生孢子呈球形，粗糙。

黄曲霉是中高温大曲中的常见的曲霉属菌种，是一种小型丝状腐生真菌。黄曲霉具有合成己酸乙酯的能力，在含有乙醇和己酸的溶液中具有合成 10g/L 左右的己酸乙酯的能力。另外黄曲霉也具有较强的蛋白质分解能力和产 α- 淀粉酶能力。黄曲霉中的一些菌系具有产黄曲霉毒素的能力，尤其是黄曲霉毒素 B1，具有极强的毒性，能引起人和家畜家禽严重中毒以至死亡，且致癌能力很强，但是其基本上不会迁移到成品酒中。

（三）米曲霉

米曲霉（*Aspergillus oryzae*）属于黄曲霉群，是曲霉属真菌中的一个常见种。米曲霉是好氧微生物，最适生长温度在 37℃左右，最适 pH 为 6.0 左右。米曲霉菌落生长快，在豆汁平板培养基上 10d 直径达 5～6cm，质地疏松，初期白色、黄色，后期逐渐变为褐色至淡绿褐色，背面无色。分生孢子头放射状，直径 150～300μm，也有少数为疏松柱状。分生孢子梗 2mm 左右，近顶囊处直径可达 12～25μm。顶囊近似球形或烧瓶形，小梗一般为单层，偶尔有双层，也有单、双层小梗同时存于一个顶囊上。

米曲霉菌落初始呈白色，逐渐疏松、突起，变为黄色、褐色至淡绿色，反面无色。分生孢子头呈放射状，少见疏松柱状，小梗单层，偶有双层，也有单、双层小梗并存于一个顶囊的情况，顶囊似球形或烧瓶形。分生孢子幼时呈洋梨状或椭圆形，老后似球形，表面粗糙或近于光滑。

米曲霉在生长的过程中能够分泌多种酶类，其中含有丰富的糖化酶和淀粉酶。在酿酒的过程中主要是利用米曲霉分解淀粉的能力，将原料中的淀粉转化为葡萄糖。米曲霉是黄曲霉群中在酿造工业上应用最广泛的一个种，已被证明不产生黄曲霉毒素。米曲霉及黄曲霉的糖化力较低，且不耐酸，但液化力及蛋白质分解力较强，一般用于制米曲汁培养基。

我国用于酿造白酒的麸曲菌种有几十种，主要有曲霉、根霉等。生产上使用的曲霉菌有黑曲霉、白曲霉和米曲霉等，前两种曲霉的糖化力强，持续性好且耐酸；米曲霉中蛋白质分解酶较多，产香好，液化快但不耐酸，糖化持续性差。

常见的有中国科学院微生物研究所 AS3.951 米曲霉，该菌分生孢子多，蛋白酶活性高，生长迅速，为各厂所采用；沪酿 3.042 米曲霉是一个优良的菌株，不仅蛋白酶活力高而且酶系较全。

三、毛霉

毛霉（Mucor）又叫黑霉、长毛霉，为毛霉科真菌中的一个大属，以孢囊孢子和接合孢子繁殖。毛霉因其形状似头发而得名，与根霉极为相似，是一种低等真菌，在阴暗、潮湿、低温处常可遇到，它对环境的适应性很强，生长迅速，是制大曲和麸曲时常遇到的污染杂菌。毛霉的菌丝无隔膜，在培养基或基质上能广泛地蔓延，但无假根和匍匐菌丝，包囊梗直接由菌丝体生出，一般单生，分枝较少或不分枝，分枝大致有两种类型：一种为单轴式即总状分枝；另一种为假轴状分枝。分枝顶端都有膨大的孢子囊，孢子囊呈球形，囊轴与孢子囊柄相连处无囊托。

毛霉所需的生长发酵温度也与根霉差不多。毛霉主要着生于大曲培养的"低温培菌"期，特别是温湿度大，两曲相靠时，更易生长。生产上常常叫做长"水毛"的大多数就是毛霉。毛霉在土壤、禾草及空气等环境中存在，在高温、高湿以及通风不良的条件下生长良好。毛霉的用途很广，常出现在酒曲中，能糖化淀粉并能生成少量乙醇，产生蛋白酶。毛霉属中的鲁氏毛霉能产生蛋白酶，有分解大豆的能力，我国多用它来做腐乳。鲁氏毛霉也是最早被用于淀粉法制造酒精的一个菌种。总状毛霉是毛霉中分布最广的一种，几乎在各地的土壤中、生霉材料上、空气中和各种粪便上都能找到，四川豆豉即用此菌制成。在大曲的微生物区分中，毛霉属于感染菌，也可以说是有害菌。但毛霉作用于培养基后所代谢的产物和自身积累的酶系又具有蛋白质分解力，或可产生乙酸、草酸、琥珀酸及甘油等。因此，少量的毛霉可能对大曲的"综合能力"有一定的作用。

许多毛霉能产生草酸、乳酸、琥珀酸及甘油等，有的毛霉能产生脂肪酶、果胶酶、凝乳酶等，且生长迅速，繁殖快，抗杂菌能力强。并可产生较高活力的蛋白酶，能保证大豆蛋白的适度分解，且能分泌淀粉酶、肽酶、脂肪酶、葡萄糖苷酶、儿茶酚氧化酶等多种酶系。近年来的研究表明，在酱香型白酒的制曲和酿造过程中存在大量的毛霉，是酿造过程中的优势菌株之一，能产生亚油酸乙酯和油酸乙酯等风味物质。

四、红曲霉

红曲霉属（*Monascus*）是一类小型丝状腐生真菌，主要种类有红曲霉、红色红曲霉、烟色红曲霉、发白红曲霉、锈色红曲霉、变红红曲霉和紫色红曲霉等。菌落初期为白色，老熟后变为淡粉红色、紫红色或灰黑色等，因种而异，一般以红色呈现。通常都能产生鲜艳的红曲霉红素和红曲霉黄素。菌落背面有规则的放射状褶皱。大曲、制曲作坊、酿酒醅液等都是适于它们繁殖的场所。

红曲霉的生长温度为 26～42℃，最适温度为 32～35℃，pH 值为 3.5～5.0，能耐 pH=2.5 和 10% 的酒精。可以看出它的生长温度范围大，偏酸性。特别是它可以糖、酸为碳源，产生淀粉酶、麦芽糖酶、蛋白酶、纤维素酶、脂肪酶和酯酶，具有生产红曲色素、Lovastatin（洛伐他汀）、麦角固醇、乙醇、柠檬酸、琥珀酸、乙酸等的能力。大曲中心所呈现的红、黄色素就是红曲霉作用的结果。红曲霉还能够生成单糖、氨基酸、核苷酸等呈味物质和挥发性酸类、醇类和酯类等香气物质。

红曲霉在白酒的生产中，不仅可以提高白酒的出酒率、糖化力和酯化力，其中的代谢物质还可以起到对人体有益的作用，进而增强白酒的保健功能。同时，红曲霉可以将白酒发酵残留的副产物黄浆水转化成"酯香液"，作为白酒的增香物质用来改善白酒的口味。红曲霉在白酒行业的应用对增加经济效益、改善白酒风味、提高产品质量和降低生产成本等具有明显的成效。

五、木霉

木霉属常见的木霉有绿色木霉、康氏木霉、长枝木霉等。Bissett 在 20 世纪 90 年代提出了一个新的分类系统，将木霉属分成了 5 个组：*Longibrachiatum* 组、*Pachybasium* 组、*Trichoderma* 组、*Saturnisporum* 组 和 *Hypocreanum* 组，共包括 31 个木霉生物学种。随着新种陆续被发现，目前，国内报道的木霉种类达到了 33 个。

木霉菌落开始时为白色，致密，圆形，向四周扩展，后从菌落中央产生绿色孢子，中央变成绿色。菌落周围有白色菌丝的生长带。最后整个菌落全部变成绿色。

绿色木霉菌丝白色，纤细，宽度为 1.5～2.4μm。产生分生孢子。分生孢子梗垂直对称分歧，分生孢子单生或簇生，圆形，绿色。绿色木霉菌落外观深绿或蓝绿色；康氏木霉菌落外观浅绿、黄绿或绿色。

木霉在土壤中分布很广，在木材及其他物品上也能找到。一方面，有些木霉菌株能强烈分解纤维素和木质素等复杂物质，以代替淀粉质原料，对国民经济有十分重要的意义；另一方面，某些木霉又是木材腐朽的有害菌。木霉菌丝有横隔，蔓延生长，形成平的菌落，菌丝无色或浅色，菌丝向空气中伸出直立的分生孢子梗，孢子梗再分枝成两个相对的侧枝，最后形成小梗，小梗顶端有成簇的分生孢子而不成串，孢子为绿色或铜绿色。

木霉可利用范围很广，并日益引起重视，木霉含有多种酶系，包括纤维素酶、葡聚糖酶、几丁质酶、蛋白酶、果胶酶和木聚糖酶，尤其是纤维素酶。木霉属真菌能够产生多种次级代谢产物，主要包括：聚酮类、萜烯类、氨基酸及其衍生物等。其生物活性主要表现在：抗植物病原真菌活性、促进植物生长活性、抗酵母活性、抗细菌活性、抗病毒活性等。

六、青霉

青霉属（*Penicillium*），常见的青霉有：产黄青霉、特异青霉、黄绿青霉、橘青霉。青霉的颜色比较复杂，常常随着培养条件的不同或菌龄的大小而有所变化，同一菌种新鲜和菌龄较大时在同一培养基上的颜色都有较大变化。气生菌丝体通常是白色或近白色，少数种呈现不同程度的黄色、红色、紫红色等；埋伏型菌丝通常呈无色、黄色、糖色、红色、褐色、淡紫色等，偶有带绿色或暗色。菌落表面的颜色通常指分生孢子的颜色，不同生长时期的分生孢子颜色差异很大，有绿色、黄绿色、淡灰黄色、灰绿色、蓝绿色、紫红色或无色。

青霉是产生青霉素的重要菌种。在自然界分布很广，空气、土壤及各类物品上都能找到。目前除应用于生产青霉素外，还应用于生产有机酸及纤维素酶等酶制剂和磷酸二酯酶等。青霉的菌丝与曲霉相似，营养菌丝有隔膜，因而也是多细胞的。但青霉孢子穗的结构与曲霉不同，分生孢子梗由营养菌丝或气生菌丝生出，大多无足细胞，单独直立成一定程度的集合体或成为菌丝束。分生孢子梗由菌丝垂直生出，一般无足细胞，有时聚集呈孢梗束状，无色，表面粗糙或光滑，有隔膜，不分枝或于孢梗顶端或近顶端处分枝，分枝张开或侧向主轴，多次分枝在孢梗顶端形成典型的帚状特征结构为帚状枝（图2-4）。

青霉能够产生一定的 α- 淀粉酶和纤维素酶等酶系，但是一般认为青霉在大曲或酿酒生产上完全属于有害菌。青霉系列菌都喜好在低温潮湿的环境中生长，对大曲中其他有益微生物的生长具有极大抑制力。另一方面青霉也可能在大曲入库以后，因管理不善，有适合它的生长条件时滋生。另外，有研究表明大曲青霉菌还会降低原料出酒率，而且影响白酒的风味。无论如何，大曲是不需要此类菌的，因此在制作大曲时要注意防湿。

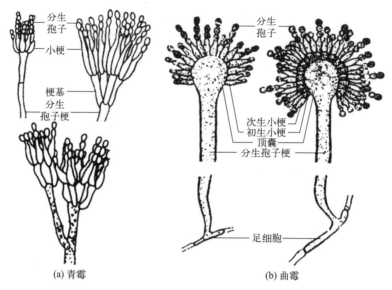

图 2-4　青霉和曲霉的分生孢子头

七、白酒酿造用霉菌的筛选

（一）样品处理

称取 10g 酒醅（大曲）样品于含有少量玻璃珠的 90mL 无菌生理盐水中，充分振荡 30min。

（二）培养基

马铃薯葡萄糖琼脂培养基 PDA：马铃薯浸粉 5g，葡萄糖 20g，琼脂 15g，氯霉素 0.1g，水 1000mL，pH5.8 ～ 6.2。

察氏培养基 CA：硝酸钠 3g，磷酸氢二钾 1g，硫酸镁 0.5g，氯化钾 0.5g，硫酸亚铁 0.01g，琼脂 15g，蔗糖 30g，水 1000mL，pH5.8 ～ 6.2。

麦芽汁琼脂培养基 MEA：麦芽浸膏粉 130g，琼脂 15g，氯霉素 0.1g，水 1000mL，pH5.8 ～ 6.2。

（三）菌种分离与纯化

取原液 1mL 梯度稀释为 10^{-2}、10^{-3}、10^{-4}，再吸取各不同浓度的稀释菌悬液 200μL 涂布于马铃薯葡萄糖琼脂培养基（PDA）或察氏培养基（CA）或麦芽汁琼脂培养基（MEA），放入 30℃霉菌培养箱中培养 3d（可适当延长培养时间）。选择菌落数在 30 ～ 300 个之间的浓度进行划线分离纯化，挑取单菌落进行纯化，多次划线分离镜检无杂菌后即为纯化菌种，纯化菌种转接到 PDA 斜面培养基上 4℃低温保藏。

（四）菌种鉴定

按照《中国真菌志》的形态观察培养方法将已经分离纯化的霉菌接种到PDA、CA和MEA培养基，在25℃培养箱中培养3～20d后，观察菌落的形态特征，并用乳酸石炭酸棉蓝染色液染色制片，在显微镜下观察菌丝、产孢结构、无性孢子和有性孢子、子囊、子囊孢子等细胞形态，参照《中国真菌志》、《真菌鉴定手册》、《常见与常用真菌》及相关文献进行霉菌形态鉴定（图2-5）。将纯化霉菌接种到液体培养基中，30℃、150r/min摇床培养至长出菌丝球后过滤收集，吸去菌丝球中的水分，液氮研磨粉碎菌丝，用植物基因组DNA提取试剂盒提取DNA。采用真菌ITS序列通用引物ITS4（5′-TCCTCCGCTTATTGATATGC-3′）和ITS5（5′-GGAAGTAAAAGTCGTAACAAGG-3′）扩增霉菌的ITS区域。将扩增产物送有关公司进行序列测定，将测序结果在NCBI数据库中进行BLAST比对分析，以此进行分子生物学鉴定。

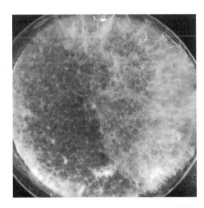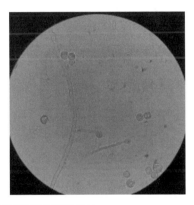

图2-5　霉菌菌株菌落形态及细胞形态

（五）菌种筛选

霉菌作为重要的白酒酿造微生物，在白酒发酵过程中发挥着重要作用，主要表现在其能产生多种活性酶，如糖化酶、纤维素酶、蛋白酶、酯化酶、果胶酶等，具有分解酒醅中的大分子物质、产生酒体中的风味物质或其前体物质的功能，对降解酿造原料和推动呈香呈味物质的形成具有重要贡献。朱丽萍等人在清香型小曲中通过复筛分离得到17株霉菌，制备成麸皮种，测定了其蛋白酶、糖化酶、纤维素酶、果胶酶等酶活力大小。结果发现17株霉菌均能产生糖化酶和纤维素酶，仅部分霉菌可产生蛋白酶和果胶酶，且多数霉菌代谢糖化酶和蛋白酶活力较高，纤维素酶和果胶酶活力整体偏低。

第二节 酵母菌

酵母菌是一类单细胞微生物，属真菌类，是人类实践中应用较早的一类微生物。早在3000多年前的殷商时期，我国劳动人民就运用它酿酒。人们利用酵母烤制面包、做馒头，进行酒精发酵、甘油发酵等。近年来已应用在石油脱蜡生产有机酸等新型发酵工业中，由于酵母细胞含有丰富的蛋白质、维生素和各种酶，所以又是医药、化工和食品工业的重要原料，例如生产菌体蛋白、酵母片、核糖核酸、核苷酸、核黄素、细胞色素C、辅酶A、凝血质、转化酶、脂肪酶、乳糖酶等。以及利用石油为原料发酵制取柠檬酸、反丁二烯酸、脂肪酸，在农业上做糖化饲料等。酵母菌在酒精发酵工业中的地位是非常重要的，但也有一部分酵母菌种是发酵工业上的污染菌，它们消耗酒精，降低产量或产生不良气味，影响产品的质量，少数鲁氏接合酵母和蜜蜂酵母能使果酱和蜂蜜败坏，少数酵母还能引起植物病害和人类疾病，如鹅口疮。

在自然界中，酵母菌主要分布在含糖量较高的偏酸性环境中，在蔬菜和水果的表面、酿酒厂周围环境和果园土壤中存在较多。石油酵母则多存在于油田和炼油厂周围的土壤中。我国民间制造的米曲、糠曲、麦曲等小曲中，也含有大量酵母菌。

白酒生产中目前发现的酵母菌主要有：酿酒酵母、毕赤酵母、裂殖酵母、东方伊萨酵母、扣囊复膜酵母、汉逊酵母、假丝酵母、球拟酵母、白地霉等。

一、酿酒酵母

酿酒酵母（*Saccharomyces cerevisiae*）俗称啤酒酵母，属酵母属酵母。细胞多为圆形、卵圆形或卵形，长与宽之比为1～2，一般小于2。其中分大、中、小三型，大型（4.5～10）μm×（5.0～21.0）μm，中型（3.5～8.0）μm×（5.0～17.5）μm，小型（2.5～7.0）μm×（4.5～11.0）μm。无假菌丝，或有较发达但不典型的假菌丝。生长在麦芽汁琼脂上的菌落为乳白色，有光泽、平坦、边缘整齐。能产生子囊孢子，每囊有1～4个圆形光面的子囊孢子（图2-6）。能发酵葡萄糖、麦芽糖、半乳糖、蔗糖及1/3棉籽糖，不能发酵乳糖和蜜二糖，不同化硝酸盐。

酿酒酵母通常被认为是白酒酒精发酵的主要酵母菌，特别是在麸曲白酒、小曲白酒、清香类大曲酒（清香型、老白干香

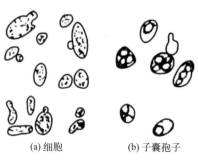

(a) 细胞　　　　(b) 子囊孢子

图2-6　酿酒酵母

型、凤香型）的发酵过程中，酿酒酵母占绝对优势。其对白酒中的乙酸酯、正丙醇和高级醇的产生具有较大的贡献。

二、裂殖酵母

粟酒裂殖酵母（*Schizosacharomyces pombe*）是子囊菌类的单细胞真核生物。粟酒裂殖酵母它的无性繁殖方式全部都是裂殖，因而又称之为裂殖酵母。尽管它被归类为"酵母"，但它在进化的早期与芽殖酵母有所不同，并且具有独特的细胞分裂模式（图2-7）。它通过裂变生长，类似于高等真核细胞的增殖方式，而许多其他酵母菌则通过发芽增殖。粟酒裂殖酵母最初是从东非粟啤酒中分离出来的，该酵母因此而得名。

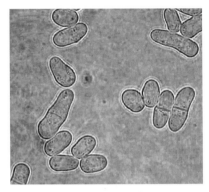

图2-7　裂殖酵母

在白酒生产中，粟酒裂殖酵母产异丁醇、异戊醇的能力明显偏低，并对酸、高温及乙醇等具有较强耐受性，对降低酱香型白酒中杂醇油含量、提高酒质、提高发酵效率具有重要价值。

三、东方伊萨酵母

1960年Kudryavtsev根据其球形的子囊孢子特征最先将该菌种描述为东方伊萨酵母（*Issatchenkia orientalis*）。东方伊萨酵母不仅可以产生酒石酸、柠檬酸、苹果酸等有机酸类，以及大量的高级醇类物质，还能产生少量的乙醛影响乙醇发酵。

目前关于东方伊萨酵母实际上存在着四种命名，分别为库德毕赤酵母（*Pichia kudriavzevii*）、东方伊萨酵母（*Issatchenkia orientalis*）、克鲁斯假丝酵母（*Candida krusei*）和产甘油假丝酵母（*Candida glycerinogenes*）。1980年，Kurtzman及其同事提出*C.krusei*是一个物种的无性型，其性形态为*P.kudriavzevii*，这使这两个名称成为同义词。*P.kudriavzevii*菌株在自然界广泛分布。它们经常在自然发酵中被发现，并且该物种被用于生产几种传统发酵食品，被美国食品和药物管理局授予"GRAS"菌株，因为数百年来，它一直被用于制造食品，如非洲的发酵木薯和可可，苏丹的发酵牛奶，以及哥伦比亚的玉米饮料。它用于酸面包的发酵剂培养，以及用小麦生产中国醋的发酵剂（大曲），它还具有作为益生菌的潜力。*P.kudriavzevii*菌株具有极高的抗应激能力，在生物技术中发挥着越来越大的作用，用于生产生物乙醇和琥珀酸。根据"一种真菌一个种名"的分类法则要求，目前将库德毕赤酵母作为统一命名，但是在不同的领域，这四种命名都在使用中。

在白酒工业上，使用东方伊萨酵母和库德毕赤酵母的命名较多。该菌株在多种香型白酒生产和酿造环境中都有分布，不仅具有较好的耐热能力和耐酒精能力，而且高产乙醇和酯类物质，并对白酒的香气形成具有重要作用。

四、扣囊复膜酵母

扣囊复膜酵母（*Saccharomycopsis fibuligera*），又称拟内孢霉，是复膜酵母属的一个种。扣囊复膜酵母具有典型的二型性，既存在大量分支状的有隔假菌丝，又产生酵母状的芽殖细胞。扣囊复膜酵母作为优势菌株广泛存在于淀粉质含量高的酒曲中，如：红曲、药曲、大曲和发酵前期的酒醅中，且随着发酵进行数量迅速减少。

扣囊复膜酵母还对白酒香型、风味形成具有价值。扣囊复膜酵母是大曲"上霉"时的主要微生物，在成品曲中广泛存在。其能够分泌多种胞外水解酶，包括：β-葡糖苷酶、淀粉酶（α-淀粉酶、葡糖淀粉酶、生淀粉糖化酶）、蛋白酶等。这些酶绝大部分在葡萄糖或硫限制条件下可被诱导表达。扣囊复膜酵母的代谢物对白酒香型、风味的形成具有一定作用，其代谢谱与菌株、酶活力、培养基成分及培养时间有关。当碳源为葡萄糖时，主要的挥发性代谢物包括 2-苯乙醇、2-乙酸苯乙酯和苯乙酸乙酯，这些均为苯丙氨酸衍生物，呈果香或花香；主要的非挥发性代谢物包括 3 种糖类（甘露糖、阿拉伯醇、甘露醇）、4种脂肪酸（丙酸、软脂酸、硬脂酸、肉豆蔻酸）、2 种有机酸（草酸、琥珀酸）和 8 种氨基酸（异亮氨酸、丝氨酸、丙氨酸、谷氨酸、甘氨酸、脯氨酸、苯丙氨酸、苏氨酸）。当培养基为高粱时，代谢物包括 9 种酯类、5 种内酯类、7 种醇类、9 种萘酚类、7 种酸类和 4 种醛酮类化合物，其中 6 种化合物（苯乙酸乙酯、乙酸苯乙酯、苯乙醛、4-乙基愈创木酚、3-甲基丁酸和苯乙酸）为白酒常见风味物质。在米根霉、酿酒酵母中加入扣囊复膜酵母混合发酵可提升酒中总酸和氨基态氮的含量，同时大幅减少酒中的醇类物质（甲醇、异丁醇、异戊醇）和总高级醇的含量，从而改善酒的品质。

五、汉逊酵母

汉逊酵母属（*Hanssenula*）比较常见的有异常汉逊酵母、有孢汉逊酵母和多形汉逊酵母等。汉逊酵母属于典型的产酯酵母，也叫生香酵母。产酯酵母不是酵母分类学上的名词，是指一类低产酒精可生成较多酯类物质的酵母的通称，包括汉逊酵母属、产朊酵母属、假丝酵母属、球拟酵母属和酒香酵母属等。

营养细胞为多边芽殖，细胞呈圆形、椭圆形、卵形、腊肠形。有假菌丝，有的有真菌丝。子囊形状与营养细胞相同，子囊孢子呈帽形、土星形、圆形、半圆形，表面光滑。子囊成熟后破裂放出子囊孢子。汉逊酵母属的各个种，可以是单倍体、双倍体或两种类型都有。同宗配合或异宗配合，发酵或不发酵糖，形成或不形成醭。可产生乙酸乙酯，同化硝酸盐。

此属酵母多能产生乙酸乙酯，并可自葡萄糖产生磷酸甘露聚糖，应用于纺织及食品工业。汉逊酵母有降解核酸的能力，并能微弱利用十六烷烃，汉逊酵母也常是酒类饮料的污染菌，它们在饮料表面生长成干而皱的菌醭。由于大部分的种能利用酒精作为碳源，因此是酒精发酵工业的有害菌。但在我国白酒工业中，它是白酒产香的主要菌种之一。目前国内使用的汉逊酵母菌有 2.297、1312、2300、汾 1、汾 2 等。

六、毕赤酵母

毕赤酵母属（*Pichia*）的菌株，其细胞具有不同形状，多边芽殖，多数种形成假菌丝。在子囊形成前，进行同型或异型接合或不接合。子囊孢子呈球形、帽形或土星形，常有一油滴在其中。子囊孢子表面光滑，有的孢子壁外层有痣点。每囊 1～4 个孢子，通常子囊容易破裂放出孢子。发酵或不发酵，不同化硝酸盐，这个属的酵母对于正癸烷、十六烷的氧化力较强。

毕赤酵母在大曲、酒醅等都有分布，白酒生产中常见的毕赤酵母有膜璞毕赤酵母、发酵毕赤酵母、异常毕赤酵母、季也蒙毕赤酵母、异色毕赤酵母、霍氏毕赤酵母、盉形毕赤酵母、克鲁维毕赤酵母等。毕赤酵母属里有的种能产生麦角固醇、苹果酸、磷酸、甘露聚糖。该菌的一些种在白酒生产中能产生类似汉逊酵母的香气，它与汉逊酵母的主要区别是不利用硝酸盐。毕赤酵母在其他饮料酒类中属污染菌，常在酒醅的表面生成白色干燥的菌醭。毕赤酵母一般产乙醇的能力较弱，但是其可以产生一些白酒风味物质，比如其可以产生 2- 苯乙醇、2- 甲基 -1- 丙醇、3- 甲基 -1- 丁醇、乙酸乙酯、苯乙酸乙酯、高级脂肪酸 /酸酯等挥发性成分。

七、假丝酵母

假丝酵母（*Candida*）细胞呈圆形、卵形或长形。无性繁殖为多边芽殖，形成假菌丝，也有真菌丝，可生成厚垣孢子、无节孢子、子囊孢子、冬孢子或掷孢子。不产生色素，很多种有酒精发酵能力，有的种能利用农副产品或碳氢化合物生产蛋白质，供食用或饲料用，是单细胞蛋白工业的主要生产菌。在白酒工业中，假丝酵母广泛存在于大曲及陈腐的酒糟中，多数种能产生酯香。在我国白酒增香菌种中，应用比较广泛的假丝酵母菌株是朗比克假丝酵母

（*C.lambica*）2.1182。也有的种能产生脂肪酶，可用于绢纺原料脱脂，此外有的种能致病。

（一）产朊假丝酵母（*Candida utilis*）

细胞呈圆形、椭圆形和圆柱形，大小为（3.5～4.5）μm×（7～13）μm。液体培养无醭，有菌体沉淀，能发酵。麦芽汁培养基上的菌落为乳白色，平滑，有光泽或无光泽，边缘整齐或呈菌丝状。在加盖片的玉米粉琼脂培养基上，仅能生成一些原始的假菌丝或不发达的假菌丝，或无假菌丝。

从酒坊的酵母沉淀、牛的消化道、花、人的唾液中曾分离到产朊假丝酵母，它也是人们研究最多的微生物单细胞蛋白生产菌之一。产朊假丝酵母的蛋白质和维生素 B 含量均比啤酒酵母高。它能以尿素和硝酸做氮源，在培养基中不需要加任何生长因子即可生长。特别重要的是它能利用五碳糖和六碳糖，既能利用造纸工业的亚硫酸纸浆废液，也能利用糖蜜、土豆淀粉废料、木材水解液等生产出人畜可食用的单细胞蛋白。

（二）热带假丝酵母（*Candida tropicalis*）

(a) 细胞　　　(b) 假菌丝

图 2-8　热带假丝酵母

在葡萄糖 - 酵母膏 - 蛋白胨液体培养基中于 25℃培养 3d，呈细胞卵形或球形，大小为（4～8）μm×（5～11）μm（图 2-8）。液体有醭或无醭，有环，菌体沉淀于管底。

在麦芽汁琼脂斜面上培养，菌落为白色到奶油色，无光泽或稍有光泽，软而光滑或部分有皱纹，培养久时，菌落逐渐变硬，并呈菌丝状。在加盖片的玉米粉琼脂培养基上培养，可见大量假菌丝，包括伸长的分枝假菌丝，上面带有芽生孢子，轮生而分枝的或呈短链的芽生孢子。有时呈圆酵母状的假菌丝也可产生真菌丝。

能发酵葡萄糖、麦芽糖、半乳糖、蔗糖；不能发酵乳糖、蜜二糖、棉籽糖。不能同化硝酸盐，不分解脂肪。

热带假丝酵母氧化烃类能力强，可利用煤油。在正烷烃 C_7～C_{24} 的培养基中培养，只能同化壬烷。在 230～290℃石油馏分的培养基中，经 22h 培养后，可得到相当于烃类质量 92% 的菌体，故为石油蛋白生产的重要酵母。用农副产品和工业配料也可培养热带假丝酵母作饲料。

（三）解脂假丝酵母解脂变种（*Candida lipolytica*）

细胞呈卵形或长形，卵形细胞大小为（3～5）μm×（5～11）μm，长细胞的长度达 20μm。液体培养时有菌醭产生，有菌体沉淀，不能发酵。麦芽汁斜面上的菌落为乳白色，黏湿，无光泽。有些菌株的菌落有褶皱或有表面菌丝，边缘不整齐。在加盖片的玉米粉琼脂培养基上可见假菌丝和具有横隔的真菌丝。在真、假菌丝的顶端或中间可见单个或成双的芽生孢子，有的芽生孢子轮生，有的呈假丝形。

从黄油、人造黄油、石油井口的油墨土和炼油厂等处均可得到解脂假丝酵母。它不能发酵，能同化的糖和醇也很少，但是，它分解脂肪和蛋白质的能力很强，这是它与其他酵母的重要区别；它是石油发酵生产单细胞蛋白的优良菌种。它能利用正烷烃，使石油脱蜡，降低凝固点，且比物理化学的脱蜡方法简单；它同化长链烷烃的效果比其他假丝酵母好。英国、法国等国家都用烃类培养解脂假丝酵母，生产单细胞蛋白。

解脂假丝酵母的柠檬酸产量也较高。有人在含4%～6%的正十烷、十二烷、十四烷、十六烷的培养基中，26℃振荡培养解脂假丝酵母6～8d，柠檬酸的转化率可达13%～53%，产量为5～34mg/mL。有报道将解脂假丝酵母培养在含8.0%的市售石蜡（C_{10}～C_{19}）的培养基中，加入适量的维生素B_1，可积累谷氨酸的前体物α-酮戊二酸5.68%，转化率71%。用以上烷烃作碳源，解脂假丝酵母可产生较多的维生素B_6，产量可达400μg/L左右。

八、球拟酵母

球拟酵母（*Torulopsis berlese*）与假丝酵母同属隐球酵母科，细胞为球形、卵形或略长形，生殖方式为芽殖。在麦芽汁斜面上菌落为乳白色，表面皱褶，无光泽，边缘整齐或不整齐。无假菌丝，无色素，有酒精发酵能力。有些种能产生甘油等多元醇。

细胞呈球形、卵形或略长形。营养繁殖为多边芽殖，在液体培养基内有沉渣及环，有时生成菌醭，不形成孢子。适宜于高温培养，许多白酒厂用于高温培养固体酵母，在白酒发酵中能产生酯香，甚至酱香。现在由茅台酒醅中分离出来的球拟酵母在许多白酒厂中应用。在其他酿酒工业中球拟酵母属于败坏菌。

九、白地霉

白地霉（*Geotrichum candidum link*）隶属地霉孢属，是一种介于酵母和霉菌之间的酵母菌，既能形成二叉分枝状的有横隔的真菌丝，又能通过菌丝断裂的方式（裂殖）产生节孢子。白地霉有两种形态类型，一种是菌落颜色奶油色，形成节孢子多，能够缓慢生长，具有轻微的解朊活性和强烈的酸化活性；另一种是菌落颜色白色，菌丝体发达，形成节孢子少，能快速生长，且具有极强的解朊活性和碱化活性。

在 28 ～ 30℃的麦芽汁中培养 1d，会产生白色的呈毛绒状或粉状的醭；具真菌丝，有的分枝，横隔或多或少，菌丝宽 2.5 ～ 9μm，一般为 3 ～ 7μm；裂殖，节孢子单个或连接成链，呈长筒形、方形，也有呈椭圆形或圆形，末端圆钝；节孢子绝大多数大小为（4.9 ～ 7.6）μm×16.6μm，在 28 ～ 30℃的麦芽汁琼脂斜面划线培养 3d，菌落白色，呈毛状或粉状，皮膜型或脂泥型。菌丝和节孢子的形态与其在麦芽汁中相似。

白地霉包含复杂的酶系统，从不同的白地霉菌株中发现的酶类包括糜蛋白酶、芳基醇氧化酶、脂肪氧合酶、过氧化物酶、脂肪酶、乙酰苯还原酶、菊糖酶、苯丙氨酸氧化酶、多聚半乳糖醛酸酶、果胶酶、纤维素酶和木质素过氧化物酶等。白地霉中的蛋白酶能够使谷氨酸、天冬氨酸等氨基酸发生脱氨基反应，还原生成甲基丙醇、甲基丁醇和苯乙醇等醇类物质。白地霉产生的脂肪酸氧合酶也是一种关联挥发性香味物质产生的酶，脂肪酸氧合酶催化多不饱和脂肪酸形成有机过氧化物中间体，在酯氧过氧化物裂解酶的作用下可形成挥发性香味物质。

白地霉是一种能够产生芳香化合物的酵母，如乙醇、甲基丙醇、异戊醇、乙酸乙酯、二甲基乙酸丙酯、异戊酸乙酯、丁酸乙酯、乙酸异戊酯等芳香类酯类和醇类化合物。

十、白酒酿造用酵母菌的筛选

(一) 样品处理

称取 10g 酒醅（大曲）样品于含有少量玻璃珠的 90mL 无菌生理盐水中，充分振荡 30min。

(二) 培养基

酵母菌常规的固体分离培养基种类较多，乙酸和乳酸为白酒发酵过程中的主体酸性物质，我们在研究酒醅发酵过程中微生物群落演替规律时发现，随着这两种化合物含量的升高，霉菌的数量会急剧下降，但酵母菌的数量却逐渐升高。提示这类有机酸可抑制丝状真菌的生长，却不影响酵母菌的生长，因此可以在选择性分离酵母菌时，作为丝状真菌的抑制剂。常用的培养基有 YPD 培养基：葡萄糖 2%、蛋白胨 2%、酵母浸粉 1%；乙酸 YPD 培养基（添加 3.3mL/L 乙酸），丙酸 YPD 培养基（添加 2mL/L 丙酸）；WLN 合成培养基：酵母浸膏 4.0g、胰蛋白胨 5.0g、葡萄糖 50.0g、磷酸二氢钾 0.55g、氯化钾 0.425g、氯化钙 0.124g、氯化铁 0.0025g、硫酸镁 0.125g、硫酸锰 0.0025g、琼脂 20.0g、溴甲酚绿 0.022g，蒸馏水 1L。

(三) 菌种分离与纯化

各稀释度条件下吸取 0.1mL 混合液分别均匀涂布于 YPD 或乙酸 YPD

（3.3mL/L）或丙酸 YPD（2mL/L）或 WLN 培养基平板上，于 30℃培养箱中培养 2～3d，根据菌落形态选择代表性菌落，进行分离纯化 2～3 次。

（四）菌种鉴定

根据《真菌鉴定手册》酵母菌菌落一般较大，呈白色，表面光滑；细胞呈圆形或椭圆形（图2-9）。依据超简法提取分离纯化的酵母菌基因组 DNA 并稍作改良：挑取微量纯化酵母菌于加有 60μL 10mmol/L NaOH 的灭菌 PCR 管中，37℃裂解 30min，存入 −20℃保存备用。使用引物 NL1（5′-GCATATCGGTAAGCGGAGGAAAAG-3′）和 NL4（5′-GGTCCGTGTTTC AAGACGG-3′）对分离的酵母菌 26Sr DNA 的 D1/D2 片段进行扩增，条件为：94℃ 4min；94℃ 40s，50℃ 50s，72℃ 40s，30 个循环；72℃ 4min。取 4μL PCR 产物进行琼脂糖凝胶电泳以检测条带大小，并进行测序分析。将测序结果上传至 NCBI 使用 BLAST 完成与模式菌株的比对鉴定。

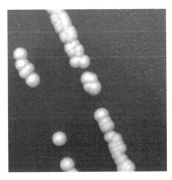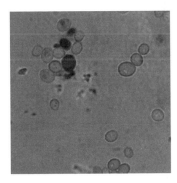

图 2-9 酵母菌的菌落及细胞形态

（五）菌种筛选

酵母是白酒酿造过程中主要的功能菌，产酯酵母又叫生香酵母，能促进酯类的生成，形成白酒的特征风味物质。其中酿酒酵母具有较高的发酵速率和较强的发酵能力，在白酒酿造中主要完成酒精的发酵，同时通过代谢作用产生高级醇类、酯类、有机酸等多种挥发性物质。相对于酿酒酵母，非酿酒酵母虽然发酵能力较低，但具有较强的产酶能力，能够将原料中的前体物质经过一系列生化反应形成酸、酯、醛和高级醇等挥发性风味物质，同时这些菌在白酒发酵过程中还能有效抑制一些腐败菌的繁殖，这对提高白酒的品质有着重要作用。

酵母菌的筛选方法很多，包括产酒能力、发酵速率、产风味物质能力（有机酸、酯类、高级醇、多元醇等）、耐性（耐温、耐乙醇、耐酸等）和耗氧特性等，可根据需要进行定向筛选。许银等人利用 WL 培养基从浓香型大曲中分离纯化了一株酵母菌，经过高粱汁培养基发酵初筛、高粱固态培养基发酵复筛，获得高产乙酸乙酯的酵母菌，并将其应用于清香型小曲白酒工业生产。其次，也有对酵母菌耐受性如耐高温、耐乙醇、耐酸等特性进行研究。将这些耐受性较好的酵母菌应用于白酒生产中，一定程度上对解决部分香型白酒中酸度高、残余淀粉含量高的现状具有重要意义。向丽萍等人对中高温大曲中酵母菌进行初步鉴定，再通过 TTC 培养基染色筛选，差异酸度培养基筛选了一株酿酒酵母，发现其具有耐受 pH 3.0、高温（48℃）、酒精度 6%（体积分数）等特性。

第三节　细　菌

细菌在自然界中种类繁多，利用范围日益扩大，有许多细菌被不断应用于工农业生产中，除过去一些早已建立起来的发酵工业及一些食品工业和用于生产乳酸、醋酸、丙酮、丁醇、抗菌素外，最近又利用细菌进行氨基酸、核苷酸、维生素、酶制剂等方面的发酵，并利用细菌产生一些多糖类物质应用于食品工业及医药工业等。在石油发酵、石油勘探、石油脱硫及细菌浸矿等方面，细菌也有很大的应用潜力。农业上利用细菌进行害虫的生物防治和制成细菌肥料。但也有不少细菌是人和动植物的病原菌。

白酒生产中常见的细菌主要是各种产酸菌和芽孢杆菌，它们是形成白酒酸、酯类风味物质的主要微生物。

一、乳酸菌

乳酸菌（lactic acid bacteria）是一类能利用可发酵糖类生成乳酸的细菌的统称，而并非规范的细菌分类学名称，一般将这群细菌描述为革兰氏阳性、厌氧或兼性厌氧、无芽孢的球菌或者杆菌。目前在自然界已发现的这类菌在细菌分类学上划分出至少 23 个属，包括乳杆菌属、双歧杆菌属、链球菌属、肠球菌属等。乳酸菌在自然界广泛存在，数量多、繁殖快，而传统白酒生产多为开放式操作，因此必然会有大量乳酸菌从不同生产环境被带入参与白酒酿造。乳酸菌是自然界数量最多的菌类之一，大多数不运动，无芽孢，通常排列成链，需要有糖类存在才能生长良好，它能发酵糖类产生乳酸。

乳酸菌能够在 5 ~ 45℃生长，最适 pH 为 5.5 ~ 6.5。乳酸菌的分类除了按照种属分类之外，还可以根据乳酸发酵的类型划分为：①同型乳酸发酵，葡萄糖经过糖酵解途径生成丙酮酸，在乳酸脱氢酶的作用下被还原为乳酸，1 分子葡萄糖生成 2 分子乳酸，理论转化率为 100%；②异型乳酸发酵，葡萄糖经磷酸戊糖途径生成 5- 磷酸核酮糖，经过 3- 磷酸甘油醛、丙酮酸，最后被还原为乳酸，1 分子葡萄糖生成 1 分子乳酸和 1 分子乙醇，乳酸对糖的转化率为 50%；③双歧发酵途径，1 分子葡萄糖分子经磷酸己糖解酮酶途径生成 1 分子乳酸和 1.5 分子乙酸，乳酸对糖的转化率为 50%。

乳酸菌多是厌氧性杆菌，生成乳酸能力强。白酒醅和曲块中多是异乳酸菌（乳球菌），是偏厌氧或好氧性。异乳酸菌有产乳酸酯的能力，并能将己糖同化成乳酸、酒精和 CO_2，有的乳酸菌能将果糖发酵生成甘露醇。乳酸如果分解为丁酸，会使酒呈臭味，这是新酒产生臭味的原因之一。还有的乳酸菌将甘油变成丙烯醛而呈刺眼的辣味。

乳酸菌的生长及代谢不仅影响窖池酒醅的发酵进程，还可以促进香味物质及香味的前驱物质生成。乳酸菌能够产生乳酸、乙酸、琥珀酸、丙酸、甲酸和丁酸等有机酸，以及细菌素等拮抗物质，还会与其他的微生物争夺底物来刺激其他微生物的繁殖；乳酸菌代谢产生的有机酸、乳酸乙酯、乙酸乙酯可以影响白酒的风味。乳酸菌在固态法白酒中的主要作用：①能给微生物的发酵供给营养，使得酿酒微生物可以进行正常的生长与繁殖；②加速美拉德的反应进程，有助于构成一些香味物质；③维持酿酒环境的偏酸性，促进酿酒酶系的糖化与发酵；④有助于改良酿酒过程中的微生态；⑤乳酸能降低白酒的刺激感，增加酒体的醇厚感，是白酒中最重要的呈味剂及味道改良剂。乳酸菌在酒醅内产生大量的乳酸及乳酸乙酯，乳酸乙酯被蒸入酒中，使白酒具有独特的香味。

白酒生产需要适量的乳酸菌，否则无乳酸及其酯类，就不具有白酒风味了。但乳酸过量，会使酒醅酸度过大，影响出酒率；乳酸过量还会使酒带馊酸味，使白酒质量下降。长期以来，白酒生产中不是乳酸不足，而是过剩，特别是浓香型白酒，"增己降乳"成为提高浓香型白酒质量的技术关键。为了"增己降乳"，除了要做好环境卫生和生产卫生，防止大量乳酸菌入侵外，还应在微生物方面进行控制。近年来，随着白酒机械化和清洁生产的推广，酿酒环境卫生、劳动生产环境的改善，酿酒环境中的乳酸菌群有所减少，除气温高且潮湿的环境外，乳酸菌的控制已不成问题。

二、醋酸菌

醋酸菌（acetic acid bacteria）是一类可以氧化酒精生成醋酸，并可以以氧气为终端电子受体，氧化糖醇类、醇类和糖类生成相应的酮、有机酸和糖醇的革兰氏阴性细菌的总称。醋酸菌按照生理生化特性，可将醋酸菌分为醋酸杆菌属和葡萄糖氧化杆菌属两大类。醋酸菌是一类重要的工业微生物，革兰氏阴性或不定，专性需氧菌。细胞形态有：椭圆、杆状、单生、成对或成链排列，细胞大小为（0.6 ～ 0.8）μm×（1.0 ～ 4.0）μm。一般不能形成芽孢，也没有荚膜。运动性不严格，但严格好氧。最适 pH 为 3.5 ～ 6.5，最适生长温度 25 ～ 30℃，极不耐高温。菌落颜色一般呈灰色，大多数不产生色素，无致病性，可造成酒的酸化及果实的细菌性腐败，改变原有物的形态、色泽、触感及风味等。

目前，醋酸菌类主要有 16 个属，与食品有关的醋酸菌主要有四个属，分别是醋酸杆菌属 *Acetobacter*、葡糖杆菌属 *Gluconobacter*、葡糖酸醋杆菌属 *Gluconacetobacter* 和驹形杆菌属 *Komagataeibacter*。醋酸菌在自然界中分布很广，而且种类繁多，是氧化细菌的重要菌种，也是白酒生产中不可缺少的菌类。固态法生产白酒，是开放式的，在操作时势必感染一些醋酸菌，其成为酒中醋酸的主要来源。醋酸菌还具有较强的酶系，如醇脱氢酶、醛脱氢酶、山梨糖醇脱氢酶、葡萄糖脱氢酶等氧化酶，在酿造过程中除了能将乙醇氧化成乙酸，还能氧化其他醇、糖为对应的酸、酮等物质，如丁酸、葡萄糖酸、葡萄糖酮酸、木糖酸、阿拉伯糖酸、丙酮酸、琥珀酸、乳酸等有机酸。醋酸是白酒的主要香味成分，同时也是酯的承受体，是丁酸、己酸及其酯类的前体物质。但醋酸含量过多，会使白酒呈刺激性酸味，醋酸对酵母的杀伤力也极大。醋酸菌是严格耗氧菌，醋酸过量时可在工艺上采取措施通过控氧加以限制。

醋酸菌主要是在大曲发酵前、中期生长繁殖，尤其是在新曲中含量最多。醋酸菌有一个致命的弱点是在干燥低温的环境下芽孢会失去发芽能力。所以，在使用大曲时，要求新曲必须贮存 3 个月或半年以上，这就是为了使醋酸菌以最少数量进入窖内发酵。

三、己酸菌

己酸菌（caproic acid bacteria）是能够以乙醇、乳酸、葡萄糖、D-半乳糖醇等为碳源，发酵积累己酸的一类微生物的总称。目前已报道的己酸菌主要包括梭菌属（*Clostridium*）、瘤胃菌科（Ruminococcaceae）、巨球型菌属（*Megasphaera*）、芽孢杆菌属（*Bacillus*）等。己酸菌在环境中分布广泛，浓香型白酒生态系统、厌氧消化污泥、牛羊瘤胃和淤泥等中均有己酸菌存在。

梭菌属（*Clostridium*），存在于窖泥或污泥水，多为革兰氏阳性菌［丁酸梭菌（*C.butyricum*）为革兰氏阴性菌］，严格厌氧，包括克氏梭菌（*C.kluyveri*）、球孢梭菌（*C.sporosphaeroides*）等菌株。菌落呈白色或灰白色，圆形、扁平，表面光滑且周围有较为明显的透明圈，单菌呈杆状且都能形成孢子。

瘤胃菌科（Ruminococcaceae）存在于窖泥，菌落形态及单菌形态与梭菌属相似。某些菌株细胞表面还有荚膜，周生鞭毛，可以游动，如Ruminococcaceae H2，其能够利用乳酸产生己酸。

在浓香型大曲酒生产中，酒窖越老，产酒的质量越好，这主要是因为在白酒生产中己酸菌多栖息在窖泥中，己酸菌产生的己酸可以与乙醇酯化成为己酸乙酯，己酸乙酯是我国浓香型白酒的主体香味成分。自 20 世纪 60 年代起，我国开展了浓香型白酒与窖泥微生物关系的研究，发现老窖泥中富集多种厌氧功能菌，主要为厌氧性克氏梭状芽孢杆菌，它们参与浓香型白酒发酵，是生成浓香型白酒的主体香味成分己酸乙酯的关键菌种。

己酸菌对窖池养护起关键作用，具有优良己酸菌的窖泥生产出的浓香型白酒，不仅主体香成分己酸乙酯含量高，而且香气细腻合适，口味柔和干净。

四、丁酸菌

丁酸菌（butyric acid bacteria）是使糖类能够在相对较低的 pH 值下将乳酸转化为丁酸、氢和二氧化碳的一类微生物的总称。代表种是丁酸梭状芽孢杆菌（*C.butyricum*），即酪酸梭菌，主要代谢产物为丁酸、乙酸、H_2、CO_2 以及少量的乙醇。1933 年日本千叶医科大学医学系 Iangi Miyairi 博士从人的粪便中分离出丁酸梭菌，随后发现其具有极强的整肠作用，可以抑制肠道中的致病菌，促进肠道中有益菌如双歧杆菌和乳酸菌的生长。

丁酸梭菌是梭菌属（*Clostridium*）的一种革兰氏阳性菌。其细胞有直的也有弯的，细胞大小为（0.6～1.2）μm×（3.0～7.0）μm，端圆，中间部分轻度膨胀，单个或成对，短链，偶见有丝状菌体，周生鞭毛，能运动。孢子卵圆形，偏心或次端生。丁酸梭菌在琼脂平板上形成白色或奶油色的小规则圆形菌落，不水解明胶，不消化血清蛋白，能够发酵葡萄糖、蔗糖、果糖、乳糖等糖类产酸，一个显著的特征是产生淀粉酶，水解淀粉但不水解纤维素。水解淀粉和糖类的最终产物为丁酸、醋酸和乳酸，还发现有少量的丙酸、甲酸，硝酸盐还原试验为阴性。丁酸梭菌存在于土壤、污泥、人和动物肠道以及干酪和自然发酵的酸奶、酒曲和窖泥中。丁酸梭菌是严格厌氧菌，其产酸发酵过程与细胞的生长状态密切相关。在浓香型酒的老窖泥中可分离到丁酸菌，在酒醅发酵过程中有微量的丁酸发酵，而丁酸是形成丁酸乙酯的前体物质。

五、甲烷菌

甲烷菌是水生古细菌门（Euryarchaeota）中一类可将无机或有机化合物经厌氧发酵转化成甲烷和二氧化碳的严格厌氧古菌的总称。甲烷细菌是一个特殊的、专门的生理群，它具有特殊产能代谢功能，以乙酸、H_2/CO_2、甲基类化合物为底物，它是沼气发酵微生物中的重要细菌类群。它们生长需要十分严格的厌氧条件，其氧化还原电位维持大约低于 -300mV。除个别高温菌最适生长温度为 50～70℃外，多数菌最适生长温度为 30～45℃。甲烷菌形状一般是长杆状、短杆状或者弯杆状、丝状、球状、螺旋状或集合成假八叠球菌状，不生芽孢，不运动或以端生鞭毛运动，革兰氏染色呈阳至阴性，细胞内无细胞色素。产甲烷菌被分别描述为甲烷杆菌纲（Methanobacteria）、甲烷球菌纲（Methanococci）、甲烷微菌纲（Methanomicrobia）和甲烷火菌纲（Methanopyri），这4个纲包括7目，14科，35属。产甲烷菌，是专性厌氧菌，属于古菌域，广域古菌界，宽广古生菌门。

窖泥中存在多种形状的产甲烷细菌（杆状、球状、不规则状等）。酒窖中的厌氧环境和各种物质（如CO_2、H_2、甲酸、乙酸等）给产甲烷菌的生长与发酵提供了有利条件。

有文献报道乙酸营养型的甲烷八叠球菌（*Methanosarcina*）、甲烷鬃菌属（*Methanosaeta*）是20年龄窖泥中主要优势古菌类群，氢气营养型的甲烷粒状属（*Methanocorpusculum*）和甲烷杆菌属（*Methanobacterium*）是50年、150年龄窖泥中主要优势古菌类群。产甲烷菌为甲烷短杆菌属（*Methanobrevibacter*）、甲烷杆菌属（*Methanobacterium*）、甲烷鬃菌属（*Methanosaeta*）和甲烷囊菌属（*Methanoculleus*）。产甲烷菌与众多产香微生物的相互作用对很多香味物质的产生有直接或者间接的影响。

甲烷菌主要产甲烷，甲烷菌、硝酸盐还原菌与产酸菌、产氢菌相互偶联，甲烷有刺激产酸效应。甲烷菌与窖泥中其他功能菌之间存在"种间氢转移"关系。甲烷菌与己酸菌共发酵，有利于己酸菌生长与发酵的进行，己酸菌代谢产物中积累着H_2，甲烷菌则利用H_2和CO_2形成甲烷，己酸菌的环境得到改善后，促进了己酸菌的生长和产酸，从而进一步提高了己酸的产量。在人工老窖中移植产甲烷菌后，己酸乙酯含量明显提高，其他酯含量也相应提高，窖泥也由原来的黄色变为了乌灰色，手捻具有揉熟感，并且含有老窖泥的窖香味，感官质量良好，证明产甲烷菌对窖泥和白酒香气成分都有积极的影响。近年来，通过对产甲烷菌和硫酸盐还原菌（sulfate-reducing bacteria，SRB）的共培养发现了二者除"种间氢转移"关系外，还存在新的物质交流——种间丙氨酸转移。

六、丙酸菌

丙酸菌（propionic acid bacteria，propionibacteria）是一类能以葡萄糖、甘油、乳糖、乳酸等作为碳源，生成丙酸，并伴随副产物乙酸、琥珀酸、CO_2等的微生物的总称。丙酸菌是一类革兰氏染色阳性菌，不形成孢子，无运动能力，兼性厌氧；菌体呈分枝或规则、不规则的杆状，略弯曲或近球形；通常排列成单个、成对或"V"和"Y"字形状；短链或丛生成"汉字"状排列；菌落乳白色、黄褐色或者淡红褐色，菌落较小，边缘整齐，湿润黏稠；最适生长温度30～37℃，个别菌株在25℃和45℃也能生长。丙酸菌属于放线菌门，具有较高的GC含量（57%～70%）。丙酸生产菌主要有丙酸杆菌、费氏球菌和丙酸梭菌，而通过国内外大量研究发现，产酸能力较好的多为丙酸杆菌科，其有25属，主要有酸性丙酸杆菌属（*Acidipropionibacterium*）、表皮杆菌属（*Cutibacterium*）和丙酸杆菌属（*Propionibacterium*）。常见的丙酸杆菌包括产酸丙酸杆菌（*Propionibacterium acidipropionici*）、费氏丙酸杆菌（*P.freudenreichii*）、薛氏丙酸杆菌（*P.shermanii*）。

丙酸菌能直接将乳酸转化生成丙酸和乙酸，可降低酒中的乳酸及其酯的含量，使己酸乙酯与乳酸乙酯的比例适当，是浓香型白酒"增己降乳"、特香型白酒"增丙降乳"的主要措施之一。丙酸菌还具有很高的脂解活性，能够分解产生大量的游离脂肪酸。许多菌株能够产生细菌素、丙酸、乙酸和丁二酮等，抑制革兰氏阴性细菌以及酵母菌和霉菌的生长。

七、芽孢杆菌

芽孢杆菌是一类能形成芽孢（内生孢子）的杆菌或球菌。它们对外界有害因子抵抗力强，分布广，芽孢杆菌较大（4～10μm），一般为革兰氏染色阳性，是严格需氧或兼性厌氧的有荚膜的杆菌。该属细菌的重要特性是能够产生对不利条件具有特殊抵抗力的芽孢，存在于土壤、水、空气以及动物肠道等。芽孢杆菌具有耐高温、快速复活和分泌酶能力较强等特点，在有氧和无氧条件下都能存活。在营养缺乏、干旱等条件下形成芽孢，在条件适宜时又可以重新萌发成营养体。在酿酒环境中，常见的芽孢杆菌有：枯草芽孢杆菌、地衣芽孢杆菌和解淀粉芽孢杆菌等。

（一）枯草芽孢杆菌

枯草芽孢杆菌（*Bacillus subtilis*）是芽孢杆菌中的一属，属于革兰氏阳性菌，广泛分布于土壤和腐败的有机物中，其命名缘由是因为其较易在枯草浸汁中培养。枯草芽孢杆菌是一种杆状革兰氏阳性细菌，自然存在于土壤和植被中。枯草芽孢杆菌在中温范围内生长。最适温度为25～35℃。

枯草芽孢杆菌是一种革兰氏阳性菌，细胞短杆状，大小介于（0.8～1.2）μm×（1.5～4.0）μm之间，可以产生荚膜，具有鞭毛，可以运动。该菌具有较强的生长繁殖能力，能够承受一定的盐度、温度及压力，是一种典型的好氧型菌。

枯草芽孢杆菌具有孢子休眠期、生殖生长期两个生长时期，枯草芽孢杆菌会在生长环境恶劣、营养物质缺乏等不适宜的环境下进入孢子休眠期，并且形成具有极强抗逆作用、在高温和酸碱等极性环境下亦可生存的芽孢，从而适应环境得以生存。

枯草芽孢杆菌能够产数十种抗菌物质，主要包括细菌素、荧光素、酚类物质、多肽类物质、蛋白质类物质等。其中主要产3种胞外抑菌脂肽类物质，分别为生物表面活性素、伊枯草菌素、丰原素。

能够产生 α- 淀粉酶、蛋白酶、脂肪酶、纤维素酶等酶类；有的菌株具有能强烈降解核苷酸的酶系，故常作选育核苷生产菌；有些菌株还能产生乙偶姻、四甲基吡嗪。还有很多研究报道其是酱香风味物质的主要产生菌。

（二）地衣芽孢杆菌

地衣芽孢杆菌（B.licheniformis）是白酒生产中的一类重要风味功能微生物，是芽孢杆菌属的一种，细胞大小 0.8μm×（1.5～3.5）μm，细胞形态和排列呈杆状、单生，细胞内无聚 -B- 羟基丁酸盐颗粒，革兰氏阳性杆菌。菌落为扁平、边缘不整齐、白色。产生近中生的椭圆或柱状芽孢。菌落在肉汁培养基上为扁平、边缘不整齐、白色、表面粗糙皱褶，24h 后菌落直径可达到 3mm。液体培养浑浊，形成沉淀。生长温度 15～45℃，适宜 pH7.7～8.3，但 pH 为 5.7 时能生长，能在 7% NaCl 溶液中生长，为兼性厌氧菌。

地衣芽孢杆菌具有很强的蛋白酶、脂肪酶、淀粉酶活性，以及纤维素酶、果胶酶、葡聚糖酶活性，其能够代谢产生几丁质酶、抗菌蛋白、地衣素、多肽类物质。

（三）解淀粉芽孢杆菌

解淀粉芽孢杆菌（ B.amyloliquefaciens）为芽孢杆菌属，是一种与枯草芽孢杆菌亲缘性很高的细菌，其在生长过程中可以产生一系列能够抑制真菌和细菌活性的代谢物。解淀粉芽孢杆菌可产生多种 α- 淀粉酶及蛋白酶，与枯草芽孢杆菌在形态、培养特征及生理生化特性方面非常相似；属兼性厌氧菌，菌落在LB 培养基上和牛肉膏蛋白胨培养基上呈淡黄色不透明菌落，表面粗糙，有隆起，边缘不规则，在多种培养基上均不产色素；液体培养静置时有菌膜形成；革兰氏染色呈阳性，杆状，可形成内生芽孢，呈椭圆形，两端钝圆，芽孢囊不膨大，中生到次端生，有运动性。

解淀粉芽孢杆菌能产生重要的酶系，包括降解多糖的酶类，如 α- 淀粉酶、纤维素酶、β-1，3-1，4- 葡聚糖酶、木质纤维素降解酶、褐藻胶裂解酶和壳聚糖酶；也包括分解蛋白质的酶类，如蛋白酶、溶栓酶和凝乳酶；以及其他一些重要酶类，如漆酶、磷酸酯酶和植酸酶等。

八、白酒酿造用细菌的筛选

（一）乳酸菌

1. 样品处理

配制 100mL 的 MRS 液体培养基，用盐酸调节 pH 范围在 4～4.5，在灭菌的培养基中加 5g 样品和 100μL 放线菌酮溶液，35℃培养箱静置培养 24～48h。

2. 培养基

MRS 肉汤培养基：蛋白胨（10g/L）、牛肉浸粉（8g/L）、酵母浸粉（4g/L）、葡萄糖（20g/L）、磷酸氢二钾（2g/L）、柠檬酸氢二铵（2g/L）、乙酸钠（5g/L）、硫酸镁（0.2g/L）、硫酸锰（0.04g/L）、吐温80（1mL/L），自然pH值。固态培养基加入1.5%～2.0%的琼脂，121℃灭菌15min。

3．分离纯化

取1mL富集培养的乳酸菌悬液移至9mL的无菌生理盐水，采用10倍梯度稀释涂布法进行分离。吸取不同的稀释梯度200μL涂布于含15% $CaCO_3$乳浊液的MRS平板上，37℃恒温培养2～3d。挑取菌落周围有明显透明圈、菌落大小颜色和凹凸情况有明显差异的单菌落，采用分区划线法进行纯化，纯化后的菌株于4℃下保藏备用。对于纯化好的菌株，革兰氏染色后于油镜下观察细胞形态并记录结果以做备用。

4．菌种鉴定

根据《细菌鉴定手册》乳酸菌菌落呈圆形，中等大小，凸起，微白色，湿润，边缘整齐（图2-10）。依据超简法提取分离纯化的乳酸菌基因组DNA并稍作改良：挑取微量纯化乳酸菌加有60μL 10mmol/L NaOH的灭菌PCR管中，37℃裂解30min，存入-20℃保存备用。16Sr DNA的PCR扩增及测序。根据细菌的16S r DNA基因序列的保守区域，利用上游引物27F（5′-AGAGTTTGATCCTGGCTCAG-3′）和下游引物1492R（5′-TACGGYTACCTTGTTACGACTT-3′），以菌株基因组为模板进行PCR扩增，扩增片段长度约1500bp。扩增条件为：94℃ 4min；94℃ 40s，50℃ 50s，72℃ 40s，30个循环；72℃ 4min。取4μL PCR产物进行琼脂糖凝胶电泳以检测条带大小，并测序分析。将测序结果上传至NCBI进行序列比对。

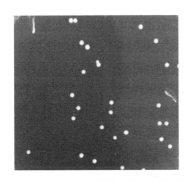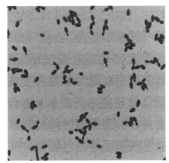

图2-10　乳酸菌的菌落及细胞形态

5．菌种筛选

乳酸菌可产生有机酸，降低发酵体系pH值，为酵母菌提供适宜的生长环境，抑制杂菌生长，利于白酒发酵及保持酿酒微生态环境。乳酸菌的主要代谢产物乳酸有调和酒味的缓冲功能。乳酸与酒精发生酯化反应形成的乳酸乙酯，具有减少酒体刺激感、增加酒体回甜感和浓厚度、延长白酒后味的作用，但含量过多则口感变差；此外，乳酸菌可通过产生细菌素等拮抗物质以及与其他微生物竞争底物等方式影响发酵体系中其他微生物的生长代谢，调节发酵过程中的菌群结构，从而调控整个发酵过程。适量的乳酸菌对白酒风味起到较好的作用，影响白酒的香型和风格。杨帆等人对 MRS 培养基进行了改良，加入了一定量的大曲和酒醅浸提液，从而实现了造沙轮次优势乳酸菌的分离纯化，将初步分离到的乳酸菌进行液态和固态发酵，通过对乳酸含量进行测定选育优势乳酸菌。

（二）醋酸菌

1．样品处理

高酸驯化：三角瓶中加入 100mL 含有 3% 无水乙醇的发酵产酸培养基，接入 10% 样品，34℃、150 r/min 的摇床条件下进行醋酸发酵，当总酸（以醋酸计，以下均相同）含量达 3.5% 左右时，流加酒精，使培养基内酒精含量保持在 3% 左右，继续摇床培养，总酸达 6g/100mL 以上时，停止发酵。

2．培养基

增殖培养基：酵母浸粉 1g，葡萄糖 1g，蛋白胨 1g，6°Bx 麦芽汁定容至100mL，加入 3mL 无水乙醇，pH5.5。

平板分离培养基：酵母浸粉 1g，葡萄糖 1g，蛋白胨 1g，琼脂 1.8g，0.04% 溴甲酚紫 5mL，蒸馏水定容至 100mL，加入 3mL 无水乙醇，pH5.5。

3．分离纯化

取一定量驯化液，接种于增殖培养基中，在温度 34℃、转速为 150r/min 的恒温振荡培养箱培养 48h 后，用 0.85% 的无菌生理盐水对增殖液进行梯度稀释，取各浓度稀释液 0.1mL 涂布于溴甲酚紫显色平板上。34℃恒温培养 72h 后，挑选变色圈大、菌落丰厚、生长旺盛的单菌落纯化培养。将纯化后的菌落接种于斜面保藏培养基，34℃培养 48h 后置 4℃冰箱中保藏。

4．菌种鉴定

根据《伯杰细菌鉴定手册》乙酸菌菌落呈圆形，表面光滑，有明显凸起。菌株为革兰氏阴性菌，在光学显微镜下观察发现细胞无芽孢、呈短杆状、两端圆形，单个或成对成链存在（图 2-11）。依据超简法提取分离纯化的醋酸菌基因组 DNA 并稍作改良：挑取微量纯化醋酸菌于加有 60μL 10mmol/L NaOH 的灭菌 PCR 管中，37℃裂解 30min，-20℃保存备用。根据细菌 16SrDNA 基因序列的保守区域，利用上游引物 27F（5′-AGAGTTTGATCCTGGCTCAG-3′）和下游引物 1492R（5′-TACGGYTACCTTTGTTACGACTT-3′），以菌株基因组为模板进行 PCR 扩增，扩增片段长度约 1500bp。扩增条件为：94℃ 4min；94℃ 40s，50℃ 50s，72℃ 40s，30 个循环；72℃ 4min。取 4μL PCR 产物进行琼脂糖凝胶电泳以检测条带大小，并进行测序分析。将测序结果上传至 NCBI

使用 BLAST 完成与模式菌株的比对鉴定。

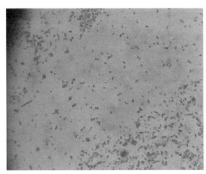

图 2-11　醋酸菌的菌落及细胞形态

5．菌种筛选

白酒中的主要呈味物质是有机酸。白酒的口感和品质直接受各种有机酸含量及相互比例的制约。有机酸有呈香、缓冲平衡的作用。醋酸菌产生的醋酸是白酒的主要香味成分，同时也是丁酸、己酸及其酯类的前体物。适量的乳酸菌、醋酸菌能一定程度上抑制杂菌生长，并能促进美拉德反应、促进酿酒发酵、维护与保持酿酒微生态环境等。乙酸的酸味具有很强的刺激性，含量适中时，能使白酒口感爽快，但含量过多或过少时，会有不恰当的刺激感。因此，乙酸的含量和比重在很大程度上影响着酒醅的好坏，制约着白酒的品质，所以了解酒醅中的有机酸种类和数量对白酒的实际生产有重要的指导意义。李玮黎等人分析了西凤酒酿造各阶段酒醅样品中乙酸菌的数量变化情况，对分离到的乙酸菌进行产酸定性实验，选育了产酸性能较好的优势菌株。

（三）己酸菌

1．样品处理

富集培养：称取窖泥 1g 接入灭菌的梭菌液体培养基（RCM）和乙醇醋酸钠培养基（EAM）的试管中，每根试管加入 0.2mL 的液体石蜡液封，于 34℃静置培养 3 ～ 5d。观察试管内的产气情况，将产气较好的试管放在 80℃水浴锅中水浴 10min，再吸取 0.5mL 培养液接种至装有相应培养基的试管中进行培养，反复培养水浴处理 3 ～ 4 次后观察试管内的产气情况，同时吸取发酵液进行 $CuSO_4$ 显色，判断富集培养液中是否有己酸生成。

2．培养基

梭菌培养基（RCM）：蛋白胨 10.0g、牛肉粉 10.0g、酵母粉 3.0g、葡萄糖 5.0g、可溶性淀粉 1.0g、氯化钠 5.0g、醋酸钠 3.0g、L- 半胱氨酸盐酸盐 0.5g、蒸馏水 1L，pH 值 6.8±0.1，121℃灭菌 20min。

乙醇醋酸钠培养基（EAM）：NaAc 5g、酵母膏 1g、$MgSO_4 \cdot 7H_2O$ 0.2g、

K$_2$HPO$_4$0.4g、（NH$_4$）$_2$SO$_4$0.5g、CaCO$_3$10g，蒸馏水 1L，自然 pH；121℃灭菌 20min，乙醇 2.0%（灭菌后使用前加入）。

LB 培养基：蛋白胨 10g、酵母粉 5g、NaCl 10g、蒸馏水 1L，pH7.4，121℃灭菌 20min。

3. 分离纯化

无菌条件下，从显色明显的试管富集液中吸取 1mL 至 9mL 的无菌生理盐水中混匀，依次进行梯度稀释，吸取各稀释梯度菌液 0.2mL 接入分离平板培养基，涂匀后放置于装有除氧剂的厌氧培养袋中于 34℃培养 5 ~ 7d。观察分离平板培养得到的单菌落，对不同的单菌落进行编号，然后挑取各个编号的单菌落在相应的平板上进行划线分离，放置于厌氧培养袋中倒置培养。用接种环分别挑取编号平板上的划线菌株接入新鲜的液体培养基中，加入液体石蜡液封培养，同时用革兰氏染色法对编号菌株进行镜检，观察菌体的显微形态，后对各编号菌株发酵液进行定性分析，将具有产酸性能的菌株种子液接入到灭菌的装有 40% 甘油的保存管中于 −80℃超低温冰箱中进行保藏。

4. 菌种鉴定

己酸菌为革兰氏阳性菌，顶端有芽孢，菌落呈白色圆形，扁平，表面光滑且周围有较为明显的透明圈（图 2-12）。提取菌株基因组作为模板，采用通用引物 27F 和 1492R 进行 PCR 扩增，得到含有己酸菌菌株 16S rDNA 保守区的片段并对其进行测序。扩增程序：95℃、5min；95℃、30s，55℃、30s，72℃、90s，24 个循环；72℃、10min。将测序结果在 NCBI 通过 BLAST 进行同源性比较，用 MEGA6 软件构建系统发育树。

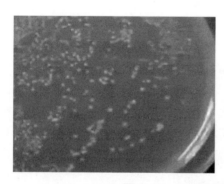

图 2-12　己酸菌菌落形态及其细胞形态

5. 菌种筛选

在传统固态浓香型白酒酿造中，窖泥的作用是至关重要的，窖泥微生物的种类、数量、种群间的相互作用以及代谢的多样性直接影响着白酒的质量，其中就包含大量的己酸菌。己酸菌含量的多少以及产己酸能力的高低都直接影响着浓香型酒体风格的形成。己酸菌代谢所产生的己酸在白酒中不仅起到呈香、助香、减少酒体刺激的作用，而且可以与酒曲发酵产生的酒精发生酯化反应，生成浓香型白酒所特有的主体香成分己酸乙酯，从而改善浓香型白酒的风味及口感，影响浓香型白酒的风格和质量。彭兵等人利用硫酸铜比色法结合气相色谱法从优质窖泥中分离到一株高产己酸菌株，鉴定为克氏梭菌（*Clostridium kluyveri*），通过培养条件的优化，己酸产量可达到4.36g/L。谢圣凯等人采用厌氧法从窖泥中筛选出广西梭菌 *C.guangxiense* xsk1 和柯加梭菌 *C.kogasensis* xsk2 两株己酸菌，其己酸产量分别为4.51g/L、2.5g/L，并将其应用于人工窖泥的培养，提高了窖泥的发酵性能。

（四）丁酸菌

1．样品处理

取10g窖泥样品加入到100mL无菌水中，置于80℃热水浴中处理10min以杀灭非芽孢菌，转入梭菌增殖液体培养基中，37℃厌氧培养48h。

2．培养基

梭菌增殖培养基：酵母膏0.3%，牛肉浸膏1%，胰蛋白胨1%，葡萄糖0.5%，可溶性淀粉0.1%，氯化钠0.5%，三水合乙酸钠0.3%，半胱氨酸盐酸盐0.05%，调节pH 7.1±0.1，121℃灭菌20min备用。

分离培养基：胰蛋白胨2%，牛肉浸膏1%，酵母膏0.6%，葡萄糖0.4%，磷酸氢二钾0.2%，磷酸二氢钾0.1%，硫酸镁0.04%，氯化钙0.02%，硫酸亚铁0.01%，盐酸半胱氨酸0.05%，琼脂1.8%，pH7.2～7.4，121℃灭菌20min。

3．分离纯化

将培养液置于80℃水浴中10min，取热处理培养液1mL，加入含有玻璃珠的100mL无菌水的三角瓶振荡5min，吸取菌液1mL加入到融化好的培养基倒平板。将平板置于厌氧培养箱，37℃恒温培养48h。从培养皿中挑取菌落观察菌体形态，如为梭状芽孢杆菌且显微镜观察形态与丁酸菌相符，则用接种环挑取1环接种于发酵培养基中，37℃厌氧培养箱中培养48h，检测培养液中的丁酸等代谢产物含量。

4．菌种鉴定

选取培养特征、菌落形态和显微形态（图2-13）均符合丁酸菌培养特征且产丁酸量最高的菌株进行16SrDNA序列分析鉴定。离心收集液体培养至对数生长期的菌体，采用Bacterial DNA Kit试剂盒提取DNA。采用细菌通用引物（27F：5′-AGAGTTTGATCCTGGCTCAG-3′；1492R：5′-TACGGYTACCTTT GTTACGACTT-3′）对DNA进行PCR扩增后送至公司进行测序。将测序得到的16S rDNA序列进行BLAST比对后，与GenBank数据库做相似性分析。

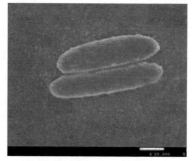

图 2-13　丁酸菌菌落形态及其细胞形态

5．菌种筛选

丁酸菌的代谢产物丁酸能与乙醇酯化形成丁酸乙酯，这是浓香型白酒中一种重要的香味成分，它与己酸乙酯形成的复合香气则是浓香型白酒的典型香气。丁酸菌可以配合己酸菌用于制作新窖泥和养护窖池，对浓香型白酒酿造的窖池维护起着十分重要的作用。丁酸菌的应用能促进丁酸乙酯的生成，全面提升和协调浓香型白酒的香味成分，从而提高浓香型白酒的质量。因此丁酸菌是窖泥中相对重要的一类产酸菌，丁酸菌在养窖护窖和提高酒质方面具有很强的应用价值，筛选窖泥中产丁酸菌和研究其生长性能对于提高浓香型白酒的整体质量具有重大意义。袁华伟等人对老窖泥富集培养、分离纯化，经丁酸发酵实验，筛选出 1 株高产丁酸的梭菌，经 16Sr DNA 鉴定为丁酸梭状芽孢杆菌（*C.butyricum*）。

（五）甲烷菌

1．样品处理

取 1g 窖泥加 10mL 无菌水于无菌螺口瓶中，在 80℃恒温水浴处理 10min，冷却后，按 5% 接种量接种到除氧灭菌后的富集培养基中，于 35℃富集培养 15d。

2．培养基

富集培养采用 MB 培养基：NaCl 6g，NH_4Cl 1g，$MgCl_2 \cdot 6H_2O$ 0.1g，$K_2HPO_4 \cdot 3H_2O$ 0.4g，KH_2PO_4 0.2g，HCOONa 2g，CH_3COONa 2g，酵母粉 1g，胰酶解酪蛋白 1g，微量元素液 10mL，复合维生素液 10mL，0.1% 刃天青 1mL，L- 盐酸半胱氨酸 0.5g，蒸馏水 1000mL。

分离纯化采用 DSMZ Medium141 培养基：胰酪蛋白胨 10.0g/L，大豆蛋白胨 5.0g/L，酵母浸粉 5.0g/L，牛肉浸粉 5.0g/L，葡萄糖 10.0g/L，L- 半胱氨酸盐酸盐 0.5g/L，刃天青 0.001g/L，磷酸二氢钾 0.04g/L，磷酸氢二钾 2.04g/L，碳酸氢钠 0.4g/L，氯化钠 5.08g/L，氯化钙 0.01g/L，七水硫酸镁 0.22g/L，一水硫酸锰 0.05g/L，吐温 80 1.0g/L，pH 值 6.8±0.1。固体培养基另加入 1.8%～2.0%

（质量浓度）的琼脂粉。

3．分离纯化

采用亨盖特厌氧操作改良技术进行液体梯度稀释和固体滚管分离纯化。25mL 厌氧管或 120mL 血清瓶中加入无氧培养基，顶空为氮气，121℃，30min 高压灭菌，接种后充入 H_2+CO_2（体积比 =4/1，约 200 kPa）混合气，35℃培养。

4．菌种鉴定

参照伯杰氏细菌鉴定手册对菌株菌落形态观察鉴定，以菌株基因组 DNA 为模板 PCR 扩增 16S rDNA，采用细菌通用引物 27F（5′-AGAGTTTG ATCCTGGCTCAG-3′)和 1492R(5′-TACGGYTACCTTTGTTACGACTT-3′)。进行 PCR 扩增后送至公司进行测序。将测序得到的 16S rDNA 序列进行 BLAST 比对后，与 GenBank 数据库做相似性分析。

5．菌种筛选

传统浓香型大曲酒采用泥窖发酵，其原因就是窖泥中栖息着大量的微生物，窖泥微生物的种类、数量、种群间的相互作用以及代谢的多样性直接影响着白酒的质量。在浓香型白酒窖池微生物类群中，以细菌的作用为主，且大多为厌氧及兼性厌氧菌，其中对白酒香气形成贡献最大的是梭状芽孢杆菌，此外，还有异养菌、多种产甲烷菌、甲烷氧化菌、各类发酵菌等。甲烷菌与己酸菌一样，既是生香功能菌又是标志老窖生产性能的指示菌。王俪鲆等利用亨盖特法从泸州老窖古酿酒窖池窖泥中分离到两株产甲烷杆菌。经鉴定其中一株为产甲烷杆菌属的一个新种，只利用 H_2+CO_2 产甲烷；另外一株为甲酸甲烷杆菌的新菌株，利用 H_2+CO_2 或甲酸盐作为唯一碳源生长。甲烷菌是复杂环境中甲烷代谢过程的关键驱动者，也是难培养微生物的重要代表，其分离培养至关重要。由于其主要生长在厌氧环境、倍增时间长等，甲烷菌的分离培养具有一定的挑战性。基于琼脂的固体分离技术极大地限制了甲烷菌的分离，液体稀释分离又延长了分离时间，一些传统培养方法可能不适合某些环境样品。在现有技术上，建议在培养时可以综合采用基于宏基因组功能预测定向培养、原位培养、共培养、微流控技术等，分离时还可以反向基因组学、减绝稀释法等多方法并用，弥补单种方法的缺陷。

（六）丙酸菌

1．样品处理

称取 1g 窖泥样品于 100mL 带玻璃珠的无菌水中浸泡 20min 后于 200r/min 转速下振荡 30min 制成菌悬液。

2．培养基

富集培养基：牛肉膏 5.0g、蛋白胨 10.0g、NaCl5.0g、琼脂 17.0g，用蒸馏水定容至 1000mL，pH7.0。

分离培养基：乳酸钠 20.0g、$(NH_4)_2SO_4$ 8.0g、KH_2PO_4 2.0g、CoCl 10mg、$MgSO_4 \cdot 7H_2O$ 0.2g、琼脂 20.0g，用蒸馏水定容至 1000mL，pH7.0。

发酵培养基：乳酸钠 20.0g、胰蛋白胨 6.0g、酵母膏 3.0g、KH_2PO_4 2.0g、CoCl 10mg、$MgSO_4 \cdot 7H_2O$ 0.2g，用蒸馏水定容至 1000mL，分别调节 pH 为 3.5、4.0、4.5、5.0、5.5，121℃下灭菌 20min 后备用。

3. 菌种分离

取上清液 1mL 加入含有 9mL 无菌水的试管中进行梯度 10^{-4}、10^{-5}、10^{-6} 稀释后，吸取各稀释梯度菌悬液 0.2mL 涂布于富集培养基平板上，用保鲜膜将平皿口封严，32℃倒置培养 3d。用接种环挑取富集平板上生长较好的单菌落，于分离培养基的平板上进行划线，32℃倒置培养 5～7d。对分离好的菌株镜检后存于斜面培养基 4℃保存备用。

4. 菌种鉴定

参照伯杰氏细菌鉴定手册对菌株菌落形态观察鉴定，以菌株基因组 DNA 为模板 PCR 扩增 16S rDNA，采用细菌通用引物 27F（5′-AGAGTTTGATCCTGGCTCAG-3′）和 1492R（5′-TACGGYTACCTTTGTTACGACTT-3′）。进行 PCR 扩增后送至公司进行测序。将测序得到的 16S rDNA 序列进行 BLAST 比对后，与 GenBank 数据库做相似性分析。

5. 菌种筛选

取斜面种子，接种于装有富集培养基的试管中，静置培养 24～36h 后，按照 10% 接种量分别接种到发酵培养基中，在 pH 为 3.5、4.0、4.5、5.0、5.5，静置培养 10d 后，9000r/min 离心 10min，所得上清液经 0.22μm 有机滤膜过滤，待高效液相色谱分析备用。将筛选分离出的高产丙酸的丙酸菌转接于斜面保藏培养基 32℃下培养 3d，放入 4℃冰箱保藏备用。丙酸菌代谢产生的丙酸与乙醇酯化合成的丙酸乙酯对特香型酒风格风味有着非常重要的作用。因此，加大对特香型酒酿酒过程中丙酸菌筛选的力度，提高丙酸乙酯的含量对提高特香型酒的质量有着非常重要的影响。吴生文等人研究发现从上层糟醅及大曲中分离得到的产丙酸菌较为理想，产丙酸比较集中，检测到产丙酸量最高的菌株产量达到了 0.063g/L。

（七）芽孢杆菌

1. 样品处理

称取 5g 样品，加入灭菌的 100mL 液体 LB 培养基的三角瓶中，摇匀，在 85℃水浴中灭活 20min，得到芽孢悬液，之后在 37℃条件下培养 24h，使芽孢萌发成营养细胞。

2. 培养基

LB：蛋白胨 10g，酵母膏 5g，氯化钠 10g，琼脂 15g，蒸馏水 1000mL，

pH7.0，121℃灭菌 20min。

3．菌种分离

取菌悬液进行梯度稀释（10^{-2}、10^{-3}、10^{-4}、10^{-5}），吸取 100 ～ 200μL 稀释液涂布平板，37℃培养 24h。挑选不同形态的菌株，划线平板，得到单菌落后液体扩培再划线纯化，纯化 2 ～ 3 次后，记录各菌株菌落形态，镜检并记录细胞形态，作初筛备用。

4．菌种鉴定

查阅《伯杰细菌鉴定手册》及《常见细菌系统鉴定手册》确定芽孢杆菌的形态特征和生理生化特征（图 2-14）。依据超简法提取分离纯化的芽孢杆菌基因组 DNA 并稍作改良：挑取微量纯化芽孢杆菌于加有 60μL 10mmol/L NaOH 的灭菌 PCR 管中，37℃裂解 30min，存入 −20℃保存备用。根据细菌的 16SrDNA 基因序列的保守区域，利用上游引物 27F（5′-AGAGTTTGATCCTGGCTCAG-3′）和下游引物 1492R（5′-TACGGYTACCTTTGTTACGACTT-3′），以菌株基因组为模板进行 PCR 扩增，扩增片段长度约 1500 bp。取 4μL PCR 产物进行琼脂糖凝胶电泳以检测条带大小，并送至公司测序分析。将测序结果上传至 NCBI 进行序列比对。

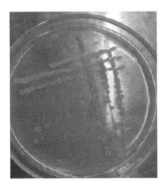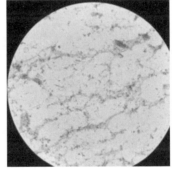

图 2-14　芽孢杆菌菌落形态及其细胞形态

5．菌种筛选

窖池中的产香细菌均以芽孢杆菌为主。有报道称，芽孢杆菌也是大曲中数量较多的细菌之一，它具有一定水解蛋白质和淀粉的能力，在白酒固态发酵中能代谢生成多种风味成分。赵长青等人从浓香型白酒酿酒大曲和糟醅中富集培养共分离出了 55 株芽孢杆菌，以高产己酸乙酯和低产正丙醇为指标，筛选出了一株能在发酵液中形成较多己酸乙酯和较少正丙醇的蜡质芽孢杆菌。

第四节　放线菌

放线菌（*Actinomycetes*）是原核生物中一类能形成分枝菌丝和分生孢子的特殊类群，呈菌丝状生长，主要以孢子繁殖，因菌落呈放射状而得名。大多数放线菌（图2-15）有发达的分枝菌丝，菌丝纤细，宽度近于杆状细菌，约0.2～1.2μm。可分为：营养菌丝，又称基内菌丝或一级菌丝，主要功能是吸收营养物质，有的可产生不同的色素，是菌种鉴定的重要依据；气生菌丝，叠生于营养菌丝上，又称二级菌丝；孢子丝，气生菌丝发育到一定阶段，其上可以分化出形成孢子的菌丝。放线菌只是形态上的分类，属于细菌界放线菌门。放线菌因产生丰富的活性次生代谢产物而著名，是微生物中的重要类群，属于革兰氏阳性细菌。其分布范围较广，主要分布在土壤、空气、水、植物内生以及一些极端环境，特别以含水量低、有机质丰富、中性偏碱性的土壤中数量最多。

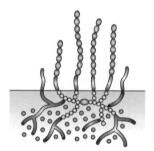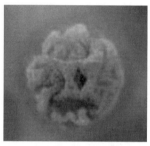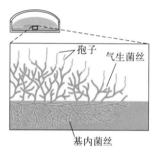

图 2-15　放线菌的常见形态

放线菌对人类贡献较为突出，已报道的数万种微生物来源的生物活性物质中，有大约70%来自放线菌代谢产物，许多生化药物也大多是放线菌的次生代谢产物；放线菌还可以用于生产各种酶、维生素、抗癌剂、酶抑制剂、抗寄生虫剂、免疫抑制剂和农用杀虫（杀菌）剂等。土壤特有的泥腥味，主要是放线菌的代谢产物所致。

在分类上，放线菌属于细菌界放线菌门（Actinobacteria），目前有14个科，分别为：放线菌科（Actinomycetaceae）、分枝杆菌科（Mycobacteriaceae）、诺卡氏菌科（Nocardiaceae）、嗜皮菌科（Dermatophilaceae）、弗兰克氏菌科（Frankiaceae）、小单孢菌科（Micromonosporaceae）、高温放线菌科（Thermoactinomycetaceae）、高温单孢菌科（Thermomonosporaceae）、小多孢菌科（Micropolysporaceae）、链霉菌科（Streptomycetaceae）、鱼孢菌科（Sporichthyaceae）、小荚孢囊菌科（Microellobosporiaceae）、游动放线菌科（Actinoplanaceae）、枝动菌科（Mycoplanaceae）。

一、放线菌在白酒生产中的作用

在白酒生产中，放线菌在酒醅、大曲、窖泥、发酵池、曲房和窖房空气中都有分布。目前研究表明，放线菌在白酒生产中有着多种作用。

① 放线菌能产生分解纤维素、半纤维素的纤维素酶、木聚糖酶；分解淀粉、蛋白质的淀粉酶、蛋白酶等。在酿酒生产中，可以提高生产效率和生产质量。

② 放线菌可产生一系列具有醇溶性和水溶性的白酒风味物质。目前报道其能产生丁酸乙酯、己酸乙酯、乳酸乙酯及糠醛、吡嗪、萜烯类等物质，对白酒风味有重要影响。放线菌能够产生白酒中的异味物质土味素；放线菌对酱香白酒中的吡嗪类物质具有一定调节作用，在白酒发酵过程中起增香和分解底物的作用；链霉菌对己酸菌和乳酸菌有促进作用，能增加己酸和乳酸的产量；采用加入链霉菌的强化大曲进行白酒酿造，能提高酒精度和出酒率，也能提高己酸乙酯的产量；放线菌在酿造环境中具有调控风味、抑制有害杂菌生长的作用；放线菌对己酸菌活菌数及其酯类的生成有显著的促进作用，脱臭效果也极为显著。

③ 放线菌在群体微生物发酵过程的生物调节作用。放线菌在微生态环境中与细菌、真菌等之间存在拮抗作用或者为了争夺有限的营养、空间，双方生长受到抑制存在竞争关系。放线菌具有产抗生素的功能，而大多数的抗生素与细菌、真菌等存在拮抗或竞争作用，通过白酒发酵过程放线菌代谢途径及功能的研究，不仅可以对发酵过程进行生物调控，实现发酵生态优化，还可以对白酒安全、饮酒健康提供指导。

二、白酒酿造用放线菌的筛选

（一）样品处理

对采集的样品（酒醅、大曲、窖泥等）进行预处理，先干热后湿热处理：用灭菌的烧杯称取 10g 样品，然后将烧杯封口并置于 100℃烘箱中加热 1h，之后将样品放入含有 90mL 羧甲基纤维素钠并带有玻璃珠的三角瓶中，在 50℃恒温水浴锅中热处理 10min，最后振荡培养 30min 备用。

（二）培养基

高氏二号：葡萄糖 1.0g、蛋白胨 0.5g、胰蛋白胨 0.3g、氯化钠 0.5g、复合维生素 2.75mg（包括维生素 B_1、维生素 B_2、维生素 B_3、维生素 B_5、维生素 B_6 各 0.5mg，维生素 B_7 0.25mg）、琼脂 20.0g、蒸馏水 1000mL，pH 7.2～7.4，121℃灭菌 20min。

ISP2：酵母膏 4.0g、麦芽汁 10.0g、葡萄糖 4.0g、琼脂 20.0g、蒸馏水 1000mL，pH7.0～7.2，121℃灭菌 20min。

(三）菌种分离

取上清液进行梯度稀释后分别涂布于高氏一号培养基（M1）、ISP2 培养基（M2），28℃条件下培养 7d。挑取菌落进行分离纯化 2～3 次，分离得到的菌株在 ISP2 培养基斜面培养后置于 4℃冰箱保藏备用。

(四）菌种鉴定

根据《伯杰氏细菌鉴定手册》中对高温放线菌特征的描述，挑取目标菌落使用 ISP2 培养基进行平板划线分离直至得到单菌落，分别从菌落形状、基内菌丝、气生菌丝颜色及可溶性色素产生情况等方面观察并记录结果并且去除重复菌株，然后接种于 ISP2 斜面培养基上完成菌种保藏（图 2-16）。利用上游引物 27F（5′-AGAGTTTGATCCTGGCCTCA-3′）和下游引物 1492R（5′-GGTTACCTTGTTACGACTT-3′）以菌株基因组为模板进行 PCR 扩增，扩增片段长度约 1500 bp。取 4μL PCR 产物进行琼脂糖凝胶电泳以检测条带大小，并送至公司测序分析。将测序结果上传至 NCBI 进行序列比对。

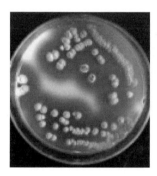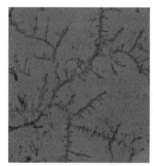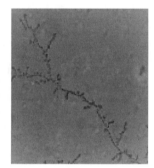

图 2-16　放线菌菌落和镜检菌丝及孢子特征

(五）菌种筛选

放线菌拥有独特的合成多种结构复杂的次生代谢产物的能力，可以产生抗生素、维生素、酶等，这些复杂的代谢产物可能对白酒的风格形成有重要影响。放线菌可以利用硫化物，可以防止窖泥老化。与己酸菌共酵，可大幅提高己酸产量。蒲岚等人从窖泥中分离出的 8 株放线菌经鉴定分属于链霉菌属的 8 个种，研究发现 8 株放线菌均能耐受 pH3.5 及 3% 的乙醇。罗青春等人从窖泥中筛选出 1 株正丙醇降解菌，经形态学和 16S rDNA 测序分析鉴定为放线菌中的原玻璃蝇节杆菌（*Arthrobacter protophormiae*）。

第三章

白酒生产原料

白酒生产的原料包括制酒原料、制曲原料和制酒母原料三部分；白酒生产的辅料则主要指固态发酵法白酒生产中用于发酵及蒸馏的疏松剂（填充料）。白酒生产的原辅料种类很多，不同白酒种类和不同的生产工艺所用原料有所不同，其中固态发酵主要原料为高粱和玉米；半固态发酵主要原料为大米；液态发酵主要原料为玉米和大米。

第一节　制曲原料

传统白酒酿造的糖化发酵剂包括曲子和酒母两大类，随着活性干酵母技术的发展，白酒厂的自培酒母已逐渐淘汰，因而下面只介绍制曲原料。

一、制曲原料的基本要求

根据酒曲的作用和制作工艺特点，制曲原料应符合如下基本要求。

（一）适于有用菌的生长和繁殖

酒曲中的有用微生物包括霉菌、细菌及酵母菌等。这些菌类的生长和繁殖，必须有碳源、氮源、生长素、无机盐、水等营养成分，并要求有适宜的pH、温度、湿度及必要的氧气等条件。故制曲原料应满足有用微生物生长的上述两方面的要求。例如制大曲和小曲的大麦及大米等原料，除富含淀粉、维生素及无机元素外，还含有足以使微生物生长的蛋白质；制麸曲的原料麸皮，既是碳源，又是氮源。又如为了使曲坯具有一定的外形，并适应培曲过程中品温升降、散热、水分挥发、供氧的规律，在选择原料时必须考虑曲料的黏附性能及疏松度，并注意原料的合理配比。此外，对于多种菌的共生，应兼顾各自的生理特征。凡含有抑制有用菌生长成分的原料，都不宜使用。

（二）适于酿酒酶系的形成

酒曲是糖化剂或糖化发酵剂。故除了要求成曲含有一定量的有用微生物以外，还需积累多种并大量的胞内酶和胞外酶，其中最主要的是淀粉酶。而此类酶多为诱导酶，故要求制曲原料含有较大量的淀粉，以及促进淀粉酶类形成的无机离子。蛋白质也是产酶的必要成分，故制曲原料应含有适宜含量的蛋白质。

（三）有利于酒质

大曲及麸曲，其用量很大，故广义地说，制曲原料和成曲也是制酒原料的一部分。例如大曲原料的成分及制曲过程中生成的许多成分，都间接或直接与酒质有关。另外，制曲原料不宜含有较多的脂肪，这也是与制酒原料的相同之处。

二、制曲原料的种类

（一）麸皮

麸皮是制麸曲的主要原料，具有营养种类全面、吸水性强、表面积及疏松度大等优点，它本身也具有一定的糖化能力，而且还是各种酶的良好载体。质量较好的麸皮，其碳氮比适中，能充分满足曲霉等生长繁殖和产酶的需要。但因小麦加工时出粉率的不同，麸皮的质量也有很大的差异。例如对于质量较差的红麸皮，以及含氮量低而出粉率高达95%以上的"全麦面麸皮"之类，在用于制麸曲时，应添加适量的硫酸铵等无机氮源或豆饼粉等有机氮源。但在白麸皮中淀粉含量较高而氮含量不足的情况下，采用添加玉米粉的方法则不可取，这会使碳源过剩而升温迅猛，导致烧曲现象的发生。

（二）大麦

黏结性能较差，皮壳较多。若用以单独制曲，则品温速升骤降。与豌豆共用，可使成曲具有良好的曲香味和清香味。

（三）小麦

含淀粉量最高，富含面筋等营养成分，含氨基酸20多种，维生素含量也很丰富，黏着力也较强，是各类微生物繁殖、产酶的优良天然物料。若粉碎适度、加水适中，则制成的曲坯不易失水和松散，也不至于因黏着力过大而存水过多。

（四）豌豆

黏性大，淀粉含量较高。若用以单独制曲，则升温慢，降温也慢。故一般与大麦混合使用，以弥补大麦的不足。但用量不宜过多。大麦与豌豆的比例，通常以3:2为宜。也不宜使用质地坚硬的小粒豌豆。若以绿豆、赤豆代替豌豆，则能产生特异的清香，但因其成本很高，故很少使用。其他含脂肪量较高的豆类，会给白酒带来邪味，不宜采用。

第二节　制酒原料

一、原料成分与酿酒的关系

优质的酿酒原料，要求新鲜、无霉变和少杂质，无农药污染、籽粒饱满，有较高的千粒重，原粮水分在 14% 以下。国家名优大曲酒，是以高粱为主要原料，适量搭配玉米、大米、糯米、小麦及荞麦等。白酒界"高粱香、玉米甜、大麦冲、大米净"的说法，概括了几种原料与酒质的关系。不同的原料其出酒率和成品酒的风味也不相同。即使是同一种原料，因其成分的差异，酿出的成品酒也有区别，所以原料的成分与酿酒有密切的关系，其中碳水化合物、蛋白质、脂肪、灰分、果胶、单宁等的含量对酿酒都有不同程度的影响。

（一）碳水化合物

原料中含有的淀粉或蔗糖、麦芽糖、葡萄糖等，在微生物和酶的作用下，可发酵生成酒精。因此淀粉（包括可发酵性糖）含量越高，出酒率也越高。此外，它们也是酿酒过程中微生物的营养物质及能源。

淀粉是酿酒原料中的主要碳水化合物，是酿酒过程中微生物的物质和能量来源，淀粉是由成百上千个葡萄糖分子缩合而成，根据淀粉结构可分为直链淀粉和支链淀粉。前者为无分支的螺旋结构；后者是 24 ～ 30 个葡萄糖残基以 α-1，4- 糖苷键首尾相连而成，在支链处为 α-1，6- 糖苷键。淀粉的分子结构和淀粉的颗粒大小会直接或间接地影响出酒率。含直链淀粉多的高粱，吸水性强，蒸粮时容易糊化，便于被水解利用，对提高出酒率有帮助。如果全为直链淀粉，则粮糟太黏，对透水、透气不利。

碳水化合物中的五碳糖等非发酵性糖，在生产中不能生成酒精，有些在发酵过程中易生成糠醛等有害物质，因此这类物质含量越少越好。纤维素也是碳水化合物，但不能被淀粉酶分解，可起填充作用，对发酵没有直接影响。半纤维素的主要成分是戊聚糖，酵母不发酵，但其在酸性中蒸煮极易脱水生成糠醛，会影响酒的品质。

（二）蛋白质

粮食中的蛋白质含量仅次于淀粉。在酿酒过程中，原料蛋白质经蛋白酶分解，可成为酿酒微生物生长繁殖的营养成分。此外，蛋白质分解产物可增加酒的香气。例如，氨基酸在微生物作用下水解，脱氨基并释放二氧化碳，生成比氨基酸少一个碳的高级醇。原料中蛋白质含量适当，微生物生长良好，酶活力高，糖化、发酵正常产品质量较好，但若蛋白质含量过高，易滋生杂菌，造成生酸多，妨碍发酵，影响产品风味。

（三）脂肪

酿酒原料中，脂肪含量一般较低，在发酵过程中可生成少量脂类。脂肪含量高，会影响发酵进行，过多的脂肪容易在发酵过程中，发生脂肪酸氧化分解，造成酸败现象，导致出酒率下降，使白酒带有邪杂味。

（四）灰分

灰分为原料经碳化烧灼后的残渣，与酿酒关系不大。灰分中含有多种微量元素，这些元素在某种程度上与微生物的生长相关联，如灰分中的钾、钠、钙、镁、铁、硅、磷等是构成微生物菌体细胞和辅酶的必需成分。

（五）果胶

块根或块茎作物中果胶含量较多（如甘薯、木薯等），果胶在高温情况下易分解生成甲醇，不但对人体有害，而且影响醪液黏度。

（六）单宁

单宁也称鞣酸或单宁酸，含有特殊气味，有涩味，具有收敛性，遇铁生成蓝黑色物质，使蛋白质凝固，高粱中适量的单宁能够抑制杂菌的生长，而且单宁对白酒的风味形成也比较重要，在发酵过程中可生成丁香酸、丁香醛等香味物质；但过量的单宁会使曲中酶类钝化（使淀粉酶钝化，使之不能正常地糖化），出现酒醅发黏的现象，从而降低出酒率。单宁过少，则酿出的白酒风味寡淡。

（七）其他物质

有的原料中存在一些有碍发酵和酒质的成分，如木薯中的氢氰酸，发芽马铃薯中的龙葵素，野生植物中的生物碱。这些成分经蒸煮、发酵后大多数可被分解破坏。

二、谷物原料

（一）高粱

高粱内容物多为淀粉颗粒，外有一层由蛋白质及脂肪等组成的胶粒层，易受热分解。高粱的半纤维素含量约为 2.8%。高粱壳中的单宁含量在 2% 以上，但籽粒仅含 0.2%～0.3%。微量的单宁及花青素等色素成分，经蒸煮和发酵后，其衍生物为香兰酸等酚元化合物，能赋予白酒特殊的芳香；但若单宁含量过多，则抑制酵母发酵，并在开大汽蒸馏时会被带入酒中，使酒带苦涩味。高粱蒸煮后疏松适度，黏而不糊。

高粱按色泽可分为白、青、黄、红、黑几种，颜色的深浅，反映其单宁及色素成分含量的高低。通常高粱含水分小于 14%，四川宜宾、辽宁标准规定淀粉含量大于 70%，淀粉含量糯高粱 50%～75%，粳高粱 50%～70%（贵州标准），含粗蛋白质 9.4%～10.5%，五碳糖约 2.8%（高粱糠皮含五碳糖 7.6%）。其中部分五碳糖在分析时亦作粗淀粉计，但实际上很难被发酵。

高粱按黏度分为粳、糯两类，北方多产粳高粱，南方多产糯高粱。糯高粱支链淀粉含量大于90%，结构较疏松，能适于根霉生长，以小曲制高粱酒时，淀粉出酒率较高。粳高粱含有一定量的直链淀粉（19%～63%），结构较紧密，蛋白质含量高于糯高粱。通常将粳高粱称为饭高粱。现在已有多种杂交高粱种植。表3-1、表3-2中总结了浓香型、清香型和酱香型白酒所用原料感官和理化要求。

表3-1 不同香型白酒高粱原料的感官指标要求

项目	浓香型	清香型	酱香型	
			糯高粱	粳高粱
色泽	具有本品固有的色泽，一般为白色、浅黄色、红色等	籽粒整齐、饱满、色泽一致	具有本品固有的色泽，一般为红色、深褐色、褐紫色	具有本品固有的色泽，一般为白色、浅黄色
气味	具有高粱固有的气味，无异杂味	—	具有本品固有的气味，无异杂味	
外观	无霉变、无虫蛀、无肉眼可见外来杂质	无霉变、结块及异味	无霉变、无污染	

表3-2 不同香型白酒高粱原料的理化指标要求

项目	浓香型	清香型			酱香型	
		1级	2级	3级	糯高粱	粳高粱
水分 /%	≤ 14.0	≤ 14.0			≤ 14.0	≤ 14.0
不完善粒 /%	≤ 3.0	≤ 3.0			≤ 3.0	≤ 3.0
霉变粒 /%	≤ 2.0	—				
杂质 /%	≤ 2.0	≤ 1.0			≤ 1.0	≤ 1.0
容重 /（g/L）	≥ 720	≥ 720			≥ 700（千粒重13～25g/千粒）	≥ 700
淀粉含量 /%	—	≥ 72	≥ 70	< 70(≥ 65)	50～75	50～70

注：参考标准 DB52/T 867—2014、DB14/T 1187—2016、T/AHFIA 010—2018。

（二）玉米

玉米有黄玉米、白玉米、糯玉米和粳玉米之分。通常黄玉米淀粉含量高于白玉米。玉米的胚芽中含有大量的脂肪，若利用带胚芽的玉米制白酒，则酒醅发酵时生酸快、生酸幅度大，并且脂肪氧化而形成的异味成分带入酒中会影响酒质。故用以制白酒的玉米必须脱去胚芽。玉米中含有较多的植酸，可发酵为环己六醇及磷酸，磷酸也能促进甘油（丙三醇）的生成。多元醇具有明显的甜味，故玉米酒较为醇甜。不同地区玉米成分含量不同，但主要成分含量适中。

玉米的半纤维素含量高于高粱，常规分析时淀粉含量与高粱相当，但出酒率不及高粱。玉米淀粉颗粒形状不规则，呈玻璃质的组织状态，结构紧密，质地坚硬，难以蒸煮，但一般粳玉米蒸煮后不黏不糊。

（三）大米

大米有粳米和糯米之分，粳米的蛋白质、纤维素及灰分含量较高；而糯米的淀粉含量和脂肪含量较高。一般情况下大米以淀粉为主，占68%～73%，并含有少量的糊精及糖分。在米粒的糠皮内含有较多的粗蛋白。在米糠内还含有一定量的脂肪，但作为酿酒原料，脂肪含量较高，酒质将受到一定影响。粳米淀粉结构疏松，利于糊化。但如果蒸煮不当而太黏，则发酵温度难以控制。大米在混蒸混烧的白酒蒸馏中，可将饭的香味带至酒中，使酒质爽净。故五粮液、剑南春等均配有一定量的粳米；桂林三花酒、玉冰烧、长乐烧等小曲酒以粳米为原料。糯米质软，蒸煮后黏度大，故需与其他原料配合使用，使酿成的酒具有甘甜味。如五粮液、剑南春等均使用一定量的糯米。

（四）大麦及小麦

大麦和小麦除用于制曲外，还可以用来制酒。小麦中的糖类约占干物质的70%，除淀粉外，还有少量的蔗糖、葡萄糖、果糖等（其含量为2%～4%），以及2%～3%的糊精。小麦的蛋白质含量约为15%，粗脂肪约占2%，粗灰分约1.5%，水分12%。其蛋白质组分以麦胶蛋白和麦谷蛋白为主，麦胶蛋白中以氨基酸为多。这些蛋白质可在发酵过程中形成香味成分。五粮液、剑南春等均使用一定量的小麦。但小麦的用量要适当，以免发酵时产生过多的热量。

大麦中的糖类约占干物质的80%，除淀粉（约60%）外，还有纤维素、半纤维素、麦胶物质，以及2%的其他糖类物质。大麦的蛋白质、粗脂肪、粗灰分含量约为干物质的10%～11%、2%～3%和4%～5%。大麦中的蛋白质主要是非水溶性的无磷高分子简单蛋白质。

三、其他原料

（一）薯类原料

甘薯、马铃薯、木薯等都含有大量淀粉，在粮食短缺时期是我国白酒生产的主要原料之一。但总体来说，薯类原料的酒质不及谷物原料，不宜在白酒生产中采用。但薯类原料淀粉出酒率高，适于酒精生产，而在酒精生产中采用精馏方法可将杂质除净。

1. 甘薯

甘薯的淀粉颗粒大，组织不紧密，吸水能力强，易糊化。

鲜甘薯含粗淀粉25%左右，其中可溶性糖约占2%，薯干含粗淀粉70%左右，其中可溶性糖约占7%，红薯干含粗蛋白5%～6%，薯干的淀粉纯度高，含脂肪及蛋白质较少，发酵过程中升酸幅度较小，因而淀粉出酒率高于其他原料。但薯中微量的甘薯树脂对发酵稍有影响，薯干中含有的 4% 左右的果胶质，是白酒中甲醇的主要来源，成品酒中甲醇含量较高。

染有黑斑病的薯干，将番薯酮带入酒中，会使成品酒呈"瓜干苦"味。若酒内番薯酮含量达 100mg/L，则呈严重的苦味和邪味。用黑斑病严重的薯干制酒所得的酒糟，对家畜也有毒害作用。黑斑病薯经蒸煮后有霉坏味及有毒的苦味，这种苦味质能抑制黑曲霉、米曲霉、毛霉、根霉的生长，影响酵母的繁殖和发酵，但对醋酸菌、乳酸菌等的抑制作用则很弱。

番薯酮的分子式为 $C_{15}H_{22}O_3$，是由黑斑病作用于甘薯树脂而产生的油状苦味物质。对于病薯原料，应采用清蒸配醅的工艺，尽可能将坏味挥发掉。但对黑斑病及霉坏严重的薯干，清蒸也难于解决问题。若制液态发酵法白酒，则可采用精馏或复馏的方法，以提高成品酒的质量。对于苦味较重的白酒，可采用活性炭吸附法使苦味稍微减轻，但无法根除且操作复杂并造成酒的损失。甘薯的软腐病和内腐病是感染细菌及霉菌所致，这些菌具有较强的淀粉酶及果胶酶活性，致使甘薯改变形状。使用这种甘薯制酒并不影响出酒率，但在蒸煮时应适当多加填充料及配醅，并采用大火清蒸，缩短蒸煮时间，以免糖分流失和生成大量的焦糖而降低出酒率，使用这种原料制成的白酒风味很差。

2. 马铃薯

以马铃薯为原料采用固态发酵法制白酒，则成品酒有类似土腥气味，故多先以液态发酵法制取食用酒精后，再进行串蒸香醅而得成品酒。马铃薯是富含淀粉的原料，鲜薯含粗淀粉 25%～28%，干薯片含粗淀粉 70% 左右，马铃薯的淀粉颗粒大，结构疏松，容易蒸煮糊化。但应防止一冻一化，以免组织破坏，使有用物质流失并难以糊化。如用马铃薯为原料固态发酵法制白酒，则辅料用量要大。

马铃薯发芽呈紫蓝色，其有毒的龙葵苷含量为 0.12% 左右；经日光照射而呈绿色的部分，其龙葵苷含量增加 3 倍；幼芽部分的龙葵苷含量更高。龙葵苷对发酵有危害作用。

3. 木薯

木薯淀粉含量丰富，可作为酿酒原料。木薯中含胶质和氰化物较多，因此在用木薯酿酒时，原料应先经过一系列的加工程序。如水塘沤浸发酵法，可使皮层含有的氰化物，经过腐烂发酵而消失；石灰水浸泡处理法，可利用碱性破坏氰化物；开锅蒸煮排杂法，可在蒸煮过程中排除氰化物（分离出来的是氰化氢或氢氰酸）。应注意化验成品酒，使酒中所含甲醇及氰化物等有毒物质含量不超过国家的食品卫生标准。

以木薯为原料、麸曲为糖化剂、酒母为发酵剂进行固态发酵；也可采用液态发酵法生产食用酒精后,再用香醅串蒸得成品酒。淀粉出酒率通常可达80%以上。

(二)豆类

用于酿酒的豆类原料主要有豌豆和绿豆。

豌豆所含的糖类中,主要成分为淀粉,含量约为40%,糊精约为6.5%,还有半乳聚糖、戊聚糖等。另外豌豆中还含有1%左右的卵磷脂,蛋白质主要为豆球蛋白及豆清蛋白等。

绿豆中淀粉含量约为55%,糊精约为3.5%,还有粗纤维、戊聚糖等。

豌豆与绿豆并用,制成大曲作为糖化剂,或磨粉后与高粱粉混合,供"立糙"用。以绿豆为主要原料依法制成的蒸馏酒,特称绿豆烧。

(三)水果

近年来,一些水果也被用作白酒生产的原料如苹果、梨等。苹果中含有15%的糖类,维生素A、维生素C、维生素E及钾和抗氧化剂等含量也很丰富。有酒厂将苹果粉碎与高粱一起入窖发酵生产浓香型苹果白酒。

梨含有80%～85%的水分,15%的糖类,还有一定量的蛋白质、脂肪、胡萝卜素、苹果酸等,还有钙、磷、碘以及丰富的维生素A、维生素B、维生素C、维生素D、维生素E。有研究采用梨粮共酿工艺生产蒸馏酒,工艺流程见图3-1。

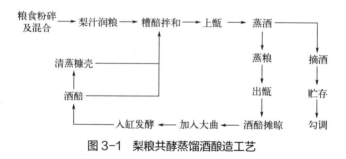

图3-1 梨粮共酵蒸馏酒酿造工艺

红枣营养丰富,每100g鲜枣可食部分占91%,糖类23.2g,脂肪0.2g,蛋白质1.2g,钙14mg,磷23mg,铁0.5mg,维生素C 540mg,胡萝卜素0.01mg,硫胺素0.06mg,核黄素0.04mg,尼克酸0.6mg,而且有较强的药理功能。有研究以红枣为原料生产大枣系列营养保健白酒,工艺流程见图3-2。

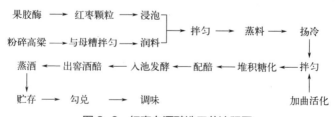

图3-2 红枣白酒酿造工艺流程图

（四）糖蜜

甜菜糖厂的甜菜废糖蜜，甘蔗糖厂的甘蔗废糖蜜，葡萄糖厂或异构糖厂的废糖蜜，饴糖厂的废液等，都含有丰富的糖分（50%左右），可以作为酿酒的原料。经过加工处理，选用强力酵母，合理的蒸馏操作，可以制得良好的蒸馏白酒。

废糖蜜为制糖厂或炼糖厂的一种不可避免的副产物，其中含有糖分及其他有机和无机化合物，作为酒精厂或制酒厂的原料，具有价格便宜的特点。

在甘蔗糖产区，如古巴、牙买加、波多黎各等地区，以甘蔗汁或甘蔗糖浆为原料，经过发酵、蒸馏、贮存和勾兑而制成蒸馏酒，称为朗姆酒。

四、辅料

制白酒所用的辅料，按其作用可分为两大类：一类是利用其成分，如固态或液态发酵，均使用酒糟以及液态发酵中使用的少量豌豆、大麦等；另一类则主要利用其物性特点，如稻壳等。

辅料要求杂质较少、新鲜、无霉变；具有一定的疏松度与吸水能力；或含有某些有效成分；果胶含量较少，戊聚糖等成分含量较多。利用辅料中的有效成分，调节酒醅的淀粉浓度，冲淡或提高酸度，吸收酒精，保持浆水，使酒醅具有适当的疏松度和含氧量，并增加界面作用，保证蒸馏和发酵顺利进行，利于酒醅的正常升温。

白酒厂多以稻壳、谷糠、麸皮、酒糟为辅料；花生壳、玉米芯、高粱壳、甘薯蔓、稻草、麦秆等用得较少。因为玉米芯等含有多量的戊聚糖，在发酵过程中会产生较多的糠醛，使酒稍呈焦苦味；高粱壳的单宁含量较高，能抑制酵母的发酵，甘薯蔓含果胶质较多，经曲中黑曲霉等分泌的果胶酶作用后，会生成大量的甲醇。下面介绍几种常见的辅料。

（一）稻壳

又名稻皮、砻糠、谷壳，是稻谷加工的副产物。稻壳含有纤维素35.5%～43%，戊聚糖16%～22%，木质素24%～32%，是理想的疏松剂和保水剂，长期用作白酒生产的辅料。

一般使用2～4瓣的粗壳，不用细壳，因细壳中含大米的皮较多，脂肪含量高，疏松度也较低。稻壳因质地坚硬、吸水性差，故使用效果及酒糟质量不如谷糠，但经适度粉碎的粗稻壳的疏松度较好，吸水能力增强，可避免淋浆现象。又因价廉易得，被广泛用于酒醅发酵和蒸馏的填充料。稻壳含有大量的戊聚糖及果胶质，在生产过程中会生成糠醛和甲醇，故需在使用前清蒸30min。

（二）谷糠

又名米糠，是小米和黍米的外壳，一般指淀粉工厂和谷物加工厂的副产品。细谷糠为小米的糠皮，因其脂肪含量较高，疏松度较低，不宜用作辅料。制白酒所用的是粗谷糠，其用量较少而发酵界面较大。在小米产区多以它为优质白酒辅料，也可与稻壳混用。使用经清蒸的粗谷糠制大曲酒，可赋予成品酒特有的醇香和糟香；若用作麸曲白酒的辅料，也是上乘的辅料，成品酒较纯净。

（三）高粱壳

高粱籽粒的外壳，吸水性能较差。故使用高粱壳或稻壳作辅料时，醅的入窖水分稍低于使用其他辅料的酒醅。高粱壳虽含单宁较多，但对酒质无明显的不良影响。西凤酒及六曲香等均以新鲜的高粱壳为辅料。

（四）玉米芯

指玉米穗轴的粉碎物，粉碎度越大，吸水量越大。但戊聚糖含量较高，对酒质不利。

（五）其他辅料

高粱糠及玉米皮，既可以制曲，又可作为制酒的辅料。花生壳、禾谷类秸秆的粉碎物、干酒糟等，在用作制酒辅料时必须进行清蒸排杂。使用甘薯蔓作辅料的成品酒质量较差；麦秆能导致酒醅发酵升温猛、升酸高；荞麦皮含有芦丁，会影响发酵；以花生皮作辅料，成品酒甲醇含量较高。

第三节　白酒生产用水

一、概述

"名酒产地，必有佳泉"，这是对水质和酒质之间关系做出的最好诠释。白酒生产用水是指在白酒生产过程中各种用水的总称，包括工艺用水和锅炉用水、冷却用水等非酿造用的生产用水。

水是白酒生产过程中必需的原料，有了水就可以完成各种生物化学作用，也可以让微生物完成各种新陈代谢反应，从而形成酒精及有关的各种风味物质和芳香成分，因此白酒工厂对酿酒用水非常重视，认为"水是酒的血"。白酒生产一般采用自来水、河水、井水，也有利用湖水和泉水的。水质的好坏，不仅影响酒味，也影响到出酒率的高低。为了酿制名优酒，对酿酒用水应该高度重视。一般对酿酒用水的感官要求是：无色透明、无臭味，具有清爽、微甜、适口的味道，应达到国家规定的生活用水标准。

白酒工艺用水是指与原料、半成品、成品直接接触的水，可分为三部分：一是制曲时拌料、微生物培养、制酒原料的浸泡、糊化稀释等工艺过程使用的酿造用水；二是用于设备、工具清洗等的洗涤用水；三是成品酒的加浆用水，也即高度白酒勾兑（降度）用水与高度原酒制成低度白酒时的稀释用水。

在液态发酵法或半固态发酵法生产白酒的过程中，蒸煮醪和糖化醪的冷却，发酵温度的控制，以及各类白酒蒸馏时冷凝，均需大量的冷却用水。这种水不与物料直接接触，故只需温度较低，硬度适当。但若硬度过高，会使冷却设备结垢过多而影响冷却效果。为节约用水，冷却水应尽可能予以循环利用。

锅炉用水，通常要求无固体悬浮物，总硬度低；pH值在25℃时高于7，含油量及溶解物等越少越好。锅炉用水若含有沙子或污泥，则会形成层渣而增加锅炉的排污量，并影响炉壁的传热，或堵塞管道和阀门；若含有大量的有机物质，则会引起炉水起沫、蒸气中夹带水分，继而影响蒸气质量；若锅炉用水硬度过高，则会使炉壁结垢而影响传热，严重时，会使炉壁过热而凸起，引起爆炸事故。

二、白酒酿造用水

(一) 酿造用水的基本要求

酿造用水中所含的各种组分，均与有益微生物的生长、酶的形成和作用以及醅或醪的发酵直至成品酒的质量密切相关。

白酒酿造用水应符合一般生活用水的标准，并在以下几个方面高于生活用水水质标准。

① pH=6.8～7.2。

② 总硬度2.50～4.28mmol/L（7～12°d）。

③ 硝酸态氮0.2～0.5mg/L。

④ 无细菌及大肠杆菌。

⑤ 游离余氯量在0.1mg/L以下。

(二) 水中离子对酒质的影响

1．硬度

水的硬度是指溶解在水中的碱金属盐的总和，而其中钙盐和镁盐是硬度指标的基础。我国水的硬度曾采用德国硬度（°d）表示，即1L水中含有相当于10mg氧化钙的钙、镁离子称为1°d。现使用的硬度单位为mmol/L，1mmol/L=2.840°d。一般分为6个等级：硬度0～1.427mmol/L（0～4°d）的水为最软水；硬度1.462～2.853mmol/L（4.1～8.0°d）的水为软水；硬度2.889～4.280mmol/L（8.1～12°d）的水为中等硬水；硬度4.315～6.420mmol/L（12.1～18°d）的水为较硬水；硬度6.455～10.699mmol/L（18.1～30°d）的水为硬水；硬度10.699mmol/L（30°d）以上的水为很硬水。白酒酿造用水以中等硬水较为适宜。

2．无机成分

水中的无机成分有几十种，它们在白酒的整个生产过程中起着各种不同的作用。

有益作用：磷、钾等无机有效成分是微生物生长的养分及发酵的促进剂。在霉菌及酵母菌的灰分中，以磷和钾含量为最多，其次为镁，还有少量的钙和钠。当磷和钾不足时，则曲霉生长迟缓，曲温上升慢，酵母菌生长不良，醅（醪）发酵迟钝。这说明磷和钾是酿造水中最重要的两种成分。钙、镁等无机有效成分是酶生成的刺激剂和酶溶出的缓冲剂。

有害作用：亚硝酸盐、硫化物、氟化物、氰化物、砷、硒、汞、镉、铬、锰、铅等，即使含量极微，也会对有益菌的生长，或酶的形成和作用，以及发酵和成品酒的质量，产生不良的影响。

应当指出，上述各种成分的有益和有害作用是辩证的。如对某些有毒金属元素、曲霉及酵母要求极微量；而有益成分也应以适量为度，如钙、镁等过量存在，会与酸生成不溶于水和乙醇的成分而使物料的 pH 值高，影响曲霉和酵母菌的生长以及酶的活性与发酵；镁进入成品太多，将会减弱酒味，如 $MgSO_4$ 是苦的，若拖带到成品酒中，会使酒产生苦味，影响口感。无机成分也往往有多种功能，如锰能促进着色，却又是乳酸菌生长所必需的元素。无机成分本身，也会在白酒生产过程中与其他物质进行离子交换而发生各种变化。

三、白酒降度用水

（一）降度用水的要求

水是酒中的主要成分，水质的好坏直接影响酒的质量，不符合要求的降度用水，是难以勾兑出质量优良的白酒的，特别是低度白酒。故历代酿酒业对水的质量十分重视，称"水是酒的血""水是酒的灵魂""好酒必有佳泉"，所以要重视降度用水的质量。优质自来水可直接使用，但要做水质分析，特别注意余氯、硬度、锰、铁、细菌等指标。白酒降度用水具体要求如下。

1. 外观

无色透明，无悬浮物及沉淀物。降度水必须是无色透明的，如呈微黄，则可能含有有机物或铁离子太多；如呈浑浊，则可能含有氢氧化铁、氢氧化铝和悬浮的杂物；静置24h后有矿物质沉淀的便是硬水，这些水应处理后再用。

2. 风味

把水加热到 $20 \sim 30℃$，用口尝应有清爽的感觉。如有咸味、苦味不宜使用，如有泥臭味、铁腥味、硫化氢味等也不能使用。取加热至 $40 \sim 50℃$ 的挥发气体用鼻嗅之，如有腐败味、氨味、沥青和煤气等臭味的，均为不好的水，优良的水应无任何气味。

3. pH 值

pH 值为7、呈中性的水最好，一般微酸性或微碱性的水也可使用。

4．氯含量

有尿混入的水以及靠近油田、盐碱地、火山、食盐场地等处的水，常含有多量的氯，自来水中往往也含有活性氯，极易给酒带来异味。按规定，1L水里的氯含量应在30mg以下，超过此限量，必须用活性炭处理。

5．硝酸盐

如果水中含有硝酸盐及亚硝酸盐，说明水源不清洁，附近有污染源。硝酸盐在水中的含量不得超过3mg/L，亚硝酸盐的含量应低于0.5mg/L。

6．腐殖质含量

水中不应有腐殖质的分解物质。由于这些腐殖质能使高锰酸钾脱色，所以鉴定标准是以10mg高锰酸钾溶解在1L水里，若20min内完全褪色，则此水不能用于降度。

7．重金属

重金属在水中的含量不得超过0.1mg/L。其中，砷不得超过0.01mg/L，镉不得超过0.005mg/L，铬（六价）不得超过0.05mg/L，汞不得超过0.001mg/L，硒不得超过0.01mg/L，铅不得超过0.01mg/L。

8．总固形物

总固形物包括矿物质和有机物。每升水中总固形物含量应在0.5g以下。凡钙、镁的氯化物或硫酸盐都能使水味变坏。碳酸盐或其他金属盐类，不管含量多少，都会使水的味道变坏。比较好的水，其固形物含量只有100～200mg/L。

9．水的硬度

水的硬度越大说明水质越差。白酒降度用水要求总硬度在4.5°d以下（软水）。硬度高或较高的水需经处理后才能使用。用硬度大的水降度，酒中的有机酸与水中的钙、镁盐缓慢反应，将逐渐生成沉淀，影响酒质。

（二）水的净化处理

水的净化，越来越受到酿酒厂的重视，尤其对降度酒和低度白酒更为重要。下面介绍几种常用的净化方法。

1．砂滤

浑浊不清的水通过自然澄清后，再经过砂滤，即可得到清亮的水。砂滤设备是陶瓷缸或水泥池，两面分别铺上多层卵石、棕垫、木炭、粗砂和细砂等（砂要用稀盐酸处理并洗净后使用）。浑浊水通过滤层后，砂滤去悬浮物，木炭可吸附不良气味和一些浮游生物等。此法简单易行，效果也较好，是我国传统净水方法。也有再让水通过微孔过滤器的，效果更佳。

2．煮沸

含有碳酸氢钙或碳酸氢镁的硬水，经煮沸后，可分别转变为难溶于水的碳酸钙或碳酸镁，这样水的硬度就可以降低。同时，经过煮沸，也可达到杀菌的目的。煮沸后的水，要经过沉淀、过滤才能使用。此法在酿造工业上应用较少。

3. 凝集作用

向水中加入铝盐或铁盐，使水中的胶质及细微物质被吸着成凝集体。该法一般与过滤器联用。

4. 活性炭吸附处理

活性炭表面及内部布满平均孔径为 2～5nm 的微孔，能吸附水中的细微粒子等杂质，再采用过滤的方法将活性炭与水分离。

活性炭用量通常为 0.1%～0.2%（质量浓度）。先将粉末状活性炭与水搅匀，静置 8～12h 后，吸取上清液，经石英砂或上有硅藻土滤层的石英砂层过滤，即可得清亮的滤液。也可装置活性炭过滤器，即在过滤器底部填装 0.2～0.3m 厚的石英砂，作为支柱层。再在其上面装 0.75～1.5m 厚度的活性炭。原水从顶部进入，从过滤器底部出水。

吸附饱和的活性炭可以再生，即先用清水、蒸汽从器底进行反洗、反冲后，再从器底通入 40℃、浓度为 6%～8% 的 NaOH 溶液，其用量为活性炭体积的 1.2～1.5 倍。然后用原水从器顶通入，正洗至出水符合规定的水质要求即可正常运转。通常总运转期可达 3 年，若再生后的活性炭无法恢复吸附能力，则应更新。

5. 离子交换法

离子交换法是白酒厂普遍采用的水处理方法。使用离子交换树脂与水中的阴阳离子进行交换反应即可吸附水中的各种离子。再以酸、碱液冲洗等再生法将离子交换树脂上的钙镁等离子洗脱后，即可继续使用。

阳离子交换树脂分为强酸型和弱酸型两类，阴离子交换树脂有强碱型和弱碱型两类。若只需除去钙、镁离子，则可选用弱酸型阳离子交换树脂；若还需除去氢氰酸、硫化氢、硅酸、次氯酸等成分，则可选用弱酸型阳离子交换树脂与强碱型阴离子交换树脂联用，或强酸型阳离子交换树脂与弱碱型阴离子交换树脂联用。

离子交换柱一般有一个柱内装一种树脂或两种树脂的单元装置；也可由两个或多个柱串联使用，按水处理量及水质要求而定。一般柱体的直径相当于柱高的 1/5，柱材为有机玻璃，在柱内的筛板间，填装离子交换树脂，树脂高度通常为 1.2～1.8m。

通常含氯量高的自来水，应先经活性炭吸附后，再从柱顶部通入，1h 的出水量为树脂体积的 10～20 倍。

树脂再生时先用相当于树脂体积 1.5～1.7 倍的纯水进行反洗 10～15min；然后用再生剂冲洗。阳离子交换树脂一般以盐酸或硫酸为再生剂；阴离子交换树脂通常以氢氧化钠为再生剂。再生剂的具体浓度、温度以及冲洗的流速、流量和时间等条件，以再生后达到的水质要求而定。最后再用纯水正洗，其用量为树脂体积的 3 ～ 12 倍。

用离子交换树脂处理得到的降度用水，不必达到无离子的水平，可按实际需要予以控制。

6. 反渗透法

反渗透亦称逆渗透（reverse osmosis，RO），是一种以压力差为推动力，从溶液中分离出溶剂的膜分离操作。对膜一侧的料液施加压力，当压力超过它的渗透压时，溶剂会逆着自然渗透的方向作反向渗透。从而在膜的低压侧得到透过的溶剂，即渗透液；高压侧得到浓缩的溶液，即浓缩液。因为它和自然渗透的方向相反，故称反渗透，反渗透是一种技术先进、效率高、相对节能的分离技术，利用反渗透膜分离溶质与溶剂已经成为一种重要的水处理技术。根据水质的不同选取反渗透膜，使反渗透产水满足需要。

第四节　原辅料的准备

一、原辅料的选购与贮存

(一) 原辅料的选购

白酒的酒质与原辅材料的成分和质量密切相关，原辅材料选择应遵循的一般原则如下。

① 原料资源丰富，能够大批量地收集，贮存不易霉烂，有足够的贮存量保证白酒生产。且应就地取材，原料价格低廉，便于运输。

② 原料淀粉和糖分含量较高，蛋白质含量适中，脂肪含量极少，单宁含量适当，并含有多种维生素及无机元素，果胶质含量越少越好，以适于白酒生产过程中微生物新陈代谢的需要。

③ 原料中不含土及其他杂质，含水量低，无霉变和结块现象，否则大量杂菌污染酒醅后使酒呈严重的邪杂味。若不慎购进不合格原料必须进行筛选和处理，并注意酒醅的低温入池，以避免杂菌生酸过多。

④ 原料中无对人体有毒、对微生物生长繁殖不利的成分，如氰化物、番薯酮、龙葵苷及黄曲霉毒素等。另外农药残留不得超标。

(二) 原辅料的贮存

白酒制曲、制酒的多品种原料，应分别入贮库。入库前，要求含水分在 14%以下，已晒干或风干的粮谷入库前应降温、清杂。粮粒要无虫蛀及霉变。高粱等粒状原料，一般采用散粒入仓；稻谷、小米、黍米等带壳贮存，临用前再脱壳；麦粉、麸皮等粉状物料，以麻包贮放为好。原料的贮存应符合下列一般原则。

① 分别贮存，即按品种、数量、产地、等级分别贮存。

② 注意防雨、防潮、防抛撒、防鼠耗。

③ 注意通风、防霉变、防虫蛀，加强检查，防止高温烂粮，随时注意品温的变化，对有问题的原料要及时处理。

④ 出库原料"四先用"，即水分含量高的先用，先入库的先用，已有霉变现象的先用，发现虫蛀现象的先用。

二、原辅料的输送

白酒厂原辅料的出入仓及粉碎、供料过程，均需进行物料输送，通常采用机械输送或气流输送。

(一) 机械输送

机械输送的主要设备有带式输送机、斗式提升机和螺旋输送机等。

1．带式输送机

带式输送是白酒厂中应用较为广泛的一种固体物料输送形式，它不仅可用来输送松散的块状和粉状物料（如薯干、谷物等），也可输送大体积的成件物品（如麻袋包等）；可沿水平方向输送，也可倾斜一定角度输送。带式输送机有固定式和移动式两大类。移动式主要用于装卸物料，具有固定的型式，由专业工厂制造；固定式则需要根据厂方的具体条件和输送路线的要求进行专门的设计、制造及安装。

带式输送机的特点是：结构简单，管理方便，平稳无噪声，不损伤被输送的物料，能短途或长距离输送，也能中途卸载，使用范围广，输送量大，动力消耗低。其缺点是：只能作直线输送，若改变输送方向必须几台机联合使用。

2．斗式提升机

一般工厂采用的斗式提升机，是在带链条或钢索等物体上，每隔一定距离装上料斗，连续垂直向上运输物料。

物料从升运机下部加入斗内，垂直上升到一定高度，升至顶部时，斗的运行方向改变，物料从斗内卸出，达到将低处物料运送到高位置的目的。

料斗类型的选择决定于物料的性质，如粉状、块状、干湿程度和黏着性等，还与生产能力有关。深斗容量大，但不易将物料排尽，特别是潮湿和黏性物料；与此相反，浅斗排料却很好。

3．螺旋输送机

该设备应用广泛，常用于输送散粒状物料，也可作加料器。通常用于短距离输送，输送距离一般为 20～30m，可进行水平和倾斜 20° 条件下的物料输送。

其工作原理是由电机减速器带动螺旋输送机运转，利用螺旋的推力物料沿轴向直线运动，最后被推向出料口。螺旋输送机的结构比较简单，主要由螺旋、机槽、吊架等组成。

常用的螺旋有全叶式和带式两种。前者结构简单，推力和输送量都很大，效率很高，特别是用于松散物料。对黏稠物料则采用带式螺旋。

（二）气流输送

气流输送简称风送，其输送的原理是采用气体流动的动能来输送物料，物料在密闭的管道中呈悬浮状态。气流输送早在19世纪初就已应用于工业上，只是由于当时相应的控制设备和风机尚未发展，限制了它的规模和应用。随着科学技术的发展，气流输送在轻工、化工等行业得到了越来越广泛的应用。在白酒生产中，薯干与玉米粉碎的气流输送（也称风选风送）取得了很好的效果。实践证明它既能代替结构复杂的机械提升和输送，又能有效地将混在原料中的铁、石分离出来，而且特别适合于白酒生产中散粒状或块状物料的输送。最重要的是能对原料进行风选，除去杂物，同时在整个原料输送过程中处于负压状态，有利于实现粉碎工序的无尘操作。

气流输送的主要设备包括旋风分离器、旋转加料器、除尘设备和风机等，常采用的气流输送类型有真空输送和压力输送两种。工厂中，如需要从几个不同的地方向一个卸料点送料时，采用真空输送系统较为合适。如果从一个加料点向几个不同的地方送料时，可采用压力输送系统。

1．真空输送

真空输送是将空气和物料吸入输料管中，在负压下进行输送，然后将物料分离出来，从旋风分离器出来的空气，经除尘后由风机排出。这种输送方式的特点是能从几个不同的地方向指定地点送料，不需要加料器，排料处要求密闭性高。由于物料在负压状态下工作，故能避免输送系统粉尘飞扬的现象；但输送距离短，输送时所需风速高，功率消耗大。

2．压力输送

这种输送方式，整个系统处于正压状态，靠鼓风机输出的气体将物料送到规定的地方。在原料加料处要用密封性能较好的加料器，以防止物料反吹。如将真空输送与压力输送结合起来使用，就组成了真空压力输送系统，这种输送系统集中了压力和真空输送系统的优点。

三、原辅料的除杂与粉碎

（一）原辅料的除杂

原料在收获时，表面都带有很多泥土、沙石、杂草等，在原料的运输中有时会混有金属之类的物质，若不清理这些杂质，会使粉碎机等机械设备受到磨损，一些杂质甚至会使阀门、管路及泵发生堵塞。

因此原料在投入生产前，必须先经预处理。白酒厂通常采用振动筛去除原料中的杂物，用吸式去石机除石，用永磁滚筒除铁。也有工厂采用气流输送的工艺，对清除铁块、沙石等杂质有较好的效果。

在白酒酿造中应用最多的辅料是稻壳。目前，大型白酒企业从稻壳进厂、入仓、出仓、清蒸到酿酒车间的全过程采用气力输送、振筛除杂、钢板仓贮存、双路阀切换落料给料点、密闭容器蒸煮等自动化控制，其中稻壳的入仓系统设计了自衡振动筛、除铁器、除尘器，具有最大筛分能力和除杂、除尘、除石、除铁更精细的功能（见图3-3）。自动化输送与除杂系统，不仅保证了稻壳的干净度，同时大大减轻了劳动强度，提高了经济效益。

(二) 原料的粉碎

谷物或薯类原料的淀粉，都是植物体内的贮存物质，以颗粒状态存在于植物细胞中，受到植物组织与细胞壁的保护，既不溶于水，也不易和淀粉水解酶接触。因此，为了破坏植物组织，就需要对原料进行粉碎。经粉碎后的粉状原料，增加了原料的受热面积，有利于淀粉原料的吸水膨化、糊化，提高热处理效率。

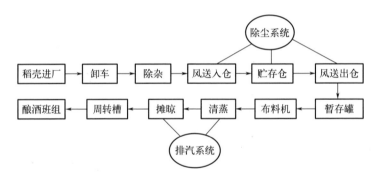

图3-3 稻壳自动输送与除杂系统

白酒原料的粉碎，采用锤式粉碎机、辊式粉碎机及万能磨碎机。粉碎的方法有湿法粉碎及干法粉碎两种。不同的白酒生产工艺对原料粉碎的要求不尽相同，粉碎的具体要求见第六、七、八章。

糖化发酵剂

糖化发酵剂是酿酒发酵的动力，其质量直接关系到酒的质量和产量。我国劳动人民在长期的生产实践中，发明了许多不同用途和特点的酒曲，酿造出了品种繁多的各色酒类。我国传统的制曲技术蕴含着许多科学道理，如小曲制作过程中的曲种传代，实际上就是相对纯化微生物并予以保藏的一种方法。

目前，我国白酒生产中使用的糖化发酵剂种类较多，大体上可分为如下三类：

① 传统酒曲，包括各种大曲和小曲；
② 纯种培养的糖化发酵剂，包括霉菌、酵母菌和细菌的各种纯种培养物；
③ 商品酶制剂和活性干酵母。

第一节　大曲制作技术

一、大曲概述

大曲是酿造大曲白酒用的糖化发酵剂，一般以小麦、大麦和豌豆等为原料，经粉碎拌水后压制成砖块状的曲坯，人工控制一定的温度和湿度，让自然界中的各种微生物在上面生长而制成。因其块形较大，而得名大曲。

大曲中的微生物极为丰富，是多种微生物群的混合体系。在制曲和酿酒过程中，这些微生物的生长与繁殖，形成了种类繁多的代谢产物，进而赋予各种大曲酒独特的风格与特色，这是其他酒曲所不能比的，也是我国名优白酒中大曲酒占绝大多数的原因所在。

（一）大曲的功能

1. 糖化发酵作用

大曲是大曲酒酿造中的糖化发酵剂，其中含有多种微生物菌系和各种酿酒酶系。大曲中与酿酒有关的酶系主要有淀粉酶（包括 α- 淀粉酶、β- 淀粉酶和糖化型淀粉酶等）、蛋白酶、纤维素酶和酯化酶等，其中淀粉酶将淀粉分解成可发酵性糖；蛋白酶分解原料中的部分蛋白质，并对淀粉酶有协同作用；纤维素酶可水解原料中的少量纤维素为可发酵性糖，从而提高原料出酒率；酯化酶则催化酸、醇结合成酯。大曲中的微生物包括细菌、霉菌、酵母菌和少量的放线菌，但在大曲酒发酵过程中起主要作用的是酵母菌和专性厌氧或兼性厌氧的细菌。

2. 生香作用

在大曲制作过程中，微生物的代谢产物和原料的分解产物，直接或间接地构成了酒的风味物质，使白酒具有各种不同的独特风味，因此，大曲还是生香剂。不同的大曲制作工艺所用的原料和所网罗的微生物群系有所不同，成品大曲中风味物质或风味前体物质的种类和含量也就不同，从而影响大曲白酒的香味成分和风格，所以各种名优白酒都有其各自的制曲工艺和特点。

3. 投粮作用

众所周知，大曲中的残余淀粉含量较高，大多在 50% 以上，这些淀粉在大曲酒的酿造过程中将被糖化发酵成酒。在大曲酒生产中，清香型酒的大曲用量为原粮的 20% 左右，浓香型酒为 20%～25%，酱香型酒达 100% 以上，因此在计算大曲酒的淀粉出酒率时应把大曲中所含的淀粉列入其中。

（二）大曲的制作特征

1. 生料制曲

生料制曲是大曲特征之一。原料经适当粉碎、拌水后直接制曲，一方面可保存原料中所含有的水解酶类，如小麦中含有丰富的 β- 淀粉酶，可水解淀粉成可发酵性糖，有利于大曲培养前期微生物的生长；另一方面原料中的微生物菌群是大曲制作微生物的来源之一，如某些菌可产生酸性羧基蛋白酶，可以分解原料中的蛋白质为氨基酸，从而有利于大曲培养过程中微生物的生长和风味前体物质的形成。

2. 自然网罗微生物

大曲是靠网罗自然界的各种微生物在上面生长而制成的，大曲中的微生物来源于原料、水、制曲车间和周围环境。虽然高温大曲（酱香型大曲）在制作过程中掺入一定量的种曲，但种曲中的微生物也是从自然界中网罗的。大曲制造是一个微生物选择培养的过程。首先，要求制作原料含有丰富的糖类（主要是淀粉）、蛋白质及适量的无机盐等，能够提供酿酒有益微生物生长所需的营养成分；其次，在培养过程中要控制适宜的温度、湿度和通风等条件，使之有利于酿酒有益微生物的生长，从而形成各大曲所特有的微生物群系、酿酒酶系和香味前体物质。

3．季节性

大曲培养的另一个特点是季节性强。在不同的季节里，自然界中微生物菌群的分布存在着明显的差异，一般是春秋季酵母多、夏季霉菌多、冬季细菌多。在春末夏初至中秋节前后是制曲的合适时间，一方面，在这段时间内，环境中的微生物含量较多；另一方面，气温和湿度都比较高，易于控制大曲培养所需的高温高湿条件。自20世纪80年代以来，由于制曲技术的不断提高，在不同的季节同样可以制出质量优良的大曲，关键在于控制好不同菌群生长所要求的最适条件。此外，三年以上老制曲车间的微环境经长期驯化积累了丰富的酿酒微生物菌群，为全天候大曲培养提供了微生物菌源，目前大型白酒企业和专业制曲企业大多是全年制曲。

4．堆积培养

堆积培养是大曲培养的共同特点。根据工艺和产品特点的需要，通过堆积培养和翻曲来调节和控制各阶段的品温，借以控制微生物的种类、代谢和生长繁殖。不同类型的大曲和不同白酒厂其堆积形式有所不同，通常有斗形、人字形和一字形三种，也有的使用井形和品形，井形易排潮，品形易保温。在实际生产中应根据工艺要求、环境温度和湿度等具体情况选择合适的堆积培养形式。

5．培养周期长

从开始制作到成曲进库一般为40～60d，然后还需贮存3个月以上方可投入使用，整个制作周期长达5个月，这也是其功能独特的一个重要因素。

（三）大曲的分类

按照制曲的温度可将大曲分为高温曲和中温曲两大类。高温曲的最高品温为60～65℃，一般酱香型大曲酒都使用高温制曲，也有部分浓香型酒使用高温曲。中温曲的最高品温为45～60℃，用于酿制浓香型酒和清香型酒。一般清香型大曲酒的制曲温度比浓香型低，通常控制在45～48℃，最高不超过50℃，所以清香型大曲也称为次中温曲。但清香型大曲不宜称为低温曲，因为小曲、麸曲等的制作温度更低，大多在40℃以下，宜称为常温曲。

二、大曲制作的一般工艺

酿制不同香型的大曲酒，所要求的大曲质量标准不同，因而大曲的制作工艺也不尽相同。下面介绍的是大曲制作的一般工艺，特殊工艺将在随后举例说明。

（一）制曲原料及配料

制大曲的原料，主要有小麦、大麦和豌豆，也有少量使用其他豆类和高粱等。这些原料都要求颗粒饱满，无霉烂、虫蛀，无杂质，无异味，无农药污染。小麦淀粉含量高，蛋白质、维生素等含量丰富，黏着力也较强，是各种微生物生长繁殖和产酶的天然物料，在大曲制作中使用最多。大麦营养丰富，皮多，性质疏松，有利于耗氧微生物的生长繁殖，但水分和热量也容易散失，一般不能单独制曲。豌豆淀粉含量高，黏性大，易结块，水分和热量不易散失，一般与大麦混合使用。

大曲的配料，主要根据各酒厂产品的风格特点来确定，一般地，高温大曲多为纯小麦或小麦、大麦、豌豆混合曲；中温大曲大多为大麦、豌豆曲。采用小麦、大麦、豌豆为原料制曲时，通常的配比是5：4：1或6：3：1或7：2：1；采用大麦、豌豆制曲时，通常的原料配比是6：4或7：3。几家名优酒厂制曲原料配比见表4-1。

表4-1　大曲制曲原料配比

酒名	小麦/%	大麦/%	豌豆/%	高粱/%	大曲粉/%
宜宾五粮液	100				
全兴大曲酒	95			4	1
洋河大曲酒	50	40	10		
贵州茅台酒	100				
山西汾酒		60	40		

（二）原料粉碎

原料的粉碎度与大曲的质量关系较大，过细则黏性大，曲坯内空隙小，通气性差，水分和热量不易散失，微生物生长缓慢，易造成窝水、不透或圈老等现象；过粗则黏性小，曲坯内空隙大，水分和热量易散失，易造成曲坯过早干燥和裂口，表面不挂衣，微生物生长不良。所以，要严格控制好制曲原料的粉碎度。在实际生产中，应根据制曲原料的种类与配比、曲室培养环境条件和产品的质量风格特点等具体情况，确定适宜的原料粉碎度。

粉碎后的麦粉，要求"心烂皮不烂"。"心烂"是为了充分释放淀粉，"皮不烂"则可保持一定的通透性。采用石磨粉碎可以完全做到"心烂皮不烂"，而采用钢磨粉碎则难以达到要求。因此，采用钢磨时，应先将原料加水润湿后再进行粉碎。

（三）曲坯制作

1．拌料与加水比

拌料的目的就是使原料均匀地吃足水分，以利于微生物的生长与代谢。加水比过小，曲坯表面易干燥，菌丝生长缓慢，不挂衣；加水比过大，升温快、湿度大，易烧曲。从微生物的生长情况看，细菌易在水分大的环境中生长，霉菌在曲坯水分含量35%时生长最好，酵母菌在水分含量30%～35%时生长最佳。

一般地，拌料后，曲料水分含量在38%左右，标准是"手捏成团不黏手"。而具体加水比则取决于制曲工艺、原料含水量、空气湿度和温度等因素。一般纯小麦曲加水比（指加水量与原料之比）为37%～40%，小麦、大麦、豌豆混合曲的加水比为40%～45%。

2．制曲坯

曲坯制作方法有人工踩曲和机械制曲两种，曲坯多为砖形，但也有一些独特的形状如五粮液大曲，一面鼓起，称为"包包曲"。砖形曲坯的一般尺寸为（30～33）cm×（18～21）cm×（6～7）cm。曲坯太小，不易保温、保湿，操作费工；曲坯太大，则微生物不易长透。

曲坯的松紧要适度，曲坯过硬，成曲色泽不正，曲心有异味；曲坯过松，操作不方便，易散曲，也不利于保温保湿。

（四）曲室培养与管理

1．曲坯入室

（1）曲房　曲房的结构、材料、高度、门的开向等，均应考虑保温、保湿及通风效果。曲坯入房前，应将曲室打扫干净，并铺上一层稻壳之类的物料，以免曲坯发酵时与地粘连。曲室地面最好是泥地，视气候情况，要适量洒一些清水在地面，天热时必须洒。

（2）曲坯安放　曲坯入房后，安放的形式有斗形、人字形和一字形三种。其中斗形和人字形较为费事，但可以使曲坯的温度和水分均匀。三种安放形式的曲间距离、行间距离是相同的，不能相互倒靠（包包曲除外）。不同的季节，曲间距有所不同，一般冬季为1.5～2cm，夏季为2～3cm。视情况收拢或者拉开曲间距有调节温度、湿度和通风等功能。

（3）覆盖　曲坯安放好后，应在曲上面盖上草帘、稻草之类的覆盖物。为了增大环境湿度，还应在覆盖物上适当洒些水。最后，关闭门窗，进入曲坯培菌阶段。

2．培菌管理

大曲的质量好坏，主要决定于曲坯入室后的培菌管理，特别是入房后的前几天，如管理不当，以后很难挽救。因此必须注意观察，掌握好翻曲时间，适时调节曲室温度、湿度和更换曲室空气，从而控制曲坯的升温，为各种酿酒微生物的生长繁殖与代谢提供良好的条件。

不同大曲的制作工艺不同，其大曲的培菌管理亦各不相同。但无论何种大曲，其培菌过程的管理大致可分成如下四个阶段。

（1）低温培菌期　一般为3～5d，在此期间品温控制在30～40℃，相对湿度控制在90%左右。培菌期的主要目的是让霉菌、酵母菌等大量生长繁殖，为大曲多功能发酵体系的形成打好基础。控制方法有取下覆盖物、关启门窗和翻曲等。

（2）高温转化期　一般需 5 ～ 7d，在此期间根据制造不同大曲的特点控制曲坯的品温（45 ～ 65℃），相对湿度应大于 90%。在转化期，一方面多数微生物的菌体生长逐渐停止，产孢菌群则以孢子形式休眠下来；另一方面曲坯中各种微生物所形成的丰富酶系因温度升高后开始活跃，利用原料中的养料形成酒体香味的前体物质。由于不同酶系的最适作用温度不同，因此在此阶段控制不同的温度将会形成不同香味或香味前体物质，并为大曲酒的香型和风格特点打下基础。转化期的主要控制手段是开门窗排潮。

（3）后火生香期　一般需 9 ～ 12d，在此期间品温控制一般低于 45℃，相对湿度小于 80%。后火期的主要作用是促进曲心多余水分挥发和香味物质的呈现。所谓后火生香并不是在此时期内生成大量香味物质，而是要逐渐终止生化反应，使高温转化期形成的大量香味物质呈现出来，否则有可能得而复失，丧失大曲的典型风格。后火期的管理也是根据不同香型大曲的特点来确定的，但不管怎样，后火不可过小，否则曲心水分挥发不出，会导致软心，影响成曲质量。后火期的主要操作有保温、垒堆等。

（4）打拢　打拢即将曲块集中而不留距离，并保持常温。在此期间只需注意曲堆尽量不要受外界气温干扰即可，经 15 ～ 30d 的存放后，曲块即可入库贮存。

（五）贮曲

曲块入库前，应将曲库清扫干净，铺上糠壳和草席，并保证曲库阴凉、通风良好。曲块间保持一定距离，以利于通风、散热。如果曲块受潮升温，则会污染青霉菌等有害微生物，使成品曲质量下降。

新曲不能立即使用，酿酒时必须用陈曲。大曲贮存过程中其酿酒酶系活性会有所下降，酿酒微生物数量则呈现先升高后下降。经过贮存将淘汰大量生酸杂菌，但贮存时间过长酿酒酶系的活性及酵母菌等有益菌群下降明显，因此曲并不是越陈越好。一般贮存 3 个月后即可使用，也有的厂贮存 6 个月以后才使用。

三、典型大曲生产工艺

如前所述，酿制不同香型的大曲酒，其大曲的生产工艺有所不同，下面简要介绍几种典型大曲的制作工艺和操作特点。

（一）清香型大曲

清香型酒曲是中温曲的典型代表，制曲品温不超过 50℃，下面以汾酒曲为例简要介绍清香型大曲的工艺流程及特点。

1．工艺流程

原料→配合→粉碎→加水搅拌→踩曲（或机械制曲）→曲坯→入房排列→上霉阶段→晾霉阶段→起潮火阶段→起大火阶段→挤后火阶段（养曲）→出房→贮存→成曲。

2．工艺操作要点

（1）制曲原料配比　采用大麦和豌豆，其比例为6：4或7：3。视季节不同，适当变化。

（2）粉碎度　要求通过20目筛的细粉，冬季占20%，夏季占30%；通不过的粗粉，冬季占80%，夏季占70%。

（3）加水比　加水量和水温视原料粗细与季节气候而灵活掌握，一般每100kg原料用水量为50～55kg。水温夏季用凉水（14～16℃），春秋季用25～30℃的温水，冬季用30～35℃的温水。每块曲用料约2.7kg，踩成的曲块重3.7～3.8kg。曲模的规格是内长27～28cm，内宽17～18cm，高5～6cm。

（4）卧曲　曲坯入房后，以干谷糠铺地，上下三层，以苇秆相隔，排列成"品"字形。曲间距3～4cm，一行接一行，无行间距。苇秆上沾染着许多大曲中的有益微生物，可起部分接种作用。

（5）上霉　汾酒大曲上霉阶段明显。曲坯入房后，将曲室调至一定温度，冬季12～15℃，春秋两季15～18℃，夏季也要尽量保持此温度。曲块表皮风干后，约6～8h，用喷壶少洒一点冷水，覆盖苇席，再喷水，使苇席湿润，令其徐徐升温，缓慢起火。冬季控制在72～80h，使曲间品温上升至38℃，则可上霉良好。如曲间品温超过38～40℃，应立即揭开苇席，缓缓散热；品温下降后，为防止散潮，需再覆盖苇席，继续培养至90%以上的曲坯上霉良好。

（6）晾霉　曲坯表皮上霉良好时，揭开苇席，开窗放潮，适时翻曲，增加曲层与曲距，以控制曲坯表面微生物的生长。勿使菌丛过厚，令其表面干燥，使曲块固定成形，这个操作称为"晾霉"。晾霉一般需2～3d，品温降至28～32℃。这段时间每天翻曲一次，并增加曲块层次。

"上霉"和"晾霉"是曲坯培养的重要阶段，要特别注意。如晾霉太迟，菌丛过厚，曲皮起皱，会使曲坯内部水分不易挥发。如过早，菌丛太少，影响曲坯内部微生物进一步繁殖，曲不发松。

（7）起潮火　在晾霉2～3d后，曲坯表面不黏手时，要关闭门窗进入潮火阶段。入房后5～6d，品温升至36～38℃，最高可达42℃，在此期间每日要排放2～3次潮气，将曲块上下里外互相翻倒，并将曲层逐渐加高至6～7层。抽去苇秆，由"环墙式"排列改为"人字形"排列。曲坯品温由38℃逐渐升到45～46℃，大约需4～5d，此后进入大火阶段。这个阶段微生物生长仍然旺盛，菌丝由表面向内生长，水分和热量由里向外散发，通过开启门窗来调节曲坯品温，使之保持在45～46℃高温（大火）条件下7～8d，但不能超过48℃。

（8）后火　大火期后，曲坯逐渐干燥，品温也缓慢下降，由44℃左右逐渐卜降到32～33℃，直至曲块不热为止，进入后火阶段，后火期3～5d，曲心水分会继续蒸发干燥。

整个培菌阶段，翻动曲块时要注意距离远近，按照"曲热则宽，曲凉则近"的原则，灵活掌握。

（9）养曲　后火期后，还有10%～20%曲坯的曲心部位有余水，宜用微温来蒸发，这时曲坯本身已不能发热，采用外保温，保持32℃，品温28～30℃，将曲心内的水分蒸发干，即可出房。从曲坯入房到出曲房，约经一个月左右。

3．汾酒三种中温大曲的特点

酿制清香型酒使用清茬、后火和红心三种中温大曲，并按比例混合使用。这三种大曲制曲各工艺阶段完全相同，只是在品温控制上加以区别，其特点如下。

（1）清茬曲　热曲最高温度为44～46℃，晾曲降温极限为28～30℃，属于小火大晾。

（2）后火曲　由起潮火到大火阶段，最高曲温达47～48℃，在高温阶段维持5～7d，晾曲降温极限为30～32℃，属于大热中晾。

（3）红心曲　在培养上采用边晾霉边关窗起潮火，无明显的晾霉阶段，升温较快，很快升到38℃，靠调节开窗大小来控制曲坯品温。由起潮火到大火阶段，最高曲温为45～47℃，晾曲降温极限为34～38℃，属于中热小晾。

出房的清香型酒曲，按清茬、后火、红心三种分别存放，垛起，曲间距约1cm左右。贮曲期约半年。

(二) 酱香型大曲

高温制曲是酱香型酒特殊的工艺之一。其特点一是制曲温度高，品温最高可达65～68℃；二是成品曲糖化力较低，用曲量大，与酿酒原料之比为1：1，如换算成制曲小麦用量，则超过高粱；三是成品曲的香气，是酱香酒的主要来源之一。

1．工艺流程

工艺流程见图4-1。

曲母、水　　　　　　稻草、稻壳

小麦→润料→磨碎→粗麦粉→拌料→装模→踩曲→曲坯→堆积培养→成品曲→出房→贮存

图4-1　酱香型大曲制曲工艺流程

2．工艺操作要点

（1）配料　制曲原料全部使用纯小麦，粉碎要求粗细各半。拌料时加3%～5%的母曲粉，用水量为40%～42%。

（2）踩制曲坯　传统是人工踩曲，现多改为机械制曲，以曲坯平整光滑，四周较紧中心较松为宜。

（3）堆曲　曲坯进房前，先用稻草铺在曲房靠墙一面，厚约二寸（1寸＝3.33cm），可用旧草垫，但要求干燥无霉烂。排放的方式为将曲块侧立，横三块、竖三块地交叉堆放。曲块之间塞以稻草，塞草最好新旧搭配。塞草是为了避免曲块之间相互粘连，以便于曲块通气、散热和制曲后期的干燥。当一层曲坯排满后，要在上面铺一层草，厚约3.3cm，再排第二层，直至堆放到4～5层，这样即为一行，一般每间房可堆六行，留两行的空间作翻曲用。最顶一层亦应盖稻草。

（4）盖草洒水　堆放完毕后，为了增加曲房湿度，减少曲块干皮现象，可在曲堆上面的稻草上洒水。洒水量夏季比冬季要多，以水不流入曲堆为准，随后将门窗关闭或稍留气孔。

（5）翻曲　曲坯进房后，由于条件适宜，微生物大量繁殖，曲坯温度逐渐上升，一般7d后，中间曲块品温可达60～62℃。翻曲时间夏季5～6d，冬季7～9d，一般手摸最下层曲块发热时，即第一次翻曲。若翻曲过早，下层的曲块还有生麦子味，太迟则中间曲块升温过猛，大量曲块变黑。翻曲要上下、内外层对调，将内部湿草换出，垫以干草，曲块间仍夹以干草，将湿草留作堆旁盖草；曲块要竖直堆积，不可倾斜。

曲块经一次翻动后，上下倒换了位置。在翻曲过程中，散发了大量的水分和热量，品温可降至50℃以下，但过1～2d后，品温又很快回升，至二次翻曲（一般进曲房14d左右）时品温又升至接近第一次翻曲时的温度。

从制曲过程中香气的形成来看，制曲温度的高低直接影响成品曲的质量。影响制曲温度的因素很多，除了气温高低、曲室大小、通风情况、培养方式外，还与制曲水分轻重、翻曲次数有着直接关系。表4-2所示为不同制曲条件下的成品曲情况，从结果看，制曲水分过重、过轻或只翻一次曲，都会给成品曲质量造成影响。

（6）后期管理　二次翻曲后，曲块温度还能回升，但后劲已经不足，难以达到一次翻曲时的温度。经6～7d，品温开始平稳下降，曲块逐渐干燥，再经7～8d，可略开门窗换气。40d后，曲温接近室温，曲块已基本干燥，水分降至15%左右。这时可将曲块出房入仓贮存。

表 4-2　茅台酒不同制曲条件下成品曲外观质量与化学成分比较

曲样	外观	香味	水分 /%	酸度 / (mmol/10g)	糖化力（以葡萄糖计，后同）/ [mg/ (g·h)]
重水分曲	黑曲和深褐色曲较多，白曲较少	酱香好，带煳香	10.0	2.0	109.44
轻水分曲	白曲占一半，黑曲很少	曲香淡，曲色不匀，部分有霉味	10.0	2.0	300.00
只翻一次曲	黑曲比例较大，与重水分曲相似	酱香好，煳苦味较重	11.5	1.8	127.20

　　表 4-3 为郎酒不同制曲条件下成品曲的质量情况。从结果看，优质曲糖化力适中，不但酱香好，曲香味也好。用这种曲生产的酒酱香突出，风格典型，酒质好。重水分曲黑曲多、酱香好、带焦煳香，但糖化力低，在生产中必然要加大用曲量。这种曲用量少时可使酒产生愉快的焦香；若用量大，则成品酒煳味重，并带橘苦味，影响酒的风格质量。轻水分曲自始至终温度没有超过 60℃，实际上属中高温曲，糖化力虽高，但没有酱香或酱香很弱。这种曲所产酒甜味重、涩味大、酱香差，不符合酱香型酒的质量风格。生产中如出现轻水分曲，可考虑和重水分曲及部分正常曲一起搭配使用。

表 4-3　郎酒不同制曲条件下成品曲外观质量与化学成分比较

曲样	温度 /℃	成曲外观	成曲香味	糖化力 / [mg/ (g·h)]
重水分曲	第 1 次翻曲 52～55 第 2 次翻曲 65～70 第 3 次翻曲 55 左右	黑色和深褐色，几乎没有白色曲	酱香好，带焦煳香	159
轻水分曲	第 1 次翻曲 50～55 第 2 次翻曲 48～52 第 3 次翻曲 46 左右	白色曲较多，黑、黄曲很少	曲色不匀，曲香淡，大部分无酱香，部分有霉酸味	300 以上
优质曲	第 1 次翻曲 62～65 第 2 次翻曲 62～68 第 3 次翻曲 50 左右	黑色、黑褐色、黄色曲较多，白曲较少	酱香、曲香味均好	230～280

（三）浓香型大曲

　　浓香型酒制曲最高品温在酱香型酒曲和清香型酒曲之间，大多控制在 55℃左右。浓香型大曲酒的品种较多，各酒厂都有自己传统的制曲工艺，主要是在配料和最高品温控制上有所差异（见表 4-4），但其基本生产工艺大同小异，现就其主要操作要点简述如下。

表4-4　几种浓香型酒大曲原料配比及最高品温

酒名	原料配比/%					制曲最高品温/℃
	小麦	大麦	豌豆	高粱	大曲粉	
宜宾五粮液	100					56～60
全兴大曲酒	95			4	1	55～60
洋河大曲酒	50	40	10			48～50
泸州大曲	90～97			10～3		53～60
古井贡酒	70	20	10			50以上
剑南春	90	10				50
口子酒	60	30	10			56

1. 工艺流程

原料（小麦等）→发水→翻糙→堆积→磨碎→加水拌和→装箱→踩曲→晾汗→入室安曲→保温培菌→翻曲→打拢→出曲→入库贮存。

2. 工艺操作要点

（1）制曲原料配比　各酒厂情况不一，有单独用小麦制曲的，如四川宜宾五粮液酒厂；有用小麦、大麦和豌豆等混合制曲的，如江苏洋河酒厂和安徽古井贡酒厂等；也有的以小麦为主，添加少量大麦或高粱的，如四川绵竹剑南春酒厂和四川泸州曲酒厂。

（2）粉碎度　原料的粉碎度与麦曲质量关系很大。按传统的制曲要求是将小麦磨成"心烂皮不烂"的"梅花瓣"，即将麦子的皮磨成片状，心子磨成粉状。各酒厂对制曲原料的粉碎度的要求略有差异，如洋河酒厂是将制曲原料磨成粗细各半（用40目筛）；安徽古井贡酒厂是粗粉占60%，细粉占40%左右；泸州曲酒厂是粗粉占75%～80%，细粉只占20%～25%。原料的粉碎度与原料品种、配合比例有关。

（3）加水拌和　加水量视制曲原料品种、配比略有变化，如泸州曲酒厂加水是30%～33%，洋河酒厂是43%～45%，古井贡酒厂是38%～39%。

（4）曲的大小和形状　传统制曲是用曲模踩制而成，曲模呈长方形，一般内长26～33cm，宽16～20cm，高约5cm。踩出的曲坯多数为"平板曲"，宜宾五粮液酒厂是踩成"包包曲"。

（5）入室安曲　各厂情况有异，以下为泸州曲酒厂的安曲过程。安曲前先将曲房打扫干净，然后在地面上撒新鲜稻壳一层（约1cm），安置的方法是将曲坯楞起，每四块曲坯为一斗，曲坯之间相距两指宽（3～4cm）。注意不可使曲坯歪斜和倒伏。安好后，在曲坯与四壁的空隙处塞以稻草，根据不同季节上面用15～30cm厚的稻草保温，并用竹竿将稻草拍平拍紧，最后在稻草上洒水（水温视季节而定），洒毕，关闭门窗，保温保湿。

（6）培菌、翻曲　培菌阶段是决定大曲质量好坏的重要环节。各厂对制曲温度控制和翻曲次数都有差异。传统制曲温度一般最高不超过55℃（曲心温），20世纪70年代中期始，不少浓香型酒厂将制曲最高温度提高至60℃。

四、大曲生产新技术

大曲制作的基本技术大约在500年前已经形成，但传统大曲制作的生产条件仍未得到大的改善。自新中国成立以来，大曲生产技术的革新主要有纯种培养微生物的应用、强化大曲、机制曲坯和自动化曲房培曲技术等。

（一）纯种培养微生物与强化大曲

长期以来，大曲是靠网罗自然界中的各种微生物在上面生长而制成的，因此微生物的种类很多。然而，自然界中的微生物群体，除了酵母、根霉、曲霉、毛霉等有益菌外，同时也夹带着许多对酿酒有害的菌类，影响大曲酒出酒率和优质酒率。此外，自然界中的微生物受气候、环境等自然因素的影响较大，自然微生物的种群和数量常不以人意志为转移，从而导致大曲质量的不稳。

小曲制作过程中的接种曲工艺对酿酒微生物种群有一定优化效果，因为我们在留种时总是选择最好的。正因为如此，小曲的糖化发酵力一般都强于大曲。在大曲制作过程中也有接种曲的，但其效果则远不如小曲。这是因为大曲、小曲虽然都是糖化发酵剂，但两者的作用有本质的区别。小曲的功能主要是提供活的处于休眠状态的酿酒微生物，其中主要有根霉、酵母和细菌，在小曲酒酿造过程中它们是主要的酿造菌。而大曲的功能有三个：提供酿酒酶系、酿酒微生物系和香味前体物质。其中的酿酒微生物主要是在大曲培养后期和贮存期间从空气中网罗的，而并非一定是形成大曲酿酒酶系和香味前体物质的微生物菌群（这些菌群在高温期大多已死亡），因而大曲的接种曲作用不可能像小曲那样明显。当然，在大曲制作中接一定的种曲并不是一点作用也没有，一方面，成曲中的丰富酶系和氨基酸等营养物质有利于大曲培养前期微生物的生长，可缩短大曲穿衣（微生物繁殖）的时间；另一方面，大曲中的生孢微生物不会在高温期死亡，接种曲同样有一定的优化作用。

所谓强化大曲就是在大曲配料时，加入一定量的纯种培养微生物，以提高大曲中酿酒有益菌的浓度，从而达到提高大曲糖化发酵能力的目的。我国最早使用强化大曲技术的是厦门酿酒厂，至今已有50多年历史。自20世纪60年代后，全国各地有许多酒厂进行了糖化大曲的试验研究，采用的微生物有根霉、曲霉、酿酒酵母、产酯酵母、芽孢菌等，其中有的菌株来自于菌种保藏机构，现在大多是从生产现场（大曲、酒醅、晾堂等）分离有益功能菌种，90年代后也有直接加入少量酿酒ADY和糖化酶的。实践证明，采用强化大曲具有如下特点。

① 由于接入了大量的纯种培养微生物，曲坯入房后很快发育，升温较快，从而可缩短大曲前期培养的时间，特别适合气温较低时的场合，并可以使成品曲的质量提高。

② 糖化和发酵性能优良微生物的接入，使杂菌的生长受到抑制，成品大曲的糖化发酵能力有所提高，从而可缩短发酵周期，提高原料出酒率。

③ 强化大曲的部分净化作用，可使成品酒杂味减少、酒质变纯净。

④ 若接入的纯种培养种子较多，则易失去天然大曲多维发酵的特点，使成品酒风味变单调，失去大曲酒应有的风格。正因为如此，强化大曲在生产中并不是非常普遍，即使采用也应掌握好分寸。

在下列情况下，可考虑采用强化制曲：

① 较冷的季节制曲；

② 当地环境中酿酒微生物的菌系不完善，特别是在新制曲车间可通过强化制曲补充某些酿酒有益微生物；

③ 通过加入某种微生物来改善成品大曲的某些缺陷或抑制某种有害微生物的生长。

（二）机械化曲坯成型技术

传统曲坯成型工艺是间歇式的人工工艺过程，石磨粉碎原料、人工搅拌配料、人工踩制曲坯等都是繁重的体力劳动，生产效率低下，且物料粉尘多，制曲环境恶劣。面对这些缺点，白酒行业不断尝试创新制曲工艺，将机械自动化技术应用到制曲过程中。

机制曲坯始于 20 世纪 70 年代，最初的机制曲是没有间断的长条曲坯，靠人工将其切断。以后逐步发展到单独成型，有多种机型可供选择，如液压成坯机、气动式压坯机、弹簧冲压式成坯机等。如以 8031 单片机为核心的大曲原料间歇式称重系统的应用，具有数据采集、处理、运算控制和显示等功能，实现了大曲原料的投料、放料及搅拌定时等操作的自动控制，解决了人工配料无法保持一致的难题；机械冲压式压曲机的广泛应用，通过采用齿轮和链条联合转动，偏心机构与连杆上下运动，多次压制成型的工艺，无须配备专门的喂料机构，实现了喂料与压曲的同步操作，克服了液压、气动式压曲机喂料、压曲分步操作，一次压制成型的曲坯其表面紧凑、中心疏松、提浆不好等缺点；目前的成套制曲设备具有储粮、润粮、粉碎、加水搅拌和压制成型等一系列功能，实现了从原料粉碎到曲坯成型过程的机械化自动控制。

机械化曲坯成型技术的广泛应用，大大提高了曲坯成型过程的生产效率，推动了大曲规模化生产的实现，而且，与传统人工制曲相比，该技术还具有曲坯成型好、松紧程度适中，糖化力、发酵力和蛋白质分解力等性能都较好的优点。

（三）自动化曲房培曲技术

在白酒生产中，曲房的劳动环境最为恶劣。在传统制曲中，一个生产周期需多次人工翻曲。由于曲房内温度高、湿度高、CO_2 含量高，严重影响工人的身体健康。而且，大曲质量受生产人员经验和环境条件影响较大，导致成曲质量不稳定。目前，各大白酒企业基本上都实现了从原料粉碎到曲坯成型阶段的机械化，但后续的曲房培养过程，大多仍依赖于人工操作。

20世纪90年代出现了计算机控制架式制曲技术，该系统的主要设备一般包括计算机和自动控制柜，曲室内装有温度、湿度、CO_2 等传感器，以及自动喷头（用于增湿）、自动通风（排风）装置和自动加热装置等。成型后的鲜曲坯安置于一个封闭或半封闭的曲房中，通过传感器采集曲房及曲坯的温度、湿度等数据，经模数转换器输入计算机，计算机对采集的数据与预先给定的温度、湿度等控制曲线进行比较，并经优化处理后指挥排风、增湿喷头等系统调节曲室内的温度和湿度，从而实现监控大曲培养的目的。计算机控制架式制曲系统是传统制曲技术与微生物发酵工程、电子计算机技术和自动控制技术相结合的智能控制系统，能对曲房中的发酵过程进行实时监控，提供或模拟一个适合于曲坯中各种微生物生长繁殖的生态环境，从而可保证大曲生产过程的顺利进行，达到稳定大曲质量和减轻劳动强度的目的。

计算机控制架式制曲系统的应用，虽在很大程度上提升了曲房培曲过程的机械化自动化水平，但因微生物指标难以确定，成品曲的质量仍不及由经验丰富老师傅控制的人工曲，而未能广泛推广。近年来，茅台集团贵州习酒投资控股集团有限责任公司、四特酒有限责任公司基于自身独特的传统制曲工艺，在原有的基础上，对计算机控制架式制曲技术进行改进，很好地提升了大曲的品质。古贝春、五粮液和古井贡酒等酒企，通过曲房 ZigBee 无线测温技术的使用，能够及时掌控制曲过程中的温度变化，初步实现了曲房的智能调控。

目前，完全实现曲房培曲过程的机械自动化还很困难，主要原因是自动化曲房培曲环境下的微生物菌群与传统制曲环境下的自然微生态中的微生物菌群有所不同。在继承传统制曲工艺的同时，还需结合现代生物技术，探明传统大曲品质与曲房微生态之间的关联机制，明确并分离筛选存在明显差异的关键功能微生物，在此基础上构建自动化曲房培曲环境下大曲生产环节的自然微生物生态和大曲培养关键功能微生物群落的调控技术，提升机械化智能化环境下大曲的品质。

（四）隧道式智能化架式制曲

隧道式智能化架式制曲装置（见图4-2），主要由压曲机、曲坯输送装置、智能化曲架车、智能控制器、智能吊钩、送风排风机系统等组成。隧道长约100m，砖混结构，两端有门，中间有窗、水磨石地坪，两侧和顶部设有多根可加热、保湿、供氧的风道。整条隧道分为两段，即曲坯压制段与培曲段，培曲段又分为主发酵段、大火段和后火段。制曲工艺全过程在同一隧道内完成，温度、湿度、通风供氧等工艺条件均由计算机控制。

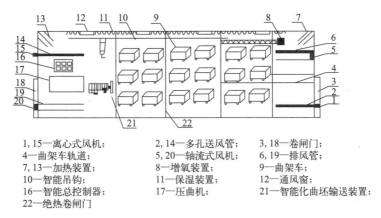

1, 15—离心式风机； 2, 14—多孔送风管； 3, 18—卷闸门；
4—曲架车轨道；   5, 20—轴流式风机； 6, 19—排风管；
7, 13—加热装置；   8—增氧装置；   9—曲架车；
10—智能吊钩；   11—保湿装置；   12—通风窗；
16—智能总控制器；   17—压曲机；   21—智能化曲坯输送装置；
22—绝热卷闸门；

图 4-2　隧道式智能化架式制曲装置

生产实践结果表明，隧道式智能化架式制曲装置具有以下特点：①实现了制曲过程的机械化、连续化和智能化生产，大幅度提高了生产效率；②省去了繁重的人工翻曲工序，大大降低了劳动强度，避免工人受高温、高湿、高浓度二氧化碳及发酵过程中有害物质的影响；③多层架式培曲，结构紧凑，占地面积小，便于管理；④采用架式培养，不需要使用稻草、谷壳，可大大地改善操作环境；⑤成品曲感官、理化和微生物检测指标达到或超过原传统曲，且产品质量稳定，生产周期比原传统曲缩短 15d 左右。

五、大曲的质量

成品大曲的质量标准一般包括感官指标、生化性能和化学成分三个方面，其中最重要的是生化性能。由于大曲的专业化生产远未普及，至今还没有统一的国家标准，只有工业和信息化部在 2012 年发布了浓香型大曲的行业标准 QB/T 4259—2011（见表 4-5），贵州、江西等省的市场监督管理局发布了《酿酒用大曲》地方标准，其他大多是执行各生产企业制订的企业标准。

表 4-6 所示为四种名酒大曲的感官指标，表 4-7 为几种名酒大曲贮存 3 个月后的主要理化指标，供参考。从表中可以看出，不同香型的大曲，由于制曲原料和工艺操作的不同而遵循的质量标准不同；对于同种香型的大曲，由于各自的制曲条件和风格特点的不同，其质量标准也存在着一定的差异。必须根据各自的实际情况和风格特点来制定成品曲的质量标准，并结合酿酒生产的情况（出酒率、酒质等）确定其合适的质量标准。

众所周知，大曲中的微生物指标和风味物质含量对成品酒的质量有一定影响，但目前并没有列入大曲质量指标，主要原因是这两方面指标对成品酒质量的影响的理论基础有待深入研究，只有明确了它们之间的内在联系才有可能完善大曲的质量标准。

表4-5 浓香型大曲质量标准（QB/T 4259—2011）

项目	指标
感官要求	外观灰白或棕色；断面灰白或有红、黄菌丝，菌丝整齐，曲体泡气；曲皮厚≤1.0cm；应有浓香大曲特有的香气
水分／（g/100g）	<14.0
酸度／（mmol／10g）	0.3～1.5
淀粉／（g/100g）	50.0～65.0
发酵力／U	≥0.20
液化力／U	≥0.20
糖化力／U	100～1000
酯化力／U	≥150

表4-6 四种名酒大曲的规格与感官指标

大曲名	每块曲大小/cm	感官指标	样品说明
山西汾酒大曲（清茬曲）	27.5×16×5.5	外表光滑，皮薄坚硬，茬口清亮，曲香味重	表面白色，两侧有谷皮，原料粉碎较粗，带霉味
四川泸州大曲	34×20×5	白洁坚硬，内部干燥，有浓重曲香味	表面为白色斑点或菌丛，折断后闻有曲香味
贵州茅台大曲	37×23×6.5	表面为黄褐色，内部质松、干燥而有冲鼻的香气	折断后闻有曲香味
陕西西凤大曲（槐瓤曲）	28×18×6	表皮白色，皮薄，茬清发光，质地坚硬，气味清香	两侧有谷皮，原料粉碎细，带霉味

表4-7 几种名酒大曲的主要理化指标示例（贮存3个月）

大曲名	水分/%	酸度／(mmol/10g)	糖化力／[mg／(g·h)]	液化力（以淀粉计，后同)/[g/(g·h)]
河南宝丰大曲	13.0	0.65	1680	1.98
四川泸州大曲	14.2	0.70	940	1.32
江苏洋河大曲	14.0	1.33	257	6.80
陕西西凤大曲	10.3	0.56	533	0.19

注：每1g曲消耗0.1mmol氢氧化钠为1度酸度。

第二节　小曲制作技术

一、小曲概述

小曲是酿制小曲白酒的糖化发酵剂，具有糖化和发酵的双重作用，也可用于生产黄酒。小曲的叫法各地不一，如称酒药、酒饼、白曲、米曲等。它们是以米粉或米糠为主要原料，有的添加少量中草药或辣蓼粉为辅料，有的加少量白土为填料，接入一定量的种曲和适量水制成坯，在人工控温控湿环境下培养而成。因其曲块体积较小，故习惯上称为小曲。最初，小曲是利用野生微生物在米粉上自然培养，并添加少量中草药抑制杂菌生长。后来发展为接种少量种曲，经长期传代培养，不断纯化和驯化，使小曲具有较高的糖化发酵力。自20世纪50年代后，有的小曲生产开始采用纯种培养微生物接种，如厦门白曲、贵州麸皮小曲等。

（一）小曲中的主要微生物

小曲的主要功能是提供活的处于休眠状态的酿酒微生物，小曲的微生物包括霉菌、酵母、细菌和少量放线菌，其中在小曲酒酿造过程中起主要作用的是根霉和酵母。

1. 霉菌

霉菌一般包括根霉、毛霉、黄曲霉、黑曲霉等，其中主要是根霉。小曲中常见的根霉有河内根霉（*Rhizopus tonkinesis*）、米根霉（*Rhizopus peka*）、日本根霉（*Rhizopus japonicus*）、爪哇根霉（*Rhizopus javanicus*）、中华根霉（*Rhizopus chinesis*）、德氏根霉（*Rhizopus delemar*）、黑根霉（*Rhizopus nigricans*）、台湾根霉（*Rhizopus formosaensis*）等。各菌种之间在生长特性、适应性、糖化力强弱以及代谢产物上存在一定差异。

用于生产小曲的根霉菌，要求其生长迅速，适应力和糖化力强，具有一定产酸能力；对根霉发酵生成酒精的能力，则要求不高。生产中最常使用的菌株有白曲根霉、米根霉、AS3.866、AS3.851、YG5-5和Q303等。其中AS3.866糖化力强，能生成乳酸等有机酸，酒化酶活力较高，是应用最广泛的菌种；白曲根霉、米根霉糖化力强，产酸较多，有一定产酒能力，多用于米糠曲和散曲；Q303生长速度快，糖化力强，产酸较少，酒化酶活力低，性能稳定，在贵州等地使用广泛。

根霉含有丰富的淀粉酶，其中糖化型淀粉酶与液化型淀粉酶的比例为1:3.3，而米曲霉为1:1，黑曲霉为1:2.8。根霉能将大米淀粉结构中的 α-1,4-糖苷键和 α-1,6-糖苷键切断，使淀粉较完全地转化为可发酵性糖。由于根霉具有一定的酒化酶活性，可使小曲酒整个发酵过程中自始至终能边糖化边发酵连锁进行，所以发酵作用较彻底，淀粉出酒率较高。但根霉的蛋白酶活力低，对氮源要求比较严格，需要氨基酸等有机氮源，若缺乏有机氮，则会影响菌丝体的生长和淀粉酶系的形成。

2. 酵母

传统小曲中的酵母种类很多，有酵母属（*Saccharomyces*）、汉逊酵母属（*Hansenula*）、假丝酵母属（*Candida*）、拟内孢霉属（*Endomycopsis*）、丝孢酵母属（*Trichosporon*）等，其中起主要作用的是酵母属和汉逊酵母属。

培养散小曲经常使用的酵母菌种有 Rasse Ⅻ、1308、K 氏酵母和米酒酵母等。其中 1308 和 K 氏酵母发酵力强，速度快，能耐 22°Bx 糖度和 12%（体积比）以上的酒精浓度，并能耐较高的发酵温度，在 pH2.5 ～ 3.0 时仍生长良好，适用于半固态发酵。Rasse Ⅻ和米酒酵母适应性好，发酵力强，产酒稳定，酒质好，也是小曲纯种接种时的常用菌株。

为了提高白酒质量，可在小曲中接入一些生香酵母，以增加成品酒中的总酯含量。常用菌株有 AS2.297、AS1.312、AS1.342、AS2.300 及汾Ⅰ、汾Ⅱ等。这些酵母的共同特点是产酯能力强（主要是乙酸乙酯），但酒精发酵能力低，如用量过大，会使白酒产量下降。

3. 细菌

由于小曲培养系统是开放式的，因而给细菌的繁殖创造了条件。在传统小曲白酒生产中，如何减少或控制细菌的大量繁殖，是小曲生产中一个不可忽视的问题。

在小曲酒生产中，常见的细菌主要有乳酸菌、醋酸菌和丁酸菌等。一定量的生酸菌（主要是乳酸菌、醋酸菌）对香味物质形成和生产控制有好处，但过多则有害。污染严重时，会使培菌、发酵过程生酸过多而影响产酒率和酒质。

（二）中草药的作用

酒曲中添加中草药是我国古代劳动人民的重要发明。实践证明，在小曲生产中添加适量而又适合的中草药，对促进酿酒有益菌群的繁殖和抑制有害菌群的生长起到一定的作用，同时也给白酒带来特殊的药香风味，有些中药则给白酒带来有益健康的物质。小曲用药味数各厂不同，有的只用一种，有的几十种，多的达上百种。药理试验证明，大多数药材对小曲的培养过程是有益的，但也有部分药材的作用并不显著，甚至有的药材对制曲微生物的生长有妨碍作用。如独活、白芍、川芎、砂头、北辛等有利于根霉菌等的生长，薄荷、杏仁、桑叶等有利于酵母菌的生长，茵陈、川芎等又能促进醋酸菌的生长；秦皮、硫黄、桂皮、玉桂等对醋酸菌的生长繁殖有抑制作用，薄荷、木香、牙皂等能抑制念珠菌的生长，黄连对酵母菌有害，木香对根霉菌有害，等等。

在应用中草药的问题上，各厂看法不同，有的厂还带有"无药不成曲"的观念。但随着科技的进步，人们逐渐认识到只需采用适量必要的中草药即可，并应尽量减少药的用量。目前小曲生产大部分已向无药、纯种化方向发展。

（三）小曲的分类

小曲的品种较多，按添加中草药与否可分为药小曲和无药白曲；按用途可分为白酒曲、甜酒曲和黄酒曲；按主要原料可分为米粉曲（全部用米粉）与糠曲（全部用米糠或大部分米糠、少量米粉）；按接种方式可分为成品曲接种、种曲接种和纯种培养微生物接种；按地区可分为四川药曲、广东酒饼曲、厦门白曲、绍兴酒药、桂林酒曲丸等。

二、典型小曲生产工艺

小曲酒在我国具有悠久的历史，小曲的配料和制作工艺各地的差别较大。下面简单介绍几种传统小曲的生产工艺，而纯种根霉和酵母菌的培养将分别在纯种制曲技术和纯种酵母培养技术中介绍。

（一）桂林酒曲丸

1．原料配比

（1）大米粉　若以总用量20kg计，则其中15kg用于制坯，5kg细粉用作裹粉。

（2）草药　只用一种香药草，用量为制坯米粉质量的13%。香药草是一种茎细小的桂林特产草药，干燥磨粉后使用。

（3）曲母　为上次制小曲时保留的少量酒药。其用量为酒药坯粉的2%，为裹粉质量的4%。

（4）加水　60%左右（以坯粉计）。

2．操作工艺

（1）浸米　大米浸泡时间夏季为2～3h，冬季为6h左右，沥干备用。

（2）粉碎　先用石臼捣碎，再用粉碎机粉碎，用180目筛筛出其中1/4的细粉作裹粉用。

（3）制坯　每批用米粉15kg，加香药草粉1.95kg、曲母300g、水约9kg，混匀，制成饼状团，再在制坯架上压平，用刀切约8cm³的小粒，用竹筛筛成圆的坯。

（4）裹粉　将约5kg细米粉加入0.2kg曲母粉混匀，先撒一小部分裹粉于簸箕中，并第一次洒水于坯上，将坯倒入簸箕中，用振动筛筛圆成形后再裹一层粉，再洒水、再裹，直至细粉用完为止。总洒水量为0.5kg，坯含水量为46%左右。然后将圆坯分装于小竹筛内摊平，入曲室培养。

（5）培曲　可分下列三个阶段。

前期：室温为28～31℃，培养20h左右，待霉菌丝倒下、酒药表面起白泡时，可将盖在上面的空簸箕掀开。这时品温为 33 ～ 34℃，最高不得超过 37℃。

中期：培养 20 ～ 24h 后进入中期，酵母开始大量繁殖。这个阶段约需 24h，室温控制在 28 ～ 30℃，品温不超过 35℃。

后期：需 48h。该阶段品温逐渐下降，而曲子渐趋成熟。

将成熟的曲子移至 40 ～ 50℃的烘房内，经 1d 即可烘干。

3．成品曲

（1）感观　白色或淡黄色，无黑色，质地疏松，具有特殊芳香。

（2）化验　水分为 12% ～ 14%；总酸为 0.6% 以下；大米出酒率（以 58º 白酒计）在 60% 以上。出酒率的具体测定方法如下：

取新鲜精白度较高的大米 50g，用水清洗三遍后沥干，置于 500mL 三角瓶中，加水 50mL，塞上棉塞并以牛皮纸包扎，常压蒸 30 ～ 40min。用灭过菌的玻璃棒将饭团搅散，塞上棉塞，待饭粒凉至 30℃左右，加入上述曲粉 0.5g，拌匀，在 30 ～ 31℃下培养 24h 后，视其有无菌丝生长。加入冷水 100mL，继续保温培养至 96 ～ 100h，再加适量水，蒸馏至馏出液 95mL，加水至 100mL 混匀，用酒精表测酒精度，即可换算出大米的出酒率。

（二）广东酒饼曲

1．酒饼种

（1）制作程序　酒饼种制造通常用米（白米）、饼叶（大叶、小叶）或饼草（高脚、矮脚）、药材（君臣草）、饼种（酒饼种）、饼泥（酸性白土）和水等作为原料。其制作过程见图 4-3。

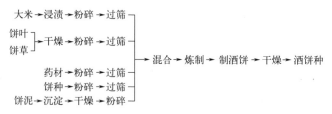

图 4-3　酒饼种制作工艺流程图

（2）原料配方　各厂配方略有不同，现举三例说明之。

例 1：米（大米、碎米）50kg、饼叶（大叶、小叶）5 ～ 7.5kg、饼草（高脚、矮脚）1 ～ 1.5kg、饼种 2 ～ 3kg，药材 1.5 ～ 3kg。

药材配方：白芷 0.5kg、草果 1kg、花椒 1.5kg、苍术 1.25kg、川支（川芎）1.75kg、赤苏叶 1.25kg、丁香 0.75kg、稼不必（没药）1.25kg、大茴 1.5kg、牙皂 0.5kg、鹿角草 1.25kg、豆蔻 1.5kg、机片（艾片）0.05kg、小茴 1kg、千年健 0.75kg、吴仔（吴茱萸）0.75kg、内扣（内蔻）0.75kg、樟脑 0.2kg、大皂 1kg、干松（甘松）0.75kg、薄荷 2kg、陈皮 2.5kg、中皂 0.5kg、灵先 1.5kg、

桂通 1kg、麻五（麻黄五味汤的配料）1.5kg、桂皮 3kg、北辛（北细辛）1.5kg。

例 2：朴米（原朴子）60kg、桂皮 9kg、大青 4.5kg、大麦 4.5kg、饼种 1.75kg、药材 1.7kg。

药材配方：川椒 1.8kg、良姜 0.15kg、小皂 0.15kg、必发（荜茇）0.15kg、甘草 0.15kg、干松 0.15kg、三棱 0.15kg。

例 3：朴米 12kg、橘叶 3kg、大青叶 1kg、桂皮 2kg、饼种 1.5kg、饼泥 35kg。

（3）制法　制作时将原料处理、粉碎、过滤，放入容器中加水混合后，倒放木板上，以四方木格压成饼，横直切成小四方形，然后用竹篙筛圆，放于制酒饼室中，保持 25～30℃，约经过 48～50h，取出晒干即得酒饼种。

2．酒饼

（1）制作程序　酒饼制造通常以米、黄豆、饼叶、饼种、饼泥等为原料，其制作工艺见图 4-4。

（2）原料混合　原料配方亦随各厂略有不同，现举二例说明之。

例 1：朴米 48kg、黄豆 9kg、饼叶 3.6kg、土泥 9kg。

例 2：麸皮 45kg、黄豆 15kg、饼叶 6kg、饼种 1kg、桂皮 0.5kg、土泥 15kg。

图 4-4　酒饼制作工艺流程图

（3）制曲　制作时，将米煮熟，将黄豆置于另一锅中，加水，加热煮熟，取出，去水后，与蒸饭一起移于饭床中混合。冷却后，撒酒饼种、饼叶及饼泥等搓揉混合后，放入长方形酒饼格中，踏实造型，移于制酒饼室中，保持 25～30℃，约经 10d 即制成酒饼。

（三）四川无药糠曲

1．工艺流程

无药糠曲的工艺流程见图 4-5。

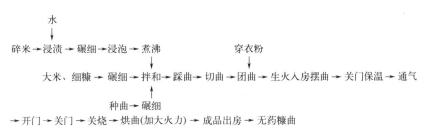

图 4-5　无药糠曲工艺流程图

2．配料、碾料

大米细糠87%～92%，碎米5%～10%，种曲3%，水64%～74%（占总料的比例，%）。

在配料过程中，应严格控制加水量。若水分过少，则易产生干皮，霉菌菌丝长不出来；若水分过多，则曲子黏手，易酸败，不利于霉菌生长、代谢而影响曲子质量。

大米细糠要碾细，过筛；种曲可与最后碾细的糠合碾，再碾碎大米。在碾米前1.5～2h，先在米内浇水20%～25%，碾好后应及时使用。夏天因气候炎热，大米进水后易变馊，也可采用干磨法。

3．制坯与培曲

（1）煮米粉 先将应加水量的水煮沸，再在米粉中加入少量水，然后将湿米粉倒入沸水中，煮沸后即可使用。加水量应考虑水的蒸发量，需多加3%左右，记下用水量。

（2）拌和 在拌料场上将米糠、种曲粉、米粉用木锨拌匀，加水和成面团，用手握曲料能从指缝滴出1～2滴水珠为好。曲料水分含量控制在45%～48%为宜。

（3）踩曲、切曲、团曲 踩曲时可两人同踩一箱，要求踩紧、踩平。踩后用曲刀按紧，用木枋赶紧、打平。要求切断、切正、均匀。团曲以团去棱角和团光为准。团曲每次团60～70转。团曲时每100kg干料撒穿衣粉0.6kg。所谓穿衣粉是事先用0.3kg种曲粉与0.3kg碎米粉混合而成。团好后即可入房培养。当天的曲料必须当天用完，以防变质，影响成曲质量。

（4）生火入房摆曲 曲子入房后，室温控制在22℃左右，除夏季外，应在入房前生火保温。

摆曲次序由上而下，由边角而后中心，曲间稍留间隙，不宜靠拢。除夏季外，摆曲时均应关闭门窗，以保持室温、湿度和水分。

（5）曲房管理 培养过程中应注意调节温度和湿度。经过关门保温、开气筒流通空气、收汗关门窗、排潮、关气筒、烘曲、成品出房等曲房管理程序，品温由22～25℃升至40℃，共需90h左右。

4．成品曲

外观检查为具有清香的气味，菌丝生长均匀、致密，曲心有很多空隙，色白有光润，菌丝过心，水分控制在9%～10%，成曲率约为原料的82%。成曲贮藏在干燥通风良好的库房内，室内相对湿度要求不超过75%。

（四）湖北观音土糠曲

1．原料选择

以米糠、观音土、曲母为原料制成的小曲叫做观音土糠曲，简称糠曲。因为湖北糠曲的培养环境条件要求高，显得娇嫩，对原料选择也十分严格。

（1）米糠　要用黏米糠，要求是无霉烂、无水湿、无杂质的新鲜原料。

（2）观音土　又称白黏土，湖北小曲有用白黏土的，也有用本地红棕土的。在培菌过程中由于毛细管现象，起降温保湿作用。

（3）曲母　又称曲种，其制作方法、生产工艺及操作过程，完全与糠曲相同，仅在原料和制坯形状大小方面存在差异。湖北小曲的曲母有二种，一种为直径3.5cm、厚2.1cm、重约22g的扁圆形小曲母；另一种是直径7.7cm、厚2.2cm、重约44g的扁圆形大曲母。

曲母以黏性大米为原料，经10～15h浸泡，淘洗干净，加水磨成米浆，然后吊干或用稻壳灰淹干。将半干不湿的米浆粉倾于盆内。根据气温高时少加、气温低时多加的原则，按4%～6%的曲母量加入米浆内，再加入适当的水，拌和均匀，做成曲母，曲母坯化验水分为38%。

成品曲母经化验水分为14%，酸度0.44mmol/10g，pH5.8～6，糖化力为160～200[mg，以葡萄糖计／（g·h）]，择优选取色泽谷黄、皱纹清晰、质轻泡松的作曲母种子，达不到以上质量的，作糠曲的种子。

2．操作工艺

（1）流程　工艺流程见图4-6。

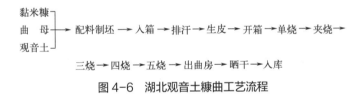

图4-6　湖北观音土糠曲工艺流程

（2）原料配比　湖北观音土糠曲原料配比为观音土50kg，黏米糠20～22kg，曲母2～3kg，水34～35kg。

（3）制坯入箱　将观音土、黏米糠、曲母三种原料按上述比例称取，并按上述顺序分三层平铺于盆内。首先将干料拌和均匀后，再加水拌和，翻糙二遍至三遍，制成曲坯堆于木盆一边，以防水分散失，分次将坯料移于曲箱房的木板上，左手持曲坯旋转，右手把它揪成直径为3～3.5cm、约26g重（以干重计，下同）的麻雀脑形，或用双手搓成直径为4～4.5cm、约52g重的圆形。纵横整齐地排列于箱内，曲坯间距为2cm左右。入房完毕加盖竹席，在曲房内生暗火保温。生火的时间、火力的大小，随气候季节而不同。在培菌的不同时期，品温的控制，通过开启门窗进行调节。曲坯从入箱至出曲房，室温始终保持在30℃左右。

（4）开箱　入箱后24～26h，曲坯表面菌落群体聚集，形成皱纹，俗称

"癞蛤蟆皮"。品温升至37～38℃，微生物在曲坯上由外向内生长，此时pH值为4，曲坯水分由入箱时的40%降至35%。在曲坯形状已经固定，培养了一定数量微生物的情况下，根据以上条件，特别是根据皱纹的粗细、多少、曲坯表面的菌丝变化，即由混乳色变为淡绿色，再变绿色的颜色变化，决定开箱。开箱的目的，主要是为了调节水分、品温、湿度，排除二氧化碳。将箱内的曲坯转移到竹盘上，搁置在烧杆上，让其品温降至32℃左右。夏天曲房温度很高时，开箱后要将竹盘搁置在曲房外的散热墙壁架上，并注意避风。摊晾至气温后，方可移至烧杆上进行单烧。

（5）单烧　在烧杆上单层培菌的过程称为单烧。单烧的时间20～22h，品温在34～36℃。经测定，酸度为1.4mmol/10g，pH值为4。化验水分由开箱的35%降至30%。曲表面带乌色，皱纹细腻清晰。

（6）夹烧　曲由烧杆移至夹烧墙壁架。在此架上可为单层，也可为夹层的培菌过程即为夹烧。时间22～24h。夹烧是微生物生长旺盛时期，品温极易升高。因此要严格控制品温在36～38℃，如超过38℃，用手接触，曲湿润，有可能发霉，这时只能单层培菌，要灵活掌握。此时，酸度有所下降，由单烧的1.4降至1.2，pH值为4.5。水分由单烧的30%降到24%，水分大量挥发。

（7）三烧　盛有曲的竹盘，三块一并，搁置于三烧墙壁架上，进行培菌。时间22～24h。此时曲坯的内部已长满了肉眼可见的白色菌丝，发热量减少了，pH值升至5。此时，曲的品温保持在35～37℃，水分由24%降为16%，曲的体积不变，而质量减轻，内部形成了许多空隙，其表皮皱纹紧固。整个三烧时期，上、中、下的竹盘要进行调换，曲块要进行移动（作平行移动，不要将曲倒置），便于降低品温，使表面漂白，内无黑心，曲质泡松，以防长毛霉，而形成"黑脚"。

（8）四烧　盛有曲的竹盘，四块一并，搁置在四烧墙壁架上进行培菌。时间22～24h。微生物经过生长、繁殖过程，已接近老熟。四烧时期品温在32～34℃，水分降为12%，pH值上升至6，接近中性。此时，四块竹盘要上、下调换，曲要进行翻动，使品温一致。

（9）五烧　盛有曲坯的竹盘五块一并，搁置在五烧墙壁架上进行后熟。时间22～23h，五块曲盘上、下进行调换，曲块要进行翻动，品温要求保持在30～32℃，尽量排走多余的水分，使曲粒干燥，以便出曲房保存。

（10）出曲房　曲从入箱至出曲房，周期是6d左右。出曲房的曲经晒干后，就可以投入生产，但是性状暴烈，难以控制，所以出曲房的曲，最好经过一段时间的储存后再投入生产。曲要储存在干燥、通风、透光的曲库内。

3. 成曲质量

出曲房的曲，其感官要求是表面起皱纹，中细皮张，底部、心部颜色洁白或谷黄色，曲质泡松。内部菌丝均匀、粗壮、无黑色或灰色菌丝，具有甜香气味。理化检测指标如表4-8。

表4-8　湖北观音土糠曲质量指标

项目	水分 /%	酸度 /（mmol/10g）	pH 值	糖化力 /[mg/（g·h）]
糠曲	5～9	0.5～0.6	6	200～700
曲母	13～14	0.35	6	150～240

第三节　纯种制曲技术

一、麸曲培养概述

麸曲是以麸皮为主要原料，蒸熟后接入纯种霉菌，在人工控温控湿下培养的散曲。这种曲具有制作周期短、酶活力高等特点，主要用于麸曲白酒的酿制，也可用于大曲白酒的强化发酵，以弥补大曲中某些酿酒微生物和酶系的不足。

我国纯种制曲技术始于20世纪40年代，开始时使用的菌种多为米曲霉和黄曲霉。后来，因这两个菌种糖化力低、耐酸性差，故逐渐被糖化力高、耐酸性强的黑曲霉所取代。进入20世纪90年代后，由于酶制剂生产技术的不断提高，价格低廉的商品糖化酶逐渐代替黑曲霉麸曲而广泛应用于普通麸曲白酒的生产。但商品糖化酶由于缺乏蛋白酶、酯化酶等酿酒重要酶系，不适合优质麸曲白酒的生产。从黑曲霉变异而来的河内白曲霉，因具有耐酸性强、酸性蛋白酶含量高、酒质好等特点而被广泛应用于优质麸曲白酒的生产。

（一）麸曲的基本培养条件

麸曲为固态培养，一般经试管、三角瓶、曲种、制曲4代培养而成。每代培养都必须提供适宜的营养、水分、温度和通风散热等条件。在整个培养过程中，前三代为种子扩大培养，主要考虑的是种子数量足、健壮、繁殖力强；制曲阶段则要求成品具有较高的酶活力。

1．营养要求

霉菌对碳源的选择顺序是淀粉、麦芽糖、糊精、葡萄糖，其中以淀粉最好。麸皮中有足够的淀粉可供霉菌利用，是较为理想的碳源。霉菌对氮源有很强的选择性，当培养基中含有硝酸钠、硫酸铵、蛋白胨三种氮源时，霉菌首先利用蛋白胨，同时消化少量硫酸铵，而硝酸钠基本不利用。但当只有一种硝酸钠时，曲霉却生长良好。实践证明，氮源的种类对曲霉菌的生长和酶活力的高低有较大影响。一般地，快速利用的氮源对霉菌的生长有利，但外观好看的曲子，其酶活力并不一定很高。在许多情况下，以麸皮为原料时，并不需要另外补充氮源。无机盐的添加视原料和菌种的具体情况而定，常用的无机盐有磷酸盐、镁盐和钙盐等。其中磷酸盐最重要，含量高时，菌体胞内酶活力高；含量低时，则胞外酶活力较高。

2．原料配比

麸皮是制造各种麸曲的主要原料，其中含有丰富的淀粉、蛋白质、无机盐等营养成分，足以满足制曲的营养要求。对面粉含量较多的细麸皮，应适当筛去一定的细粉或添加一定的稻壳，以保证制曲时散热通风良好；而对较粗的麸皮，可配以10%左右的玉米粉，以补充淀粉和营养成分的不足。此外，有许多酒厂在制曲时使用15%～25%的酒糟。利用酒糟制曲的好处有：一是调节酸度，控制杂菌生长；二是提供蛋白质、核苷酸等有效成分，促进菌体的生长和酶的形成；三是可节约麸皮，降低成本。

3．水分含量

在制曲过程中，霉菌的生长、通风散热和产酶均受到水分的支配。制曲水分的控制是通过配料加水量、蒸料吸水和培养室湿度三个环节来控制的。配料加水量的大小应根据菌种特性、原料含水量以及环境的温度和湿度来确定，一般为原料的70%～80%。此外，在霉菌培养的不同阶段，对水分的要求有所不同，因此培养室的湿度也应根据不同的阶段做适当调整。

4．温度

在整个制曲过程中，调节控制好室温和物料品温是保证成品曲质量最主要的工艺操作环节。其中的关键有两条：一是处理好室温与品温的相互关系，掌握住调节的时机；二是后期的培养温度一般高于前期，这有利于酶的生成，提高成曲的质量。

5．pH

大多数霉菌的最适 pH 为偏酸性（5.0～6.5），但不同霉菌有不同的 pH 值适宜范围，同一霉菌在不同 pH 值下所生成的酶的种类和数量有所不同。实践证明，pH 值稍高，曲的糖化力增高；pH 值稍低，曲的液化力增高。此外，配料保持一定的酸度，有利于培养前期杂菌的控制。加糟制曲是调节酸度的办法之一。对于不加糟的情况，可在配料水中加入适量的硫酸调节酸度。具体加酸量视原料、水质、菌种及杂菌污染情况而定，一般浓硫酸的使用量为原料量的0.05%左右。

6．通气

霉菌是好氧性微生物，不仅生长繁殖需要足够的空气，而且酶的生成也与空气的供应量有关。但过量的通风，则对物料保持一定的水分和温度不利。制曲时空气的供给通过三个环节来控制，一是配料时调节稻壳、酒糟的用量，使曲料疏松适度；二是调整曲料的堆积厚度，保证散热与空气供应；三是培养过程中培养室的通风与排潮。对于通风制曲，则可通过调节通风量的大小来控制空气的供应。

7. 培养时间

曲霉培养的最终目的是使其生成最多的酶类，所以培养时间的确定大多是根据曲料酶活力的高峰期来确定的（根霉曲除外），出曲时间一般为 40 ～ 48h。出曲过早或过迟，都会对成品曲的酶活力有影响。此外，做好的曲子，应及时使用，不可放置时间过长，以防酶活力的损失。

（二）麸曲的种类

按所用菌种不同，可分为米曲霉麸曲、黄曲霉麸曲、黑曲霉麸曲、白曲霉麸曲、根霉麸曲、红曲霉麸曲等。其中根霉曲主要用于小曲白酒的酿造，红曲霉麸曲主要用作补充酿造过程中的酯化酶，其他则用于酿造麸曲白酒。下面介绍几种常见麸曲的特点。

1. 黑曲霉麸曲

黑曲霉麸曲最常用的菌种是中国科学院微生物研究所选育出的 UV-11（AS3.4309）和 UV-48。该菌酶系较纯，主要有糖化酶、α-淀粉酶和转苷酶，成品麸曲的糖化酶活力可达 3000 ～ 6000 U/g。该菌所产的糖化酶，适宜 pH 范围为 3.0 ～ 5.5，最适 pH 为 4.5 左右，最适作用温度为 60℃，在 pH4.0 温度为 50℃以下时酶活比较稳定。

采用黑曲霉麸曲酿酒，具有用曲量少、出酒率高、原料适应范围广等优点。自 20 世纪 70 年代开始，随着育种水平的提高，黑曲霉菌种的糖化力越来越高，至 90 年代中期黑曲霉麸曲的糖化力可达 10000U/g 以上。虽然成品曲的糖化力越来越高，但蛋白酶、酯化酶等其他酿酒酶系的活性很低，因而一般只适合于酿制普通麸曲白酒。90 年代后期由于商品糖化酶生产所用的菌种也是黑曲霉，其酶学性质与高糖化力黑曲霉麸曲基本相同，因而黑曲霉麸曲逐渐被商品糖化酶所代替。近年来，随着白酒生产从满足量的需求向质的提高方向转变，黑曲霉麸曲又恢复使用糖化力相对较低而其他酿酒酶系相对丰富的 UV-11 菌种。

2. 白曲

生产白曲所用的菌种为河内白曲霉，它是黑曲霉的变异种。该菌分泌 α-淀粉酶、葡萄糖淀粉酶、酸性蛋白酶和羟基肽酶等多酶系。虽然其糖化酶活力不如黑曲霉，但由于酸性蛋白酶的分泌较多，有利于酿酒过程中微生物的生长与代谢，并可形成较多的白酒风味物质，因而白曲被广泛用来酿造优质麸曲白酒。

河内白曲霉具有产酸高、耐酸性强等优点，它的 pH 值适应范围为 2.5 ～ 6.5，曲子酸度最高时达 7.0mmol/10g。此外，该菌还有耐高温和具有一定生淀粉分解能力的特点。实践证明，用河内白曲酿酒具有如下特点。

①产酸量大，对制曲、酿酒过程中的杂菌有一定抑制作用。

②所产酶系耐酸、耐酒精能力强，在发酵过程中，各种酶的稳定性好，持续作用时间长。

③酸性蛋白酶含量高，对白酒的香味形成和颗粒物质的溶解，都能起到重要的作用。

④白曲生长旺盛，杂菌不易侵入，且操作容易，成品质量稳定，因而很受酒厂欢迎。

⑤白曲的糖化酶活力低于黑曲霉麸曲，因而使用量较大，出酒率稍低。

3. 根霉曲

根霉曲主要用于小曲酒的酿造，它与曲霉麸曲（黄曲、白曲、黑曲等）不同，曲霉麸曲酿酒主要是利用成品曲中菌体所分泌的酶起糖化作用；而根霉曲中的菌丝体和孢子处于休眠状态，是活的、健壮的，在酿酒过程中主要起接种作用。在培菌糖化过程中，根霉菌大量繁殖，同时分泌大量的糖化酶使淀粉逐渐糖化。所以，曲霉麸曲的用曲量较大，其中黑曲为原粮的4%左右，白曲、黄曲则超过10%；而纯种根霉曲用量只需0.3%～0.5%即可。

采用根霉曲酿酒具有如下特性。

①由于根霉具有边生长、边产酶、边糖化的特征，因而用曲量很少，为曲霉麸曲的1/40～1/10。

②根霉适宜多菌种混合培养的环境。最初根霉和酵母菌是一起培养的，后来为了控制酵母菌的细胞数，采用根霉、酵母菌单独培养后混合使用的方法。

③根霉能糖化生淀粉，在生料培养基上生长旺盛，因而适合生料酿酒。

④根霉所产糖化酶系可深入原料颗粒内部，因此采用根霉酿酒时原料的粉碎度较低，对大米原料则不需粉碎。

（三）麸曲生产设备

麸曲的生产设备主要有浅盘制曲和机械通风制曲两种，其中机械通风制曲包括通风池制曲和圆盘机制曲。浅盘制曲具有设备简单、操作较易掌握等特点，比较适合于小规模生产；而机械通风制曲具有节省厂房面积、节省劳力和设备利用率高等特点，比较适合于较大规模的生产。

1. 机械通风制曲池

通风制曲池俗称曲箱，传统制曲池一般采用砖砌或混凝土建造，全自动控制的制曲池则采用不锈钢制造。曲箱底部为多孔筛板，筛板下的风道做成倾斜形，倾斜坡度8°～10°，使平行方向吹来的气流转变为垂直向上方向吹过料层。曲箱厚度400～500mm，曲箱平面面积小的几平方米，大的达20m²左右。空气经过滤后，由风机鼓入空调室，空调室内有喷淋装置，根据气温、料温及湿度情况喷淋冷水或蒸汽，培养阶段鼓入料层的空气湿度最好在 90% 左右，风速一般为 $400 \sim 700m^3/(h \cdot m^2)$。目前已有自动进料、出料、翻曲机械化以及全自动控制的通风池曲箱在工业生产中应用。

2. 圆盘通风制曲机

机械通风制曲池是在浅盘法的基础上进行了机械化改造，劳动强度已经大大降低，但培养过程开放式的环境，容易受到杂菌的污染，导致产品品质不稳定。圆盘通风制曲机的封闭性相对较好，利于杂菌的控制和产品质量的稳定，但设备造价相对较高。目前，全自动圆盘制曲机已在白酒行业制曲（包括霉菌曲、酵母曲和细菌曲）和堆积工序中广泛应用。

全自动圆盘制曲机是集进料、调温、调湿、新风、回风、强制排风、培养、翻曲、烘干、出料、圆盘清洗、圆盘杀菌和干燥为一体的全封闭式装置，主要由外驱动的回转圆盘、翻曲系统、进出料系统、测温系统、通风空调系统、喷雾系统、清洗系统、隔温外壳等组成（见图4-7）。

由宁波长荣酿造设备有限公司开发的圆盘制曲机自带烘干功能，利用预热后的热风可对培养结束的麸曲进行烘干；也可根据用户需要增加自动清洗装置，消除杂菌污染；具有操作方便、生产效率高、节能环保、安全卫生等优点。CM 型圆盘制曲机技术参数见表 4-9，该系列圆盘制曲机已在山东景芝酒、劲酒、洋河酒等加工中用于酵母曲、根霉曲、白曲和细菌曲的生产。

(a) 圆盘制曲机的外形

(b) 圆盘制曲机的内部结构

图 4-7　圆盘制曲机的外形和内部结构

表 4-9　CM 型圆盘制曲机技术参数

圆盘型号	制曲面积 /m²	圆盘直径 /mm	制曲厚度 /mm	麸曲产量 /t	整机功率 /kW
CM6	27.62	6000	≤ 400	≤ 2.2	20
CM7	37.85	7000	≤ 400	≤ 3.0	24
CM7.5	43.40	7500	≤ 400	≤ 3.5	33
CM9	62.83	9000	≤ 400	≤ 5.0	45
CM10	77.40	10000	≤ 400	≤ 6.0	47

圆盘型号	制曲面积 /m²	圆盘直径 /mm	制曲厚度 /mm	麸曲产量 /t	整机功率 /kW
CM11	93.90	11000	≤ 400	≤ 7.5	56
CM12	112.00	12000	≤ 400	≤ 9.0	70
CM13	131.60	13000	≤ 400	≤ 10.5	95
CM14	150.80	14000	≤ 400	≤ 12.0	108
CM16	196.00	16000	≤ 400	≤ 15.0	135
CM17	220.00	17000	≤ 400	≤ 17.5	185
CM20	301.60	20000	≤ 400	≤ 24.0	245

二、黑曲霉麸曲生产工艺

黑曲霉麸曲是北方地区生产麸曲白酒广泛使用的糖化剂,下面以黑曲霉 UV-11 为例,介绍其麸曲生产工艺。

(一) 试管菌种

1．工艺流程

试管→刷洗→烘干→塞棉塞→灭菌→培养基制备→分装试管→加压灭菌→放置斜面→接种培养→试管菌种。

2．准备工作

(1) 试管准备　洗涤干净,将水沥干,放入烘箱烘干,塞上棉塞,140℃干热灭菌 120min。

(2) 无菌室及无菌箱准备　操作前一天,无菌室以每立方米用 30% ～ 35% 的甲醛溶液 3 ～ 5mL,加水 15 ～ 25mL,熏蒸灭菌,接种前开紫外灯灭菌 30min 以上,无菌箱用 5% 苯酚喷雾灭菌 (有紫外线灯者照射 1h)。

3．操作规程

① 察氏培养基的制备:蔗糖 2g,硝酸钠 0.3g,氯化钾 0.05g,磷酸氢二钾 0.1g,硫酸镁 0.05g,硫酸亚铁 0.001g,琼脂 2g,蒸馏水 100mL。将各成分置于烧杯内,电炉加热溶解,稍冷,分装试管。0.1MPa 灭菌 30min,取出摆成斜面,之后置 30℃恒温箱内培养 3d。检验无凝结水无杂菌即可使用。

② 接种:取无菌水试管 1 只 (装水约 5mL),原菌试管 1 只,经检验合格的斜面试管数只,用 70% 酒精擦拭消毒,放入无菌箱内。在无菌条件下,于原菌试管中移一接种耳孢子于无菌水试管内,制成孢子悬浮液。摇匀,各取一菌耳悬浮液划线接入试管斜面。

③ 保温培养:将接种的试管斜面置于恒温箱内,31℃培养 7d,经检验达

到质量要求后即可使用；或置冰箱内 4℃保存备用。

4．质量标准

菌落咖啡色，背面浅黄绿色，略有皱褶，孢子为褐色，无杂菌。

此菌种在 4℃冰箱内保存，在 1 个月内使用。

（二）三角瓶菌种

1．工艺流程

三角瓶（500mL）→刷洗→烘干→塞棉塞→灭菌→装料→加压灭菌→接种培养→三角瓶菌种。

2．操作规程

（1）配料装瓶　麸皮 100g，加水 110～120mL，拌匀润料 30min，分装于三角瓶，每瓶湿料 20g，塞好棉塞。

（2）加压灭菌　0.1MPa 灭菌 1～1.5h，取出冷却至 28～30℃。

（3）接种培养　于无菌箱内按无菌要求接种，取出摇匀摊平。于恒温箱内 31℃培养 24h 左右，摇瓶摊匀，再经 10h 左右结成饼状后摇瓶一次，继续培养 4～5d 至成熟。

（4）存放　将培养好的三角瓶种子，置阴凉干燥处保存。有条件可放冰箱内保存，保存期不超过 20d。

3．质量标准

菌丝整齐健壮，孢子丰满稠密，内外一致，呈深咖啡色，无杂菌。

（三）帘子曲种

1．工艺流程

配料→蒸料→散冷→接种→堆积保温→装帘→划帘→保温培养→曲种。

2．操作规程

（1）配料　麸皮 100%，加水 90%～100%，堆积水分 54%～56%，加硫酸调 pH4.5～5.0、酸度 0.4～0.6mmol/10g，硫酸量为原料 0.2%～0.3%。

（2）蒸料　将料拌匀，过筛，润料 30min，0.1MPa 蒸料 1.5h，常压 2h。

（3）装帘　当品温升至 32～33℃，装帘摊平，装料厚度 15cm 左右。盖上塑料布。上帘后品温 29～30℃，室温 30～31℃。

（4）划帘　接种后 20h 左右品温升至 33～34℃时，根据菌丝生长情况进行第一次划帘，再过 6h 左右进行二次划帘。

（5）保温培养　划帘后转入中后期，要求品温保持均衡，一般 33～35℃，不得超过 35℃，约 50h，孢子基本成熟，进行排潮。培养 55～60h 出房。

3．卫生要求

①配料要选择优质无霉变的麸皮。

②用前将种曲室以水冲洗干净，地面洒漂白粉液杀菌。所有工具均应加压

灭菌（塑料布用漂白粉），置于种曲室中用硫黄或甲醛熏蒸灭菌，注意塑料布要展开，门窗要封严。

③ 种曲室周围要保持洁净，操作人员进入室内操作前穿无菌衣，戴无菌帽，衣帽须用 70% 酒精消毒，鞋底要用漂白粉液消毒。

4．质量标准

无杂菌感染，菌丝整齐健壮，孢子丰满稠密，质地疏松，内外一致，呈深褐色。主要理化指标如下：

① 孢子计数：≥ 30 亿个 /g，以绝干计；

② 糖化酶活力：≥ 6000U/g，以绝干计；

③ 发芽率：60% ～ 70%。

（四）通风制曲

1．工艺流程

配料→蒸料→出锅降温→接种入箱→间断通风→翻箱盖糠→通风培养→成曲出房。

2．操作规程

（1）配料（因地制宜选取一种）　麸皮 100%，加水 75% ～ 80%，入房水分 50% ～ 55%，加硫酸 0.3%，入房酸度 0.4 ～ 0.6mmol/10g ；或麸皮 90%，谷糠稻壳 10%，液态法白酒鲜酒糟、水各加原料总重的 40% ；或麸皮 80% ～ 85%，固体鲜酒糟 15% ～ 20%（以绝干计），加水 65% ～ 70%。

（2）蒸料　将原料混合均匀，用打麸机打一遍，堆积润料 30min，然后均匀装入蒸麸锅内，同时开汽，顶汽装锅，装完圆汽后计时，蒸料灭菌 2h。

（3）接种入箱　料蒸完后出锅扬麸降温。当料降温至 36 ～ 38℃时，接入事先搓碎的曲种，接种量为 0.2% ～ 0.4%，翻拌均匀，降温至 32 ～ 34℃，立即入房装箱。装箱要求疏松、均匀，装完后品温 28 ～ 30℃，室温 30℃左右。

（4）通风培养

前期：12h 前，品温控制在 28 ～ 32℃，当品温达到 32℃时进行间断通风。

中期：12 ～ 24h。控制品温 32 ～ 34℃，品温升到 33℃即通风，30℃以下时即停风，以温度升降情况决定，间断通风数次。装箱后 16 ～ 20h，视结块情况进行翻箱，要求无疙瘩，并覆盖已灭菌的糠壳。待通风品温不下降时即可连续通风，控制品温 33 ～ 34℃。

后期：24h 至出房。控制品温 34 ～ 35℃，最高不超过 36℃。整个培养过程中室温应根据品温来调节。培养时间，36 ～ 38h。

（5）成曲出房　出房前通凉风降温，出房后打碎晾干存放。

3．卫生要求

① 生料、熟料要严格分开。

② 制曲用设备、工具使用前用蒸汽灭菌，用完后要及时冲刷干净，用 5% 漂白粉液灭菌，并保持清洁。

③ 操作场地用过后，要用 5% 漂白粉液灭菌。

④ 成曲出房后，曲箱内、地面要彻底清刷，并用漂白粉杀菌。曲房内可定期用硫黄、甲醛熏蒸灭菌。

4. 质量标准

质地松软，呈淡黄色，断面有浅色孢子，有固有曲香味。糖化酶活力 3000U/g 以上。

三、根霉曲生产工艺

我国利用小曲酿酒的历史非常悠久，而传统小曲中起糖化作用的菌群主要是根霉菌。自 20 世纪 50 年代以来，中国科学院微生物研究所等单位对传统小曲中的根霉菌进行了分离鉴定，从中获得了一批优良的根霉菌株。随后，以麸皮为原料，经纯种固态培养的根霉曲在小曲酒中被广泛应用。与传统小曲比较，根霉曲具有成品质量稳定、用曲量少和原料出酒率高等特点。

(一) 常用菌株

20 世纪 70 年代以前，根霉菌主要是采用中科院分离的 5 株菌种：AS3.866、AS3.851、AS3.867、AS3.852 和 AS3.868。其中应用最多的是 AS3.851，其次是 AS3.866 和 AS3.868。70 年代末，贵州和四川分别分离诱变出了性能优良的根霉菌种 Q303 和 YG5-5。

① AS3.851 属河内根霉，产酸高，出酒率中等（82.23%），适应于各种原料，在 20 世纪 70 年代以前应用最广。

② AS3.866 属河内根霉，生长速度快，产酸高，糖化力较强，出酒率稍低于 AS3.851（81.40%）。该菌种由于具有产酸高和生长迅速的特点，因而不易污染杂菌，所以一些厂家在夏季喜欢使用 AS3.866 作菌种。

③ Q303 属台湾根霉，产酸少，糖化力强，出酒率（83.2%）优于 AS3.851，适合于酿制甜酒酿和不同原料的小曲酒。

④ YG5-5 由四川 3 号根霉经诱变而得，它是为降低小曲酒高级醇浓度和提高原料出酒率而专门研究开发的优良菌株，具有产酸适中、糖化力强和原料出酒率高等特点。适合于以大米、高粱、玉米为原料酿制小曲酒，特别是以玉米为原料时，出酒率明显高于其他菌株。

(二) 试管培养 (一级种)

生产上习惯于把试管菌种称为一级种子。在根霉曲生产中，常常由于频繁移接而造成试管菌种的污染和退化，导致出酒率下降。为了解决这个问题，贵州省轻工业科学研究所总结出了用麸皮培养试管经干燥后留种的办法，该法对稳定根霉曲的质量起到了良好的作用。

1．工艺流程

试管→洗净→塞棉塞→干热灭菌定型→装管（麸皮加水拌匀润料）→高压灭菌→冷却→接种→培养→烘干→振荡打散→一级菌种。

2．操作工艺

（1）试管准备　将试管用洗涤剂清洗干净，滤干后塞上棉塞，置干燥箱内，150℃，烘1h，冷却后使用。

（2）装管　称取麸皮50g，加水65%左右，拌和均匀后分装试管，厚1～2cm，用小毛刷把管口壁刷干净，塞好棉塞并用牛皮纸封好后高压灭菌，0.1MPa，30min。

（3）接种培养　在无菌条件下接种（菌丝体或干燥的麸皮菌种均可），置培养箱内，28～30℃，培养36h左右至菌丝体长满麸皮料层，升温至35～38℃，烘干，振荡打散麸皮料，即得试管一级种。

（4）保藏　将试管菌种放入装有干燥硅胶的玻璃干燥器内，盖好保藏。用此法制得的麸皮试管菌种在干燥器内可保存5～10年。

（三）三角瓶培养（二级种）

1．培养基

称取一定量的麸皮，加水70%～80%，充分拌匀。用大口径漏斗将湿料分装于洗净烘干的500mL三角瓶内，每瓶装料约40～50g，厚约2cm，塞上棉塞，用牛皮纸包扎瓶口，0.1MPa，灭菌30min。取出三角瓶，趁热轻轻摇动，将瓶内结块打散，并使瓶壁冷凝水渗入培养基内，冷却后待用。

2．接种培养

按无菌操作法将根霉试管种子接入三角瓶麸皮培养基上（每支试管种子可接10个左右三角瓶），摇匀，使菌体分散。于28～30℃培养箱培养2～3d，待菌丝体布满培养基、将麸皮连接成饼状后，进行扣瓶。扣瓶时将瓶轻轻振动放倒，使麸皮饼脱离瓶底，悬于瓶的中间，以增加空气的接触面积，使瓶底培养基的根霉菌丝健壮生长繁殖。扣瓶后，继续培养约1d，即可出瓶。

3．烘干与保存

出瓶操作在无菌室进行，在无菌操作条件下，用铁钩挑出培养好的曲饼块，装入灭过菌的牛皮纸袋内，褶封袋口，置35～40℃烘干箱烘干，迅速除去水分（含水量≤12%），使菌体停止生长，以便保存。

曲饼烘干后，用玻璃棒碾碎，放在硅胶干燥器内贮存，或将包有二级根霉种的牛皮纸袋放入塑料袋内于冰箱内存放。只要保证不受潮，二级种可长期存放数年不失活。

（四）浅盘培养（三级种）

1. 培养基

称取麸皮，加水70%左右，充分拌匀，打散团块，用纱布包裹或装入笼内，0.1MPa，灭菌30min。

2. 接种培养

麸皮经高温灭菌后，于无菌室内冷却至30℃左右，接入三角瓶根霉种子约0.3%，充分拌匀，分装于经灭菌的木盒或搪瓷盘内。装盘要快，厚度2～3cm，并注意厚薄均匀，中间稍薄，边缘稍厚。然后叠成柱形，放入28～30℃的培养箱内（或培养室）培养。培养约8h后，孢子萌发；12h左右菌丝体开始生长，品温逐渐上升；至18h左右品温升至35～37℃，将曲盘拉成X形或品字形，使品温下降，并调节培养箱温度至26℃左右；培养至24h左右，根霉菌丝体已将麸皮连接成块，即行扣盘；扣盘后，继续于28～30℃培养至品温接近培养箱（或室）温度，总时间大约36～40h即可出曲。

3. 烘干

烘干分二个阶段进行，前期因曲子水分含量大，微生物对热的抵抗力较差，温度不宜过高，一般控制品温在30～35℃，烘干室温度在35～40℃；随着水分的蒸发，根霉菌对热的抵抗能力逐渐增加，后期品温可控制在35～40℃，烘干室温度在40～45℃。烘干过程要注意翻曲，并用经干热灭菌的玻璃棒等将曲块打散。

烘干的曲子可放在洁净的缸内贮藏，也可分装入塑料袋后置冷藏室冷藏，要注意防潮。

（五）根霉曲生产

根霉曲生产有浅盘制曲和机械通风制曲两种，其中机械通风制曲包括通风池制曲和圆盘机制曲。浅盘制曲适合小规模生产，而机械通风制曲适合大型白酒企业和专业化根霉曲生产。

1. 浅盘制曲

（1）蒸料　称取麸皮，加水50%～60%，用铲子将料拌和后再用扬麸机打均匀，打开蒸汽，上甑蒸料。要求边上料边进汽，加热要均匀，防止蒸汽通过路径缩短。圆汽后再蒸1.5h左右，润料1h出甑。

蒸料的目的是使麸皮内的淀粉糊化，并杀死料内杂菌。要特别注意整个操作过程中生、熟料的分界线，生料蒸熟后，不允许再与生料接触，也不允许用拌生料的工具操作熟料，在工具不够用时，必须将工具清洗杀菌后方可使用。

（2）接种　蒸好的曲料，用扬麸机打散降温，待品温冬季降至35～37℃、春秋季降至30～32℃、夏季降至接近室温时即可接种。接种量一般为原料量的0.3%～0.5%，夏季较少，冬季稍多。

（3）培养　接种完毕，立即分装于浅盘，厚度3cm左右，注意摊平。浅盘制曲与三级种的培养基本相同，主要是要根据根霉不同阶段的生长繁殖情况，适当调节曲室的温度、湿度和通风排潮，以保证曲子的正常生长。一般地，培养开始12h内，室温控制在28～30℃；待根霉开始大量繁殖、品温迅速上升时，应将曲室的品温适当调低（26℃左右），同时采用柱形、X形、品字形、十字形等不同的浅盘堆排方式，使物料品温控制在30～37℃范围内；培养后期，应间歇通风排潮，降低曲料湿度。

扣曲时间一般在24h左右，出曲时间一般为32～36h。

（4）烘干　出曲后，移入烘干室，并将曲打散，摊开，厚度1～2cm。控制品温在30～40℃之间，其中前期30～35℃，后期35～40℃。视情况，烘干室温度控制在35～45℃之间。烘干过程应及时翻料，同时应注意通风排潮，特别是开始阶段应连续通风排潮。

当空气湿度较低时，采用阳光晒干也能达到干燥的目的。

（5）粉碎　干燥后的根霉曲，在使用前需经粉碎。粉碎能打断菌丝体，并使根霉孢子囊破碎，释放出孢子，从而增加接种点，提高根霉曲的效率。常用的粉碎设备有面粉粉碎机、电磨、石磨等。

2. 通风池制曲

机械通风制曲的蒸料、润料、扬冷和接种等过程与浅盘制曲基本相同，其余操作要点如下。

（1）装料　装料要求疏松均匀，料层厚度20～25cm，太厚时上下温差太大，通风不良；太薄则生产效率低，且水分不易保持，亦不利于菌丝体生长。

（2）通风培养　夏季控制入池温度28～30℃，冬季32℃左右。培养开始时，主要是孢子发芽，耗氧很少，不需通风。大约在4～6h后，菌丝体开始生长，品温开始上升，需进行第一次通风。以后，间歇通风控制品温在30～36℃之间，随着培养过程的进行，停止通风的时间应逐渐缩短，通风强度应逐渐增加。培养至15h左右，根霉菌生长旺盛，呼吸作用很强，进入产热高峰期，一般需连续通风培养。这时，物料品温与湿度可通过调节风门的大小或循环风的比例来控制，要注意品温控制在30～37℃之间。培养至20～22h后，物料结块紧密，开始翻曲。此后，放热量有所减小，可改为间歇通风培养。一般入池后培养24～30h，曲内菌丝体密布，连结成块，即可出曲。

（3）干燥　干燥前用扬麸机将曲块打散。干燥方法有两种，中等规模时，可考虑烘干，方法同浅盘制曲；较大规模时，则采用气流干燥器或振荡流化床干燥器干燥。

（4）粉碎　同浅盘制曲。

3. 圆盘机制曲

圆盘机制曲与通风池制曲基本相同，培养过程操作控制要点如下。

（1）静置期　入料结束后即进入静置期，此时关闭风门和风机，维持品温28～32℃。

（2）升温期　培养5～8h后，当物料品温升至32℃，开启风机，用风温调节物料温度。前期用内循环小风量，风温28℃左右，当品温降至30℃时停止通风。如品温上升较快，则适当增加通风量。

（3）生长旺盛期　培养10～13h后，物料开始结块，通风阻力增加，且品温上升至34℃，调节风门角度逐渐增加外风比例，风速亦增加，进风温度27℃左右，严格控制品温不超过34℃。

（4）稳定期　培养14～18h后，品温开始下降，适当降低风速，维持品温32～34℃，培养24～26h后，当物料结块紧密，曲表面菌丝着生粉色孢子时，开始翻曲。

（5）排潮期　培养30～32h后，关闭内循环风，根据品温调节外风速度，使品温逐步下降至30℃左右时结束培养。

（6）干燥　同通风池制曲。对于具有干燥功能的圆盘制曲机，则可在圆盘制曲机内直接干燥。

（六）根霉曲的质量要求

1. 外观

粉末状至不规则颗粒状；颜色近似麦麸，色质均匀一致，无杂色；具根霉麸曲特有的曲香，无霉杂气味。

2. 水分

水分是根霉曲主要质量指标之一，成品水分越低，越有利于贮存。但要达到较低的水分，就必须提高烘干时的温度，而烘干温度过高易使根霉曲的活性下降。一般根霉曲的水分含量控制在8%～10%范围内为宜。当环境空气的湿度较低时，控制的水分含量可适当低些。

3. 试饭糖分

试饭糖分是根霉曲最重要的质量指标，它反映了根霉曲活性的高低。试饭糖分的测定方法如下所示。

① 蒸饭：取大米200g，用水淘洗干净，加水至总质量为420g，进行蒸饭，上大汽后蒸40～45min。要求饭粒熟而不烂。米饭含水量60%，不足部分可用冷开水补充。

② 培菌糖化：称取60g米饭（称取三个样），凉至35℃左右，拌入米饭质量0.14%的根霉曲样品（即84mg），拌匀后装入直径为10cm的灭过菌的培养皿中，于30℃培养箱中培养40～48h后取出，测定其试饭糖分和酸度。

③ 试饭糖的处理：取糖化饭 10g 于 150mL 三角瓶中，加蒸馏水 40mL，0.1MPa，灭菌 15min（或水浴煮沸 1h），取出，迅速冷却后，纱布过滤，定容至 500mL（稀释液含糖约 0.5% ～ 0.6%）。

④ 测定：上述样液可用快速法或典量法测定。用快速法测定时可取稀释液 1mL 进行测定，此时试饭糖分的计算公式如下：

$$\text{试饭糖分（\%）} = \frac{(V_0 - V) \times c}{1 \times 1000} \times 500 \times \frac{100}{10} = 5 (V_0 - V) \times c$$

式中　V_0——标定时滴定标准葡萄糖液的体积，mL；

　　　V——定糖时滴定标准葡萄糖液的体积，mL；

　　　c——标准葡萄糖液的浓度，g/L。

一般地，根霉曲的试饭糖分应 ≥ 22%。对于小于 22% 的根霉曲，若外观质量和水分都合格，一般也可投入使用，只是必须适当加大根霉曲的用量；对于试饭糖分大于 28% 的优质根霉曲，则可适当减少其用量。

根霉曲试饭糖分的测定受大米品种、质量等因素的影响，在检测时要注意实验条件的一致。此外，对用于不同酿酒原料的根霉曲，还可考虑采用其相应的酿酒原料做试饭检测。

4. 试饭酸度

试饭酸度是指中和每克糖化饭所消耗 0.1mol/L NaOH 溶液的体积（mL）。其测定方法为：取上述稀释液 50mL（相当于 1g 糖化饭），以酚酞为指示剂，用 0.1mol/L NaOH 溶液滴定至微红色，按下式计算试饭酸度。

$$\text{试饭酸度} = \frac{500MV}{50 \times 10 \times 0.1} 10MV$$

式中　M——NaOH 溶液的浓度，mol/L；

　　　V——滴定消耗 NaOH 溶液的体积，mL。

大多数根霉菌种都能产生一定量的有机酸，但试饭酸度过高，往往是被产酸细菌污染所引起的，因此试饭酸度也是根霉曲的质量指标之一。一般地，要求试饭酸度 ≤ 0.5%。不过，采用不同菌种培养的根霉曲，其试饭酸度的指标值应有所区别。

（七）根霉酒曲

将根霉曲与纯种培养的固体活性干酵母（见本章第四节）按一定比例混合即为酿造小曲白酒用的根霉酒曲。根霉酒曲中的活酵母细胞数一般为 0.25亿 ～ 1.0 亿个 /g，具体配比则视固体活性干酵母的活细胞数而定。例如，若控制根霉酒曲的活酵母细胞数为 0.5 亿个 /g，则每 100kg 根霉酒曲所需的固体活性干酵母的用量可按下式计算。

$$W = \frac{0.5 \times 100}{x} = \frac{50}{x}$$

式中　W——100kg 根霉酒曲所需的固体活性干酵母的用量，kg；

　　　x——活性干酵母的活酵母细胞数，亿个 /g。

四、红曲酯化酶生产工艺

红曲酯化酶的生产菌种多为烟色红曲霉，目前国内生产的红曲酯化酶大多为中国科学院成都生物研究所从酒曲中分离的烟色红曲霉 A-8 菌株，其主要特性如下。

① 可直接催化己酸和乙醇合成己酸乙酯。在水中和有机相中均有催化作用，而在有机相中的酯化效果明显优于水相。如在蒸馏水中静置酯化 7d，己酸乙酯浓度为 1.5g/L；而在环己烷中静置酯化 3d，己酸乙酯浓度达 27.9g/L。

② 该酶催化反应的温度范围为 25 ～ 35℃，最适温度为 28℃，在温度低于15℃和高于 40℃时，酯化能力很低。

③ 底物己酸和乙醇的初始浓度以 0.5mol/L 为最好，经酯化反应 48h 后，生成的己酸乙酯含量可达 60.7g/L，酯化率为 85%。

红曲酯化酶的生产方法与一般麸曲的生产方法相同，下面简要介绍中国科学院成都生物研究所的生产工艺。

（一）工艺流程

斜面菌种→种子培养→曲盘培养

　　　　　　　　　　↓

麸皮→拌料→蒸料→摊晾→接种→厚层通风培养→干燥→粉碎→粗酶制剂

（二）操作方法

1．斜面菌种

培养基：麸皮汁 1000mL，葡萄糖 1%，酵母膏 0.1%，琼脂 2%，自然 pH，98kPa 压力灭菌 30min。冷却、接种后于 28 ～ 32℃培养 4 ～ 5d，取出备用。

2．种子培养

新鲜麸皮、1% 葡萄糖，加水拌和后分装于 250mL 三角瓶，98kPa 压力下灭菌 45min，冷却、接种，32 ～ 35℃培养 3d，取出备用。

3．曲盘培养

新鲜麸皮加水拌和，98kPa 压力下灭菌 45min，冷却后分装于曲盘，接种，32 ～ 35℃培养 2 ～ 3d，备用。

4．厚层通风培养

将新鲜麸皮加水拌和后，置于高压柜中 98kPa 压力下灭菌 45min，取出冷却后接种，接种量为 5%，扬散后装箱，控温、通风培养 48 ～ 72h 出箱。

5．成品

培养成熟的麸曲经干燥、粉碎后，即为粗酶制剂。

第四节　纯种酵母培养技术

一、概述

在传统白酒酿造中，由糖转化为酒的过程是靠网罗自然界中的野生酵母来完成的，由于野生酵母数量少、酒精发酵能力差，因而原料出酒率很低。为了提高出酒率，选用优良酿酒酵母菌种，经纯种扩大培养后用于白酒酿造，是 20 世纪 50 年代发展起来的。当时，纯种培养的酵母被称为酒母，主要用于麸曲白酒的生产，后来在液态法白酒中普遍使用。60 年代，为了提高成品酒中（主要是麸曲白酒）酯香物质的含量，又发展了纯种培养产酯酵母用于白酒生产的技术。70 年代初，随着根霉纯种培养技术的成熟，纯种培养的固体酵母逐渐在小曲白酒中推广应用。80 年代末，普通麸曲白酒和液态法白酒中使用的酒母逐渐被性能优良的酿酒活性干酵母（ADY）所代替。至 90 年代初，酿酒活性干酵母在白酒行业得到广泛应用。进入 21 世纪后，随着白酒生产从产量的发展向质量的提高方向转化，活性干酵母主要用于麸曲白酒、芝麻香型白酒、小曲白酒、液态法白酒等普通白酒的生产。目前，大多数生产大曲白酒的名优酒厂不再使用活性干酵母，但有些酒厂在丢糟酒、三茬酒、回糟酒中使用。还有一些名优酒厂从发酵生产体系分离出具有优良性状的功能酵母菌种，经纯种扩大培养后用于强化发酵。

（一）常用菌株

1．酿酒酵母

白酒生产要求酵母菌种具有发酵速度快、繁殖能力强、耐酸耐酒、适应性强、出酒率高等特性，并且能给成品酒带来较好的口味。根据这些要求，各地常用的酿酒酵母菌种有 Rasse Ⅻ、1308、K 氏酵母、AS2.109、AS2.541、古巴 2 号、德国 20 号等菌株，其中后两种主要用于糖质原料酿酒，其余则用于淀粉质原料酿酒。由于目前酿酒活性干酵母已逐渐代替自培酿酒酵母，因而不再对这些菌种的特性做一一介绍。

2．产酯酵母

产酯酵母，亦称生香酵母，是指产酯能力强的酵母菌，多属于产膜酵母、假丝酵母，主要是汉逊酵母、毕赤酵母及少数小圆形酵母等。长期以来，它们作为野生酵母在自然界中广为分布。它们在国外酿酒行业被视为有害菌类；但它们在我国白酒生产中所处地位却完全不同，它们参与酿造发酵，是形成白酒香味成分的主要菌种之一。野生产酯酵母的不足之处是酒精发酵能力相对较弱，大量使用会导致出酒率下降，而且大多为耗氧菌，供氧不足时发酵和产酯性能大幅度下降。

自 20 世纪 60 年代初开始，各地分离选育了许多优良的产酯酵母菌种。如：1312、1342、1343、1274、汉逊酵母、球拟酵母、汾 1、汾 2、AS2300 等。下面介绍几种常用的产酯酵母。

（1）汉逊酵母　该菌种是从茅台酒醅中分离得到的。汉逊酵母属子囊菌纲，原子囊亚纲，内孢霉目，酵母科。该菌能产乙酸乙酯，并有一定的产酒精能力，在培养基中添加乙醇和乙酸，其产酯能力有所提高。同时该菌能以酒精、甘油、乙酸乙酯等为碳源，当酒醅中葡萄糖等可发酵性糖不足时，该菌将消耗其中的部分乙醇和乙酸乙酯。该菌最适培养温度为 25℃，最适 pH 为 5.0，酯的分解能力在同类中居中等。

（2）球拟酵母　该菌种也是从茅台酒醅中分离得到的。球拟酵母属丛梗孢目，隐球酵母科，球拟酵母属。球拟酵母对酸度和温度的适应范围较宽，在温度 35℃时仍有产酯能力，因而被广泛应用于发酵温度较高的酱香型酒的生产。在同类中，该菌的酯分解能力最低。

（3）1312　是轻工业部食品发酵工业科学研究所（现中国食品发酵工业研究院有限公司）选育的。该菌生长速度快，产酒精和产酯能力都高，产酸能力居中，是应用较多的菌种。但该菌的酯分解能力在同类中也是最高的，产酯高峰过后，酯含量将会下降。

（4）1274　该菌也是轻工业部食品发酵工业科学研究所（现中国食品发酵工业研究院有限公司）选育的。该菌最适培养温度为 30℃，最适 pH 为 5.0。该菌不产乙酸乙酯，但能产丙酸乙酯、丁酸乙酯、己酸乙酯等多种酯类，多用于浓香型优质白酒的生产。

3. 高产酯酿酒酵母

由天津科技大学选育的高产酯酿酒酵母，可在有氧或无氧条件下生长代谢，产酒能力不低于一般酿酒酵母，产酯能力高于大多数野生产酯酵母，可在保持高出酒率的同时提高酯香物质含量，在白酒发酵过程中具有同步产酒生香的特点。

(二) 纯种酵母的培养方法

在白酒厂，纯种酵母的培养可分为液态和固态两种方法，其中酿酒酵母以液态法培养为主，野生产酯酵母以固态法培养为主。

1. 液态培养法

液态培养法又可分为大缸培养法和罐式培养法两种，其中大缸培养法主要用于麸曲白酒的生产，罐式培养则主要用于液态法白酒的生产，其培养工艺与酒精厂相同。

在白酒厂，从原菌出发到生产使用的酒母，一般需经 4～5 代扩大培养，其培养液酵母细胞数为 1.0 亿～2.0 亿个/mL。由于各厂所需的酒母量不是很大，培养酒母的设备大多非常简陋，因而很难保证酒母的质量，常导致出酒率下降，产品质量不稳。目前，除个别酒厂外，自培酒母大多已被质量优良的酿酒活性干酵母所代替。因此，在本书中不再对生产效率低下的液态自培酒母做详细介绍。

2．固态培养法

固态培养法可分为曲盘培养法、帘子培养法、地面培养法和机械通风培养法四种。固态培养酒母的方法起源于我国酿酒生产中的制曲（大曲、小曲、麸曲）技术。

自 20 世纪 60 年代开始，许多白酒厂用固态培养法培养生香酵母，应用于白酒的生产，以提高白酒的风味质量。但由于用此法培养的成品，其酵母细胞数较低，一般为 2 亿～ 5 亿个 /g，因而不便于形成商品化生产。90 年代初，天津科技大学对固态法培养技术进行了改革，首先是采用了液态纯种培养技术和优化培养基，其次是采用了固态通风培养技术和低温快速干燥技术，使其成品的活细胞数提高了几十倍，从而使固态培养法生产商品酒用活性干酵母成为可能。

固态培养法是以农、副产品为主要原料，经纯种扩大培养（液态或固态）、固态发酵培养和快速低温干燥等工序，制成带有一定载体的酿酒用活性干酵母。此法设备简单、投资小、启动容易、原料来源广、产品成本低，产品质量稳定，适合于各种白酒、黄酒用活性干酵母的生产。一般情况下，用此法生产的产品其酵母细胞数为 30 亿～ 150 亿个 /g，大约为不带载体的高活性干酵母的 10% ～ 30%，生产成本约为高活性干酵母的 15% 左右。另外此法在固态培养期间不可避免地被少量杂菌污染，主要是野生的生香酵母和醋酸菌等，其总数为培养菌的 0.5% ～ 5.0%。但这些杂菌并不一定影响各种白酒的生产，相反有些杂菌对形成白酒的风味有一定的好处。

目前，市场上有各种固态培养的带载体酿酒活性干酵母和产酯活性干酵母供应，但由于品种有限，其发酵性能并不一定适合所有白酒。特别是产酯酵母，各酒厂所用菌种大多不同，因此仍然有许多优质白酒厂自己培养产酯酵母。鉴于此，下面主要介绍固态培养法生产纯种酵母的技术。

二、液态纯种扩大培养

纯种扩大培养，可根据生产条件的不同，采用固态或液态培养。固态纯种培养的工艺流程可为：菌种→固体小三角瓶（100 ～ 250mL）→固体大三角瓶（2000 ～ 3000mL）→曲盘或帘子。液态纯种培养的工艺流程可为：菌种→小三角瓶（100 ～ 250mL）→大三角瓶（2000 ～ 3000mL）→种子罐（200 ～ 500L）。其中固态培养种子设备简单，操作简便，所培养的种子经晾干后可存放几天至几十天，使用方便。但曲盘或帘子培养容易污染杂菌，因而种子质量不高。此外，存放种子在接种前需用 10 ～ 20 倍 35℃的自来水活化 10min 左右才能使用。液态纯种培养需使用带有机械搅拌的密封种子罐，其种子酵母无杂菌，质量较好，但种子成熟后，应立即接种，不能任意存放。下面介绍的是纯种液态培养工艺。

（一）斜面菌种

生产中使用的原始菌种应当是经过纯种分离的优良酵母菌种。保存时间较长的原菌，在投产前，应接入新鲜斜面试管进行活化，以便在酵母菌处于旺盛的生活状态时接种。

10 ～ 12°Bx 麦芽汁或米曲汁，加 2% 琼脂，溶化、分装、灭菌后斜放，待冷凝后即制得斜面固体试管。原种接入斜面试管后，于 30℃ 培养 36 ～ 48h，即得培养成熟的斜面菌种，作为生产用菌种或作为原种存放在 4℃ 冰箱中。斜面原种存放时间可为 3 ～ 6 个月，但生产用菌种的存放时间不得超过 1 个月。

（二）种子罐培养基的制备

种子罐培养基一般选择营养丰富的大米或玉米等原料，其中以玉米最好。培养基制备过程包括配料、液化糊化和糖化等过程。

1．糊化液化

原料粉碎后用 3.5 ～ 4.5 倍的水打浆，每克玉米面加耐高温 α- 淀粉酶 3 ～ 4U，搅拌搅匀。在搅拌状态下，通蒸汽升温至 85 ～ 90℃，在此温度下保温液化 10 ～ 15min，封罐，继续通蒸汽至表压 0.15MPa，保压 20 ～ 30min，自然冷却至表压为零，开罐冷却至 60℃ 左右。

2．糖化

加 10 万 U 糖化酶 0.1% ～ 0.15%（每克原料 100 ～ 150U），搅拌 15min，然后保温（55～62℃）糖化 2 ～ 3h，期间每半小时左右搅动一次，淀粉糖化率应在 60% 左右。

3．培养基配制

糖化液用水稀释至 13 ～ 14°Bx，调 pH 至 5.0 左右。对于玉米糖化醪，一般不需补加任何其他营养物，对其他原料糖化醪则需补充一定量的营养盐。一般用硫酸铵补充氮源，其用量为原料量的 0.1% ～ 0.2%。配制好的培养基再加温至 100℃，杀菌 5 ～ 10min 后冷却备用。

（三）纯种扩大培养工艺

1．小三角瓶培养

一般用 100 ～ 250mL 三角瓶，12°Bx 麦芽汁或米曲汁培养基，pH5.0 ～ 5.4，装液量 30% 左右，经灭菌后备用。

在无菌条件下，自斜面试管接种两环，摇匀后于 30℃ 培养 24h 左右。若为耐高温酵母菌种则温度升高至 34℃ 左右。培养期间对于酿酒酵母每 6 ～ 8h 摇动一次；对于生香酵母则每 1 ～ 2h 摇动一次。

种子质量指标：pH4.0 ～ 4.5，糖度下降 40% 左右，细胞数 1.0 亿个 /mL 左右，出芽率 20% ～ 30%，无死细胞，无杂菌。

2．大三角瓶培养

一般用 2000 ～ 3000mL 三角瓶，培养基可用麦芽汁、米曲汁，也可用糖化液（由上述糖化醪经过滤而得）培养基，浓度 12 ～ 14°Bx，pH5.0 ～ 5.4，装液量 25% 左右，经灭菌后备用。

接小三角瓶种子，接种量为 5% ～ 10%。30℃培养 12 ～ 16h（耐高温酵母为 34℃左右），培养期间，对于酿酒酵母每 2h 左右摇动一次，对于生香酵母则应连续缓慢摇动。

种子质量指标：pH3.8 ～ 4.2，糖度下降 50% 左右，细胞数 1.2 亿～ 2.0 亿个 /mL，出芽率 15% 以上，无死细胞，无杂菌。

3. 种子罐培养

培养基冷却至 30℃左右接种，接大三角瓶种子时，其接种量为 2% ～ 4%；若从种子罐培养成熟的种子分一部分作为下次种子罐培养的种子（即循环种子），则接种量提高至 10% 左右。一般地，循环种子的次数最多不超过 3 次。

培养温度 28 ～ 31℃（耐高温酵母为 32 ～ 35℃），初始 pH5.0 ～ 6.0，期间控制 pH 为 4.0 ～ 4.5。间歇通入无菌空气，起搅拌和供氧作用，一般每小时通 3 ～ 5min。培养后期 pH 下降时用纯碱水调 pH 至正常值。培养时间为 10 ～ 16h，视培养条件和接种量而定。

种子质量指标：pH4.0 ～ 4.5，糖度下降 60% 左右，细胞数 2.0 亿～ 4.0 亿个 /mL，出芽率 15% 以上，无杂菌，死亡率小于 1%。

三、固态发酵培养

固态发酵培养可用的设备有帘子、曲盘和通风发酵池等。但要使其产品的细胞数达 50 亿个 /g 以上，则最好采用通风良好并具有调温调湿功能的通风发酵池或圆盘制曲机。下面以通风发酵池为例，介绍固态发酵培养麸曲酵母的生产工艺，其流程包括配料、蒸料、接种、通风发酵培养等工序。

（一）配料

可用于固态发酵生产酵母的原料有麸皮、玉米、稻壳、高粱、酒糟等。配料的原则首先是含有足够的碳源（淀粉或糖）、氮源和酵母生长所需的其他营养物质，其次是合适的 pH，最后是保证料层具有一定的疏松度。各原料的具体用量或配方则可根据实际情况来设计，一般配料中淀粉的含量为固形物总量的 50% 左右，颗粒较大时淀粉含量要求高些。配料拌匀后，加水 50%，再拌匀。原料吸水后，pH5.0 ～ 5.4，pH 高时在配料水中加适量的硫酸，一般用量为原料的 0.3% 左右。配料的疏松度要求每 100kg 干物质吸水拌匀后的视体积为 0.4 ～ 0.5m³ 为宜，即视密度为 200 ～ 250kg/m³。

（二）蒸料

将各种原料和水拌匀后，润料 30min 后蒸料。蒸料起淀粉糊化和杀菌作用，要求边投料边进汽，加热要均匀，防止蒸汽走短路。圆汽后再蒸 1h。

（三）接种入池

接种过程包括扬冷、加酶、补充营养盐、补充水分和接种等步骤。

1．加酶

由于酵母菌不能直接以淀粉作为碳源，而原料中的可发酵性糖含量很低，因而需加入一定量的糖化酶，使原料中的淀粉水解成酵母可利用的糖。糖化酶的添加量为每克原料 100 ～ 150U，糖化酶添加时的温度以 40℃左右为宜，此外糖化酶在使用前用 45℃的自来水活化 1h 左右。

2．补充营养盐

尽管多数原料中含有丰富的氮源及多种无机盐，但氮源主要是以植物蛋白的形式存在于颗粒状原料中，其中的大部分氮源和无机盐都不能被酵母所利用。因而有必要补充氮源和某些其他无机盐。具体用量则视原料情况（包括原料种类和粉碎度等）而定。一般地，可利用氮为总干固物量的 1.5% 左右，可利用 P_2O_5 为总干固物量的 0.5% 左右，最好是在正式生产前通过三角瓶试验来确定。

3．补充水分

入池水分含量控制在 55% ～ 60%，其高低视天气情况而定，气温高、空气湿度大时取低值；反之，取高值。

4．接种装池

接种量为每克原料 0.1 亿～ 0.2 亿个酵母细胞，接种量小，升温慢，易引起杂菌污染。具体接种量则视种子的酵母细胞数而定，一般情况下，原料对液体种子的接种量为 10%，对固体种子的接种量为 1% 左右。接种温度 26 ～ 33℃，夏季取低值，冬季取高值。装料要求疏松均匀，料层厚度 25 ～ 30cm，太厚时上下温差太大，通风不良，不利于酵母生长。

（四）通风发酵培养

1．前期培养

入池后 6h 左右酵母生长不明显，品温变化不大，冬季要注意保温。控制料层品温 28 ～ 30℃，室温 30℃左右，室内相对湿度 85% 以上。

2．中期培养

培养 6 ～ 8h，品温开始上升，酵母进入对数生长期生长，要特别注意温度、湿度和通风的控制。中期是酵母细胞的积累期，品温可控制在 28 ～ 33℃范围内，耐高温酵母则可为 30 ～ 36℃，物料水分含量应保持在 50% 以上。中期培养开始时，可采用间歇通风，待每克物料的酵母细胞数达 1 亿～ 2 亿个时，则需采用连续通风。通风强度为每平方米发酵池的通风量为 60 ～ 120m³/min。为了维持料层的温度和湿度，通入空气的温度和湿度都必须是可调的。

3．后期培养

培养 24h 左右后，当细胞出芽率下降至 10% 左右时，开始进入后期培养。

通过后期培养使细胞进一步成熟，同时降低物料水分，以利于干燥。后期培养时，门窗大开，品温控制在35℃以下（耐高温酵母为38℃以下），通过间歇和连续通干风（风量调至最大）使物料水分逐渐下降，当水分降到30%左右时，即可出房。总培养时间约为40h左右。

（五）干燥

固态法所培酵母如工厂自己使用，则不需干燥。但存放时间不宜过长，要注意避免杂菌污染和发热造成酵母大量死亡。

出房后首先用打渣机打散，然后干燥。可用振动流化床或沸腾床干燥，天气好时亦可采用晾干的办法干燥。但晾干时由于干燥时间较长，易污染杂菌，酵母的活性损失较大，其产品水分含量较高，不易保存。采用振动流化床或沸腾床则需增加一定能耗，所得产品水分含量8%左右，活细胞率可达80%左右。此产品采用塑料袋普通包装，在常温下保质期为3～6个月，若采用真空包装（产品水分应小于7.5%）则保质期可延长至6～12个月。

第五节　纯种细菌培养技术

白酒生产采用开放式，在酿造过程中不可避免地要侵入各种细菌。对酒精和液态法白酒的生产来说，细菌的入侵会严重影响出酒率，因而细菌被视为有害菌类。但对优质白酒而言，细菌的许多代谢产物对白酒风味物质的形成起着关键作用。如己酸菌是浓香型白酒生产中主要的产香菌，窖泥中含有适量的甲烷菌和丁酸菌有利于浓香型白酒风味的形成；白酒酒醅中含有适量产乳酸、醋酸、丙酸等有机酸的细菌，有利于白酒中酸、酯类风味物质的形成；耐高温的芽孢杆菌在酱香型白酒大曲中占主导地位，对酱香型白酒风味的形成有重要影响。

20世纪60年代，在浓香型白酒中发现了己酸乙酯，并在优质窖泥中分离到产己酸的己酸菌，从此人们开始了纯种培养有益细菌在白酒生产中的应用。

一、己酸菌

（一）菌种

自20世纪60年代起，我国开展了浓香型白酒与窖泥微生物关系的研究，发现老窖泥富集多种厌氧功能菌，主要为厌氧性梭菌属，它们参与浓香型白酒发酵，是老窖发酵生香的主要功能菌。此后，许多白酒科技工作者对己酸菌的分离、培养和应用进行了大量的研究工作，相继发现了瘤胃菌科、巨球型菌属、芽孢杆菌属等同样具有高产己酸的能力。表4-10所示为一些己酸菌的筛选来源和产己酸情况。

表4-10　己酸菌的筛选来源和产己酸情况

菌株编号	名称	来源	电子供体	适宜温度/℃	适宜pH值	产酸情况
3231B	克氏梭菌（Clostridium kluyveri）	牛瘤胃	乙醇	39	7.6	12.8g/L（3 d）
N6	克氏梭菌（Clostridium kluyveri）	窖泥	乙醇	37	7.0	3.05g/L（6 d）
DSM555	克氏梭菌（Clostridium kluyveri）	河泥土	乙醇	34	6.8	萃取发酵，4.64g/（L·d）
JZZ	克氏梭菌（Clostridium kluyveri）	窖泥	乙醇	37	6.5	4.36g/L（7 d）
GK13	丁酸梭菌（Clostridium butyricum）	窖泥	乙醇	35	—	4.96g/L（14 d）
IEH 97212T	绿硫细菌（Chlorobaculum tepidum spp.）	胀瓶奶昔	葡萄糖	45～50	6.0～9.5	210～380mg/L
BS-1	球孢梭菌（Clostridium sporosphaeroides）	污泥	半乳糖醇	37	6.8	萃取发酵，32g/L（16 d）
xsk1	广西梭菌（Clostridium guangxiense）	窖泥	乙醇	37	6.0	4.5g/L（10 d）
xsk2	柯加梭菌（Clostridium kogasensis）	窖泥	乙醇	37	6.0	2.5g/L（10 d）
K-2	速生梭菌（Clostridium celerecrescens）	窖泥	乳酸	35	7.0	5.5g/L（15 d）
CPB6	瘤胃菌科（Ruminococcaceae）	窖泥	葡萄糖	30～40	5.0～6.5	补料发酵，16.6g/L（6 d）
H2	瘤胃菌科（Ruminococcaceae）	窖泥	蔗糖	37	6.0～7.0	加丁酸钠，16.7g/L（5 d）
NCIMB 702410	埃氏巨型球菌（Megasphaera elsdenii）	牛瘤胃	果糖	37	6.0	分批补料发酵，6.68g/L
MH	埃氏巨型球菌（Megasphaera elsdenii）	牛瘤胃	葡萄糖	30～40	5.5～7.5	萃取发酵，28.4g/L（6 d）
C78	巨大芽孢杆菌（Bacillus megaterium）	窖泥	葡萄糖	34	7.0	加丁酸钠，9.7g/L（7 d）
A57	梭形芽孢杆菌（Bacillus fusiformis）	窖泥	半乳糖醇	34	6.5	2.14g/L
A17	地衣芽孢杆菌（Bacillus licheniformis）	窖泥	乙醇	37	7.0	1.70g/L

（二）培养基

巴克根据己酸菌的独特营养要求，确定了14种成分的合成培养基。基于白酒生产应用的目的，1975年内蒙古自治区轻工科学研究所通过对内蒙古30#菌种的实验证明：乙醇、乙酸是己酸菌重要的营养成分，而且没有这两种成分，就不能产酸；对氨基苯甲酸和生物素是己酸菌的生长因子，缺了它们就会严重影响其产酸能力，但可用酵母膏或酵母粉代替；碳酸钙可以中和由己酸菌生成的己酸，同时释放出二氧化碳，故有利于己酸菌生长，有促进己酸生成的明显效果；适量的铵盐、磷酸盐、镁盐均能促进己酸菌的生长和产酸。从而提出经改进和简化了的7种成分合成培养基，培养基pH为7.0，具体组成见表4-11。

后来，根据白酒厂的实际情况，以固态发酵的酒糟为原料替代合成培养基，即将酒糟加4倍水过滤所得的滤液，添加乙酸钠1.0%～1.5%，乙醇2%，碳酸钙1%。结果表明，可以接近或达到7种成分的合成培养基的产酸水平。此后，各厂对不同己酸菌菌种的培养基组成进行了优化，得出了不同的培养基配方，但主要成分相差不大，在此不再叙述。

表4-11 己酸菌扩大培养常用培养基

成分	含量/%	成分	含量/%
乙醇（灭菌后添加）	2%	硫酸铵	0.05%
乙酸钠	0.5%	磷酸氢二钾	0.04%
硫酸镁	0.02%	碳酸钙	1%
酵母膏	0.1%		

（三）培养条件

1．热处理

己酸菌孢子有耐热性，而其营养细胞是不耐热的。所以为了菌种纯化，多采用热处理法。经热处理，使菌种复壮，活菌数和己酸产量都有明显提高。黑龙江省轻工科学研究院有限责任公司对己酸菌进行热处理的效果，见表4-12。

表4-12 己酸菌经热处理后活菌数及己酸生成量的变化

菌种处理	己酸含量/（mg/100mL）	活菌数/（10^8个/mL）
未经热处理的保藏菌种	296	3.4
80℃热处理6min	370	2.7
100℃热处理2min	355	2.5
对照复壮菌	380	5.1

2．酒精浓度

培养基中酒精浓度是影响己酸产量的重要因素之一。一般地，己酸菌在酒精浓度为2%～5%时，生长良好，而适宜产酸的酒精浓度为2%～3%。

3．pH

梭状菌在pH2.5～7.5都能存活，但在pH4.5～6.5，生长良好，菌体整齐，粗壮，数量多；在pH5～7范围内，均能产己酸，pH4以下时，不产己酸。

4．厌氧条件对产己酸的影响

巴克最初报道的克氏梭菌，是在厌氧条件下才能产己酸的梭状芽孢杆菌。但对内蒙古30#菌的产己酸实验结果表明，有氧和无氧条件并无差别，说明内蒙古30#菌为兼性厌氧菌。这一特性，对白酒厂己酸菌的培养和应用极为有利。在国内各地所分离到的己酸菌，基本上具有同样的属性。

5．接种量的影响

己酸菌发酵十分缓慢，日本北原氏认为己酸发酵时间长达20～50d是难于工业化的主要原因。我国在培养己酸菌过程中，同样也出现类似情况。当接种量少于5%时，己酸产量到最高峰需8～10d或更长一些时间；当接种量提高到10%时，产己酸便快一些，在7d左右。如利用己酸菌菌体下沉的特性，以全部菌体沉淀物作为下次培养的种子，则培养5d左右己酸产量即可达最大量。为了解决发酵缓慢问题，在生产上，种子扩大培养的接种量不宜低于10%。

不同来源的己酸菌种，其性能有所不同，培养的适宜条件也就不同，对分离和筛选的新种一般都要进行培养基和培养条件的优化。

（四）菌种保藏

1．液体培养基保藏法

将简化巴氏合成培养基灭菌后，接种，在35℃培养7d。当培养液浑浊度最大，气泡上升也较多时，用石蜡封口，在4℃冰箱中保存。

2．窖泥管保藏法

取酒厂老窖的窖底泥装入试管灭菌后，接入培养好的己酸菌液，抽真空后封口。另一种方法是将窖泥干燥后，抽真空封口。

3．安瓿瓶保藏法

将在简化巴氏合成培养基培养好的己酸菌，在无菌室中将上清发酵液倒去，然后在无菌操作条件下将$CaCO_3$沉淀泥分装入安瓿瓶中，冷冻干燥后封口保存。

（五）培养方法

自20世纪70年代中期起，各地在己酸菌培养方面做了大量工作，培养规模依各厂实际情况，从50L至10t以上不等。己酸发酵设备有简易的陶缸，也有不锈钢罐。产酸量基本稳定。

1. 大罐培养

（1）50mL三角瓶培养 进入种子罐以前使用的培养基成分，除酒精外，都采用化学纯的试剂。培养基配方见表4-11，每一级的培养基应接近于装满容器。

将1支安瓿管菌种或干燥碳酸钙粉末菌种接入50mL三角瓶培养基中，保温30℃培养7～10d。待瓶底有小气泡上升、产气较旺盛时即可转接。这一级的培养是由长期处于休眠状态的芽孢开始生长繁殖，所以培养时间较长。

（2）500mL三角瓶培养 每瓶装450mL培养基，接入已摇匀的50mL三角瓶培养种子混匀后，30～32℃保温培养2～3d，培养液浑浊度增大，产气旺盛；镜检时可见长链状菌体断裂成一定数量的单独或双链的短杆菌，且移动性能良好，菌体粗壮、整齐。

（3）5L大三角瓶培养 每瓶装培养基4500mL，接入一瓶上述500mL培养液。培养过程及培养液质量要求同500mL三角瓶。

（4）50L种子罐培养 培养基配方同前，但所有原料都为工业用级别，其中醋酸钠应按其纯度加至规定的含量。可用0.1%酵母粉代替酵母膏，先溶于10倍量的水中，保温50～55℃，18～24h，制成自溶液后再用。

除乙醇外，先用总用水量15%的水将各种成分溶化混合后，倾入种子罐中，并以直接蒸汽煮沸。再加入其余的水，使品温调整为30～32℃，然后加入酒精。接入一个大三角瓶的种子液，保温30～32℃，培养2～3d。待菌液质量达到如大三角瓶种子的要求时，即可转接至大罐发酵。

（5）大罐发酵 培养基配方及制备操作同种子罐。接种量为10%，保温30～32℃，培养约6d，培养液的己酸含量可达5.0g/L以上。培养发酵过程的菌体及发酵液变化如表4-13所示。

表4-13 己酸菌大罐发酵的外观变化情况

项目	8～20h	20～40h	40～48h	48～144h	144h
色	白色	白色	呈现乳白色	乳白色	淡黄色
闻感	有酒精气味	有轻微的己酸气味	有微弱的己酸气味	有己酸气味	己酸气味较重
产气	开始产气，有小气泡断续上升	产气较旺盛，小气泡继续上升	产气旺盛	产气减弱	停止产气
泡沫	液面有小气泡	气泡变大，液面泡沫增多	液面有气泡，较大的泡沫层	大气泡碎裂，液面成一层薄膜	泡沫消失
浑浊度	较清	开始浑浊	浊度增大	浑浊	开始澄清
显微镜观察	菌体凌乱，开始长成长度不等的丝状体，部分菌体能游动	菌体呈长链状，少数为单独杆状，部分菌体能游动	菌体呈杆状，成对，也有单独杆状存在的，菌体均有移动性	菌体单个存在，移动性弱，部分菌体形成芽孢	菌体单个存在，不移动，部分菌体长成芽孢

2. 陶缸培养

（1）培养过程　固体试管培养基穿刺培养→ 50mL 三角瓶培养→ 500mL 三角瓶培养→ 5L 三角瓶培养→ 50L 陶缸培养。各容器的液体培养基要基本装满，接种后要密封容器口。每个阶段保温 32 ～ 34℃，培养 5 ～ 7d。

（2）培养基说明　自试管至 500mL 三角瓶的培养基配方如表 4-14 所示。除试管固体培养基加 2% 琼脂外，其余为液体培养基。试管的装液量为管长的 2/3。乙醇及经干热灭菌的碳酸钙、碳酸钠于接种前在无菌条件下加入由其他试剂配成的无菌培养基中，其他药品用自来水溶解、定容后，进行高压蒸汽灭菌，冷却备用。5L 三角瓶及 50L 陶缸培养基有两种：一种为液态法白酒的酒糟液 +4 倍水 +2% 乙醇 +1% 碳酸钙 +0.5% 醋酸钠；另一种为用已成熟的卡氏罐酒母醪在 75℃下灭菌 30min，再加 1% 碳酸钙和 0.5% 醋酸钠。

表 4-14　从试管至 500mL 三角瓶的己酸菌培养基配方

成分	含量 /%	成分	含量 /%
乙醇	1	酵母自溶液	0.1 ～ 0.2
葡萄糖	0.5	碳酸钙	1
磷酸氢二钾	0.5	碳酸钠	0.01
硫酸镁	0.01	硫酸钠	微量
硫酸铵	0.03	—	—

二、丁酸菌

丁酸乙酯是浓香型白酒的四大酯之一，而丁酸是形成丁酸乙酯的前体物质。一般地，窖泥中含有产丁酸的菌群，有些己酸菌会同时代谢产丁酸，因此在多数情况下不需单独培养丁酸菌。为了提高成品酒中丁酸乙酯的含量，有些浓香型白酒厂采用纯种扩大培养的丁酸菌进行人工窖泥培养，也有将丁酸菌发酵液直接加至入池酒醅的。

（一）试管培养

1. 培养基

葡萄糖 30g，蛋白胨 0.15g，氯化钠 5g，硫酸镁 0.1g，牛肉膏 8g，氯化铁 0.5g，碳酸钙 5g，磷酸氢二钾 1g，水 1000mL。

2. 培养方法

将砂土管的芽孢菌接入已灭菌的细颈试管液体培养基中，置真空干燥器中抽气至真空度为 80kPa，保温 35 ～ 37℃，培养 24 ～ 36h。待液面出现菌膜，但无大量气泡产生时，再转接至另一细颈试管液体培养基中。如此培养活化 1 ～ 2 次，即可转接至三角瓶培养。

（二）三角瓶培养

丁酸菌芽孢的萌发，要求较高的厌氧条件，但一旦成为营养体后，则厌氧性要求并不很高。

三角瓶培养基的配方同试管液体培养基。可取容量为300mL的三角瓶（若用平底细口烧瓶则更好），装入培养基250mL。经灭菌、冷却后，接入上述10%的试管菌液，可用橡皮塞塞住瓶口，橡皮塞上引出玻璃导管，导入另一盛有无菌水的三角瓶中，以此水封为厌氧条件。保温35～37℃，培养24～36h即可。

（三）卡氏罐培养

玉米粉加麸皮10%，加7～8倍的水。常压糊化1h，冷却至50～60℃，加入粮麸总量10%的麸曲（或加150U/g原料的糖化酶），保温糖化3～4h后，加入1%的碳酸钙及0.25%的硫酸铵。将此外观糖度为7～8°Bx的培养基装入卡氏罐，以120kPa蒸汽灭菌30min。待冷却至35～37℃，接入三角瓶种子液10%。同上法配以水封，培养24～36h即可。若需继续扩大培养，可采用种子罐，具体工艺条件同卡氏罐培养。

（四）丁酸菌等混合菌的培养

若以优质老窖泥为种子，可仍按上述步骤进行培养。即在灭菌的培养基中，接入3%～5%的老窖泥，再在试管或三角瓶中加热至沸后立即冷却，可将大部分营养细胞杀灭，只留下具有芽孢的耐热细菌。在35℃下水封培养，在接种后16～24h开始产气，水封鼓泡，用显微镜检查可见大量杆菌及少量大型梭状菌。然后在细颈平底烧瓶或卡氏罐中扩大6～7倍培养，或同法再继续扩大培养。

三、丙酸菌

为了控制白酒中过多的乳酸及乳酸乙酯含量，天津科技大学等分离得到了能利用乳酸的丙酸菌。丙酸菌能将乳酸转化生成丙酸和乙酸，在某种条件下又可把丙酸进一步转变为戊酸、庚酸。再在其他微生物所产的酯化酶作用下，产生丙酸乙酯、戊酸乙酯、庚酸乙酯等奇数碳原子的酯类，以增强白酒的典型性。

（一）丙酸菌的发酵特性

丙酸菌（*Propionibacterium*）为兼性厌氧杆菌，可进行液态深层培养和发酵，设备的装料系数可在95%以上，培养和发酵温度为30℃，pH为4.5～7.0，时间为7～14d。该菌在厌氧条件下，可利用乳酸、葡萄糖等生成丙酸及乙酸，副产物为二氧化碳、琥珀酸等。在乳酸及糖类共存时，先利用乳酸，而对糖的利用率较低。丙酸菌利用乳酸和葡萄糖发酵的总反应式为：

$$3CH_3CHOHCOOH \rightarrow 2CH_3CH_2COOH+CH_3COOH+CO_2+H_2O$$

　　　　乳酸　　　　　　　　　丙酸　　　　乙酸

$$3C_6H_{12}O_6 \rightarrow 4CH_3CH_2COOH+2CH_3COOH+2CO_2+2H_2O$$

葡萄糖　　　　丙酸　　　　乙酸

（二）丙酸菌的应用

1. 增加成品酒丙酸乙酯含量

丙酸乙酯是特香型白酒的特征性风味物质，优质特香型白酒要求成品酒中丙酸乙酯的含量 ≥ 20mg/L。将培养好的丙酸菌培养液灌入至发酵高峰期的酒醅中，可明显提高成品酒中丙酸乙酯的含量，增强特香型白酒的典型性。

2. 降乳作用

丙酸菌主要来自窖泥，四川省食品发酵工业研究设计院有限公司酿酒工业研究所，选育了具有较强降解乳酸能力的丙酸菌，乳酸降解率达 90% 以上。将丙酸菌培养液加至入池酒醅中，能较大幅度地降低酒中的乳酸及其酯的含量，使己酸乙酯与乳酸乙酯的比例适当，因而有利于酒质的提高。

四、甲烷菌

甲烷菌主要产甲烷，同时有刺激产酸作用。甲烷菌与己酸菌共栖，有利于己酸菌生长与发酵的进行。此外，窖泥中的甲烷菌数是判断老窖成熟的标志。如五粮液酒厂老窖下层窖泥中的甲烷菌数为 1460 个 /g（以干土计），泸州老窖下层窖泥中的甲烷菌数为 368 个 /g（以干土计），而新窖泥中未检测出甲烷菌。

（一）甲烷菌的培养

培养基的组成为：醋酸钠 1.11%、氯化镁 0.02%、磷酸氢二钾 0.05%、氯化铵 0.075%、酒精 2%、硫化钠 1% 与碳酸铵 5% 混合的去氧剂 3%，pH7.0。将培养基在 0.1MPa 蒸汽下灭菌 30min，冷却后接入纯甲烷菌。再塞上带排气管的胶塞，并用石蜡密封瓶口。在 35℃下厌氧培养 7 ～ 10d。再进行逐级扩大培养，培养基成分同上。

（二）使用方法

可将甲烷菌与强化大曲、己酸菌及人工窖泥一起进行综合利用。也可将甲烷菌与己酸菌共窖培植"香泥"。例如中国科学院成都生物研究所从泸州酒厂及五粮液酒厂的老窖泥中分离、纯化得到泸型梭状芽孢杆菌系列 W_1 及 CSr1 ～ 10 菌株；从泸州老窖泥中分离而得布氏甲烷杆菌 CS 菌株。以黏性红土、熟土为主，添加碳源、磷盐、酒尾、丢糟、曲粉等配料为培养基。踩泥接入上述甲烷菌及己酸菌共酵液，收堆、密封，经培养 40 ～ 60d 成熟后的"香泥"，进行筑窖，窖底搭"香泥"厚度为 20cm，窖壁敷"香泥"厚度为 10cm。

五、乳酸菌

乳酸菌（Lactic acid bacteria，LAB）是一类能利用可发酵糖类产生大量乳酸的细菌的统称。这类细菌在自然界分布极为广泛，具有丰富的物种多样性，有 20 多个属，共 200 多种。白酒生产中常见的有乳杆菌属、乳球菌属和片球菌属等。

长期以来，由于乳酸菌在自然界分布广、生长繁殖快，在酿酒生产中需要严格控制，特别是浓香型白酒，"增己降乳"一直是保证白酒质量的关键技术。近年来，随着白酒机械化和清洁生产的推广，酿酒环境卫生、劳动生产环境的改善，酿酒环境中乳酸菌的种类和数量急剧减少，尤其在北方气候干燥的地区易造成发酵体系中乳酸菌数量不足，致使成品酒中乳酸和乳酸乙酯含量下降，使得酒体香味失衡、后味不足。

如出现发酵酒醅酸度下降、成品酒乳酸和乳酸乙酯含量不足时，可从发酵酒醅中分离耐性好（耐酸、耐酒、耐高温）、L-乳酸产量高的乳酸菌，经纯种扩大培养后拌入入池糟醅一起发酵。现将乳酸菌的扩大培养工艺简介如下。

（1）菌种　一般从本厂发酵酒醅中分离，常用的有干酪乳杆菌、植物乳杆菌、乳酸片球菌等。

（2）培养基　MRS 基础培养基，蛋白胨 10.0g，酵母膏 5.0g，牛肉膏 10.0g，葡萄糖 20.0g，柠檬酸三铵 2.0g，乙酸钠（三水）8.0g，吐温 801.0mL，缓冲液（$MgSO_4 \cdot 7H_2O$ 2.12% 和 $MnSO_4 \cdot H_2O$ 11.4%）5.0mL，蒸馏水 1000mL，pH6.2～6.4，121℃灭菌 15min。固体培养基加 2% 琼脂。

（3）菌种活化　取一环斜面乳酸菌种接种于装有 10mL MRS 液体培养基的试管中，35℃条件下静置培养 36h。

（4）扩大培养　将 10mL 试管种子接入装有 90mL MRS 液体培养基的 250mL 三角瓶中，35～37℃条件下静置培养 24h。此后，可根据需要按 10% 的接种量再扩大培养 2～3 级。

上述培养过程的培养温度和各级培养时间应根据菌种的不同而调整，培养成熟后乳酸菌的细胞浓度应达 10 亿个/mL 左右。入池糟醅的接种量一般为 10^4～10^6 个/g，也即乳酸菌培养液的接种量为 0.001%～0.1%。具体接种量视酒醅酸度和气候情况等调整，也即酒醅酸度过低、气候干燥时，接种量适当大些，反之亦然。

六、芽孢杆菌

芽孢杆菌在营养缺乏、高温、干旱等条件下形成芽孢，在条件适宜时重新萌发成营养体。具有耐高温、快速复活和较强酶分泌能力等特点，在有氧和无氧条件下都能存活，在传统白酒生产中起着重要的作用。大量研究证明，地衣芽孢杆菌、枯草芽孢杆菌、解淀粉芽孢杆菌、贝莱斯芽孢杆菌和短小芽孢杆菌等是白酒中成百上千种风味物质形成的关键功能细菌，其能够代谢复杂多样的酶系，如蛋白酶、淀粉酶、酯化酶、纤维素酶等，能分解酿酒原料中的蛋白质、淀粉、果胶、单宁等，形成各种氨基酸、糖类、酚类等物质，进而经继续发酵所产生的一连串生物化学变化形成各种风味物质，特别是在吡嗪类物质和美拉德反应物质的形成中起关键作用，是白酒酱香、芝麻香风味形成的关键功能微生物。

20世纪80年代初，贵州省轻工业科学研究所等应用从茅台高温大曲中分离的芽孢杆菌，纯种培养麸曲用于麸曲酱香型白酒的研制生产获得成功。随后有许多研究从酒曲中筛选出了多种功能芽孢杆菌，主要用于多维麸曲白酒和芝麻香型白酒。近年来，发现一些芽孢杆菌种属具有提高酒中吡嗪类物质含量、丰富白酒风味和提升白酒品质的功能，在全国各地多种香型白酒企业都开始了芽孢杆菌的研究与应用。

芽孢杆菌在白酒生产中的应用方式有强化制曲、堆积培菌后入池发酵和细菌麸曲直接入池发酵等，下面简要介绍其细菌麸曲的生产工艺。

（一）生产工艺流程

麸皮→润料→蒸料→摊晾→接种→拌匀→通风培养→成品麸曲

斜面种→液体试管→三角瓶→浅盘培养

（二）主要操作方法

1．液体试管培养

（1）培养基的制备　采用营养肉汤培养基，牛肉膏3g，蛋白胨10g，氯化钠5g，溶于1000mL自来水中，每支试管装入培养基10mL，0.1MPa高压灭菌30min，备用。

（2）接种培养　将芽孢杆菌从斜面菌种接入到含10mL营养肉汤培养基的试管中，37℃培养36h，即得一级种子。

2．三角瓶培养

所用培养基与液体试管培养基相同。500mL三角瓶装入培养基200mL，0.1MPa高压灭菌30min后，冷却，每一支液体试管种子接种一个液体三角瓶，于37℃摇瓶培养36h，即得二级种子。

3．浅盘种子培养

麸皮加水80%（视麸皮粗细及气温而有所变化），拌匀，常压蒸1.5h，或0.15MPa蒸40min。将曲盘洗净，同时灭菌，接种用的容器也须一起灭菌。将蒸好的麸皮移至接种时拌料的容器中，摊晾，接入三角瓶种子约5%，充分拌匀装盘，装盘厚度约 2 ～ 3cm，并且要厚薄均匀，中间稍薄，边缘稍厚。37℃培养48h，40 ～ 45℃干燥备用（三级种子）。

4．通风曲池培养

以麸皮、谷壳为原料，质量分数分别为 95% 和 5%，加水量占原料总量的 80% 左右（视麸皮的粗细及气候调节加水量），加 Na_2CO_3 调节物料 pH 值至 7.2 左右，加入量约为干物料的 0.06%，先将碱溶于水，再与麸皮等拌匀，避免物料酸碱度不均匀。拌匀后，上甑大汽蒸料 1h，闷料 1h，出甑摊晾，品温降至 40℃ 左右（夏季温度稍低，冬季温度稍高）接入浅盘种曲。种曲用量为原料的 2.5% ～ 3.0%，接种时先将种曲用部分熟麸皮混合、拌匀，以扩大接种面，再用扬麸机扬一遍，以保证接种均匀。接种后在地面上起堆堆积，此时品温宜在 35℃左右，堆 2h 翻堆一次，再堆积 2h 即可入池。室温保持在 35 ～ 37℃，室内相对湿度 65%，入池后品温控制在 48℃以下，第 4 小时开始间歇通循环风，控制品温在 42 ～ 52℃，培养32h 左右，曲子成熟，打开风门通新鲜风，使水分散发，36h 左右即可出曲。

（三）成品曲质量

显微镜检查：菌体整齐、肥大，不含有其他杂菌，细胞数 ≥ 100 亿个 /g，以干曲计。

感官要求：色泽微黄、有光泽，手感疏松柔软，有一定酱香及焦煳香，略有氨味。

理化要求：水分 ≤ 30%，酸度 ≤ 0.6mmol/10g，氨基酸 ≤ 0.15mg/100g，糖化酶、液化酶、酸性蛋白酶、脂肪酶等活性随菌种不同而异。

成品曲贮存与保管：麸曲不宜长期保管贮存，最好在出池后立即使用，一般贮存时间不超过 24h。如需延长贮存时间，应将曲子干燥至水分含量在 10%以内，用防潮材料包装，放阴凉干燥处备用。

第六节　酶制剂与活性干酵母

一、酶制剂

我国酶制剂的生产始于 20 世纪 60 年代，但在酿酒工业中的推广使用则是从 80 年代初开始的。最初仅是麸曲制造设备和技术不完善的工厂使用糖化酶代替麸曲生产麸曲白酒，目前，糖化酶在普通麸曲白酒、液态法白酒和大曲酒的丢糟、回糟酒生产中广泛使用。除此之外，在白酒生产中使用的其他酶制剂还有纤维素酶、酸性蛋白酶和酯化酶等。

(一) α-淀粉酶

α-淀粉酶,因其生成产物的还原末端葡萄糖单位的 C_1 为 α 构型,故得名;因它能使淀粉糊化醪的黏度迅速降低,又称为液化型淀粉酶,简称液化酶。在糖化发酵过程中,α-淀粉酶的主要作用有二,一是随机切断淀粉链内部的 α-1,4-糖苷键,使大分子淀粉降解成小分子糊精,从而迅速降低糊化醪的黏度;二是大分子淀粉的适量降解,有助于糖化酶的作用,从而提高糖化发酵的速度。

产生 α-淀粉酶的主要微生物是细菌和霉菌,如枯草芽孢杆菌、马铃薯杆菌、溶淀粉芽孢杆菌、凝结芽孢杆菌、嗜热脂肪芽孢杆菌、假单胞杆菌、巨大芽孢杆菌、地衣芽孢杆菌,以及米曲霉、白曲霉、根霉等。α-淀粉酶主要用于液态法白酒生产中的糊化液化工序,以降低醪液黏度,提高糖化发酵效率。传统白酒的酒曲(大曲、小曲、麸曲)中都含有一定活性的 α-淀粉酶,加之传统白酒的原料粉碎度较低(有的是整粒粮发酵),发酵过程要求缓慢进行,因而一般不需另外补充 α-淀粉酶。

(二) 糖化酶

糖化酶又称葡萄糖淀粉酶,它能从淀粉非还原性末端水解 α-1,4-糖苷键,产生葡萄糖;也能缓慢水解 α-1,6-糖苷键,产生葡萄糖。商品糖化酶分固体、液体两种形态,规格有多种,酶活力范围在 50000 ~ 200000U/g 之间。

糖化酶的主要性能及使用方法如下:

① 糖化酶的最适作用温度为 60℃,但在温度 30 ~ 40℃ 时亦具有较高的活性,且稳定性比 60℃ 时要好。白酒酿造是一个边糖化边发酵的过程,要求其所加糖化酶的作用时间较长,因此没有必要强调在 60℃ 温度下使用。有些酒厂提高加酶时粮醅的温度实际上并没有好处。

② 该酶适宜 pH 范围为 3.0 ~ 5.5,最适 pH 为 4.5,在 pH2.5 时仍具有较高的活性,因而比较适合白酒生产的酸性环境。

③ 对于固体酶,在使用前必须用温水(30 ~ 40℃)活化,使酶从固体颗粒中释放出来,否则,由于加酶不匀会影响使用效果。对于液体酶,也应适当用水稀释,否则不易混合均匀。

④ 糖化酶的用量,应根据生产工艺和原料的不同来定。对于全部使用糖化酶作糖化剂的麸曲白酒生产,一般每 1g 原料(指新投入的粮食原料部分,下同)用酶 150 ~ 250U;对于采用传统酒曲和糖化酶共同发酵的半酶法工艺,则每 1g 原料补充的糖化酶用量在 20U 至 100U 之间不等。

(三) 酸性蛋白酶

蛋白酶是分解蛋白质肽键的一类水解酶的总称。蛋白酶的分类方法有多种,按作用方式分为内肽酶和端肽酶;按来源分为胃蛋白酶、胰蛋白酶、木瓜蛋白酶、菠萝蛋白酶、凝乳蛋白酶等。而在酿酒工业中,由于白酒生产的酸性环境,所以只有酸性蛋白酶才能起有效的作用。

现代酿酒理论认为,淀粉质原料的糖化过程是淀粉酶、酸性蛋白酶、果胶酶和纤维素酶协同作用的效果。其中酸性蛋白酶的作用有二:原料中蛋白质对淀粉的包裹作用,阻碍了糖化酶对淀粉的水解作用,添加适量的酸性蛋白酶可促进原料颗粒的溶解,为糖化酶的糖化作用创造了条件,有利于糖化过程的进行;二是酸性蛋白酶的作用产物——氨基酸,既是发酵微生物最好的营养物质和发酵助进剂,也是白酒香味成分重要的前体物质。由此可看出酸性蛋白酶在酿酒生产中的重要性。

酸性蛋白酶的主要特性如下:

(1) 酶活力 目前我国商品酸性蛋白酶的酶活力范围为20000～100000U/g。

(2) 作用pH 酸性蛋白酶作用的适宜pH范围为2.0～6.0,最适pH为3～4。当pH<2.0和pH>6.0时,酶活力显著下降。

(3) 作用温度 酸性蛋白酶适宜温度范围为30～55℃,最适作用温度为50～55℃,超过55℃酶活力急剧下降。

除酱香型大曲和白曲霉麸曲外,其他大曲、麸曲和小曲中酸性蛋白酶的含量都很低,在白酒生产中添加适量酸性蛋白酶,有利于提高原料出酒率和改善白酒风味。酸性蛋白酶的用量则应根据生产工艺、原料和糖化发酵剂的具体情况而定,一般情况下,每1g原料的补充酸性蛋白酶用量为4～12U。

(四) 纤维素酶

纤维素酶是指降解纤维素生成葡萄糖的一组酶的总称,它不是单一酶,而是起协同作用的多组分酶系。纤维素酶用于白酒生产的主要作用是提高原料出酒率,其依据有二:首先,高粱、玉米、大麦、小麦等淀粉质酿酒原料中含有1%～7%的纤维素和半纤维素,在纤维素酶的作用下部分可转化成可发酵性糖,使原料中可利用的碳源增加,原料出酒率提高;其次,纤维素酶对纤维素的降解作用,破坏间质细胞壁的结构,使其包含的淀粉释放出来,利于糖化酶的作用。

纤维素酶活力单位的表示方法有许多种,对于酿酒用酶,纤维素酶的活力单位是以羧甲基纤维素钠为底物进行测定的,1g固体酶粉,在一定温度和pH值下,1h内水解羧甲基纤维素钠产生1mg葡萄糖为一个酶活力单位,以U/g表示。目前我国以木霉为菌种采用通风制曲的方法生产的麸曲粗制品,酶活力单位大多为1000～10000U/g。传统酒曲中都含有一定量的纤维素酶,许多试验表明,在传统白酒生产中使用纤维素酶对提高原料出酒率有一定效果,但并不明显,加之价格较高,使纤维素酶的广泛应用受到限制。

(五) 酯化酶

酯化酶不是酶学上的术语,酶学上的解脂酶是脂肪酶、酯合成酶、酯分解酶和磷酸酯酶的统称。酯化酶的种类很多，不同的酯化酶催化某种酯的效果大不相同，在白酒生产中最具应用价值的是乙酸乙酯、己酸乙酯、丁酸乙酯和乳酸乙酯四大酯的酯合成酶。传统大曲中都含有一定的酯化酶，不同的大曲由于生产工艺不同，所网罗的微生物有所不同，其酯化酶的组成也就有所不同。试验证明，三种典型大曲中清香型大曲乙酸乙酯的酯化酶活力最高，浓香型大曲己酸乙酯的酯化酶活力最高，酱香型大曲酯化酶的活力相对较低。

目前，商品脂肪酶大多为碱性或中性脂肪酶，不适合白酒酸性环境使用。在酿酒生产中，通常所说的酯化酶实际上就是以红曲霉为菌种经扩大培养后制成的麸曲粗酶制剂。酯化酶的使用方法主要有如下两种。

（1）直接混入发酵法　此法适用于发酵周期较长的浓香型白酒，用量为投粮量的2%～4%，与大曲等其他糖化发酵剂一起加入即可。

（2）用于酯化液制作　酯化液制作各厂不尽相同，现举两例如下：

例1：酒尾60%，己酸菌培养液30%，黄浆水5%，红曲酯化酶5%，28～30℃，酯化30d，己酸乙酯含量可达15g/L左右。

例2：黄水35%，20°高酸度酒尾55%，香醅4%，高温大曲粉4%，活性窖泥功能菌1%，红曲酯化酶1%，pH3～5，温度30～35℃，酯化30～40d，总酯含量可达35～40g/L，其中己酸乙酯含量为15g/L左右。

所得酯化液经蒸馏可制得高酯调味液，或用于串香蒸馏提高普通白酒的酯含量。

由华南理工大学等研制开发的南极假丝酵母脂肪酶适合于在酸性环境下作用，且对己酸乙酯等白酒四大酯都具有较强的酯化力，具有开发应用前景。

（六）果胶酶

果胶酶是指分解果胶质的酶类总称。果胶酶分两类，一类催化果胶解聚，另一类能催化果胶分子中的酯水解。其中催化果胶物质解聚的酶分为作用于果胶的酶（聚甲基半乳糖酶、醛酸酶、醛酸裂解酶或者果胶裂解酶）和作用于果胶酸的酶（聚半乳糖醛酸酶、聚半乳糖醛酸裂解酶或者果胶酸裂解酶）。催化果胶分子中酯水解的酶有果胶酯酶和果胶酰基水解酶。

果胶酶广泛分布于高等植物和微生物中，霉菌能产生多种解聚酶，大多可产内聚半乳糖醛酸酶；少数酵母菌也能产果胶酶；假单胞菌能产生内聚半乳糖醛酸裂解酶。由曲霉菌属产生的聚半乳糖醛酸酶，可随机分解果胶及其他聚半乳糖醛酸中的 α-1，4- 糖苷键。该酶在40℃以下作用时，性能稳定；最适 pH 为4.0～4.8，低于3.0时酶迅速失活。与该酶并存的，可能还有甲基半乳糖醛酸裂解酶，作用的最终产物为单半乳糖醛酸或双半乳糖醛酸。

传统大曲都含有一定量的果胶酶，酿酒原料中果胶的分解有利于糖化酶、蛋白酶等的作用，促进糖化发酵的进行；但果胶分解时释放甲醇，对酒质不利，因而在白酒生产中一般不使用果胶酶。

二、活性干酵母

酿酒活性干酵母亦称酒用活性干酵母，常缩写为酿酒 ADY（active dry yeast）。20 世纪 60 年代，欧洲人开始研制酿酒用活性干酵母；70 年代末，在欧美发达国家的酒精、葡萄酒和蒸馏酒工业生产中，开始普遍使用酿酒活性干酵母。我国酿酒行业首先使用高活性干酵母（活细胞数 200 亿个/g 以上）的是葡萄酒厂。20 世纪 80 年代初，天津中法合资的王朝葡萄酒厂，引进法国葡萄酒业的先进生产技术，其中一项是使用高活性的葡萄酒活性干酵母，在生产中显示出它的巨大优越性。1988 年天津轻工业学院（现天津科技大学）首先完成了酒精活性干酵母的研究工作，随后在广东东莞糖厂酵母分厂和宜昌食用酵母基地顺利投入生产。从此在全国各地出现了酿酒活性干酵母在酿造工业中应用研究和生产实践的高潮。目前，酿酒 ADY 已在白酒行业广泛应用，并已成为各酒厂降低消耗、安全度夏、提高原料出酒率和经济效益的主要措施之一。

（一）酿酒活性干酵母的分类

1．按产品有无载体分类

（1）无载体高活性干酵母　此类活性干酵母是酵母厂将培养成熟的酵母细胞，经离心分离洗涤、过滤、挤压成形后，采用快速低温干燥制成。产品水分含量 4%～5.5%，无其他杂物，保存期 1～2 年，每克产品的酵母细胞数一般在 300 亿～500 亿个之间，视酵母细胞个体大小而定。

（2）带载体活性干酵母　此类产品的载体大多为农副产品，最常见的是麸皮，其中酵母含量为 5%～25%，水分含量 7%～10%，每克产品的酵母细胞数因生产方法和条件的不同差异较大，低的仅几个亿，而高的可达 100 亿以上。此类产品的保存期一般为半年左右，使用时大多不需用糖液活化，适合于各类白酒生产使用。

2．按产品用途分类

酒用活性干酵母按其产品的用途分为酒精活性干酵母、白酒活性干酵母、葡萄酒活性干酵母、黄酒活性干酵母和啤酒活性干酵母等。其中白酒活性干酵母分为很少产酯的酒精活性干酵母和产酯能力强的生香活性干酵母二类。此外，还有具有某些特殊功能的活性干酵母，如高产酯酿酒活性干酵母、低产高级醇活性干酵母、高产乙偶姻活性干酵母等。

3．按酵母发酵温度分类

（1）常温活性干酵母　最适发酵温度在 30℃左右，36℃以上发酵活性明显下降，温度上升至 38～40℃时不能正常发酵。

（2）耐高温活性干酵母　一般指 40℃以上仍能正常发酵的酵母菌株。

目前我国生产的耐高温酒用活性干酵母，适于 36 ～ 40℃ 的高温发酵，在 40 ～ 45℃ 发酵时活性有所下降，但仍能正常发酵。此类活性干酵母特别适合于酒精与白酒的夏季生产。

（二）酿酒 ADY 的复水活化

活性干酵母的含水量大多为 4% ～ 8%，而自然状态的正常酵母细胞含水分 70% 左右。酵母在进行发酵或繁殖之前，首先必须吸收大量水分恢复至原来自然状态的含水量，此即为复水，或称之为再水化。复水后，再经一定时间的培养，恢复成具有自然状态细胞的正常功能，此即为活化。掌握活性干酵母复水活化机理，选择合适的复水活化条件，以获得最大的活性，是使用活性干酵母至关重要的技术问题。

酿酒活性干酵母的复水活化条件包括复水活化液的组成和用量，以及复水活化的温度和时间。

1．复水活化液

尽管有报道在复水培养基中添加葡萄糖、麦汁浓缩物、牛奶乳清、铵盐等物质，有利于活性干酵母的复水活化，但在酿酒工业中使用活性干酵母时，添加这些物质会使成本增高，而活性的提高很有限。在白酒生产中，活性干酵母的复水活化液一般有三种：①自来水；②含糖量为 2% ～ 4% 的白糖或红糖溶液；③浓度为 4 ～ 5°Bx 的稀糖化醪。对于固态白酒生产，一般采用糖溶液作为复水活化液；液态白酒生产可采用大生产的稀糖化醪作复水活化液。采用稀糖化醪不仅可省去糖所需的成本，较为经济，同时在稀糖化醪中除糖外还含有酵母生长所需的其他营养成分，有利于酵母的活化与生长繁殖。自来水适合于带载体的酿酒活性干酵母的活化，因为在这些产品的载体中，含有一定的糖及其他营养物质，可提供部分酵母活化时需要的营养。

活化液的酸度，在卫生条件良好和糖化醪质量正常的情况下，一般不需调酸。若车间卫生条件差或糖化醪有轻微杂菌污染，则需调酸至 pH4.5 ～ 5.0，且需进行高温处理后才能使用。

2．复水活化液的用量

活性干酵母恢复至自然状态必须吸收大量水分，复水活化液与活性干酵母的最小比例为 4.0，最大则不限，可结合使用时的工艺用水量来确定，一般情况下取复水活化液的用量为活性干酵母的 20 倍左右。若采用较长时间的活化，以便在活化过程中增殖一定量的酵母，从而可适当减少活性干酵母的用量，则活化液的用量应为活性干酵母的 50 倍以上。

3．复水活化温度

如果在低于 30℃ 复水，细胞的活性损失将很大，特别是对没有添加保护剂的活性干酵母，更是如此。工业生产中复水的温度范围可在 30 ～ 43℃ 之间，对于常温活性干酵母大多采用 35～38℃复水，耐高温活性干酵母则在 38～43℃下复水。对于不添加保护剂的活性干酵母复水温度要严格控制，而添加保护剂的活性干酵母则可适当采用较低的复水温度，但不得低于 30℃。酵母细胞的复水过程一般在 10min 左右即完成，复水过程完成后，即为活化过程。活化过程的最适温度也就是酵母生长的最适温度，一般为 28～33℃。若活化时温度太高，容易使酵母老化，对发酵不利。因此复水 10～15min 后，若不投入使用，则应使其温度逐渐下降至 28～33℃。当活性干酵母使用量不大，活化液体积亦不大时，往往在复水后可自然下降至 30℃左右；而活性干酵母用量大，活化液体积大时，则需采用冷却降温措施。

4．复水活化时间

复水活化时间的长短与复水活化液的组成、用量及活性干酵母的接种量有关。

若复水活化液为自来水，由于自来水中不含有细胞生长所需的各种营养成分，因此活性干酵母复水 10～15min 后应立即投入使用，否则会使细胞老化。时间长了，还会引起酵母菌自溶和杂菌污染等现象。对于带有大量载体的活性干酵母，则由于载体中含有一定的营养物质，用自来水复水活化时，时间可为 15～60min，一般以 30min 左右为宜。

若复水活化液为白糖或红糖溶液，复水活化时间可在 15min 至 3h 以内，一般以 2h 左右为宜。在纯糖溶液中，虽然含有酵母细胞生命活动所需的基本成分糖，但缺乏其他营养，因此当酵母细胞开始出芽时即应投入生产。一般情况下，复水活化时间不应超过 3h，此外当活性干酵母浓度较大时，活化液中的糖会很快耗尽，这时应缩短活化时间。

若复水活化液为稀糖化醪，复水活化的时间可在 15min 至 8h 范围内，一般以 2～4h 为宜。采用较长的活化时间可适当减少活性干酵母的用量，当活化时间为 6～8h 时，其活性干酵母的用量一般可减少一半。应当注意的是，当活化时间超过 3～4h 时，酵母便开始大量繁殖，此时活化液的用量应为活性干酵母用量的 50 倍以上（对于带载体活性干酵母则 25 倍以上即可），因为酵母浓度太高不利于细胞的正常生长与繁殖。此外，活化一定时间后，若活化醪中停止或很少产气泡，说明糖已耗尽，应该停止活化，投入使用。若因各种原因不能及时投入使用，则在活化醪中补加一定量的新鲜糖化醪，同时检测活化醪的 pH 看是否需要调酸或加碱。有时，采用降低温度的办法（20℃以下），亦可延缓活化时间。

第五章

白酒生产机理

本章讨论的白酒生产机理是指酿酒原料转化为成品酒过程中各工段所涉及的物质的物理变化和化学变化，以及主要生产环节的工艺操作原理。了解和掌握这些内容，对于理解白酒生产过程工艺原理，进而指导生产实践打下理论基础。

第一节　原料浸润与蒸煮

一、原料浸润

在各种白酒生产工艺中，一般都要对蒸料前的原料进行润水，这一工艺过程俗称润料。润料的目的是让原料中的淀粉颗粒充分吸收水分，为蒸煮时淀粉糊化或直接生料发酵创造条件。一般地，原料粉碎越细所需润料时间越短，整粒原料发酵时所需润料的时间最长。

润料时的加水量及润料时间的长短由原料特性、水温、润料方法、蒸料方式及发酵工艺而定。如汾酒以90℃的水高温润料，但因为采用清蒸二次清工艺，故润料时间为18～20h；浓香型大曲酒的生产采用续糟配料、混蒸混烧工艺，以酸性的酒醅拌和润料，因淀粉颗粒在酸性条件下较易润水及糊化，又为多次发酵，故润料只需要几小时。一般而言，热水高温润料更有利于水分吸收、渗入淀粉颗粒内部。

小曲酒生产中要对原料大米进行浸洗。在浸洗过程中除了使大米淀粉充分吸水为糊化创造条件外，同时还除去附着于大米上的米糠、尘土及夹杂物。在此过程中，大米中的许多成分因溶入浸洗水而流失。据研究，钾、磷、钠、镁、糖分、淀粉、蛋白质、脂质及维生素等，均有不同程度的溶出。相反，水中的钙及铁则被米粒吸附带入酿造体系。

二、原料蒸煮

润水后的原料虽然吸收了水分，发生了一定程度的膨胀，但是其中的淀粉颗粒结构并没有解体，仍然不利于后续的糖化发酵。

原料蒸煮的主要目的就是在润水的基础上使淀粉颗粒进一步吸水、膨胀，进而糊化，以利于淀粉酶的作用。同时，在高温蒸煮条件下，原辅料也得以灭菌，并排除一些挥发性的不良成分。此外，在原料蒸煮过程中，还会发生其他许多复杂的物质变化，对于续糟混蒸工艺而言，酒醅中的成分也会与原料中的成分发生作用。因此，原料蒸煮过程中的物质变化也是很复杂的。

（一）碳水化合物的变化

1. 淀粉在蒸煮过程中的变化

在蒸煮过程中，随着温度升高，原料中的淀粉要顺次经过膨胀、糊化和液化等物理化学变化过程。在蒸煮后，随着温度的逐渐降低，糊化后淀粉还可能发生"老化"现象。同时，因为原料和酒曲中淀粉酶系的存在使得小部分淀粉在蒸煮过程发生"自糖化"。

（1）淀粉的膨胀　淀粉是亲水胶体，遇水时，水分子因渗透压的作用而渗入淀粉颗粒内部，使淀粉颗粒的体积和质量增加，这种现象称为淀粉的膨胀。

淀粉颗粒的膨胀程度，随水分的增加和温度的升高而增加。在40℃以下，淀粉分子与水发生水化作用，吸收20%～25%的水分，1g干淀粉可放出104.5J的热量；自40℃起，淀粉颗粒的膨胀速度明显加快。

（2）淀粉的糊化　随着温度的升高和时间的延长，淀粉的膨化作用不断进行，直到各分子间的联系被削弱而引起淀粉颗粒之间的解体，形成均一的黏稠体。这种淀粉颗粒无限膨胀的现象，称为糊化，或者称为淀粉的α-化或凝胶化。淀粉的糊化过程与初始的膨胀不同，它是一个吸热的过程，糊化1g淀粉需吸收6.28kJ的热量。

经糊化的淀粉颗粒的结构，由原来有规则的结晶层状结构，变为网状的非结晶构造。支链淀粉的大分子组成立体式网状，网眼中是直链淀粉溶液及短小的支链淀粉分子。

由于淀粉结构、颗粒大小、疏松程度及水中的盐分种类和含量的不同，加之任何一种原料的淀粉颗粒大小都不均一，故不同的原料有不同的糊化温度范围。例如玉米淀粉为65～75℃，高粱淀粉为68～75℃，大米淀粉为65～73℃。对于白酒酿造用的淀粉质原料，其组织内部的糖和蛋白质等对淀粉有保护作用，故欲使糊化完全，则需要更高的温度。

实际上，白酒原料在常压固体状态下蒸煮时，只能使植物组织和淀粉颗粒的外壳破裂，大部分淀粉细胞仍保持原有状态；而在生产液态发酵法白酒时，蒸煮醪液在瞬时降温时，由于压力差致使细胞内的水变为蒸汽使细胞破裂，这种醪液称为糊化醪或蒸煮醪。

（3）液化　这里的"液化"概念，与由α-淀粉酶作用于淀粉而使黏度骤然降低的"液化"含义不同。当淀粉糊化后，若品温继续升高至130℃左右时，由于支链淀粉已经几乎全部溶解，网状结构也完全被破坏，淀粉溶液成为黏度低的、易流动的醪液，这种现象称为液化或溶解。液化的具体温度因原料而异，例如玉米淀粉为146～151℃。

上述的糊化和液化现象，可以用氢键理论予以解释。氢键随温度的升高而减少，故升温使淀粉颗粒中淀粉大分子之间的氢键削弱，淀粉颗粒部分解体，形成网状组织，黏度上升，发生糊化现象；温度升至120℃以上时，水分子与淀粉之间的氢键开始被破坏，故醪液黏度下降，发生液化现象。

固态常压蒸煮时淀粉很少发生液化，只有在液态发酵法生产白酒的原料高压蒸煮时，才有可能发生部分淀粉的液化作用。

（4）熟淀粉的老化　经过糊化后的淀粉醪液，当其冷却至60℃时，会变得很黏稠；温度低于55℃时，则会变为胶凝体，不利于糖化剂的作用。若再进行长时间的自然缓慢冷却，则会重新形成晶体。原料经固态蒸煮后，如将其长时间放置，自然冷却而失水，则原来已经被α化的α-淀粉又会回到原来的β-淀粉状。上述两种现象，均称为熟淀粉的"返生"或"老化"或β-化。试验表明，糖化酶对β-化淀粉的糖化作用与熟淀粉相差很大。

老化现象的原理是淀粉分子间的重新联结，或者说是分子间氢键的重新建立。因此，为了避免老化现象，若为液态蒸煮醪，则应设法尽快冷却至60～65℃，并立即与糖化剂混合进行糖化；若为固态物料，也应该快速冷却，在避免其缓慢冷却失水的情况下，加曲、加水入池发酵。

（5）自糖化　白酒的制酒原料中，大多含有淀粉酶系。当原料蒸煮的温度升至50～60℃时，这些酶被活化，将淀粉部分分解为糊精和糖，这种现象称为"自糖化"。例如甘薯主要含有β-淀粉酶，在蒸煮的升温过程中会将淀粉部分变为麦芽糖和葡萄糖。整粒原料蒸煮时，因糖化作用而生成的糖量很有限；但使用粉碎的原料蒸煮时，能生成较多的糖，尤其是在缓慢升温的情况下。

以续糟混蒸的方式蒸料时，尽管为酸性条件，但淀粉因此水解的程度并不明显。

2．糖的变化

白酒生产中的谷物原料含糖量最高可达4%左右。在蒸煮的升温过程中，原料的自糖化也产生一部分糖。这些糖在蒸煮过程中会发生各种变化，尤其是在高压蒸煮的情况下。

（1）羟甲基糠醛的形成　葡萄糖和果糖等己糖，在高压蒸煮的过程中可脱去 3 分子水而生成 5-羟甲基糠醛，5-羟甲基糠醛很不稳定，会进一步分解为乙酰丙酸及甲酸。部分 5-羟甲基糠醛缩合，生成棕黄色的色素物质。这些物质的形成对白酒发酵的影响不大，只是会造成糖分的损失。

己糖　　　　　　　　5-羟甲基糠醛　　　　　乙酰丙酸　　　甲酸

（2）美拉德反应　美拉德反应是还原糖化合物和氨基化合物之间的反应，又称为氨基糖反应。还原糖和氨基酸经过美拉德反应最终生成棕褐色的"类黑色素"。这些类黑色素为无定形物，不溶于水或中性试剂，不能为酵母发酵利用，除了造成可发酵性糖和氨基酸的损失外，还会降低酵母和淀粉酶的活力。据报道，若发酵醪中的氨基糖含量自 0.25% 增至 1%，则淀粉酶的糖化能力下降 25.2%。

生成氨基糖的速度，因还原糖的种类、浓度及反应的温度、pH 而异。通常戊糖与氨基的反应速率高于己糖；在一定范围内，若反应温度越高、基质浓度越大，则反应速率越快。

美拉德反应产物多为食品中极为重要的风味成分，若酒醅经水蒸气蒸馏将微量的氨基糖带入酒中，可能会起到恰到好处的呈香呈味作用。据报道，酱香型白酒主体香味成分的形成与美拉德反应产物有着密切关系。

（3）焦糖的生成　在原料蒸煮时，在无水和没有氨基化合物存在的情况下，当蒸煮温度超过糖的熔化温度时，糖也会因失水或裂解的中间产物凝集，而成黑褐色的无定形产物——焦糖，这一现象称为糖的焦化。当有铵盐存在时会促进焦糖的生成。焦糖的生成，不但使糖分损失，而且也影响糖化酶及酵母的活力。

由于焦糖化在无水和高于糖的熔点的条件下才能发生，因而只是在蒸煮薯干等含果糖等低熔点糖类多的原料时发生的概率高些，而在蒸煮玉米（主要含蔗糖）时，焦糖很少产生。

蒸煮温度越高、醪液中糖浓度越大，则焦糖生成量越多。常压蒸煮时产生的焦糖很少，焦糖化往往发生于蒸煮锅的死角及锅壁的局部过热处。

3．纤维素的变化

纤维素是细胞壁的主要成分，蒸煮温度在 160℃ 以下，pH 值为 5.8 ～ 6.3，其化学结构不发生变化，只是吸水膨胀。

4．半纤维素的变化

半纤维素的成分大多为聚戊糖及少量多聚己糖。当原料与酸性酒醅蒸煮时，在高温条件下，聚戊糖会部分地分解为木糖和阿拉伯糖，并均能继续分解为糠醛。这些产物都不能被酵母所利用。多聚己糖则部分分解为糊精和葡萄糖。半纤维素也存在于粮谷的细胞壁中，故半纤维素的部分水解，也可使细胞壁部分损伤。

（二）含氮物、脂肪及果胶的变化

1．含氮物的变化

原料蒸煮时，品温升至 140℃ 以前，因为蛋白质发生凝固及部分变性，会使可溶性含氮量有所下降；当温度升至 140 ～ 158℃ 时，则可溶性含氮量会因发生胶溶作用而增加。

整粒原料的常压蒸煮，实际上分为两个阶段。前期是蒸汽通过原料层，在颗粒表面结露成凝缩水；后期是凝缩水向米粒内的渗透，主要作用是使淀粉 α 化及蛋白质变性。只有在液态发酵法生产白酒的原料高压蒸煮时，才有可能产生蛋白质的部分胶溶作用。在高压蒸煮整粒谷物时，有 20% ～ 50% 的谷蛋白进入溶液；若为粉碎的原料，则比例会更大一些。

2．脂肪的变化

脂肪在原料蒸煮过程中的变化很小，即使在 140 ～ 158℃ 的高温，也不能使甘油酯充分分解。在液态发酵法的原料高压蒸煮中，也只有 5% ～ 10% 的脂类物质发生变化。

3．果胶的变化

果胶由多聚半乳糖醛酸或半乳糖醛酸的甲酯化合物组成。果胶质是原料细胞壁的组成部分，也是细胞间的填充剂。

果胶质中含有许多甲氧基（—OCH_3），在蒸煮时果胶质分解，甲氧基会从果胶质中分离出来，生成甲醇和果胶酸。

$$(RCOOCH_3)_n \xrightarrow[nH_2O]{\text{果胶酶}} (RCOOH)_n + nCH_3OH$$

果胶质　　　　　果胶酸　　甲醇

原料中果胶质的含量，因其品种而异。通常薯类中的果胶质含量高于谷物原料。蒸煮温度越高，时间越长，由果胶质生成的甲醇量越多。对于果胶含量较高的原料，混蒸混烧时会使成品酒的甲醇含量超标，可考虑改用清蒸混入法。

甲醇的沸点为 64.7℃，故在将原料进行固态常压清蒸时，可采取从容器顶部放气的办法排除甲醇。若为液态蒸煮，则甲醇在蒸煮锅内呈气态，集结于锅的上方空间，故在间歇法蒸煮过程中，应每隔一定时间从锅顶放一次废气，使甲醇也随之排走。若为连续法蒸煮，则可将从气液分离器排出的二次蒸汽经列管式加热器对冷水进行间壁热交换，在最后的后熟锅顶部由排出的废气带走。这样，可避免甲醇蒸气直接溶于水或料浆中。

（三）其他物质变化

蒸料过程中，还有很多微量成分会分解、生成或挥发。例如由于含磷化合物分解出磷酸，以及水解等作用生成一些有机酸，因而酸度有所增高。若大米的蒸煮时间较长，则不饱和脂肪酸减少得多，而醋酸异戊酯等酯类成分却增加。

（四）原料蒸煮的一般要求

原料经过蒸煮其目的是有利于微生物和酶的利用，同时还有利于酿酒生产的操作。故此，蒸煮过程并不是越熟越好，蒸煮过于熟烂，淀粉颗粒易溶于水，看起来有利于发酵，但事实上，淀粉颗粒蒸得过于黏糊，转化为糖、糊精过多，从而使醅子发黏，疏松透气性能差，不利于固态发酵生产操作，同时糖分转化过多过快，会引起发酵前期升温过猛，发酵过快，导致发酵微生物酵母的早衰，影响中后期发酵。中挺时间短，破坏了固态法白酒生产"前缓、中挺、后缓落"的发酵规律，给白酒的产量、质量带来不利影响；相反，如果蒸煮不熟不透，窖内的微生物不能充分利用，且易生酸，同样影响产量、质量。因此必须对蒸煮时间、蒸煮效果进行控制，要结合具体的生产情况，把好蒸煮关，保证蒸煮达到"熟而不黏，内无生心"的效果。

第二节　糖化与发酵

蒸煮后原料中的淀粉已经糊化，为接下来的糖化和发酵步骤奠定了基础。向蒸煮糊化后的原料中加入酒曲等糖化发酵剂，就进入了糖化发酵的关键工艺阶段。在白酒生产中，液态法白酒和半固态发酵白酒是先部分糖化、后糖化发酵一起进行，而固态法白酒则是糖化和发酵同步进行的。

一、淀粉的糖化

淀粉经酶的作用生成糖及其中间产物的过程，称为糖化。淀粉酶解生成糖的总的反应式如下：

$$(C_6H_{10}O_5)_n + nH_2O \xrightarrow{\text{淀粉酶}} nC_6H_{12}O_6$$

淀粉　　　水　　　　　　葡萄糖

理论上，100kg淀粉可生成111.12kg葡萄糖。实际上，淀粉酶包括α-淀粉酶、糖化酶、异淀粉酶、β-淀粉酶、麦芽糖酶、转移葡萄糖苷酶等多种酶。这些酶同时在起作用，产物除葡萄糖等单糖外，还有蔗糖和麦芽糖等二糖、低聚糖及糊精等成分。

（1）糊精　糊精是介于淀粉和低聚糖之间的α-淀粉酶水解产物。无一定的分子式，呈白色或黄色，无定形，能溶于水成胶状溶液，不溶于乙醚。淀粉酶解时，能产生不同的糊精，通常遇碘呈红棕色（或称樱桃红色）；生成的小分子糊精为无色，遇碘后不变色。

（2）低聚糖　人们对低聚糖的定义说法不一。有人认为其分子组成为2～6个葡萄糖单位的，或说2～10个、2～20个葡萄糖单位的；也有人认为它是二、三、四糖的总称；还有人称其为寡糖。但一般认为的寡糖是非发酵性的三糖或四糖，低聚糖以二糖和三糖为主。

凡是直链淀粉酶解至分子组成少于6个葡萄糖苷单位的低聚糖，都不与碘液起呈色反应。因为每6个葡萄糖残基的链形成一圈螺旋，可以束缚1个碘分子。

（3）二糖　又称双糖，是分子量最小的低聚糖，由2分子单糖结合而成。重要的二糖有蔗糖和麦芽糖，均为可发酵性糖。1分子麦芽糖经麦芽糖酶水解时，生成2分子葡萄糖；1分子蔗糖经蔗糖酶水解时，生成1分子葡萄糖和1分子果糖。

（4）单糖　单糖是不能再继续被淀粉酶类水解的最简单的糖类。它是多羟醇的醛或酮的衍生物，如葡萄糖、果糖等。单糖按其含碳原子的数目又可分为丙糖、丁糖、戊糖和己糖。每种单糖都有醛糖和酮糖，如葡萄糖，也称右旋糖，是最为常见的六碳醛糖。果糖也称左旋糖，是一种六碳酮糖，是普通糖类中最甜的糖。葡萄糖经异构酶的作用，可转化为果糖。通常，单糖和双糖能被一般的酵母利用，是最为基本的可发酵性糖类。

实际上，除了液态发酵法白酒的丢糟外，固态法白酒的粮醅、酒醅和糟醅中始终含有一定量的淀粉。淀粉浓度的下降速度和幅度受酒曲的糖化力、酒醅水分、发酵温度和生酸状况等因素的制约。若酒醅的糖化力高且持久、酵母发酵力强且有后劲，则酒醅升温及生酸酸度稳定，淀粉浓度下降快，出酒率也高。通常在发酵的前期和中期，淀粉浓度下降较快；发酵后期，由于酒精含量及酸度较高、淀粉酶和酵母活力减弱，故淀粉浓度变化不大。在丢糟中，仍然含有相当浓度的残余淀粉。

白酒酒醅中还原糖的变化，微妙地反映出了糖化与发酵速度的平衡程度。

通常在发酵前期，尤其是开始的几天，由于发酵微生物数量有限，而糖化作用迅速，故还原糖含量很快增长至最高值；随着发酵时间的延续，因酵母等微生物数量已经相对稳定，发酵力增强，故还原糖含量急剧下降；到了发酵后期时，还原糖含量基本不变。发酵期间还原糖含量的变化，主要是受酒曲糖化力及酒醅酸度的制约。发酵后期醅中残糖的含量多少，表明发酵的程度和酒醅的质量。不同工艺的固态法白酒，其酒醅中的残糖和残淀粉存在明显差异。

二、蛋白质、脂肪、果胶、单宁等成分的酶解

除淀粉酶外，各类酒曲都含有一定的蛋白酶、脂肪酶、纤维素酶、果胶酶等酿酒酶系，在糖化发酵过程中，它们的分解作用生成了许多酿酒微生物营养物质、白酒风味物质和风味前体物质。

（一）蛋白质

粮谷原料中的蛋白质在蛋白酶类的作用下，分解为胨、多肽及氨基酸等中、低分子量含氮物，为酵母菌等发酵微生物提供营养。

（二）脂肪

脂肪由脂肪酶水解为甘油和脂肪酸。一部分甘油作为微生物的营养源；一部分脂肪酸受曲霉及细菌的 β- 氧化作用，除去两个碳原子而生成各种低级脂肪酸。在发酵后期，脂肪酸与乙醇作用生成高级脂肪酸酯。

（三）果胶

果胶在果胶酶的作用下，水解生成果胶酸和甲醇。

（四）单宁

单宁在单宁酶的作用下生成丁香酸。

$$CH_2O(CHOR)_5 \xrightarrow{\text{单宁酶}} \text{丁香酸}$$

单宁 → 丁香酸（H_3CO、OCH_3、OH、$COOH$）

（五）其他

1．有机磷化合物

在磷酸酯酶的作用下，磷酸自有机酸化合物中释放出来，为酵母等微生物的生长和发酵提供了磷源。

2．纤维素、半纤维素

部分纤维素、半纤维素在纤维素酶及半纤维素酶的催化下，水解为少量的葡萄糖、纤维二糖及木糖等糖类。

3．木质素

木质素在白酒原料中也存在，它是一种由苯丙烷、邻甲氧基苯酚等以不规则方式结合而成的高分子芳香族化合物。在木质素酶的作用下，可生成酚类化合物，如香草醛、香草酸、阿魏酸及 4- 乙基阿魏酸等。若粮糟在加曲后、入窖前采用堆积升温的方法，则可增加阿魏酸等成分的生成量。

此外，在糖化发酵过程中，氧化还原酶、酯化酶等酶类也在起作用；加之发酵过程和一些化学反应也在同时进行，故物质的变化是非常复杂的，很难说得非常清楚。

三、酒精发酵

淀粉被糖化为可发酵性糖后，就可被发酵微生物利用而进入发酵阶段。酒精是白酒中的主要成分，因而酒精发酵也是白酒发酵过程中的主要生化反应过程。除了酒精发酵外，在发酵过程中还生成白酒风味物质，这些物质虽然量少，但对于白酒的风味来说必不可少。

酵母菌、细菌及根霉都能将葡萄糖发酵生成酒精（乙醇），但发酵机理有所不同。

（一）酵母菌的酒精发酵机理

酵母菌在酒化酶的作用下发酵葡萄糖生成酒精和二氧化碳。这一过程包括葡萄糖酵解（简称 EMP 途径或 EM 途径）和丙酮酸的无氧降解两大生化反应过程，但通常将它们总称为葡萄糖酵解。简言之，由 1mol 葡萄糖生成 2mol 丙酮酸；丙酮酸先由丙酮酸脱羧酶脱羧生成乙醛，再由乙醇脱氢酶还原生成乙醇。总的反应式为：

$$\underset{\text{葡萄糖}}{C_6H_{12}O_6} + 2ADP + 2H_3PO_4 \xrightarrow{\text{酒化酶}} \underset{\text{酒精}}{2C_2H_5OH} + 2CO_2 + 2ATP + 10.6kJ$$

酒化酶是从葡萄糖到酒精一系列生化反应中的各种酶及辅酶的总称，主要包括己糖磷酸化酶、氧化还原酶、烯醇化酶、脱羧酶及磷酸酶等。这些酶均为酵母的胞内酶。

从上式可看出，100kg 葡萄糖在理论上可生成 51.1kg 酒精。

在实际生产中，理论值与实际产率总有差距。如在发酵过程中，酒精仅是主产物，伴生的副产物很多；菌体繁殖、维持生命以及生成酶类等，都要消耗糖分。在发酵后期，还会发生很多化学反应和酒精挥发而使酒精损失。各种白酒因生产工艺不同，实际出酒率存在着较大差异。发酵周期越长，酒的损耗越多，出酒率越低；纯种发酵出酒率最高，混合菌群纯种发酵出酒率次之，自然网罗微生物发酵出酒率较低。一般情况下，液态法白酒的淀粉出酒率可达理论出酒率的 80% ～ 90%，小曲酒为 65% ～ 80%，麸曲白酒为 60% ～ 75%，而大曲白酒只有 35% ～ 65%。

在正常条件下，酒醅中的酒精含量随着发酵时间的推移而不断增加。在发酵前期，因酒醅中含有一定量的氧，故酵母菌得以大量繁殖，而酒精发酵作用微弱；发酵中期，因酵母菌已经达到足够的数量，酒醅中的空气也已经基本耗尽，故酒精发酵作用较强，酒醅的酒精含量迅速增长；发酵后期，因酵母菌逐渐衰老或死亡，故酒精发酵基本停止，酒醅中的酒精含量增长甚微，此后因挥发损失等酒精度略有下降。通常混蒸续糟法大曲酒的大糟酒醅出窖时的酒精含量约为 4% ～ 6%（体积比），高者达到 7% ～ 8%（体积比）；清蒸清糟法大曲酒大糟酒醅出缸时酒精含量为 10% ～ 12%（体积比），二糟酒醅出缸时酒精含量为 4% ～ 6%（体积比）。

（二）细菌的酒精发酵机理

细菌由 ED（entner doudoroff）途径将葡萄糖发酵成酒精。即葡萄糖被磷酸化后，再氧化成 6- 磷酸葡萄糖酸。这时，因脱水而形成 2- 酮 -3- 脱氧葡萄糖酸 -6- 磷酸（KDPG）后，再经 KDPG 缩酶的分解作用，可由 1mol 的葡萄糖生成 2mol 的丙酮酸，并生成 1mol ATP。

ED 途径的具体过程如图 5-1 所示。

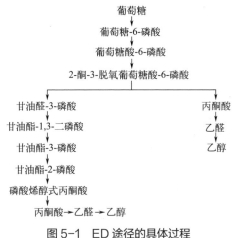

图 5-1 ED 途径的具体过程

ED 途径与上述 EMP 途径相比，EMP 途径由 1mol 葡萄糖生成 2mol ATP，而 ED 途径只生成 1mol ATP。通常，ATP 的生成量与菌体量成正比，故利用细菌发酵产酒精时，生成的菌体量也约为酵母菌的一半。因细菌菌体生成量较少，理论上酒精的产率较高。但能产酒精的细菌，大多同时生成的副产物较多，诸如丁醇、2,3- 丁二醇等醇类，甲酸、乙酸、丁酸、乳酸等有机酸，阿糖醇、甘油和木糖醇等多元醇，以及甲烷、二氧化碳、氢气等气体。因而细菌发酵时酒精的实际得率比酿酒酵母要低。

在白酒生产中，酒精发酵过程主要是由各种酵母菌来完成的。

第三节　风味物质的形成

白酒中除了水和酒精外，还含有许多微量成分，这些微量成分虽然含量少，但却对白酒风味和品质起着决定性作用，故称其为风味物质。到目前为止，白酒中已检测出的风味化合物有 2700 余种，主要包括酸类、醇类、酯类、醛酮类、缩醛类、芳香族类、吡嗪类、硫化物类等化合物。这些风味物质主要是在制曲和发酵过程中由微生物代谢产生的，其次是由蒸粮、蒸酒和贮存等过程中的化学反应产生的，有些则是直接来自于酿酒和制曲原料。

一、有机酸

白酒酒醅（醪）中形成的有机酸种类很多，产生酸类的微生物和途径也很多。酵母菌在酒精发酵过程中产生乙酸等多种有机酸，根霉等霉菌产乳酸等有机酸，但大多数有机酸是由各种细菌的生长代谢形成的。

（一）乙酸

乙酸，又名醋酸，是酒精发酵过程中不可避免的产物，在各种白酒中都是主要的挥发酸，也是丁酸、己酸和乙酸酯的主要前体物质。白酒发酵过程中乙酸的生成主要有下述几个途径：

① 当酒醅或发酵醪中含氧量较高时，醋酸菌将酒精氧化为乙酸。此外，产酯能力强的酵母菌也可将酒精氧化成乙酸，但其产酸能力远不及醋酸菌。

$$CH_3CH_2OH+O_2 \longrightarrow CH_3COOH+H_2O$$
$$\quad\ 乙醇 \qquad\qquad\quad 乙酸\quad 水$$

② 酵母菌在弱碱性条件下（pH7.6），EMP 途径中产生的乙醛不能作为正常的受氢体，两分子乙醛发生歧化反应，相互氧化还原，生成等量的乙醇和乙酸。

$$2CH_3CHO+H_2O \longrightarrow C_2H_5OH+CH_3COOH$$
$$\qquad 乙醛 \qquad\qquad\quad 酒精 \qquad 乙酸$$

此时，由葡萄糖生成甘油的总反应式如下：

$$2C_6H_{12}O_6+H_2O \longrightarrow C_2H_5OH+CH_3COOH+2CH_2OHCHOHCH_2OH+2CO_2$$
$$葡萄糖\ 水 \qquad\quad 乙醇 \qquad 乙酸 \qquad\quad 甘油 \qquad\qquad 二氧化碳$$

发生此途径的比例与酵母菌的种类和培养条件等有关，除 pH 外，较高的含氮量和温度也会使甘油和乙酸的生成量增加；酒醅中带入较多的枯草芽孢杆菌，乙酸的生成量也较多。

③ 异型乳酸菌发酵产乙酸。

（二）乳酸

乳酸主要由各种乳酸菌发酵生成，许多霉菌如毛霉和根霉等也产生乳酸。由于酿酒坏境中普遍存住各类乳酸菌，且多数乳酸菌在有氧和无氧条件下都能生长代谢，因而在大多数情况下乳酸是酒醅中含量最高的有机酸。特别是在夏季高温、高湿环境下，乳酸菌的生长代谢旺盛，酒醅酸度上升，最终导致白酒产量、质量下降，因此大多数酒厂都在夏季停产检修。乳酸是含有羟基的有机酸，其挥发性很弱，白酒中的乳酸主要是蒸馏到基酒中的乳酸乙酯贮存过程中在酸酯平衡作用下分解而形成的，只有少量是固态蒸馏时由酒蒸汽夹带进入基酒中。

① 正常型乳酸菌发酵 又称同型或纯型乳酸发酵，其发酵产物全为乳酸，自然界中的大多数乳酸菌都为同型乳酸发酵。

$$C_6H_{12}O_6 \longrightarrow 2CH_3CHOHCOOH$$

葡萄糖 　　　　　　　乳酸

② 异型乳酸发酵 或称异常型乳酸发酵。其产物因菌种而异，除了生成乳酸外，还同时生成乙酸、酒精、甘露醇等成分，大体上有以下三种途径。

$$C_6H_{12}O_6 \longrightarrow CH_3CHOHCOOH+C_2H_5OH+CO_2$$

葡萄糖 　　　　　乳酸 　　　　酒精 　二氧化碳

$$2C_6H_{12}O_6+H_2O \longrightarrow 2CH_3CHOHCOOH+C_2H_5OH+CH_3COOH+2CO_2+2H_2$$

葡萄糖 　水 　　　　乳酸 　　　　酒精 　乙酸 二氧化碳 氢气

$$3C_6H_{12}O_6+H_2O \longrightarrow 2C_6H_{14}O_6+CH_3CHOHCOOH+CH_3COOH+CO_2$$

葡萄糖 　水 　　　甘露醇 　　乳酸 　　　乙酸 二氧化碳

能进行异型乳酸发酵的乳酸菌有肠膜明串珠菌、短乳杆菌、发酵乳杆菌、两歧双歧杆菌等。

（三）琥珀酸

琥珀酸又称丁二酸。主要由酵母菌于发酵后期产生，通常延长发酵期可增加其生成量，反应途径有如下两种。

① 由酵母菌作用于葡萄糖和谷氨酸而生成琥珀酸，生成的氨被酵母利用合成自身的菌体蛋白。

$$C_6H_{12}O_6+COOHCH_2CH_2CHNH_2COOH+2H_2O \longrightarrow COOHCH_2CH_2COOH+NH_3+CO_2+2CH_2OHCHOHCH_2OH$$

葡萄糖 　　　　谷氨酸 　　　　水 　　　　琥珀酸 　　　氨 二氧化碳 　甘油

② 由乙酸转化为琥珀酸。

$$2CH_3COOH+NAD+ATP \longrightarrow COOHCH_2CH_2COOH+NADH_2+AMP$$

乙酸 　　　　　　　　　琥珀酸

红曲霉等霉菌也能生成极微量的琥珀酸。

（四）丁酸（酪酸）的生成

丁酸又称酪酸，是由丁酸菌或异型乳酸菌的发酵作用生成的。

① 由丁酸菌将葡萄糖、氨基酸、乙酸和酒精转化生成丁酸。

$$C_6H_{12}O_6 \longrightarrow CH_3CH_2CH_2COOH + 2H_2 + 2CO_2$$

葡萄糖 　　　　丁酸　　氢气　二氧化碳

$$RCHNH_2COOH \xrightarrow{[H]} CH_3CH_2CH_2COOH + NH_3 + CO_2$$

氨基酸 　　　　　丁酸　　氨　二氧化碳

$$CH_3COOH + C_2H_5OH \xrightarrow{[H]} CH_3CH_2CH_2COOH + H_2O$$

乙酸　　乙醇 　　　　丁酸　　水

② 丁酸菌将乳酸发酵为丁酸时，也必须有乙酸，但有的菌不需要乙酸而直接从乳酸发酵生成乙酸，再由乙酸加氢生成丁酸。

$$CH_3CHOHCOOH + CH_3COOH \longrightarrow CH_3CH_2CH_2COOH + H_2O + CO_2$$

乳酸　　　乙酸 　　　　　丁酸　　　水　二氧化碳

$$CH_3CHOHCOOH + H_2O \longrightarrow CH_3COOH + CO_2 + 2H_2$$

乳酸　　　水 　　　　乙酸　二氧化碳

$$2CH_3COOH + 2H_2 \longrightarrow CH_3CH_2CH_2COOH + 2H_2O$$

乙酸 　　　　　丁酸　　水

（五）己酸

己酸是浓香型白酒的主体风味物质己酸乙酯的合成前体，己酸菌是合成己酸的主要功能微生物。自 1964 年 10 月茅台试点期间首次发现茅台窖底香的主要成分是己酸乙酯以来，国内白酒行业相关科研工作者进行了大量己酸菌筛选的工作。目前筛选出的产己酸菌株主要有梭菌属（*Clostridium*）、瘤胃菌科（Ruminococcaceae）、巨球型菌属（*Megasphaera*）和芽孢杆菌属（*Bacillus*）等。此外，窖泥中与己酸菌群共存的甲烷菌、甲烷氧化菌、放线菌、硝酸盐还原菌、硫酸盐还原菌、酵母菌、丁酸菌、乳酸菌、丙酸菌等一系列微生物对己酸的合成具有促进作用。

研究表明，厌氧微生物能够利用脂肪酸合成酶复合酶通过反向 β 氧化途径延长短链脂肪酸。如图 5-2 所示，首先乙醇或乳酸被氧化成乙酰辅酶 A（acetyl coenzyme A，acetyl-CoA），继而与乙酸缩合产生丁酸，丁酸再与另一个乙酰辅酶 A 缩合产生己酸。不同的己酸菌群及不同的底物己酸的合成途径有所不同，现简介如下。

① 由乙醇和乙酸合成丁酸与己酸。此为梭菌属经典合成途径，即先由乙醇与乙酸合成丁酸，再由丁酸与乙醇合成己酸。

$$CH_3COOH + C_2H_5OH \longrightarrow CH_3CH_2CH_2COOH + H_2O$$

乙酸　　乙醇 　　　　丁酸　　水

$$C_3H_7COOH + C_2H_5OH \longrightarrow CH_3CH_2CH_2CH_2CH_2COOH + H_2O$$

丁酸　　　　乙醇　　　　　　　　　己酸　　　　　　水

在此过程中，丁酸为中间产物，当发酵体系中的乙酸多于乙醇时，产物以丁酸为主；反之，产物以己酸为主。在人工培养己酸菌液时，可根据需要通过调节乙醇/乙酸盐的比例控制丁酸与己酸的比例。

② 由乙醇、乙酸和乳酸合成己酸。总反应式如下：

$$CH_3COOH + CH_3CHOHCOOH + C_2H_5OH \longrightarrow CH_3CH_2CH_2CH_2CH_2COOH + 2H_2O + CO_2$$

乙酸　　　　　乳酸　　　　　酒精　　　　　　　己酸　　　　　　水

③ 由葡萄糖合成己酸时，先生成丙酮酸，丙酮酸再变为丁酸，丁酸再与乙酸合成己酸。各反应式如下：

$$C_6H_{12}O_6 \longrightarrow 2CH_3COCOOH + 2H_2$$

葡萄糖　　　　　　　　　丙酮酸

$$2CH_3COCOOH + 2H_2O \longrightarrow CH_3CH_2CH_2COOH + CH_3COOH + 2O_2$$

丙酮酸　　　水　　　　　　　　丁酸　　　　　乙酸

$$CH_3CH_2CH_2COOH + 2CH_3COOH + 2H_2 \longrightarrow C_5H_{11}COOH + CH_3COOH + 2H_2O$$

丁酸　　　　　乙酸　　　　　　　　　己酸　　　　乙酸

（六）戊酸和庚酸

先由丙酸菌将丙酮酸羧化为草酰乙酸，再还原成苹果酸后，进一步脱水、还原为琥珀酸，然后脱羧成丙酸，最后由芽孢杆菌经类似丁酸、己酸的合成路线，将丙酸合成戊酸和庚酸。

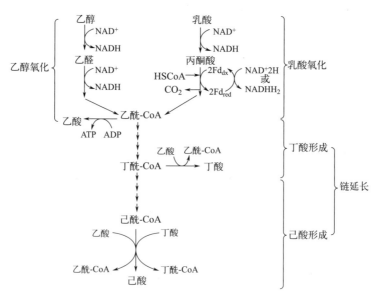

图 5-2　己酸菌产己酸的代谢途径

二、高级醇

碳原子数在三个及以上的一元醇总称为高级醇，包括正丙醇、异丁醇、异戊醇、活性戊醇等。因其易溶于高浓度的乙醇而不易溶于低浓度的乙醇及水并呈油状，故名杂醇油。由于其具有较易挥发的特性，发酵酒醅或醪液中的高级醇容易被蒸馏至基酒中，使其成为各类蒸馏酒中的主要风味物质。白酒中适量的高级醇可以赋予白酒特殊的香气，并衬托出酯香，使酒体的香气更加丰满，给人愉快舒适的感觉；高级醇含量过高则出现异杂味，且喝酒后易"上头"，有害人体健康。

高级醇是微生物氨基酸代谢的副产物，各类微生物都代谢生成高级醇，但酿酒生产中的高级醇主要是由酵母菌的生长代谢生成的。研究表明，酵母菌利用发酵体系中的糖及氨基酸合成高级醇主要是由 α-酮酸脱羧还原成醛，再经脱氢而生成，其中 α-酮酸及醛为重要的中间产物。如图 5-3 所示，根据其前体物质 α-酮酸的来源不同，高级醇的产生可分为两种途径：一是由氨基酸经脱氨反应分解生成 α-酮酸的分解代谢途径（即 Ehrlich 途径）；二是由葡萄糖经 EMP 途径和 TCA 循环生成 α-酮酸的合成代谢途径（即 Harris 途径）。

1907 年，德国化学家 Ehrlich 最早提出了由氨基酸的分解代谢形成高级醇的途径。1911 年，Neubauer 等人对 Ehrlich 代谢途径进行了进一步的补充，即推断 α-酮酸是高级醇代谢过程中重要的中间代谢产物，α-酮酸经脱羧转化成醛，醛再进一步还原为相应的高级醇，见图 5-4。

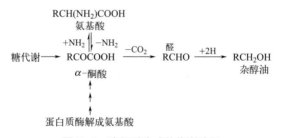

图 5-3　高级醇生成的代谢途径

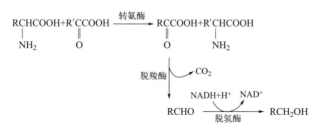

图 5-4　Ehrlich 代谢途径

缬氨酸、亮氨酸和异亮氨酸等氨基酸均可转化为相应的高级醇，氨基酸与高级醇及其相应的 α- 酮酸的关系见表 5-1。

表 5-1　氨基酸与高级醇的关系

氨基酸	α- 酮酸	高级醇
亮氨酸	α- 酮基异己酸	异戊醇
异亮氨酸	α- 酮基 -β- 甲基戊酸	活性戊醇
缬氨酸	α- 酮基异戊酸	异丁醇
苏氨酸	α- 酮基丁酸	正丙醇
苯丙氨酸	3- 苯基 -2- 酮基丙酸	苯乙醇

1953 年哈里斯（Harris）研究并提出了高级醇由糖代谢通过丙酮酸合成的途径，由糖类提供生物合成氨基酸的碳骨架，生物合成氨基酸的最后阶段形成 α- 酮酸中间体，由此脱羧和还原，形成相应的高级醇，如图 5-5 所示。有研究表明正丙醇、异丁醇、异戊醇和活性戊醇在由糖合成分支链氨基酸的过程中较易形成。

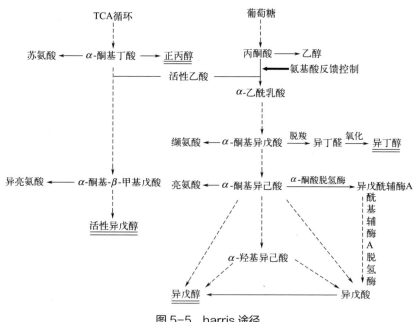

图 5-5　harris 途径

酵母菌生成高级醇的组分和含量，与酿酒原料、酵母菌种类、酒曲蛋白酶活力及发酵条件等有关。若原料的蛋白质含量高，曲的蛋白酶活力强，则高级醇通过 Ehrlich 代谢途径生成的高级醇含量较多，如芝麻香型白酒、酱香型白酒等；当原料的蛋白质含量低，酒曲蛋白酶活性低、氨基氮含量不足时，较易经由 Harris 途径形成高级醇，如米香型白酒、豉香型白酒等；当发酵体系中可利用氮源含量适中时，生成的高级醇含量相对较低，如清香型大曲酒、老白干香型大曲酒、浓香型大曲酒。乙醇发酵能力弱的酵母菌，产高级醇量较少，尤其是戊醇的生成量少；酒母用量大、发酵速度快，高级醇的生成量也会增加；而缓慢发酵高级醇的生成量相对较少，酒质较好。

三、多元醇

多元醇是指羟基数多于 1 个的醇类，如 2,3- 丁二醇、丙三醇（甘油）、丁四醇（赤藓醇）、戊五醇（阿拉伯醇）、己六醇（甘露醇）、环己六醇（肌醇）等，其中甘油和甘露醇在白酒中含量相对较多。

多元醇属于不易挥发醇类，但在甑桶固态蒸馏条件下，酒醅中的多元醇有少部分带入酒中。多元醇是构成白酒甜味和醇厚感的重要成分，其甜度随羟基数增加而增长，但成品酒中某种多元醇的含量过高则有人为添加的嫌疑。

(一) 甘油的生成

酵母菌在产酒精的同时，生成少量甘油。酒醅中的蛋白质含量越多，温度及 pH 值越高，则甘油的生成量也越多。甘油主要产于发酵后期。其反应式为：

$$C_6H_{12}O_6 \longrightarrow C_3H_5(OH)_3 + CH_3CHO + CO_2$$

葡萄糖 　　　　甘油　　乙醛　二氧化碳

或

$$2C_6H_{12}O_6 + H_2O \longrightarrow 2C_3H_5(OH)_3 + CH_3CH_2OH + CH_3COOH + 2CO_2$$

葡萄糖　水　　　　　甘油　　　酒精　　　乙酸　二氧化碳

或

$$糖代谢 \longrightarrow 羟基磷酸丙糖 \xrightarrow{+2H} 甘油磷酸 \xrightarrow{磷酸酯酶} 甘油$$

某些细菌在有氧条件下也产甘油。

(二) 甘露醇的生成

许多霉菌能产生甘露醇，故大曲中含量较多。甘露醇在大曲名酒、麸曲酒及小曲酒中都有检出。某些混合型乳酸菌也能利用葡萄糖生成甘露醇，并生成 2,3- 丁二醇、乳酸及乙酸。

(三) 2,3- 丁二醇的生成

除了前述由混合型乳酸菌可生成 2,3- 丁二醇外，还有如下几种途径。

① 由酵母菌代谢生成 2,3- 丁二醇。酵母繁殖过程中细胞内的丙酮酸经过乙酰乳酸合酶的作用生成 α- 乙酰乳酸，一部分 α- 乙酰乳酸留在细胞内进行缬氨酸代谢，而另一部分 α- 乙酰乳酸被分泌到酵母细胞外，经过自身非酶促的氧

化脱羧反应合成双乙酰，生成的双乙酰被酵母重新吸收，在酵母细胞内通过双乙酰还原酶的作用将其还原成乙偶姻，然后由 2,3- 丁二醇脱氢酶（BDH1）在 NADH 和 NADPH 的辅助作用下又会被还原为 2,3- 丁二醇，见图 5-6。

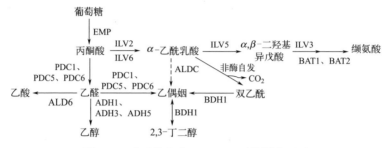

图 5-6 酵母菌生成 2,3- 丁二醇代谢流程图
PDC—丙酮酸脱羧酶；ILV—乙酰羟酸合成酶；BAT—氨基酸转移酶；
ALDC—α - 乙酰乳酸脱羧酶；ADH—乙醇脱氢酶；BDH—2,3- 丁二醇脱氢酶

② 由多黏菌、赛氏杆菌及产气杆菌生成。

$$C_6H_{12}O_6 \longrightarrow CH_3CHOHCHOHCH_3 + H_2 + CO_2$$
葡萄糖　　　　　　2,3- 丁二醇　　氢气　二氧化碳

③ 由枯草芽孢杆菌生成，同时生成甘油。

$$3C_6H_{12}O_6 \longrightarrow 2CH_3CHOHCHOHCH_3 + 2C_3H_5(OH)_3 + 4CO_2$$
葡萄糖　　　　　　2,3- 丁二醇　　　　甘油　二氧化碳

四、酯类物质

酯类化合物是有机酸与醇类在分子间脱水而生成的一类化合物，是中国白酒最重要的风味物质，其含量占总风味物质含量的 30%～70%，是白酒芳香味的主要来源，到目前为止白酒中已发现的酯类物质有 700 余种，其中乙酸乙酯、乳酸乙酯、丁酸乙酯和己酸乙酯被称为白酒四大酯，其含量占酯类物质总量的 90% 以上。在白酒生产中，酯类物质的形成包括微生物代谢生成、酯化酶催化合成和化学合成三部分。

1. 微生物代谢生成

白酒发酵过程中，存在多种代谢产酯的微生物，包括酵母菌、霉菌、细菌等，其中酵母菌是主要的产酯微生物。白酒中的酯类物质主要分为两类，即乙酸酯和乙基酯，乙酸酯是乙酸与其他醇类发生酯化反应生成的酯，通式是 CH_3COOR；乙基酯是由乙醇和脂肪酸缩合酯化得到的产物，通式为 $RCOOC_2H_5$。酵母菌酯类物质形成途径见图 5-7，就乙酸酯的合成而言，先由丙酮酸脱羧为乙醛，再氧化为乙酸，并在转酰基酶作用下生成乙酰辅酶 A，或由丙酮酸氧化脱羧为乙酰辅酶 A，乙酰辅酶 A 在醇酰基转移酶（ATF1、ATF2、

Lg-ATF1）的作用下与醇合成乙酸酯。对于乙基酯，酵母菌在生物合成相应酯的过程中脂肪酸先与辅酶 A 结合形成相应的脂酰辅酶 A，然后乙醇和脂酰辅酶 A 在醇酰基转移酶（EEB1、EHT1）的作用下生成相应的酯类物质。除乙酰辅酶 A 外，由于酵母菌在白酒发酵过程中很少生成其他脂酰辅酶 A，所以酵母菌发酵过程合成的主要是乙酸酯，包括乙酸乙酯、乙酸异戊酯、乙酸异丁酯等，且乙酸乙酯占比达 90% 以上。酵母醇酰基转移酶途径为白酒酿造中乙酸酯合成的主要途径，产酯能力强的酵母包括汉逊酵母、毕赤酵母、东方伊萨酵母、假丝酵母、球拟酵母、酒香酵母、白地霉等。酿酒酵母具有相同的酯类物质合成途径，但普通酿酒酵母的产酯能力较低，采用现代生物技术强化醇酰基转移酶途径即可获得高产酯能力的酿酒酵母菌株。

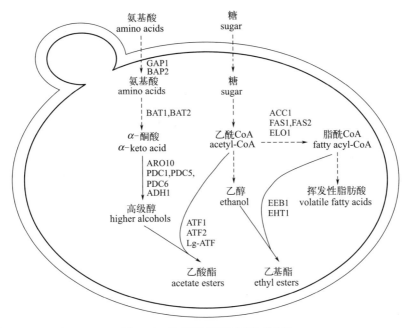

图 5-7 酵母菌酯类物质形成途径
GAP—氨基酸转运蛋白；BAP—支链氨基酸转运蛋白；BAT—氨基酸转移酶；
ARO—苯丙酮酸脱羧酶；PDC—丙酮酸脱羧酶；ADH—乙醇脱氢酶；
ATF、Lg-ATF—醇乙酰基转移酶；CoA—辅酶 A；ACC—乙酰辅酶 A 羧化酶；
FAS—脂肪酸合成酶；ELO—脂肪酸延长酶；EEB、EHT—醇酰基转移酶

2. 酯化酶催化合成

酯化酶是催化合成低级脂肪酸酯的酶类的总称，包括脂肪酶、酯合成酶和磷酸酯酶。在白酒酿造中，虽然酵母菌和细菌都有产酯能力，但胞外酯化酶的产生菌主要是霉菌，包括红曲霉、根霉、黑曲霉等。白酒酿造中使用的各种酒曲都含有一定量的酯化酶，其中大曲和麸曲的酯化酶活性较高，而小曲的酯化

酶活性相对较低。在酒曲中酯化酶的作用下，催化在白酒发酵前期生成的酸类物质和醇类物质合成相应的酯类物质，见图5-8。不同酒曲酯化酶的组成不同，其催化不同酯的合成效果也不相同。以大曲酯化酶为例，三种香型大曲催化合成乙酸乙酯的酶活力，清香型大曲＞浓香型大曲＞酱香型大曲；催化合成己酸乙酯的酶活力，浓香型大曲较强，清香型大曲与酱香型大曲酶活力相对较低；催化合成丁酸乙酯的酶活力，清香型大曲＞浓香型大曲＞酱香型大曲；三种香型大曲催化合成乳酸乙酯的酶活力都较低，相对而言清香型和浓香型大曲稍高些。

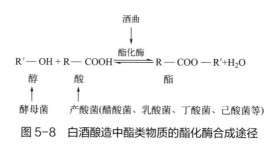

图5-8　白酒酿造中酯类物质的酯化酶合成途径

酯化酶催化反应为可逆反应，只有在一定条件下表现为合成反应。酸度对大曲酯化酶催化反应影响最大，其中乙酸乙酯、丁酸乙酯、己酸乙酯合成最适 pH 为 4.0～4.5，乳酸乙酯为 6.0～7.0，当 pH ≤ 2.0～3.0 时酯化酶催化酯类物质的分解。在白酒酿造中，酯化酶合成途径是己酸乙酯和丁酸乙酯合成的主要途径，即由窖泥菌群生成的己酸和丁酸和由酵母菌群生成的乙醇在大曲酯化酶的催化作用下生成己酸乙酯和丁酸乙酯。对于乳酸乙酯，由于酿造环境的酸度较高，因此乳酸乙酯很难通过大曲酯化酶催化合成。此外，由于醋酸菌是耗氧微生物，其乙酸的生成依赖于乙醇和氧，而当酒醅中的乙醇达一定浓度时氧已耗尽，由此可见乙酸乙酯合成的主要途径也不可能是酯化酶途径，而是前述的酵母菌合成途径。

3. 化学合成

酯类物质除了通过产酯微生物代谢或酯化酶催化形成外，还有一部分可通过单纯的有机化学反应生成，其中主要有乳酸乙酯和大多数高级脂肪酸酯。化学反应酯的合成量主要取决于其相应的底物（醇和酸）浓度、酸度和发酵（反应）周期，其中 H^+ 是化学反应的催化剂。由于有机酸和乙醇的化学反应合成酯类物质需要较多的酸和乙醇，因而化学合成酯类物质主要发生在发酵中后期，一般需要较长的发酵周期才能积累较多的酯。在白酒发酵酒醅或醪液中，乳酸是含量最高的有机酸，通过化学反应合成的乳酸乙酯也是各酯类物质中最多的，延长发酵周期往往可积累较多的乳酸乙酯，增加白酒的醇厚感。此外，在白酒贮存老熟过程中也同样存在此种化学反应，有研究表明提高酸度可加速酯化反应的进行，加快白酒的老熟，缩短贮存时间。

$$R\text{—}COOH + R'\text{—}OH \underset{}{\overset{H^+}{\rightleftharpoons}} R\text{—}COO\text{—}R' + H_2O$$

综上，在白酒发酵过程中酯类物质的形成包括微生物代谢生成、酯化酶催化合成和化学合成三部分。酯类物质三种途径的合成与分解交织在一起，相互补充且相互制约，其机理相当复杂。不同的发酵工艺和条件决定酯类物质的合成方向和风味物质的量比关系，从而形成了不同风格的白酒。在白酒发酵过程中，酵母菌群生长代谢旺盛、酒精度过高会抑制产酸菌群的生长与代谢，导致酸度低、酯香物质含量低；而产酸菌群生长代谢旺盛、酸度过高又会抑制酒精发酵，不仅出酒率很低，而且酯含量也不高，即发生酸败。由此可见，在白酒生产中控制微生物菌落结构和酒醅酸度显得特别重要。

五、醛酮化合物

醛类和酮类都含有羰基（—C=O），故统称为羰基化合物。其生成途径很多，如醇氧化、酮酸脱酸、氨基酸脱氨和脱羧等反应，均可生成相应的醛、酮。

（一）乙醛的生成

① 由葡萄糖酵解生成的丙酮酸脱羧而成。

$$C_6H_{12}O_6 \xrightarrow{-2H_2} 2CH_3COCOOH \xrightarrow{-2CO_2} 2CH_3CHO$$
$$\text{葡萄糖} \qquad\qquad \text{丙酮酸} \qquad\qquad \text{乙醛}$$

② 由酒精氧化而成。

$$2C_2H_5OH + O_2 \longrightarrow 2CH_3CHO + 2H_2O$$
$$\text{酒精} \quad \text{氧} \qquad \text{乙醛} \qquad \text{水}$$

③ 由丙氨酸脱氨、氧化而成的丙酮酸脱羧而成。

$$CH_3CH(NH_2)COOH \xrightarrow{-NH_3, +[O]} CH_3COCOOH \xrightarrow{-CO_2} CH_3CHO$$
$$\text{丙氨酸} \qquad\qquad\qquad \text{丙酮酸} \qquad\qquad \text{乙醛}$$

④ 水解、脱氨、脱酸而成的乙醇氧化而成。

$$CH_3CH(NH_2)COOH \xrightarrow[-CO_2, -NH_3]{+H_2O} CH_3CH_2OH \xrightarrow{-2H} CH_3CHO$$
$$\text{丙氨酸} \qquad\qquad\qquad \text{酒精} \qquad\qquad \text{乙醛}$$

（二）丙烯醛的形成

丙烯醛又名甘油醛。酒醅中含有甘油，当酒醅或醪中感染大量杂菌时，则可产生大量的丙烯醛。其反应途径如下。

$$
\begin{array}{ccc}
CH_2OH & CHO & CHO \\
| & | & | \\
CHOH & CH_2 & CH \\
| & | & || \\
CH_2OH \xrightarrow{-H_2O} & CH_2OH \xrightarrow{-H_2O} & CH_2 \\
\text{甘油} & \text{3-羟基丙醛} & \text{丙烯醛}
\end{array}
$$

（三）糠醛、缩醛、高级醛酮的形成

1．糠醛的形成

半纤维素经半纤维素酶分解成的戊糖，由微生物发酵生成糠醛。

戊糖　　　　　　　糠醛

白酒中含有糠醛、醇基糠醛（糠醇）及甲基糠醛等呋喃衍生物。糠醛可进一步转化为甲基醛和羟基醛，白酒中可能还存在以呋喃为分子结构基础的更复杂的物质。它们也许是形成白酒中焦香、酱香的因素之一，有待进一步研究剖析。

2．缩醛的形成

缩醛由醛与醇缩合而成。其反应通式为：

$$RCHO+2R'OH \rightleftharpoons RCH(OR')_2+H_2O$$

醛　　　　醇　　　　　缩醛　　　水

例如：

$$CH_3CHO+C_2H_5OH \longrightarrow CH_3CH(OC_2H_5)_2+H_2O$$

乙醛　　　酒精　　　　　乙缩醛　　　　水

乙缩醛主要在白酒贮存过程中缩合形成，白酒中缩醛／乙缩醛比值的高低，在一定程度上反映白酒贮存的老熟度。

3．高级醛、酮的形成

高级醛、酮是指分子中含 3 个以上碳的醛、酮。白酒醅或醪中的高级醛、酮，由氨基酸分解而成。结合前述的有关醇、酸的生成机理，可将由氨基酸分解而生成的产物归纳如下式。

$$RCH(NH_2)COOH \xrightarrow[+[O]]{-NH_3} RCOCOOH \xrightarrow{-CO_2} RCHO \xrightarrow{+[O]} RCOOH$$

$$RCHO \xrightarrow{+H_2} RCH_2OH$$
醇

L- 氨基酸　　　　　α- 酮酸　　　　　醛　　　有机酸

（四）α- 联酮的形成

2,3- 丁二醇虽然是二元醇，但它也具有酮的性质，故通常将双乙酰、乙偶姻及 2,3- 丁二醇，统称为 α- 联酮。

1．双乙酰的生成

有如下 3 种途径。

① 由乙醛与乙酸缩合而成。

$$CH_3CHO+CH_3COOH \longrightarrow CH_3COCOCH_3+H_2O$$

　　　乙醛　　　乙酸　　　　　双乙酰　　水

② 由乙酰辅酶 A 和活性乙醇缩合而成。即酵母的辅酶 A 与乙酸作用形成乙酰辅酶 A，再与活性乙醇作用。

$$乙酰辅酶 A+ 活性乙醇 \longrightarrow 双乙酰 + 辅酶 A$$

③ α- 乙酰乳酸的非酶分解而成。α- 乙酰乳酸是缬氨酸生物合成的中间产物。

$$丙酮酸 \xrightarrow{\text{焦磷酸硫胺素(TPP)}} 活性丙酮酸 \xrightarrow{-CO_2}$$

$$活性乙醛 \xrightarrow{\text{丙酮酸}} \alpha\text{- 乙酰乳酸} \longrightarrow \alpha\text{- 酮基异戊酸}$$

$$\downarrow 非酶分解 \qquad\qquad \downarrow$$

　　　　　　双乙酰　　　　　　　缬氨酸

2．乙偶姻的生成

乙偶姻俗称醋嗡，又称 α- 羟基丁酮。其生物合成的途径有 4 种。

① 由乙醛缩合而成。

$$CH_3CHO+CH_3CHO \longrightarrow CH_3COCHOHCH_3$$

　　　乙醛　　　乙醛　　　　　　乙偶姻

② 由丙酮酸缩合而成。

$$2CH_3COCOOH \longrightarrow CH_3COCHOHCH_3+2CO_2$$

　　　丙酮酸　　　　　　　　乙偶姻　　二氧化碳

③ 由双乙酰生成，同时生成乙酸。

$$2CH_3COCOCH_3 \xrightarrow{+2H_2} CH_3COCHOHCH_3+2CH_3COOH$$

　　　双乙酰　　　　　　　乙偶姻　　　　乙酸

④ 由双乙酰和乙醛经氧化生成乙偶姻。

$$CH_3COCOCH_3+CH_3CHO+H_2O \longrightarrow CH_3COCHOHCH_3+CH_3COOH$$

　　　双乙酰　　　乙醛　水　　　　　乙偶姻　　　　乙酸

实际上，2,3- 丁二醇、双乙酰及乙偶姻三者之间是可经氧化还原作用而相互转化的。

2,3-丁二醇　　　　乙偶姻　　　　　双乙酰　　　　2,3-丁二醇

六、芳香族化合物

芳香族化合物是指苯及其衍生物的总称，凡羟基直接连在苯环上的称为

酚，羟基连在侧链上的称为芳香醇。在白酒中的芳香族化合物多为酚类化合物，它们或直接来自于高粱、小麦等酿酒、制曲原料，或在制曲和发酵过程中经微生物转化生成。

（一）阿魏酸、香草醛、香草酸、香豆酸的生成

小麦中含有少量的阿魏酸、香草酸及香草醛（又称香兰素）。在使用小麦制曲时，曲块升温至 60℃ 以上，小麦皮能产生阿魏酸；由微生物的作用，也能生成大量的香草酸及少量的香草醛。

4- 甲基愈创木酚也可以氧化为香草醛：

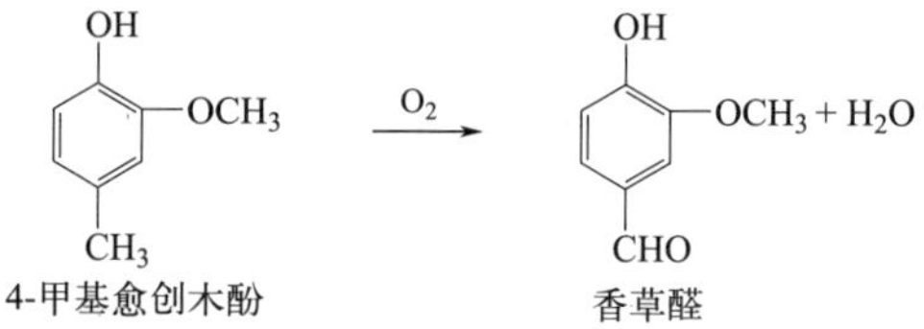

据报道，木质素可在微生物产生的酚氧化酶（漆酶）的作用下，变为可溶性成分；再在细胞色素有关的氧化酶类的作用下，进一步生成阿魏酸、香草醛、香草酸、香豆酸等产物。

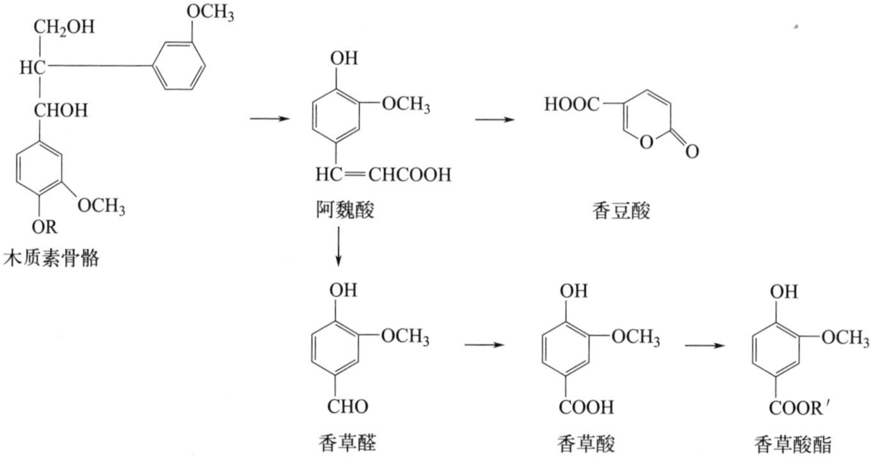

上述反应均可由酵母和细菌发酵而进行。

（二）4- 乙基愈创木酚、酪醇及丁香酸的生成

1. 4- 乙基愈创木酚的生成

① 由阿魏酸经酵母或细菌发酵而生成。

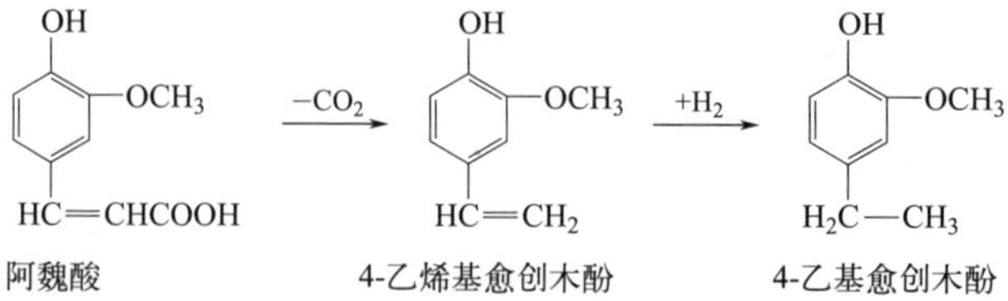

② 香草醛经酵母菌细菌发酵生成 4- 乙基愈创木酚。

③ 大曲经发酵后，部分香草酸生成 4- 乙基愈创木酚。

2．酪醇的生成

酪醇又名对羟基苯乙醇，可由酵母菌将酪氨酸脱氨、脱羧而成。

OH
|
CHCH₂COOH   +H₂O   →   OH
| 水 |
NH₂   CH₂CH₂OH   + NH₃ + CO₂
                                                               氨   二氧化碳
酪氨酸   酪醇

3．丁香酸生成

据分析，小麦及小麦曲不含有丁香酸系列成分。而高粱中的单宁经酵母菌发酵后生成丁香醛及丁香酸等芳香族化合物。例如：

CH₂O(CHOR)₅ →   OH
单宁   H₃CO━━OCH₃
                                  |
                               COOH
                               丁香酸

七、吡嗪类化合物

吡嗪类化合物是指苯环的 1,4 位含两个杂氮原子的杂环化合物，与嘧啶和哒嗪互为同分异构体。吡嗪类化合物具有类似于炒坚果、烤肉的怡人香气，嗅觉阈值极低，能对其他香味物质起明显的烘托叠加作用，丰满白酒的香气，是酱香型和芝麻香型白酒重要的风味物质。目前白酒中已检测出吡嗪类化合物 30余种，以烷基吡嗪类为主，包括四甲基吡嗪、三甲基吡嗪、2,6- 二甲基吡嗪、2- 乙基 -6- 甲基吡嗪、2- 乙基 -3,5- 二甲基吡嗪、2- 甲基吡嗪、2,3- 二甲基吡嗪等。吡嗪类化合物在各类白酒中普遍存在，就总体含量而言，酱香型、芝麻香型和酱兼浓香型白酒含量较高，浓香型次之，清香类白酒相对较低。

白酒业最初认为吡嗪是由美拉德反应生成的，后来发现蛋白质加热分解途径、氨基酸类加热分解途径、微生物代谢物途径也能产生吡嗪类化合物。

（一）美拉德反应生成吡嗪

1912 年法国科学家 Maillard 首先提出了美拉德反应，其过程包括了醛、酮、还原糖与胺、氨基酸、肽和蛋白质之间的反应，化学原理极其复杂。迄今为止，人们只是对该反应产生低分子化合物的化学过程研究得比较清楚，主要经Amadori 重排和 Strecker 降解反应产生（见图 5-9），其中吡嗪类物质由 Maillard反应中还原酮路线产生的二羰基化合物与氨基酸经 strecker 降解生成的氨基酮二聚缩合产生。酱香型白酒生产中所采用的高温制曲、高温堆积、高温发酵工艺为美拉德反应创造了条件，因而其吡嗪类化合物的种类和含量相对较高。

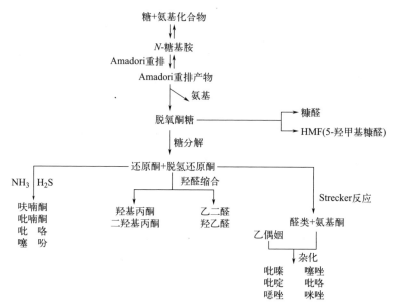

图 5-9　美拉德反应过程图

（二）四甲基吡嗪的合成

现有研究表明，白酒生产中的四甲基吡嗪（TTMP）主要是由枯草芽孢杆菌和地衣芽孢杆菌等微生物代谢产生的前体物质乙偶姻与氨的化学反应而形成的。如图 5-10 所示，微生物糖降解生成的丙酮酸，经两分子的丙酮酸缩合生成

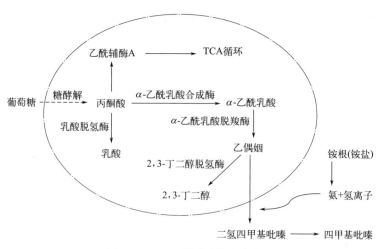

图 5-10　四甲基吡嗪的合成途径

α-乙酰乳酸，α-乙酰乳酸脱羧产生乙偶姻，发酵体系中的乙偶姻和主要由氨基酸转化而来的氨经过非酶促反应生成四甲基吡嗪。

目前，由于 TTMP 的功能特性，不少酒企都在试验纯种培养芽孢杆菌麸曲强化发酵提高白酒中 TTMP 的含量。然而，枯草芽孢杆菌和地衣芽孢杆菌等都是好氧菌种，进入发酵窖池后其生长和代谢很快停止，使其应用效果受到了很大的限制。只有将这两类菌种在发酵窖池外有氧发酵培养或在制曲过程强化才能生成较多的 TTMP，因而这种方法特别适合于具有窖外堆积培养过程的酱香型白酒和芝麻香型白酒等的生产。

八、硫化物

白酒中的挥发性硫化物，如硫化氢、二甲基硫及硫醇等，大多来自胱氨酸、半胱氨酸及蛋氨酸等含硫氨基酸。

（1）硫化氢的生成　除了根霉外，细菌、酵母菌、霉菌大多能分解半胱氨酸、胱氨酸而产生硫化氢。硫酸盐可经一系列酶促作用变为亚硫酸盐，再由还原酶作用生成硫化氢。另外，当酒醅中含有胱氨酸和半胱氨酸时，在高温蒸馏下能与乙醛及乙酸作用，也可生成硫化氢。

（2）二甲基硫的生成　二甲基硫是通过酵母对甲硫氨酸的代谢生成的。

第四节　蒸　馏

在白酒生产中将酒精和其他伴生的香味成分从固态发酵酒醅或液态发酵醪中分离浓缩，得到白酒所需的含有众多微量香味成分及酒精的单元操作称为蒸馏，它属于简单蒸馏。

蒸馏是利用各组分挥发性的不同，以分离混合物的单元操作。把液态混合物或固态发酵酒醅加热使之部分汽化，其生成的蒸汽中比原来混合物中含有较多的易挥发组分，而剩余混合物中含有较多难以挥发的组分，结果使原来混合物中的组分得到部分或完全分离，生成的蒸汽经冷凝后成为易挥发组分较多的液体。

应当指出的是，对于固态发酵酒醅或液态发酵醪，其中除了占绝大部分的水和酒精外，还含有多种微量香味成分。这些微量香味成分由于极性的不同，与酒精和水之间存在着复杂的分子间相互作用，使得其在酒精水溶液中的挥发性能不完全取决于其沸点的高低。例如一些高沸点高级醇、酯类香味物质在初馏分（酒头）中含量较多。

按白酒生产工艺和物料状态的不同，白酒蒸馏可分为固态酒醅蒸馏法、液态发酵醅蒸馏法及固液结合串香蒸馏法。

一、固态酒醅的蒸馏

固态白酒的蒸馏，不仅要将发酵酒醅中的酒精蒸出，更重要的是要将酒醅中的香味成分随酒精一起蒸出，因而传统上有"生香靠发酵，提香靠蒸馏"之说，可见蒸馏对于固态法白酒质量的重要性。

（一）固态蒸馏设备

在传统的固态发酵法白酒生产中，发酵成熟的酒醅均采用甑桶蒸馏。甑桶是一个上口直径约 2m，底口直径约 1.8m，高 0.8 ～ 1.0m 的圆锥形蒸馏器。用多孔箅子与下部加热器相隔，上部活动盖与冷却器相接。甑桶是一种不同于世界上其他酒蒸馏器的独特蒸馏设备，是根据固态发酵酒醅这一特性而设计发明的。自白酒问世以来，千百年来一直沿用至今。虽然随着生产量的大幅度增长及技术改造，甑桶由小变大，材质由木材改为钢筋水泥或不锈钢，冷却器由天锅改为直管式，但间隙式人工装甑的基本操作要点仍然不变，连续进料及排料的机械化操作至今尚未投入大规模生产。

甑桶蒸馏可以认为是一个特殊的填料塔。含有 60% 的水分及酒精和数量众多的微量香味成分的固态发酵酒醅，通过人工装甑逐渐形成甑内的填料层。在蒸汽不断加热下，使甑内酒醅温度不断升高，下层醅料的可挥发性组分浓度逐层变小，上层醅料的可挥发性组分浓度逐层变浓，使含于酒醅中的酒精及香味成分经不断汽化与冷凝，最终达到易挥发组分浓缩、提取的目的，少量难挥发组分也同时被酒蒸汽带出而进入基酒中。

（二）甑桶蒸馏的作用

甑桶蒸馏的主要作用如下。

① 将含有酒精 4% 左右的发酵酒醅分离浓缩成含有酒精 55% ～ 70% 的高度白酒。在混蒸混烧工艺中，在蒸酒的同时，还担负着新投入粮食的淀粉糊化作用。

② 将发酵酒醅中存在的微生物代谢副产物，即数量众多的微量香气成分，有效地浓缩提取到成品酒中。

③ 存在于发酵酒醅中的某些微生物代谢产物，在蒸馏过程中进一步发生化学反应，产生新的物质，即通常称为蒸馏热变作用。

④ 对发酵酒醅进行消毒杀菌，用于下排配料入窖。

⑤ 在名优白酒生产中，蒸馏分级截酒还是勾调工作的起始基础，称其为"第一勾调员"。

（三）甑桶蒸馏的操作要点

装甑技术、醅料松散程度、蒸汽量大小及均衡供汽、分糟、量质摘酒等蒸馏条件是影响蒸馏得率及质量的关键因素。

1．装甑六字诀

人们在长期生产实践中总结了装甑操作的技术要点，那就是"松、轻、准、薄、匀、平"六字。即醅料要疏松，装甑动作要轻巧，撒料要准确，醅料每次撒得要薄、均匀，甑内酒气上升要均匀，酒醅料层由下而上在甑内要保持平面。

2．缓火蒸馏

在甑桶蒸馏时，除了要掌握过硬的装甑技术外，还要掌握好蒸馏火候，要做到"缓火蒸馏"，使处于粮糟颗粒空壳内的毛细管囊内部的有益醇溶性酯有足够时间被酒气溶解、渗透出来，跟上主汽流同步馏出。如果火力过大，则主汽流上升过快，会使渗出的高酯酒精相对滞后馏出，削弱主汽流中的酒精量和含酯量。

对同一个酒窖的浓香型大曲酒酒醅分别进行缓慢蒸馏和大汽蒸馏，结果表明缓慢蒸馏的乳酸乙酯和己酸乙酯的比例适合，口感甘洌爽口；而大汽蒸馏的乳酸乙酯和己酸乙酯的比例失调，口感发闷，放香不足。可见缓慢蒸馏的重要性。

3．探汽上甑

甑桶蒸馏要掌握的另一个火候是探汽上甑。所谓"探汽上甑"，就是要等到酒汽前锋到达料面顶部位置时，才加入冷料。这样做既可以避免"蒸酒不出酒"的热封闭现象，又能产生最大的料层间温度差，获得好的料层间冷凝效果，进而获得高浓度的基酒。

只有做好上述几点才能获得集中出馏、浓度高、收尾净、断花干脆、酒尾少的效果。

4．量质摘酒

所谓量质摘酒，是指从全部白酒的馏分中摘取其特优馏分的方法。在蒸馏时，先掐去酒头，除去其暴辣的部分（俗称"切头"）；边接酒，边品尝，取出优质酒和主体酒；其后是次级酒，最后为酒尾。

量质摘酒是固态法酒醅上甑后进行蒸馏的关键工序，一般生产厂家都十分重视。

5．甑桶蒸馏过程中香气成分的行径

固体发酵酒醅装甑蒸馏和液体发酵釜式蒸馏过程中各种香味成分的行径相同。在蒸馏初期集积的主要成分是酯、醛和高级醇，随着蒸馏时间的延长，它们的含量也随之下降。有机酸则相反，先低后高。甲醇则在初馏酒及后馏酒部分较高，中馏酒部分较低。乙酸乙酯、丁酸乙酯、己酸乙酯由高到低，主要集中在成品酒中，其中乙酸乙酯更富集于酒头部分，乳酸乙酯则大量地存在于酒精含量为50%以后的酒尾中。

高沸点乙酯中含量最多的棕榈酸乙酯、油酸乙酯及亚油酸乙酯三种成分主

要富集于酒头部分，随着蒸馏的进行，呈马鞍形的起伏。

异戊醇、异丁醇、正丙醇、正丁醇和仲丁醇在蒸馏过程中呈较为平稳而缓慢下降的趋势。

乙醛与乙缩醛随着蒸馏进程而逐步下降，较多地集中于前馏分中，总馏出量 80% 的乙醛及 90% 的乙缩醛存在于成品酒中。糠醛则仅在中馏酒的后半部分才开始馏出，并呈逐步上升趋势，主要存在于酒尾中，约占总馏出量的 80%。

不同的香气成分在蒸馏过程中的不同行径，是科学而有效地掌握掐头去尾蒸馏操作的依据。自天锅改为直管式冷凝器后，20 世纪 60 年代酒厂均采用锡制冷凝器，残留在冷凝器底部的上一甑的酒尾，由于水分大、酸度高，导致与锡料中的铅反应产生含铅化合物，使得下一甑最初的馏液有短暂的低酒高酸及铅含量超过国家标准的现象出现，所以要进行掐头处理，但是掐头量过大有损于香气成分的收集。

至于去尾问题，不同香型酒有不同的要求。酱香型及芝麻香型酒一般交库酒的酒精含量在 57% 左右，而浓香型酒需要在酒精含量为 65% 左右时交库为宜。对于浓香型酒在蒸馏过程中截取高度酒对增己降乳有很大必要性。

不同的香气成分在蒸馏过程中的不同行径，还显示出酒尾利用的合理性和重要性。酒尾中除了含有 20% ~ 30% 酒精外，还残存有各种香气成分，特别是各种酸类含量很高。利用酒尾作为固液结合法的白酒香源和食用酒精勾调成普通白酒是较为合理的。近年来，也将其和黄水混合加酯化曲发酵成白酒香味液，经蒸馏用于勾兑。

不同的香气成分在蒸馏过程中的不同行径，同样说明了为什么低度白酒应采用高度酒加水稀释的工艺，而不能直接蒸馏至酒精含量 40% 以下的缘由。直接蒸馏主要缺点并不是产生浑浊不清的外观，而是香味组成成分的平衡失调，从而使口味质量下降，甚至失去本品的风格特征。

二、液态发酵醪的蒸馏

除了液态发酵白酒外，米香型酒和豉香型酒等传统白酒，也都采用液体发酵和液体蒸馏。20 世纪 40 年代末，这些白酒一般是将发酵醪盛于锅中采用直火加热蒸馏，掌握不当就会产生焦煳味影响酒质。随着产量的提高和生产技术的发展，直火蒸馏的方式已被淘汰，现大多采用间接蒸汽加热的釜式蒸馏。釜式蒸馏的操作要点如下：

① 进醪前先检查蒸汽管路、料泵、阀门是否正常。关闭排糟阀门，开启进醪阀门。

② 用泵打入蒸馏釜中的成熟酒醪占釜容积的 70% 左右，以便加热蒸馏时醪液沸腾，避免溢醪。

③ 开蒸汽进行蒸馏，初蒸时蒸气压不得超过 0.4MPa，流酒时保持 0.10～0.15MPa。流酒期间不能开直接蒸汽，只能开间接蒸汽加热蒸酒。

④ 初馏酒酒精浓度高，香气大，按质摘一定酒头，单独入库贮存作勾调香酒；之后一直蒸馏至所需酒精浓度，此为基酒；基酒之后的为酒尾，掺入下一锅发酵酒醅中再次蒸馏。

⑤ 蒸酒时汽压要保持均衡，切忌忽大忽小，流酒温度控制在 30℃ 左右。

⑥ 在酒尾接至含酒精 2% 后即可停汽，出锅排糟。排糟前必须先开启釜上部的排汽阀门，然后缓慢开启排糟阀，以避免急速排糟，釜内压力迅速下降，导致釜内产生负压而吸扁过汽筒和冷却器的现象。

⑦ 根据水质硬度和使用情况，应定期对冷凝器进行酸洗，去除污垢，以提高冷凝效果和节约用水。

在液态发酵醅的蒸馏中，大多数高级醇和乙酸酯类，尽管比酒精沸点高，但是在稀浓度时比酒精容易挥发，因而这些香味成分在初馏液中的含量较多；棕榈酸乙酯、油酸乙酯及亚油酸乙酯等高级脂肪酸乙酯等醇溶水难（不）溶物质在乙醇的萃取作用下也大多集中在初馏分中；后馏分中有机酸、乳酸乙酯、β- 苯乙醇、糠醛等水溶性强的高沸点成分较多。

釜式蒸馏设备简单，加工方便。在蒸馏过程中可以掐头去尾，以及将部分香味成分蒸入酒中。但酒尾多，需反复回釜蒸馏，致使蒸馏效率低，蒸汽消耗量大；此外，某些香味成分的提取不及固态法蒸馏。

加热蒸汽进入的方式和速度，对蒸汽耗量、蒸馏时间、蒸馏出的酒精比率等都有影响。

三、固液结合的串香蒸馏法

采用固态长期发酵，然后将小曲酒放置于底锅加热，酒蒸汽经固态发酵酒醅串蒸获得白酒是董酒生产的传统工艺。20 世纪 60 年代将其引用到酒精串蒸固态发酵香醅生产新型白酒，开创了固液结合的生产工艺，部分解决了液态发酵法白酒的风味质量差的问题，至今仍在某些白酒企业使用。

在固、液结合的串香蒸馏法中，由于有固态香醅作为填充层，因此在蒸馏过程中相当长的一段时间内酒精含量在 72% 左右，酒汽温度为 88℃ 左右，在此期间蒸入酒中的酸、酯含量也较平稳。酯在酒头及酒尾中均多，酒头中主要是乙酸乙酯，酒尾中主要是乳酸乙酯。

存在于酒醅中含有 6 个碳以下的低级脂肪酸乙酯提取率可在 80%～95%，高级醇（异戊醇、异丁醇、正丁醇）的提取率可达 95% 以上。但是乳酸乙酯和各种酸类提取率很低。其他一些含量更少的高沸点香气成分提取率也很低。根据发酵酒醅的质量，适量添加食用酒精串蒸是提高酒醅中香气成分提取率的有效措施。

四、固态法与液态法蒸馏的差异

液态釜式（或壶式）蒸馏不仅是我国米香型白酒和豉香型白酒的传统蒸馏方法，也是国外白兰地、威士忌的传统蒸馏方法。甑桶固态蒸馏则是我国固态法白酒的传统蒸馏方法，自元、明开始一直沿用至今。两种蒸馏方式都是间歇式简单蒸馏，但是效果却有很大不同，主要表现在酒精的浓缩效率及香气成分的提取率上。

在白兰地和威士忌的釜式蒸馏中，用酒精含量为10%左右的醪液，液态蒸馏须经3次才能到70%的浓度。在我国米香型白酒的釜式蒸馏中，一般地，基酒的混合酒精度控制在60%（体积比）左右，余下大量酒尾掺入下锅复蒸，其酒尾所含酒精总量约占醪液酒精总量的40%左右，而复蒸需要消耗更多的能耗。在甑桶固态蒸馏中，其固态发酵酒醅呈疏散细小颗粒状，酒醅既是被蒸物料，也是填料，因而甑桶蒸馏类似于一个特殊的填料塔。酒醅颗粒形成了很大的蒸馏界面，能减少混合液汽化后的蒸馏阻力，使之易于汽化。蒸馏开始时，酒醅通过锅底蒸汽的加热，与醅料层进行冷热交换，使酒醅中的混合液部分汽化成酒蒸汽，同时加热蒸汽与酒蒸汽混合后再与上一层酒醅热交换部分冷凝、回流，如此反复部分汽化、冷凝、回流，使上升酒蒸汽中的酒精含量不断增加。若固态酒醅颗粒的平均直径按5mm计算，900mm高的酒醅层相当于180块理论塔板，此为甑桶固态蒸馏浓缩效率较高的理论基础。因此甑桶蒸馏能够使酒精含量5%左右的酒醅，经一次蒸馏所得基酒的酒精含量即可达65%～70%，而残余酒尾所含酒精总量一般不到酒醅总酒精量的5%。

在香味物质提取方面，固态蒸馏法与液态蒸馏法相比，由于上升酒精蒸汽的浓度较高，因而酯类物质和醇溶性强的物质提取率明显比液态法要高。有实验表明，将固态发酵酒醅加水进行液态法蒸馏，与相同酒醅固态法蒸馏比较，有机酸和水溶性较强的乳酸乙酯的提取率高得多。原因可能是甑桶蒸馏类似于填料塔，经填料层多次反复提取，致使香味物质具有较高的提取率。此外，由于甑桶蒸馏的特殊结构，其"雾沫夹带"作用比釜式蒸馏明显，一些醇不溶性的高沸点难挥发物质如多元醇等也常被带入基酒中，提高了白酒风味的复杂性。对于较易蒸馏提取的异戊醇、异丁醇、正丙醇、乙醛、乙缩醛等物质，液态法与固态法的提取率相差不大，而白兰地、威士忌和我国的米香型白酒、豉香型白酒其高级醇含量较高主要是发酵方式和条件的不同引起的。

五、蒸馏过程中某些物质的变化

在白酒蒸馏过程中，通常对馏分中酯类、酸类及杂醇油等风味物质在馏分中含量的多少及其变化规律较为注意，而忽视了新物质的生成。实际上在蒸馏过程中，由于传热、传质的作用，来自酒醅或醪液中的很多成分本身的变化，以及相互之间复杂的作用，往往会产生一些新的成分。例如前面已经提到的酒醅中的胱氨酸、半胱氨酸与乙醛和乙酸反应会产生硫化氢，酒精等醇类在高温下与有机酸的化学反应也会形成一定的酯类物质，蒸馏时丙氨酸的水解、脱氨、脱羧和氧化会产生少量的乙醛，原料中的果胶物质分解会产生甲醇，还可发生诸如美拉德反应等其他许多反应。

正是这些新成分的产生，使得在蒸馏过程完成"提香"的同时，也会有"增香"作用和杂味物质的生成。应深入探讨白酒蒸馏过程中各种成分的变化，并与蒸馏设备的材质和构造、蒸馏的操作方式和工艺条件等因素联系起来研究，使蒸馏过程的提香除杂取得更好的效果。

六、白酒蒸馏新技术

（一）上甑自动化

"上甑"是白酒酿造工艺过程中非常重要的一个环节，其操作质量好坏将直接决定出酒率和基酒的质量。目前，大部分的酒厂其上甑环节仍然为人工操作，繁重的体力劳动是此工序操作的主要特点。在人工上甑操作中，需要将酒醅一层层均匀、疏松地铺撒于甑桶内，以保证在蒸馏过程中酒醅既不跑汽又不压汽。而且酒醅湿度大、黏度高，甑桶为上大下小的圆台形，使得蒸馏操作成为白酒生产过程中最难实现机械化的工序之一。

二十世纪五六十年代，针对白酒传统生产工艺繁重的体力劳动，人们开始尝试白酒蒸馏设备的改造与机械化，如用锅炉管道蒸汽代替直火蒸馏。二十世纪七八十年代，用不锈钢活动甑桶、分体式高效冷却器代替古老的木制酒桶和天锅，有效提高了蒸馏过程的机械化水平，减轻了劳动强度。近年来，白酒行业不断开拓新技术，努力突破诸如自动化上甑和连续蒸馏等关键环节，以适应白酒生产机械化自动化的发展趋势。

1. 半自动化上甑

半自动化上甑是利用上甑布料机来代替人工上甑的一种上甑方式，如图5-11。半自动化上甑工作时工人先将布料臂摆动到甑桶上方，然后通过控制设备控制布料机对酒醅进行输送，并根据蒸汽的上升情况进行间断性撒料，同时工人用铁锹等工具在甑桶内不断将酒醅码平，保证酒醅均匀平铺在甑桶内。这种上甑布料机的使用避免了工人用铁铲一铲一铲上料，降低了劳动强度，同时也能通过调节布料机的进料速度来控制上甑时间，上甑效率和基酒品质都有一定程度的提高。但是这种上甑方式仍需要人工参与才能完成上甑工作，而且还存在着酒醅抛洒不均匀、工人工作态度对出酒率和酒质影响较大等问题。

2. 上甑机器人

鉴于人工上甑存在劳动强度大、操作环境较恶劣、上甑工人的主观性影响出酒率和酒质等方面的不足，国内一些大型白酒厂与设备生产企业合作，开始探索全自动上甑机器人的研发与应用，围绕"探气上甑、轻撒匀铺"的核心工艺要求探索机械化上甑工艺，目前已开发出适合于不同生产工艺的多款上甑机器人。如图 5-12 所示为天津理工大学和天津明佳智能包装科技有限公司合作开发的一款上甑机器人，该机器人由机器人本体、机器人控制系统和机器人视觉系统三大部分组成。其工作原理是通过机器人视觉系统的红外线成像仪探测，对甑桶内的蒸汽上升情况进行判断，通过判断是否漏气来控制机器人实现相应操作到达漏气点位置并进行酒醅的抛洒；同时视觉系统还可以实时监控甑桶内料面的高度，当撒完一层醅料时控制机械臂上升进行下一层物料的抛洒。

图 5-11　半自动化上甑

图 5-12　上甑机器人

机器人技术应用于传统的白酒酿造行业，对改进和完善酿酒生产工艺，解决酿酒行业面临的工作环境差、招工难等问题都有一定的帮助。但如何将目前先进的机器人技术移植到白酒行业中来，使之适合于白酒工业的要求，仍需要大量的理论研究和工程实践。目前，上甑机器人仍存在红外线热成像技术无法直接表征甑桶酒醅内层温度、上甑时酒醅铺撒不够均匀、酒醅层局部汽路受阻、内置式传送带不易清洗容易滋生杂菌等问题，这将是未来上甑机器人主要攻克的技术难点。相比传统行业机器人，如何将机器人技术与白酒传统上甑工艺相融合，真正实现上甑操作的"探汽上甑、轻撒匀铺"仍是上甑机器人的主要挑战。

(二) 连续蒸馏

固态法白酒连续蒸馏设备的开发始于 20 世纪 60 年代，由于当时对传统白酒间歇蒸馏设备机理的认识尚不清楚，最终没有获得成功。近年来，随着我国机械设备加工能力和自动化控制水平的提高，白酒生产机械化、连续化、自动化、智能化的技术改造不断取得突破。在固态发酵白酒连续蒸馏方面，通过对传统间歇蒸馏工艺的深入研究，结合现代机械制造和自动化控制技术，研发了不同类型的连续蒸馏装置。

1．筒体旋转式连续蒸馏装置

该装置主体结构包括可旋转筒体、螺旋进料和出料机、抽汽集成器、冷凝器和储酒罐等。蒸馏开始时酒醅通过螺旋进料机进入筒体，筒体以 5 ～ 20 r/min 的速度开始旋转，酒醅随着筒体旋转不断向出料口移动并与通入的蒸汽充分接触，上升至顶部的酒蒸汽由抽汽集成器收集后导入冷凝器中，冷凝后的白酒流入储酒罐中，糟醅则通过螺旋出料机排出，完成蒸馏操作。

该设备具有劳动强度低、人工需求低、生产效率高等优点，但由于糟醅层较薄，提浓提香效果无法赶上传统蒸馏甑桶，不适合中高档白酒的生产。

2．中空旋转轴连续蒸馏装置

该装置主体结构包括固定的密封壳体、带螺旋叶片中空旋转轴和收集器。蒸馏开始时酒醅从中空旋转轴的一端输入，酒醅随着螺旋叶片的旋转沿着中空轴向前移动，中空轴中的加热介质被热源加热后使酒醅中的乙醇及其他香味物质挥发到壳体空间内，并被收集器捕捉，实现连续化蒸馏。

该装置螺旋叶片设计为中空，与中空旋转轴相连，加热后可使糟醅受热更均匀，有利于糟醅中挥发性物质的析出。但该装置不同区域蒸馏出的组分不一样，不利于收集；且同样存在提浓提香效果较差的问题。

3．塔式连续蒸馏装置

该装置更好地模拟传统蒸馏甑桶在蒸馏过程中反复"汽化 - 液化 - 汽化"的浓缩过程。该装置主要由塔体、酒醅输入装置、糟醅输出装置、蒸汽输送系统、冷凝器和储酒罐等组成，蒸馏过程中酒醅从塔顶输入蒸馏塔中，蒸汽则从塔底输入，蒸汽由下而上穿过酒醅层对其中的乙醇及其他香味物质进行浓缩。酒醅在塔内的运动方式目前主要有两种，一是塔内设计倾斜的多级挡板，酒醅沿着多级挡板缓慢向塔底滑落，蒸汽沿着挡板间隙上升从而完成蒸酒过程；二是塔内设计有合页筛板，通过筛板的打开和关闭实现酒醅的向下滑落，蒸汽则通过筛孔穿过酒醅层完成蒸馏。

塔式蒸馏装置的特点是不改变传统固态蒸馏本质，提浓提香的效果较好。北京红星股份有限公司麸曲白酒连续蒸馏生产试验表明，平均酒度可达 60°以上，总酸、乳酸乙酯含量高于传统甑桶蒸馏，乙醛等低沸点物质含量低于传统甑桶蒸馏，与传统蒸馏比较所产原酒酒体清净、味稍短。

当前，连续蒸馏装置主要应用于麸曲或小曲清香型白酒的生产试验，后续蒸馏装置研究应以保证出酒率与酒质为前提，不断地完善装置结构，增强稳定性，逐步提高机械化、自动化、智能化水平。

（三）减压蒸馏

减压蒸馏又称真空蒸馏，是分离和提纯化合物的一种重要方法，尤其适用于高沸点物质和在常压蒸馏时未达到沸点前易受热分解、氧化或聚合的化合物的分离和提纯。液态减压蒸馏在酒精行业应用较为广泛，在液态和半固态法白酒行业也有少量的应用，但在固态法白酒行业中尚处在研究开发阶段。

1979 年日本宫崎工业试验场工藤哲三等人报道了日本本格烧酒减压试验结果，采用减压蒸馏后原酒中乙醛、异丁醇、异戊醇和高级脂肪酸乙酯含量有所降低，感官品评上减压蒸馏新酒没有异臭味，刺激性味道减少，成品酒原有风格保持不变，与对照相比味轻、淡雅而柔软。国内广东石湾酒厂集团有限公司进行了豉香型白酒斋酒的生产试验，采用减压蒸馏后，酒液具有清雅、醇和、爽净的风格，可明显提升豉香型白酒斋酒的质量。

湖北劲牌有限公司在清香型小曲白酒中采用减压固态蒸馏试验，结果表明减压固态蒸馏会降低酒醅中酒精、醛类、醇类、酯类等醇溶性物质的提取率，而乙酸的提取率有所增加；酒精提取率的下降，导致酒尾增加，且负压越高，酒尾越多；在接酒酒精浓度低于 50%（体积比）时，采用减压蒸馏的酒感官质量要好于常压蒸馏。

宜宾五粮液股份有限公司研究发现，浓香型白酒原酒经减压蒸馏、分段冷凝后，甲醇、乙醛可通过不完全冷凝从原酒中大幅去除，乙醇、主要高级醇及己酸乙酯、乙酸乙酯、丁酸乙酯等有益酯类物质损失较少，且趋于富集在中高沸点、中低沸点组分中，而乳酸、乳酸乙酯等高沸点成分趋于保留在蒸馏釜内的残液中。同时，不同减压蒸馏条件下原酒各段馏出液中风味物质的浓度及比例也不同，通过改变减压蒸馏及冷凝条件，可针对性地调整浓香型白酒的风味成分，为浓香型白酒原酒风味拆分与重构提供了新的思路及方法。

（四）自动摘酒装置

量质摘酒是白酒酿造过程中一个非常重要的工艺环节，与白酒企业产品的质量和产量息息相关。固态蒸馏时，不同时间段流出的酒液质量不同，为了摘取各段次不同质量的酒液，一般需要经验丰富的工人观察酒花的大小并与尝评相结合，摘取不同质量的各段次酒。但因摘酒工人经验丰富程度不同，摘酒质量稳定性无法得到保证，存在生产安全隐患。自动摘酒装置借助酒度在线检测器、温度在线检测器和流量在线检测器替代烤酒工的主观判断，并设置 5～6 个出酒管道作为不同等级原酒的出口。馏酒时在线检测的数据反馈到中央控制器，再通过电磁阀门调节出酒管的位置实现分段摘酒的工艺要求。

第五节　白酒的贮存

经发酵、蒸馏而得的新酒，具有辛辣刺激感，常伴有不愉快的异杂味。新酒经过一段贮存期以后，刺激性和辛辣感会明显减轻，口味变得醇和、柔顺，香气风味都得以改善，这一变化过程称之为老熟。不同白酒的贮存期，因香型及质量档次的不同而异。酱香型白酒最长，要求 3 年以上，优质酒在 5 年以上；浓香型或清香型白酒半年以上，优质酒在 2 年以上；普通级白酒最短也应贮存 3 个月。贮存是保证蒸馏酒产品质量至关重要的生产工序之一。

一、白酒贮存老熟机理

一般认为，白酒的老熟过程包括物理和化学两种变化。

（一）物理变化

1．低沸点杂味物质的挥发

新蒸馏出来的白酒，一般比较燥辣，不醇和，也不绵软，主要是因为含有较多的硫化氢、硫醇、硫醚（二甲基硫）等挥发性硫化物，以及少量的丙烯醛、丁烯醛、游离氨等杂味物质。这些物质与其他沸点接近的成分组成新酒杂味的主体。这些新酒杂味成分多为低沸点易挥发物质，自然贮存一年，基本消失殆尽。

2．氢键缔合作用

白酒的主要成分是水和酒精，约占总体积的 98%，其余的 2% 为微量香味成分。水和酒精都是液体，相互间具有较强的缔合作用，当水和酒精混合在一起，成为酒精的水溶液时，水与酒精的氢键被破坏，放出潜能，并缩小体积。根据实验，当 100mL 12.5℃的酒精，与 92mL 同温度的水混合时，混合液的温度，就由 12.5℃上升到 19.7℃，而其体积则缩小 3% 左右。

在白酒贮存的过程中，水分子与酒精分子也要重新相互组合，其氢键的缔合形式如下：

$$-H-O-H-O-H-O-H-O-H-O-$$

随着贮存时间的延长，水和酒精分子之间，逐步构成大的分子缔合群。缔合度增加，使酒精分子受到束缚，自由度减少，也就使刺激性减弱，对于人的味觉来说，就会感到柔和。

白酒中各缔合成分间形成的缔合体要比单纯乙醇水溶液的醇水分子间形成的缔合体的作用强烈，这也进一步说明了微量的香味成分对缔合体的作用有着重要的影响。同时白酒中存在的一定量的有机酸对白酒中氢键的缔合有明显的促进作用。

在短时间内，由于氢键的缔合，使乙醇固有的刺激性减少，但是所谓的"老酒味"（陈味）并不明显，而是要经长期的贮存才能达到所谓的老熟。因此，氢键缔合作用并非老熟陈酿过程的决定性因素。

（二）化学变化

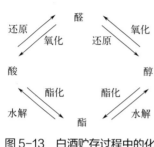

图 5-13　白酒贮存过程中的化学变化

在贮存期间发生的化学变化（化学老熟）是老熟陈酿过程的决定性因素。白酒中存在的醇、酸、酯、醛等成分在老熟过程中经过缓慢的氧化、还原、酯化与水解等化学反应相互转化而达到新的平衡，见图 5-13。贮存过程的化学作用使有些成分消失或增减，有些成分新产生，这是白酒老熟的主要机理。

1．酸类的变化

白酒在贮存过程中，总酸呈上升趋势，尤其是乙酸、丁酸、己酸、乳酸。有机酸的来源有两个方面：一是醇、醛的氧化作用；二是酯的水解作用。醇先氧化为醛，进而再氧化为相应的羧酸。醇在没有氧化剂存在下氧化反应缓慢，而醛很容易氧化为相应的酸。白酒中存在的分子氧很难将高级醇氧化，必须将氧激活为活化中间产物，才能有效地将醇氧化为醛，进而氧化为酸。在白酒中必须存在氧的激活物质，否则依靠氧分子要将高级醇氧化为酸往往较慢或较困难。羧酸中的碳是最高氧化态，一般条件下很难被还原为醛或醇，加之其挥发系数小，贮存过程中不易挥发，一旦形成很难再减少。因此，白酒贮存过程中的总酸含量大多是一直升高的。

酯类的水解作用是酸含量上升的主要原因，其主要是因为白酒在蒸馏过程中，酒醅中的酯类物质比有机酸较易挥发，因而新蒸的酒往往是酯高酸低，酯类趋向于水解。特别是乳酸，由于其不挥发性，新酒中的乳酸含量很低，在酸酯平衡作用下，乳酸乙酯的分解使乳酸含量迅速增加。另一方面，由于新蒸基酒的乙醇含量远高于酒醅中的含量，酸酯平衡趋向于酯的合成，因而高度酒贮存时酯的分解较慢，在酸度较高时则趋于合成。低度白酒贮存时酯的水解作用较快，酸含量上升明显。

2．酯类的变化

白酒在贮存过程中，几乎所有的酯都减少。这充分显示了白酒在贮存过程中酯类的水解作用是主要的。酯化反应是可逆反应，要提高酯的量，酸和醇必须足够多，平衡才能向产生酯的方向移动；相反，酯和水含量高则出现水解现象，产生酸和醇。

根据对白酒老熟研究的现有结果，大多数白酒在贮存过程中，含量多的低级脂肪酸乙酯及乳酸乙酯发生水解作用生成相应的酸和乙醇，而不是以往推测的酸和乙醇酯化生成酯。但是也可能存在酯化作用，如发酵周期很短的普通白酒和液态法白酒，其新酒中酯类物质的含量很低，在长期贮存中，乙醇的氧化形成酸，再与乙醇合成酯，最终使乙酸乙酯含量有所增加。

3. 醇类的变化

不同香型的酒，其变化趋势不一。浓香型白酒在贮存过程中高级醇含量呈上升趋势，而清香型白酒则是先升后降。高级醇的增加主要是因酯类的水解，而其含量的降低，则是因酒中的分子氧被激活，醇的氧化作用突出。另外，高级醇含量的降低还与在贮存过程中其较高的挥发性有关。

4. 醛类的变化

乙缩醛是重要的香气成分，在贮存过程中，可由乙醛和乙醇缩合生成乙缩醛，一般情况下随着贮存时间的延长，白酒中乙缩醛／乙醛的比例会上升。此外，醇类的氧化作用还会产生相应的醛类，也可能使醛类含量增加。

（三）金属离子在老熟过程中的作用

白酒中的金属离子大多来自盛酒的容器。随着酒的贮存时间延长，酸度增高，使盛酒容器中的金属离子越来越多地溶入酒中。研究表明，Fe^{3+}、Cu^{2+}具有较强的去新酒味能力，Ni^{2+}也有一定的作用。新酒味的主要成分一般认为是硫化物，这些金属离子能与酒中的硫化物反应生成难溶的硫化物。传统上采用陶土容器作为贮酒容器，其含有多种金属氧化物，在贮酒过程中溶于酒中，对酒的老熟有促进作用。而采用铝制容器盛酒时，随着贮酒时间的延长，铝的氧化物溶于酒中会产生浑浊沉淀并使酒味带涩。因此，铝制容器最多也只能用于酸度低、贮存期短的普通白酒的贮存，或用作勾兑容器。用不锈钢容器贮酒，可避免铝制容器带来的质量问题，但经不锈钢贮存后的优质白酒与传统陶缸贮存的酒相比，口味不及陶缸的醇厚。主要原因是陶缸贮存过程中存在微量的呼吸作用，可促进酒的老熟，这种区别在贮存期较短时特别明显。

另外，铁、铜等金属离子还是分子氧的激活剂，因而对醇氧化生成醛，醛进而生成酸有促进作用。

二、影响白酒老熟的主要因素

在酒类生产中，不论是酿造酒或蒸馏酒，都把发酵过程结束、微生物作用基本消失以后的阶段叫做老熟。老熟有一个前提，就是在生产上必须把酒做好，次酒即使经长期贮存，也很难变好。白酒老熟与很多因素有关，主要包括如下几个方面。

（1）新酒香型与品质　新酒的香型、酒精度、酸度及各类风味物质的含量与白酒老熟时间有关。一般地，酱香型、芝麻香型白酒需要较长的贮存时间，且其中的酱香风味随着贮存时间的延长而更加突出；兼香型、浓香型白酒次之；清香型类白酒则相对较短。此外，较高酒精度、酸度和风味物质含量高的白酒需要较长的贮存时间才能趋于平衡，风味物质含量较低的白酒所需的贮存时间则相对较短。

（2）贮存容器　贮存容器的材质、形状和大小等都对白酒老熟有一定影响。不同材质的容器所含微量金属元素不同，对酒质的影响也就有所不同。陶坛容器含有较高的 K、Ni、Na、Cu、Cr 等金属元素，加之其微孔的网状结构使其具有氧化作用和呼吸作用，催化酒的老熟，相应地缩短酒的老熟时间；不锈钢容器，透气性差，也就没有外界氧化催熟作用，所以老熟时间长一些，相应的酒损较少，适合于长期贮存。此外，贮酒容器小，比表面积大，或者采用半坛贮存，也可缩短贮存期。

（3）贮存条件　贮存环境的温度、湿度、空间容积及通风条件等也对白酒老熟和成品酒质有影响。温度高，空间容积大，分子运动加快，有利于酒的老熟，缩短贮存期。但合适的低温、低湿和相对密闭的空间，并保持恒定，有利于高档白酒的长期贮存。

（4）贮存时间　贮存时间是影响老熟质量的重要因素之一。除异杂物质的物理挥发和金属离子溶出以及酸、酯、醇、醛之间的平衡外，还有许多未知风味物质的形成，如酱香味一般要贮存 3 年以上才明显，而陈味则需要 5 年左右才呈现。合适的贮存时间不仅取决于贮酒容器和贮存条件，也与酒的品质相关，目前高档白酒大多采用陶坛、低温和相对密闭条件下长周期贮存。贮存期过长的白酒，陈香等风味突出，但有可能酒损大、酒精度低、酸度高，有氧化味，并不一定是好喝的白酒，但它是很好的调味酒，可用来勾调贮存期较短的基酒。综上所述，白酒贮存时间并不是越长越好，应该在保证质量的前提下，确定合理的贮存期。

三、人工催陈老熟

所谓人工老熟，就是人为地采用物理或化学方法，促进酒的老熟，以缩短贮存时间。白酒的贮存期长，需占用大量的贮存容器和库房，影响生产资金的周转。为了缩短贮存期，人们进行了大量的新酒人工老熟试验，这些处理方法包括过滤除杂、氧化处理、紫外线处理、超声波处理、磁化处理、微波处理、激光处理、^{60}Co γ 射线处理、电场催陈、陶土片催熟、加热催熟等。其中陶土催熟的效果较好，但过滤除杂要防止风味物质的损失，紫外线、超声波、激光、γ 射线等处理控制不当易产生异杂味，电场催陈、磁化、微波等处理常出现回生现象。一般来说，随着原酒质量的提高，人工催熟的效果越不明显，而质量较差的新酒，经人工催熟后，质量提高明显。目前，高档白酒趋向于采用自然长周期老熟的方法。总之，迄今为止，对新酒的人工催熟尚无一种切实可行的方法，有待进一步研究与探索。

第六节　白酒勾兑与调味

一、勾兑调味的作用与基本原理

勾兑与调味技术是当前名优白酒生产工艺中非常重要的一环，它对稳定酒质、提高优质酒的比率起着极为显著的作用。勾兑与调味由尝评、勾兑组合、调味三部分组成，是一个不可分割的有机整体。尝评是组合和调味的先决条件，是判断酒质的主要依据；组合是一个组装过程，是调味的基础；调味则是掌握风格、调整酒质的最后关键。

当酸、酯、醛、醇等类物质在酒中的含量适合、比例恰当时，就会产生独特的愉快而优美的香味，形成固有的风格；但当它们含量不适、比例失调时，则会产生异杂味。运用勾兑与调味技术，可以调整各成分之间的比例和含量，从而尽可能地使杂味变成香味，使怪味变成好味，变劣为优，这就是勾兑与调味的主要任务和目的。

现以浓香型酒的勾兑技术为例，介绍如下。

（一）组合

组合就是酒与酒之间的相互掺兑。每个窖所产的酒，酒质是不一致的。即使是同一窖池，每甑生产的酒也有区别，所含微量成分也不一样；加上贮酒容器是坛，每坛酒的质量仍存在着一定的差别；就是经尝评验收后的同等级的酒，在质量上（指香和味）也不完全一样。如不经过组合就一坛一坛地装瓶包装出厂，则酒质极不稳定，故只有通过组合才能统一酒质、统一标准，使每批出厂的酒，做到酒质基本一致，以保证酒质量的稳定。同时，组合还可以达到提高酒质的目的。实践证明，相同等级的各坛酒样，其酒味仍有一定的差异，有各自的优点和缺陷。如有的醇和性好而香味较短；有的醇、香均佳而回味却不长；有的醇、香、回味皆备，唯独甜味清淡；有的酒质虽然全面，但略带杂味而不清爽等。组合实际上就是一个取长补短的生产工艺，它对成品质量的优劣起着非常重要的作用。酒的组合就是一个组装的过程，它把不同车间、班组、窖池和甑别等生产出来的各种各样的酒，配制成符合本厂产品质量标准的成品酒，这是一项非常重要而巧妙的组装技术。通过组合，使成品酒全面达到各级酒的质量标准，并能将一部分比较差、不够全面的酒或略带有杂味的酒变为好酒，从而提高相同等级酒的质量和高等级酒的产量。

（二）调味

调味，是对基础酒进行的最后一道精加工或者艺术加工，通过非常精细而又微妙的工作，用极少量的调味酒，弥补基础酒在香气和口味上的不足，使其优雅丰满，完全符合质量标准。有人认为组合是"画龙"，而调味则是"点睛"。也有人认为，大曲酒的勾调技术是"四分组合（勾兑），六分调味"，这都说明了调味工作的重要意义和作用。

验收后的合格酒，经过组合后就成为比较全面的基础酒。基础酒虽然比合格酒质量全面，而且有一定的提高，已接近产品质量标准，但是尚未完全符合产品质量标准特别是感官质量要求，在某一点上还有不足，这就要通过调味加以解决。经过一番调味后，使基础酒全面达到质量标准，使产品质量保持稳定或有所提高。

调味主要是起平衡作用，这可从下述 3 个方面来分析。

1．微量成分的勾调

在基础酒中添加调味酒以弥补某种或某些微量风味物质的不足，引起酒的变化，使之达到平衡，形成固有的风格，以提高成品酒的质量。微量风味物质的补充又可分为两种情况。一是基础酒中根本没有这种物质，而调味酒中含量较高，这些风味物质的放香阈值又都很低，例如己酸乙酯的阈值为 0.076mg/kg，4- 乙基愈创木酚的阈值为 0.01mg/kg。甚至只有在稀薄的情况下香味才好，多了还会发涩和发苦。这些物质在调味酒中的含量较高，香味反而不好；但当它们在基础酒中稀释后，反而会放出愉快的香味，从而改进了基础酒的风格，提高了成品酒的质量。二是基础酒中某种风味物质的含量较少，没有达到放香阈值，香味未能显示出来，而调味酒中这种芳香物质的含量又较高。在基础酒中添加了这种调味酒后，适当增加这种风味物质的含量，使之达到或超过它的放香阈值，显示出它的香味，从而提高成品酒的质量。

2．加成反应

调味酒中所含微量成分物质与基础酒中乙醇或某些微量成分物质起化学反应，产生或增加酒中的呈香呈味物质，引起酒质的变化。例如酒头中的乙醛含量较高，贮存一定时间后常可作为调味酒使用。当酒头调味酒添加到基础酒中后，其乙醛与基础酒中的乙醇进行缩合反应产生乙缩醛，后者赋予白酒清香柔和感。

3．分子重排

调味作用与分子重排有关。有人认为酒质可能与酒中分子间的排列有一定的关系，名优酒主要是由水和酒精及 2% 左右的酸、酯、酮、醇、醛、芳香族化合物等微量成分组成，这些极性各不相同的成分之间通过复杂的分子间相互作用而呈现一定规律的排列。当在基础酒中添加微量的调味酒后，微量成分引起量比关系的改变或增加了新的分子成分，因而改变了（或打乱了）各分子间原来的排列，致使酒中各分子间重新排列，使平衡向需要的方向移动。

普遍认为调味酒的这三种作用多数时候是同时进行的。因为调味酒中所含的风味物质比较多，绝大部分都多于基础酒，所以调味酒中所含有的风味物质一部分在起化学反应，另一部分则打乱了分子排列而重排。勾调作用在白酒厂普遍存在，是稳定地提高成品酒质量的重要环节。

二、勾兑调味用酒

(一) 确定合格酒

每个班组生产的原酒不是一致的，差距很大，经验收符合组合基础酒标准的原酒称为合格酒。各厂对合格酒的标准要求并不一致，从当前组合技术的现状来看，验收合格酒的质量标准应该是以香气正、味净为基础。在这个基础上，还应具备浓、香、爽、甜等特点。另外有的原酒味不净，略带杂味，但某一方面的特点突出，也可以作合格酒验收。

(二) 基础酒

基础酒是由各种合格酒组合而成的。由各种合格酒经过合理的组合后，才能达到基础酒的质量标准。首先将各合格酒按酸、酯、醇、醛等主要风味物质含量、主要风味物质量比关系以及风格特点进行分类，再根据成品酒应达到的总体设计要求组合成基础酒。

就浓香型酒而言，根据合格酒主要微量成分的相互量比关系，可大体分成7个类型：

① 己酸乙酯＞乳酸乙酯＞乙酸乙酯，香气突出、味醇甜、典型性强；

② 己酸乙酯＞乙酸乙酯＞乳酸乙酯，香气较好、醇和爽净、舒畅；

③ 乳酸乙酯＞乙酸乙酯＞己酸乙酯，香气淡、闷甜、后味短，用量恰当，能促进酒体醇和净甜；

④ 乙缩醛＞乙醛，异香突出，带"饭馊"味；

⑤ 丁酸乙酯＞戊酸乙酯，有陈味，类似中药香气；

⑥ 丁酸＞己酸＞乙酸＞乳酸，窖香较好；

⑦ 己酸＞乙酸＞乳酸，浓香突出。

以上7种类型是浓香型白酒的主要类型，按这些类型验收合格酒后，再根据设计要求重新组合的基础酒，其质量标准大体相同，这样就能提高名优酒的合格率。

(三) 调味酒

在整个调味过程中，调味酒是很重要的。调味酒与合格酒、基础酒等，有明显的差异，而且有特殊的用途。单独尝评调味酒，香味不一定协调，甚至有怪味，没有经验的人，往往会把它误认为是坏酒。应该根据基础酒的质量标准和成品酒的质量标准，来设计针对性强的调味酒。然后按设计要求生产调味酒或采用特殊工艺制作调味酒。对调味酒的要求是感官上香味独特，别具一格，在某些微量香味成分含量上有特殊的量比关系。

根据调味酒的感官特征，并结合色谱分析，可分为如下4种类型。

（1）甜浓型调味酒 感官特点是甜、浓突出，香气很好。酒中己酸乙酯含量很高，庚酸乙酯、己酸、庚酸等含量较高，并含有较多的多元醇。它能克服基础酒香气差、后味短淡等缺陷。

（2）香浓型调味酒 感官特点是香气正，主体香突出，香长，前喷后净。酒中己酸乙酯、丁酸乙酯、乙酸乙酯等含量高，同时，庚酸乙酯、乙酸、庚酸、乙醛等含量较高；乳酸乙酯含量较低，能克服基础酒香浓差、后味短淡等缺陷。

（3）香爽型调味酒 感官特点是突出了丁酸乙酯、己酸乙酯的混合香气，香度大，爽快。酒中丁酸乙酯含量很高，己酸乙酯含量也高，但乳酸乙酯含量低。能克服基础酒带有的糟气、前段香劲不足等缺陷。

另外还有己酸乙酯、乙酸乙酯含量高的爽型调味酒。它的感官特征是香而清爽，舒适，以前香而味爽为主要特点，后味也较长。这种调味酒用途广泛，副作用也小，能消除基础酒的前味苦，对前香、味爽都有较好的作用。

（4）其他型（包括馊香、馊酸、木香）调味酒 馊香型调味酒的感官特点是馊香、清爽或有己酸乙酯和乙缩醛香，酒中乙缩醛含量高，己酸乙酯、丁酸乙酯、乙醛等含量较高。能克服基础酒的闷、不爽等缺陷。但应防止冲淡基础酒的浓味。馊酸型调味酒的感官特点是馊香、清爽，或有乙酸乙酯和己酸乙酯香。酒中乙缩醛、乙酸含量高，己酸乙酯、乙酸乙酯、2,3-丁二醇、丁二酮等含量较高。能克服基础酒中的后涩、苦、后味杂、香单、味单等缺陷。木香型调味酒的感官特点是带有木香气味（或中药味）。酒中戊酸乙酯、己酸乙酯、丁酸乙酯、糠醛等含量较高。能解决基础酒的新味问题，增加陈味感等。

根据当前调味酒的来源，调味酒又可分为以下几种类型。

（1）双轮底调味酒 双轮底调味酒又可分为一般双轮底调味酒和特制双轮底调味酒。一般双轮底调味酒是在生产中尝评验收酒质时发现的、由双轮底糟所产的、符合调味酒条件的酒。特制双轮底调味酒是选用比较老的窖池或生产正常、酒质比较好的窖池的双轮底糟中加曲、回酒、延长双轮底糟的发酵时间（做三四轮底等），从而促使这些窖的双轮底糟所产的酒达到（或符合）调味酒的质量要求。

双轮底糟调味酒的特点是：香气正，糟香味大，浓香味好，能增进基础酒的浓香味和糟香味，口感一般较燥辣。

（2）陈酿调味酒　选用生产正常的窖池，将发酵周期延长半年到 1 年，以便生产出特殊香味的调味酒。发酵周期长的调味酒，可以提高基础酒的后味和糟香味、陈味，所以叫做陈酿调味酒。发酵周期长的调味酒，总酸、总酯含量特别高。

（3）老酒调味酒　老酒调味酒是从贮存 3 年以上的老酒中选择出来的调味酒。有些酒经过 3 年以上的贮存后，酒质变得特别醇和、浓厚，具有特殊的风格。可以有意识地贮存一些各种不同香味的酒，以便以后作调味酒用。一般说来，3～5 年的老酒，都有其一定的特点，都可以作为调味酒使用，至少可作为老酒。老酒调味酒能提高基础酒的风味和陈醇味，是调味工作中不可缺的。

（4）酒头调味酒　在生产中取用比较正常的、产品质量比较好的酒头作调味酒。有两种酒头调味酒：一种主要用于正品酒（优质酒）的调味，这种酒头调味酒主要取好的老窖和双轮底糟的酒头，然后混装一起成为一类；另一种是一般的酒头调味酒，用于中低档产品酒的调味。酒头中含有大量的芳香物质，其中低沸点成分居多。但酒头中含醛高，低沸点杂质也多，所以刚蒸出来的酒头既香又怪。酒头收集后经过一段时间的贮存，酒头中的醛类等物质，在贮存中转化和挥发，使酒中各种微量成分变化更为活跃，从而使酒头成为一种非常好的调味酒。酒头调味酒可以提高酒的前香和喷头。

从酒头的分析结果来看，酒头的总酯含量高，而且除了主要的挥发酯外，还含有较多的多元醇。总醛含量虽然不高，但主要是低沸点的乙醛，没有形成乙缩醛，所以醛杂味重。总酸含量比较低，且多为低沸点有机酸。

（5）酒尾调味酒　选用生产中产品质量较好的糟酒酒尾作为调味酒。如选用双轮底糟的酒尾或选用延长发酵期试验窖池的底糟酒酒尾等。酒尾调味酒乳酸乙酯含量高，可以提高基础酒的后味，使酒质回味长和浓厚。酒尾调味酒中亲水性强风味物质和高沸点杂质含量高，单独尝评酒尾调味酒，味和香都很特殊，但作为某些基础酒的调味是很理想的。据分析，酒尾中的乳酸乙酯、亚油酸乙酯、棕榈酸乙酯等高沸点脂肪酸乙酯既构成了酒尾中的主要酯类，也是很好的呈味物质，在贮存中还会起着有益的作用，这是酒尾调味酒的基本特征。

（6）曲香调味酒　选择质量好、曲香味大的优质小麦大曲，按 2% 的比例加入双轮底糟酒中，经充分搅拌后，密封贮存 1 年左右。小麦大曲中，尤其是高温发酵的曲块中，含有大量的各种类型氨基酸，此外还含有一定数量的 4- 乙基愈创木酚、酪醇、香草醛、阿魏酸、香草酸、丁香酸等芳香族化合物，从而起到曲块"曲香味"浸出作用。曲香调味酒带微黄色，但因其用量小，故不影响酒质。

（7）窖香调味酒　用酒将老窖泥中形成的各种成分（有机酸、酯类等物质）

浸泡出来，即称为窖香调味酒。选择质量好的老窖窖泥，按 2% ～ 5% 的用量加入双轮底糟酒中，搅拌均匀后密封贮存 1 年左右，取上层清液，下层泥脚酒可拌和在双轮底糟（或一般老酒母糟）中回蒸，蒸馏出来的双轮底糟酒或者窖糟酒，又可用作浸泡老窖泥。窖香调味酒可提高基础酒的窖香味和浓香味，老窖泥中含有较多的己酸、丁酸、己酸乙酯、丁酸乙酯等各种有机酸和酯，以及其他呈香呈味物质，可形成窖泥的特殊香味。

（8）酱香调味酒　选用一个比较小的窖池，基本上采用茅台酒的生产方法进行生产。酱香型调味酒含芳香族化合物和形成酱香风味的物质比较多，这类物质在浓香型大曲酒中虽然含量很少，但在香型的组成中，也起着很重要的作用，是必不可少的，它能使基础酒香味增加和丰满。目前，大多数酒厂都是直接从酱香型酒厂采购酱香型基酒作为酱香调味酒。

（9）酯香调味酒　在生产中可采用特殊的工艺来生产这种调味酒。其操作方法是：粮糟出甑打量水、摊晾撒曲后，堆积在场地上拍光，经 20 ～ 24h 堆积发酵后，粮糟温度达到 50℃ 左右。然后拌匀再入窖，密封发酵 45 ～ 60d，开窖蒸酒。所产的酒，含酯量很高，可达 1.2g/100mL 以上，香味大，用作调味酒可提高基础酒的前香（入口香），增进后味浓厚，是比较理想的一种酯香调味酒。

从上述调味酒的情况来看，一般都要经过 1 年以上的贮存，才能投入生产使用。

现在初步认为，在调味酒中起主要作用的微量成分有：乙缩醛、异丁醇、正丁醇、戊醇、己酸乙酯、丁酸乙酯、戊酸乙酯、乙酸、己酸、丁酸等。

三、勾兑调味方法

白酒勾兑与调味的工艺流程如图 5-14 所示。

图 5-14　白酒勾兑与调味的工艺流程

（1）原酒质量鉴评定级　检验每批（每桶或坛）蒸馏酒的酒质，测定其理化指标、感官特征和缺陷，确定其质量等级。

（2）选择和制作调味酒　在正常生产的蒸馏酒中挑选调味酒，或运用专门技术制作某项感官特征特别突出的酒，用以进行调味。

（3）基础酒小样组合　按质量要求和批量大小，从各贮酒容器中抽取样品进行组合，以确定最佳组合方案。共分为 3 个步骤：

① 选酒　根据各原酒的感官和理化检验结果，先挑若干具有优异感官特征的酒，编为一组，称为"带酒"，再在该等级酒中挑选能够互相补偿彼此缺陷的普通酒，编为一组，称为"大宗酒"，然后在下一等级的酒中挑选若干有一定优点的次等酒，作为"搭酒"。选酒时应考虑组合时可能达到的理化指标要求，并尽可能照顾到不同贮存期的酒、不同发酵期的酒、新窖酒和老窖酒、热季酒和冬季酒、各种糟醅酒的合理搭配。

② 取样　取出选定的酒样，并记录各样品代表的容器的实际酒量。

③ 小样试组合　这是勾兑的核心环节，程序如图 5-15 所示。

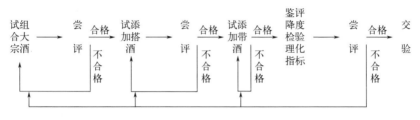

图 5-15　小样试组合程序

（4）批量组合　根据最后确定的组合方案，将各酒样所代表的各批（坛、桶）酒按"大宗酒""搭酒""带酒"的组合次序，将酒打入大型勾兑容器，每打入一组，都要充分搅拌均匀。抽取酒样与小样相比较，如有较大差异，应查明原因，进行必要调整。

（5）小样调味　通过小样的试调，确定最佳调味方案。分三步进行：第一步仔细鉴定组合酒（基础酒），找准其弱点和缺陷；第二步选取能起补偿和强化作用的调味酒；第三步试添加调味酒，反复试调、尝评，直到满意为止。

（6）批量调味　根据小样调味确定的调味方案，计算出各调味酒的总需量。将其加入勾兑容器中，充分搅拌均匀，取样尝评，应与小样调味结果一致，否则再重调。

（7）成品鉴定　每批成品酒均应由专门的质量检验部门，按出厂标准进行全面理化分析和尝评检验，合格后方可出厂。

四、勾调人员的基本要求

勾调人员在酒厂既是酒的质量检验员，又是决定产品最终出厂质量的关键人物，因此对勾调人员必须严格要求，并使勾调人员自觉做到以下几点。

（1）刻苦钻研勾调技术　勾调的技术性及艺术性都很强，既要有一定的文化知识和丰富的生产知识，又要有过硬的评酒功夫。否则，即使车间生产出的合格酒，也难以勾调成好酒并保证质量的稳定。因此，勾调员必须刻苦钻研生产、品评、勾调技术，注意积累经验，逐步提高自己的勾调技术水平。

（2）确保本厂产品质量　准确地识别基础酒和调味酒，并逐步掌握它们之间的微妙关系。每批勾兑好的酒，都应保留样品，以作对照和备查。应把好出厂酒的质量关，每批酒应与标准酒样对照，低于标准的一律不准出厂。注意酒的贮存期，名优白酒对贮存期有较严格的要求，酱香型酒应3年以上，浓香型、清香型及其他香型酒也要1年以上。未到贮存期的酒，不能勾调出厂。

（3）保证经济效益　为提高本厂经济效益，将质量稍次的酒勾调成质量较好的酒，即将档次较低的酒勾调成档次较高的酒，以增加收入。当然，这需要有过硬的勾调技术。

（4）保留合理的贮备　勾调员应对酒库的各种酒有全面的了解，做出长计划短安排。好酒，特别是调味酒要保证一定的种类和数量，这是使产品质量长期稳定的重要保证。切不可因销售情况良好就把库存的好酒全部卖空，以致影响以后酒的质量。

（5）工作细致，做好记录　这是对勾调员最基础的要求，对逐步提高勾调技术水平极有益处。

在选拔勾调员时，首要的条件就是要具有强烈的责任心和事业心。在此基础上，有计划、有目地组织勾调人员学习技术和理论，特别是要系统地学习勾调技术的基础知识，清楚地了解各种酒类的概况、各名优酒中含有的主要微量成分以及它们对白酒风格的影响。

五、计算机勾兑技术的应用

传统勾兑主要是凭借勾兑师敏锐的感官品尝技能和丰富的勾兑经验来进行的，劳动强度大，勾兑效率低，难以精确控制，很难保证白酒风味的完全一致和品质的稳定性。

所谓计算机勾兑，是将设计的基础酒标准中代表本产品特点的主要微量成分含量和测得的不同坛号合格酒的特征微量成分含量输入计算机；计算机再将代表指定坛号的合格酒中各类微量成分含量，经过特定的数学模型，通过大量计算进行优化组合，使各类微量成分含量控制在基础酒的规定范围内，达到基础酒的标准。然后勾兑人员再根据计算机给出的多组配方，经小样勾兑尝评，选择出既能满足质量要求，成本又低的配方进行大批量勾兑。

计算机勾兑使得勾兑过程更加标准化、数据化，通过勾兑前后管路的自动充气顶酒和在线流量监测实现的自动化连续勾兑，很大程度地避免了操作人员的个体差异，不仅能提高勾兑效率、降低劳动强度、确保白酒风格和品质的一致性，而且还能降低生产成本，提高经济效益。茅台酒厂通过采用自动化大容器勾兑系统，将脉冲气动调和与片式过滤系统综合应用于白酒勾兑工艺中，实现了勾兑过程监控、数据储存及信息传递的突破，提高了计量的精确性，克服了传统勾兑技术的高耗能与不均匀性，更好地保证了批次酒的稳定性和产品的原有风味，提高了生产效益。泸州老窖酒和青岛琅琊台酒通过采用计算机勾兑技术，将色谱分析技术、计算机技术与传统手工工艺结合起来，解决了人工难以解决的问题，克服了传统勾兑工艺的不稳定性，使各项指标更加量化、优化，不仅便于基础数据的储存与比较，并且还能从诸多配方中筛选出成本最低、效果最好的一种进行勾兑，从而在保证白酒品质的同时，降低生产成本。邯郸丛台酒通过气相色谱分析、计算机分析和感官评定等技术的应用，系统科学地总结了勾兑师的经验，建立了勾兑过程的数学模型，并通过计算机仿真勾兑过程，优化勾兑组合和方案，使传统勾兑工艺与现代信息技术相结合，适用于各种香型白酒的勾兑。湖北白云边酒、稻香村酒和劲牌酒采取分散处理、就地控制、集中调度管理的思路，通过过程控制中的链接与嵌入技术、现场总线技术和 JX-300X 集散控制系统（DCS）等技术的应用，在对不同勾兑环节的数据进行共享的同时，可设定勾兑过程的工艺参数，实现白酒生产过程和管理的自动控制。

计算机勾兑是与气相色谱、液相色谱等先进分析手段联系在一起的，没有快速、精确的分析测试基础，计算机勾兑就无法很好地实现其快速、精确的优越性。通过气相、液相等分析手段可以对不同的合格酒中多种特征性微量成分进行精确的定性、定量测量，得出的数据才能作为计算机进行不同的合格酒优化组合的数据源。目前，计算机勾兑技术已在全国各地大型白酒企业开发并应用，主要用于基础酒的优化组合，但更为细致的调味过程仍依赖于勾调人员完成。随着气相色谱、液相色谱等白酒分析技术的不断进步和数学建模水平的提升，计算机勾兑技术必将在白酒生产中发挥更大的作用。

六、酒体设计

所谓酒体设计，就是酿酒企业事先依据拟生产的某款或某一类型的产品形成酒体风味特征的技术要素和实现品牌价值的质量目标，设计出有效控制产品风味质量的整套技术标准和管理法规。酒体设计的一般程序如下。

（一）调查

酒体设计前的调查包括市场调查、技术调查和现有产品剖析，在此基础上形成新产品设计构想方案。

（1）市场调查　了解国内外市场对酒的品种、规格、数量、质量的需求和白酒生产企业的生产与销售情况，从现代管理学来讲就叫市场细分，分得越细，对酒体设计就越有利。

（2）技术调查　调查有关产品的生产技术现状与发展趋势，预测未来酿酒行业可能出现的新情况，为制定新产品的酒体设计方案准备第一手资料。

（3）现有产品剖析　通过对本企业现有产品生产销售情况、感官特征和理化分析，找出质量差距和销售瓶颈原因。

（4）新产品构思　根据本企业的实际生产能力、技术条件、工艺特点、库存基酒和产品质量情况，参照国内外名优畅销酒的特色和人们饮用习惯的变化情况进行新产品的构思。

（二）酒体设计方案的来源与筛选

酒体设计的构思创意来自于用户（消费者）、本企业员工和专业科研人员。

（1）消费者　要通过各种渠道掌握消费者的需求，了解消费者的消费趋向，广泛征求消费者对原产品的改进建议，同时要注意不同地区消费者对产品的不同要求。

（2）企业员工　要鼓励企业员工勇于提出新产品酒体设计方案的创意，尤其是要认真听取销售人员和技术服务人员的意见。

（3）专业科研人员　专业科研人员知识丰富，了解的信息和收集的资料、数据科学准确，要充分发挥他们具有的专业知识的作用，鼓励他们对新产品酒体方案进行创新。

对收集到的众多方案进行对比，通过细致的分析筛选，选择几个合理可行的方案，在此基础上进行新产品的酒体设计。酒体设计方案的内容包括：①产品的风格特色；②产品要达到的质量标准，包括理化、卫生、安全指标；③产品的结构形式；④形成酒体风味质量的关键技术和生产工艺。

（三）新产品酒体设计的决策

为了保证新产品开发的成功，需要把初步入选的设计创意，同时准备成几个新产品的设计方案，然后进行新产品酒体设计方案的论证决策。决策的任务是对不同方案进行技术经济论证和比较，从中选择最佳方案。衡量一个方案是否合理，主要是看它是否有价值（功能／成本）。有5种途径可使产品价值更高：功能一定，成本降低；成本一定，功能提高；增加一定的成本，功能大幅提高；既降低成本，又提高功能；功能稍有下降，成本大幅下降。

（四）样品试制与鉴定

按照新产品酒体设计方案中酒体风味质量的理化和感官技术指标，反复调试初制样品，确定微量香味成分的含量及其量比关系参数，制定合格酒和基础酒的质量标准、调味酒的种类及标准，最终形成新产品的试制样品和风味质量各项指标，并得出技术鉴定结论。

第六章

大曲酒生产技术

　　大曲酒，顾名思义，是以大曲为糖化发酵剂生产的各种香型的白酒的总称，是我国特有的蒸馏白酒。大曲酒包括浓香、清香、酱香、凤香、特香、兼香、老白干香、芝麻香型酒。由于白酒消费的民族性、地区性及习惯性，各种香型大曲酒的生产也具有明显的地域性。一般浓香型酒以四川省及华东地区为多；清香型酒以山西省及华北、东北、西北地区为主；酱香型酒以贵州省为主；凤香型酒以陕西省为主；兼香型酒产于湖北、黑龙江省；特香型产于江西省。本章将就各种香型的大曲酒的生产工艺分别予以介绍。

第一节　浓香型大曲酒

一、浓香型大曲酒概述

（一）浓香型大曲酒的工艺特点

　　浓香型大曲酒是以粱谷为原料，采用浓香大曲为糖化发酵剂，经泥窖固态发酵，固态蒸馏，陈酿、勾调而成的，不直接或间接添加食用酒精及非自身发酵产生的呈色呈香呈味物质的白酒。整个浓香型大曲酒的酒体特征体现为窖香浓郁，绵软甘洌，香味协调，尾净余长。

　　浓香型大曲酒酿造工艺的基本特点为：以高粱为制酒原料，以优质小麦、大麦和豌豆等为制曲原料制得中、高温曲，泥窖固态发酵，续糟（或糁）配料，混蒸混烧，量质摘酒，原酒贮存，精心勾兑。其中最能体现浓香型大曲酒酿造工艺独特之处的是"泥窖固态发酵，续糟（或糁）配料，混蒸混烧"。

　　所谓"泥窖"，即用泥料制作而成的窖池。就其在浓香型大曲酒生产中所起的作用而言，除了作为蓄积酒醅进行发酵的容器外，泥窖还与浓香型大曲酒中各种呈香呈味物质的生成密切相关。因而泥窖固态发酵是浓香型大曲酒酿造工艺的特点之一。

不同香型大曲酒在生产中采用的配料方法不尽相同，浓香型大曲酒生产工艺中采用续糟配料。所谓续糟配料，就是在原出窖糟醅中，投入一定数量的新酿酒原料和一定数量的填充辅料，拌和均匀进行蒸煮。每轮发酵结束，均如此操作。这样，一个发酵池内的发酵糟醅，既添入一部分新料、排出一部分旧料，又使得一部分旧糟醅得以循环使用，形成浓香型大曲酒特有的"万年糟"。这样的配料方法，是浓香型大曲酒酿造工艺特点之二。

所谓混蒸混烧，是指在要进行蒸馏取酒的糟醅中按比例加入原、辅料，通过人工操作将物料装入甑桶，先缓火蒸馏取酒，后加大火力进一步糊化原料。在同一蒸馏甑桶内，采取先以取酒为主，后以蒸粮为主的工艺方法，这是浓香型大曲酒酿造工艺特点之三。

在浓香型大曲酒生产过程中，还必须重视"匀、透、适、稳、准、细、净、低"的八字诀。

匀，指在操作上，拌和糟醅、物料上甑、泼打量水、摊晾下曲、入窖温度等均要做到均匀一致。

透，指在润粮过程中，原料高粱要充分吸水润透；高粱在蒸煮糊化过程中要熟透。

适，则指糠壳用量、水分、酸度、淀粉浓度、大曲加量等入窖条件，都要做到适宜于与酿酒有关的各种微生物的正常繁殖生长，这才有利于糖化、发酵。

稳，指入窖、转排配料要稳当，切忌大起大落。

准，指执行工艺操作规程必须准确，化验分析数据要准确，掌握工艺条件变化要准确，各种原辅料计量要准确。

细，凡各种酿酒操作及设备使用等，一定要细致而不粗心。

净，指酿酒生产场地、各种工用器具、设备乃至糟醅、原料、辅料、大曲、生产用水都要清洁干净。

低，则指填充辅料、量水尽量低限使用；入窖糟醅，尽量做到低温入窖，缓慢发酵。

(二) 发酵窖池

1. 窖池建造

窖池的形状和大小应根据生产需要和最大限度利用窖体表面积（尤其是底面积）来进行设计。窖的容积大小是与甑桶容积相适应的，窖容又与投料量和工艺要求相关联。窖容越大，单位体积酒醅占有的窖体表面积就相对减少。窖的表面积与窖的长和宽之比密切相关，当两者之比为1:1时，窖墙的总面积最小（即正方形），两者之比越大，总面积越大，为便于起窖、入窖、刨斗操作，一般长宽比在（1.6～2.0）：1为宜。设计窖池可选取长3.5～4.0m，宽1.5～2m的比例。窖深以1.8～2.0m比较合理。在窖池形状、大小设计时应充分考虑这三者的关系和生产安排，即设计能力。各地窖形和大小不统一，有窖深达3m的，也有1.6m深的；甑容也不一样，大的在2.5m³以上，小的只有1.0m³多。窖容大小应与投粮量、粮糟比、每窖甑数（包括粮糟、红糟、双轮底糟等）配套。

窖池的使用效果和年限与建窖材料的选择、环境条件有十分密切的关系。对于外部条件较差的地方就应该对其做防水处理，将地下水、地表水与窖池隔绝，使窖池形成一个小环境。建窖的材料包括两种：一种是以土、泥为主体，一种是以砖、石为主体。以泥土为主的为佳。建窖的方法包括两大种：一种以泥为主体，层层垒上；一种以砖、石为主体，砌成墙状，外面涂窖泥。

建窖包括窖埂和窖底两部分。现以四川某名酒厂的建窖方式为例作一介绍。主要材料为：黄泥、石灰、碎石。将几种材料按一定比例混合，加水使其达到一定的含水量，然后按照15°斜度的原则，用两板相挟，一层一层夯紧往上升；其间每隔10～15cm，加一些竹篾墙筋，以增加其黏合力和抗膨胀力。每个交换处都应重叠，表面用石板或水泥板盖上。窖底用黄泥填至30cm，再放人工培养窖泥。窖泥涂抹窖壁和窖底，窖泥涂抹厚度要求为：窖壁10～15cm，窖底20～30cm。

2．窖泥的培养与维护

浓香型白酒多以人工窖泥、泥质老窖固态续糟发酵为主。浓香型大曲酒具有显著区别于其他香型的典型特征——独特的"泥窖生香、续糟配料"工艺，讲求"千年老窖万年母糟"，优良的酒质，与窖池窖龄有关。发酵池是泥质老窖，窖龄越长，各类微生物聚集越多，种类越丰富，老窖的质量越好，酿出的酒越香。窖泥的不当使用以及缺少养护，都会导致窖泥出现不同程度的退化或老化，严重影响浓香型白酒的质量和产量。因此要提高浓香型大曲酒的质量，窖泥的培养与维护是一项极其重要的技术措施。

窖泥原料选择的原则是：根据人工培窖的理论依据，结合各种原料的有效成分，尽量选用酒厂生产的下脚料，减少外添加物质，以较小的投入成本换取较大效益的产出，以最佳配比缩短培泥老熟时间。

（1）黄泥（优质泥） 要求黏性好、杂质少、基本无沙石，pH值为中性偏酸，晾干后粉碎使用。优质泥是肥田泥或藕塘泥，沥水晒干粉碎。

（2）窖皮泥 是制作人工窖泥的主要基质。要求有一定的窖皮泥香味，色泽泛黑，无霉臭异味，含糟量尽可能少，黏性较好，最好选用1年以上的窖皮泥。

（3）老窖泥（接种泥） 是制作混合菌液和提供菌源不可替代的物质，是发酵时间长且正常窖泥底部泥和下半部窖壁泥。最好用老窖泥。

（4）黄浆水 内含有机酸、乙醇、腐殖质的前体物质、酵母自溶物质及大量的酿酒、窖泥微生物。黄水要求色泽呈金黄色或菜油色，悬丝较好，酸度不宜过大，这是制作酯化液、己酸菌培养液、混合培养液的基础物质。

（5）大曲粉　内含大量的酿酒功能菌及淀粉。培泥初期，它对泥土起接种作用，以后曲粉中微生物大量死亡，形成菌体自溶物，供土壤微生物使用。所含淀粉可逐渐转化为腐殖质，也为细菌利用。同时增加窖泥中的香味。

（6）活性淤泥　最好为酿酒车间、制曲车间暗沟里的淤泥，它主要是车间清洗工具、设备、场地时沉淀的酒糟、窖泥、曲粉、麦粉以及酒稍子、底锅水等物质的混合发酵产物，含有丰富的厌氧或兼性厌氧微生物（如甲烷菌等）。取出后晒干备用。

（7）泥炭　泥炭含有丰富的腐殖质，含量一般在30%以上，可分为草原泥炭和高原泥炭两种。培养窖泥以草原泥炭为好。

（8）酒糟　包括母糟、粮糟和丢糟。最好晒干粉碎后使用。主要是为窖泥提供营养和疏松介质。

（9）营养物　包括 N、P、K 等。

人工老窖泥的培养主要依据是：按照兼性芽孢杆菌（己酸菌等窖泥功能菌）的生存条件，用人工合成的方法使窖泥更能适应微生物的生存和繁殖；合理搭配N、P、K、腐殖质、微量金属元素、水分等营养成分，严格控制培养温度等外界因素的影响。人工培泥的方法主要有两种，即纯种培养和混合培养。所谓纯种培养就是用己酸菌培养液、酯化液、乙醇、大曲粉等物质与所需干原辅料拌匀至柔熟，然后入池发酵，保温 32 ～ 35℃，1 ～ 3 个月培养完成。混合培养就是湿料经三级堆积培养，采用纯种液与混合菌液，逐步增加营养成分的方法。此法培养期较长，一般需 3 ～ 4 个月，其优点是可以全部采用本厂下脚料，成本较低。

（三）浓香型大曲酒的流派

我国白酒风格的形成，原料是前提，曲子是基础，制酒工艺是关键。苏、鲁、皖、豫等省生产的浓香型大曲酒，与川酒在酿造工艺上虽都遵从"泥窖固态发酵，续糟（糙）配料，混蒸混烧"的基本工艺要求，同属于以己酸乙酯为主体香味成分的浓香型白酒，但由于生产原料、制曲原料及配比、生产工艺等方面的差异，再加上地理环境等因素的影响，出现了不同的风格特征，形成了两大不同的流派。

四川的浓香型大曲酒以五粮液、泸州老窖特曲、剑南春、全兴大曲、沱牌曲酒等为代表，大多以糯高粱或粮谷为原料，特别是五粮液和剑南春酒都是以高粱、大米、糯米、小麦和玉米为原料，沱牌曲酒以高粱和糯米为原料，制曲原料为小麦。生产工艺上采用的是原窖法和跑窖法工艺，发酵周期为60 ～ 90d，加上川东、川南地区的亚热带湿润季风气候，形成了"浓中带陈型"或"浓中带酱型"流派。

苏、鲁、皖、豫等省生产的浓香型大曲酒以洋河大曲、双沟大曲、古井贡酒、宋河粮液等为代表，大多采用粳高粱为原料，制曲原料为大麦、小麦和豌豆，采用混烧老五甑法工艺，发酵周期为 45～60d，加上地理环境因素的影响（与四川地区相比，湿度相对较低，日照时间长），形成了"纯浓香型"或称"淡浓香型"流派。

（四）浓香型大曲酒的基本生产工艺类型

1. 原窖法工艺

原窖法工艺，又称为原窖分层堆糟法。采用该工艺类型生产浓香型大曲酒的厂家，有泸州老窖、全兴大曲等。

所谓原窖分层堆糟，原窖就是指本窖的发酵糟醅经过加原辅料后，再经蒸煮糊化、泼打量水、摊晾下曲后仍然放回到原来的窖池内密封发酵。分层堆糟是指窖内发酵完毕的糟醅在出窖时须按面糟、母糟两层分开出窖。面糟出窖时单独堆放，蒸酒后作扔糟处理。面糟下面的母糟在出窖时按由上而下的次序逐层从窖内取出，一层压一层地堆放在堆糟坝上，即上层母糟铺在下面，下层母糟覆盖在上面，配料蒸馏时，每甑母糟的取法像切豆腐块一样，一方一方地挖出母糟，然后拌料蒸酒蒸粮，待撒曲后仍投回原窖池进行发酵。由于拌入粮粉和糠壳，每窖最后多出来的母糟不再投粮，蒸酒后得红糟，红糟下曲后覆盖在已入原窖的母糟上面，成为面糟。

原窖法的工艺特点可总结为：面糟母糟分开堆放，母糟分层出窖、层压层堆放，配料时各层母糟混合使用，下曲后糟醅回原窖发酵，入窖后全窖母糟风格一致。

原窖法工艺是在老窖生产的基础上发展起来的，它强调窖池的等级质量，强调保持本窖母糟风格，避免不同窖池，特别是新老窖池母糟的相互串换，所以俗称"千年老窖万年糟"。在每排生产中，同一窖池的母糟上下层混合拌料，蒸馏入窖，使全窖的母糟风格保持一致，全窖的酒质保持一致。

2. 跑窖法工艺

跑窖法工艺又称跑窖分层蒸馏法工艺。使用该工艺类型生产的，以四川宜宾五粮液最为著名。

所谓"跑窖"，就是在生产时先有一个空着的窖池，然后把另一个窖内已经发酵完成的糟醅取出，通过加原料、辅料、蒸馏取酒、糊化、泼打量水、摊晾冷却、下曲粉后装入预先准备好的空窖池中，而不再将发酵糟醅装回原窖。全部发酵糟蒸馏完毕后，这个窖池即成为一个空窖，而原来的空窖则盛满了入窖糟醅，再密封发酵。依此类推的方法称为跑窖法。

跑窖不用分层堆糟，窖内的发酵糟醅可逐甑逐甑地取出进行蒸馏，而不像原窖法那样不同层的母糟混合蒸馏，故称为分层蒸馏。

概括该工艺的特点是：一个窖的糟醅在下一轮发酵时装入另一个窖池（空窖），不取出发酵糟进行分层堆糟，而是逐甑取出分层蒸馏。

跑窖法工艺中往往是窖上层的发酵糟醅通过蒸煮后，变成窖下层的粮糟或者红糟，有利于调整酸度，提高酒质。分层蒸馏有利于量质摘酒、分级并坛等提高酒质的措施的实施。跑窖法工艺无需堆糟，劳动强度小，酒精挥发损失小，但不利于培养糟醅，故不适合发酵周期较短的窖池。

3. 混烧老五甑法工艺

所谓混烧老五甑法工艺，混烧是指原料与出窖的香醅在同一个甑桶同时蒸馏和蒸煮糊化。五甑操作法是指，在窖内有 4 甑发酵糟醅，即 2 甑大糙、1 甑小糙和 1 甑回糟，这 4 甑发酵糟醅出窖后再配成 5 甑进行蒸馏，蒸馏后 1 甑为扔糟，4 甑入窖发酵。具体做法为：回糟不加原料直接蒸酒而得扔糟，不再入窖发酵；1 甑小也不加原料直接蒸酒，但蒸酒后加入曲粉，重新入窖发酵而成为下排回糟；2 甑大加入粮粉重新配成 3 甑，这 3 甑中 1 甑加入占总粮粉量 20% 左右的新料，蒸酒蒸粮后加入曲粉入窖发酵而得下排小，另外 2 甑各加入 40% 左右新料，蒸酒蒸粮后加入曲粉入窖发酵而得下排的 2 甑大。按此方式循环操作的五甑操作法，即称为老五甑法。

对于刚投产的新窖而言，需要经过从立到圆排的生产程序才能转入正常的五甑循环操作。首先是立排，共做 2 甑，在新原料中配入来自其他老窖池的酒醅或酒糟 2～3 倍，加入适量辅料，蒸煮糊化，泼打量水，摊晾后下曲入窖发酵；第二排时，将首排发酵完毕的 2 甑糟醅做成 3 甑，1 甑中加入占总粮粉量 20% 左右的新料，蒸酒蒸粮后加入曲粉入窖发酵而得 1 甑小，另外 2 甑各加入 40% 左右新料，蒸酒蒸粮后加入曲粉入窖发酵得 2 甑大；第三排时，共做 4 甑，将第二排得到的 1 甑小不加新原料，蒸馏后直接入窖发酵成为回糟，将第二排得到的 2 甑大按照第二排中的操作方法重新配成 2 甑大和 1 甑小；第四排称圆排，将第三排得到的回糟蒸酒后作丢糟处理，将第三排得到 1 甑小和 2 甑大按第三排的方法配成 1 甑回糟、1 甑小和 2 甑大。这样，自圆排始，以后的操作即转入正常的五甑循环操作。

老五甑工艺具有"养糟挤回"的特点。窖池体积小，糟醅与窖泥的接触面积大，有利于培养糟醅，提高酒质，此谓"养糟"；淀粉浓度从大糙、小糙到回糟逐渐变稀，残余淀粉被充分利用，出酒率高，又谓"挤回"。此外，老五甑工艺还有一个明显的特点，即不打黄水坑，不滴窖。

二、泸州大曲酒生产工艺

泸州大曲酒产于四川省泸州市泸州酒厂。该酒以高温小麦曲为糖化发酵剂，以当地产的糯高粱为原料，以稻壳为辅料。采用熟糠拌料、低温发酵、回酒发酵、双轮底糟发酵、续糟混蒸等工艺。其生产工艺流程如图6-1所示。

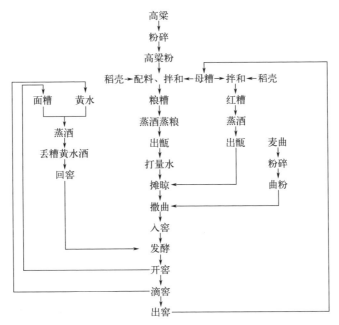

图 6-1　泸州大曲酒生产工艺流程

（一）原料

1．原辅料质量要求

高粱要求成熟饱满，干净，淀粉含量高；麦曲要白洁质硬、内部干燥、曲香浓；稻壳要新鲜干燥，金黄色，无霉变、无异味。

2．原辅料处理

酿酒原料须先粉碎，使淀粉颗粒暴露出来，扩大蒸煮糊化湿淀粉的受热面积和与微生物的接触面积，为糖化发酵创造条件。粉碎程度以通过 20 目筛孔的占 70% 左右为宜。粉碎度不够，蒸煮糊化不够，曲子作用不彻底，造成出酒率低；粉碎过细，蒸煮时易压气，酒醅发腻，会加大糠壳用量，影响成品酒的风味质量。加之大曲酒采用续糟配料，糟醅经多次发酵，因此高粱也无需粉碎较细。

要对生产上使用的糠壳进行清蒸，驱除其生糠味。

大曲在使用前要经过粉碎。曲粉的粉碎程度以未通过 20 目筛孔的占 70% 为宜。如果粉碎过细，会造成糖化发酵速度过快，发酵没有后劲；若过粗，接触面积小，糖化速度慢，影响出酒率。

（二）开窖起糟

开窖起糟时要按照剥窖皮、起丢糟、起上层母糟、滴窖、起下层母糟的顺序进行。操作时要注意做好各步骤之间、各种糟醅之间的卫生清洁工作，避免交叉污染。滴窖时要注意滴窖时间，以10h左右为宜，时间过长或过短，均会影响母糟含水量。起糟时要注意不触伤窖池，不使窖壁、窖底的老窖泥脱落。

在滴窖期间，要对该窖的母糟、黄水进行技术鉴定，以确定本排配料方案及采取的措施。

（三）配料与润粮

浓香型大曲酒的配料，采用的是续糟配料法。即在发酵好的糟醅中投入原料、辅料进行混合蒸煮，出甑后，摊晾下曲，入窖发酵。因是连续、循环使用，故工艺上称为续糟配料。续糟配料可以调节糟醅酸度，既利于淀粉的糊化和糖化，适合发酵所需，又可抑制杂菌生长，促进酸的正常循环。续糟配料还可以调节入窖粮糟的淀粉含量，使酵母菌在一定的酒精浓度和适宜的温度条件下生长繁殖。

每甑投入原料的多少，视甑桶的容积而定。比较科学的粮糟比例一般是1∶（3.5～5），以1∶4.5左右为宜。辅料的用量，应根据原料的多少来定。正常的辅料糠壳用量为原料淀粉量的18%～24%。

量水的用量，也是以原料量来确定。正常的量水用量为原料量的80%～100%。这样可保证糟醅含水量在53%～55%之间，才能使糟醅正常发酵。

在蒸酒蒸粮前50～60min，要将一定数量的发酵糟醅和原料高粱粉按比例充分拌和，盖上熟糠，堆积润粮。润粮可使淀粉能够充分吸收糟醅中的水分，以利于淀粉糊化。在上甑前10～15min进行第二次拌和，将稻壳拌匀，收堆，准备上甑。配料时，切忌粮粉与稻壳同时混入，以免粮粉装入稻壳内，拌和不匀，不易糊化。拌和时要低翻快拌，以减少酒精挥发。

除拌和粮糟外，还要拌和红糟（下排是丢糟）。红糟不加原料，在上甑10min前加糠壳拌匀。加入的糠壳量依据红糟的水分大小来决定。

（四）蒸酒蒸粮

1．蒸面糟

先将底锅洗净，加够底锅水，并倒入黄浆水，然后按上甑操作要点上甑蒸酒，蒸得的酒为"丢糟黄浆水酒"。

2．蒸粮糟

蒸丢糟黄浆水后的底锅要彻底洗净，然后加水，换上专门的蒸粮糟的蒸箅，上甑蒸酒。开始流酒时应截去"酒头"，然后量质摘酒。蒸酒时要求缓火蒸酒，断花摘酒。酒尾要用专门容器盛接。

蒸酒断尾后，应该加大火力进行蒸粮，以达到淀粉糊化和降低酸度的目的。蒸粮时间从流酒到出甑为60～70min。对蒸粮的要求是达到"熟而不黏，内无生心"，也就是既要蒸熟蒸透，又不起疙瘩。

3．蒸红糟

由于每次要加入粮粉、曲粉和稻壳等新料，所以每窖都要增长 25%～30% 的甑口，增长的甑口，全部作为红糟。红糟不加粮，蒸馏后不打量水，作封窖的面糟。

（五）入窖发酵

1．打量水

粮糟出甑后，堆在甑边，立即打入 85℃ 以上的热水。出甑粮糟虽在蒸粮过程中吸收了一定的水分，但尚不能达到入窖最适宜的水分要求，因此必须进行打量水操作，增加其水分含量，以利于正常发酵。量水的温度要求不低于 80℃，才能使水中杂菌钝化，同时促进淀粉细胞粒迅速吸收水分，使其进一步糊化。所以，量水温度越高越好。量水温度过低，泼入粮糟后将大部分浮于糟的表面，吸收不到粉粒的内部，入窖后水分很快沉于窖底，造成上层糟醅干燥，下层糟醅水分过大的现象。

2．摊晾撒曲

摊晾也称扬冷，是使出甑的粮糟迅速均匀地降温至入窖温度，并尽可能地促使糟子的挥发酸和表面水分挥发。但是不能摊晾太久，以免感染更多杂菌。摊晾操作，传统上是在晾堂上进行，后逐步被晾糟机等机械设备代替，使得摊晾时间有所缩短。对于晾糟机的操作，要求撒铺均匀，甩撒无疙瘩，厚薄均匀。

晾凉后的粮糟即可撒曲。每 100kg 粮粉下曲 18～22kg，每甑红糟下曲 6～7.5kg，随气温冷热有所增减。曲子用量过少，发酵不完全；过多则糖化发酵快，升温高而猛，有利于杂菌生长繁殖。下曲温度根据入窖温度、气温变化等灵活掌握，一般在冬季比地温高 3～6℃，夏季与地温相同或高 1℃。

3．入窖发酵

摊晾撒曲完毕后即可入窖。在糟醅达到入窖温度时，将其运入窖内。老窖容积约为 10m³，以 6～8m³ 为最好。入窖时，每窖装底糟 2～3 甑，其品温为 20～21℃；粮糟品温为 18～19℃；红糟的品温比粮糟高 5～8℃。每入一甑即扒平踩紧。全窖粮糟装完后，再扒平，踩窖。要求粮糟与地面相平，不铺出坝外，踩好。红糟应该完全装在粮糟的表面。

装完红糟后，将糟面拍光，将窖池周围清扫干净，随后用窖皮泥封窖。封窖的目的在于杜绝空气和杂菌侵入，同时抑制窖内好氧性细菌的生长代谢，也避免了酵母菌在空气充足时大量消耗可发酵性糖，影响正常的酒精发酵。因此，严密封窖是十分必要的。

4．发酵管理

窖池封闭进入发酵阶段后，要对窖池进行严格的发酵管理工作。在清窖的同时，还要进行看吹口、观察温度、看跌头等工作，并详细进行记录，以积累资料，逐步掌握发酵规律，从而指导生产。

三、其他浓香型大曲酒生产工艺简介

（一）五粮液

五粮液是中国五粮浓香型白酒的典型代表，产于四川省宜宾市。五粮液风味独特，其特点是："香气悠久，喷香浓郁，味醇厚，入口甘美，入喉净爽，各味协调，恰到好处"。五粮液以中偏高温包包大曲酿造，采用五粮配方、分层入窖、跑窖循环、双轮底发酵、分层起糟、分层蒸馏等工艺。

1. 工艺流程

五粮液的工艺流程如图6-2所示。

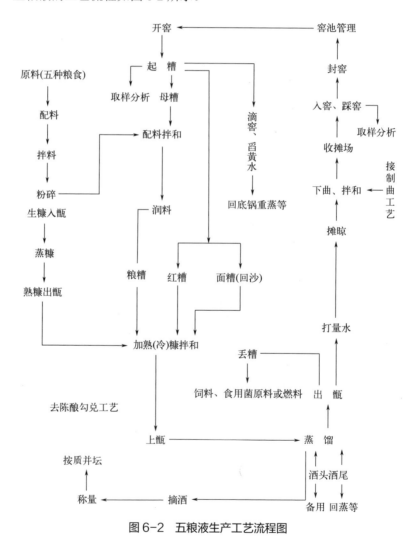

图6-2　五粮液生产工艺流程图

2．配料

（1）原料配方　原料配方如表6-1所示。

表6-1　原料配方

品名	高粱	大米	糯米	小麦	玉米
配方	36%	22%	18%	16%	8%

（2）规程　①配料按高粱、大米、糯米、小麦、玉米先多后少原则依次运至拌料场地。②将符合要求的粮食倒于拌料场。

3．粉碎

高粱、大米、糯米、小麦粉碎为四、六、八瓣，玉米粉碎颗粒大小相当于前四种，五种混合粮粉能通过20目孔筛的细粉不超过20%；前四种不得有整粒存在，玉米不得有大于四分之一粒者存在。

4．配料拌和

（1）技术指标　①配料按规定，准确、稳定。②拌和后无灰包疙瘩，杜绝白粉子。③拌和次数2次以上。

（2）规程　①配料前解开粮粉口袋检查粮粉是否霉烂、变质等。②按规定要求投粮，将粮粉倒在糟醅堆上。③上甑前1h拌和，第一甑可半小时拌和。④拌和时一人挖耙梳，两人用铁锨同时对翻，拌和2次以上。

（3）注意事项　①根据母糟干湿情况，拌料时可适当加入冷水（宜少），亦可不加冷水。②使用耙梳的人不宜多移动。

5．润料

（1）技术指标　润粮时间60～75min，粮粉变色。

（2）规程　拌匀后堆积。

（3）注意事项　底层湿糟醅，可适当缩短润料时间。

6．加熟（冷）糠拌和

（1）技术指标　①加糠量（以混合粮粉质量计）23%～27%。②拌和均匀，糠壳无堆、团现象（拌和2～3次）。

（2）规程　①上甑5～10min以前将糠壳按规定用量用端撮量取倒于糟醅堆上。②拌和时，一人挖耙梳，两人用铁锨同时对翻。

（3）注意事项　①用糠量据母糟状况在工艺条件范围内进行调整。②拌和后，糠壳无堆、团现象。③红糟、面糟用糠量视母糟状况确定，尽量少用。④严禁使用生糠、热糠。

7．上甑

（1）技术指标　①轻撒匀铺。②上甑蒸汽压力：0.03～0.05MPa。③上甑至穿盖盘时间：≥35min。

（2）规程　①若需重蒸酒尾，则先将酒尾（黄水）倒入底锅中，出甑（石甑）前抽水掺入底锅，待出甑完毕时，再倒酒尾（或黄水）于底锅中。②将活动甑底关好，然后安入归位，安稳安平（将石甑内糟铲出铲尽）。③先上甑待甑内糟醅铺满甑底（3～5cm）后，开启加热蒸汽（石甑上甑时加大火力，流完酒后，再加大火力蒸粮）。④继续探汽上甑，快上满甑时关小汽门。⑤满甑后用木刮将甑内糟醅刮成中低边高。⑥刮后穿（见）汽盖盘。⑦接上过汽弯管。⑧掺满甑沿、弯管两接头处关口的密封水。

（3）注意事项　①上甑时要轻撒匀铺，不可"一气呵成"，不得起堆塌汽。②上甑时蒸汽不宜开得过大，上甑太快。③无跑冒酒汽现象。④关甑底开关时，倒酒尾（黄水）于底锅时应注意安全。⑤每次上甑完毕立即清扫堆糟场地。⑥规程中④和注意事项中第③、⑤条非活动甑除外，其余各条通用，括号内特指非活动甑。

8．蒸馏摘酒

（1）技术指标　①缓汽（火）流酒，大汽（火）蒸粮。②熟粮标准：内无生心，糊化彻底，熟而不黏。③酒头量：0.5kg 左右。④蒸汽压力：流酒时 ≤0.03MPa，蒸粮时 0.03～0.05MPa。⑤流酒速度：2～2.5kg/min。⑥流酒温度：20～30℃。⑦流酒至出甑时间≥40min。

（2）规程　①开始流酒时，酒中低沸点和其他特殊物质多，适当摘去酒头，酒头可作它用。②根据酒质优劣（质量）摘酒。③流酒断"花"时，将酒尾另用厄子接装，备下甑重蒸或作它用。④盛酒厄子用摘酒帕（干净卫生）搭盖厄子口。⑤将酒挑入酒库称量按质并坛。

（3）注意事项　①摘酒前将酒厄子、摘酒帕清洗干净备用，酒厄子内不得有异杂物。②摘酒不离人，边摘边尝。③严禁用指头蘸酒品尝，必须使用干净的酒杯接（舀）酒品尝。④摘酒完毕必须用摘酒帕搭盖酒厄子口。⑤酒尾必须接尽，减少损失。

9．按质并坛

（1）半成品酒　特级、一级、二级、三级。

（2）规程　①送酒进仓库时称量入账，然后分等级按质并坛。②倒酒前先检查坛子内外是否清洁、完好，有无渗漏现象。③值班收酒员随送酒人员一起倒酒，倒酒完毕后，在坛口搭盖上数层厚的草纸，然后把坛盖盖好。

（3）注意事项　①倒酒时必须将漏斗（敞子）放在坛口上。②收酒员必须把各小组装酒的坛子记好、记准，随时检查所管坛子是否完好。③收酒员必须把当日所产各类酒，按要求报送生产管理部。④收酒员必须负责本库区的清洁卫生。⑤当班收酒员必须检查本库区的安全设施、防火设施，发现问题及时处理。

10．打量水

（1）技术指标　①量水温度 95 ～ 100℃（不低于 95℃）。②量水用量以该甑所投混合粮粉质量的 75% ～ 90% 计。③堆闷（打量水之后）时间：3 ～ 8min。

（2）规程　①出甑前，将酿酒冷却过程中产生的间接冷却水（水温约为80 ～ 85℃）抽取至盛放量水的专用容器中，继续输入蒸汽加热使冷却水升温至沸点（水温约为 100°C），使其沸腾后的冷却水与出甑糟醅的温度基本一致。②将量水桶打满量水，提至出甑糟醅堆，均匀地泼洒在酒糟夹堆上。③打量水后堆闷让其充分吸水。

（3）注意事项　①量水温度必须达到 95℃以上。②量水抽出后，必须立即出甑（特别在寒冷的季节）及时打量水。③严禁打竹筒水，严禁量水遍地流失（量水不入糟醅堆）。④严禁香皂、肥皂等异物污染水桶、沸点量水容器、量水桶，严禁将带有香皂的毛巾等在水桶内蘸水或搓洗，保持冷却水的清洁卫生。⑤量水桶内外必须清洁。⑥红糟用量水视其母糟情况而定，控制入窖水分51% ～ 53%。

11．下曲、拌和

（1）技术指标　①曲药用量（以该甑所投混合粮粉质量计）20%。②下曲温度（摊晾调整后的温度）：地温在 20℃以下时，16 ～ 20℃；地温在 20℃以上时，与地温相同。③拌和均匀，曲粉无堆团现象。

（2）规程　①解开曲药口袋，检查曲药是否受潮、变质等。②将曲药倒在凉糟床两边地上，用铁锹铲起均匀地撒在糟醅上（用小端撮量取，均匀撒在凉糟床上）。③用铁锹将曲药铲起均匀地翻划入糟醅中。

（3）注意事项　①下曲药时，要求做到低撒匀铺，避免和减少挥扬损失。②将地上曲药尽量占净，减少损失。③下曲时和下曲后不得再开启排风扇。④拌和彻底、均匀，无曲药堆、团现象。⑤所用曲药不准贮存太多，最好当日所用当日运曲。

12．入窖踩窖

（1）技术指标　①入窖温度：地温在 20℃以下时，19 ～ 20℃；地温在 20℃以上时，与地温相同。②各点温差≤ 1℃。

（2）规程　①打开吊斗开关，将斗内糟醅卸入窖池内（用手推车将糟醅运至窖池）。②关上吊斗开关，吊斗由行车运走（将糟醅倒入窖池）。③迅速将窖池内糟醅挖平。④找五个测温点（四个角附近和中间）踏紧后插上温度计。⑤踩窖（小窖逐甑踩，大窖视其情况可每两甑踩）沿四周至中间，气温炎热时一足复一足密踩，气温寒冷时下层湿糟醅可稀踩。⑥检查各点温度，做好记录。⑦需留"双轮底"发酵的窖池，应将留"双轮底"的糟醅黄水滴干后，起糟吊出窖，待窖内其余糟醅起完后，将此"双轮底"糟醅在不蒸馏的情况下放入窖池底部，放上隔篾，再一次发酵。⑧窖池按规定装满粮糟甑数以后踩紧抹光，放上隔篾，再做一甑红糟覆盖在粮糟上并踩紧抹光。

（3）注意事项　①入窖（空窖）前必须清扫窖池卫生。②卸糟醅时务必检查窖内有无异杂物。③糟醅入窖后，不能掉入异杂物。④红糟必须把下层粮糟封盖好。⑤保存好每口窖池入窖糟醅化验数据报告单。⑥做好当天入窖情况记录。

（4）糟醅入窖条件　如表6-2所示。

表6-2　糟醅入窖条件

气温	入窖条件		
	水分 /%	酸度 /（mmol/10g）	淀粉 /%
气温较低	50～52	1.3～1.8	20～22
气温较高	52～54	1.5～2.8	18～20

13．窖池管理

（1）技术指标　清洁、卫生，无裂口。

（2）规程　①封窖以后15d内必须每天清窖，避免裂口。②用温度较高的热水调新鲜黄泥泥浆淋洒窖帽表面，保持窖帽滋润不干裂、不生霉。

（3）注意事项　①窖帽表面必须保持清洁，无异杂物。②窖帽上不得出现裂口，若出现裂口应及时清理，避免透气、跑香和烂糟。③封窖后15d内必须每天坚持清窖，15d以后保持不裂口。④经常检查窖帽，若有鼠洞、人为损伤、机械损伤等则应及时修补并查找原因设法杜绝。

（二）洋河大曲

产于江苏省宿迁市，已有1300多年的历史。具有"芳香浓郁，入口绵甜，干爽味净，以甘为主，香甜交错，酒质细腻，酒味调和"的独特风格，素以"甜、绵、软、净、香"著称于世。

洋河大曲以当地"美人泉"的水和高粱为原料酿酒。用特制中温大曲，这种大曲按小麦70%、大麦20%、豌豆10%的比例配料。采用改进的老五甑生产工艺，老窖发酵。原料与糟醅配比为1∶（4.5～5），用曲量为原料的22%～24%，辅料糠壳用量为原料的10%～12%，入窖水分为54%～56%。发酵周期：最长达180d，最短70d，每年芒种压窖，白露开窖，超长发酵周期使得酒醅与老窖充分接触，缓慢发酵，酒体窖香突出，醇甜绵厚，回味悠长。酿造工艺具有三低特点：低温入窖，入窖温度低，秋冬季一般在16～18℃，低温入窖有利于醇甜物质生成，酒体绵柔；低温发酵，发酵顶火温度不超过30℃，有利于微生物菌群的繁殖代谢、协同作用，实现各类风味物质比例协调，"小火慢炖营养好"；低温馏酒，减少酒损，充分保留了各类风味物质成分。

原酒分级贮存，精心勾兑出厂。

（三）剑南春

产于四川省绵竹市。成品酒具有芳香浓郁、醇和回甜、清洌爽净、余香悠久的特点。剑南春用纯小麦制曲，原料采用五粮，其配比为高粱40%、大米25%、糯米15%、小麦15%、玉米5%。采用浓香型大曲酒生产工艺，其工艺特点有：

①泥窖固态发酵，采用续糟配料，混蒸、混烧工艺。

②发酵周期长（60～70d），入窖酸度低，淀粉浓度适中，水分适中，温度低，糠壳少。一般情况下，入窖酸度<1.2（mmol/10g），淀粉浓度14%～16%，水分54%～57%。

③采用"滴窖"和舀"黄水"控制母糟的酸度，还可以通过发酵中产生的黄水来判断母糟发酵是否正常。

（四）全兴大曲

全兴大曲产于四川省成都市。该酒以小麦加4%的高粱制得高温大曲为糖化发酵剂，采用陈年老窖发酵，发酵期为60d。蒸馏的酒尾稀释后回窖再发酵，成品酒贮存期为1年。其余工艺与泸州特曲酒相似。

（五）双沟大曲

双沟大曲产于江苏省泗洪县双沟镇，酒质醇厚，入口甜美，这与其原料和工艺有关。采用优质高粱为原料，制曲以大麦、小麦、豌豆为原料。采用传统的混蒸法，发酵采用"少水、低温、回沙、回酒"等工艺，发酵期为60d。蒸馏采用熟糠分层、缓火蒸馏、分段截酒、热水泼浆等操作法。入库酒分级分类贮存1年后，按不同呈香特点勾兑。

（六）古井贡酒

古井贡酒产于安徽省亳州市，因原为明清两代皇朝的贡品而得名。厂内的古井已有1400多年的历史。

贡酒的工艺特点为大曲是类似汾香型白酒所用的中温曲。但发酵与蒸馏的工艺采用如一般泸香型白酒的老五甑法。制曲原料配比为小麦70%、大麦20%、豌豆10%，制曲周期为27～30d，成曲要求"全白一块玉"。工艺以混蒸老五甑为基础，并采用蒸糠拌料，混合蒸烧，下四蒸五，低温入池，泥窖发酵，分层蒸馏，量质摘酒，分类入库，贮存1年。古井贡酒酒液清澈透明，黏稠挂杯，香如幽兰，入口醇和，回味悠长。

（七）口子窖酒

口子窖酒产于安徽省淮北市，因地得名，其产地原名为口子镇。口子窖酒的生产采用老五甑混蒸法，但在用曲等方面有其特点。制曲时小麦60%、大麦30%、豌豆10%，制备中温曲和高温曲。加曲时曲粉用量为高粱新投入量的

25% ～ 30%，其中 10% 为高温曲，15% ～ 20% 为中温曲。

四、提高浓香型大曲酒质量的技术措施

浓香型白酒生产技术世代相传，创新发展。在认真贯彻传统工艺的基础上，近数十年酿酒生产技术有很多创新和发展。

(一) 传统工艺的改革与"原窖分层"工艺

如前所述，我国浓香型大曲酒生产的工艺操作方法习惯上分为"原窖法"、"跑窖法"和"老五甑法"三种类型。其中"原窖法"应用最为广泛。原窖法工艺重视原窖发酵，避免了糟醅在窖池间互相串换，保证了每窖糟醅和酒的风格一致。但对同一窖池的母糟则实行统一投粮、统一发酵、混合堆糟、混合蒸馏以及统一断花摘酒和装坛，却没有考虑同一个窖池内上下不同层次的酒醅发酵的不均匀性和每甑糟醅的蒸馏酒质的不均匀性，导致了全窖糟醅的不平均和酒质的不平均，这对于窖池生产能力的发挥、淀粉的充分利用、母糟风格的培养以及优质酒的提取和经济效益的提高都有一定的影响。

针对上述问题，泸州老窖股份有限公司在"原窖法"基础上，吸取了"跑窖法"工艺和"老五甑法"工艺的优点，首先提出了"原窖分层"酿制工艺。

"原窖分层"酿制工艺的基本点就是针对发酵和蒸馏的差异，扬长避短，区别对待，从而达到优质高产、低消耗的目的。其工艺过程可以概括为：分层投粮，分期发酵，分层堆糟，分层蒸馏，分段摘酒，分质并坛，因此又称"六分法"工艺。

1. 分层投粮

针对窖池内糟醅发酵的不均一性，在投入原料时，应予以区别对待。在全窖总投粮量不变的前提下，下层糟醅多投粮，上层糟醅少投粮，使一个窖池内各层糟醅的淀粉含量呈"梯度"结构。

2. 分层发酵

针对窖内各层发酵糟在发酵过程中的变化规律，在发酵时间上予以区别对待。上层糟醅在生酸期后，酯化生香微弱，如让其在窖内继续发酵意义不大，故可提前出窖进行蒸馏。窖池底部糟醅生香幅度大，可以延长其酯化时间。一个窖的糟醅，其发酵期不同。面糟在生酸期后（在入窖后 30 ～ 40d），即取出进行蒸馏取酒，只加大曲，不再投粮，使之成为"红糟"，将其覆盖在原窖的粮糟上，封窖后再发酵。粮糟发酵 60 ～ 65d，与面上的红糟同时出窖。每窖的底糟为 1 ～ 3 甑，两排出窖 1 次，称为双轮底糟（第 1 排不出窖，但是要加大曲粉）。其发酵时间可在 120d 以上。

3. 分层堆糟

为了保证各层次糟醅分层蒸馏以及下排的入窖顺序，操作时应将各层次的

糟醅分别堆放。面糟和双轮底糟分别单独堆放，以便单独蒸馏。母糟分层出窖，在堆糟坝上由里向外逐层堆放，便于先蒸下层糟，后蒸上层糟，以达到糟醅留优去劣的目的。

4．分层蒸馏

各层次糟醅在发酵过程中，其发酵质量是不同的，所以酒的质量也不尽相同。生产中为了尽可能多地提取优质酒，避免由于各层次糟醅混杂而导致全窖酒质下降，各层次的糟醅应该分别蒸馏。在操作上，面糟和双轮底糟分别单独蒸馏。二次面糟在蒸馏取酒后就弃掉。双轮底糟蒸馏取酒后仍然装入窖底。母糟则按由下层到上层的次序一甑一甑地蒸馏，并以分层投粮的原则进行配料，按原来的次序依次入窖。

5．分段摘酒

针对不同层次的糟醅的酒质不同和在蒸馏过程中各馏分段酒质不同的特点。在生产上为了更多地摘取优质酒，要依据不同的糟醅适当地进行分段摘酒，即对可能产优质酒的糟醅，在断花前分成前后两段摘酒。

6．分质并坛

采取分层蒸馏和分段摘酒之后，基础酒的酒质就有了显著的差别。为了保证酒质，便于贮存勾兑，蒸馏摘取的基础酒应严格按酒质合并装坛。

"六分法"工艺是在传统的"原窖法"工艺的基础上发展起来的。从酿造工艺整体上说，仍然继承传统的工艺流程和操作方法。而在关键工艺环节上，系统地运用了多年的科研和生产实践成果，借鉴了"跑窖法""老五甑法"等工艺的有效技术方法。此工艺通过在泸州老窖、射洪沱牌曲酒等名优酒生产中应用，大幅度地提高了名优酒比例，取得了显著的经济效益。

(二) 延长发酵周期

延长发酵周期是提高浓香型大曲酒质量的重要技术措施之一。在窖池、入窖条件、工艺操作大体相同的情况下，酒质的好坏很大程度上取决于发酵周期的长短。窖池的发酵生香过程，要经历微生物的繁殖与代谢、代谢产物的分解和合成等过程。而酯类等物质的生成，则是一个极其缓慢的生物化学反应过程，这是由于微生物，特别是己酸菌、丁酸菌、甲烷菌等窖泥微生物生长缓慢等因素所决定的。所以，酒中香味成分的生成，除了提供适当的工艺条件外，还必须给予较长的发酵时间，否则窖池中复杂的生物化学反应就难以完成，自然也就得不到较多的、较丰富的香味物质。

生产实践证明，发酵期较短的酒，其质量差；发酵期长的酒，其酒质好。但是发酵周期也并不是越长越好，因为连续延长发酵周期，会使糟醅酸度增高，抑制了微生物的正常生长繁殖，使糟醅活力减弱；其次，长期延长发酵周期，不利于窖泥微生物的扩大培养和代谢产物的积累，易使窖泥退化变质，窖泥失水，营养成分的消耗使窖泥严重板结，破坏了微生物生存的载体。因此，发酵周期过长，会严重影响生产。另外，发酵周期长，使设备利用率下降，在制品率增大，资金周转慢，成本上升，同时产量也会下降。

浓香型白酒的质量除了与发酵周期有关外，还与窖泥、糟醅、大曲等质量有关，并与工艺条件、入窖条件、设备使用、操作方法等因素有关。应该从多种因素考虑，不能片面地强调发酵周期。一般而言，发酵周期以45d以上为宜。

（三）双轮底糟发酵

在浓香型大曲酒生产中，采用双轮底糟发酵提高酒质得到广泛应用，收效明显。所谓"双轮底"发酵，就是将已发酵成熟的酒醅起到黄水能浸没到的酒醅位置为止，再从此位置开始在窖的一角留约一甑（或两甑）的酒醅不起，在另一角打黄浆水坑，将黄浆水舀完、滴净，然后将这部分酒醅全部铺平于窖底，在面上隔好篾块（或撒一层熟糠），再将入窖粮糟依次盖在上面，装满后封窖发酵。隔醅篾以下的底醅经两轮以上发酵，称为"双轮底"糟。在发酵期满蒸馏时，将这一部分底醅单独进行蒸馏，产的酒叫做"双轮底"酒。其实质是延长发酵期，只不过延长发酵的糟醅不是全窖整个糟醅，而仅仅是留于窖池底部的一小部分糟醅。之所以采用窖底糟醅，一是因为窖底泥中的微生物及其代谢产物最容易进入底部糟醅；二是底部糟醅营养丰富，含水量大，微生物容易生长繁殖；三是底部糟醅酸度高，有利于酯化作用。

通过延长发酵期，双轮底糟部分增加了酯化时间，酯类物质增多。而在增加酯化作用时间的同时，双轮底糟上面的粮糟在糖化发酵时产生了大量的热能和二氧化碳、糖分、酒精等物质，这些物质不但促进了双轮底糟的酯化作用，而且还给双轮底糟中大量微生物提供了生长繁殖的有利条件和所需要的各种营养成分，增强了有益微生物的代谢作用，同时也积累了大量的代谢产物，因而使酒质提高。

双轮底糟发酵是制造调味酒的一种有效措施，在浓香型大曲酒生产中具有十分重要的意义。目前，白酒生产企业所采用的双轮底糟的工艺措施主要有连续双轮底和隔排双轮底两种。此外还有三排、四排、"夹沙"双轮底等不同的工艺措施。

（四）人工培窖

窖泥是浓香型白酒功能菌生长繁殖的载体，其质量的好坏直接影响己酸乙酯等香味成分的生成，从而对酒质起着十分重要的作用。"老窖"优于"新窖"，也就在于老窖的窖泥质量优于新窖窖泥。

窖泥中水分、总酸、总酯、腐殖质、氨基氮、有机磷等各种成分含量的多少，是衡量窖泥质量的标准。若窖泥中上述成分在一定范围内含量较高，则窖泥微生物生长繁殖、代谢活动旺盛；反之，则差。通过对新、老窖泥的对比表明，老窖泥中的甲烷菌、甲烷氧化菌、己酸菌、丁酸菌等明显多于新窖，其原因就在于老窖泥中窖泥微生物生长代谢需要的营养成分的含量明显高于新窖。自然，老窖能产生优质酒，新窖泥产优质酒的比率就小得多。

人工培养老窖泥是提高浓香型大曲酒质量的一项重要措施而被广泛采用。如何有效地提高窖泥中有效成分的含量，并使各成分间配比合理，为窖泥微生物提供丰富的营养基质，满足窖泥微生物的生长、繁殖和代谢需要，是人工培养老窖泥的最根本的目的。

人工培养老窖泥所需的基本材料是：优质黄泥（沙含量较少，具有黏性），窖皮泥（已用于封窖的泥），大曲粉，黄水，酒尾等。此外还包括尿素、过磷酸钙、磷酸铵等氮磷源物质。当然也可以在人工窖泥中加入己酸菌和丁酸菌培养液，加速窖泥微生物的繁殖，促进窖泥老熟。

还有一个值得注意的问题是加强对窖泥的保养，不断补充营养成分和窖泥微生物，做到"老窖泥不老化"。

（五）回窖发酵

浓香型大曲酒的发酵过程，是多种微生物参与并经过极其复杂的生化反应而完成的。而要提高产品质量，除了诸如原料、辅料、糟醅、工艺操作方法、糖化剂、窖池等诸多因素外，还要采取有利于窖内有益微生物生长繁殖的环境条件，以促进浓香型主体香味的生成。

根据发酵过程中香味物质生成的基本原理和传统工艺生产的实践经验，采取回窖发酵方法，能较大幅度地提高质量。这种方法易于掌握，效果极好。就目前而言，回窖发酵包括回酒发酵、回泥发酵、回糟及翻糟发酵、回己酸菌液发酵、回综合菌液发酵等。

1．回酒发酵

回酒发酵始于四川省泸州曲酒厂，是该厂的传统工艺。所谓"回酒发酵"是把已经酿制出来的酒，再回入正在发酵的窖池中进行再次发酵，也称其为"回沙发酵"。由于在窖池发酵过程中，将酒回入窖池，增加了酒精，同时也增加了酸、醇、醛、芳香族化合物等成分。因此，一是它们将被酵母菌及窖泥微生物作为中间产物再次进行生化反应，除酯含量增加外，醛类物质、杂醇油也能转化生成有益的香味成分；二是由于回入了酒精，故有助于控制窖池内升温幅度，使窖内温度前缓、中挺、后缓落；三是回入酒精后，在窖池内生物酶活跃以及窖内温度、酸度适中的有利条件下促进了酯化反应，使酒质在窖内陈香老熟。

回酒发酵可明显地提高酒质，这已被酿酒界所公认。若长期采取这一措施，还能使窖泥老熟，窖泥中己酸菌、丁酸菌、甲烷菌数量增多。水分、有效磷、氨基氮、腐殖质等窖泥成分大幅度增加，同时优质的糟醅风格也能迅速形成。

回酒发酵工艺方法有两种：一是分层回酒；二是断吹回酒。分层回酒就是头一甑粮糟下窖后，在第二甑粮糟下窖前 1 ~ 2min，将原度酒（丢糟黄水酒、三曲酒）稀释成的低度酒或者低度酒尾均匀撒在窖内头一甑糟醅上，立即装入第二甑糟醅。然后在第三甑糟醅入窖之前，在第二甑粮糟上撒上低度酒，立即装入第三甑糟醅，以此类推。这样每甑糟醅作为一个糟醅层，在层与层（甑与甑）之间回酒的方法，就是分层回酒。断吹回酒就是在封窖发酵 15 ~ 20d，酒精发酵基本终止（断吹口）时，将原度三曲酒、丢糟黄水酒、老窖黄水和酒尾的等比例混合发酵液等回酒一次性回入窖内的方法，操作上方法不一，但其目的就是使回酒自上而下逐步渗透至窖底。

2．回泥发酵

浓香型大曲酒的香型与泥土有着十分密切的关系。传统的浓香型大曲酒工艺中摊晾是在泥制的或砖块镶嵌的地晾堂上进行的，糟醅常与泥土接触，泥土中的微生物容易进入窖池参与发酵。而现在摊晾则在金属制造的或竹木制造的摊晾机上进行，故载有微生物的泥土进入窖池的量大为减少。为了不至于使浓香型酒产生型变，丢失固有的酒体风格，故提出了回泥发酵这一措施。操作上是将一定量的用窖皮泥、黄水、酒尾等配制成的回用窖泥，与打量水混合，一并打入每甑糟醅；或者如分层回酒那样，逐甑回入粮糟上，并迅速覆盖糟醅，以此循环加入。用作回泥发酵的窖池，所产出的酒经尝评鉴定，香气浓郁，有窖糟气味，质量明显提高。从酒质分析结果来看，总酸、总酯等均有所增加。从微生物镜检看，芽孢杆菌大量增加。

3．回糟发酵及翻糟发酵

回糟发酵及翻糟发酵是在回酒发酵的基础上发展而来的。它是冬季酿酒提高产品质量、提高发酵糟醅风格的一项有效措施。这两种方法不仅起到分层回酒的作用，而且回进了大量有益微生物和酸、酯、醇、醛等有益香味成分，对提高酒质，尤其对提高发酵糟醅的质量有显著的效果。许多资料表明，不少生产浓香型大曲酒的厂家，采用了回糟发酵、翻糟发酵的方法后，生产上取得了良好的效果，产品质量明显提高。故这些方法得以广泛推广，促进了浓香型大曲酒生产的向前发展。

（1）回糟发酵　选择质量好的发酵糟醅或者双轮底糟，按一定比例拌入每甑粮糟中，入窖发酵。回糟发酵对于提高新窖池的糟醅质量和酒质效果明显，但不宜在气温较高时采用。

（2）翻糟发酵　翻糟发酵，行业术语称"翻沙"，是四川某名酒厂在 20 世纪 70 年代首创的，并取得了成功。翻糟发酵实质上是第二次发酵、回酒发酵、延长发酵三项措施于一体的技术措施。因此，它的效果是可以充分肯定的，可使浓香型大曲酒的优质品比率大幅提高。具体操作是将已经发酵达30d左右的窖池剥去封窖皮，去掉丢糟，将窖池内的发酵糟全部取出，然后每甑糟醅加入一定量的大曲粉拌和后再入窖，上层糟醅先入窖，底层糟醅后入窖。每甑入窖后，回入一定量的原度酒或酯化液，回酯液的数量是下少上多。翻沙完毕后，再拍紧拍光，密封发酵。

（六）夹泥发酵

浓香型大曲酒的生产实践证实，窖泥与酒醅的接触面积越大，生成的己酸乙酯量就越高，酒质也越佳。在入窖粮糟中每甑或隔甑以适当的方式铺设厚约6 cm 的人工培养优质窖泥，使单位体积母糟占有窖泥的表面积比未夹泥的接触面积增加 2 ～ 3 倍，使己酸菌等窖泥功能菌的数量及其活动场所均相应增加，在同样的工艺条件下，可使酒质有明显的提高。

夹泥发酵是人工培窖技术的发展，是提高浓香型大曲酒质量的有效措施，若方法得当操作细致，成品酒的己酸乙酯含量可达 400mg/100mL 以上（全窖平均）。

传统浓香型大曲酒生产，都用泥土建造晾堂，在制曲和酿酒过程中都会有一定的泥土带入酒醅中，例如踩曲场、曲房、晾堂等传统都用黏性黄泥建造。在酒醅摊晾时使用木锹、竹木"扒疏"等工具，每次都会将晾堂上的泥土铲入酒醅中。母糟出窖时，窖壁、窖底的泥土也不可避免被带入糟中。这些泥土混合在母糟中，为窖泥微生物的栖息、繁殖提供了更适宜的场所。因此，可以将人工培养的优质窖泥以适当方式加入粮糟中，从而提高酒质。

（七）己酸菌发酵液的应用

己酸是浓香型白酒的主体风味物质己酸乙酯的合成前体，己酸菌是己酸合成的主要功能微生物，在发酵过程中可以积累己酸，因而对浓香型酒的主体香味成分己酸乙酯的形成具有重要意义。

自 1964 年 10 月茅台试点期间首次发现茅台窖底香的主要成分是己酸乙酯以来，国内白酒行业相关科研工作者进行了大量己酸菌筛选的工作。目前，已经筛选出的产己酸菌株主要包括梭菌属（Clostridium）、瘤胃菌科（Ruminococcaceae）、巨球型菌属（Megasphaera）、芽孢杆菌属（Bacillus）等。

己酸菌对窖池养护起关键作用，优良己酸菌培养的窖泥生产出的浓香型白酒，不仅主体香成分己酸乙酯含量高，而且香气细腻合适，口味柔和干净。生产实践证明，窖泥中添加以己酸菌为主的窖泥培养菌剂对窖泥功能微生物数量、白酒中己酸乙酯含量、优级率提升效果明显。某酒厂将绵柔型窖泥功能菌菌液用于窖泥，发酵成熟的窖泥中以己酸菌为代表的功能菌数量达到 10^8 个 /g 以上，解决了以往改造后的窖池第一排无优级酒的状况；同时，出酒率达到了 34% 以上，比同期平均出酒率提高近 3.5%，每年新增经济效益 1400 万～ 2000 万元。

（八）丙酸菌在"增己降乳"方面的应用

乳酸乙酯是固态法白酒中必不可少的物质，但是在浓香型大曲酒中若己酸乙酯和乳酸乙酯的比例失调，则严重影响酒质。丙酸菌（*Propionibacterium*）能够利用乳酸生成丙酸、乙酸等己酸前体物质，因而在"增己降乳"方面得到重视。该菌对培养条件要求不严，便于在生产中应用，能够较大幅度地降低酒中的乳酸及其酯的含量，从而调整己酸乙酯和乳酸乙酯的比例，有利于酒质的提高。在生产中，将丙酸菌与人工老窖、强化制曲及其他提高酒质的技术措施相结合，能有效地"增己降乳"。

（九）强化大曲技术和酯化酶生香技术的应用

传统大曲除了具有糖化发酵作用外，还具有酯化生香的功能，这一点在从泸型酒麦曲分离筛选出来首株酯化功能菌（红曲霉 M-101）后得到科学认定。因而在制曲时，为了强化大曲的产酯生香能力，除了添加霉菌和酵母外，还添加红曲霉及生香酵母等酯化生香功能菌。这样的强化大曲的应用提高了出酒率和酒质，用曲量减少。强化大曲技术对于新窖而言，结合人工窖泥技术可取得很好的效果。

随着技术的进步，后来又出现了酯化酶生香技术。该技术模拟老窖发酵产酯，采用窖外酯化酶直接催化，由酸、醇酯化生酯。这样就摆脱了传统工艺的束缚，可以人为控制酯化过程，获得高酯调酒液。香酯液可广泛应用于传统固态白酒提高档次，结合在新型白酒上的应用可使酒质更接近固态白酒风格。红曲霉生产酯酶应用在中国白酒上是一项创新。

（十）黄浆水酯化液的制备和利用

黄浆水是曲酒发酵过程中的必然产物。长久以来，黄浆水多在蒸丢糟时放入底锅，与丢糟一起蒸得"丢糟黄浆水酒"作回酒发酵用。这样一来，黄浆水中除了酒精以外的成分完全丢失。而黄浆水成分相当复杂，富含有机酸及产酯的前体物质，而且还含有大量经长期驯养的梭状芽孢杆菌群。可见，黄浆水中的许多物质对于提高曲酒质量、增加曲酒香气、改善曲酒风味有重要的作用。采用适当的措施，使黄浆水中的醇类、酯类等物质通过酯化作用，转化为酯类，特别是增加浓香型曲酒中的己酸乙酯含量，对提高曲酒质量有重大作用。黄浆水的酯化作用可以通过加窖泥和加酒曲直接进行酯化，也可以添加己酸菌发酵液增加黄浆水中的己酸含量，强化酯化作用。制备的黄浆水酯化液除了用于串蒸提高酒质外，还可用来淋窖灌窖、培养窖泥。

（十一）高温堆积工艺在浓香型酒生产中的应用

采用高温堆积发酵工艺生产浓香型大曲酒，可有效地提高酒的质量。

1．高温堆积过程物质的变化

① 微生物的变化。在粮醅堆积的内部，细菌数量一直增加，随着堆温的上

升，嗜热细菌数量不断增加；酵母菌在堆积前 2d，数量增加较快，当温度升到42℃以上时，酵母菌数量开始下降；霉菌在堆积前 2d 生长繁殖较快，随着温度的上升，霉菌数量直线下降，第 3 天以后粮醅中的霉菌数量较少。

②温度变化。粮醅在堆积过程中，随着微生物的迅速生长繁殖，温度快速上升，在 3 ～ 4d 上升到最高，可达 45 ～ 51℃。温度的上升程度随气温变化，要注意调整堆积时间。

③粮醅成分变化。粮醅在堆积过程中，水分、淀粉浓度随堆积时间的延长逐渐下降，约下降 1%；糖分、酒精的含量随堆积时间的延长逐渐增加；酸度基本无变化。

2．酒质比较

原工艺产酒窖香浓郁，酒体醇厚，尾净味长，新酒味明显。堆积发酵工艺产酒香气复合幽雅，酒体丰满细腻，醇甜绵柔，尾净味长，陈味明显。

第二节　清香型大曲酒

清香型大曲酒，以其清雅纯正而得名，又因该香型的代表产品为汾酒而称为汾型酒。汾酒原产于山西省汾阳市杏花村，距今已有 1400 余年的生产历史。汾酒在 1916 年巴拿马万国博览会上曾荣获一等优胜金质奖章，1952 年在第一届全国评酒会上荣获国家名酒称号。随后，武汉市特制黄鹤楼酒和河南宝丰大曲酒相继获得国家金质奖。该香型酒在我国北方地区较为流行。

一、清香型大曲酒概述

清香型大曲酒是以高粱为原料，大麦、豌豆制成的大曲为糖化发酵剂，经地缸固态发酵、固态蒸馏、陈酿、勾调而成，不直接或间接添加食用酒精及非自身发酵产生的呈色呈香呈味物质，具有清香独特风味的大曲酒。清香型大曲酒的风味质量特点为清香纯正，余味爽净。主体香气成分为乙酸乙酯和乳酸乙酯，在成品酒中所占比例以 55%：45% 为宜。有这么一个形象的比喻，如果把中国的白酒比作少女，那么清香型白酒则纯清秀丽、秀外慧中。从这个比喻可以看出，清香型白酒是以清亮透明、清香纯正、香气清雅、绵甜爽净的特点和自然纯朴的风格立足于市场。多数厂家使用陶瓷缸、陶瓷板贴面的水泥池等酿造容器，投料以前，发酵容器经数次清洗去杂，蒸馏出的新酒采用陶瓷缸和不锈钢罐贮存老熟。勾兑调配中，也讲究酒体协调，香味自然平衡。这种酿造工艺决定了酒体的自然纯净和卫生。

二、清蒸二次清生产工艺

(一) 工艺流程

清香型大曲酒清蒸二次清生产工艺特点为"清蒸清糟、地缸发酵、清蒸二次清"。即经处理除杂后的原料高粱，粉碎后一次性投料，单独进行蒸煮，然后在埋于地下的陶缸中发酵，发酵成熟酒醅蒸酒后再加曲发酵、蒸馏一次后，成为扔糟。清香型大曲酒的生产工艺流程如图6-3所示。

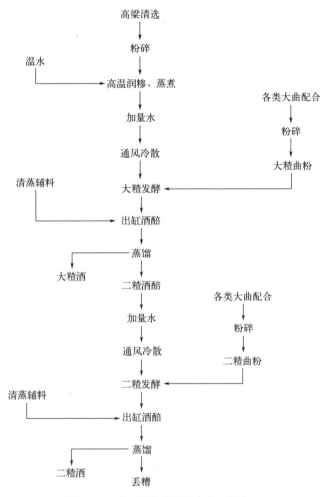

图6-3　清香型大曲酒的生产工艺流程

(二) 工艺操作

1. 原料粉碎

原料高粱要求籽实饱满、皮薄、壳少，无霉变、虫蛀。高粱经过清选、除杂后，进入辊式粉碎机粉碎，粉碎后要求其中能通过1.2mm筛孔的细粉占

25% ～ 35%，整粒高粱不得超过 0.3%。冬季稍细，夏季稍粗。

大曲的粉碎度应适当粗些，大糙发酵用曲的粉碎度，大者如豌豆，小者如绿豆，能通过 1.2mm 筛孔的细粉占 70% ～ 75%。大曲的粉碎度和发酵升温速度有关，粗细适宜有利于低温缓慢发酵，对酒质和出酒率都有好处。

2. 润糁

粉碎后的高粱称为红糁，在蒸煮前要用热水浸润，以使高粱吸收部分水分，有利于糊化。将红糁运至打扫干净的车间场地，堆成凹形，加入一定量的温水翻拌均匀，堆积成堆，上盖芦席或麻袋。目前已采取提高水温的高温润糁操作。用水温度夏季为 75 ～ 80℃，冬季为 80 ～ 90℃。加水量为原料量的 55% ～ 62%，堆积 18 ～ 20h，冬季堆积升温能升至 42 ～ 45℃，夏季为 47 ～ 52℃。中间翻堆 2 ～ 3 次。若发现糁皮过干，可补加原料量 2% ～ 3% 的水。高温润糁有利于水分吸收、渗入淀粉颗粒内部。在堆积过程中，有某些微生物进行繁殖，故掌握好润糁操作，则能增进成品酒的醇甜感。但是若操作不严格，有时因水温不高，水质不净，产生淋浆，场地不清洁或不按时翻堆等，会导致糁堆酸败事故发生。润糁结束时，以用手指搓开成粉而无硬心为度。否则还需要适当延长堆积时间，直至润透。

3. 蒸糁

润好的糁移入甑桶内加热蒸煮，使高粱的淀粉颗粒进一步吸水膨胀糊化。先将湿糁翻拌一次，并在甑帘上撒一薄层谷糠，装一层糁，打开蒸汽阀门，待蒸汽逸出糁面时，用簸箕将糁撒入甑内，要求撒得薄，装得匀，冒汽均匀。待蒸汽上匀料面（俗称圆汽）后，将 1.4% ～ 2.9%（粮水比）的水泼在料层表面，称为加闷头量。再在上面覆盖谷糠辅料一起清蒸。蒸糁的蒸气压一般为 0.01 ～ 0.02MPa，甑桶中部红糁品温可达 100℃ 左右，圆汽后蒸 80min 即可达到熟而不黏、内无生心的要求。蒸糁前后的水分变化为由 45.75% 上升到 49.90%，酸度由 0.62mmol/10g 上升到 0.67mmol/10g。

清蒸的辅料用于当天蒸馏。

4. 加量水、冷散、加曲

蒸熟的红糁出甑后，立即加量水 30% ～ 40%（相对于投料量），边加水边搅拌，捣碎疙瘩，在冷散机上通风冷却，开动糁料搅拌器，将料层打散摊匀，使物料冷却温度均匀一致。冬季冷散到比入缸发酵温度高 2 ～ 3℃ 即可加曲，其他季节可冷散至入缸温度加曲。加曲量为投料量的 9% ～ 10%。搅拌均匀后，即可入缸发酵。

5. 大糙入缸

第一次入缸发酵的糁称为大糙。传统生产的发酵设备容器为陶缸，埋在地下，缸口与地面平齐。缸在使用前，应清扫干净，新使用的缸和缸盖，首先用清水洗净，然后用 0.8% 的花椒水洗净备用。夏季停产期间还应将地缸周围的泥土挖开，用冷水灌湿泥土，以利于地缸传热。

正确掌握大糙的入缸条件，是出好酒、多产酒的前提，是保证发酵过程温度变化达到"前缓升、中挺、后缓落"原则的重要基础，同时也为二糙的再次发酵创造了有利条件。大糙是纯粮发酵，入缸酒醅的淀粉含量在 30% 以上，水分 53% 左右，酸度在 0.2mmol/10g 左右，初始发酵处于高淀粉、低酸度的条件下，掌握不当极易生酸幅度过大而影响酒的产量和质量。为了控制发酵的适宜速度和节奏，防止酒醅生酸过大，必须确定最适的入缸温度。根据季节、气候变化，入缸温度也有所不同。在 9～11 月份，入缸温度一般以 11～14℃ 为宜；11 月份以后以 9～12℃ 为宜；至寒冷季节以 13～15℃ 为宜；3、4 月份以8～12℃ 为宜；5、6 月份后进入夏季，入缸温度能低则低。

大糙加曲拌匀后，温度降至入缸要求时即可入缸发酵，封缸用清蒸谷糠沿缸边撒匀，加上塑料薄膜，再盖上石板或水泥板。

6. 大糙发酵

传统工艺的发酵期为 21d，为了增强成品酒的香味及醇和感，可延长至28d，个别缸可更长些。

（1）发酵温度变化及管理　大糙酒醅的发酵温度应掌握"前缓升、中挺、后缓落"的原则。即自入缸后，发酵升温应逐步上升；至主发酵期后期，温度应稳定一个时期；然后进入后酵期，发酵温度缓慢下降，直至出缸蒸馏。

① 前缓升　掌握适宜的入缸条件及品温，就能使酒醅发酵升温缓慢，控制生酸。一般正常发酵在春秋季节入缸 6～7d 后，品温达到顶点；冬季可延长至 9～10d；夏季尽量控制在 5～6d。其顶点温度以 28～30℃ 为宜，春秋季最好不超过 32℃，冬季入缸温度低，顶温达 26～27℃ 即可。凡能达到上述要求的，说明酒醅逐步进入主发酵期，则出酒率及酒质都好。

② 中挺　指酒醅发酵温度达最高顶点后，应保持 3d 左右，不再继续升温，也不迅速下降，这是主发酵期与后发酵期的交接期。

③ 后缓落　酒精发酵基本结束，酒醅发酵进入以产香味为主的后酵期。此时发酵温度回落。温度逐日下降以不超过 0.5℃ 为宜，到出缸时酒醅温度仍为23～24℃。这一时期应注意适当保温。

发酵温度变化是检验酒醅发酵是否正常的最简便的方法。管理应围绕这一中心予以调节。冬季入缸后的缸盖上须铺 25～27 cm 厚的麦秸保温，以防止升温过缓。若因入缸品温高、曲子粉碎过细、用曲量过大或者不注意卫生等原因，而导致品温很快上升到顶温，即前火猛，会使酵母提前衰老而停止发酵，造成生酸高、产酒少而酒味烈的后果。在夏季气温高时，会经常发生这种现象，以至掉排。

（2）酒醅的感官检查　经过长期的实践，已摸索出了一些感官检查酒醅质量的方法。

① 色泽　成熟的酒醅应呈紫红色，不发暗。用手挤出的浆水呈肉红色。

② 香气　未启缸盖，能闻到类似苹果的乙酸乙酯香气，表明发酵良好。

③ 尝味　入缸后 3～4d 酒醅有甜味，若 7d 后仍有甜味则发酵不正常。醅子应逐渐由甜变苦，最后变成苦涩味。

④ 手感　手握酒醅有不硬、不黏的疏松感。

⑤ 走缸　发酵酒醅随发酵作用进行而逐渐下沉，下沉愈多，则出酒也愈多，一般正常情况可下沉缸深的 1/4，约 30 cm。

7．出缸、蒸馏

发酵 21d 或 28d 后的大糙酒醅挖出缸后，运到蒸甑边，加辅料谷糠或稻壳 22%～25%（投料量），翻拌均匀，装甑蒸馏。接头去尾得大糙汾酒。

8．二糙发酵及蒸馏

为了充分利用原料中的淀粉，大糙酒醅蒸馏后的醅，还需继续发酵一次，这在清香型酒中被称为二糙。

二糙的整个操作大体上与大糙相似。发酵期也相同。将蒸完酒的大糙酒醅趁热加入投料量 2%～4% 的水，出甑冷散降温，加入投料量 10% 的曲粉拌匀，继续降温至入缸要求温度后，即可入缸封盖发酵。

二糙的入缸的条件受大糙酒醅的影响，应灵活掌握。如二糙加水量的多少，取决于大糙酒醅流酒多少、黏湿程度和酸度大小等因素。一般大糙流酒较多，醅子松散，酸度也不大，补充新水多，则二糙产酒也多。其入缸温度也需依据大糙质量而调整。

由于二糙酒醅酸度较大，因此其发酵温度变化应掌握"前紧、中挺、后缓落"的原则。所谓前紧即要求酒醅必须在入缸后第 4 天即达到顶温 32℃，可高达 33～34℃，但是不宜超过 35℃。中挺为达到顶温后要保持 2～3d。从第 7 天开始，发酵温度缓慢下降，至出缸酒醅的温度仍能在 24～26℃，即为后缓落。二糙发酵升温幅度至少在 8℃ 以上，降温幅度一般为 6～8℃。发酵温度适宜，酒醅略有酱香气味，不仅多产酒，而且质量好。发酵温度过高，酒醅黏湿发黄，产酒少。发酵温度过低，酒醅有类似青草的气味。

由于二糙含糠量大而疏松，故入缸后可将其踩紧，并喷洒一些酒尾。

发酵成熟的二糙酒醅，出缸后加少许谷糠，拌匀后即可装甑蒸馏，截头去尾得二糙酒。蒸完酒的酒糟可做饲料，或加麸曲和酒母再发酵、蒸馏得普通白酒。

9．贮存、勾兑

大糙酒与二糙酒各具特色，经质检部门品评、化验后分级入库。优质酒 85 分以上，一级酒 70～85 分，二级酒 60～70 分，等外酒 60 分以下，入库酒在陶瓷缸中密封贮存一年以上，按不同品种勾兑为成品酒。汾酒各等级酒色香味区别见表6-3。

表6-3 汾酒等级划分

等级	色	香	味
优质酒	无色、清亮、透明	清香纯正	醇厚、爽净、协调、回味长
一级酒	无色、清亮、透明	清香纯正	入口微甜淡、酒体协调较醇厚，回味较长
二级酒	无色、透明	清香正	醇厚、酒体较协调，回味一般
等外酒	不正或浑浊	异香，严重杂香	严重霉味、腻味、铁锈味或有其他邪杂味

（三）汾酒酿造工艺操作原则

汾酒酿造历史悠久，历代的酿酒师傅们通过对积累的操作经验的提炼，总结出汾酒酿造的十条秘诀，这十条秘诀概括了汾酒工艺操作必须遵循的要领。

1. 人必得其精

这就是说酿造的技术人员和工人不仅要懂技术而且要精通技术，因为只知道做而不知道为什么要这样做，工作是做不好的，也就不能算"精"。所谓熟能生巧也就是说，对一件事情精通后才有可能想出更多更好的办法来把工作做好。因此要把酒酿好，精通技术是必要的。

2. 水必得其甘

这就是说酿好酒，水的质量必须好，所谓名酒产地必有佳泉的意义就在这里。这个甘是做甘甜解释，以区别于咸水；也可当作好水解释，以区别于含杂质的水。因为水的好坏，直接关系到酒味的优劣和产量的高低，所以古人把水放在原料的第一位是完全正确的。

3. 曲必得其时

这就是说制曲与温度、季节的关系很大。因为曲中根霉、毛霉和酵母菌都是很敏感的微生物，如果制曲中温度掌握不好，有益微生物便不能充分生长繁殖，曲子一定做不好，古人重视温度很合理。其次这"时"还可理解为正确地掌握制曲时间和制曲的意义。

4. 粮必得其实

这就是说要酿好酒，原料质量必须好，因为高粱实必然含淀粉多，淀粉含量多一定能多出酒，如果原料里面空壳、杂质多，产酒一定很少，质量一定不高。因此酿酒对于原料选择要严格，要求颗粒饱满，现在生产使用的是汾酒粮1号、汾酒粮2号、汾酒粮3号、汾酒粮9号高粱。

5. 器必得其洁

这就是说酿酒与卫生的关系很密切，如果不注意卫生，就会有杂菌侵入，直接影响到酒的质量和产量，古人重视这个道理远在千年以前，而欧洲重视酿酒卫生还是从 19 世纪 80 年代巴斯德的杀菌原理发表以后才开始的。

6．缸必得其湿

原解释为上阴下阳。所谓阴阳二字，不是指自然界的阴阳，人们理解是发酵的温度与水分必须合理地控制，在初入缸时发酵缸上部的水分可略多些，温度也可稍低些，而在下部则反之。因为在发酵过程中，上部水分往往要下沉，而热气要上升，这样就可以使得缸内酒醅发酵达到一致。其次发酵品温的升降与产酒的关系很大，而水分的多寡又与温度的升降有直接的关系，因为水分关系到发酵进行的快慢和热量产生的多少。

另一种解释为若缸的湿度饱和，就不再吸收酒而减少酒的损失，同时，缸湿易于保温，并可促进发酵。因此，在汾酒发酵室内，每年夏天都要在缸旁的土地上扎孔灌水。

7．火必得其缓

有三层意思。一是指发酵控制，火指温度，也就是说酒醅的发酵温度必须掌握"前缓升、中挺、后缓落"的原则才能出好酒。二是指酒醅蒸酒宜小火缓慢蒸馏才能提高蒸馏效率，蒸馏酒时如果火太大，不论什么杂质都随酒馏出，酒的质量一定不好。此外缓慢蒸馏可避免穿甑、跑气等事故发生，流酒温度较低挥发损失也会减少，既有质量又有产量，做到丰产丰收。三是蒸粮要火大，均匀上气，使原料充分糊化，以利糖化和发酵。

8．料必得其准

准是指一切酿酒工艺条件必须心中有数，准确掌握，严格按工艺操作规程进行操作。准的首要一点是配料准确，心中有数，以保证准确的入缸工艺条件。生产管理者和带班组长对配料不能只凭大概，对发酵升温、淀粉和酸度的变化要全面了解，这些情况都属于工作责任，必须做到心中有数。如稍子拉不干净，糊化时间无准数，原料过秤不准，辅料随便用，类似情况均属管理不符合要求。

9．工必得其细

这就是说，不论什么工作，都有一个粗细的对比，古人教，细比粗好，细是做好工作的主要标志，拿酿酒来说，所谓细主要是指细致操作。只有细致操作，认真执行工艺规程，才能酿出好酒。如配料要细、材料搅拌细致无疙瘩、冷散下曲细、装甑操作要细致等，不论场上、甑上和发酵管理操作均应细致。按照全面质量管理要求，一个生产班组，作为一个整体，所属人员都要团结一心，在分工的基础上做好协调配合，认真执行本组的生产任务，这样才能做好工作，生产任务就会完成好。

10．管必得其严

所谓管理就是组织和指挥人员为达到既定目标而进行的活动，因此它是一个过程。生产管理是企业的质量管理的中心环节，在企业内部，质量管理的成败关系到产品质量高低，因此它对提高企业管理水平与企业的素质，甚至经济效益和生产发展，起着重要作用。并在人类的生产和社会活动中不断地发挥着作用，所以管理是在一定的组织形式下进行的，管理的任务是以最少的投入去实现预期目标，管理是多种学科和实践综合的有机结合，它既是一门科学，又是一门艺术。管理作为一种方法和手段，要求在研究和解决管理问题时要符合辩证唯物主义论点的要求，建立在社会化大生产的基础上，实现管理组织高度化，管理方法、管理手段现代化，管理人员专业化，不断提高企业管理的现代化水平，提高人的素质，调动人的积极性，人人做好本职工作，通过抓好工作质量来保证产品质量和服务质量。因为工业生产的中心是狠抓产品质量，而企业管理的重点必须放在质量管理上，只有这样做，才能把加强管理特别是加强质量管理放在突出的位置上来抓，这也是生产高质量的产品所必须采取的重大措施。

从 1979 年开始，汾酒厂在传统工艺与现代化管理融合互长的实践中，走出了一条适合本企业实际的科学化管理新路子。全厂深入推广以 TQC（全面质量管理）为中心的现代化管理手段，1986 年汾酒厂获国家质量管理奖，成为食品行业和山西省数以万计企业里获此殊荣的第一家。企业内部形成了全面质量管理十大保证体系。在食品质量检验流程中建立起 5 道关口、20 道防线、120 道把关，有效地保证了产品质量的稳定提高，效益年年递增。

（四）有关技术问题探讨

1．大曲原料粉碎度与成品酒产量的关系

"清香型白酒质量的根本在大曲，大曲的质量关键在原料粉碎。"除了制曲培养工艺掌握不当外，制曲原料粉碎度不合格是形成劣质大曲的主要工艺原因。曲料过粗，影响吸水，曲醅压得不紧，表面不易上霉而形成干皮或曲醅升温过猛，水分散失过早，致使微生物在曲心生长不好、成品曲糖化力不高、发酵力不强、出酒率下降。曲料过细，吸水量大，曲醅压得较紧，曲醅表面上霉迅速，霉衣较重，曲心水分不易蒸发，热量也不易散失，造成窝水、积热、形成黑心或软泥状，甚至酸臭变质，出酒率必然不高。

清香型大曲的原料粉碎要求达到皮粗面细。即大麦和豌豆皮要粗，面要细，有皮有面。既使曲醅有一定的空隙，增加透气性，又要使曲醅有足够的紧实度、黏结性，无大空隙，使大曲在培养过程中散热蒸发、保温保潮，达到恰到好处的程度。粉碎的曲料以通过 1mm 筛孔的细粉占 80% ～ 82% 为宜。

要使曲料满足上述皮粗面细的粉碎度要求，必须采用辊式磨面机，而不能使用锤式粉碎机粉碎。因为锤式粉碎机粉碎曲料时，将面皮、麦粉全部打碎成细小颗粒，难以满足曲料的粉碎要求。

2．地缸、地温对发酵的影响

（1）地缸对发酵的影响　盛装固态发酵糟醅的发酵容器的材质、大小和形状，对于白酒的香气组成成分和质量风格具有直接的影响，因而不同香型酒生产对发酵容器的工艺要求也不同。陶缸是清香型大曲酒采用的传统发酵容器，其大小规格大致为：缸口直径 0.80 ～ 0.85m，缸底直径 0.54 ～ 0.62m，缸高 1.07 ～ 1.20m，总体积为 0.43 ～ 0.46m^3。一般每缸盛装发酵原料高粱 150kg 左右。在发酵室内将缸埋于地下泥土中，缸口与地面平齐，缸与缸之间的距离为 10 ～ 24 cm，俗称地缸。

曾经试验用砖砌水泥涂面发酵池及白色陶瓷板砌成的长方形发酵池进行清香型大曲酒的生产，结果产品质量均不如陶缸好。

地缸有新旧之别，在生产中，为了防止缸外土壤微生物对缸内酒醅发酵产生不良影响，保证产品质量，应尽量避免使用陈年老缸和破缸。生产实践证实，将陈旧的破缸换成新缸发酵，优质品率即刻上升。

另外，研究结果表明花椒水对酒醅中的细菌并无杀菌及抑制作用，对霉菌和酵母菌也无促进作用，因而传统工艺中的花椒水洗缸步骤并无抑制有害菌、促进有益菌生长的作用。

（2）地温对发酵的影响　地缸容积小，缸内单位体积酒醅所占缸体的表面积大，与地下土壤之间的传热面积较大，因此缸外地温对缸内品温影响很大，不容忽视。地温高则品温高，地温低则品温低。利用水的两重性，以水降温，以水保温，通过调节地温来调节品温，从而控制缸内酒醅的发酵进程，提高成品酒的产量和质量是汾酒生产的特色之一。

3．关于清香型白酒发酵过程中微生物的消长过程

在清香型大曲酒边糖化边发酵的过程中，主要糖化菌为犁头霉。尽管犁头霉糖化力不高，但是在发酵前期其数量一直占有主导地位，而液化、糖化能力较高的曲霉和毛霉数量甚微。另外，糖化力低、产酸能力强的红曲霉，由于其耐酸和耐酒精能力较强，在发酵过程中始终存在。不过，在糖化发酵过程中，起糖化作用的主要是大曲中带入的酶，因而发酵过程中糖化菌类的生长并不重要。

入缸时，产酒能力极弱的拟内孢霉占据主导地位，数量最多。随着发酵进行，产酒精能力最强的酵母菌属急速繁殖，成为汾酒酒醅中发酵产酒的主要菌。此外还有一定量的具有产香（乙酸乙酯）和产酒精能力的汉逊酵母及假丝酵母。

在二糙酒醅中，乳酸菌在入缸时数量较多，但在发酵过程中急速下降。醋酸菌则在入缸后大量繁殖，3d 后开始下降。芽孢杆菌入缸后繁殖至第 7 天，随后急剧下降。这 3 种菌至出缸后仍有存在。这些细菌是主要的产酸菌，在生产工艺中需要控制得当。

4．大糙和二糙酒的质量差异

清香型大曲酒生产采用清蒸二次清工艺操作，造成大糙和二糙的入缸发酵配料条件不同，从而造成大糙酒和二糙酒质量上的差异。大糙酒和二糙酒尝评后口感上的不同点如下。

大糙酒：清香突出，入口醇厚绵软回甜，爽口，回味较长，并具有一定的粮香味。

二糙酒：清香但欠协调，常伴有少量的辅料味，入口较冲辣，后略带苦涩感，回味较长。

大糙酒和二糙酒的香气成分组成见表6-4。表中的数据表明，大糙酒和二糙酒各具特色，经贮存后，可按不同品种的质量要求勾兑成成品酒。

表6-4　大糙酒和二糙酒的香气成分组成　　　　单位：mg/100mL

香气成分	大糙酒	二糙酒	成品酒
乙醛	10～15	35～45	25～30
甲醇	8～12	15～20	10～15
乙酸乙酯	230～270	250～300	240～280
正丙醇	12～15	15～25	15～20
乙缩醛	15～20	40～50	25～40
异丁醇	14～17	14～17	14～17
异戊醇	35～45	50～60	40～55
乙酸	50～60	65～75	55～70
乳酸	8～14	8～14	8～14
乳酸乙酯	150～220	150～220	150～220

三、清蒸续糙生产工艺

老五甑是我国白酒酿造应用最广的传统操作法。发酵池内共有五甑活，池底是糟活，中间是两个大糙，上面是一个小糙，最顶部是一个回活。操作程序为，首先出池的是回活，不加新料，蒸馏、降温后入池为下一排的糟活；小糙少加新料，稍加辅料，蒸馏后降温，加糖化发酵剂，拌匀，入池放在顶部作为回活；其次出池的是两个大糙，根据操作要求，可清烧或混烧，共配两个大糙和一个小糙；两个大糙的配料基本相同，投粮约为总量的80%，粮醅比约为（1∶4）～（1∶4.5）；小糙投粮约为总量的20%，粮醅比约为（1∶5）～（1∶6）。按糙进行先蒸馏后蒸煮或蒸馏糊化同时进行，然后降温、加糖化发酵剂、加水，拌匀。两个大糙分别放入池的中部，小糙放入大糙的上面，进行发酵。最后出池的是上次发酵的糟活，出池后，稍加辅料，蒸馏后作为甩糟。因操作法不同，酒班每天要进行五或六甑蒸馏取酒，掐头去尾，摘取中段，分级贮存。

1. 工艺流程

清蒸续糟老五甑二锅头酒工艺流程见图6-4，配料次序见图6-5。

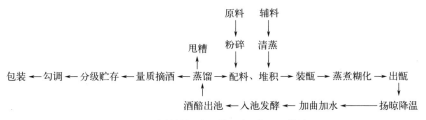

图6-4　清蒸续糟老五甑二锅头酒工艺流程

老五甑工艺可以根据发酵池的大小、甑桶的大小、投料量的多少、气候季节的变化等因素，因地制宜，设计成不同操作方式，如在夏季气候炎热时，在配料时将两个大糙，做成三个大糙、不设小糙，以此扩大粮醅比，降低入池淀粉浓度，控制发酵升温，有利于安全度夏。

清蒸清烧五甑操作的优点：出池酒醅先单独蒸酒，然后再配新料，再蒸煮糊化。蒸馏与糊化分别进行，这样操作避免了原辅料中的杂味带入酒中，确保酒质干净，同时原料清蒸糊化彻底有利于提高出酒率。

老五甑工艺非常适用于含淀粉多的粮食作物酿酒，更适合粉碎较粗的原料，淀粉可以经多次发酵利用，提高出酒率，有利于风味物质（香味成分）的生成和积累，适用于大曲优质白酒的酿造。

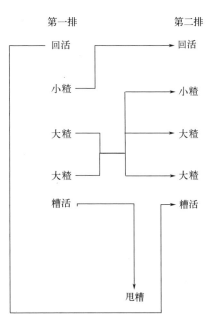

图6-5　老五甑二锅头酒第一排蒸馏后配料次序

2. 操作要点

（1）配料　要求稳准。粮：醅为1：（4～5）。

（2）蒸煮糊化　40min（圆汽计），要达到熟而不黏。

（3）扬晾　粮醅出甑后，摊平鼓风降温，力求翻透，消除疙瘩，使醅子品温均匀一致。扬晾至25～30℃停风。

（4）加水　按糙别阶梯均匀打水，倒堆后测定水分，可将桶数、手握、化验三者结合起来掌握。

（5）加大曲　撒曲，翻拌均匀，符合温度后入池。

（6）入池发酵　坚持低温入池，要与入池淀粉相匹配，要及时入池，及时操作，如平池、踩池等。

（7）发酵管理　按糟入池，池内有大糟两个、小糟一个、回活和糟活共五甑活。每天定时测温，平时管理要跟池检查，同时做好记录。

（8）出池　按糟分层出池，酒醅堆放不能紧靠甑桶，配料时要掺准、拌匀，同时保持池子卫生。

（9）蒸馏　按《烟台酿酒操作法》，缓汽蒸馏，大汽追尾，装甑时要"二勤"即手勤、眼勤。不压汽、不跑汽、不窝汽、不窜甑、不坠甑。确实做到"轻、松、薄、匀、散"。最大气压不得超过 0.15MPa，馏酒温度不超过 30℃。每甑取 1～1.5kg 酒头，稍子接至酒精含量 0% 回蒸。入库原酒酒精含量不低于 65%（体积比），糟活原酒酒精含量不低于 60%（体积比）等。

3．操作要求

操作要求稳、准、细、净，装甑时使用柳条编织的簸箕装甑，见潮撒，均匀撒。传统上扬晾要求人工扬起醅子可达到约 3m 高度。同时师傅凭经验，用眼看、鼻闻、口尝、脚趟、手攥等手段指挥生产，秘诀都是历代酿酒工口口相传得以传承。

4．蒸馏、贮存

清蒸续糟老五甑是中国传统的白酒酿造操作。传统老五甑是按糟入池发酵、分层蒸酒，量质摘酒，分级贮存，蒸馏出的酒质不同，其中大糟质优、小糟次之，回活、糟活质量较差。

第三节　酱香型大曲酒

酱香型大曲酒以其香气幽雅、细腻，酒体醇厚丰满为消费者所喜爱。茅台酒是该香型代表产品，故酱香型酒也称茅型酒。茅台酒产于贵州仁怀市赤水河畔的茅台镇，因地得名。早在 1916 年举行的巴拿马万国博览会上，茅台酒就荣获金质奖。在历届全国评酒会上，均蝉联国家名酒称号。

酱香型大曲酒生产历史悠久，源远流长。建国初期主要在茅台镇周围生产。第四届全国评酒会被评为国家名酒的郎酒，其生产厂四川省古蔺县郎酒厂有限公司与茅台镇以赤水河相隔。随着各省同行间的广泛技术交流和相互学习，酱香型酒目前在全国 10 余个省、自治区、直辖市都有生产。

一、工艺特点及流程

酱香型大曲酒其风味质量特点是酱香突出，幽雅细腻，酒体醇厚，空杯留香持久。独特的风味来自长期的生产实践所总结的精湛酿酒工艺。其特点为高温大曲，两次投料，高温堆积，采用条石筑的发酵窖，多轮次发酵，高温流酒。再按酱香、醇甜及窖底香三种典型和不同轮次酒分别长期贮存，勾兑贮存成产品。

酱香酒生产工艺较为复杂，周期长。传统酱香型白酒生产按照"12987"酿造技艺组织生产，即1年1个周期、2次投粮、9次蒸煮、8次发酵、7次取酒。原料高粱从投料酿酒开始，需要经8轮次，每次1个月发酵分层取酒，分别贮存3年后才能勾兑成型。它的生产十分强调季节，传统生产是伏天踩曲，重阳下沙。就是说在每年端午节前后开始制大曲，重阳节前结束。因为伏天气温高，湿度大，空气中的微生物种类、数量多而活跃，有利于大曲培养。由于在培养过程中曲温可高达60℃以上，故称为高温大曲。

在酿酒发酵上还讲究时令，要重阳节（农历九月初九）以后才能投料。这是因为此时正值秋高气爽时节，故酒醅下窖温度低，发酵平缓，酒的质量和产量都好。1年为1个生产大周期。

茅台酒酿酒生产工艺流程如图6-6所示。

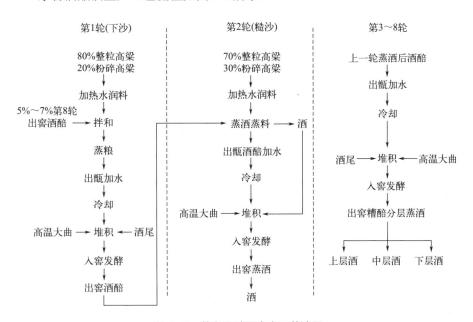

图6-6　茅台酒酿酒生产工艺流程

二、工艺操作

酱香型白酒生产工艺较为独特，原料高粱称为"沙"。用曲量大，曲料比为1∶0.9。采用条石碎石发酵窖，窖底及封窖用泥土。分两次投料，第1次投料占总量的 50%，称为下沙。发酵 1 个月后出窖，第 2 次投入剩余 50% 的粮，称为糙沙。原料仅少部分粉碎。发酵 1 个月后出窖蒸酒，以后每发酵 1 个月蒸酒 1 次，只加大曲不再投料，共发酵 7 轮次，历时 8 个月完成 1 个酿酒发酵周期。

（一）下沙操作

取占投料总量 50% 的高粱。其中 80% 为整粒，20% 经粉碎，加 90℃ 以上的热水（发粮水）润粮 4～5h，加水量为粮食的 42%～48%。继而加入去年最后 1 轮发酵出窖而未蒸酒的母糟 5%～7%，拌匀，装甑蒸粮 1h 至七成熟，带有 3 成硬心或白心即可出甑。在晾场上再加入原粮量 10%～12% 的 90℃ 热水，拌匀后摊开冷散至 30～35℃。洒入酒尾及加兑投料量 10%～12% 的大曲粉，拌匀收拢成堆，温度约 30℃，堆积 4～5d。待堆顶温度达 45～50℃，堆中酒醅有香甜味和酒香味时，即可入窖发酵。下窖前先用酒尾喷洒窖壁四周及底部，并在窖底撒一些大曲粉。酒醅入窖时同时浇洒酒尾，其总用量约 3%，入窖温度为 35℃ 左右，水分 42%～43%，酸度 0.9mmol/10mL，淀粉浓度为 32%～33%，酒精含量 1.6%～1.7%。用泥封窖发酵 30d。

（二）糙沙操作

取总投料量的剩余 50% 高粱，其中 70% 高粱整粒，30% 经粉碎，润料同上述下沙一样。然后加入等量的下沙出窖发酵酒醅混合后装甑蒸酒蒸料。首次蒸得的生沙酒，不作原酒入库，全部泼回出甑冷却后的酒醅中，再加入大曲粉拌匀收拢成堆，堆积、入窖操作同下沙，封窖发酵 1 个月。出窖蒸馏，量质摘酒即得第 1 次原酒，入库贮存，此为糙沙酒。此酒甜味好，但味冲，生涩味和酸味重。

（三）第 3～8 轮操作

蒸完糙沙酒的出甑酒醅摊晾、加酒尾和大曲粉，拌匀堆积，再入窖发酵 1 个月，出窖蒸得的酒也称回沙酒。以后每轮次的操作同上，分别蒸得第 3、4、5 次原酒，统称为大回酒。此酒香浓、味醇、酒体较丰满。第 6 次原酒称小回酒，醇和、糊香好、味长。第 7 次原酒称为追糟酒，醇和、有糊香，但微苦，糟味较大。经 8 次发酵，接取 7 次原酒后，完成一个生产酿造周期，酒醅才能作为扔糟出售作饲料。

三、入窖发酵条件

（一）原料配比

酿制茅台白酒主要原料是高粱和小麦（大曲）。高粱淀粉含量高、蛋白质适中，蒸煮后疏松适度、黏而不糊，是传统酿酒的优质原料。

茅台酒的大曲既有接种作用，又有原料作用，并为酒提供呈香前体物质，所以大曲的用量比较大。大曲用量与酒质的关系较大，见表6-5。

表6-5　大曲用量与酒质的关系

高粱用量/kg	大曲用量/kg	产酒量/kg	酒质分布/%			
			酱香	窖底香	醇甜	次品
100	65	29.3	3.1	0.1	85.5	12.3
100	72.3	37.27	4.7	0.3	86	10.0
100	75.6	39.04	6.23	0.28	88.2	5.29
100	82	43	9.51	1.27	84.5	4.76
100	90	43.8	14.7	3.1	78.2	4
100	97.4	44	14.8	2.1	80.2	2.9
100	103.4	33.2	22.5	3.0	71.4	2.1

从表6-5可知，若排除操作等其他因素，大曲用量对酒质有较大影响。

① 当大曲量占高粱的75%以下时，质量很差。由于加曲少，糟醅水分、酸度随轮次升幅较大，生产不正常，出酒率也低。

② 大曲量占75%～85%时，出酒率较高，但酱香和窖底香酒较少，质量一般。

③ 大曲用量达到95%以上后，出酒率并未因大曲量的增加而明显增加，甚至相对降低，质量也无明显提高。大曲加得过多还会使酒醅发腻结块，操作困难，水分难掌握，生产难以稳定。

可见，在茅台曲酒生产过程中大曲用量不是越多越好，大曲投入量以占高粱的85%～90%为宜，每100kg小麦一般可做82kg曲块，经贮存半年并粉碎后损耗4%左右，可得曲粉80kg，照此计算，每100kg高粱约需小麦110kg。因此，高粱：小麦应为1.0：1.1。

(二) 水分

大曲茅台白酒传统要求轻水分操作（相对其余香型酒而言）。只要能使原料糊化、糖化发酵正常进行即可。因为茅台曲酒整个酿造过程是8轮发酵、7次取酒，并不要求一开始就发酵完全。

酿造中若水分过大会出现很多问题：①"水多酸大"，茅台曲酒酿造过程与其余香型曲酒一样，是开放式操作，加上特殊的堆积工序，水分大时微生物（包括杂菌）生长繁殖快，糟醅升温、生酸幅度也大，最终造成温度高、酸度也高；②水分过大，糟醅堆积时流水，不疏松，升温困难，容易产生"包心"，操作困难，不易处理。所以，酒师们常说"伤水的糟子难做"。

糟醅的水分来源主要是润粮水、量水、酒尾、甑边水、蒸汽冷凝水等，这些水都应有适当的用量和控制方法。

1. 润粮水

高粱粉碎后，必须加沸水润过以后才能蒸煮糊化。这次加的水称为润粮水，它是酒醅水分的主要来源。

润粮水的作用是使淀粉粒吸水膨胀，保证粮粉糊化。酒师常有"一发、二蒸、三发酵"之说。将润粮工序列为酿酒之首，足见润粮的重要性。水分少，不利于糊化，蒸煮不熟，达不到淀粉膨胀、分裂的目的，出酒率低，酒味生涩，发酵糟冲鼻等，影响酒的质量，水分过多又对糖化发酵不利。

① 润粮水用量要适当。若高粱的含水量正常（13% ～ 14%），润粮水一般为高粱的 51% ～ 52%。

② 润粮水温度要高，否则水分会附着于原料表面，淀粉粒吸水不足。水温要求在 95℃ 以上。

③ 粮食粉碎度合适，加水后翻糟要好。若翻糟不好，水分容易流失，粮食吸水不均匀，蒸煮后生熟不一。

④ 润粮时间要合理，一般分 2 次加水，第 1 次用总水量的 60% 左右，第 2 次用总水量的 40% 左右，中间隔 2 ～ 4h。2 次加水后 8 ～ 10h 蒸粮，让粮食充分吸水。

一般润好的粮食水分含量为 40% ～ 41%，颗粒膨胀肥大，表皮收汗利落，剖面无白粉。

2. 量水

粮食出甑后加的水分称为量水，茅台酒一般在下沙、糙沙时用。它可以增加淀粉颗粒的水分，便于曲粉吸水，使曲粉中的有益微生物酶活力增加，提高曲粉的糖化、发酵能力。它还会使有益微生物通过表面水分进入淀粉颗粒，促进糖化发酵。

量水的使用量应视蒸沙的水分情况而定。过多的量水会使粮食表皮水分太大、不利落。一般为高粱的 5% ～ 8%，量水温度应以 95℃ 以上为好。打量水后要迅速翻糙，使粮食吸水均匀，但不能流失。

3. 酒尾

回酒工艺是酱香型大曲酒的主要特点之一。在摊晾后撒曲前和下窖时都要泼入一定量的酒尾，以抑制有害微生物的繁殖，并促进酯化，提高酒质。

使用酒尾要视蒸沙和糟醅的水分含量而定，水分大的要少用；酸度大的糟醅也要少用，防止升酸过大。回酒的尾子最好是用大回酒的尾子。

4. 蒸汽冷凝水

在蒸馏取酒时，若吊尾时间过长，蒸汽冷凝水会使酒醅含水量增大。所以，3 次酒前要少吊酒尾，以减少水分增幅。

5．甑边水

不锈钢制的甑锅甑边水较多，出甑时要先将甑边水放掉，避免流入糟醅中。

总之，茅台酒比较重视水分的控制，既要考虑产量，更要考虑质量。一般入窖水分随轮次递增：入窖糟下沙时在 40% 左右，糙沙时为 42%～44%，以后每轮增加 1%～2%。水分偏大一些，出酒率可稍高，但会使酒质下降。

（三）酸度

酸是形成茅台酒香味成分的前体物质。茅台酒的主体香是低沸点的酯类和高沸点的酸类物质组成的复合体，同时酸又是各种酯类的主要组成部分。酒体中的酸来源于生产发酵过程，所以，酒醅中的酸度不够时，酒香味差、味短、口感单调。糟醅中适当的酸可以抑制部分有害杂菌的生长繁殖，保证发酵正常进行。一般在入窖 7～15d 中，细菌把淀粉、糖分转变成酒精、酸和其他物质。15d 后到开窖前，已经生成的醇类、酸类、醛类等经生物化学反应，生成各类酯类和其他呈香物质。在此期间，有益微生物及酶类利用已生成的酸和醇，生成众多的香味成分。所以，酸是香味的重要来源。

糟醅中的酸度有利于糖化和糊化作用。但是，如果糟醅中酸度过大，又会对生产造成不利影响。若酸度过大，它会抑制有益微生物的生长繁殖，使糖化、发酵不能正常进行，导致出酒率低下，产酒少，酒的总酸含量高，酸味严重。

各轮次产酸状况见表6-6，从表中可看出，1 号样酒的酸味出头，口感差，经过贮存后酸略有下降，但仍有 2.82g/L，作为成品酒来说，酸过高。2 号样酒因酸度控制得好，发酵正常，酒质较好。糟醅中乙酸多，酒中乙酸乙酯含量增加，有时竟高出正常值的 10 倍以上，破坏了酒中成分的平衡，严重影响酒体风格。

表6-6　各轮次产酸状况　　　　　　　　　　单位：g/L（以乙酸计）

总酸	1 轮	2 轮	3 轮	4 轮	5 轮	6 轮	7 轮	混合后	贮存后
1 号	4.25	5.06	3.21	3.11	3.57	3.79	4.02	3.47	2.82
2 号	2.97	3.01	2.21	1.87	1.93	2.07	2.32	2.11	1.76

另外，酸度过大，影响出酒率，成本增加。根据茅台酒厂的生产实践，认为入窖糟的酸度应控制在一定范围：下沙、糙沙 0.5°～1.0°；2 轮次酒 1.5° 左右；3、4 轮次酒 2.0° 左右；5、6 轮次酒 2.4°～2.6°，出窖时一般比入窖糟高0.3°～0.6°。为了使入窖酸度控制在一定范围，应注意下述几点：

注意控制水分；堆积时水温不要过高；控制稻壳用量；适时下窖，否则糟醅发烧霉变，酸度随之增高；尽量不用新曲；做好清洁卫生，减少杂菌感染；认真管好窖池，防止窖皮裂口；注意酒尾的质量和用量。

（四）温度

温度控制是糖化发酵必不可少的条件，微生物的生长繁殖都需要有适宜的温度，各种酶促反应都有其最适的温度范围。没有合适的温度，微生物的活动就会停止或不能正常生长繁殖。糟醅中的微量成分的生化反应和相互转化也要有适宜的温度。当然，如果糟醅温度过高，微生物活力受到影响，发酵不能正常进行，必然降质减产。茅台曲酒的工艺复杂，生产周期长，季节、轮次差异大，所以温度控制点多，难度大。影响发酵的温度主要有下曲收堆温度、收堆温度、堆积升温幅度、入窖温度、窖内温度等。

1．下曲收堆温度

由于生产周期长，各轮次自然温差大，各轮次糟醅升温情况也不同。下沙、糙沙升温快，熟糟（3轮以后）升温慢，所以温度要求也不同。操作要求是：下沙、糙沙收堆 23～26℃，熟糟收堆 25～28℃。下曲温度在冬季比收堆温度高 2～3℃，夏季与收堆温度一样。

2．收堆温度和堆积升温幅度

较高温度的堆积是产生酱香物质的重要条件，由于大曲中基本上没有酵母，发酵产酒所需的酵母要靠在晾堂上堆积网罗。因此，堆积不仅是扩大微生物数量为入窖发酵创造条件的过程，也是制造酒香的过程。糟醅在堆积过程中，微生物活动频繁，酶促反应速率加快，温度逐渐升高。所以，通过测定堆中温度，可以了解堆积情况。

各轮次升温情况不同，如果在重阳节期间投粮下糙沙，因粮食糙、水分少，比较疏松，糟醅中空气较多，升温特别快，温度也高，即使在冬季也只需要 24～48h 就可以下窖。1、2 次酒的糟醅相对不够疏松，水分增加，残余酒精含量少，一般在 1～2 月份，气温低，所以升温缓慢；由于气温低，堆积容易出现"包心"，一般要 3～6d 甚至更长的时间才能入窖。3 轮次酒后，气温升高，糟醅的残余酒精等含量增加，淀粉也糊化彻底，升温就不太困难，一般堆积 2～4d 就可以入窖（见表 6-7）。

表 6-7　糙沙与 3 次酒堆积情况

类别	时间	品温 /℃	水分 /%	淀粉含量 /%	糖分 /%	酸度 /（mmol/10g）	酒精含量（以体积分数 55% 计）/%
糙沙堆积	完堆	24	44.3	38.19	2.24	0.9	2.02
	第 1 天	33	44.3	38.11	2.26	0.9	2.30
	第 2 天	49	44.25	37.83	2.41	1.2	3.39
3 次酒堆积	完堆	26	—	—	—	—	—
	第 1 天	32.5	49.40	26.23	4.80	2.10	1.13
	第 2 天	39	49.90	24.85	5.64	2.15	1.35
	第 3 天	47	50.35	24.00	5.67	2.15	2.55

堆积温度：下糙沙 45～50℃；熟糟 42～50℃。一般以堆积温度不穿皮、有甜香味为宜。堆积入窖温度太低，酒的典型性差，香型不突出；温度过高则发酵过猛，淀粉损失大，出酒率低，酒甜味差，异杂味重。

3．窖内温度变化

糟醅入窖后，品温逐渐上升，到 15d 后缓慢下降。到开窖时，熟糟一般为 34～37℃。若温度过高，糟醅冲鼻，酒味大，但产酒不多，谓之"好酒不出缸"。

4．控制温度应注意的问题

① 下曲温度不要过高，否则影响曲药的活力；下曲后翻拌要均匀；各甑之间温度要一致；上堆时，堆子四周同时上，不要只上在一侧；酒醅要抛到堆子顶部；堆子不宜收得太高，否则会造成升温不均匀。

② 如果堆积时升温困难、堆的时间又太长，就要采取措施入窖，否则糟醅馊臭，影响质量。冬天检测堆温，温度计要插得深一些。

③ 入窖时原则上温度高的下在窖底，温度低的下在窖面，保持窖内温度一致。

（五）糟醅条件

糟醅是粮、曲、水、稻壳等的混合物，只有把它们之间的关系平衡谐调，才能培养好的糟醅，产出好酒。大曲茅台酒是 2 次投料、8 轮发酵、7 次烤酒，生产周期长，如果糟醅出现问题，即使逐步挽回，也会严重影响全年度酒的产量和质量。

由于高温大曲中基本上没有酵母，主要靠网罗空气中、地面、工具、场地的微生物进行糖化发酵，所以，要求糟醅在堆积和入窖后都要保持疏松。如果太紧，会影响微生物的繁殖，堆积时升温困难，容易产生"包心"现象（即表皮有温度，中间温度低甚至是冷糟）。入窖后容易倒烧，产生酸败。

为了保持疏松，增加糟醅中的空气含量，要做到以下几点。

① 原料不要粉碎太细，不要蒸得太熟。一个生产周期中，原料要经过 9 次蒸煮，如果原料太细、蒸得烂熟，会使糟醅结团块，不疏松，不利于生产和操作。

② 上堆要均匀，甑的容积要合理，上堆速度要控制。上堆用铲子，堆子要矮，使糟醅和空气的接触面大些，以增加糟醅中空气的含量。

③ 下窖要疏松，下窖速度不宜太快，除窖面拍平外不必踩窖。

④ 从 3 次酒起要加稻壳，以增加疏松程度并调节糟醅中水分、酸度含量。与浓香型酒相比，茅台酒的稻壳用量要少得多，约为高粱的 8%。

四、有关技术问题探讨

（一）酱香型大曲酒主体香味成分剖析

自从采用气相色谱法对酱香型大曲酒的香气成分进行分析以来，至今已经检验出上千种成分。但是究竟哪些成分或在哪些成分间的量比关系是构成酱香的主体香源，至今尚无定论。归纳起来有以下几种论点。

1. 高沸点酚类化合物说

日本学者横冢保在研究酱油的主体香气成分时认为，4-乙基愈创木酚具有酱油特征香，是酱油的主体香气成分。1964 年茅台酒技术试点时，借鉴了横冢保的实验成果，应用纸色谱在茅台酒中检出了 4-乙基愈创木酚，首次提出该成分可能是茅台酒的主体香。但是在随后的相关研究中发现，该成分在某些别的香型酒，乃至普通固态法白酒中也存在，有的含量也不低，证明了 4-乙基愈创木酚并非是酱香型酒的主体香气成分，而只是茅台酒和某些固态发酵白酒香味的一个组分。1982 年，在贵阳召开的"茅台酒主体香成分解剖及制曲酿酒主要微生物与香味关系的研究"成果鉴定会上，贵州省轻工业科学研究所提出茅台酒的主体芳香组分可能是由高沸点的酸性物质和低沸点的酯类物质组成的复合香，前者为后香，后者为前香。后香即喝完酒后残留在杯中经久不散的"空杯香"；所谓前香，即开瓶后首先闻到的那种幽雅细腻的芳香。酱香型酒的闻香与众不同之处是由这两部分香气所组成。

2. 以吡嗪类化合物为主说

从枯草芽孢杆菌中分离得到的四甲基吡嗪具有酱油、豆豉、豆面酱的发酵大豆味。酱香型酒生产所采用高温大曲、高温堆积、高温发酵及蒸馏等高温工艺，为美拉德反应创造了条件，因而可以产生多种吡嗪类杂环芳香化合物，而且这些吡嗪类化合物的嗅觉阈值极低。在酒中又检测出多数量、多品种的吡嗪类化合物，从而推测这类杂环芳香化合物有可能是酱香型酒的主体香气成分。

3. 呋喃类和吡喃类衍生物说

周良彦推测酱香型酒的主体香气成分有很大可能是呋喃类、吡喃类衍生物。他列举了 23 种具有酱香和焦香的化合物，其中呋喃酮类 7 种，酚类 4 种，吡喃酮类 6 种，烯酮类 5 种，丁酮类 1 种。这些化合物的分子结构中基本上都含有羟基或羰基等呈酸性物质，具有 5～6 个碳原子环状化合物。其环大都含氧原子，分子中具有芳构化活性很强的烯醇或烯酮结构。这些物质的来源是淀粉组成的各种糖类，经水解等因素变成单糖、低糖类和多糖类。

4. 美拉德反应说

庄名扬等人研究认为酱香型白酒香味物质的产生、风格的形成，是由于它特殊的制曲、酿酒工艺造就的特定的微生物区系对蛋白质分子的降解作用，生成了种类繁多的多肽及氨基酸参与了美拉德反应的结果。而高温大曲中的地衣芽孢杆菌所分泌的生物酶对美拉德反应起了较强的催化作用。由美拉德反应所产生的糠醛类、酮醛类、二羟基化合物、吡喃类及吡嗪类化合物，对酱香型酒风格的形成起着决定性的作用。根据各类化合物的香味特征，5-羟基麦芽酚为酱香型酒的特征组分，其他成分起着助香呈味作用。

5. 含硫化合物说

近年来，越来越多的学者开始关注含硫化合物对酱香型白酒风味的影响。含硫化合物是饮料中一类重要的风味物质，在白酒中含量极少，但有很低的嗅觉阈值，具有独特的香气特征。研究表明挥发性含硫化合物和非挥发性含硫化合物都会影响发酵酒的香气质量。有学者采用气相色谱 - 嗅闻法（GC-O）、气相色谱 - 火焰光度法（FPD）和气味活性值（OAV）在习酒中鉴定出 16 种挥发性含硫化合物，其中 2- 甲基 -3- 呋喃硫醇（OAV：31 ～ 220）、3- 巯基己酯（OAV：1870）、三硫化二甲基（OAV：333 ～ 400）、3- 巯基己醇（OAV：34 ～ 36）比其他含硫化合物具有更高的 OAV 和香气强度，二甲基二硫化物和 2- 甲基 -3- 呋喃杂醇对酯类化合物的香气有掩蔽和增强作用。Yan 等人采用顶空固相微萃取分析方法（HS-SPME）结合全二维气相色谱飞行时间质谱（GC×GC-TOFMS），鉴别和定量了 19 种挥发性含硫化合物，在白酒中首次发现了具有较高挥发性的甲基糠酰二硫（OAV：7 ～ 11）和 2- 甲基 -3-（甲基二硫酰基）呋喃（OAV：9 ～ 18），推测它们可能是酱香型白酒的重要芳香成分；感官分析显示，二甲基硫醚、二甲基二硫醚和二甲基三硫醚对酱香型白酒样品中的水果香气有增强作用。宋学博等人对中国酱香型白酒、浓香型白酒和清香型白酒中两种含硫化合物 2- 甲基 -3- 呋喃硫醇和 2- 呋喃硫醇进行了定量分析和感官评价，结果表明酱香型白酒中 2- 甲基 -3- 呋喃硫醇和 2- 呋喃硫醇的含量明显高于浓香型和清香型白酒，聚类分析和偏最小二乘判别分析表明这两种物质可作为酱香型白酒的风味标志物，区别于浓香型和清香型白酒。宋学博等人对清香型白酒、浓香型白酒和酱香型白酒中 3- 巯基己醇和 4- 甲基 -4- 巯基 -2- 戊酮这两种具有热带水果香气的含硫化合物进行了感官评价、定性定量分析和多元统计分析，结果表明浓香型白酒和酱香型白酒中 3- 巯基己醇和 4- 甲基 -4- 巯基 -2- 戊酮含量最高（$P<0.001$），3- 巯基己醇（OAV：1 ～ 22）和 4- 甲基 -4- 巯基 -2- 戊酮（OAV：1 ～ 9）是影响白酒香气的重要因素。

（二）高温制曲

高温制曲是酱香型酒的特殊工艺之一。大曲是酿酒发酵的基础，酱香型酒生产用曲量大，与原料高粱达 1:1，若折算成制曲原料小麦，则其用量超过高粱。高温大曲在酿酒时既作为糖化发酵剂，又占原料的一半有余，显然大曲质量与酒的风味密切相关，历来认为曲的香气是酱香的主要来源之一。

在高温制曲过程中，不同温度阶段的曲药香气是不同的。刚进曲房的曲块其香气是小麦的清香，颜色为灰白色；温度达到 30 ～ 40℃时是甜甜的带有淡淡糯米味的酒香（醪糟味），曲块表面颜色为浅米黄色；温度达 50 ～ 58℃时，曲块表面呈淡褐色，有明显的曲香味；当曲块温度达 60℃以上时，曲块表面呈深褐色或黑色，曲块横断面为金黄色，并散发出浓郁幽雅的香气（类似于黄粑香），但这种香气还不是酱香；待到第一次翻曲后，随着温度的再次上升和水分的蒸发，曲块的外部变为褐色、深褐色、黑色（极少数为金黄色），内部变成浅褐色时，曲块就散发出浓郁的曲香和淡淡的焦香，这种混合香即为酱香。

高温制曲不同时期具有不同的温度、不同的香气、不同的颜色的现象说明不同时期具有不同的微生物种类、不同的酶系、不同的代谢产物。

（三）高温堆积

高温堆积是酱香型酒生产独特的关键工序之一，它直接关系到产品的质量和产量，已明确堆积的作用主要是又一次网罗了野生微生物，尤其是酵母菌。堆积前后的微生物变化见表6-8。

表6-8　第2轮堆积微生物种类和微生物的变化

堆积时间	细菌		酵母菌		霉菌		总计	
	种数	数量/（×10⁴个/g）	种数	数量/（×10⁴个/g）	种数	数量/（×10⁴个/g）	种数	数量/（×10⁴个/g）
0	21	12290	8	6400	—	—	29	18690
48h	10	230	11	1530	—	—	21	1760
94h	30	650	15	1718	—	—	45	2368

从表6-8可知，堆积后细菌增加9种，酵母菌增加7种。堆积前48h酵母菌占比大量增加，由开始的占总菌数34.24%提高到86.93%；细菌则由65.76%下降为13.07%。至94h后，随着出甑酒醅不断上堆，堆的体积加大，空气不足，酵母菌有所下降，但仍占总菌数的72.55%。在堆积过程中，酒醅中的酵母菌主要来自酿酒操作的场地，见表6-9。虽然在堆积前粮醅加入了10%左右（投粮）的高温大曲，但在大曲中97%～99%为细菌，其余为少量的霉菌，而酵母菌很少见。显然酒醅在入窖发酵前经过堆积这一重要工序，微生物的品种、数量、比例都起了很大的变化，因此有人称其为"第2次制曲"。茅台试点时曾做过酒醅不经堆积直接入窖发酵的对比试验，结果是在入窖微生物组成比例上，不堆积的酒醅细菌占53.76%，酵母菌占46.24%；堆积的酒醅细菌占5.61%，酵母菌占94.39%。经发酵、蒸馏所得酒的质量检验，前者为不合格产品。两者酒质有明显的差别。

表6-9　某厂酿酒车间环境微生物的测定　　　　　　　　单位：×10⁴个/g

项目	细菌	酵母菌	霉菌
酿酒场地	62300	13056	0
空气	282	0	0

堆积还使某些发酵基质起了变化。从对氨基酸的测定看，堆积开始时存在异亮氨酸、缬氨酸、酪氨酸、羟脯氨酸、精氨酸、丙氨酸、赖氨酸、谷氨酸、天冬氨酸、苏氨酸、丝氨酸、鸟氨酸、甘氨酸 13 种氨基酸，堆积后减少为 10 种，其中精氨酸、丝氨酸及鸟氨酸消失。

生产实践说明了加强堆积管理的重要性。操作以逐渐连续、由上而下、逐甑均匀上堆为好。堆积管理得好，温度上升有规律，堆子质量好；反之，则温度变化无常，堆子质量不好，入窖发酵后产酒少、质量也差。因此，必须掌握好堆积温度，提倡嫩堆，及时入窖发酵。

（四）长期贮存

名优质酒必须经过一定的贮存期才能使酒"老熟"。酱香型酒的贮存期至少在 3 年以上才能使香气典型性更加完善，酒味醇厚丰满。老熟过程是一个复杂的物理与化学变化过程，为了科学地掌握老熟程度，为确立合理贮存期提供必要的依据，有人采用雷磁 27 型电导仪对不同香型、不同轮次、不同贮存期的茅台酒进行了电导测定，结果见表 6-10～表 6-13。

表 6-10　不同年份茅台酒总酸、总酯及电导的变化

香型酒入库年份		测定温度 /℃	酒精含量 /℃	总酸含量 /（g/100mL）	总酯含量 /（g/100mL）	电导 /kS
A 型酒	1979 年	27.4	57.2	0.1263	0.3215	0.064
	1978 年	27.2	55.2	0.1970	0.3562	0.094
	1977 年	27.1	56.3	0.2057	0.3393	0.099
	1976 年	27.1	55.7	0.2284	0.3277	0.105
	1975 年	27.2	56.8	0.2588	0.3296	0.101
C 型酒	1979 年	27.0	57.0	0.1428	0.340	0.076
	1978 年	27.3	56.0	0.1709	0.3446	0.088
	1977 年	27.6	54.20	0.1746	0.2712	0.103
	1976 年	26.8	56.0	0.2058	0.3167	0.101
	1975 年	27.5	57.0	0.2186	0.3249	0.110
B 型酒	1979 年	27.4	58.2	0.2273	0.4221	0.070
	1978 年	27.4	56.0	0.2286	0.4112	0.095
	1977 年	27.1	55.2	0.2196	0.3489	0.105
	1976 年	27.0	56.3	0.2981	0.3570	0.110
	1975 年	27.3	56.1	0.3010	0.3492	0.118

表 6-11　不同贮存期茅台酒的电导测定结果（测定温度 20℃）

项目	电导 /kS	项目	电导 /kS
新入库酒	0.0395		
贮存 1 年的酒	0.0510	贮存 5 年的酒	0.0577
贮存 2 年的酒	0.0541	贮存 6 年的酒	0.0588
贮存 3 年的酒	0.0571	贮存 7 年的酒	0.0598
贮存 4 年的酒	0.0574	贮存 20 年的酒	0.1238

表6-12 感官品尝与电导的关系（测定温度20℃）

样品名称	评语	电导/kS	备注
出厂标准酒	无色透明，特殊芳香，醇和浓郁，味长回甜	0.0873	—
准备出厂酒 I	无色透明，香，醇，味长	0.0893	同意出厂
准备出厂酒 II	无色透明，香，稍有辛辣味	0.0815	不同意出厂

表6-13 不同轮次酒的电导测定结果（测定温度25℃）

项目	1次酒	2次酒	3次酒	4次酒	5次酒	6次酒
酒精浓度/%	54.8	55.8	55.2	56.2	53.4	52.6
总酸含量/（g/100mL）	0.1395	0.1078	0.1321	0.1239	0.1329	0.1047
总酯含量/（g/100mL）	0.4294	0.4040	0.3978	0.3596	0.3591	0.3626
电导/kS	0.0726	0.0638	0.0678	0.0650	0.0745	0.0580

溶液的电导取决于溶液中的离子性质、浓度及溶液的压力、温度等。酒是含有众多组分的酒精水溶液，它的电导与所含成分有关。经贮存后，发生了一系列物理与化学变化，其电导也相应变化。试验结果显示，随着贮存期的延长，电导也增加，在第1年增长较快，其后变化缓慢。电导还受温度、酒精浓度、香型酒种类、酒的轮次等影响。各厂可根据自己产品的特点测定不同条件下的电导数据，并结合品尝、勾兑，探索陈酿老熟的规律。

第四节　其他香型大曲酒简介

一、凤香型大曲酒

凤香型酒，其代表产品为西凤酒。西凤酒产于陕西省凤翔区柳林镇，始于3000年前殷商晚期的"秦酒"，具有悠久历史。早在1952年第一届全国评酒会上，就被命名为四大名白酒之一。1984年第四届全国评酒会上，在其他香型酒中再次荣获国家名酒称号。1989年第五届全国评酒会上蝉联国家金质奖。1993年正式定名为凤香型酒，继清香、浓香、酱香、米香之后成为五大香型之一。

（一）工艺特点及流程

凤香型大曲酒其风味质量特征为醇香秀雅、甘润挺爽、诸味协调、尾净悠长。习惯说法为酸、甜、苦、辣、香五味俱全，不偏酸、不偏苦、不辛辣、不呛喉而有回甘味。从香气成分上分析，具有以乙酸乙酯为主、己酸乙酯为辅的复合香气，国家标准规定优等品的乙酸乙酯含量≥0.60g/L，己酸乙酯 0.15 ～ 0.5g/L。其工艺特点为：以高粱为酿酒原料；以大麦、豌豆为制曲原料，采用接近浓香型大曲的高温培养工艺，制得的中高温凤香型大曲兼有清香与浓香型大曲两者的特点；发酵期仅为 11 ～ 14d，是国家名酒中发酵周期最短的。采用续糟配料混烧酿酒工艺。1 年为 1 个大生产周期，每年 9 月立窖，次年 7 月挑窖，整个过程经立窖、破窖、顶窖、圆窖、插窖、挑窖 6 个步骤。采用泥窖发酵，每年更换窖皮泥一次，以控制成品酒中己酸乙酯的含量，保持凤香型酒的风格。以特制的酒海作为贮酒容器，酒内由酒海中溶解出来的物质比陶缸多。用荆条编成大篓，内壁糊上百层麻纸，涂以猪血、石灰，然后用蛋清、蜂蜡、熟菜籽油按比例配制而成的涂料涂抹，晾干作为贮存酒的酒海。

凤香型大曲酒的生产工艺流程如图 6-7 所示。

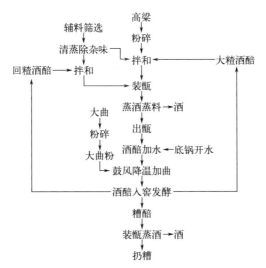

图 6-7　凤香型大曲酒的生产工艺流程

（二）工艺操作

1．立窖（第 1 排生产）

每个班组每日立一个窖，投高粱原料 1000kg，辅料 600kg，酒糟 500kg。粮比水为（1.0∶1.0）～（1.0∶1.1），加入 90℃ 以上的热水拌匀，堆积 24h。其间翻拌 2 次，使水分润透粮心。然后分 3 甑蒸煮，每甑蒸煮时间自圆汽计为 90min，高粱糟达到熟而不黏即可出甑。立即加入底锅适量沸水，经降温加入 200kg 大曲粉（三甑总量）入窖泥封发酵 14d 后出窖蒸酒。

2．破窖（第 2 排生产）

在发酵成熟出窖底酒醅中，加入粉碎后的高粱 900kg 及适量辅料，分成 3 个大糟、1 个回糟共 4 甑蒸酒。出甑酒醅加底锅沸水，降温加大曲，泥封发酵同上述操作。

3．顶窖（第3排生产）

出窖酒醅，仍在3个大糙中加入高粱900kg，分成3个大糙、1个回糟共4甑蒸酒。其加水、加曲、降温操作同前。上次入窖的回糟经蒸酒后不再投粮，入窖成糟醅，加曲、降温后，入窖封泥、发酵。

4．圆窖（第4排生产）

出窖酒醅在3个大糙中加入高粱900kg，分成3个大糙1个回糟。上次入窖的回糟蒸酒后成糟醅入窖发酵。上次入窖的糟醅蒸酒后为扔糟。自第4排起，即进入正常生产，每日投料、扔糟各一份，保持酒醅材料进出平衡。以后每发酵14d为一排。

至6月底，由于气候炎热，影响正常发酵，同时泥窖需要更新内壁泥土，故随即停产。在停产前1排生产称为插窖。

5．插窖

该排酒醅中不再加入新料，仅加适量辅料，全部按糟醅入窖发酵。加少量大曲及水，入窖温度提高到28～30℃。

6．挑窖（最后1排生产）

上排糟醅经发酵蒸酒后，全部作为扔糟，至此，整个大生产周期遂告结束。

所产新酒在酒海中贮存3年，再经精心勾兑而成产品。

二、特香型大曲酒

特香型大曲酒以江西省生产为主，以江西省樟树市四特酒有限责任公司生产的四特酒最为著名。四特酒具有"清亮透明，香气浓郁，味醇回甜，饮后神怡"四大特点，周恩来对该酒曾有"清、香、醇、纯，回味无穷"的评语。

（一）工艺特点及生产流程

特型酒的感官风味质量以三型（浓、清、酱香型）具备犹不靠为特征；具有无色透明、诸香协调、柔绵醇和、香味悠长的风格。其工艺特点如下。

1．以大米为酿酒原料

与其他大曲酒不同，特型酒以大米为酿酒原料，采用整粒大米不经粉碎直接和出窖发酵酒醅混合的老五甑混蒸混烧工艺，必然将大米中的固有香气带入酒中；同时大米所含成分和高粱不同，导致发酵产物有所变化。如特香型酒的高级脂肪酸乙酯含量超过其他白酒近1倍，相应的脂肪酸含量也较高。采用大米原料和传统的固态发酵法是其特点之一。虽然米香型及豉香型酒原料也是大米，但它们的酿酒工艺及微生物都完全不同，因此产品风格各异。

2．独特的大曲原料配比

四特酒酿造所用的大曲，其制曲原料是面粉35%～40%，麦麸

40% ～ 50%，酒糟 15% ～ 20%。这与其他大曲酒厂相比是独一无二的。这种配料比是以小麦为基础加强了原料的粉碎细度，同时调整了碳氮比，增加了含氮成分及生麸皮自身的 β- 淀粉酶。添加酒糟改善了大曲料的疏松度，同时其中残存的大量死菌体有利于微生物的生长；有机酸可以调节制曲的 pH 值；残余淀粉得以再利用，节约制曲用粮，以降低成本。独特的大曲是形成四特酒风格的又一因素。

3．红条石筑发酵窖池

四特酒的酿酒发酵设备由江西特产的红条石砌成，水泥勾缝，仅在窖底及封窖时用泥。它有别于茅台酒的青条石泥土勾缝窖，更不同于浓香型的泥窖和清香型的地缸发酵。红条石质地疏松，空隙多，吸水性强。这种非泥非石的窖壁，为酿酒微生物提供了特殊的环境。

四特酒的生产工艺流程如图 6-8 所示。

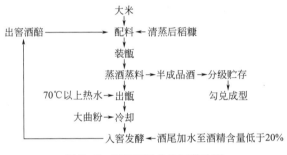

图 6-8　四特酒的生产工艺流程

（二）工艺操作

采用老五甑演变而来的混蒸续糟 4 甑操作法。4 甑入窖糟醅分别为小糙、大糙、二糙及回糟。大糙、二糙配料随季节气温变化而有所调整。

发酵完毕的窖池用铁锹铲出封窖泥，在铲除接触窖泥的酒醅约 5 cm 丢弃后，根据季节和投料量多少挖取窖池上层的酒醅 5 ～ 7 车（300kg/ 车），加入清蒸后的稻糠 60kg，拌匀打碎团块，装甑蒸酒。出甑经冷却，加大曲翻拌均匀后即入窖发酵，踩平。此为回糟（也称为丢糟）。

第 2、3 甑为大糙及二糙。取大米 630kg 堆在甑旁，继续挖出中层发酵酒醅 11 ～ 13 车，并加入清蒸稻糠 180kg，三者混合拌匀，随挖随拌，打碎团块，拌匀后成堆，表面再覆盖一层稻糠，分两次装甑蒸酒蒸料。蒸酒时流酒速度不超过 3.5kg/min，量质摘酒，截头去尾，每甑摘取酒头 2 ～ 3kg 作勾兑调味酒。酒精含量在 45% 以下的酒尾不入库，各甑酒尾都集中于最后一甑倒入底锅蒸酒回收。

蒸酒结束后，移开甑盖继续蒸料排酸，如料未蒸熟，还需加水再蒸。夏秋气温高，规定必须开大汽排酸 10 ～ 15min，方可出甑。出甑酒醅装车运到通风晾糟板上堆积，并随即加入 70℃ 以上的热水。若水温偏低，则大米原料易返生。如果发现白生心饭粒，应闷堆 5 ～ 10min。然后散开酒醅进行通风冷却至入窖温度，每甑加入大曲粉 78kg 左右，翻拌均匀后起堆入窖，大糟入窖后摊平踩实。再加入 20kg 酒精含量 20% 以下的酒尾。二糟入窖后，酒醅呈中高边低状，加入 40kg 酒精含量 20% 以下的酒尾，即用泥封窖发酵 30d。

第 4 甑为丢糟，即上排入窖的回糟，酒醅为 6 ～ 7 车。回糟在发酵窖底，因其水分较大，故使用 120kg 稻糠拌匀后蒸酒。流酒完毕后出甑，即为丢糟，做饲料出售。

三、浓酱兼香型大曲酒

浓酱兼香型白酒，即指酒体兼有酱香型和浓香型酒的感官特征：芳香幽雅舒适，细腻丰满，浓酱和谐，回味爽净，余味悠长。该香型起始于 20 世纪 70 年代初期，人们在学习总结名酒生产经验的基础上，将茅台酒与泸州曲酒两种生产工艺糅合在一起，生产出来兼有酱香和浓香两种风格的白酒。在 1979 年第三届全国评酒会上，湖北松滋产的白云边酒率先荣获国家优质酒的称号。随后 10 余年来，随着科学技术的发展，生产工艺日臻完善，生产厂家逐步壮大，从南到北有 454 个厂。至 1989 年，除了白云边酒外，黑龙江玉泉酒、湖南省白沙液以及湖北省西陵特曲酒也相继获国家银质奖。

从该香型起步之时，就存在以白云边酒为代表的酱中有浓风格和以黑龙江玉泉酒为代表的浓中有酱风格的两个流派。浓酱相兼、酱浓协调是兼香型酒质量的核心。从目前看来，这两个流派产品的己酸乙酯含量都可以控制在 60 ～ 120mg/100mL 之间，是区别于浓香型酒的一项主要指标。由于酱香主成分目前还不甚明确，因此没有确切的数据要求。从感官品尝产品的结果看，影响质量的关键还在于对酱香的掌握适度问题。有时容易出现酱香过大或浓中缺酱的口味缺陷。兼香型酒这两个流派的生产工艺是不同的，分别介绍如下。

（一）酱中有浓的兼香型大曲酒的生产工艺

1. 高温大曲制作

小麦原料经粉碎后，加水拌匀，踩制成 35cm×20cm×6cm（长 × 宽 × 高）的砖形曲坯。入曲房堆积培养，曲间塞放稻草，5d 后升温至顶点 65℃ 左右时，翻曲降温到 50℃ 左右。7d 后温度又升到 60 ～ 62℃，进行第 2 次翻曲。此后品温保持在 36 ～ 46℃ 之间又 7d。然后开窗通风降温，揭去稻草，堆存 10d 后出房。成品曲糖化力为 450 ～ 550mg（以葡萄糖计）/（g·h）。经贮存 3 ～ 6 个月即可使用。

2．生产工艺流程

如图 6-9 所示，前 7 轮的生产工艺按酱香型酒操作，自第 8 轮起按浓香型酒工艺进行。

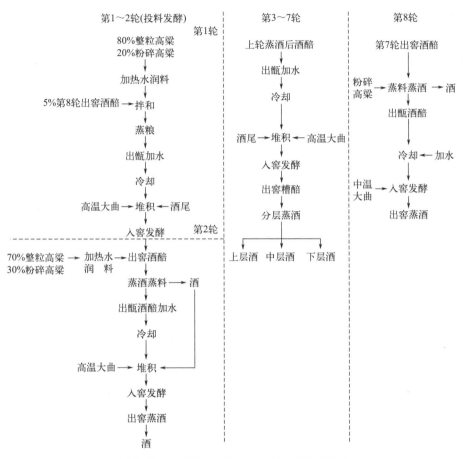

图 6-9　酱中有浓兼香型白酒生产的工艺流程

3．生产工艺

（1）第 1 轮投粮发酵　每年 9 月初左右投料生产。将高粱按总投料量的45.5％投料，其中 80％为整粒原粮，20％为粉碎后的高粱。用 80℃以上的热水润料，加水量为原料的 45％。堆放 7～8h 后加 5％的第 8 轮未蒸馏的母糟，拌匀后上甑蒸粮。蒸好的高粱出甑，立即加入 15％ 80℃以上的量水翻拌堆于操作场地上。再加入 2％的酒尾，拌匀冷却至 38℃左右，加 12％的高温大曲粉拌匀堆积于操作场地 4～5d 后入窖发酵。醅料入窖前向窖内泼洒酒尾，并在窖底撒曲 20～30kg。配料入窖时，边下窖边洒酒尾 150kg。最后用培养后的窖泥封窖，发酵 1 个月。

（2）第 2 轮再次投粮发酵　取占总投粮量 45.5% 的高粱，其中 70% 为整粒，30% 需经粉碎。用 80℃ 以上热水润料，加水量为原料的 45%。拌匀后就地堆积 7 ～ 8h。然后与第 1 轮出窖醅料混匀，装甑蒸馏。所产酒全部回到醅料中，其后的冷却、加高温大曲粉、堆积、入窖发酵等操作均与第 1 轮相同。

（3）第 3 轮～第 7 轮的操作　自第 3 轮发酵起至第 7 轮次不再投料。将经过发酵 1 个月出窖的上 1 轮的酒醅蒸馏后出甑加热水 15%、酒尾 2%、高温大曲，堆积 3d。入窖发酵等操作条件都大体一致。每轮次的加曲量 1 ～ 3 轮为 12%，4 ～ 7 轮为 8% ～ 10%。在出窖蒸酒时分层取酒，即窖上部 2/8 酒醅产的是上层酒，中部 5/8 酒醅产的是中层酒，窖底 1/8 酒醅产的是下层酒。分别分级入库贮存。

（4）第 8 轮操作　取第 7 轮出窖酒醅，与占总投料 9% 的经粉碎后的高粱混匀，装甑蒸馏。出甑酒醅加热水 15%，冷却，加入 20% 的中温大曲粉，拌匀，低温入窖发酵 1 个月后出窖蒸馏。

（5）贮存勾兑成型　上述酿酒工艺各轮次与各层次酒的质量各不相同。生产上采取分层分型摘酒，按质贮存。一般是上层酒乙酸乙酯芳香较为突出，微带酱香；中层酒味较醇和，清淡幽雅；下层酒己酸乙酯芳香较浓；酒尾酱香突出，酸味大，乳酸乙酯和糠醛含量很大。因此，经贮存后勾兑成型是稳定产品质量的重要一环。

（二）浓中有酱的兼香型大曲酒生产工艺

以黑龙江省玉泉酒为代表的浓中有酱的兼香型白酒，采用酱香、浓香分型发酵产酒，分型陈贮、科学勾调的工艺。分型发酵就是将浓香与酱香两种香型酒分别按各自的工艺组织生产，生产出的酒分别陈贮，然后按合理的比例，恰到好处地勾调成兼香型产品。

浓香型工艺采用人工老窖，以优质高粱为原料，小麦培养的中温大曲为糖化发酵剂，混蒸续糟发酵 60d。为了稳定和提高产品质量，采取清蒸辅料、养窖泥盖、增浆加馅、己酸增香、双轮底糟、高度摘酒、增己降乳等技术措施，使其达到优质酒以上的水平。此为玉泉酒的基础酒。

酱香型酒生产工艺要点如下：

① 根据北方气候选择最佳季节投料，采用 6 轮发酵酱香大曲酒工艺。

② 提高大曲用量，前 6 轮发酵采用高温大曲，使用量为 100%，6 轮后转用中温大曲。

③ 前 6 轮整粮一次投料，在水泥池中按大曲酱香酒生产工艺操作，每轮发酵期缩短为 25d。

④ 6 轮后继续投料，转入泥窖中续糟老五甑混烧，按浓香型工艺操作，发

酵期为45d。

此外，在投料时增加部分麸皮用量，强化高温大曲质量。在浓香型酒生产时，采取综合措施，使乳酸乙酯与己酸乙酯的比值小于1；在酱香型酒生产时，使乙酸乙酯与乳酸乙酯比值大于1。

（三）贮存和勾兑

各类基础酒的贮存期有所不同。大曲酱香工艺酒，6轮次酒也不一样，一般为2～3年；酱香转浓香的工艺酒为2年；浓香型工艺酒为1.5年；浓香和酱香混蒸酒为1.5年；特殊老酒为5年以上；特殊调味酒为3年以上。浓香与酱香酒的勾兑比例，以8∶2为宜。

四、老白干香型大曲酒

老白干香型大曲酒以河北衡水老白干酒为代表，酒色清澈透明，醇香清雅，甘洌挺拔，丰满柔顺，回味悠长。老白干香型大曲酒的生产目前有续糟配料混蒸混烧老五甑工艺、清蒸清烧三排净工艺和机械化酿酒生产新模式。

（一）续糟配料混蒸混烧老五甑工艺

1. 工艺流程

续糟配料混蒸混烧老五甑工艺流程见图6-10。

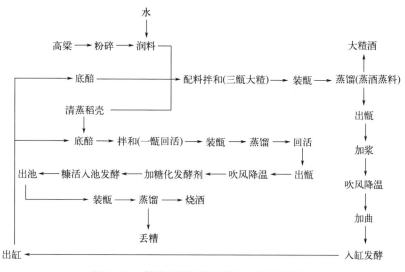

图6-10 续糟配料混蒸混烧老五甑工艺流程

2. 发酵设备

设备为埋入地面以下的陶瓷坛（以下简称地缸），辅以少量水泥池用于回活酒醅的发酵。发酵设备的选用充分体现了因地制宜，地缸发酵非常适合华北地区这种温带半湿润大陆性季风气候：夏季炎热多雨，地下水位浅；冬季寒冷干燥，土地受冻易出现裂缝。另外，本地区有些偏碱性土壤，不利于建窖，更不利于窖的养护，而采用地缸发酵则非常有利于保持良好的发酵环境，衡水老白干采用地缸发酵是祖先留给我们的宝贵经验。

3．工艺控制

（1）原料粉碎　高粱粉碎后的要求：外观 4 瓣、6 瓣、8 瓣，直径大于 4mm 的粉粒占 5% 以下，直径在 1～2.5mm 之间的粉粒占 50% 以上，整粒 1% 以下，粉面不超过 10%。

（2）润料　用新鲜深层地下水将原料润湿拌匀，水的用量：1 月份、2 月份、3 月份、11 月份、12 月份严格按原粮的 35%，其他月份则按原粮的 45%。润好的粮粉再与出缸酒醅混合均匀后，堆积 30min 以上，以便于粮粉从酒醅中吸取一些水分和有机酸，利于原料糊化。

（3）出缸拌醅　下场操作：出缸时要分层挖缸，缸头、缸底各 10～15cm 酒醅配醅成回活，腰缸酒醅配成大糙。挖完缸后及时将散落在场地上的酒醅清理干净。出缸要快，减少酒醅中酒精和风味物质（香味成分）的损失。

上场操作：续糟配料混蒸混烧老五甑工艺配醅很重要。首先把场地打扫干净，并严格按以下要求配料：①配料要准确；②拌料要轻，不得高扬；③拌料要快，减少酒精和风味物质（香味成分）挥发；④拌料操作要倒堆两次，打碎疙瘩；⑤酒醅、原料、辅料要调拌均匀，然后将醅料拍紧，培堆打方，打方要求呈梯形状，上面平整、各边线平直，表面撒上一层稻壳再盖上一层食品级塑料布，以减少酒精挥发；⑥酒醅要离开甑桶 50 cm，以免酒精和风味物质（香味成分）受热辐射挥发。

（4）装甑蒸馏操作　续糟配料混蒸混烧老五甑工艺蒸酒蒸料同时进行，要求原料糊化透彻，熟而不黏，内无生心，一般蒸馏时间 40min 以上。

"生香靠发酵，提香靠蒸馏"，因此，认真细致的装甑操作是保障蒸馏效果的关键。

（5）入缸发酵操作　入缸环节要掌握"快入、快踩、快做、快盖"的原则。

① 加浆　出甑的粮醅放置晾床前部，视干湿状况加浆。加浆是为了给粮醅中补充一定量的新鲜水分。加热浆有利于淀粉膨胀吸收水分，减少粮醅表面浮水，利于酶对淀粉的糖化作用，使发酵生成的酒精溶于水后及时分散开来。

在实际操作中，为保持入缸水分的稳定，要视天气情况灵活掌握，春、夏季天气干燥，吹风时间长，入缸时注意多补充水分；冬季天冷，吹风时间短，则要减少加浆量。水分过小，产酒较少，出酒率低；水分过大，虽然产酒相对较多，但对装甑造成一定困难，装甑时损失较大，往往丰产不能丰收，酒质也比较寡淡。

② 吹风降温　上晾床前粮醅必须翻倒一遍，以便使加浆水均匀，上晾床的粮醅薄厚要求均匀一致，通过吹风降温至适宜的温度时，加曲入缸。

吹风过程可使部分水汽和挥发性物质挥发，料醅充分接触空气，有利于微生物生长繁殖。

③ 加曲　大曲用预先降到30℃以下的新鲜粮醅和适量水拌和，再均匀撒入，以避免曲面飞扬。

④ 入缸　入缸时要避免撒落醅料，如有撒落要及时扫净。粮醅必须一甑一清，不得有发霉的糟醅掺入入缸粮醅。入缸发酵的粮醅温度、水分、酸度、淀粉浓度等都必须达到入缸的工艺条件要求。

⑤ 入缸参数　入缸温度以能保证粮醅正常升温的最低温度为适宜，一般控制在21℃左右。夏季要低于自然温度。入缸温度要均匀，每天入缸温度偏差不得超过±1℃。入缸温度过低，会造成升温困难，升温幅度小，主发酵期不明显，发酵不彻底，出酒率低；入缸温度过高，升温过快，顶火温度高，主发酵期短，影响酒的产量和质量。

全年入缸酸度掌握在1.0～2.0，入缸酸度高低，直接影响糖化、发酵的速度和酶活力。在适宜的入缸酸度范围内，酸度大的，酒质好，风味物质（香味成分）多且协调。入缸酸度过高，阻碍发酵的正常进行，出酒率下降，严重时会产生掉排；入缸酸度过低会造成基酒酸酯低，影响基酒的质量。实际操作中可通过分层挖缸，增减稻壳用量及蒸馏结束后的排酸时间等方式调节和控制入缸酸度。

入缸淀粉浓度控制在20%左右，入缸淀粉浓度低（往往是老五甑工艺回醅量大造成的）会造成出酒率低，且所产基酒醇厚感差，入缸淀粉过高会造成酒醅黏，残糖高，酒刺激感强，不爽净。实际操作中可通过调节粮醅比和辅料用量来控制入池淀粉浓度，春、秋、冬粮醅比一般为1∶3.8，夏季一般为1∶4.2。

⑥ 做缸　缸帽要求做成平滑的圆弧形，缸帽堆高适中，一般高出缸口沿5cm左右。缸帽用抹子拍实抹平，缸沿内口要用抹子压紧并使酒醅低于口沿2～4cm。用小笤帚和抹子仔细把缸花上的余料扫干净，黏住的酒醅要刮扫干净。

⑦ 封缸　整行缸做好后，用食品级塑料布封严，盖上棉被、苇席保温。要随入、随踩、随做、随盖。入缸酒醅要均匀，不允许有半缸，也不允许前边有大帽，后边缸不满。

⑧ 发酵　固态发酵白酒的典型特点是糖化和发酵同时进行。发酵过程中，微生物通过自身的新陈代谢活动，使原料发生了一系列的生化反应，生成乙醇及风味物质（香味成分）。发酵过程应遵循"前缓升、中挺、后缓落"的规律。

前期发酵，主要是糖化酶将淀粉转化成糖，微生物利用粮醅中的氧和糖等生长繁殖，为中期发酵创造条件，同时也产生一些酒精和其他成分。

中期发酵，微生物代谢旺盛，淀粉含量明显下降，酒精含量快速增加，发酵达到顶火，并保持几天旺盛期，这是产酒的主要阶段，同时产生风味物质（香味成分）及前驱物质。

后期发酵，糖化发酵缓慢，品温缓慢回落，酸度增加，形成各种风味物质（香味成分）。此阶段主要是益生菌发酵。

（二）清蒸清烧三排净工艺

衡水老白干酒的清蒸清烧三排净工艺主要工艺特点为小麦中温大曲，清蒸清烧，地缸发酵。由于原辅料、发酵设备、蒸馏设备与老五甑工艺相同，所以除工艺流程、原料处理、装甑方式与传统老五甑工艺略有不同外，其他操作与老五甑工艺基本一致。现将主要不同之处描述如下。

1．工艺流程

清蒸清烧三排净工艺流程见图 6-11。

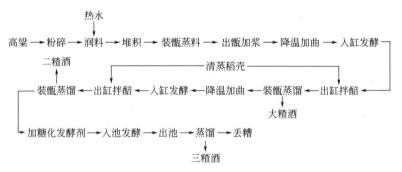

图 6-11　清蒸清烧三排净工艺流程

2．工艺操作

（1）粉碎　高粱粉碎后的外观要求：4 瓣、6 瓣，通过筛孔直径大于 4mm 的粉粒占 5% 以下，直径在 1 ～ 3mm 之间的粉粒占 50% 以上，整粒 1% 以下，粉面不超过 10%。

（2）润料　润料是三排净工艺中比较关键的环节，直接影响出酒率和酒的质量。将粉碎好的原料摊在场地上，用 80℃ 以上的热水润料，润料水量为投料量的 85% 左右。要求料水掺拌均匀，润透无干糁，无疙瘩，不淋浆，手搓成面。三排净工艺润料后要堆积 20h 以上，堆积温度可达 45℃ 以上，堆积过程中侵入原料中的微生物能进行繁殖和代谢，润料对增加酒质回甜有一定作用。

（3）蒸料　三排净工艺蒸料是单独进行的，蒸料时间须装完料圆汽后连续蒸 70min。要求原料糊化透彻，熟而不黏，内无生心，闻有粮香，无邪杂气味。蒸料同时对所用的辅料进行清蒸，保证清蒸 50min 以上，辅料蒸好后摊晾备用。

（4）入缸工艺参数　主要参数和条件见表 6-14。

表 6-14　清蒸三排净工艺主要参数

名称	水分 /%	温度 /℃	淀粉 /%	酸度 /（mmol/10g）
大糙	48.5～49.5	17～19	—	—
二糙	55～57	21～23	19.5～22	1.0～2.0
三糙	57～59	26～28	<11	<3.0

注：当自然温度高于 20℃时，大糙、二糙的入缸温度要低于自然温度。

（5）操作要点　三排净工艺进行出缸入缸操作时，大糙、二糙要严格区分，严禁混出混入。

三排净工艺出缸酒醅不加粮拌料，只加入稻壳拌和，所以水分较大，酒醅较沉，装甑操作时采用一人供锨、一人用簸箕装甑的方式，供锨要做到少取快供。不同于老五甑工艺的一人或两人同时用簸箕扒酒醅装甑。

其他工艺操作与传统老五甑工艺基本相同。

（三）机械化酿酒生产新模式

1．机械化酿酒生产新模式的背景及基础

白酒行业是一个既古老又年轻的行业，不同的企业其生产工艺、香型特点都有着各自特有的历史传承。传统的白酒生产工艺由于受客观条件的限制，生产过程原始、粗放，劳动力密集，劳动强度大，效率低，能耗高；发酵工艺受自然环境影响较大，质量不稳定，特别是夏季气温高，需停止作业，不能全年连续生产；厂房车间占用土地面积大，存在土地资源利用率低等问题，已越来越不适应现代化发展需要。

河北衡水老白干酒业股份有限公司建厂几十年以来在机械化方面进行了不断试验和探索。从 1958 年研制出起盘器之后陆续试制成功了出池吊车、机械吹风晾床、踩曲机等一系列的机械化设施。1980 年建成的三个大型车间，采用 22m 跨度桁车、出池吊槽、抓斗、活底甑桶等机械化成套装置，这些在当时已是很先进的设备，更可贵的是积累了一定的经验，培养、集聚了一批专业人才，为公司的酿酒机械化项目的顺利实施打下了基础。

2．机械化酿酒生产新模式

机械化酿酒生产新模式基本沿用河北衡水老白干酒业股份有限公司传统生产工艺，生产过程中所有工序实现了机械化。建立中央控制室，对润料、蒸料、发酵、装甑及蒸汽压力控制、流酒温度和速度控制、基酒入库等环节进行

自动控制，实现了自动化。同时中央控制室自动收集整个生产过程中的数据，实现了生产过程的信息化管理，对工艺参数的优化提供数据支持。计算机对收集到的数据进行汇总、分析，建立模型，最终将实现智能制造，根据环境温度变化，计算机自动调整入槽温度、水分、发酵室温度等参数。

（1）工艺流程　和前面的传统工艺相同。

（2）主要生产环节及操作

① 原料一体化处理系统：原料从粉碎到润料通过输送机完成，全程密闭。该系统采用机械拌料，不锈钢槽集中润料，拌料水自动控温、精准定量、定时拌和，实现了自动化生产，解决了加浆定量不准、人工拌料不匀、劳动强度大的问题。润料水温度、加水量同前面的传统工艺要求。

② 辅料贮存及其处理系统：辅料为稻壳，质量要求同前。

稻壳采用超大容积螺旋钢板仓收贮，入仓前进行除杂、除铁处理，确保稻壳干净入仓，出入仓采用风力输送方式，输送系统完全封闭，并具有独立的除尘系统。

稻壳采用集中清蒸方式，在 0.12 ~ 0.14MPa 压力下，保压 25min，保压过程中排汽阀定时小幅度打开，以利于排出稻壳中的杂味，稻壳蒸好后通过摊晾机吹风降温备用。

该稻壳贮存和处理工艺全程实现机械化，具有贮存量大，占地面积小，投资省，密闭、防虫、防污染性能好，辅料处理质量稳定，节省人力，减少蒸汽能源消耗，彻底改善工人工作环境等优点。

③ 蒸料：采用自动控制、机械填料、带压蒸料糊化方式，填料完成后，开启自动蒸料程序，即可实现定时、定压自动蒸料、自动排气，保证了蒸料糊化质量，并且由于采用了带压蒸料，显著缩短了工作时间，大大节省了蒸汽用量。

保持蒸锅内压力在 0.16 ~ 0.18MPa，25min 即可实现原料熟而不黏、内无生心、闻有粮香、无邪杂气味的要求。

④ 出甑加浆、降温加曲：蒸料结束后，自动加浆 5%，利于原料吸水和降温。

机械鼓风晾床采用了两级降温结构，第一区域为自然风降温，第二区域为冷风强制降温。在自然温度较低的情况下，完全利用自然风进行降温；在自然温度较高时，启动制冷系统，在晾床第一区域段用自然风降温后，在第二区域段用冷风强制降温，保证酒醅的入槽温度。

晾床尾部装有自动加曲机，感应器探测到降温后的粮糟到达时，自动开始加曲。

⑤ 入槽：发酵设备采用"W"形不锈钢发酵槽，利于发酵过程中酒醅散

热。在入槽前，将槽内的残醅清扫干净，在槽底部撒一层稻皮，防止酒黏在槽底部。大糙入槽水分控制在 49% ～ 50%，入槽温度控制在 14 ～ 16℃。掺拌均匀的曲醅，装入发酵槽，盖好食品级塑料布，用沙袋压好边角。

⑥ 大糙发酵：发酵车间为多个可独立控温的发酵室，每一个发酵室盛放一天的醅料。密封好的发酵槽运到发酵间，码放三层，启动自动控温系统，按照设定的标准曲线自动控制室温，使醅温的变化达到设定要求。同时通过中央控制系统对发酵间内的 CO_2 浓度进行监控和换气调控。

⑦ 蒸馏：发酵完成后，将发酵槽运送、放到翻转架上，通过调整稻壳机和酒醅输送机，将酒醅、稻壳按照"两干一湿"原则，按比例配料，稻皮用量为投料量的 18%。

装甑采用自主研发的智能装甑机，该布料装置既可上下移动又可水平方向 360°自由移动，按"轻、松、匀、薄、准、平"的装甑要求，在保证装甑质量的前提下，代替了传统的人工用簸箕装甑的形式。

装甑、流酒过程中的蒸汽压力由压力自动控制系统控制，在装甑开始时启动压力自动控制，在装甑过程中实现"两小一大"的压力要求，并保证蒸汽压力的稳定。在流酒过程中通过自动控制蒸汽压力来控制流酒温度、速度，保证"缓汽蒸馏、大汽追尾""慢流酒、快流稍"的原则，流酒温度不超过 32℃。

⑧ 二糙发酵：二糙发酵、蒸馏控制与大糙操作基本相同，工艺参数与前面的清蒸三排净工艺要求相同。

⑨ 三糙发酵：三糙发酵设备采用"U"形槽，其他发酵、蒸馏控制与大糙操作基本相同，工艺参数与前面的传统工艺要求相同。

⑩ 分段掐酒、入库：流酒时大糙酒、二糙酒均按照酒头、中段、酒身、酒尾将基酒分段掐酒，暂存在不同的贮酒罐中，通过输酒管道交酒入库。

交酒过程和计量考核实现了自动化，从流酒到基酒入库全过程封闭，降低了酒损，保证基酒洁净。

五、芝麻香型大曲酒

芝麻香型大曲酒以山东省生产为主，在江苏、黑龙江、内蒙古等地也有生产。芝麻香型是位于浓香和酱香之间的一个独立香型。质量上乘的芝麻香酒具有芝麻香幽雅细腻、口味圆润丰满、回味悠长的风格，呈现"多香韵、多滋味、多层次"的特点。下面以山东扳倒井股份有限公司为例，简述芝麻香型酒酿造工艺的特点。

（一）窖池

芝麻香酒的发酵容器以砖窖为好。砖窖既不像泥窖那样栖息有大量的窖泥微生物，又不像水泥窖、石头窖那样微生物难以栖息。在发酵的过程中，砖窖中栖息的部分微生物对形成酒体自然和谐的风味是有益的。用泥窖则浓香味突出，冲淡芝麻香。用石头窖则香味成分少，不够丰满。

（二）配料

一般芝麻香酒的原粮配比是：高粱 35% ～ 40%、大米 20% ～ 25%、小米 10% ～ 15%、小麦 10% ～ 15%、麸皮 10% ～ 15%、玉米 5% ～ 8% 等，稻壳为原粮的 12% ～ 15%，配醅比为（1：4）～（1：5）。原料的配比不同，从另一方面调节了培养基中的碳氮比，对微生物类群也有较大影响。细菌、酵母菌需要较多的氮素营养物，最适宜的培养基的 C/N 在 5：1 左右；霉菌则需要较多的碳素营养物，适宜的培养基的 C/N 在 10：1 左右。因此，不同的原料配比对霉菌、酵母菌、细菌的类群有调节作用。原料中较高的含氮量是芝麻香典型风格形成的基本条件之一。

（三）清蒸续糙

芝麻香的糟醅里含有丰富的呈香呈味物质，母糟是芝麻香产生的基础。芝麻香母糟与浓香型母糟及酱香型母糟有所不同。

浓香糟醅里也含有较多的呈香呈味前驱物质，由于发酵期长，带有较多的糟香。混蒸混糙，有利于粮香、糟香、酒香的自然融合及酒质的稳定，是浓香酒工艺的最佳选择。清蒸续糙，虽有利于当排酒的净爽，却对下排酒质有不利影响。

酱香型母糟含有较多的大曲带来的小麦蛋白质系列降解产物，一定数量的高温堆积、反复蒸馏带来的菌体蛋白系列降解产物。

芝麻香的母糟则含有种类较多的原料蛋白系列降解产物及较多数量的菌体蛋白系列降解产物。这与浓香、酱香糟醅明显不同。

浓香、酱香的糖化发酵剂来源于淀粉质原料自然富集培养。微生物虽然种类多，但数量少，主要是酶制剂。芝麻香的主要糖化发酵剂来源于富含蛋白质的原料纯种混合培养，其微生物菌体密度大、数量多。菌体数量大约是自然富集培养的大曲微生物的 1000 倍。也就是说，有相当多的原料植物蛋白质转化成了种类复杂的微生物蛋白质，在反复的蒸馏、发酵过程中，富集于糟醅内，成为芝麻香特有的呈香呈味的前驱物质。它在蒸馏过程中易于产生"火香"，赋予芝麻香酒特有的"焦香"风味。清蒸不但有利于酒体的爽净，更有利于芝麻香特征风味的产生。

续糙发酵不但调节了芝麻香发酵的酸度、水分和疏松度，更重要的是能够充分利用经反复发酵富集的原料蛋白和菌体蛋白，为吡嗪类、呋喃类等芝麻香特征香气成分的产生创造了条件，为酒中的"多滋味"打下了基础。

（四）用曲量大

芝麻香酒酿造的用曲量比酱香酒低，比其他香酒高。一般白曲及糖化菌用量 15% ～ 20%，生香酵母 10% ～ 15%，高温细菌 3% ～ 5%，高温大曲 8% ～ 12%，总用曲占原粮的 40% 左右，否则芝麻香风味不突出。

（五）高温堆积

芝麻香酒堆积的工艺目的：一是创造微氧、高湿、相对高温的条件，促成白曲中酸性蛋白酶对不同原料中蛋白质的降解，为发酵过程中产生"多滋味"打下基础；二是促使白曲、生香酵母、细菌曲及高温曲中的微生物重新分布，融合为一个统一的整体，否则酒体香味不会谐调、自然。

芝麻香堆积的糟醅宜疏松，堆积厚度不宜过大，以 50cm 左右为宜。在算子上堆积效果好，堆积温度不宜过高，以最高温度为 45 ～ 50℃为宜。堆积时间不宜过长，1 ～ 2d（视季节而定），这与白曲的培养条件相似。

（六）高温发酵

高温发酵是形成芝麻香风格的必要条件。发酵是蛋白质降解的系列产物在一定条件下转换成呈香呈味物质的重要阶段，而影响微生物生长代谢及物质转化的重要因素是温度。蛋白酶及肽酶作用的适宜温度是 40 ～ 45℃，因此较高的温度有利于芝麻香风味物质的生成。

芝麻香酒的酿造主要依靠曲中的微生物，这一点像酱香。芝麻香酒丰富、复杂的微量成分生成，则离不开反复发酵的陈年老糟，这一点又像浓香。芝麻香酒酿造的发酵期不宜短于 30d，否则酒粗糙、复合成分少。也不宜超过 45d，一是没必要；二是出酒率会明显降低；三是发酵期过长，酯化作用生成的较多酯类会掩盖芝麻香的典型性。

（七）高温流酒

与酱香相似，芝麻香中的呈香呈味成分也大多为高分子化合物。因此，高温流酒促使小分子香气成分挥发，有利于突出芝麻香酒的典型性。芝麻香酒的流酒温度，一般为 35 ～ 40℃。

（八）长期贮存

这一点类似于酱香，贮存期较长。一般基酒贮存 3 年，特殊风味酒贮存 5 年至十几年不等。

第五节　调味酒生产工艺

一、高己酸乙酯调味酒

己酸乙酯是浓香型白酒的主体香味物质，其含量的高低直接影响着浓香型白酒的质量。己酸乙酯的主要来源是以己酸菌为主的多菌系和多种酶的协同作用，将乙醇、乙酸结合成丁酸，并进一步合成己酸，己酸与乙醇在酯化酶的作用下合成己酸乙酯。

酯化液是在酯化酶技术的理论基础上，利用现代微生物及发酵工程等技术将酒尾、黄浆水、底锅水等酿造副产物中的有机酸类、醇类等，在酯化酶的作用下转化为以己酸乙酯为主的白酒香味成分的混合液，采用灌窖、淋窖、回窖等方式，将酯化液应用于固态发酵过程中，或应用于串蒸酒醅。酯化液直接蒸馏可生产高己酸乙酯调味酒，可用于勾调己酸乙酯含量偏低的浓香型白酒，提高白酒质量，使酒体协调。

二、高乙酸乙酯调味酒

乙酸乙酯是清香型白酒的主体香味成分，乙酸乙酯占总酯的 55% 以上，它的含量高低直接影响清香型白酒的质量和典型性。然而，由于传统发酵的酒体中各成分含量很难保证完全相同，酯香成分的含量波动较大。特别是夏季生产时，由于气温高、空气湿度大，环境中乳酸菌的浓度高，导致基础酒中乳酸和乳酸乙酯的浓度过高，而主体香乙酸乙酯相对较低，使酒体香味失去平衡。因此，生产高"乙乳比"的高酯调味酒可以很好地解决清香型白酒"增乙降乳"的问题。

高产酯酿酒酵母在白酒发酵过程中具有同步产酒生香的特点，且在有氧或无氧条件下都能生长和代谢，所生成的香味物质主要为乙酸酯，特别适合于清香型调味酒的生产。利用高产酯酿酒活性酵母和复合酶制剂为糖化发酵剂，大曲丢糟加粮再发酵生产清香型调味酒。具体工艺如图 6-12 所示。

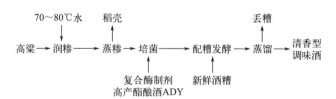

图 6-12　丢糟加粮再发酵生产高乙酸乙酯调味酒的生产工艺

操作要点如下：

① 高粱粉碎，粉碎筛孔直径 2.0mm，粉碎要求通过 20 目筛孔者占 60% 以上。

② 稻壳添加量为原粮的 20% ～ 25%，与润好的糁拌匀后上甑蒸糁。

③ 复合酶制剂用量为 0.05%，高产酯酿酒活性干酵母用量为 0.05%，使用

前将二者混溶于 30 ～ 40 倍的 35℃左右温水中，活化 30 ～ 60min。

④ 蒸熟的红糁出甑后，摊晾至 30℃左右，接入活化好的复合酶制剂和高产酯酿酒活性干酵母，培菌 20 ～ 24h，期间通过堆积厚度和翻堆控制培菌温度在 25 ～ 35℃之间。

⑤ 配糟发酵：配糟比（1∶3.0）～（1∶4.0），新鲜丢糟摊晾后与培菌好的红糁混匀入缸发酵，发酵温度 23 ～ 35℃，发酵 10 d 左右。

三、高乳酸乙酯调味酒

乳酸乙酯香弱、稍甜，含量较高时带涩味，是白酒的重要呈香物质，其含量高低直接影响酒的品质与风格特点。通常认为，白酒中乳酸乙酯是由乳酸菌等产酸微生物代谢产生的乳酸与酒精在酯化酶的作用下形成，且以胞外酶的酯化合成为主，但也不排除胞内酶的补偿作用，如霉菌、某些酵母菌和细菌分泌的胞外酯化酶等。

传统固态法的白酒酿造过程中，其开放式的发酵可使空气、生产车间、工具、发酵设备等环境中的微生物通过大量繁殖而进入酒醅内，其中以乳酸菌为主，进而为乳酸乙酯的合成提供大量前体物。近年来，随着白酒机械化和清洁生产的推广，酿酒环境、劳动生产环境的改善，酿酒环境中乳酸菌的种类和数量减少，尤其在冬季干燥的气候条件易造成发酵体系中乳酸菌的数量不足，致使成品酒中乳酸和乳酸乙酯含量下降，使得酒体香味失衡。因而迫切需要开发富含乳酸乙酯的调味酒用于基酒的勾调，以弥补基酒乳酸乙酯的不足，保证酒体风味协调，提高基酒的质量。

高乳酸乙酯调味酒的生产可以利用产乳酸能力较强的干酪乳杆菌菌株，发酵制得乳酸发酵液；以南极假丝酵母脂肪酶 B 催化乳酸发酵液与酒尾合成乳酸乙酯，具体工艺如下。

1. 乳酸发酵液制备

将干酪乳杆菌种子液按 10% 接种量转接于乳酸发酵培养基中，添加 3.5% 碳酸钙（碳酸钙单独干热灭菌），于 35℃静置发酵 15d，乳酸含量达到 80g/L 左右，待用。

2. 乳酸乙酯的催化合成

酒度 40° 的酒尾与乳酸发酵液体积比为 1∶1，酯化酶添加量为 0.5%，反应温度为 30℃，反应时间 21d。

蒸馏后，调味酒酒度控制在 45°，此时酒体无色透明、无悬浮物、无沉淀，乳酸乙酯香味突出，乳酸乙酯含量达 17.62g/L，可用于乳酸乙酯含量偏低基酒的勾兑与调味。

第六节　纯种糖化发酵剂在大曲酒生产中的应用

一、酶制剂和活性干酵母的应用

(一) 糖化酶和 ADY 在粮糟中的应用

　　20 世纪 90 年代，活性干酵母在白酒生产中的使用已成为稳定质量、降低消耗、节约粮食、增加产量、安全度夏和提高经济效益等必不可少的技术措施。时至今日，随着白酒生产技术水平的提高和人们对白酒自然生态发酵的追求，活性干酵母在大曲酒粮糟中的使用逐渐淡化了。只有当大曲质量较差、糖化发酵力不足时才使用适量的糖化酶和活性干酵母，以部分净化发酵体系，稳定生产质量，具体用量和使用方法则需视大曲质量和生产工艺确定，在此不再赘述。对于大曲质量有保证的企业，不建议在粮糟中使用糖化酶和活性干酵母。

(二) 糖化酶和 ADY 在回糟或二糟、三糟中的应用

1．ADY 的活化

　　参见第八章第二节"酶制剂与活性干酵母的应用"部分。

2．减曲、加 ADY 和糖化酶工艺

　　在回糟（续糟法）或二糟、三糟（清糟法）中使用 ADY 和糖化酶，可保持酒质基本不变或有所提高，而回酒或二糟、三糟酒的出酒量则有明显提高。在此种场合，减曲量一般为 10% ～ 50%，ADY 的用量为每甑 100g 左右（按每窖投粮 1000kg 计），糖化酶补充至原糖化力水平。对于续糟法工艺中的回糟，由于回糟酒所占成品酒的比例很小，回糟酒不会对成品酒的质量造成影响，因此减曲量可适当大些（25% ～ 50%）。对于清糟法工艺中的二糟，由于二糟酒占成品酒量的 3 ～ 4 成，二糟酒的质量将直接影响成品酒的质量与风格，因此减曲量不宜太多，一般为 10% ～ 30%。对于清糟法工艺中的三糟，现在一些酒企大多全部用糖化酶和 ADY 代替大曲发酵，但其酒质相对较差。

3．不减曲、加 ADY 和糖化酶工艺

　　此法可大幅度降低丢糟的淀粉含量，提高回糟或二糟、三糟酒的出酒量，一般用于丢糟不再发酵利用的场合。一般 ADY 的使用量为每甑 50g 左右，糖化酶的添加量为每克糟 20U 左右。此种方法在名优酒生产中应用其效果尤为明显，丢糟残余淀粉可比原来下降 2% ～ 4%，回糟或二糟、三糟酒的出酒量可提高 10% ～ 50%，甚至更高。

(三) 糖化酶和 ADY 在丢糟中的应用

　　该法主要用于粮糟及回糟都不使用糖化酶或很少使用糖化酶，而丢糟淀粉

含量较高的场合。对于有些名优酒厂，为了不影响传统产品的风格，仍按传统法生产，在粮糟及回糟中都不使用糖化酶，ADY 亦很少使用。而在丢糟中使用，则对传统发酵产品无任何影响，因而很容易被人接受。

在名优酒生产中，一般每生产 1t 白酒丢糟重约 3t，丢糟淀粉含量约 10%，其中可利用淀粉在 4% 左右。在没有使用 ADY 以前，丢糟再发酵存在耗能高、劳动生产率低、酒质不好和成本高等问题，使得大多数名优酒厂都没有开展丢糟再发酵酿酒的工作，导致资源的浪费。根据许多名优酒厂使用 ADY 对丢糟再发酵的结果来看，每吨丢糟可出酒 25 ～ 50kg（60% 白酒），按每生产 1t 白酒产 3t 丢糟计算，年产 1 万吨的酒厂可生产丢糟酒 750 ～ 1500t，节约粮食 2500 ～ 5000t。

丢糟再发酵的方式可以因地制宜，形式多样，通常采用的方法有下列两种。

1．丢糟集中发酵

将丢糟集中起来，加入丢糟质量 0.01% ～ 0.02% 的 ADY，及每克淀粉 250U 左右的糖化酶，入池发酵 7 ～ 30d 后蒸酒。此种方法适合于丢糟淀粉含量较高、可发酵性淀粉在 4% 以上的情况。丢糟专窖发酵由专门班蒸烧，有利于总结经验，稳定丢糟酒的产量与质量。只使用酒精 ADY 与糖化酶的丢糟酒一般用于双轮底、翻沙及回酒发酵等。如果在丢糟再发酵中除了使用 ADY 和糖化酶外，根据具体情况，补加适量的大曲粉、产酯酵母，以及采用己酸菌液、酯化液和串蒸提香等配套措施，同样可生产出高质量的优质白酒。此外，如果酒厂生产任务多，窖池紧张，则可采用丢糟在窖上戴帽发酵的方法。

2．丢糟配粮再发酵

当丢糟淀粉含量较低，可利用淀粉在 2% ～ 3% 时，丢糟集中发酵由于出酒量少，蒸出的酒酒度低，使得丢糟再发酵能耗大，成本高，得不偿失。采用丢糟配粮再发酵则既可利用丢糟中可利用的残余淀粉，又可保证酒质的稳定，降低能耗，提高经济效益。

丢糟配粮再发酵一般采用清蒸清烧工艺，由于发酵后丢糟不再利用，因此粮食原料的粉碎细度应适当增加，清蒸时粮食必须蒸熟，以利于入窖发酵时充分利用。配糟比一般为 1∶5 左右，按加入的新粮计，ADY 的使用量为 0.12% 左右，糖化酶的使用量为每克新粮 250U 左右，发酵周期 4 ～ 10d。采用这种方法时，若酒质还达不到要求，则同样可采用串香蒸馏等配套措施来提高白酒的质量。

（四）ADY 在其他酿酒环节中的应用

1．ADY 在液体窖泥培养中的应用

窖泥中的主要功能菌是己酸菌，在培养过程中，加入适量的 ADY 或液体

酵母有助于己酸菌的生长和己酸乙酯的形成。这是因为：①酵母菌可在厌氧或好氧条件下生长，而窖泥中的芽孢杆菌为厌氧菌，窖泥培养液中的氧可很快被酵母所利用，从而有利于厌氧菌的生长；②酵母的主要代谢产物为乙醇，而己酸菌的生长碳源主要是乙醇；③随着培养过程的进行，酸度逐渐上升，酵母可利用的营养物耗尽，酵母菌逐渐死亡自溶，而酵母自溶物可作为己酸菌的营养物。据报道，添加适量ADY的液体窖泥比不添加ADY的液体窖泥的芽孢杆菌数可增加一个数量级。

2．用ADY养窖

取酒精ADY 50g左右，用1 L 2.5%左右的糖液于35℃活化1h左右，加入15 L左右的水中，再加入曲粉2kg左右，酒尾4kg左右，搅匀。待酒醅出池完毕后，喷洒在窖池四壁，再进行入池操作，即可提高窖泥中己酸菌的含量，最终实现提高白酒质量的目的。

3．用ADY培养酯化液

取刚出甑糊化彻底的粮糟50kg左右，降温至60℃左右，加曲粉2.5kg，翻拌降温至40℃左右。取ADY 250g左右，活化后与糟醅拌匀入大缸发酵一周，加水100g（35℃左右）浸泡后过滤于另一个大缸中，然后加新鲜黄浆水25kg、酒尾40kg、窖泥培养液2%、曲粉5%，调pH3.5～5.5，密封缸口，酯化21～28d即成熟。在每甑糟醅中加入这种酯化液20～50kg，可大幅度提高酒醅中己酸乙酯的含量和成品酒质。

4．ADY在大曲制造中的应用

在制曲配料时加入活化好的ADY，用量为每吨配料20～50g，可提高成品曲的质量和发酵能力。这是因为添加ADY后，可促进大曲培菌前期菌丝的生长和淀粉酶系的形成，淀粉的糖化又促进了酵母的大量繁殖。随着培菌过程的进行，温度升高，使得酵母菌大量死亡，而酵母死亡后的自溶物及酵母的某些代谢产物是细菌等微生物生长的营养物和大曲生香的前体物质，促进了多酶系的形成，从而使品曲发酵能力强，香味好，质量高。

（五）生香ADY和高产酯低产高级醇酿酒ADY的应用

参见第八章第三节相关部分。

（六）酸性蛋白酶、酯化酶和纤维素酶的应用

参见第四章第六节酶制剂部分。

二、纯种麸曲在大曲酒生产中的应用

麸曲是以麸皮为主要原料，蒸熟后接入纯菌，在人工控温下培养的散曲。它具有制作周期短、出酒率高、节约粮食的优点。但因麸曲通常是由纯种菌株接种制成，酿造出的白酒存在发酵力低、香气欠缺、口感单薄等问题。因此为

了提高白酒的品质，常将其他发酵力较高的传统酒曲配合麸曲使用，应用最多的就是将大曲与麸曲相结合生产优质白酒。

目前，麸曲已成功应用于生产芝麻香型、酱香型、清香型和浓香型等大曲酒。其中麸曲在芝麻香型白酒的应用比较多，芝麻香型白酒最早源于传统大曲白酒景芝白干，随着研究工作的不断深入，逐渐形成了大曲、麸曲、生香酵母、细菌混合使用，且协同发酵的工艺特点，这是传统工艺与现代科技相结合的产物。在芝麻香白酒生产过程中，90%麸曲与10%大曲的混合增添了芝麻香型白酒生产工艺创新性，产出酒的质量比单纯使用麸曲或者大曲都高，利于其工艺的稳定。麸曲和大曲结合酿造的芝麻香型白酒的酿造工艺请见"芝麻香型大曲酒"部分。此外，麸曲中的麸皮富含氮，增加了酿造原料中的蛋白质含量。仰韶酒除了按照传统工艺添加中、高温大曲外，还借鉴了芝麻香型白酒等酿酒工艺，添加了河内白曲、产酯酵母等麸曲，两种酒曲的混合使用不仅提高了原酒产量，而且增添了酒体的风味物质及复杂性。近几年麸曲用于大曲酒生产的研究进展总结于表6-15。

表6-15　麸曲和大曲相结合酿造白酒工艺研究进展

麸曲种类	大曲种类	酒曲添加量	酒的类型	发酵特征
中温大曲中筛选的高产糖化酶霉菌制备的霉菌麸曲	中温大曲	10%的霉菌麸曲、15%的中温大曲	浓香型白酒	浓香型白酒产量提升4.9%左右
芝麻香复合功能麸曲（河内白曲麸曲、酵母麸曲、细菌麸曲）	高温大曲、中温大曲	25%麸曲、10%高温大曲、10%中温大曲	多粮复合香型白酒	基酒中乳酸乙酯含量较高，复合白酒检测出少量的芝麻香型白酒特征性风味物质3-甲硫基丙醇
白曲麸曲	高温大曲	高温大曲：麸曲：红曲混合曲比为1∶3∶2	酱香型白酒	风味物质含量增高
中温大曲中筛选出产愈创木酚类的细菌固定在麸曲上	中高温大曲	10%细菌麸曲、15%中高温大曲	浓香型白酒	白酒中愈创木酚类物质含量为1.394mg/100mL
牛栏山清香大曲及酒醅中筛选的拟内孢霉制成麸曲	大曲粉	—	清香型白酒	清蒸清糟工艺拟内孢霉基酒比普通基酒香气口感更醇甜

在酿造过程中，麸曲和大曲的混合使菌群更加丰富，白酒微生态环境更加的复杂化。各种微生物既有协同作用，又有竞争作用，既能利用其他微生物的产物作为自己生长的营养物，同时也能分泌某些成分抑制其他微生物的活动。

因此，麸曲和大曲的添加比例也是影响白酒发酵的重要因素。

三、发展方向与展望

　　大量的生产实践已充分证明，纯种微生物制剂和酶制剂在大曲酒生产中的应用是成功的，它不仅使大曲酒生产走出了粮耗高、效益低的困境，同时现代生物技术（ADY 和酶制剂）与传统酿酒工艺的结合，促进了白酒工业的技术进步。然而作为一项新的科学技术，从理论到实践，纯种微生物制剂和酶制剂在大曲酒生产中的应用尚有许多工作需进一步研究。

　　① 现代生物技术必须与传统酿酒工艺相结合。否定大曲的作用，就没有大曲酒多典型风格的特点；否定酶制剂及纯种微生物制剂对大曲的改良作用，就没有传统工艺的突破与进步。从理论上重新认识大曲的作用，研究大曲中多酶系与多种微生物在大曲酒生产过程中的作用原理，以及它们与纯种微生物制剂和酶制剂协同发酵的作用原理，对指导大曲和大曲酒生产具有重要意义。但使用纯种微生物制剂和酶制剂并不是提高大曲酒生产经济效益的万能钥匙。如果只是简单地使用纯种微生物制剂和糖化酶来代替部分大曲，其效果并不一定理想，往往只能提高出酒率，而不能保证和提高酒的质量，甚至对酒的质量与风格有一定的影响。因此，必须采用一系列与之相适应的配套措施。事实上，在传统工艺中有许多提高白酒质量的措施，如双轮底发酵、翻沙、回酒、回醅、培养酯化液、延长发酵周期等。但在传统工艺上采用这些方法，往往在酒质明显提高的同时，出酒率大幅度下降，达不到数量和质量的统一。许多酒厂的生产实践表明，将这些措施与纯种微生物制剂和酶制剂的应用结合起来，即可在保证和提高白酒质量的同时，大幅提高出酒率，实现数量和质量的统一。不仅如此，由于纯种微生物制剂的应用部分地净化了发酵体系，抑制有害菌群在发酵过程中的作用，使得成熟酒醅中不利于白酒质量的杂质减少，从而大大提高了产品的优质品率。

　　② 关键功能微生物的调控。白酒的品质与酿造微生态中的微生物有着极为密切的关系，尤其是关键功能微生物不仅影响产品的"量"，更决定了产品的"质"。利用现代生物技术从酿酒环境和生产过程中分离关键功能微生物，建立特色菌种资源库，在酿造过程中关键功能微生物不足时可补充相应菌种，用以稳定白酒生产，改善产品风味，提高基酒酒质。目前已经发现参与白酒酿造的微生物有几千种，从酿酒环境和生产过程中分离微生物是很容易的，但分离到关键功能微生物较为困难。分离过程中需要消除杂菌的影响，创新独特功能微生物分离的方法是关键。同时利用微生物组学、宏基因组学、宏转录组学等方法确定关键功能微生物及其优势阶段，可以指导关键功能微生物的精准分离。

　　③ 白酒专用酶制剂的开发。目前白酒行业使用的酶制剂大多数是啤酒和酒

精行业用酶，因其不适应白酒酿造环境，使用效果不理想。开发适应高酸、高酒精等白酒酿造条件的专用酶制剂，不仅能提升优质酒率，还可缩短发酵周期，对实现白酒产业高效低碳绿色发展具有极为重要的意义。尤其是针对酯化酶的开发，目前市场上销售的红曲霉麸曲酯化酶的活力较低，应用效果不理想；而丹麦诺维信、日本天野等国外公司生产的酯化酶尽管催化效果好，但价格昂贵，不能满足行业生产要求。目前，国内外有关酿酒用酯化酶的研究大多都集中在南极假丝酵母脂肪酶 B 上，也有关于华根霉、枝孢霉等脂肪酶的报道。尽管这些酯化酶具有较好的催化特性，也可在毕赤酵母中表达活性，但由于表达水平低、生产成本高而无法实现大规模产业化生产。因此还需进一步挖掘高活力酯化酶等酶制剂，并利用高蛋白表达系统优化实现酿酒专用酶制剂的高效、低成本生产。

第七章

小曲酒生产技术

第一节　概　述

广义上讲，小曲酒是指以大米、玉米、小麦、高粱等为原料，采用小曲为糖化发酵剂，经固态或半固态糖化、发酵，再经固态或液态蒸馏而得的白酒。

小曲酒是我国主要的蒸馏酒种之一，产量约占我国白酒总产量的1/6，在南方地区生产较为普遍。由于各地所采用的原料不同，制曲、糖化发酵工艺有所差异，小曲酒的生产方法也各不相同，但总体来说大致可分为三大类：一类是以大米为原料，采用小曲固态培菌糖化、半固态发酵、液态蒸馏的小曲酒，包括米香型白酒和豉香型白酒，在广东、广西、湖南、福建、台湾等地盛行；另一类是以高粱、玉米等为原料，小曲箱式固态培菌、配糟发酵、固态蒸馏的小曲酒，在四川、重庆、湖北、云南、贵州等地盛行，以四川产量大、历史悠久，常称川法小曲酒或小曲清香白酒；还有一类是以小曲产酒，大曲生香，串香蒸馏，采用小曲、大曲混用工艺，有机地利用生香与产酒的优势而制成的白酒，这是在总结大、小曲酒两类工艺的基础上发展起来的白酒生产工艺，包括药香型白酒和馥郁香白酒等。20世纪60年代，这种工艺对我国固液结合生产白酒工艺的发展起到了直接的推进作用。

小曲和小曲酒的生产具有以下主要特点。

① 采用的原料品种多，如大米、高粱、玉米、稻谷、小麦、荞麦等，有利于当地粮食资源、农副产品的深度加工与综合利用。

② 大多以整粒原料投料用于酿酒，且原料单独蒸煮。

③ 以含活性根霉菌和酵母为主的小曲作糖化发酵剂，有很强的糖化、酒化作用，用曲量少，大多为原料量的0.3%～1.2%。

④ 发酵期较短，大多为7～14d，出酒率高，淀粉利用率可达80%。

⑤ 设备简单，操作简便，规模可大可小。目前已有形成专业分工、分散生

产、集中贮存、勾兑、销售的集团化企业。

⑥ 小曲酒具有酒体柔和、纯净、爽口的特点，包括米香、药香、豉香、馥郁香、小曲清香等不同风格的白酒，已被国内外消费者普遍接受。如贵州董酒、桂林三花酒、全州湘山酒、厦门米酒、五华长乐烧、豉味玉冰烧酒、江津高粱酒等都是著名的小曲酒。

⑦ 由于酒质清香纯正，是生产传统的药酒、保健酒的优良基酒，如湖北劲酒是目前国内产量最大的保健酒。

第二节　半固态发酵工艺

半固态发酵工艺生产小曲酒历史悠久，是我国人民创造的一种独特的发酵工艺。它是由我国黄酒发酵工艺演变而来的，在南方各省都有生产。半固态发酵包括先培菌糖化后发酵的米香型白酒生产工艺和边糖化边发酵的豉香型白酒生产工艺。

一、米香型白酒生产工艺

先培菌糖化后发酵工艺是小曲酒典型的生产工艺之一，这种工艺在南方各地及家庭酿酒中使用比较普遍，因其产品具有"米香纯正"的特点，故称为米香型白酒。其特点是前期为固态培菌糖化，后期为液态发酵，再经液态蒸馏，贮存勾兑为成品。固态培菌糖化的时间大多为 20～24h，在此过程中，根霉和酵母等大量繁殖，生成大量的酶系，部分淀粉转化成可发酵性糖，同时有少量酒精产生。当培菌糖化到一定程度后，再加水稀释，在液体状态下密封发酵，发酵周期为 1～3 周。这种工艺的典型代表有广西桂林三花酒、全州湘山酒和广东五华长乐烧等，都曾获国家优质酒称号，下面以广西桂林三花酒为例介绍米香型白酒的生产工艺。

桂林三花酒以大米为原料，用当地特产中草药制成的酒药（小曲）为糖化发酵剂，采用漓江上游水为酿造用水，使用陶缸培菌糖化后，再加水发酵，蒸酒后入天然岩洞贮存，再精心勾兑为成品。其主体香味成分是乳酸乙酯、乙酸乙酯和 β- 苯乙醇，风格特点是"蜜香清雅，入口柔绵，落口爽冽，回味怡畅"。

（一）工艺流程

大米→加水浸泡→淋干→初蒸→泼水续蒸→二次泼水复蒸→摊晾→加曲粉→下缸培菌糖化→加水→入缸发酵→蒸酒→贮存→勾兑→成品。

（二）工艺操作

1. 原料

（1）大米　桂林三花酒以酒质纯净著称，仅使用大米一种原料，大米品种主要是粳米和糯米。粳米和糯米，硬和软之别，产出的酒各有特点。除用一种米酿酒外，为了使酒质更协调，两种米可配合使用。如需酒质清爽带甜，可按粳米：糯米 3：1 配比，若想要酒质更甘甜则按粳米：糯米 1：1 配比或者添加更多糯米。大米质量要求，淀粉含量≥70%，水分≤14%，外观无霉米、黄米，无异味，无杂质，有光泽，理化指标达国家标准二级以上。

（2）小曲（酒药）　外观为淡黄色，质地疏松，具有小曲特有的香气，无黑霉或少量黑霉，经检验符合使用标准的成品曲。

（3）工艺用水　无异臭味，清亮干净，理化指标符合国家饮用水标准。

2. 蒸饭

大米用 50～60℃温水浸泡 1h，淋干后倒入甑内，扒平加盖进行蒸饭，圆汽后蒸 20min；将饭粒搅松、扒平续蒸，待圆汽后再蒸 20min，至饭粒变色；再搅拌饭粒并泼水后续蒸，待米粒熟后泼第二次水，并搅拌疏松饭粒，继续蒸至米粒熟透为止。蒸熟的饭粒饱满，含水量为 60%～63%。

3. 拌料加曲

蒸熟的饭料，倒入拌料机中，将饭团搅散扬晾，再鼓风摊冷至 36～37℃后，加入原料量 0.8%～1% 的小曲拌匀，夏季多为 0.8%，冬季多为 1%。

4. 下缸

将拌匀后的饭料倒入饭缸内，每缸（缸容积约 30L）装料 15～20kg，饭厚10～13cm，缸中央挖一个空洞，以利于足够的空气进入饭料，利于微生物生长，待品温下降到 30～32℃时，盖好缸盖，进行培菌糖化。随着培菌时间的延长，根霉、酵母等微生物开始生长，代谢产生热量，品温逐渐上升，经 20～22h 后，品温升至 37℃左右为最好。若品温过高，可采取倒缸或其他降温措施。品温最高不得超过 42℃，糖化总时间为 20～24h，糖化率达 70%～80%。

5. 发酵

培菌糖化约 24h 后，结合品温和室温情况，加水拌匀，使品温约为 36℃（夏季一般 34～35℃，冬季 36～37℃），加水量为原料量的 120%～125%，加水后醅的含糖量为 9%～10%，总酸不超过 0.7g/L，酒精含量 2%～3%。加水拌匀后把醅转入发酵缸中，每个饭缸分装 2 个发酵缸，冬季室温保持 20℃左右为宜，夏季室温尽量低些，并注意发酵温度的调节，发酵最高品温控制在39℃以内。发酵周期短的 6～7d，长至 14～20d。成熟酒醅以残糖接近于零，酒精含量为 11%～12%，总酸含量不超过 1.5g/L 为正常。

6. 蒸馏

将待蒸的酒醅倒于蒸馏锅中，每个蒸馏锅装 5 缸酒醅，再加入上一锅的酒尾。盖好锅盖，封好锅边，连接蒸汽筒与冷却器后，开始蒸馏。初馏出来的酒头 1.0～1.5kg，酒度 70°左右，单独接取，此酒香气大，高级醇、乙酸乙酯含量高，单独入库贮存作勾调用酒。若酒头呈黄色并有焦气和杂味等现象时，应将酒头接至合格为止。继续蒸馏接酒，一直接到混合酒身的酒精体积分数为57%左右时为止。以后即为酒尾，酒尾酒度一般低于20°，单独接取掺入下锅复蒸。当酒尾蒸馏至瞬时酒度≤2°后，即可排糟出锅。

（三）成品质量

三花酒是米香型酒的典型代表。经第三届全国评酒会评议，确定其规范性的评语为：蜜香清雅，入口绵柔，落口爽净，回味怡畅。它的主体香气成分为：乳酸乙酯、乙酸乙酯和β-苯乙醇。酒精含量为41%～57%，总酸（以乙酸计）≥0.3g/L，总酯（以乙酸乙酯计）≥1.00g/L，固形物≤0.4g/L。

（四）技术改革与机械化生产

采用传统工艺生产小曲酒，虽然具有用曲量少、酒质醇正、出酒率高等特点，但同时存在劳动生产率低、劳动强度大、厂房占地面积大等缺点。小曲酒的技术改革和机械化生产包括纯种培养小曲的使用、机械化连续输送、连续蒸饭、大罐糖化发酵、釜式蒸馏、人工催陈以及成品包装流水线等。

1．根霉酒曲的应用

小曲中的有益微生物主要是根霉和酵母。选择优良的根霉菌和酵母菌，采用纯种培养技术制成根霉酒曲用于小曲酒生产，用曲量可减少50%以上，而且出酒率高、产品质量稳定。目前，贵州等地区的米香型白酒普遍采用根霉酒曲酿制，用曲量一般为大米质量的0.4%左右。

2．连续蒸饭机

传统蒸饭操作存在劳动环境恶劣、劳动强度大、生产周期长、醅料不够均匀等缺点。采用连续蒸饭机，便可使大米输送、蒸煮、冷却及加曲拌料等工艺过程，全部实现机械化连续作业。我国酒厂目前使用的连续蒸饭机分为横卧式和立式两大类。

3．U形培菌糖化槽

培菌糖化槽是用铝板或不锈钢板加工成的长9m、宽0.9m，底倾斜深处为0.9m，浅处为0.6m的U字形槽。将槽体套在砖墩上，砖墩内外敷水泥，在夹套间蓄水，冬季用温水保暖，夏季用冷水降温。每槽投料450kg。接种后在进槽的饭层上拉一条沟，使其均匀地分布在槽上，槽上覆盖竹席。饭层分布均匀，用夹套水温调节温度，使培菌糖化达到一致。入槽时品温为36℃，8h后开始升温，经16～18h，可完成培菌糖化。糖化好的醅液有很浓的甜酒酿香味，饭层松软而有弹性。

开始使用时，因热导率低，致使中间温度高，培菌糖化快，糖分聚集快，升温猛，易染杂菌；周围饭层温度低。由于温度变化不一致，使得糖化不均匀，下一道工序难以正常操作，出酒率和酒质都受到了影响；后经过多次改革与调整，这些问题都已得到解决。

4．罐式发酵

目前大多采用不锈钢材料制成的立式发酵罐，罐内安装钢冷却管，并另有直接蒸汽管，用于控制温度和杀菌。采用大容器发酵，对饭的质量要求更高，不能太硬或太烂，要求饭要熟透而不黏手，水分以60%～61%为宜。糖化完成后，加水稀释的时间要掌握适当，太早则糖化不好，残余淀粉高；过晚则糖化过度，糖分积聚多，易染杂菌，这都会影响出酒率和产品质量，一般以糖化80%左右为宜。发酵品温应控制在32℃左右，大容器生产，管道及罐的清洁卫生极为重要，用毕的空罐要立即冲洗，按时通蒸汽杀菌。

采用罐式容器发酵可降低劳动强度80%以上，在原有厂房上生产率可提高两倍，出酒率可提高3%～4%，并可保持产品质量的稳定性。

5．釜式蒸馏

采用蒸馏釜代替传统甑桶蒸酒，900kg大米原料，共得醪液为4m³，只需2h即可蒸馏完毕。蒸馏釜以不锈钢板制成，容积为6m³，成熟醪压入蒸馏釜中采用间接蒸汽加热，掐头去尾，压力初期为0.4MPa，流酒时为0.05～0.15MPa，流酒温度为30℃以下，掐酒头量为5～10kg，如流出黄色或焦苦味酒液，应立即停止接酒。酒尾另接，转入下一釜蒸馏，中段馏分为成品基酒。

二、豉香型白酒生产工艺

豉味玉冰烧酒是边糖化边发酵工艺的典型代表，它是广东地方特产，属国家优质酒。其生产工艺独特，成品酒酒度低，风格独具一格，深受中国香港消费者及东南亚华侨消费者所喜爱，历年出口量都很大。与小曲米香型白酒比较，生产特点是没有小曲培菌糖化工序，因此用曲量大，发酵周期较长。

（一）工艺流程

大米→蒸饭→摊晾→拌料→入坛发酵→蒸馏→肉埕陈酿→沉淀→压滤→包装→成品。

（二）生产工艺

1．蒸饭

选用淀粉含量72%以上，无虫蛀、霉烂，无变质的大米，每锅加清水100～115kg，装粮100kg，加盖至煮沸进行翻拌，并关蒸汽，使米饭吸水饱满，开小量蒸汽焖20min，便可出饭。要求饭粒熟透疏松，无白心，不结团。

2．摊晾

蒸熟的饭块进入松饭机打松，勿使其成团，摊在饭床上或用传送带鼓风冷却，降低品温。要求夏天在 35℃ 以下，冬天为 40℃ 左右。

3．拌料

晾至适温后，即加曲拌料，酒曲饼粉用量为原料大米的 18% ～ 22%，拌匀后收集成堆。

4．入坛发酵

入坛前先将坛洗净，每坛（陶坛的容积约 20L）装清水 6.5 ～ 7kg，然后装入 5kg 大米饭，封闭坛口，入发酵房发酵。控制室温为 26 ～ 30℃，前 3d 的发酵品温控制在 30℃ 以下，最高品温不得超过 40℃。夏季发酵 15d，冬季发酵 20d。

随着生产规模的扩大，豉香型白酒的发酵容器由小到大，从最初的 20L 陶坛、500L 陶缸，到 5m³、10m³、30m³ 钢制发酵罐，目前大多采用 50m³ 左右的不锈钢发酵罐。由于具有冷却装置，大罐发酵的发酵温度一般控制在 37℃ 以内。

5．蒸馏

发酵完毕，将酒醅转入蒸馏设备中蒸馏。传统酿造的蒸馏设备为蒸馏甑，现在普遍使用釜式蒸馏。发酵醪上完后缓慢开直接蒸汽进行升温蒸馏，一般要用 0.1 ～ 0.4MPa 蒸汽蒸酒，随时根据汽压变化调节进汽量，根据流酒温度调节冷却水量，保持流酒温度在 30 ～ 40℃ 范围。掐头去尾，保证基础酒的醇和，收取中间段的酒液，混合酒度为 30° 左右。因后工序有泡肉工艺，工厂称蒸馏出的基础酒为斋酒。

6．肉埕陈酿

将初馏酒装埕，每埕放酒 20kg，经酒浸洗过的肥猪肉 2kg，浸泡陈酿 3 个月，使脂肪缓慢溶解，吸附杂质，并起酯化作用，提高老熟度，使酒味香醇可口，具有独特的豉味。此工序经改革已采用大容器通气陈酿，以缩短陈酿时间。

7．压滤包装

陈酿后将酒倒入大缸中，肥猪肉仍留在埕中，再次浸泡新酒。大缸中的陈酿酒自然沉淀 20d 以上，澄清后除去缸面油质及缸底沉淀物，用泵将酒液送入压滤机压滤。取酒样鉴定合格后，勾调，装瓶即为成品。

（三）工艺特点

① 玉冰烧酒按糖化发酵剂分类，应是小曲酒类。但它与半固态、全固态发酵不同，而是全液态发酵下的边糖化边发酵产品。因而微生物的代谢产物与固态法不同，是导致风味有别于其他小曲酒的原因之一。

② 豉香型白酒生产工艺的另一个独特之处在于大酒饼生产中加入先经煮熟焖烂的 20% ～ 22% 的黄豆。黄豆中含有丰富的蛋白质，经微生物作用而形成

特殊的与豉香有密切关系的香味物质。

③ 成品酒的酒精体积分数仅为 31% ～ 32%，是我国传统蒸馏白酒中酒精含量最低的白酒品种。

④ 肥肉坛浸是玉冰烧生产工艺中的重要环节。肥肉中的脂肪是高级脂肪酸甘油酯，在浸泡过程中部分高级脂肪酸甘油酯分解使甘油溶解到酒体中，成品酒中的甘油含量从每升几毫克至几百毫克不等，而甘油具有甜味，适量甘油可使酒体柔和。因此，经肥肉浸坛的米酒，入口柔和醇滑，而且在坛浸过程中产生的香味物质与米酒本身的香气成分互相衬托，形成了突出的豉香。这种陈酿工艺在白酒生产中独树一帜。

（四）酒质与风格

豉味玉冰烧酒，又称肉冰烧酒，澄清透明，无色或略带黄色，入口醇滑，有豉香味，无苦杂味，酒精含量 30%（体积分数）左右，是豉香型酒的典型代表。其规范化的评语为：玉洁冰清，豉香独特，醇和甘滑，余味爽净。玉洁冰清是指酒体透明，由于在低度斋酒中存在高级脂肪酸乙酯而使酒液浑浊，经浸泡肥肉过程中的反应和吸附，使酒体达到无色透明。豉香独特是指酒中的基础香，与浸泡陈肥猪肉的后熟香所结合的独特香味。醇和甘滑、余味爽净指该酒是经直接蒸馏而成的低度酒，因而保留了发酵所产生的香味物质；经浸肉过程的复杂反应，使酒体醇化，反应生成的低级脂肪酸、二元酸及其乙酯和甘油溶入酒中，增加了酒体的甜醇甘滑；工艺中排除了杂味，使酒度低而不淡，口味爽净。

豉香型白酒的香味成分，其定性组成与其他香型酒相似，只是在含量比例上有较大差异。其特征香味成分是 β- 苯乙醇，含量为 20 ～ 127mg/L，平均 70mg/L 左右，居我国白酒之冠。斋酒经浸肉过程后，减少以至消失的成分有癸酸、十四酸、十六酸、亚油酸、油酸、十六酸乙酯、十八酸乙酯等 7 种，其中原来含量较多的十六酸乙酯几乎消失；明显增加的有庚醇、己酸乙酯、壬酸乙酯、壬二酸二乙酯、庚二酸二乙酯、辛二酸二乙酯和三个未知峰共 9 种，这些成分可能是形成豉香的主要组分，它们是脂肪氧化和进一步乙酯化的结果。在豉香型白酒的分析中，已检出 200 多种香味成分，其中包括醇类 29 种，酯类 29 种，羰基化合物 20 种，酸类 24 种，酚类 16 种，呋喃类 16 种，吡嗪类 25 种。

自 20 世纪 80 年代初开始，传统的小规模手工生产方式已被先进的大型机械化生产所代替。选用优良根霉及酵母菌株培制大酒饼（曲药），适当添加活性干酵母辅助发酵，采用连续蒸饭机，$50m^3$ 不锈钢大罐发酵，采用经改进的浸肉设备、釜式蒸馏器及自动包装流水线等，使边糖化边发酵小曲酒生产企业已基本实现机械化生产。

第三节　固态发酵工艺

固态法小曲酒所用原料有大米、玉米、高粱及谷壳等，大多以纯种培养的根霉曲（散曲、浓缩甜酒药、糠曲等）为糖化剂，液态或固态自培酵母为发酵剂，其生产工艺是在箱内（或水泥地上）固态培菌糖化后，再配糟入池进行固态续糟发酵。此种方法主要分布在重庆、四川、云南、贵州、湖北和湖南等地。因酒体具有口味纯净、清爽、柔和的特点，常称为小曲清香白酒。

小曲清香白酒与大曲清香白酒、麸曲清香白酒统称为清香型白酒，但在原料、设备、工艺及产品口味上明显不同，特点如下：

① 小曲清香白酒原料品种广，原料大多不粉碎，而以整粒形式投料。

② 传统酿酒设备相对简单，但机械化速度推进快。其规模可大可小，大可至单个车间年产万吨基酒，小可至家庭式作坊。

③ 小曲清香白酒酿造微生物趋向于纯种化，用曲量少，发酵周期较短，原料出酒率高，其生产成本相对较低。

④ 小曲清香白酒具有质量稳定、产量高的特点，酒体纯净、清爽、柔和，故常作为保健酒、药酒的优质基酒。

⑤ 小曲清香白酒酒体成分相对简单，与国外蒸馏酒酒体接近，更容易进入国际市场。

一、传统酿造工艺

四川小曲酒历史悠久，是固态法小曲酒中的杰出代表，因此固态法小曲白酒又称川法小曲酒。以川法为代表的固态小曲酒，是以整粒粮食为原料，以固态形式贯穿蒸煮、培菌糖化、发酵、蒸馏整个工艺流程，其简要工艺流程如图7-1所示。

图 7-1　固态小曲酒生产工艺流程

（一）原料的糊化

高粱是酿造固态法小曲酒最好的原料，其中以糯高粱最佳，糯高粱支链淀粉含量高，便于蒸煮糊化，发酵前缓中挺，原料出酒率高，酒质纯净、绵甜；粳高粱直链淀粉含量高，整料原料蒸煮糊化困难，原料出酒率偏低。由于原料品种和产地不同，其淀粉、蛋白质、纤维等含量不同，构成的组织紧密程度也不相同，故需结合实际"定时定温"糊化粮食。熟粮的成熟度是以熟粮重与感官相结合的办法作为检验标准的。

1. 浸泡

泡粮要求做到吸水均匀、透心、适量，目的是要使原料吸足水分，在淀粉粒间的空隙被水充满，使淀粉逐渐膨胀。为在蒸粮中蒸透心，使淀粉粒的细胞膜破裂，达到淀粉粒碎裂率高的目的。一般情况下高粱（糯高粱）以沸水浸泡6～8h，玉米以放出的闷粮水浸泡8～10h，小麦以冷凝器放出的40～60℃的热水浸泡4～6h。粮食淹水后翻动刮平，水位淹过粮面20～25cm，冬天加木盖保温。在浸泡中途不可搅动，以免产酸。到规定时间后放去泡粮水，在泡粮池中润粮。待初蒸时剖开粮粒检查，透心率在95%以上为合适。

2. 初蒸

待甑底锅水烧开后，将粮装甑初蒸，装粮要轻倒匀撒，逐层装甑，使蒸汽均匀上升。装满甑后，为了避免蒸粮时冷凝水滴入甑边的熟粮中，需用木刀将粮食从甑内壁划宽2.5cm、深约1.5cm的小沟，并刮平粮面，使全甑穿气均匀。然后加盖初蒸，要求火力大而均匀，使粮食骤然膨胀，促进淀粉的细胞膜破裂，在闷水时粮食吸足水分。一般从圆汽到加闷水的初蒸时间为15～20min，要求经初蒸后原料的透心率95%左右。

3. 闷水

趁粮粒尚未大量破皮时闷水，保持一定水温，形成与粮粒的温差，使淀粉结构松弛并及时补充水分。在温度差的作用下，粮粒外皮收缩，皮内淀粉粒受到挤压，使淀粉粒细胞膜破裂。

先将甑旁闷水筒的木塞取出，将冷凝器中的热水放经闷水筒进入甑底内，闷水加至淹过粮层20～25cm。糯高粱、小麦敞盖闷水20～40min；粳高粱敞盖闷水50～55min；小麦闷水，用温度表插入甑内直到甑箅，水温应升到70～72℃。应检查粮粒的吸水柔熟状况。用手轻压即破，不顶手，裂口率达90%以上，少量大翻花时，才开始放去闷水，在甑内"冷吊"。

玉米放足闷水淹过粮面20～25cm，盖上尖盖，尖盖与甑口边衔接处塞好麻布片。在尖盖与甑口交接处选一个缝隙，将温度计插入甑内1/2处，用大火烧到95℃，即闭火。闷粮时间为120～140min。感官检查要求：熟粮裂口率95%以上，大翻花少。在粮的表面撒谷壳3kg，以保持粮面水分和温度。随即放出闷水，在甑内"冷吊"。

4. 复蒸

经闷水后的物料，可放置至次日凌晨复蒸。在"拔火"复蒸前，选用3个簸箕装谷壳15kg（够蒸300kg粮食），放于甑内粮面供出熟粮时垫簸箕及箱上培菌用。盖上尖盖，塞好麻布片，待全甑圆汽后计时，高粱、小麦复蒸 60～70min，玉米复蒸 100～120min。敞尖盖再蒸 10min，使粮面的"阳水"不断蒸发而收汗。经复蒸的物料，含水分 60% 左右，100kg 原粮可增重至 215～230kg。

（二）培菌

培菌的目的是使根霉菌、酵母菌等有益微生物在熟粮上生长繁殖，以提供酿酒所需的微生物和酶量。"谷从秧上起，酒从箱上起"，箱上培菌效果好坏，直接影响到产酒效果。

1．出甑摊晾

熟粮出甑前，先将晾堂和簸箕打扫干净，摆好摊晾簸箕，在箕内放经蒸过的谷壳少许。在敞尖盖冲"阳水"时，即将簸箕和锨（铁锨、木锨）放入甑内粮面杀菌。用簸箕将熟粮端出，倒入摊晾簸箕中。出粮完毕，用锨拌粮，做到"先倒后翻"，拌粮刮平，厚薄和温度基本一致。插温度表 4 支，视温度适宜时下曲。

2．加曲

用曲量根据曲药质量和酿酒原料的不同而定。一般情况下，纯种培养的根霉酒曲用量为原粮的 0.3%～0.5%，传统小曲为原粮的 0.8%～1.0%。夏季用量少，冬季用量稍多。

先预留用曲量的 5% 作箱上底面曲药，其余分 3 次进行加曲。通常采用高温加曲法，此时熟粮裂口未闭合，曲药菌丝易深入粮心。在熟粮温度为 40～45℃时，进行第 1 次下曲，用曲量为总量的 1/3。第 2 次下曲时熟粮温度为 37～40℃，用曲量也为总量的 1/3，用手翻匀刮平，厚度应基本一致。当熟粮冷至 33～35℃时，将余下的 1/3 曲进行第 3 次下曲，然后即可入箱培菌。要求摊晾和入箱在 2h 内完成。其间要防止杂菌感染，以免影响培菌。

3．入箱培菌

培菌要做到"定时定温"。所谓定时即是在一定时间内，箱内保持一定的温度变化，做到培菌良好。所谓定温，即做到各工序之间的协调。如室温高，进箱温度高，料层厚，则不易散热，升温就快。为了避免在箱中培养时间过长，就必须使料层厚度适宜和适当缩短出箱时间。一般入箱温度为 24～25℃，出箱温度为 32～34℃；时间视季节冷热而定，以 22～26h 较为适当。这样恰好使上下工序衔接，使生产得以正常进行。保持箱内一定温度，有利于根霉与酵母菌的繁殖，不利于杂菌的生长。根据天气的变化，确定相应的入箱温度和保持一定时间内的箱温变化，可达到定时的目的。总之，要求培菌完成后出甜糟，避免培菌时间过长。要做到"定时定温"必须注意下列几点。

（1）入箱温度　入箱温度的高低，会影响箱温上升的快慢和出箱时间，可通过摊晾方法来解决，确保入箱适宜的温度。特别是冬季必须保证入箱温度为25℃，才能按时出箱。

（2）保好箱温　粮曲入箱后应及时加盖竹席或谷草垫。加盖草垫可稳定箱内温度变化，做到在入箱 10 ~ 12h 后箱温上升 1 ～ 2℃。在夏季可盖竹席，以保持培菌糟水分，并适当减少箱底下的谷壳，调节料层厚度。在箱温高过 25℃ 的室温时，可只在箱上盖少许配糟。

（3）注意清洁卫生　为防止杂菌侵入，晾堂应保持干净，摊晾簸箕、箱底面席及工具需经清洗晒干后使用。

（4）按季节气温高低掌握用曲量　曲药虽好，如用量过多或过少，也会直接影响箱温上升速度和出箱时间。在室温 23℃、入箱温度 25℃、出箱温度 32 ～ 33℃、培菌时间 24 ～ 26h 的条件下，箱内甜糟用手捏出浆液成小泡沫为宜。

（5）感官指标和理化指标　培菌糟的好坏可从糟的老嫩程度等来判别。感官指标以出小花、糟刚转甜为佳，清香扑鼻，略带甜味而均匀一致，无酸、臭、酒味。理化指标为糖分 3% ～ 5%，水分 58% ～ 59%，酸度 0.17mmol/10g 左右，pH 值 6.7 左右，酵母数 $0.8×10^8$ ～ $1.5×10^8$ 个 /g。

严格控制出箱时机是保证下一步发酵的关键。若出箱过早，则料醅酶活力低、含糖量不足，使发酵速度缓慢，淀粉发酵不彻底，影响出酒率；若出箱太迟，则霉菌生长过度，消耗淀粉太多，并使发酵时升温过猛。

（三）入池发酵

1．配糟

（1）配糟比　配糟的作用是调节入池发酵醅的温度、酸度、淀粉含量和酒精浓度，以利于糖化发酵的正常进行，保证酒质并提高出酒率。配糟用量视具体情况而异，其基本原则是：夏季淀粉易生酸、产热，配糟量宜多些，一般为 4 ～ 5；冬季配糟量可少些，一般为 3.5 ～ 4。

（2）配糟管理　配糟质量的好坏及温度高低对入池温度有重大影响，要注意配糟的管理。冬季和夏季配糟均要堆着放，这样冬季有利于保持配糟的温度，夏季有利于保持配糟的水分。在夏季应选上 5 时左右当天室温最低的时间进行作业，因配糟水分足，散热快，故在短时间内就可将配糟冷到比室温高 1 ～ 2℃。

（3）配糟　在培菌糖化醅出箱前约 15min，将蒸馏所得的、已冷却至 26℃ 左右的配糟置于洁净的晾堂上，与培菌糖化醅混合入池发酵。可将箱周边的培菌糖化醅撒在晾堂中央的配糟表面，箱心的培菌糖化醅撒在晾堂周边的配糟上。通常在冬季，培菌糖化醅的品温比配糟高 2 ～ 4℃，夏季高 1 ～ 2℃ 为宜。再将培菌糖化醅用木锨犁成行，以利于散热降温。待培菌糖化醅品温降至 26℃

左右时，与配糟拌匀，收拢成堆，准备入池。操作要迅速，并注意不要用脚踩物料。

2．入池发酵

（1）入池温度　由于温度对糖化发酵快慢影响很大，故要准确掌握好入池温度并注意控制发酵速度，以达到"定时定温"的要求。一般入池温度为23～26℃，冬季取高值，夏季入池温度应尽量与室温持平。过老的甜糟，发酵会提前结束；出箱过嫩，则发酵速度缓慢。若培菌糖化醅较老，则入池物料品温比使用正常培菌糖化醅时要低2～3℃；若培菌糖化醅较嫩，则入池物料品温应比使用正常培菌糖化醅时高1～2℃。

（2）入池物料成分指标　各厂有所不同，视原料、环境条件等具体情况而定。一般指标为：水分62%～64%，淀粉含量11%～15%，酸度0.8～1.0mmol/10g，糖分1.5%～3.5%。

（3）发酵温度　发酵时升温情况，需在整个发酵过程中加以控制。一般入池发酵24h后（为前期发酵），升温缓慢，为2～4℃；发酵48h后（为主发酵期），升温猛，为5～6℃；发酵72h后（为后发酵期），升温慢，为1～2℃；发酵96h后，温度稳定，不升不降；发酵120h后，温度下降1～2℃；发酵144h后，降温3℃。这样的发酵温度变化规律，可视为正常，出酒率高。发酵期间的最高品温以38～39℃为最好，发酵温度过高，可通过缩短培菌糖化时间、加大配糟比、降低配糟温度等进行调节；反之，则可采取适当延长培菌糖化时间、减少配糟比、提高配糟温度等措施。

（4）发酵时间　在正常情况下，高粱、小麦冬季发酵6d，夏季发酵5d；玉米冬季发酵7d，夏季发酵6d。若由于条件控制不当，发现升温过猛或升温缓慢，则应适当调整发酵时间。

（四）蒸馏

蒸馏，是生产小曲白酒的最后一道工序，与出酒率、产品质量的关系十分密切，前面几道工序是如何把酒做好、做多，蒸馏则是如何把酒醅中的酒取出来，而且使产品保持其固有的风格。

1．基本要求

蒸馏时要求截头去尾，摘取酒精含量在63%以上的酒，应不跑汽，不吊尾，损失少。操作中要将黄水早放，底锅水要净，装甑要探汽上甑，均匀疏松，不能装得过满，火力要均匀，流酒温度要控制在30℃左右。

2．蒸馏操作

先放出发酵窖池内的黄水，次日再出池蒸馏。装甑前先洗净底锅，盛水量要合适，水离甑箅17～20cm，在箅上撒一层熟糠。同时揭去封窖泥，刮去面糟留着最后与底糟一并蒸馏，蒸后作丢糟处理，挖出发酵糟2～3簸箕，待底锅水煮开后即可上甑,边挖边上甑,要疏松均匀地旋散入甑,探汽上甑,始终保持疏松均匀和上汽平稳。待装满甑时,用木刀刮至四周略高于中间,垫好围边,盖好云盘,安好过汽筒,准备接酒。应时刻检查是否漏汽跑酒,并掌握好冷凝水温度和注意火力均匀,截头去尾,控制好酒精度,以吊净酒尾。

蒸馏后将出甑的糟子堆放在晾堂上,用作下排配糟,囤撮个数和堆放形式,可视室温变化而定。

(五)酒的风格与质量改进

四川小曲酒中醇、醛、酸、酯比例为3.07:0.73:1:1.07,与其他酒种截然不同。从成分组成上看属小曲清香型,但又与大曲清香、麸曲清香有所不同,具有明显的幽雅的"糟香",形成了自身独特的风格,故被确定为小曲清香型,其风格可概括为:无色透明,醇香清雅,酒体柔和,回甜爽口,纯净怡然。从组分上看,川法小曲酒中含有种类多、含量高的乙酸乙酯、乳酸乙酯及高级醇,配合一定的乙醛、乙缩醛以及乙酸、丙酸、异丁酸、戊酸、异戊酸等较多的有机酸,还有微量的庚醇、β-苯乙醇、苯乙酸乙酯等成分,具有独特的香味成分的组成和量比关系。

为推进该酒种的技术进步,可从以下几个方面改进其工艺和质量。

① 适当提高小曲酒中的乙酸乙酯、乳酸乙酯的含量,可提高酒的醇和度及香味。其办法有适当延长发酵期,以利于增香;引入生香酵母增香;改进蒸馏方式,如按质摘酒,用香醅和酒醅串蒸等。

② 重视小曲酒的勾兑和调味。在了解香味成分的组成上,如何进一步研制更有实用价值的调味酒,摸索勾调规律,是一项很有意义的工作。

③ 严格控制酒中高级醇的含量。目前酒中异丁醇、异戊醇的含量偏高,要摸索并确定其在酒中的控制范围,以突出酒的优良风格。

二、自动化酿造工艺

2011年,劲牌有限公司在消化引进国内外先进技术的基础上,成功开发了固态法小曲白酒生产自动化酿造技术,实现了从粮食浸泡到蒸馏所有工序的机械化、自动化生产,达到了优质高产、节能降耗的目的,对提升我国酿酒行业的生产技术水平具有突出的示范作用和实用价值。自动化酿造技术的核心包括带压蒸粮技术、机械培菌糖化箱温控技术、槽车低温发酵技术和蒸馏机器人自动上甑技术。下面简介如下。

(一)带压蒸粮技术

传统蒸粮为敞开式环境,采用二次蒸粮二次闷粮工艺;带压蒸粮在密封蒸锅内进行,采用二次蒸粮一次闷粮工艺。所需蒸汽压力为0.20~0.25MPa,初蒸保压0.12~0.14MPa,初蒸后闷粮水温控制在60℃±2℃,复蒸保压

$0.06 \sim 0.08MPa$。带压蒸粮只需一次闷粮，简化了工艺操作，且蒸粮效率有所提升。同时降低了蒸汽消耗量，减少了闷粮废水的排放。

（二）机械培菌糖化箱温控技术

机械培菌糖化箱具有冷风降温、蒸汽盘管增湿加温、电热膜保温和温湿度自动调节等功能，实现了培菌糖化过程的自动化控制。机械化工艺采用$20 \sim 24℃$低温入箱，整个培菌糖化过程中温控系统可保证粮醅升温缓慢、均匀，并有效控制品温在$38℃$以下，有利于提高培菌糖化的效果，消除环境温度对小曲白酒酿造的影响。

（三）槽车低温发酵技术

机械化酿造工艺采用槽车取代传统窖池，单个槽车承装物料$2.2m^3$，槽车集中摆放，发酵车间可自动控温控湿，从而实现了小曲酒发酵过程的精准化控制。传统固态法小曲白酒入池温度控制在$18 \sim 20℃$，发酵最高品温达$38 \sim 39℃$，发酵周期$6 \sim 7d$；机械化酿造入槽温度降至$10 \sim 14℃$，发酵最高品温控制在$30 \sim 33℃$，发酵周期延长至$16d$，可有效降低发酵过程高级醇的生成量，提高成品酒酒质。

（四）蒸馏机器人自动上甑技术

采用蒸馏机器人上甑，整个上甑过程可做到轻撒、匀铺、控汽，流酒速度均匀稳定。上甑时间控制在$40 \sim 60min$，流酒速度控制在$4kg/min$左右，流酒温度冬季$20℃$左右，夏季$25℃$左右。

采用自动化酿造工艺后，小曲白酒酿酒生产的效率和经济效益大幅度提高，与传统工艺相比，原粮出酒率提高5%，人工成品下降75%，吨酒煤耗降低55%，吨酒水耗减少60%，同时原酒质量显著提升。

第四节　大小曲混用工艺

大小曲混用工艺可分为混合曲发酵工艺和串香蒸馏工艺两类。混合曲发酵工艺，主要是利用小曲糖化好，出酒率高，大曲生香好，增加酒的香味等工艺特点生产的曲酒。所产的酒由于窖池和工艺各异，故具有浓香、兼香、馥郁香等不同的风格，此工艺在贵州、湖南、四川等地较普遍，如贵州的平坝窖酒、金沙窖酒，四川的崇阳大曲酒，湖南的湘泉酒、酒鬼酒等。串香蒸馏工艺分两种：一种是复蒸串香法，即将固态小曲法酿制出的酒，加入底锅，用大曲法制作香醅进行串蒸；另一种是双醅串香蒸馏法，即把固态小曲法发酵好的酒醅放入酒甑下部，上面覆盖用大曲法制作的香醅进行蒸馏。传统董酒生产采用复蒸串香法，现已改成双醅串香蒸馏法。

一、馥郁香白酒生产工艺

大小曲混合发酵工艺的特点是以小曲或根霉曲培菌糖化，加大曲入窖发酵，固态蒸馏取酒。原料以高粱为主，也有采用大米、糯米、玉米、小麦等多粮原料的，一般采用整粒粮食浸泡、蒸煮、培菌糖化和发酵，也有部分破碎后经润料蒸煮，再行糖化发酵的。该法原料出酒率可达 40% ～ 45%，产品风格独特，其中酒鬼酒股份有限公司生产的"馥郁香白酒"为其典型代表，下面以此为例简介其生产工艺。

（一）工艺特色

酒鬼酒生产工艺传承了湘西悠久的民间传统酿酒技艺，是多种粮食、大小酒曲、多种工艺的融合，具有鲜明特性。

（1）多种粮食酿酒 酒鬼酒生产采用高粱、大米、糯米、小麦、玉米五种粮食，为行业内首家采用小曲多粮培菌糖化生产工艺的白酒企业。

（2）多种酿酒工艺融合 酒鬼酒的生产工艺包括小曲酒的培菌糖化工艺、清香型白酒的清蒸清烧工艺和浓香型酒的续糟泥窖发酵工艺。

（3）多区系微生物发酵 多种工艺的融合带来多区系微生物协同发酵，包括环境微生物、小曲微生物、大曲微生物和窖泥微生物，这些微生物的共同作用对酒鬼酒馥郁香的形成起到了决定作用。

（二）工艺操作规程

1．合理配料

采用五粮配方，以高粱为主，其余为大米、糯米、小麦、玉米，除玉米要求粉碎成能通过 2.0mm 筛孔的颗粒占 3/4 外，其他原料都是整粒使用。

2．分开泡粮

高粱用温水完全浸泡 18 ～ 24h，糯米、大米、小麦浸泡 2 ～ 3h，再沥干表面水分，利于打喷。玉米用 40 ～ 60℃温水润料 4 ～ 6h，要润料充分、均匀、不流水。

3．原料清蒸

滤干水的高粱，圆汽后清蒸 20min，打第一次喷，边打散料块边喷水，使高粱受水均匀。再蒸 40min 后打第二次喷，然后，再先后加进小麦、糯米、大米和玉米，铺在高粱上，蒸熟后可进行再次打喷。要求 90% 以上的整粒原粮开花，料醅干爽，熟而不黏，内无生心。

4．小曲培菌糖化

将蒸好的原料出甑平铺于晾床上，翻拌吹晾至 28 ～ 30℃，均匀撒上原粮量 0.5% ～ 0.6% 的根霉曲，翻拌均匀，到规定温度，入糖化箱培菌糖化。糖化醅要求，清香味甜，不流汁，无霉变和异杂味。小曲培菌糖化相当于二次制曲，经测定，培菌后酵母菌平均增加190倍左右，细菌平均增加200倍左右。

5．续糟入窖发酵

将清烧蒸酒后的糟醅出甑放置于晾床摊晾至接近入窖温度后，加入经培菌糖化好的料醅，粮糟比一般为1∶（3.5～4.5），撒入原料量20%～22%的大曲粉，翻拌均匀，低温（20～25℃）入泥窖发酵。发酵周期为50d左右。

酒鬼酒用大曲以纯小麦为制曲原料，制曲最高温度57～62℃，属中偏高温曲，利于耐高温芽孢杆菌的生长，大曲液化力较高，曲香明显，为酒鬼酒提供了丰富的酿酒微生物、酿酒酶系和香味及香味前体物质。

酒鬼酒优质泥窖有效成分丰富、比例协调，非常适合于窖泥功能菌的生长代谢（见表7-1）。泥窖发酵对酒鬼酒起到了很好的调节和增香作用，使其具有浓郁的复合香气。

表7-1　酒鬼酒窖泥主要理化指标和有效成分

pH	水分 /%	氨基氮 /（mg/100g，以干土计）	有效磷 /（mg/100g，以干土计）	腐殖质 /%
6.9	39.5	278.6	185.4	12.4

6．清蒸清烧

酒鬼酒采用清蒸清烧续糟法工艺，即蒸粮与蒸酒分开，这一点与浓香型老五甑操作法不同。原料通过清蒸和培菌过程，使发酵微生物群体发生了巨大变化，进而影响到产品的风格特征。同时酒醅单独蒸酒有效排除了因混合蒸烧而带来的生料味，使酒体更加干净。蒸馏时严格执行分糟装甑、截头去尾、分级接酒、按质入库贮存等要求。

（三）风格特点

馥郁香型白酒以湖南酒鬼酒为代表，其风格特征是"色清透明，诸香馥郁、入口绵甜、醇厚丰满，香味协调、回味悠长，风格典型"。其酒体设计的基本原则如下：

① 白酒的基本香型为浓香、清香、酱香和米香，两香为兼香，多香为馥郁香，即在一个酒体中只有体现三种以上香气才能称为馥郁香；

② 酒体风格体现和谐平衡，诸香馥郁；

③ 在味感上不同时段能够感觉出不同的香气，即在一口酒之间，能品味到三种香气，"前浓、中清、后酱"。

二、药香型白酒生产工艺

复蒸串香法始于国家名酒——董酒的生产工艺，由于在董酒大曲、小曲的制作中加有100余种药材，其成品酒具有明显的药香，因而被称为药香型白酒，也称为董香型白酒。董酒以独特的工艺、独特的香味组成成分和独特的风格，在我国名优白酒中独树一帜，其中的复蒸串香工艺对白酒行业的科技进步产生了重大的影响，如新工艺白酒的产生、提高香味物质蒸馏效率技术的应用等。

（一）董酒的工艺特点

1．采用大曲和小曲两种工艺

国家名酒几乎都采用大曲酿造工艺，唯独董酒采用大小曲两种工艺酿造，从微生物状况分析，小曲微生物多用纯种，以根霉菌、酵母菌为主，酶系较单纯，原料出酒率高；大曲微生物自然网罗，大曲中除糖化菌和酵母菌外，还有众多的产香微生物，原料出酒率相对较低，但香味成分丰富。采用大小曲工艺结合，扩大了微生物的类群，起到了出酒与增香的互补作用。

2．制曲时添加中药材

大小曲制作过程中添加100余种云贵高原的中草药，是董酒工艺的一个特点，其作用是为董酒提供舒适的药香，并利用中药材对制曲制酒微生物起促进或抑制作用。

3．特殊的窖泥材料

董酒生产的窖泥材料，是当地的白泥和石灰，并用当地产的洋桃藤（猕猴桃）浸泡汁拌抹窖壁。由于窖泥呈偏碱性，很适于窖泥功能菌的繁殖，这对董酒香醅的制作，对董酒中的丁酸乙酯、乙酸乙酯、己酸乙酯、丁酸、乙酸、己酸等成分的生成和量比关系，以及董酒风格的形成，具有重要的作用。

4．特殊的串香工艺

董酒生产采用大曲制香醅，小曲制高粱酒醅，蒸酒时，高粱小曲酒醅在下，大曲香醅在上进行串蒸。香醅的配料是由高粱糟、董酒糟、未蒸过的香醅三部分加大曲组成，发酵周期长达10个月，这是构成董酒风格的关键。

（二）制酒工艺

1．小曲酒醅的制作

（1）原料蒸煮　将整粒高粱用90℃左右的热水浸泡8h。投料量大班为800kg，小班为400kg，浸泡好后放水沥干，上甑蒸粮。上汽后干蒸40min，再加入50℃温水闷粮，并加热使水温达到95℃左右，使原料充分吸水，糯高粱闷5～10min，粳高粱闷30～60min，使高粱基本上吸足水分后，放掉热水，加大蒸汽蒸1～1.5h；再打开盖冲"阳水"20min即可。

（2）培菌糖化　先在糖化箱底层放一层厚为2～3cm的配糟。再撒一层谷壳，将蒸好的高粱装箱摊平，鼓风冷却，夏天使品温降到35℃以下，冬季降到40℃以下即可下曲，下小曲量为投料量的0.4%～0.5%，分2次加入，每次拌匀，不得将底糟拌起。拌后摊平，四周留一道宽18cm的沟，放入热配糟，以保持箱内温度。糯高粱约经 26h，粳高粱约经 32h，即可完成糖化。糖化温度，糯高粱不超过 40℃，粳高粱不超过 42℃。配糟加入量，大班 1800kg，小班 900kg，粮醅比为 1：(2.3 ～ 2.5)。

（3）入池发酵　将箱中糖化好的醅料翻拌均匀，摊平，并鼓风冷却。夏季品温尽量降低，冬季品温冷至 29 ～ 30℃后，即可入窖发酵。入窖后将醅料踩紧，顶部盖封，发酵 6 ～ 7d。发酵过程中控制品温不得超过 40℃。

2．香醅制备

先扫净窖池，窖壁不得长青霉菌。取隔天高粱糟（占 50%）、董酒糟（占 30%）以及大窖发酵好的香醅（占 20%），按高粱投料量的 10% 加入大曲粉拌匀，堆好。夏天当天下窖，耙平踩紧。冬季先下窖堆积 1d，或在晾堂上堆积 1d，其目的是培菌。第 2 天将已升温的醅料耙平踩紧，1 个大窖需几天才能装满。其间每 2 ～ 3d 泼酒 1 次酒，每个大窖约泼酒精体积分数 60% 的高粱酒 275kg 左右，下糟 10000 ～ 15000kg。窖池装满后，用拌有黄泥的稀煤封窖，密封发酵 10 个月左右，即制成大曲香醅。

3．串香蒸酒

从窖中挖出发酵好的小曲酒醅，拌入适量谷壳（大班每甑拌谷壳 12kg，小班每甑拌谷壳 6kg），分 2 甑蒸酒。应缓汽装甑，先上好小曲酒醅，再在小曲酒醅上盖大窖发酵好的香醅（大班 700kg，小班 350kg），并拌入适量的谷壳，上甑后盖上甑盖蒸酒。掐头 2 ～ 3kg，摘酒的酒精浓度为体积分数 60.5% ～ 61.5%，特别好的酒可摘到 62% ～ 63%。再经品尝鉴定，分级贮存，1 年后即可勾兑包装出厂。

（三）董酒的药香与风格

1．董酒的药香

药香成分在董酒中含量极微，通过对药材和药材提香液的感官检查，可做如下的分类。

① 呈浓郁药香的有肉桂、官桂、八角、桂皮、小茴香、花椒、藿香、橘皮、当归9 种。

② 呈清沁药香的有羌活、良姜、前胡、淮通、合香、半夏、荆芥、大腹皮、茵陈、前仁、香菇、山楂、干姜、干松、木贼、藁本、知母、麻黄、大黄，共计 19 种。其中最后 2 种为清雅带麻者。

③ 呈舒适药香的有独活、元参、白术、黄柏、白芷、枳实、甘叶、厚朴、茯苓、白芥子、柴胡、泽泻、天冬、木瓜、黑固子、苍术、升麻、姜壳、栀子、香附、牛匀、雷丸、远志、羌活、黄精、化红、生地、朱苓、杜仲、五加皮、山奈、丹皮、吴茱萸，共计 33 种。其中后 4 种香味尤为舒适。

④ 呈淡雅药香的有元参、马鞭草、防风、防己、桔梗、瞿麦、红花、白附

子、牙皂、白芍、枸杞、花粉、僵蚕、附子，共计 14 种。

根据每种药材的呈香和董酒香气的对照，选用了下述 26 种被认为比较重要的药材。它们是：肉桂、八角、小茴香、花椒、藿香、荆芥、升麻、麻黄、藁本、知母、山奈、甘草、独活、橘皮、五加皮、天冬、香菇、黑固子、厚朴、木瓜、木贼、丹皮、香附、当归、良姜、白芍。

2. 董酒的风格

董酒兼有小曲酒和大曲酒的风格，使大曲酒的浓郁芬芳与小曲酒醇和绵甜的特点融为一体。除药香外，董酒的香气主要来自香醅，使董酒具有持久的窖底香，回味中略带爽口的微酸味。其独特的风格，表现在香气高雅，自然，清而不淡，香而不酽，具有舒适的药香，使人赏心悦目，有余香绵绵之感。这是以药香、酯香、丁酸等香气组成的复合香。其香味组成的量比关系，可概括为"三高一低二反"。一是高级醇含量较高，主要是正丙醇、仲丁醇；二是总酸含量高，为其他名白酒总酸含量的 2 ～ 3 倍，尤其以丁酸含量高为其主要特征；三是丁酸乙酯含量高，为其他名白酒的 3 ～ 5 倍。一低是指乳酸乙酯含量低，约为其他名白酒的 1/3 ～ 1/2。一反是一般名酒中酯大于醇，它是醇大于酯；二反是一般名酒中酯大于酸，它是酸大于酯。

第五节　酶制剂和活性干酵母的应用

传统小曲制作虽然采用接种曲培养，但其制造过程是开放式的，受自然条件和环境因素的影响较大，质量很难保持稳定。在小曲酒酿造中使用适量的活性干酵母和酶制剂，强化某些功能微生物或酿酒酶系，有利于提高原料出酒率和稳定酒质。

一、酶制剂的应用

(一) 糖化酶的应用

使用 ADY 后，为了避免培菌时温度上升过高，可适当减少小曲用量，但减曲量不宜过大，一般不超过 20%。减曲过大，ADY 用量过多，可能会引起酒质量和风格的变化，要特别注意提高出酒率与保证酒质量的关系。

小曲用量减少后，需补加一定量的糖化酶，一般情况下，小曲用量每减少10%，每克原粮需补加糖化酶 15U 左右。在小曲糖化能力较低的情况下，不减曲也可加入适量的糖化酶，视小曲质量情况添加量为 20 ～ 50U/g，这样有利于提高原料出酒率。

糖化酶一律在下缸加水后添加（液态发酵）或入池发酵时添加（固态发酵）。

（二）酸性蛋白酶的应用

与大曲相比，小曲中的微生物相对简单，特别是纯种培养的根霉酒曲，其蛋白酶活性较低，导致发酵体系可利用氮源不足。在此情况下，酵母菌易通过糖代谢（即 Harris 哈里斯途径）合成较多的高级醇，这是小曲酒高级醇含量普遍高于大曲酒的原因之一。在小曲酒发酵过程中添加适量的酸性蛋白酶，可提高发酵体系氨基氮的含量，有利于酿酒微生物的生长代谢和发酵，用量适当还可降低高级醇的含量，提高成品酒质量。

酸性蛋白酶在培菌前加入，有利于培菌过程微生物的生长繁殖，先将蛋白酶与小曲粉拌匀，再与蒸熟的粮食拌匀培菌糖化。酸性蛋白酶的用量一般为 3 ～ 7U/g，视原料及发酵工艺的具体情况而定，一般需通过生产试验确定。

（三）脂肪酶的应用

对于成品酒总酯含量较低的情况，添加适量的偏酸性脂肪酶（或红曲酯化酶）参与糖化发酵，可在保持原料出酒率基本不变的同时，提高白酒质量。特别是对发酵醅酸度较高的情况，使用脂肪酶后，可明显提高基础酒的酯含量和改善白酒酒质。

一般情况下，脂肪酶在下缸加水时加入，用量为 2 ～ 6U/g。

二、活性干酵母的应用

根据所用小曲和酿造方法的不同，在小曲酒生产中 ADY 的使用大致可分为如下三种。

（一）在米香型白酒中的应用

先培菌糖化后发酵的半固态发酵法是小曲酒生产典型的传统工艺，前期是固态培菌与糖化，后期为半固态发酵。ADY 在此类小曲酒中的使用可采用如下两种方法。

（1）ADY 在培菌前加入　ADY 用量为原粮的 0.002% ～ 0.005% 或为小曲用量的 1/50 ～ 1/20。将所需 ADY 用 35℃ 左右的温水复水后，活化 10min 左右，在拌料时与小曲粉一起拌入即可。

（2）ADY 在培菌后加入　ADY 用量为原粮的 0.01% ～ 0.02%。活化液可由 4 份水加 1 份培菌糖化糟组成，用量为所需 ADY 的 20 ～ 50 倍，温度 35℃ 左右，活化 30 ～ 120min，在糖化醅下缸加水后加入即可。

使用过程中的注意事项如下。

① 培菌糖化后期温度一般达 36 ～ 38℃，有时高达 40 ～ 43℃，因此，若 ADY 不是耐高温的菌种，不宜采用培菌前加 ADY 的方法。

② 注意下缸加水后发酵前期温度的控制。在加水后的 10 ～ 12h 内，是酵母菌繁殖的旺盛期，应特别注意温度的控制。对于普通 ADY，发酵品温不得

超过34℃；对于耐高温ADY，发酵品温不得超过38℃。在发酵高潮期，对于普通ADY，最高温度不宜超过37℃；耐高温ADY，最高温度不宜超过42℃。

③ 酒精ADY的加入，使发酵速度加快，发酵提前，要特别注意温度的变化，及时采取降温措施和适当缩短发酵周期。温度上升过快，发酵周期缩短，有可能使酒的风味质量下降；而发酵结束后，不及时蒸酒，往往会使酸度上升，酒度下降。

④ 对于温度变化较大、发酵室控温条件较差的酒厂，不同季节应制定不同的ADY使用工艺。即在温度较高的夏季，适当减少糖化发酵剂（包括小曲粉、ADY等）的用量，缩短培菌糖化时间，并适当加大加水比以降低单位发酵体积的产热量。

（二）在豉香型白酒中的应用

边糖化边发酵的半固态发酵法是我国南方各地生产小曲酒的又一种传统工艺，以广东豉味玉冰烧酒为其典型代表。

（1）ADY使用量　在此种工艺中，ADY的用量为原粮的0.01%～0.05%，不减曲时ADY用量少，减曲时用量稍大；夏季宜少，冬季稍大。

（2）ADY的活化　ADY的活化可用自来水或2%～3%的糖水；活化温度35℃左右；活化时间用自来水时10min左右，用糖水时1h左右。

（3）ADY的加入时间　ADY可在发酵开始至三天左右的时间内加入，视具体情况而定。如发酵缓慢，ADY宜早加，并适当加大其用量；如发酵旺盛期来得早，ADY宜迟加，添加量亦宜少；有的厂在发酵高泡期过后才添加ADY，加入ADY后使发酵醪又重新翻动起来，这样可使整个发酵过程变得比较平稳。

（三）在固态法小曲酒中的应用

在固态法小曲酒生产中使用ADY，分下列几种情况。

① 以纯种根霉（散曲）为糖化剂，培菌糖化后，加入活化好的ADY，配糟入池发酵，ADY的用量为投粮量的0.04%～0.06%，ADY的活化方法同麸曲白酒，参见第八章第二节。

② 以纯种根霉（散曲）为糖化剂，将ADY与根霉混合后，拌入粮醅一起培菌，然后配糟入池发酵，ADY的用量为投粮量的0.002%～0.005%。此时ADY不需复水活化，若活化后再使用，则ADY的用量可减少至投粮量的0.001%左右，ADY活化方法同麸曲白酒。

③ 以糠曲为糖化发酵剂，培菌糖化后加入活化好的ADY，配糟入池发酵，ADY的用量为投粮量的0.01%～0.03%，糠曲质量好时少加，糠曲质量差时多加。

在固态法小曲酒中，不论何种工艺都不宜减少根霉曲或小曲的用量。

第八章

麸曲白酒生产技术

第一节　概　述

　　麸曲白酒是以高粱、玉米等粮谷为主要原料，以纯种培养的麸曲及酒母为糖化发酵剂，经平行复式发酵后蒸馏、贮存、勾兑而成的蒸馏酒。具有出酒率高、生产周期短等特点，但是由于使用的菌种单一，酿制出来的白酒与同类大曲酒相比具有香味淡薄、酒体欠丰满的缺点。不少厂家采用多菌种糖化发酵，并参照大曲酒中的某些工艺环节，以促进白酒中香味物质的产生，使得麸曲白酒质量有了大幅度的提高。

　　早在抗日战争期间，方心芳先生就曾在四川乐山金华工厂开展了改造大曲的研究，试制麸曲和糟曲，并在大曲培养中接种曲霉菌和酵母菌，以提高大曲的糖化发酵效率。1937年，辽宁抚顺酒厂从日本引进菌种开始生产麸曲白酒，但由于战乱，这项新技术未曾推广。1950年，周恒刚先生在哈尔滨市第四酒厂，从辽宁引进菌种，使用单一菌种培养麸皮匣曲为糖化发酵剂，开始生产白酒，使出酒率有了较大的提高。1952年，方心芳先生率领科技人员到北京酿酒厂，将大曲生产的二锅头酒改为麸曲酒，此后陆续在河北、山东等省推广。

　　1955年，地方工业部在山东烟台设点试验，提出以米曲霉加酵母为主生产白酒，使淀粉出酒率达70%。在烟台试点基础上总结出来的《烟台酿酒操作法》，推动了整个白酒酿造技术的进步。烟台白酒操作法的要点是："麸曲酒母，合理配料，低温入窖，定温蒸烧"。所谓"麸曲酒母"就是指要选择培养适应性强、繁殖力强、代谢能力强的优良曲霉菌和酵母菌；"合理配料"就是对影响微生物作用的基础物质和指标水、淀粉、糖分、酸度等合理调配，以提供最佳的糖化发酵条件；"低温入窖"就是指酒醅入窖的温度要适宜，尽量做到低温入窖，这样既有利于有益菌类的作用，又能抑制杂菌，从而提高酒质，提高出酒率；"定温蒸烧"就是要确定合理的发酵温度及发酵周期，掌握发酵的最佳时机进行蒸馏，以确保丰产丰收。这四句话就是白酒酿制工艺方法与原则的科学总结，虽各有侧重，但又是一个有机联系的整体，必须配套应用才能发挥最大效果。

20 世纪 60 年代，凌川、茅台、汾酒三个试点揭开了麸曲优质酒生产的新篇章。首先是利用人工培养多种曲霉菌加产酯酵母，制成了清香型麸曲优质酒，如山西的六曲香酒；其次是利用"人工老窖"新技术，制成了短期发酵、质量可观的麸曲浓香型白酒；与此同时，使用酱香型大曲酒中的堆积、高温发酵等传统工艺又酿制成功了麸曲酱香型白酒。当时对生香酵母的分离、培养及使用已达到了较高的水平，时至今日某些菌种仍在白酒生产中沿用。从此在全国掀起了应用麸曲提高白酒质量，生产优质白酒的高潮。到 1979 年第三届全国评酒会上，包括麸曲酱香、麸曲清香、麸曲浓香在内的三大类五个产品获得国家优质白酒称号，占这一届优质白酒总数的 27.7%。

进入 20 世纪 80 年代，细菌的研究应用成了中国名优白酒酿造工艺研究的一个主题。细菌分离培养后用于麸曲优质白酒酿造，对提高麸曲酒的质量水平，起到了很大的推动作用，可以说是个里程碑。在这方面工作成绩突出的是贵州省轻工业科学研究所，他们从高温大曲中分离出的十几种细菌，人工培养后用于麸曲酱香型酒酿造，按此工艺生产的筑春酒和黔春酒，在第五届评酒会上双获国优酒称号。

20 世纪 90 年代成为专业化生产发展阶段。即麸曲酵母被专业化生产的商品糖化酶和活性干酵母所代替，这可以说是普通麸曲白酒的一次革命，这套工艺简便可行，出酒率高，成本低，便于小型酒厂采用，促进了全国各地中小酒厂的大力发展。

进入 21 世纪后，随着我国经济的快速发展和人们生活水平的不断提高，对白酒量的需求转化为对白酒品质的追求。由于商品糖化酶中蛋白酶和酯化酶等酿酒所需酶系的活性很低，虽然出酒率高，但酒质相对较差，用商品糖化酶和单一酿酒活性干酵母生产麸曲白酒的生产工艺现已逐渐被淘汰。目前，麸曲白酒生产企业大多恢复使用纯种麸曲或部分使用商品酶制剂，酵母方面则大多采用多菌种发酵，以保证麸曲白酒的风味质量。

第二节　麸曲白酒生产工艺

一、清香型麸曲白酒生产工艺

（一）混蒸续糟老五甑操作法

混蒸续糟法老五甑工艺是传统白酒酿造工艺的科学总结，适合于淀粉含量较高的高粱、玉米等原料酿酒，更适合原料粉碎较粗的条件，该工艺被广泛应用于麸曲普通白酒和优质白酒的酿造。其工艺流程如图 8-1 所示。

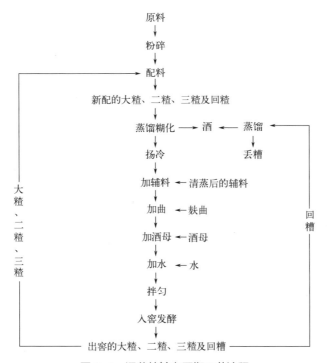

图 8-1　混蒸续糟老五甑工艺流程

1．工艺特点

续糟法混蒸老五甑工艺的操作特点是每排生产续加部分新料，酒醅出窖后与新原料混合入甑蒸馏、糊化。正常生产时，窖内有大糟、二糟、三糟、回糟 4 甑酒醅，出窖后大糟、二糟酒醅加入新料配成新的大糟、二糟和三糟，蒸馏糊化后出甑扬冷加曲、酒母及水入窖发酵；三糟酒醅不加新料，蒸酒后出甑扬冷加曲、酒母及水入窖发酵变成新的回糟；回糟酒醅蒸酒后成为丢糟。新原料数量分配是大糟、二糟加新料较多，占原料总量的 4/5，其余的 1/5 分配给三糟，回糟不配新料。

老五甑工艺的特点是各甑入窖酒醅中的淀粉含量有所不同，一般是大糟 >二糟 > 三糟 > 回糟，每甑相差幅度为 2% 左右。同时，每甑酒醅放在窖内的位置也有规律性，并因气温不同而调整，目的是使窖内发酵升温平衡。传统老五甑工艺的操作原则是"养糟挤回"，其意为尽量保证糟醅高淀粉、高质量，尽量把回糟中的淀粉"吃干榨净"。现代老五甑工艺已有些改进，即大糟、二糟、三糟的区别在减小，有的厂新原料的数量平均分配，这样粮糟酒醅的质量和出酒率趋于平衡；回糟中有时也投入少量细粮原料，以保证回糟酒的质量。

2. 工艺操作

（1）原料粉碎　根据原料特性，粉碎的细度要求也不同。高粱、玉米等原料，通过 20 目的筛孔者应占 60% 以上，取通过 20 目的细粉用于三糙及酒母，其余用于大糙、二糙。

（2）配料　将新料、酒糟、辅料及水配合在一起，为糖化和发酵打基础。配料要根据甑桶和窖子的大小、原料的淀粉含量、气温、酸度、曲的质量以及发酵时间等具体情况而定。配料得当与否的具体表现，要看入池的淀粉浓度、醅料的酸度和疏松程度是否适当，一般以淀粉浓度 14%～16%、酸度 0.6～0.8mmol/10mL、润料水分 48%～50% 为宜。

（3）蒸馏糊化　将原料和发酵后的酒醅混合，蒸酒和蒸料同时进行，称为"混蒸混烧"，前期以蒸酒为主，甑内温度要求 85～90℃，蒸酒后，应保持一段糊化时间。利用蒸煮使淀粉糊化，有利于淀粉酶的作用，同时还可以杀死杂菌。蒸煮的温度和时间视原料种类、破碎程度等而定。一般常压蒸料 20～30min。蒸煮的要求为外观蒸透、熟而不黏、内无生心即可。

（4）扬冷、加曲、加酒母、加水　蒸熟的原料，用扬渣或晾渣的方法，使料迅速冷却，使之达到微生物适宜生长的温度，目前大多已采用机械鼓风冷却热料。应注意冷却至适温，一般气温在 5～10℃时，品温应降至 30～32℃，停止通风，若气温在 10～15℃时，品温应降至 25～28℃，夏季则降至品温不再下降为止。扬渣或晾渣同时还可起到挥发杂味、吸收氧气等作用。

扬渣之后，同时加入曲子和酒母。酒曲的用量视其糖化力的高低而定，一般为酿酒主料的 8%～10%，酒母用量一般为总投料量的 4%～6%（即取 4%～6% 的主料作培养酒母用）。为保证酶促反应的正常进行，在拌醅时应加水（工厂称加浆），控制入池时醅的水分含量为 58%～62%。

（5）入窖发酵　入窖时醅料品温应为 18～20℃（夏季不超过 26℃），入窖的醅料既不能压得过紧，也不能过松，一般掌握在每立方米容积内装醅料 630～640kg 为宜。装好后，在醅料上盖上一层糠，用窖泥密封，再加上一层糠。发酵过程主要是掌握品温，并随时分析醅料水分、酸度、酒精含量、淀粉残留量的变化。发酵时间的长短，根据各种因素来确定，短至 4～5d，长至 30～40d 不等。一般当窖内品温上升至 36～37℃时，主发酵结束，适当延长发酵时间可增加风味物质含量，提高白酒质量，但出酒率会有所下降。

3. 立糙

以上叙述的为自圆排开始的正常生产阶段的操作方法。在新厂或新车间开始投产到正常生产的第一、二、三排的操作为立糙过程。

（1）第一排　原料经蒸煮糊化，不配糟只加曲、水、酵母菌，第一次发酵 2 甑为一排。第一排立糙的投粮量与正常生产一样，加曲量为 5%～6%，酒母量为 5%～9%，辅料为 6%～10%，入窖品温为 12～15℃，水分为 60% 左右。

（2）第二排 第一排立的 2 甑大糙到第二排时配料分成 3 甑，变成 2 甑大糙和 1 甑小糙。大糙占用料总数的 80%，小糙占用料总数的 20%。

（3）第三排 物料配比与正常生产相同。

立糙最好不要清立，应将本厂或其他白酒厂的酒糟或酒醅配入原料，其比例应根据酒糟或酒醅的淀粉含量、酸度等指标而定。注意使用新鲜的酒糟，不得使用雨淋或霉变的酒糟。

（二）清蒸混入操作法

1．清蒸混入五甑操作法

清蒸混入五甑操作法适合于质量较次的原料，原料清蒸，可以减少原料带入酒中的杂味；另外，原料清蒸，糊化彻底，有助于提高出酒率。其主要操作要点是原料分类、加强粉碎、清蒸混入、掐头去尾。

正常生产时，窖内有大糙、二糙及回糟 3 甑材料，出窖后，清蒸这 3 甑酒醅及 2 甑新料。第 1 甑蒸馏上排的二糙，出酒后出甑酒醅趁热拌入大糙、二糙的新料，拌匀进行润料。第二甑蒸上述已掺醅润好的新料，出甑后散冷加曲、酒母及水下窖为大糙。第 3 甑与第 2 甑相同，下窖为二糙。第 4 甑蒸馏上排大糙，出甑散冷加曲、酒母和水后，下窖为回糟。第 5 甑蒸上排回糟，出酒后为丢糟。

2．清蒸混入四甑操作法

该法适于淀粉含量较低的原料及代用原料酿酒；另外，原料与酒醅分别蒸煮和蒸馏，适合于含有不良气味的原料，可以减少原料对酒的污染，成品酒味较好。

正常生产时，窖内有大糙、二糙及回糟 3 甑材料，再蒸 1 甑新料，每日 4 甑工作量。具体操作是：第 1 甑，蒸上次发酵好的二糙，不加新料，加麸曲、酒母及水后作为回糟入窖再发酵；第 2 甑，蒸原料，蒸好后分成 2 份；第 3 甑，蒸上次发酵好的大糙，出甑后也分成 2 份，与第 2 甑的两份原料混合后加麸曲、酒母和水后入窖发酵成为新的大糙、二糙；第 4 甑，蒸上次发酵好的回糟，蒸酒后为丢糟。这个传统工艺操作的特点是糙子与回糟的淀粉含量相差较大，现代操作中，正在减少这种差距，有时在回糟中也投入一部分新原料（细粉）。相对于五甑法该工艺每班工作时间较短，适合于投料量大、班次多的情况。

（三）清蒸清烧操作法

该工艺适用于淀粉含量较低的代用原料及糖质原料酿酒，如甜菜、椰枣、红枣等。正常生产时，窖内有 4 甑酒醅，而且基本相同。一次发酵后，都可作为丢糟，全部换新料发酵。一般工艺是丢 2 甑（上轮次的回糟），蒸酒后为丢糟；回 2 甑（上轮次的新料），蒸酒后冷却加麸曲、酒母入窖二次发酵；再蒸

2 甑新原料（甜菜或含淀粉的原料）冷却加麸曲、酒母入窖发酵，每日 6 甑工作量。如用椰枣可直接拌入酒母入窖发酵，每日 4 甑工作量。该工艺的最大特点是入窖糖分高、淀粉低、水分大、辅料用量大、发酵温度高、发酵时间短、淀粉或可发酵糖的出酒率较高。

二、其他香型麸曲白酒生产工艺

麸曲白酒大多为清香型，20 世纪 60 年代后又发展了浓香、酱香和芝麻香型白酒，现简介如下。

（一）浓香型麸曲白酒生产工艺

（1）原料　均采用高粱原料，稻壳为辅料，稻壳用量 20% 左右，而且一定要清蒸散冷后使用。高粱粉碎度比清香型酒要粗一些，通过 20 ～ 30 目筛的粉粒占主体。

（2）菌种　制曲大多用河内白曲，酵母则是酿酒酵母和生香酵母混合使用。同时也有厂采用己酸菌灌窖或发酵香泥参与酒醅发酵，以达到增加酒中主体香气己酸乙酯含量的目的。

（3）发酵窖池　均采用泥窖内层加培养好的"人工老窖香泥"。泥窖容积以 7 ～ 10m³ 为宜，发酵周期一般为 30 ～ 45d。

（4）制酒工艺　一般都采用混蒸混烧操作法，有两种方式：一是以甑为单位计算日工作量，采用"跑窖"的方式；另一种是窖为日工作量，每日一窖，当班开，当班封窖。两种方式各有优缺点，工厂可根据实际情况选择应用。

麸曲浓香型白酒工艺操作注意事项如下：

① 窖池一定要用黄泥筑成，其他材料如砖、石等都不利于窖池的老熟。泥窖要进行经常性保养，防止窖泥老化。封窖泥要定期更新，保持一定的黏性；窖池要封严，防止"烧皮"现象发生。

② 窖底有一定黄水，应及时舀去，这对泥窖老熟和酒质的提高均有益处。

③ 提倡工艺中使用高温量水，缓慢蒸馏，高度摘酒，入库酒精含量为 62%左右。陶瓷缸贮存，贮存期一年以上。

提高浓香型麸曲白酒的技术措施还有：

① 双轮底发酵。取窖池下部发酵好的酒醅（用量为总醅的 6% 左右），不经蒸馏直接加入适量的优质大曲粉、生香酵母（或固体香醅）及 15° ～ 20° 的低度酒尾，翻拌均匀后直接入窖，入好后适当踩窖，放几根竹竿。

② 回醅发酵。取窖池中上部发酵好的酒醅，用量约为酒醅总量的 3%，不经蒸馏，同麸曲、酵母等一起按比例直接加入待入窖的酒醅中，翻拌均匀后入池。

③ 回酒发酵。用稀释至 15° ～ 20° 的低度酒尾，洒入入窖酒醅中，每甑加

入量为 5 ～ 10kg。

④ 夹泥袋发酵。窖泥中有丰富的微生物，对酒的风味有较大影响。但远离窖壁的酒醅由于没有这些微生物的作用而风味较差。在窖中采用夹层泥袋发酵即可提高窖池中央酒醅中的风味成分含量。但此种方法劳动强度较大，窖池的生产能力下降，一般仅用于生产勾兑用的酯香酒。

(二) 酱香型麸曲白酒生产工艺

（1）原料　采用颗粒饱满、品种优良的高粱，粉碎成以 4 ～ 6 瓣为主体。辅料也用稻壳，清蒸后使用。配料增加 10% 的麸皮或小麦，能明显提高酒的质量。

（2）菌种　制曲大多用河内白曲，酵母则是酿酒酵母和生香酵母混合使用。另外许多酒厂均增加细菌曲参与发酵，对提高酒质有利。

（3）窖池　南方多采用"碎石泥巴窖"，北方则采用水泥窖加泥底。窖池容积为 10 ～ 15 m^3，发酵车间要有一定面积的场地供酒醅堆积用，北方地区最好有保温保潮设施。

（4）制酒工艺　大多数酒厂采用清蒸原料，混合堆积，一次性入窖操作法。即原料用高温水润好后，上甑蒸熟，散冷后与蒸完酒的酒醅混合，加曲、加酵母，入室堆积。堆积时间为 24 ～ 48h，堆积升温在 10℃ 以上，入窖温度 30 ～ 33℃，发酵周期为 30d。

酱香型麸曲白酒在操作工艺上要做到"四高一散"：

① 高温润料：一般在 85℃ 以上，润料时间不少于 15h。

② 高温堆积：一般起堆温度不低于 28℃，堆中最高温度可达 50℃ 以上。必要时中间可翻堆一次。

③ 高温入窖：堆积好的酒醅，稍降温即可入窖，一般入窖温度不低于 30℃，否则影响发酵。

④ 高温流酒：酱香型麸曲酒同样提倡缓慢蒸馏，高温流酒，一般流酒温度在 30 ～ 35℃。入库基的酒精含量为 54%。

⑤ 酒醅要保持松散状态。这样才能保证堆积时微生物的网罗，发酵时微生物的繁殖，蒸酒时各种香味成分的提取。

(三) 芝麻香型麸曲白酒生产工艺

（1）原料　采用高粱原料，加麸皮 5%，高粱粉碎成以 4 ～ 6 瓣为主体。辅料用稻壳，清蒸后使用。

（2）菌种　制曲用河内白曲，酵母用酿酒酵母和生香酵母。

（3）窖池　条石窖或水泥窖，窖底加培养好的香泥。窖的容积为 10 m^3 左右，窖的深度一般不超过 1.5m，使酒醅有一部分高出地面为宜。

（4）制酒工艺　采用一次投料，四轮发酵法。原料用高温水润 12h

后，散冷，然后加入上排备用的酒醅 1 倍，混合后进行堆积。堆积起始温度 28～30℃，堆积时间 24～48h，堆积终了温度 44～50℃。堆积水分第一排为 45%，以下依次为 49%、53%、56%。入窖温度 36℃，窖内升温幅度 10～12℃，发酵期每轮 30d。缓慢高温流酒，流酒温度 30～35℃。入库基酒的酒精含量 58%～62%，陶瓷缸贮存，贮存期一年半以上。

芝麻香型麸曲白酒在操作工艺上注意事项如下：

① 配料中加入部分麸皮，可提高酒中芝麻香气。可能的原因是麸皮中的蛋白质、木质素等是芝麻香气生成的物质基础。对照试验证明，采用麸曲法生产芝麻香型白酒，其香气优于大曲法生产的白酒。这证明了麸皮在芝麻香型白酒酿造中的重要作用。

② 强化堆积控制，实现"三高一低"。即高淀粉浓度、高温堆积、高温入窖、低水分。

③ 两次加曲、加酵母，有利于酒的质量和产量的提高。即堆积前加入总量的 30%，其余入窖前加入。

④ 生香酵母采用固态麸皮法培养，使细胞数增加，菌体蛋白增加，有助于芝麻香的生成。

⑤ 窖底加培养发酵好的香泥，使酒中含有一定的己酸乙酯，对芝麻香有烘托作用。

三、麸曲白酒生产工艺原则

(一) 合理配料

合理配料是麸曲白酒酿造应遵循的首要原则，主要包括以下 4 项内容。

1. 粮醅比

回醅发酵是中国白酒的显著特色。回醅多少，直接关系到酒的产量和质量。多年实践证明，无论从淀粉利用的角度，还是酒质增香的角度，都提倡加大回醅比。一般普通酒工艺的粮醅比要求是 1:4 以上，通常夏季为 1:（5～6），冬季为 1:（4～4.5）。但回醅量也不是无限度越大越好，应考虑到醅中酸度对制酒的影响。为此，不同香型酒、不同发酵周期的麸曲白酒，其回醅量有所不同。同一窖池，针对不同发酵状况的酒醅，回醅量要适当调整。在生产中，回醅量要与原料粉碎度、入窖水分、淀粉、酸度、温度等多项指标相协调，从产量和质量两方面来考虑，确定合理的粮醅比。

2. 粮糠比

不同的操作工艺和原料，要求有不同的粮糠比。一般的规律是：普通酒粮糠比较大，在 20%～25% 之间；优质酒用糠量少，在 20% 以下。生产中应根据季节、辅料性质等不同调整其用量。合理的粮糠比会产生如下的好效果：

① 调节入窖淀粉浓度，使发酵正常进行；

② 调节酒醅中的酸度及空气含量适宜，便于微生物的繁殖和酶的作用；

③ 增加界面面积，便于酶与底物的接触，利于糖化；

④ 使酒醅疏松有骨力，便于糊化、散冷、发酵、蒸馏、提高出酒率。

3. 粮曲比

这一指标的重要性往往被忽视。有些酒厂的师傅，头脑里一直存在"多用曲，多出酒"的认识误区。实际上，用曲的多少，主要依据是曲的糖化力和投入原料的量，经科学计算后，稍高于理论数据即可，多用曲不但增加成本，更重要的是破坏了正常的发酵状态，反而会少出酒。同时，用曲量多时，往往会给酒带来苦味，这在麸曲优质酒酿造中更应引起重视。麸曲优质酒比不上同类的大曲酒，追究工艺上的原因，主要是发酵速度快，如果用曲量、用酵母量增大，会加快麸曲酒的发酵速度，从而严重影响酒的质量。

4. 加水量

水在酿酒工艺中，起调节淀粉浓度、调节酸度、调节发酵温度、传输微生物及其酶类等诸多方面的作用。可以说，适宜的加水量是酿造成功的关键之一。酿造加水的环节有三个，每个环节都很重要。一是润料，要求水温要高，水要加匀，并有一定的吸收时间；二是蒸料，要求蒸气压足、时间要够；三是加量水，要加均匀，用量要准确。因每甑酒醅在窖内上下位置不同，加水量要有区别，一般每甑间的水分相差1%左右。检查水分适宜与否的指标是入窖水分。这个指标随季节、原料、辅料、粮醅比等的不同而有所不同，一般为54%～62%。当辅料吸水力较强时，入窖水分应稍大；粮醅比大、入窖淀粉含量较低时，入窖水分应相应减少。

(二) 发酵品温控制

发酵的主要标志之一，就是温度的上升。它不仅是发酵的表面可见现象，更重要的它是发酵程度的标尺，是控制发酵主要工艺参数的准则。应从以下两个方面来科学地控制好发酵品温这个主要工艺指标。

1. 酒精发酵与升温

酒精发酵是放热过程，理论上每消耗1%的淀粉将使发酵液温度上升1.8℃。在窖内实际测量固态发酵酒醅，普通4d正常发酵的麸曲酒醅，每生成1%的酒精，大约升温2.5℃。换句话说，在这样的工艺中，如果升温幅度为10℃，酒醅中的酒精含量应在4%左右；如果是15℃，则酒醅的酒精含量应为6%左右，可见，从提高生产效率的角度考虑，应尽力创造大的升温幅度。淀粉是酒精发酵的基础物质，相对高的淀粉浓度有利于升温幅度的提高。但当温度达到36～38℃后，一般酵母菌会很快衰退，发酵速度将迅速下降。这时，即使酒醅中有大量的淀粉，也不可能继续提高酒度。除此之外，入窖温度、发酵周期、窖的容积大小和散热情况等都对升温幅度的大小有一定影响。在实际生产中，人们并不强调每种工艺都必须有最大的升温幅度，只希望在相同的工艺中，应尽量提高升温幅度，从而使生产效率得到提高。

2. 低温入窖

低温入窖不仅能提高酒的产量，还会提高酒的质量。其主要原因如下所示。

① 入窖温度低，允许上升的升温幅度就高，相应地酒的产量就高。

② 低温入窖时，各种酶的钝化速度减慢，使其作用于底物的时间延长，从而可提高酶的使用效率。

③ 低温条件下，酵母的繁殖不会受到大的影响，而杂菌（主要指细菌）的繁殖将受到抑制。由此可见，低温可起到"扶正限杂"的作用。

④ 低温入窖，使发酵速度变缓。试验表明酿酒微生物在低温缓慢发酵条件下，易生成多元醇类物质，增加酒的甜味。"冬季酒甜，夏季酒香"的道理即在于此。

控制低温入窖的主要措施如下。

① 利用季节气温的差异。在气温低的季节多投料，多加班，提高产品的产量、质量，把停产检修安排在气温高的季节。

② 利用日夜温差，把入窖时间尽量安排在夜间气温低的时候。

③ 利用冷水降温，利用室外冷空气降温，利用现代化的制冷设备降温，均可收到良好的效果。

④ 配料合理，酒醅疏松，有利于降温。

3. 升温曲线

升温曲线是从入窖温度起，到发酵最高温度再降至发酵终了温度，整个周期由温度变化数值描绘出的一个曲线图。对于优质白酒发酵来说，它的温度变化要求是"前缓升、中挺、后缓落"。具体是指前期发酵升温要缓慢，中期发酵高温期要持久，后期发酵温度要缓慢回落。这样的发酵温度曲线，适合各种酿酒微生物的作用，不仅可实现高产稳产，而且有利于提高酒质。

怎样才能做到"前缓升、中挺、后缓落"呢？

① 要坚持低温入窖。只有低温入窖，才会有前期发酵缓温，有了"前升温"，才会有"中挺"及"后缓落"。

② 控制好入窖淀粉浓度及酸度。相对低的淀粉浓度及相对高的酸度，会使发酵速度变缓。

③ 合理的发酵周期。要想得到最佳的发酵温度曲线，必须把发酵变化与发酵期放在一起来考量。可以从两个方面去考虑：一是根据发酵温度变化来确定发酵期，如普通白酒以产量为主，整个发酵温度变化 4d 就完成，那么确定 4d

发酵就是合理的、科学的；二是根据发酵期来确定工艺参数，使窖内变化在整个发酵期间尽量理想化。如清香型优质酒 30d 发酵中，如前期 10d 达到最高温度，"中挺"为 6～8d，后缓落为 6～8d，最为理想。

(三)"稳、准、细、净"

这四个字，是经过多次酿酒试点及多年生产实践证明的、行之有效的白酒工艺操作原则，无论是普通白酒工艺还是优质白酒工艺都必须遵循这四个原则。

"稳"是指工艺条件应相对稳定，工艺操作要相对稳定。具体要做到：配料要稳定，入窖条件要稳定，工艺操作程序要稳定，窖内发酵温度变化曲线要稳定，酒的班产量要稳定，酒的质量要稳定。要达到上述要求，供应部门，采购原料的质量要稳定；辅助车间，半成品质量要稳定；后勤部门，水、电、汽的供给要稳定等。可见工艺稳定是涉及全厂方方面面的事，只有各个部门通力合作，才有可能办到。

"准"是指执行工艺操作规程要准确，化验分析数字要准确，掌握工艺条件变化情况要准确，种种原材料计量要准确。准确既有时间上的要求，不可提前滞后；也有标准上的要求，不可忽高忽低；还有对人的要求，必须认真负责。

"细"主要指细致操作。其中主要包括：原料粉碎细度合理，配料拌得匀细，装甑操作细致，发酵管理细心等，"细"字主要来自责任心，来自严要求。

"净"主要指工艺过程要卫生干净。其目的就是防止杂菌感染，保证发酵正常进行，其要求是坚持经常性的卫生工作，形成良好的卫生习惯。

四、酶制剂与活性干酵母的应用

在传统生产方法中，生产所需的麸曲和酒母（包括以酒精酵母为菌种的液体酒母和以产酯酵母为菌种的固体酒母）都是由各厂自己制造。从原菌出发到生产使用，一般需经 4～5 代扩大培养。对每个酒厂而言，麸曲和酒母的使用量都很少。如年产 1000t 的麸曲白酒厂，每天的麸曲用量仅几百千克，液体酒母用量为 1t 左右。由于其所需的生产规模很小，因此各酒厂制备麸曲和酒母的设备大多非常简陋，多数不符合纯种培养要求，使得麸曲和酒母的质量受自然因素的影响很大。加之许多中小型酒厂技术力量薄弱，菌种保藏、分离复壮和纯种扩大培养的技术不过关，因而很难保证麸曲和酒母的质量，导致出酒率下降，产品质量不稳。特别是夏季生产，杂菌污染很难控制，易造成酒醅酸败、发黏，自制麸曲、酒母起不到糖化和发酵作用，引起出酒率和酒质下降，使得大多数酒厂不得不在夏季停止生产。自 20 世纪 80 年代开始，糖化酶和活性干酵母（即 ADY）的出现，使得酿酒厂无需按传统方式自己制造麸曲和酒母，而是向专业酶制剂厂和酵母厂购买高质量的糖化发酵剂，从而解决了自制麸曲和酒母质量不稳的老大难问题。

（一）ADY 在麸曲白酒中的使用方法

1. ADY 的活化

固态法白酒生产厂使用 ADY 时，其活化的方法有两种。一种是采用 35～38℃的自来水活化，自来水用量为 ADY 使用量的 10～15 倍，活化时间 10min 左右。此种活化方法比较简便，但要求活化后立即使用，活化与放置的总时间不要超过 30min。否则，密集的酵母群体在缺乏营养和较高的温度下容易发生衰老甚至死亡，也易引起杂菌污染。另一种方法是采用 2.5% 左右的糖水溶液活化，首先在 35～38℃下复水 10min 左右，随后降温至 30℃左右活化。降温的方法，当室温较低时，往往可采用自然冷却的方法，当室温较高时，则可采用加入适量冷水的方法等强制降温。复水活化的时间可为 10～180min，一般复水活化约 10min 后，酵母即开始利用其中的糖生长发酵并产生 CO_2，至糖被耗尽时 CO_2 不再产生，这时应尽快使用。如因生产原因需延长时间，应补加糖液并进一步降低活化液的温度。否则酵母细胞易老化，并引起杂菌污染。活化液的用量取决于复水活化时间，活化时间长时，活化液用量要增大，一般情况下用量为 ADY 的 20 倍以上。

2. ADY 和糖化酶的用量

（1）ADY 用量　酒精 ADY 的用量可根据原工艺中自培酒母的用量与所含酵母细胞数计算，其计算公式如下。

$$活性干酵母用量（kg）= \frac{自培酒母用量（L）\times 酒母细胞数（亿个/mL）}{活性干酵母活细胞数（亿个/g）}$$

例如：若 ADY 的活细胞数为 250 亿个/g，自培酒母的细胞数为 1.0 亿个/mL，原工艺中自培酒母醪对原粮的用量为 15%，则每吨原粮 ADY 的使用量为：

$$\frac{1000\times0.15\times1.0}{250}=0.6（kg）$$

当采用自来水活化时，ADY 的用量需增加 20% 左右。此外，ADY 的用量与发酵周期、气候温度、原料和环境条件等因素有关。一般情况下，发酵周期长，要求升温缓慢，ADY 用量宜少；气温低时，ADY 用量需加大；环境卫生条件差、杂菌特别是产酸菌多，为了控制杂菌繁殖，形成酵母菌生长优势，ADY 用量宜大。目前各白酒厂的实际使用量为，对于发酵周期少于 7d 的普通麸曲白酒，使用量为原粮的 0.06%～0.10%；对于发酵周期为 7～30d 的优质麸曲白酒，使用量为原粮的 0.02%～0.06%。在东北和西北天气寒冷地区，ADY 用量一般为原粮的 0.1% 左右。

（2）糖化酶用量　关于糖化酶的用量，各厂情况不同，一般为 150～250U/

g，发酵周期短、入池温度较低时，糖化酶用量宜大；反之宜少。全部用糖化酶代替麸曲时，糖化酶的使用量可按下式计算：

$$糖化酶用量（kg）= \frac{麸曲用量（kg）\times 麸曲糖化酶活力（U/g）}{糖化酶活力（U/g）}$$

对于减曲部分使用糖化酶的场合，糖化酶的用量按下式计算：

$$糖化酶用量（kg）= \frac{减少的麸曲用量（kg）\times 麸曲糖化酶活力（U/g）}{糖化酶活力（U/g）}$$

由于商品糖化酶中蛋白酶、酯化酶、纤维素酶等酿酒酶系的含量很低，全部使用商品糖化酶对成品酒很多风味物质的形成不利，一般只适合发酵周期在7 d 以内的普通白酒生产。目前在优质麸曲白酒生产中大多不减曲，商品糖化酶是否使用则视情况而定。对于不减曲的场合，如发酵过程符合"前缓、中挺、后缓落"的基本原则，丢糟残余淀粉含量较低，原料出酒率较高，则不需使用糖化酶；反之则应补充一定的糖化酶，使用量一般为 20 ～ 50U/g。

3．ADY 的加入

活化好的 ADY 与糖化酶液及浆水混合后，加入经扬冷的糟醅中，拌匀后入池。对于全部或部分使用麸曲作糖化剂的白酒厂，可先将 ADY 活化液与麸曲拌匀后，再与糟醅混匀入池。应该指出的是，由自培大缸酒母改为使用酒精 ADY 后，带入糟醅中的水分减少，所以应调整浆水用量至保持原入池水分不变。

浆水用量 ＝ 原浆水用量 ＋ 大缸酒母用量 －ADY 活化液用量

（二）保证麸曲白酒质量的措施

在麸曲白酒中使用酒精 ADY 后，一般可保证麸曲酒的出酒率和酒质的纯净与稳定。但要进一步提高和保证麸曲白酒的质量，各酒厂必须结合自己的实际情况采取一系列的配套措施。

1．掌握好糖化酶和 ADY 的使用量

糖化酶和 ADY 用量过大，会使发酵前期升温过猛，生酸高，易引起酵母早衰，酒带苦味，严重时造成烧窖现象。用量过少，发酵升温慢，ADY 作用不明显，发酵周期延长。使用量过大或过小都会使出酒率下降。合适的糖化酶和 ADY 的用量应根据生产试验确定，因为各白酒厂生产条件不同，其合适的用量亦应有所不同。首先，应保证窖内的温度变化曲线符合"前缓、中挺、后缓落"的基本原则；其次是根据实验结果，综合出酒率、成品质量、稳定性（即保护好母糟）和经济性确定最适的使用量与使用工艺；另外，不同季节温度差别较大，糖化酶和 ADY 的用量应及时调整。

2．保留一定的麸曲用量

商品糖化酶的糖化力很高，但基本上没有蛋白酶，形成不了白酒香味成分的前体物质——氨基酸。全部使用糖化酶和 ADY 生产白酒，开始头几排由于酒醅中残留氨基酸的作用，所以风味无明显变化。但随着时间的延长，陈醅越来越少，醅内氨基酸含量不足，以致酒的风味越来越寡淡。而麸曲特别是白曲和米曲中具有较高的蛋白酶活性，它们可提供形成白酒芳香成分的前体物质。因此，为了保证麸曲白酒的质量，应保留一定的麸曲用量，只采用部分糖化酶。一般酿造优质麸曲白酒可采用半酶法，按糖化力单位计算，麸曲和糖化酶的用量皆为 50 ～ 75U/g。对于麸曲质量生产有保证的企业，则可全部使用麸曲。对于发酵周期较短的普通麸曲白酒，在发酵过程中形成的香味物质较少，因而可全部采用糖化酶代替麸曲，用量一般为 150 ～ 250U/g，这样可保证较高的出酒率。白酒的香味成分则可通过串香蒸馏或调香勾兑的办法来提高。

3．产酯酵母的应用

仅以糖化酶（或纯种麸曲）和酒精酵母为糖化发酵剂，一般只能酿造普通麸曲白酒，而要酿造各种特有香型的优质麸曲白酒必须采用多菌种的糖化发酵剂。其中各种产酯酵母的使用是提高麸曲白酒质量的有效措施之一。产酯酵母在酒厂的培养大多采用固态法，劳动强度大，手工操作多，占地面积大，酵母细胞数大多为 2.5 亿个 /g 左右。这种固态产酯酵母的添加量一般为 5% ～ 10%。使用产酯活性干酵母则非常方便，对提高麸曲白酒质量具有重要意义。

4．使用酸性蛋白酶

对于不具备麸曲制造技术和设备的酒厂，以及以黑曲霉为菌种制造麸曲的酒厂，为了弥补糖化剂中蛋白酶活性的欠缺，提高白酒中的香味成分，可使用商品酸性蛋白酶。其用量为 6 ～ 12U/g，具体用量应根据各厂的情况通过实验决定。

5．加己酸菌液

对于浓香型麸曲酒，若己酸乙酯含量不够，可采用加己酸菌液的办法。一般当窖内温度升至顶温后，在窖池上面开孔或挖沟，灌入培养好的己酸菌液，添加量为原粮的 5% 左右。

第三节　提高麸曲白酒质量的技术措施

麸曲白酒的生产是采用糖化能力较高的纯种麸曲作糖化剂，并用发酵能力较强的纯种酵母作发酵菌种，所以糖化能力强、用曲量少、发酵速度快，发酵周期短，且出酒率高，在 20 世纪 80 年代以前全国范围内得到广泛的发展和应用。但是由于麸曲白酒在生产中所使用的菌种单一，生产出来的白酒香味物质种类少、含量低，其结果是使得麸曲白酒酒质单薄，香气和口味都不理想。为此，各酒厂都在采用提高麸曲白酒质量的技术措施，主要措施包括多菌种酿造、大曲与麸曲相结合、生香酵母的使用等。

一、多菌种酿造发酵优质麸曲白酒

采用多菌种发酵增香可解决由于麸曲白酒生产过程中所使用的菌种单一，生产出来的白酒香味物质种类少、含量低的问题，可明显提高麸曲白酒的质量。不同香型的麸曲白酒其所用菌种有所不同，下面介绍几种代表性麸曲白酒的多菌种酿造发酵工艺。

（一）山西六曲香酒

六曲香酒因使用六种曲霉菌培养的麸曲制作而得名，该酒是清香型麸曲白酒中的佼佼者，曾三次获得国家优质白酒称号。

1. 生产工艺特点

① 以高粱为原料，稻壳为辅料，用量为30%，出酒率按汾香型成品酒62%计，可达46%以上。

② 采用多菌种发酵。曲霉菌有米曲霉、根霉、毛霉、犁头霉、红曲霉、黄曲霉等6种；其他菌种有拟内孢霉、酿酒酵母、汉逊酵母、白地霉、汾Ⅱ酵母等。

③ 采用清蒸混入老六甑制酒工艺（即比老五甑多蒸1甑原料），发酵容器为水泥窖。发酵期为8～10d，缓慢蒸馏，高度取酒，贮存期为6个月以上。

2. 菌种的培养

（1）米曲霉、根霉、毛霉、犁头霉培养　采用固体试管、三角瓶、帘子三级扩大培养制成种曲，最后分别采用机械通风制曲法制成麸曲。

（2）拟内孢霉培养　经固体试管、三角瓶扩大培养后，制成帘子麸曲。

（3）红曲霉培养

① 试管培养。菌种在米曲汁琼脂斜面上，28℃培养7d。

② 三角瓶培养。将纯净的小米，在常温下浸泡12h后，淋去水分，常压蒸煮3次，每次40min。每一次蒸，加20%的水，最后一次分装在500mL三角瓶中，每瓶装50g后再蒸，蒸后冷却至35～40℃时，每瓶加0.7～0.8mL醋酸后接种。在28～30℃保温箱中培养，每12h摇瓶1次，培养7d，米粒呈深红色即可使用。

③ 制曲。以新鲜薯干为原料，粉碎通过10～30目筛，加水60%～70%，常压蒸1h，冷却到40～45℃，加入3%的醋酸溶液20%（占原料），接入1%的三角瓶菌种，装入曲盒进行培养，培养7d曲粒变成深红色，即可使用。

（4）酿酒酵母培养　采用试管、三角瓶、卡氏罐三级扩大培养。

（5）汉逊酵母、白地霉培养　以玉米面糖化液为培养基，采用浅盘培养。汾Ⅱ酵母与白地霉两者分别培养，混合使用。

各菌种的使用量如下。

① 总用曲量为原料的 12%，其中米曲占 6%，根霉曲占 2%，拟内孢霉曲占 1%，红曲占 1%，毛霉、犁头霉混合曲占 2%。

② 菌液总用量为 8%，其中酿酒酵母占 3%，汉逊酵母占 3%，白地霉占 2%。

3. 六曲香酒的香味成分特征

六曲香酒无色透明，清香纯正，醇和绵柔，爽口回甜，饮后余香，清香风格明显。尤以突出的乙酸乙酯香气为其鲜明的特色，其香味成分特征如下。

① 以乙酸乙酯为主体香气，其含量在总酯中占 90% 以上。

② 含有一定量的乳酸及乳酸乙酯。这与使用多种曲霉菌有关，而且提高了酒的醇厚感。

③ 含有多种有机酸，以乙酸含量为首，占总酸的 60% 以上。

④ 含有较多的高级醇。其含量顺序为：异戊醇 > 正丙醇 > 异丁醇 > 正丁醇 > 正异醇。

⑤ 含有少量的己酸乙酯，增加了酒体的丰满程度。

（二）河北燕潮酩酒

燕潮酩酒为我国麸曲浓香型优质白酒的典型代表之一，该酒由河北三河燕郊酒厂在 20 世纪 70 年代研制成功，因该厂位于燕山脚下，潮白河之滨，故取名燕潮酩酒。在 1979 年全国第三届评酒会上被评为国家优质白酒，以后又连续两届获此殊荣。

生产浓香型麸曲白酒，常选用黑曲（AS3.4309 及其变种）、邬沙米曲、白曲、东酒 1 号及根霉、拟内孢霉等制麸曲，生香菌有汉逊酵母、球拟酵母及己酸菌等。麸曲中邬沙米曲和白曲产香较好但糖化力较低，而 AS3.4309 的性能却与之相反，有的酒厂为了既保持较好的出酒率，又能使香味成分得以很好地生成，将三者以恰当的比例使用，得到了良好的效果。

1. 燕潮酩酒的工艺特点

① 以高粱为原料，清蒸的稻壳为辅料。

② 以河内白曲为糖化剂，固体培养的生香酵母加部分酒精酵母为发酵剂。

③ 以人工培养的泥窖为发酵容器，窖的容积较小。增加了酒醅与窖泥的接触面积。

④ 采用清蒸、清烧、大回醅酿酒工艺，发酵期为 40d，有时采用人工培养的己酸菌液来提高酒的质量。

⑤ 酒的贮存期在 1 年以上，经精心勾兑后出厂。

2. 燕潮酩酒的香味成分特征

燕潮酩酒无色透明，窖香浓郁，己酸乙酯为主体香气成分，入口绵软，香味协调，回味较甜，尾子干净，浓香风格明显，其香味成分特征如下。

① 以己酸乙酯为主体香气成分，其含量在总酯中列第一位，乳酸乙酯含量仅次于己酸乙酯，乙酸乙酯排在第 3 位，还含有少量丁酸乙酯。

② 含有一定量的乙醛及乙缩醛，酒的放香较好。

③ 含有一定量的高级醇及多元醇，使酒具有醇厚感及回甜感。

（三）贵州黔春酒

黔春酒是 20 世纪 80 年代中期，由贵阳酒厂与贵州省轻工业科学研究所协作，共同研制成功的麸曲酱香型优质白酒。该酒采用先进的微生物培养和应用技术，酒的质量很好，在 1989 年全国第五届评酒会上被评为国家优质白酒。

生产酱香型麸曲白酒，常选用黄曲霉、白曲霉、根霉、红曲霉、拟内孢霉等菌种制成麸曲，生香菌有汉逊酵母、球拟酵母、己酸菌及从高温大曲中筛选出来的嗜热芽孢杆菌等。

1．黔春酒的工艺特点

① 配料。以高粱、小麦为主要原料，稻壳为辅料。

② 采用的微生物菌种。细菌 6 株制成细菌曲；生香酵母 3 种以上，固体通风法培养；曲霉菌、河内白曲，通风法培养。

③ 发酵设备及工艺。采用碎石泥巴窖或水泥窖。制酒工艺采用清蒸清烧，回醅堆积发酵工艺，发酵 30d。工艺中有"三高"，即高温堆积、高温发酵、高温流酒。

④ 贮存与勾兑。入库酒的酒精含量 52%～54%。在陶瓷容器中贮存 1 年半以上，精心勾兑出厂。

2．黔春酒的香味成分特征

黔春酒无色透明或微黄透明，酱香较突出，酱、焦、煳三香协调，口味较丰满细腻，后味长，酱香风格明显。在诸多感官指标中，尤以放香大、香气较幽雅而著称，其香味成分特征如下。

① 以焦香、煳香为主体香气，这种香气来源于吡嗪类等化合物。

② 酯类是重要的香味成分，其中以生香酵母生成的乙酸乙酯含量较高，达100mg/100mL 以上，新窖生成的己酸乙酯含量在 80mg/100mL 左右，对酒的放香及酒体的丰满程度有重要作用。

③ 4-乙基愈创木酚含量较高。

④ 含有一定的多元醇类物质，使酒带有一定的甜味，这些成分可能来源于堆积工艺。

（四）江苏梅兰春酒

梅兰春酒是江苏省泰州市梅兰春酒厂有限公司在 20 世纪 80 年代研制成功的一种麸曲芝麻香型白酒。1987 年被评为江苏省优质产品，被国内专家誉为我国麸曲芝麻香型的代表酒之一。

1．梅兰春酒的工艺特点

① 总的工艺特点。"四高一定"，即高温培菌、高温堆积、高温发酵、高温流酒、定期贮存。

② 原料配比。高粱 80%，小麦 10%，麸皮 10%。

③ 选用的微生物。从茅台酒醅及大曲中分离优选的酵母、细菌共 20 多种，其中包括汉逊酵母 5 种，假丝酵母 4 株，球拟酵母 3 株，酒精酵母 4 株及耐高温芽孢杆菌 6 株。糖化菌种选取河内白曲菌。

④ 采用的发酵设备及工艺。发酵容器为水泥窖，窖底是发酵过的香泥，窖的容积为 7m³，每班投料量为 700kg，采用清蒸混入、老五甑制酒工艺。

⑤ 主要工艺参数。培菌最高温度 45～55℃，堆积温度 50℃，发酵温度 45～50℃，发酵时间 30d，流酒温度 35℃左右。

⑥ 贮存。贮存容器为陶瓷缸，贮存期为 1 年。

⑦ 大曲、麸曲相结合工艺的采用。麸曲加 10% 的大曲，生产出的酒芝麻香更浓，酒体更丰满。

2．梅兰春酒的香味成分特征

梅兰春酒的感官特征可概括为：酒色清澈透明或微黄透明，芝麻香明显幽雅，口味醇厚丰满，诸味协调而舒适，回味长而留香持久，具有芝麻香型酒的典型风格。该酒的香味成分特征如下。

① 酯类是该酒香味成分的主体，其总酯含量占香味物质总量的 38.11%，居首位，其中酯含量顺序为：乙酸乙酯 > 乳酸乙酯 > 己酸乙酯 > 丁酸乙酯。这四大酯占总酯量的 95.26%。

② 含氮化合物在酒中含量显著，总量居香气成分的第二位。

③ 正丙醇、异戊醇含量明显高于别的香型白酒。

④ 有机酸含量及其量比与酱香型酒接近，其中乙酸、丙酸含量明显高于其他酒。

⑤ 糠醛含量高，与酱香型酒接近，明显高于清香和浓香型酒。

二、大曲与麸曲相结合酿造优质白酒

麸曲白酒以其发酵、贮存周期短、出酒率高等经济方面的优势，二十世纪六七十年代在我国消费量很高。80 年代后期进入市场经济以来，由于消费者选择性的提高，又由于各类白酒在市场上竞争的加剧，麸曲白酒因其质量上的原因，在市场上所占份额逐日减少，许多单纯以麸曲白酒为生产品的企业被迫停产、转产。

为扭转这种被动局面，自 20 世纪 80 年代末期起，白酒科技工作者开始探索麸曲与大曲相结合生产优质白酒的新工艺路线和方法。经过多次试点和试验，取得了很好的成果，并在有些企业推广、应用。大曲与麸曲相结合生产优质白酒的优点如下。

① 先大曲、后麸曲的工艺，使大曲香醅中的有益物质得到更充分的利用，使传统工艺与现代方法实现了有机的结合。

② 与纯麸曲白酒比较，采用大曲、麸曲混合发酵，改变了发酵基质及发酵速度，提高了酒的质量。

③ 与纯大曲酒比较，大曲、麸曲结合工艺，使出酒率提高，生产周期缩短，贮酒时间缩短，具有明显的经济上的优势。

④ 大曲、麸曲结合产的酒香味较丰满，便于低度酒的生产，在清香型酒中体现得更突出。

⑤ 大曲、麸曲结合的酒，酒中微量成分的量比关系易于控制，饮用后对人体副作用减少，上市后受到消费者的欢迎。

根据全国各地的经验看，麸曲与大曲工艺结合在清香型、芝麻香型、酱香型酒酿造上应用，效果明显。由于各香型酒的工艺不同，所以两者结合的方式也不同。

(一) 清香型大曲酒丢糟再发酵

传统用地缸为容器，采取二排清工艺生产的清香型酒糟中，含有12%以上的淀粉，含有已生成或正在生成的许多呈香呈味物质。由于大曲发酵力弱的缺陷，使这些物质未全部彻底利用。为此，把这种大曲发酵完毕的丢糟，加入少许稻壳后，加入10%左右的黑曲霉麸曲，加5%左右的生香酵母，在水泥池中再发酵7～15d，不但有5%以上的出酒率，而且酒的质量基本相当于原大曲酒工艺所产的二糙酒水平。为充分利用大曲酒醅中的香味物质，有的企业还创造了将大曲工艺的丢糟以10%～15%的比例，加入短期发酵的普通麸曲白酒工艺的酒醅中，一起再发酵。采用这种工艺，产酒的质量水平有很大提高，产酒具备优质酒的风味。

(二) 芝麻香型大曲、麸曲混合发酵

在芝麻香型酒工艺中，采用麸曲占90%，大曲占10%，一同参与发酵的方法。产出酒的质量水平比单纯使用麸曲，或单纯使用大曲都好。可见，在芝麻香型酒工艺上，麸曲、大曲结合使用效果最佳。

(三) 酱香型的前大曲、后麸曲接力发酵

北方省份生产大曲酱香型白酒，由于气候及原料的原因，很难完成贵州茅台酒工艺上的7轮发酵。为解决这个技术难题，北方有些省份做了长时期的试验和研究工作，总结出了一条完整的先大曲、后麸曲的北方酱香型生产新工艺。其主要工艺特点如下：

① 变整粮两次投料发酵，为整粮占70%、碎粮占30%一次投料发酵。

② 前 6 轮发酵使用高温大曲，用曲量为原料量的 100%。

③ 把大曲发酵的每轮发酵期由 30d 改为 25d。

④ 大曲 6 轮发酵后转入麸曲再发酵两轮。每轮麸曲用量 20%，细菌曲用量 5%，生香酵母用量 5%。稻壳用量 10%～12%，仍采用堆积工艺，仍为高温入窖，发酵期 21d。

⑤ 大曲 6 轮发酵后也可转入麸曲 7 轮发酵。前 3 轮投料量减少 30%～70%，3 轮后转为正常投料续糟发酵工艺，再发酵 4 轮后，全部丢糟。这套工艺 6 轮大曲发酵，后 7 轮麸曲发酵，整个周期为 13 轮发酵。

⑥ 这套大曲、麸曲结合工艺，原料出酒率提高 15% 以上，吨酒耗粮下降 30% 以上，产量增加 40% 以上，生产周期缩短 35%。

⑦ 这套工艺前 6 轮大曲发酵产酒的水平基本与传统工艺水平相当。而后两轮产的麸曲酒质量水平也有很大提高，可全部用来勾兑大曲酱香型酒。采用加入大曲酒醅发酵的后 5 轮的麸曲酒比单纯用麸曲生产的酒，质量水平也有很大的提高，而且出酒率并未有明显下降。

⑧ 这套工艺每年 3 月份立糟，8 月份前完成大曲酒 6 轮操作，巧妙地利用了北方夏季炎热的气候条件。后 7 轮发酵处于秋冬季节，采用发酵力强的麸曲及酵母，使出酒率不至于下降很多，又是一种科学的选择。

三、生香活性干酵母的应用

(一) 生香 ADY 的性能

1. 菌种

我国白酒行业常使用的菌种有汉逊酵母、球拟酵母、毕赤酵母、假丝酵母和白地霉等，其中汉逊酵母不仅具有较强的产酯能力，且酒精发酵能力仅次于酿酒酵母，因而在白酒生产中应用最广。

汉逊酵母的营养细胞为多边芽殖，细胞为圆形、椭圆形、卵形、腊肠形。有假菌丝，也有真菌丝。子囊形状与营养细胞相同，子囊孢子呈帽形、土星形或圆形，表面光滑。液体培养时在液体表面形成白色的膜。利用葡萄糖和乙醇生成酯的能力很强，能同化硝酸盐。

2. 主要质量指标

生香活性干酵母的质量指标与其生产工艺有关。以液 - 固培养法生产的带载体生香活性干酵母为例，主要质量指标如下。

① 外观。粉末状至不规则颗粒状，颜色与所用的原料有关，具有特有的酯香气味，无霉杂味。

② 水分。成品水分 ≤ 10%，一般为 7%～9%。

③ 细胞数。总细胞数 60 亿～120 亿个 /g，出厂活细胞率 ≥ 75%，在产品

规定的保存期内，活细胞率 >67%。

④ 保质期。塑料袋普通包装，夏季为 3 个月，其他季节为半年，真空包装时，保质期为 6 ～ 9 个月。

3．产酯能力

生香酵母的产酯能力不仅取决于所用的菌种，同时与培养基的种类和培养条件等有关。

（1）原料与糖化剂的影响　不同的原料和采用不同的糖化剂，因所得糖化液成分和含量不同，生香酵母的产酯能力也有所不同。从原料看，大米、高粱、玉米、糖蜜产酯能力依次增高。从糖化剂看，淀粉质原料以黄曲或麦芽为糖化剂制成的糖化液，产酯量较低；黑曲为糖化剂制成的糖化液产酯量较高；而由纯糖化酶制成的糖化液因其有机酸的含量很少，产酯量亦很少。

（2）酒精与酸度的影响　培养基中含有一定量的酒精及酸类，对生香酵母的产酯能力有促进作用。液体培养时，酒精含量以 2% ～ 4% 为宜，醋酸含量以 0.2% 为宜；培养基应保持较低的 pH 值（4.0 左右），在培养基接近中性时，生香酵母生成酯的能力下降，并将已生成的酯迅速分解。固体培养时，可用酒尾调酒精含量至 2.0% 左右，由于酒中已有足够的有机酸，所以不必另行添加醋酸。

（3）通气情况的影响　生香酵母的好氧性较强，生长和产酯都需要一定的氧气，这是它与酒精酵母的不同点之一。然而，供氧过量虽能促进细胞的迅速生长繁殖，但是会阻止产酯作用的进行。因此为了促进生香酵母的生长并产生大量酯类物质，必须供应适量的氧气。三角瓶液体培养时，装液量一般为容器容积的 1/3 左右，并经常进行摇动，固态培养时则可采用翻堆、扣盘等方法以提供适量氧气。

（4）温度与培养时间的影响　一般情况下，生香酵母在 19 ～ 32℃ 的温度下都能产酯，最适宜的产酯温度为 25 ～ 30℃，品温高至 37℃ 时生香酵母的产酯量急剧下降，产酯量与培养时间的关系密切，但最适培养时间的长短则取决于具体的培养条件，如 12°Bx 的黑曲玉米糖化液需培养 5d 酯含量达最高，20°Bx 的糖蜜加 0.5% 的硫酸，培养 6d 酯含量达最高；而香酯固体堆积培养，培养 20 ～ 24h 后酯含量即达最高值，再延长培养时间酯含量会迅速下降。

生香活性干酵母产酯能力的检测可采用液体培养法或固体香醅培养法。液体培养可用 12°Bx 米曲汁，接种量为 0.5g/L 左右，28 ～ 30℃ 培养 5d，酯含量一般可达 4 ～ 6g/L。如果采用 20°Bx 糖蜜加 0.5% 的硫酸铵，培养 6d 酯含量可达 15g/L 左右。固体香醅培养时，接种量为每千克原料 2g 左右，28 ～ 32℃ 培养 20 ～ 24h，酯含量可达 2.5g/L 左右。

（二）生香 ADY 的复水活化与香醅培养

1．生香 ADY 的复水活化

带有麸皮等农副产品载体的生香 ADY，其中含有一定的营养物质，因此活化时一般不必用糖水。用 10 ～ 25 倍的自来水在 33 ～ 35℃下溶化，活化半小时后即可投入使用，复水活化的总时间一般不超过 1h，若要延长时间再使用，则应加入适量的白糖或糖化液以补充营养，防止细胞老化，一般活化液加入 2% 的白糖，活化时间延长至 3h 左右，相应生香活性干酵母用量可减少 20% 左右。

2．香醅培养

许多酒厂都有培养香醅的经验，培养方法各厂大同小异。现举例如下。

实例 1：培养基配料为玉米粉 10%，麸皮 40%，鲜酒糟 50%，当酒糟较软塌时，使用 5% ～ 10% 的稻壳，加水 25% 左右拌匀，常压蒸料 1h，出甑后冷却至 45℃左右。将糖化酶（用量为 100 ～ 150U/g，以新原料计）用 10 倍左右 40℃的自来水溶化、浸泡 1h 后拌入配料中，用酒尾调酸度至 0.9 ～ 1.0mmol/10mL，酒精含量 2.0% 左右，待品温下降至 30℃左右时，接入活化好的生香活性干酵母，接种量为每克原料接 0.2 亿个细胞左右。若生香活性干酵母的细胞数为 100 亿个 /g，则每吨配料的接种量为 2.0kg 左右，培养方法一般采用在室内水泥地堆积培养，也有采用曲盘、帘子或大缸等培养的。帘子法或曲盘培养的香醅，酵母含量较高，而产酯量较少，一般不用于串香蒸馏，而用作种子或入池发酵。大缸培养时需倒缸，劳动强度大。培养品温控制在 28 ～ 32℃，最高不要超过 34℃，培养期间通过翻堆、捣帘等方法降温。堆积培养，一般在 8h 后可将香醅摊开（醅料厚度 10 ～ 15cm），用塑料布盖住，减少与空气的接触，培养 20 ～ 24h 成熟，香醅总酯量可达 2 ～ 3g/kg。

实例 2：取糟醅总量 5% ～ 6% 的大糟醅，扬冷至 25 ～ 28℃，加入醅重 2% 的曲，再接入活化好的生香活性干酵母，接种量为醅重的 0.2%，接种后的物料含水量为 56% ～ 58%，加入少量酒尾，翻拌匀后堆成小丘，冬季要加强保温。培养前期的堆要松，要以提供酵母生长与产酯所需的氧气为目的，待品温升至 32 ～ 34℃时翻堆降温；培养后期将料拍紧或用塑料布盖住隔绝空气，以免细胞增殖过猛而产酯量不高，培养至 20h 左右成熟。成熟香醅用于串香蒸馏，酯含量可达 2g/kg 左右。

（三）生香 ADY 在白酒生产中的使用方法

生香活性干酵母的使用方法，因酒种、发酵周期、糟醅酸度等条件的不同而不同。各厂必须根据具体情况选择合适的使用方法。下面介绍几种常见的使用方法。

1．香醅串蒸法

酯的前体物质是乙醇和各种有机酸，需要较长的发酵时间才能形成，加之生香酵母在厌氧条件下生长繁殖又非常缓慢。因此当白酒的发酵周期较短时，生香酵母入池发酵的增香效果不大，因而对于发酵周期较短（一周以内）的麸曲白酒一般采用串蒸法。

香醅培养成熟后应及时串香蒸馏，以免酯的挥发损失和被酵母分解利用，使酯含量下降。香醅用量视香醅和酒醅的含量而定，一般为 5%～10%。具体操作方法有两种，第一种方法是将酒醅按常规法装满甑时，把香醅均匀装于表面，进行蒸馏；第二种先将酒醅装至甑桶 2/3 高度时，再将香醅与所剩酒醅混合后装满甑桶，进行蒸馏。第一种装甑法操作方便，且酒醅分层清楚，但蒸出的酒香味不及第二种融合性好。

2．香醅入池发酵法

串香蒸馏法的优点是增香效果明显，但酒的口感较差。为了弥补串蒸法口感上的不足，可先分出 5%～6% 的糟醅，接入生香活性干酵母，按前所述培养成香醅，于次日将成熟香醅与下一池的粮醅混合后入池发酵，同时分出 5%～6% 的糟醅培养成香醅，以此类推。此种方法适合于各种麸曲白酒和发酵周期较短的大曲酒。

3．生香活性干酵母入池发酵法

对于采用大幅度减曲、加糖化酶和酒精 ADY 生产白酒的工艺，使用一定量的生香活性干酵母可以弥补减曲后生香酵母的不足，保证酯含量不下降或有所提高。根据减曲量的不同，生香活性干酵母的使用量为每吨原粮 1～4kg，一般情况下为 3kg 左右，按前述方法活化好后，将生香活性干酵母活化液与其他糖化发酵剂（曲粉、糖化酶液、酒精 ADY 活化液等）混合，再与粮醅混合，入池发酵。此法亦适应于发酵周期较长（一周以上）而成品酯含量不高的麸曲白酒的生产，对于不使用酒精 ADY 和糖化酶工艺的低档大曲酒，也可采用此法提高成品酒的质量。

4．生产高浓度酯香的调味酒

使用专门的老窖，全部采用生香活性干酵母（用量为原粮的 0.4% 左右）和优质大曲粉，疏松下窖，并采用较长的发酵周期，从而生产出高浓度酯香的调味酒，用来勾兑中低档白酒。也可将含酯较高的优质酒醅与发酵周期较短的普通酒醅一起串蒸，以提高白酒质量。

(四) 注意事项

① 生香 ADY 的使用方法很多，不同酒种、不同发酵周期和不同档次的白酒，其使用方法各不相同。串蒸法增香效果最为明显，但口感较差，一般适于发酵周期在一周以内的普通白酒生产。生香活性干酵母入池发酵口感较协调，但一般只适合于发酵周期在两周以上的白酒生产，而对发酵周期较短的白酒，使用效果不够明显。香醅入池发酵法的适用范围则相对较宽。

② 生香酵母所生成的酯大多为乙酸乙酯，如需形成其他酯类则必须有相应的前体物质有机酸。由此可知，使用生香活性干酵母后，乙酸乙酯的含量肯定会明显增加，但其他酯类的含量是否有明显提高则要看其酒醅中是否含有相应

的有机酸。对于清香型白酒，其主体香为乙酸乙酯，使用生香 ADY 即可明显提高白酒的质量。对于浓香型白酒，其主体香为己酸乙酯，要有效提高成品酒中己酸乙酯的含量，则必须在使用生香 ADY 的同时使用己酸菌发酵液，以提供足够的己酸来合成己酸乙酯。

③ 对于发酵周期较短的白酒生产，如要提高生香酵母入池发酵的产酯效果，可采用酒醅培养成香醅后再入池发酵的方法。取适量发酵好的酒醅，不蒸馏加入少量稻壳，接入活性干酵母活化液，28 ～ 32℃堆积培养24h，同其他糖化发酵剂一起按比例直接接入待入窖的粮醅中，拌匀后入池发酵。此法的原理主要是延长部分酒醅的发酵周期，形成较多的有机酸、氨基酸等生香前体物质，从而促进白酒香味物质的形成。此外，在白酒发酵中期采用倒窖或倒缸的方法，以增加料醅中氧气的含量，可促进生香酵母的生长与酯的形成，从而提高成品中酯香物质的含量。

四、高产酯低产高级醇酿酒活性干酵母的应用

生香酵母大多为好氧菌，香醅制作需要有氧环境，操作较复杂，且操作过程存在酒分损失；如直接将生香酵母菌与酒曲一起入池发酵，2 至 3d 后酒醅中的氧被耗尽，其生香提酯的效果有限。高产酯低产高级醇酿酒酵母是天津科技大学采用传统诱变育种结合现代生物技术选育的优良酵母菌株，在白酒发酵过程中具有同步产酒生香的特点，可在保持高出酒率的同时提高酯香物质含量，且在有氧或无氧条件下都能生长和代谢，所生成的香味物质主要为乙酸酯，特别适合于清香类白酒的生产。包括麸曲白酒、小曲清香白酒、大曲清香白酒、米香型白酒、豉香型白酒等。此外，高产酯酿酒酵母在各类麸曲白酒、固态法小曲酒和米香型白酒等生产中使用，还能在提高酯香物质含量的同时减少高级醇的含量，酯／醇比显著提高，达到优质高产的目的。

（一）干酵母产品的主要指标

目前，高产酯低产高级醇酿酒活性干酵母（HEADY）为带载体的活细胞产品，产品细胞数 40 亿～ 80 亿个 /g，活细胞率≥ 70%，水分含量 7% ～ 9%，阴凉干燥处常温（≤ 25℃）保质期半年，低温冷藏（4℃）保质期 2 年。

（二）HEADY 使用方法

保持原生产工艺不变，先将所需的 HEADY 与原发酵剂（酒曲粉、酵母等）混匀，随后按原工艺接种、培菌、发酵即可。也可将 HEADY 复水活化后（含糖量 2% 左右的白砂糖液或稀糖化醪，活化液用量为 HEADY 的 30 倍左右，30 ～ 35℃活化 1h 左右）再与原发酵剂混匀后使用。

（三）HEADY 使用量

保持原发酵剂用量不变，不同酿酒工艺 HEADY 使用量有所不同，推荐使

用量如下。

（1）麸曲白酒 500～2000g/t，原普通酿酒酵母用量减少30%～50%，麸曲用量不变。用量与原麸曲质量和酵母品种有关，用户宜通过不同使用量试验来确定最适用量。

（2）小曲清香白酒（川法） 100～500g/t，原传统小曲用量不变。用量与原酒曲品质和堆积培菌工艺等有关，酒曲中生香菌群较少、堆积培菌时间较短时宜增加用量，反之则减少用量。用户可通过不同使用量试验来确定最适用量。

（3）米香型白酒 对于使用传统小曲的情况，HEADY使用量为50～150g/t，原小曲用量不变；对于使用根霉酒曲（根霉曲和普通酿酒ADY混合曲）的情况，可用HEADY代替部分普通酿酒ADY，建议代替比例为30%～60%。

（4）其他 对清香型大曲酒，如乙酸乙酯含量较低，可保持大曲用量不变的情况下，一吨原粮添加300～600g的HEADY；对于豉香型白酒，在酒饼曲用量不变的情况下，一吨原粮添加500～1500g的HEADY。

（5）注意事项

① 虽然HEADY的产酒和生香能力都很强，但不建议用HEADY完全代替原来酒曲中的酵母菌，也不可使用量过多。如使用过量，会使成品酒中的乙酸酯含量过高，乳酸酯含量相对较低，致使酒体香味物质失去平衡。

② 对于酒醅酸度较高的情况，一般都要加大使用量；复水活化后使用，HEADY的用量可适当减少。

③ HEADY适宜产酯温度20～30℃，温度超过35℃产酯能力将明显下降，要注意适当控制发酵酒醅的最高温度。

④ 虽然高产酯低产高级醇酿酒酵母在有氧或无氧条件下都能生长和代谢，但在无氧条件下产酯能力会有所下降，要注意调控酒醅的含氧量。

五、其他技术措施

其他技术措施包括延长发酵周期、回酒发酵、回醅发酵、双轮底发酵、己酸菌液的使用等，其操作方法与大曲白酒大同小异，在此不再赘述。

第九章

液态发酵法与新工艺白酒生产技术

第一节　液态法白酒生产概述

　　白酒界所说的液态发酵法是指采用酒精生产方法的液态法白酒的生产工艺。所谓液态法白酒，是指以液态发酵为基础，经不同的蒸馏及调味方法生产出来的白酒。狭义上讲，液态法白酒是指原料的糊化、糖化、发酵和蒸馏等工艺，全部在液相状态下制成的白酒，也就是全液态法白酒；而从广义上讲，凡是以液态发酵生产的基酒为基础，再经串香（蒸）、调香等方法生产出来的白酒都属于液态法白酒的范畴，除了全液态法白酒外，还包括串香白酒、固液勾兑白酒和调香白酒。因此，GB/T 17204—2021《饮料酒术语和分类》中对液态法白酒的定义为：以粮谷为原料，采用液态发酵法工艺所得的基酒，可添加谷物食用酿造酒精，不直接或间接添加非自身发酵产生的呈色呈香呈味物质，精制加工而成的白酒。若用于勾兑调香的基酒为食用酒精时，生产出来的液态法白酒习惯上又称为新型白酒。相对于传统固态法白酒，液态发酵法具有机械化程度高、劳动生产率高、淀粉出酒率高、原料适应性强、改善劳动环境、辅料用量少等优点。液态发酵法将酒精生产的优点和传统固态白酒的工艺特点有机结合起来，是我国酿酒行业的一项重大技术革新。

　　新工艺、新技术的不断涌现推动了新型液态法白酒的发展。20世纪50年代末出现的"三精一水"散装勾兑白酒，是新型白酒的雏形，但由于当时技术手段的落后，未能很好地解决酒精除杂及成品酒"缺酸少酯"等问题，阻碍了新型白酒的发展。20世纪60年代中期，北京酿酒总厂在董酒串香生产工艺的基础上，成功开发出酒精串香二锅头发酵香醅的新型白酒"串香"工艺，生产出具有传统白酒风味的新型白酒，开创了新型白酒生产的新时期。进入 20 世纪 70 年代，随着各香型优质白酒生产工艺的进展和先进分析测试仪器的出现，有专家提出"固液勾兑"配制新型白酒的新工艺路线，从此揭开了新型白酒快速发展的序幕。到 20 世纪 90 年代，这类酒已占全国白酒总产量的 50% 以上，成为我国白酒市场上的主体产品。20 世纪 90 年代以后，为了提高新型白酒的档次，专家又提出了用优质酒精加部分优质白酒进行勾兑生产中档新型白酒的技术路线，并迅速发展起来。进入 21 世纪后，随着人们生活水平的提高，白酒市场从满足量的需求向追求高品质方向转化，风味质量相对较差的液态法白酒发展趋缓。

近年来，随着我国酒精质量的提高和勾兑调味技术的进步，新型白酒的质量得以不断提高。此外，新型白酒纯净、清爽的特点比较符合年轻人的口味，使液态法白酒又有了新的发展机会。目前，新型白酒存在的主要问题仍是风味物质丰富程度不足导致口味淡薄，以及食品添加剂香味不协调，使新型白酒缺乏固态法发酵白酒的自然感。如何利用现代科技解决好这两个问题，是新型白酒长足发展的关键所在。

第二节　液态发酵工艺

全液态法也叫液体发酵法，俗称"一步法"。该法从原料蒸煮、糖化、发酵到蒸馏，基本采用酒精生产的设备，工艺上吸取白酒传统操作的特点，生产过程达到机械化水平，完全摆脱了固态发酵法的生产方式。由于蒸馏效果不好，液态法白酒风味相对单一、缺乏固态法白酒的自然感。研究表明，液态法白酒风味单一，不仅表现在骨架成分的低酸、低酯、高醇，使醇酸比及醇酯等微量成分之间的比例失调，更表现在风味物质的种类相对较少，成品酒风味质量较差。因此，为改善"一步法"生产的成品酒品质，提高档次，还需要串香、调香等后续工艺加工。

一、传统液态发酵工艺

根据原料在糖化发酵前蒸煮糊化工艺步骤的有无，液态发酵法可分为液态熟料发酵法和液态生料发酵法。

(一) 液态熟料发酵法

液态熟料发酵法是按照与酒精类似的生产工艺，将原料液态糊化、液态糖化、液态发酵、液态蒸馏制得白酒的过程。传统的全液态法（一步法）即是一种液态熟料发酵法。

全液态法生产工艺的一般过程如下。

1. 原料粉碎

酿酒原料大多以高粱、玉米为主，薯干等原料因为成品酒中甲醇含量高而逐渐被淘汰。玉米原料应预先脱去胚芽。

原料在进入粉碎机前，须将杂质和金属等通过相应的装置清除，粉碎度要求为能通过40目筛孔的占90%以上为宜。

2. 配料、蒸煮

配料时粮水比为1∶4左右，可用酒糟水代替部分配料用水。根据入池酸度为0.5～0.7mmol/10g来调整酒糟用水量，以抑制杂菌增殖，有利于糖化、发酵与产酯。酒糟水中的死菌体也提供了氮源等成分，由于原料是粉末状的，所以酒糟水的使用温度以60℃为宜。采用多种原料有利于丰富成品酒的风味。

蒸煮时以常压蒸煮为好。若压力过高，容易发生焦糖化，使成品酒具有焦煳味。而对于薯干等原料，高温下果胶质易分解为甲醇。蒸煮设备则仿照酒精厂的圆柱体圆锥底的立式蒸煮锅，进行间歇蒸煮。应设有一台带搅拌装置的投料配水混合器，或者先将粉末原料在打浆锅中和糟水混匀后，再泵入蒸煮锅。也可采用附有搅拌器的圆柱形蒸煮锅，其形状基本与糖化锅相同。酒精厂采用的连续蒸煮设备，也适用于液态发酵法白酒的原料蒸煮。

3. 糖化

目前大多采用间歇糖化法。糖化锅为圆柱体弧形底，以碳钢板制成，附有搅拌及冷却装置。

采用麸曲糖化时，用曲量为11%～15%，分两次加曲。待醪液在糖化锅中冷却至60～70℃时，先加入总用曲量50%的麸曲，保温糖化30min，使液化酶充分发挥作用。再继续冷却至入池品温，加入另一半麸曲，使其在发酵过程中继续糖化。

进入20世纪80年代后，大多采用酶法或半酶法糖化。全酶法糖化时用酶量为120～200U/g，糖化温度58～60℃，糖化时间30～45min。半酶法糖化时，糖化酶用量为50U/g左右，加曲量为6%～10%。

4. 发酵

可采用发酵池也可采用发酵罐进行发酵。如为钢筋水泥发酵池，则内壁应涂刷耐酸而无毒的涂料，也可衬以耐酸瓷砖。发酵罐有开放式、半封闭式和密封式三种，后两种有利于二氧化碳回收。

采用低温入池发酵，入池温度不应太高，在冬春季节，入池品温为17～20℃时，48h左右进入以产酒为主的主发酵阶段，总发酵期为4～5d。气温较高时，入池温度难以降低，发酵期应缩短为3d。对于带有冷却盘管装置的发酵罐，发酵温度宜控制在 25 ～ 35℃之间，发酵周期 3 ～ 4d。

为了提高发酵醪质量，除了在醪液中加入酒母外，还可辅以大曲、生香酵母、复合菌液等。在主发酵后期加入己酸菌培养液，不但可以增加成品酒中己酸乙酯的含量，而且也增加了己酸、丁酸、丁酸乙酯等香味成分。也可将液态发酵法白酒醪与香味醪液分别发酵后按一定比例混合蒸酒。

5．蒸馏

将发酵成熟醪打入装有稻壳层的蒸馏釜中，以直接蒸汽和间接蒸汽同时加热至 95℃，然后减少间接蒸汽，并调节回流量使酒精含量达 60% ～ 70%。当蒸馏酒精含量降至 50% 以下时，可开大蒸汽蒸尽余酒，酒尾回收到下一次待蒸馏的成熟醪中，进行复蒸。稻壳层主要是防止成熟醪中的残余淀粉沉积产生焦煳味，要注意定期更换。采用这种间歇蒸馏方法得到的液态法白酒大多质量较差，需经串香、调香等进一步加工制得成品酒。对于产量较大的场合，可采用类似于酒精生产的双塔或三塔蒸馏，这样可得到纯净的基酒，其操作工艺同酒精醪蒸馏法。

（二）液态生料发酵法

酿酒原料不经过蒸煮糊化，而直接加入有生淀粉水解能力的糖化发酵剂进行糖化发酵的液态发酵法称为液态生料发酵法。实践证明，与传统的酿造技术相比，生料酿酒可节约能源，降低生产成本，降低劳动强度，改善劳动条件。特别是夏季高温季节，不会出现夏季掉排减产，其酒质带有蜂蜜味，风味独特，市场前景好。

1981 年，日本三得利公司率先实现了玉米淀粉无蒸煮酒精发酵的工业性生产，从此生料发酵开始进入工业化生产。在我国，生料发酵的研究始于 20 世纪 80 年代初。如辽宁朝阳酒厂以玉米、高粱为原料采用烟台操作法生料发酵酿制白酒，吴锡麟以大米为原料采用粉粮液态发酵工艺生产白酒等，都是生料发酵的成功例子。然而，生料发酵对糖化发酵剂的要求高、用量大，而当时我国糖化酶的生产水平较低、价格较高，限制了当时生料酿酒技术的发展。进入 20 世纪 90 年代后，随着我国糖化酶生产水平的提高和耐高温酿酒活性干酵母的问世，使生料发酵有了新的进步，技术逐渐成熟，并很快在小型液态法白酒企业和作坊得以迅速发展。

1．生料酿酒原料及粉碎

我国用于酿酒的原料主要有高粱、玉米、大米和薯干四种。其中除了薯干原料由于含果胶物质较多，不宜用于生料酿酒外，其余三种原料都可用于生料酿酒。从淀粉出酒率看，则大米＞玉米＞高粱。其中高粱原料含有较多的单宁和色素，与熟料发酵比较，高粱原料生料发酵的出酒率明显下降。对于大米和玉米原料，由于没有熟料发酵中高温所造成的淀粉损失，生料发酵的原料出酒率比熟料时有所提高。

就成品质量而言，大米和高粱原料较好，而玉米原料酿酒时杂醇油含量较高（同熟料发酵一样），酒质较差。如果将玉米原料和高粱原料混合生料发酵，则可冲淡单宁等物质对糖化发酵的影响，既可保证较高的出酒率，又可获得较好的酒质。

由于生料发酵没有熟料发酵蒸煮过程中的杀菌作用，因此对原料的要求相对较高。用于生料酿酒的原料要求无杂质、无虫蛀和霉烂变质现象，对于陈粮，一般说来只有贮存期间水分含量较低的原料才能用于生料酿酒。

原料粉碎时，细度高些易于糖化过程的进行，同时也不存在熟料发酵中粉碎过细会引起发黏和淀粉损失增加的问题。一般情况下，筛孔直径以≤1.6mm为宜。

对于大米或碎米原料，不粉碎亦可进行生料发酵，但发酵周期较长（一般达14d以上），发酵过程易染菌，引起出酒率下降和产品质量不稳定，需适当加大用曲量，且生料酒曲最好分2～3次添加。

2．生料酒曲

生料酿酒技术的关键是生淀粉颗粒的水解糖化，因而用于生料酿酒的酒曲的质量非常重要。

（1）生料酒曲的质量要求　生料酒曲的质量可从如下几个方面来评价。

① 生淀粉糖化能力。不能完全根据糖化酶活力的高低来判断生料酒曲的质量，能真正反映出生淀粉糖化能力大小的是葡萄糖淀粉酶Ⅰ（GAⅠ）活力。虽然目前还没有定量测量GAⅠ活力的方法，但可通过测量生料发酵过程中生淀粉的水解情况来判断，若淀粉的水解速率较快，说明GAⅠ的活力较高。

就糖化酶活力而言，一般生料发酵所需的糖化酶活力单位为熟料发酵的2～3倍。此外，不同原料的生淀粉其水解的难易程度不同，所需糖化酶的活力也就不同。一般情况下，大米生淀粉的水解最容易，玉米次之，而高粱和薯干原料较困难。

② 活酵母细胞数。在生料发酵过程中，其原料糖化的速度比熟料发酵要慢得多，按理说酵母的接种量可少于熟料发酵，但事实上酵母的接种量必须大于熟料发酵1倍以上才能保证生料发酵的顺利进行。这是因为在生料发酵中采用较大的接种量可保持酵母菌的繁殖优势，从而抑制杂菌的生长。一般情况下，生料发酵的酵母细胞接种量，按发酵液体积计，应为0.06亿～0.12亿个/mL；按原料质量计，应为0.25亿～0.4亿个/g。例如，若生料酒曲原料的使用量为0.5%，则生料酒曲的活酵母细胞数应为50亿～80亿个/g。

③ 其他酶活力。除含有足够的生淀粉糖化酶和酵母细胞数外，生料酒曲还应含有一定量的与酿酒有关的其他酶类，如液化酶、酸性蛋白酶、纤维素酶、

果胶酶、脂肪酶和酯化酶等。这些酶中，有些酶与生淀粉糖化酶有协同作用，其存在可促进糖化发酵过程的进行，缩短发酵周期，提高原料出酒率。另一方面，有些酶的酶解作用可形成许多香味前体物质，而有些酶的合成作用可合成多种香味成分，特别是酯类物质，从而提高成品酒质量。

（2）生料酒曲的制备方法　目前，全国各地生产生料酒曲的单位有数十家，产品质量良莠不齐，生产方法也不尽相同，概括起来大致可分为如下几种。

① 由糖化酶和活性干酵母配制而成。此种生产方法最简单，成本也较低，但酿制的生料白酒闻香欠佳、口感淡薄，成品质量较差，而且由于缺乏其他酿酒酶系和微生物的协同作用，原料出酒率也不高。

② 由多酶系和活性干酵母配制而成。在此类生料酒曲中，除糖化酶和酿酒活性干酵母外，还含有一定量的纤维素酶、液化酶、果胶酶、蛋白酶和酯化酶等多酶系。此类生料酒曲出酒率高，如配制合理还可获得较好的酒质。但用此法生产的生料酒曲，其产品质量受酶制剂质量的影响，成本也较高，若酶系不丰富或关键酶用量小，则出酒率和酒质受影响。

③ 由多种纯培养微生物制剂配制而成。此法采用纯粹培养技术，分别培养黑曲霉、根霉、毛霉、红曲霉、酒精酵母、产酯酵母等多种微生物活性干细胞或微生物粗酶制剂，然后再按一定的比例混合配制成生料酿酒曲。生产此类生料酒曲，技术要求高，投资较大，相对成本较高。其生料酒曲的特点是成品酒质量较好，比较接近熟料发酵，但原料出酒率相对较低。

④ 由多酶系和多种活性微生物制剂配制而成。其中多酶系包括糖化酶、液化酶、蛋白酶和纤维素酶等；多种活性微生物制剂包括酒精活性干酵母、产酯活性干酵母、活性根霉和红曲等。此类生料酒曲既保留了传统酒曲多酶系多菌种糖化发酵的特点，又克服了传统酒曲中菌群良莠不齐、出酒率低、白酒杂味偏重的弱点，因而酒质较好，出酒率也较高。生产此类生料酒曲技术要求高，若其中的活性微生物制剂质量不好、杂菌污染严重，会影响原料出酒率和酒质。

3. 生料酿酒工艺

对于粉粮生料液态发酵工艺，生料酿酒的操作要点如下。

（1）加水比　一般情况下，生料发酵的加水比为 1∶（2.5 ～ 4.0），发酵成熟醪酒精含量控制在 10% ～ 12% 为宜。酒精含量过高，将抑制酵母菌的发酵，影响发酵周期和原料出酒率。加水比的大小与原料淀粉含量和发酵温度等有关，原料淀粉含量高，加水比宜大；发酵温度低，发酵周期长，加水比可适当小些。

（2）拌料温度　采用 60 ～ 70℃ 的温水拌料效果最好，30 ～ 35℃ 的常温水拌料次之，沸水拌料的效果最差。这是因为采用 60 ～ 70℃ 水拌料既可杀死原料中的大部分营养细胞，净化发酵体系；又有利于发酵初期糖化酶的作用，因而具有较高的出酒率。采用沸水拌料，由于温度较高，醪液发黏，不利于糖化酶的作用，出酒率反而有所下降。

（3）pH值　生料发酵为多酶系多菌种复合发酵，其各自的最适作用pH值不尽相同。就生淀粉糖化而言，黑曲淀粉酶的最适pH值为3.5，而根霉淀粉酶的最适pH值为4.5。而酵母菌，大多在pH3.5～6.0范围内发酵正常。一般情况下，生料发酵的初始pH值在4.0～6.0的范围内影响不大。有时为了抑制杂菌和加速生淀粉的糖化，可加适量硫酸将初始pH值调至4.0左右。

（4）发酵温度　与熟料发酵相比，生料发酵由于发酵周期长，发酵温度宜低。对于采用常温酿酒酵母的生料酒曲，适宜的发酵温度为26～32℃，短期最高发酵温度不宜超过35℃；对于采用耐高温酒精酵母的生料曲，适宜发酵温度为28～35℃，短期最高发酵温度不宜超过38℃。温度过低，发酵缓慢，发酵周期延长；温度过高，酵母易衰老，发酵不彻底，且易生酸，酒质差，原料出酒率低。

（5）发酵周期　发酵周期与原料种类、粉碎粒度、生料酒曲质量和发酵温度等因素有关，其中生料酒曲质量是最主要的因素。正常情况下，发酵5～7d，酒精发酵已完成，醪液酒精含量达最高值，此后醪液酒精度会有所下降。但为了获得较好的酒质，发酵周期应适当延长至10d左右或更长，以便形成较多的风味物质。在发酵周期延长期间，温度应控制在32℃以下，否则极易生酸，引起原料出酒率大幅度下降，且酒质也不会提高。

此外，发酵的最初几天，粉粮易沉淀，需每天搅拌一次，以利于糖化发酵的顺利进行。

（6）蒸馏　同熟料发酵，要注意的是生料发酵的残渣较易沉淀，要采用必要的措施防止残余淀粉、糖和蛋白质的焦化，产生煳味。此外，由于液态蒸馏的固有缺陷，液态生料发酵制得的成品白酒同液态熟料发酵一样质量较差，也需要进一步加工以提高档次。

（三）提高液态发酵法白酒质量的技术措施

液态除杂、固态增香、调香勾兑等措施经实践证明对于提高液态法白酒的质量是切实有效的。以下着重介绍生产过程中进一步提高液态法基酒质量的措施，因为基酒是提高液态法白酒质量的基础。

1. 原料品种和质量要求

原料的品种和质量与白酒风味有着十分密切的关系。

不同的原料对酒质的影响也不相同。玉米是酿酒工业常用的原料，使用玉米时，应该先脱去胚芽，防止酿酒过程中产生丙烯醛。玉米原料酿酒，杂醇油含量较高，应该注意回收。

高粱是固态法酿酒较好的原料，但在液态法生产时，由于黏度大，输送、搅拌都有困难，除加淀粉酶外，可与其他原料混用。高粱单宁含量高，适量的单宁能抑制杂菌的生长，但单宁过多会给成品带来苦涩味。

大米质地纯净，蛋白质、脂肪含量较低，有利于低温发酵，成品带有特殊的米香。

大麦蛋白质和纤维素含量较高，发酵时品温不易控制，发酵后酸含量较高，因此发酵时要加防腐剂抑制杂菌生长，或与低蛋白质原料混用。由于蛋白质含量较高，在无氧条件下易分解产生异杂气味，故单独使用大麦原料酿成的酒比较冲辣。

薯类原料淀粉含量高，出酒率高，是酿制酒精的好原料。但薯类原料特别是甘薯含果胶物质较多，在蒸煮和发酵过程中会产生甲醇。

糖蜜原料酒精发酵时，会积累较多的乙醛。

了解原料的不同特性，就可以根据所使用的不同原料在工业生产中采取相应的技术措施，排除有害杂质，达到提高液态法白酒质量的目的。

酿酒不仅要注意原料的品种，还要注意原料的质量。试验证明，用霉烂原料生产的基酒有苦辣感和烧灼感，所以一定不要使用霉烂原料。

2．添加酒糟水进行配料

采用酒糟水部分替代拌料用水，可以增加酒的产香前体物质，明显提高基酒的总酸含量，可解决液态法白酒口味淡薄的问题。

3．原料蒸煮过程中应该注意的事项

原料的热处理过程分为预煮和蒸煮两个工序。

预煮温度的选择随原料品种、粉碎细度、加水比和预煮方式而异，一般控制在 55～75℃ 之间。在不因糊化醪黏度过高而影响醪液输送的情况下，尽可能提高预煮温度。这样，可以缩短原料在高温高压下的蒸煮时间，比较合理地利用热源，减少因淀粉酶作用糖分的损失。同时，蛋白质在预煮锅中长时间受热，经蒸煮后会分解为氨基酸，而过多的氨基酸在发酵时被酵母分解为杂醇油。所以，预煮时间（包括升温范围）应不超过 30min。

预煮后的醪液进行蒸煮。蒸煮分间歇蒸煮、连续蒸煮和低温蒸煮。蒸煮采用的工艺条件应根据蒸煮的方式、所用的原料来定。

薯类原料含果胶物质较多，蒸煮过程中果胶物质分解生成甲醇，通过排汽可分离其中大部分甲醇。采用间歇蒸煮，可在原料蒸煮过程中每隔一定时间将蒸煮锅内的蒸汽从锅顶放出一部分，排汽时可将甲醇排除，又可因排汽减压搅动醪液，使醪液蒸煮得彻底、均匀。采用连续蒸煮则可在后熟器后加真空冷却设备，排出甲醇气体，减少甲醇在醪液中的含量。

玉米原料蛋白质含量较高，在蒸煮过程中分解生成氨基酸，是杂醇油的主要来源。所以在连续蒸煮过程中，特别要注意进料量稳，进汽速度稳，控制各点温度要稳，排除蒸煮醪量稳，使蒸煮醪液煮熟、煮透，而不过生、过老，以制得合格的醪液。

4．低温加曲、低温入罐、双边发酵

液态法白酒生产用曲量不宜太少，以原料量的 10% ～ 15% 为宜，分两次添加，实行低温加曲糖化法。具体操作有：蒸煮醪冷却至 60℃，加入一半的酒曲后，不保温糖化继续冷却到 30℃，加入剩下的一半酒曲，同时加入酒母，进行边糖化边发酵。也有的蒸煮醪液直接冷却至 30℃，酒曲和酵母同时加入，在低温下边糖化边发酵。还有的采用 15 ～ 17℃ 入池糖化发酵工序，这不仅保留了酒曲中的微生物，而且发酵前期升温缓慢，持续性强，使酒味醇和，邪杂味少。

5．多种微生物发酵

使用人工培养的微生物进行发酵，可按香型需要选择种类。如采用己酸菌、丁酸菌发酵液发酵，再添加部分产酯酵母，可获得浓香型液态白酒。

6．适当延长发酵周期

坚持低温入罐，发酵期应由 3 ～ 4d 延长至 5 ～ 7d，使发酵醪完成酒精主发酵之后，转入以产白酒香味物质为主的后发酵期，以增加发酵醪的酸酯成分。

7．消毒灭菌

严格遵守清洁卫生制度，加强消毒灭菌工作。异常发酵所产生的酸类主要是细菌污染所致。杜绝染菌，可有效防止丙烯醛、乳酸、丁酸、醋酸等副产物的产生。

8．提高蒸馏工段质量

蒸馏时，要选好蒸馏设备，做好杂醇油的提取和甲醇、乙醛、乙酸甲酯等酯醛杂质的排除工作，以提高基酒的质量。

通过上述措施可以在一定程度上提高液态法白酒的质量，但是由于蒸馏工艺的固有缺陷，全液态法生产的白酒甚至无法达到普通固态法白酒的质量标准。随着新型白酒生产工艺的不断涌现，现在，将液态法生产的基酒通过液、固结合和调香等方法进一步加工，完全可以生产出和普通固态法白酒相媲美的新型白酒。

二、新型液态发酵工艺

白酒固态发酵法是配料、发酵、蒸馏都是在固体状态下进行的工艺，我国品质较高的高端白酒一般都采用固态发酵的生产方式，与液态发酵法相比，固态发酵法因其基质含水量不高，微生物多样性高，酶系丰富活力高导致白酒酿造过程中原料物质转化较为活跃，为白酒风味物质合成提供了丰富的前体化合物。虽然固态发酵法生产的白酒品质较好，但该工艺对粮食的需求量较高，发酵时间较长，出酒率低，劳动强度大，生产成本高。而白酒液态发酵法采用生产酒精的方法工艺，该方法具有出酒率高、机械程度高、所用原料种类繁多、减少辅料利用、劳动生产率高等优点。但是，该工艺的配料、糖化、发酵和蒸馏均为液体状态下进行，所得酒质较差，口感欠缺。

白酒新型液态发酵工艺采用传统酒曲与纯种微生物和酶制剂相结合的可控液态发酵，可根据发酵过程情况随时调控发酵工艺参数，消除了固态培菌糖化生产过程中气候、环境等自然因素对发酵过程的影响，全面实现白酒酿造过程的自动化和机械化操作，大大减轻劳动强度，稳定白酒产量与质量。在酿造过程中采用传统糖化发酵剂（大曲、小曲或根霉曲）与纯种培养的多菌系（如高产酯酿酒酵母、己酸菌、乳酸菌、醋酸菌等）和商品化多酶系（如液化酶、糖化酶、蛋白酶等）协同糖化发酵，补充传统糖化发酵剂的不足，在保持固态法白酒高风味物质含量的同时控制高级醇和醛类物质的含量，大幅度提高原料出酒率，缩短发酵周期，实现白酒的优质生产和节粮降耗。此外，采用新型液态酿造工艺还可避免使用稻壳辅料以及泥窖发酵，消除传统法生产过程中糠醛、甲醇、土臭素、粪臭素等不良风味物质对白酒质量的影响，以及大量使用稻壳可能带入的农药残留物质，从而提高了成品酒的品质。下面对米香型、清香型、酱香型和浓香型四大香型白酒的新型酿造工艺进行具体说明。

（一）液态发酵生产米香型白酒

新型液态发酵生产米香型白酒的工艺过程包括原料粉碎、液化糊化、培菌糖化、发酵和蒸馏。生产工艺流程见图9-1，具体操作要点如下。

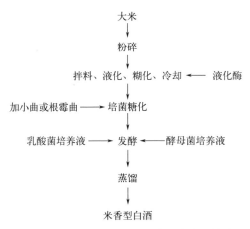

图9-1　液态发酵生产米香型白酒生产工艺流程

1．原料粉碎

采用优质大米，粉碎，其中通过 20 目筛孔者占 60% 以上。

2．液化糊化

粉碎后的米粉用 2.8 ～ 3.5 倍的水打浆，搅匀，每克大米粉加入耐高温 α-淀粉酶 3 ～ 4 U，搅匀，在搅拌状态下加热至 85 ～ 90℃，在此温度下维持 1h，继续加热，在 0.1MPa、121℃ 下糊化 60min，即得大米糊化液。

3．培菌糖化

大米糊化液冷却至 38 ～ 42℃，加糖化酶 50 ～ 55 U/g，保持 38 ～ 42℃，30 ～ 35min 后冷却至 28 ～ 32℃ 即得大米糊化液培养基。加入小曲粉或根霉曲、0.5% ～ 2% 乳酸菌培养液、1% ～ 5% 酵母菌培养液，28 ～ 32℃ 微耗氧状态下培菌糖化 22 ～ 26h，期间每 2 ～ 3h 搅拌通风一次，每次 3 ～ 4min。

4．发酵

培菌糖化后进入厌氧发酵阶段，维持发酵温度 28 ～ 35℃，发酵周期 3 ～ 5d，发酵醪残糖下降至 1.0g/100mL 以下，酒精含量 11% ～ 13%，发酵结束。

5．蒸馏

将发酵所得的发酵醪加适量水稀释，再加入前次蒸馏的酒尾，加热蒸馏，酒头、基酒、酒尾单独接取。大部分酒尾掺入下次蒸馏，少部分用于勾兑成品酒。

（二）液态发酵生产清香型白酒

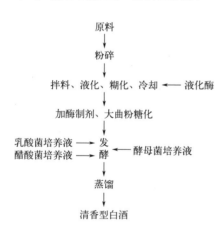

图 9-2　液态发酵生产清香型白酒生产
工艺流程

新型液态发酵生产清香型白酒的工艺过程包括原料粉碎、液化糊化、糖化发酵和蒸馏。生产工艺流程见图 9-2，具体操作要点如下。

1．原料粉碎

采用优质高粱和玉米，质量比为 1∶3，粉碎，其中通过 20 目筛孔者占 60% 以上。

2．液化糊化

原料粉碎后加水打浆，加水量为原料的 2.5 ～ 4.0 倍，搅匀，每克原料添加 3 ～ 6 U 的耐高温 α-淀粉酶，搅匀，在搅拌状态下加热至 85 ～ 90℃，在此温度下维持 0.5 ～ 2h，继续加热，充分反应后升温，在 0.1MPa、121℃ 下糊化 60min，即得糊化液。

3．糖化

糊化液冷却至 30 ～ 35℃，加原粮用量 5% ～ 10% 的清香型大曲粉，视大曲酿酒酶活情况每克原粮补加糖化酶 20 ～ 60 U、酸性蛋白酶 5 ～ 10 U，维持 15 ～ 30min。

4．发酵

将冷却至 25 ～ 30℃的糖化醪，接酵母菌培养液 4% ～ 6%，乳酸菌培养液 1% ～ 3%，30 ～ 35℃发酵 36 ～ 48h 后接醋酸菌培养液 0.5% ～ 1.5%，28 ～ 30℃继续发酵 3 ～ 6d。残还原糖下降至 0.1 ～ 0.3g/100mL，酒精含量达 10% ～ 12%时发酵结束，随后蒸馏。

5．蒸馏

发酵醪加适量水稀释至酒精含量 10%，再加入上次蒸馏的剩余的酒尾，加热开始蒸馏取初馏酒头 1% ～ 2%，继续蒸馏接酒，一直到混合酒液的酒精含量为 63%，此为基酒，以后即为酒尾，单独接取。

（三）新型酱香型白酒生产工艺

新型酱香型白酒的生产工艺过程包括原料液化糊化、加曲培菌、合醪发酵和蒸馏。生产工艺流程见图 9-3，具体操作要点如下。

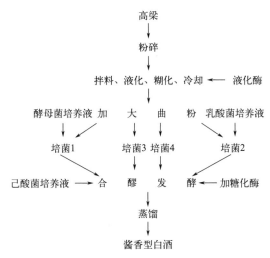

图 9-3　新型酱香型白酒生产工艺流程

1．原料液化糊化

优质高粱粉碎，其中通过 20 目筛孔者占 60%以上。粉碎后的高粱原料加水打浆，加水量为原料的 2.5 ～ 4.0 倍，搅匀，每克原料添加 3 ～ 6 U 的耐高温 α-淀粉酶，搅匀，在搅拌状态下加热至 85 ～ 90℃，在此温度下维持 0.5 ～ 2h，继续加热，充分反应后升温，在 0.1MPa、121℃下糊化 60min，即得糊化液。

2．加曲培菌

糊化液冷却至 30℃左右，加入大曲粉和水搅匀备用，加大曲粉量为原料的

40%～60%，加水量为糊化液体积的1.2～2.0倍，加曲后的糊化液采用三醅或四醅培菌法，具体工艺条件见表9-1和表9-2。

3．合醅发酵

向混合醅中添加糖化酶和蛋白酶，视大曲酿酒酶活情况每克原粮补加糖化酶20～50 U、酸性蛋白酶3～8U，控制温度30～36℃，发酵20～36h。添加0.5%～2%的己酸菌培养液，发酵3d后品温降至28～30℃继续发酵，总发酵周期为5～7d，酒精含量达8%～9%，发酵结束。

表9-1　三醅培菌法工艺条件

项目	培菌1	培菌2	培菌3
分醅量/%	25～35	35～45	25～35
接纯培微生物	接高产酯酿酒酵母培养液1%～3%	接乳酸菌培养液0.5%～2%	
温度控制/℃	28～30	30～37	30～53
温度控制策略	维持不变	48h内温度由30℃逐渐升高至37℃，此后维持不变	48h内温度由30℃逐渐升高至53℃，此后维持不变
通风搅拌情况	间歇通风搅拌		
培菌周期	50～80h		

表9-2　四醅培菌法工艺条件

项目	培菌1	培菌2	培菌3	培菌4
分醅量/%	15～25	15～25	30～40	20～30
接纯培微生物	接酿酒酵母培养液1%～4%	接乳酸菌培养液0.5%～2%		
温度控制/℃	28～30	30～37	30～43	30～53
温度控制策略	维持不变	48h内温度由30℃逐渐升高至37℃，此后维持不变	48h内温度由30℃逐渐升高至43℃，此后维持不变	48h内温度由30℃逐渐升高至53℃，此后维持不变
通风搅拌情况	间歇通风搅拌			
培菌周期	50～80h			

4．蒸馏

发酵醅加适量水稀释至酒精含量8%左右，再加入上次蒸馏的酒尾，加热开始蒸馏，视酒质情况取初馏酒头2%左右，继续蒸馏接酒，一直到混合酒液的酒精含量为55%左右，此为基酒。以后即为酒尾，单独接取，酒尾的大部分掺入下次蒸馏，少部分用于勾兑成品酒。

(四) 新型浓香型白酒生产工艺

新型浓香型白酒的生产工艺过程包括原料粉碎、液化糊化、加曲、分醪发酵、混合发酵和蒸馏。生产工艺流程见图9-4,具体操作要点如下。

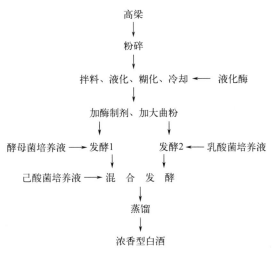

图9-4　新型浓香型白酒生产工艺流程

1. 原料粉碎

以优质高粱为原料,原料粉碎筛孔直径2.0mm左右,其中通过20目筛孔者占60%以上。

2. 液化糊化

原料粉碎后加水打浆,加水量为原料的2.8～3.2倍,搅匀,每克原料添加3～5 U的耐高温α-淀粉酶,搅匀,在搅拌状态下加热至85～90℃,在此温度下维持1h,继续加热,充分反应后升温,在0.1MPa、121℃下糊化60min,即得糊化液。

3. 加曲

大曲粉碎度应适当细些,一般可用2.5mm筛孔,粉碎后要求能通过1.0mm筛孔的细粉比例占80%以上。大曲用量视大曲发酵活力而定,一般为高粱原料用量的20%～30%。糊化液冷却至35～45℃左右,加糖化酶40～60 U/g,维持20～40min,自然冷却至30～40℃,加入大曲粉,补加3倍大曲质量的水,搅匀备用。

4. 分醪发酵

将加曲后的醪液按比例分成两份进行发酵,第一份醪液接酿酒酵母菌培养液,接种量为2%(体积比),30℃发酵培养24h;第二份醪液接乳酸菌培养液,接种量为1%(体积比),37℃发酵培养24h。

5．混合发酵

将分醪发酵后第一份醪液和第二份醪液混合进入第二阶段发酵，控制温度 30～35℃，发酵24h。接己酸菌培养液3%（体积比），控制品温28～35℃，发酵4～6d，总发酵周期为5～7d，酒精含量达10%（体积比）左右，发酵结束。

6．蒸馏

发酵醪加适量水稀释至酒精含量9%（体积比），再加入上次蒸馏的酒尾，加热开始蒸馏，视酒质情况取初馏酒头1%～2%，继续蒸馏接酒，一直到混合酒液的酒精含量为60%～65%（体积比），此为基酒。以后即为酒尾，单独接取，酒尾的大部分掺入下次蒸馏，少部分用于勾兑成品酒。

新型液态发酵的不足之处在于对风味物质的提取效果不如固态发酵，白酒固态蒸馏类似于填料塔，酒醅中的乙醇和风味物质经数百次分离（两颗酒醅颗粒之间的距离相当于一层塔板），只需一次蒸馏即可获得60°以上的基酒，且酒尾很少，风味物质提取率高；而液态蒸馏相当于一次塔板分离，如要获得60°以上的基酒，则酒尾很多，风味物质提取率低，需要经多次反复蒸馏才能达到固态蒸馏的效果。有关液态法白酒的蒸馏方法有待深入研究解决。

第三节　液、固结合法生产工艺

液、固结合法也称液、固态发酵结合法，即利用液态发酵法生产的、质量较好的液态法白酒或酒精作为基酒，与采用固态发酵法制成的香醅等进行串香或浸蒸。而固态香醅的制备则是决定成品酒质量的另一个关键。

一、固态香醅的制备

（一）香醅的种类和制作特点

1．香醅的种类

按原香醅的工艺及所含成分的不同可分为普通类及优质类。优质类又分为不同的类型。按制作工艺来划分，可分为麸曲香醅、大曲香醅、短期发酵香醅、长期发酵香醅等。香醅分类的目的，就是为以后串蒸成的酒的分类打下基础，便于勾兑时选用。

2．香醅的制作特点

香醅制作虽采用固态发酵法，但其与传统的以生产酒为目的的固态发酵有所不同。其主要工艺特点如下。

① 以提高香醅中的香味物质为目的，所以有时增大用曲量，有时延长发

酵期。

②增大回醅量、减少粮醅比是主要特色。

③采用生香酵母及培养细菌液参与发酵是主要的增香途径。

④回酒发酵，回发酵好的香醅再发酵是增香的有效办法。

⑤采用部分发酵力强的固态培养酵母参与发酵，提高发酵率。

(二) 香醅制作实例

1. 清香型香醅制作

取高粱粉 500kg，与正常发酵 21d、蒸馏过的清香型热酒醅 3000kg 混合，保温堆积润料 18～22h，然后入甑蒸 50min，出甑后冷至 30℃左右，再加入大曲 90kg、固体生香酵母 50kg、液体南阳酵母 30kg，低温入窖发酵 15～21d，即为成熟香醅。

2. 浓香型香醅制作

取 60d 发酵、蒸馏后的浓香型酒醅 3000kg，加入高粱粉 500kg、大曲粉 100kg、回 30°酒度的酒尾 50kg、黄水酯化液 30kg，入泥窖发酵 60d，即为成熟香醅。

3. 酱香型香醅制作

取大曲 7 轮发酵后的按茅台酒工艺生产的香醅 3000kg，加入高粱粉 300kg，加入中温大曲 80kg（或麸曲 50kg、生香酵母 50kg），堆积 48h，然后高温入窖发酵 30d，即为成熟香醅。

二、串香法

串香法就是将基酒放入底锅，再将香醅装甑，然后蒸馏，使酒精蒸汽通过香醅而将香醅中的香味成分带入酒中，以增加白酒香味的新型白酒生产方法。

(一) 常用法

常用法是当前各酒厂普遍采用的方法，将酒精稀释至 60%～70%（如用间歇蒸馏的液态法白酒，则不需稀释直接使用），倒入蒸桶锅底，用酒糟或香醅作串蒸材料。串蒸比（酒糟∶酒精）一般为（2～4）∶1。如用酒醅串蒸，每锅装醅 850～900kg，使用酒精 210～225kg（95% 计），串蒸一锅的作业时间为 4h，可产 50% 酒精含量的白酒 450～500kg 以及 10% 左右酒精含量的酒尾 100kg 以上。耗用蒸汽 2t 左右，串蒸酒损 4%～5%。串蒸后的 50% 酒精含量的白酒，其总酸可达 0.08g/L 以上，总酯可达 0.15g/L 以上，相当于酒精中添加 10% 固态法白酒水平。

(二) 常用法的改进

普通常用串蒸法最大的缺点是酒的损失率高。为了减少酒损，各地对此工艺进行了改进。

① 用串蒸的糟进行再发酵。可利用其含有的残余酒精，减少糟中酒精的损失，使酒损降低 1% 左右。

② 改变酒精添加方法。变直接往锅底一次性添加为设置高位槽，接通管路至锅底，缓慢连续添加，可减少酒损 2% 左右。

③ 采用酒精连续蒸馏装置串蒸。该设备改变酒精的添加形式，变间歇蒸馏为连续蒸馏，提高了蒸馏效率。最大优点是酒损可达 0.5% 以下。

（三）薄层恒压串蒸法

该法是由吉林省食品工业设计研究院研制成功的一项新技术。主要是设计制造了串蒸新设备——白酒薄层串蒸锅。

使用这种串蒸锅可使串蒸槽的料层厚度下降 1/3 ~ 1/2，提高串蒸比，由原来的 4∶1 变为 2∶1，加之酒精蒸气压的稳定，使蒸馏的效果提高，酒的损失可减少至 1% 以下。

使用这种串蒸锅可与原蒸桶的冷却系统相连接，采用 2∶1 的串蒸比。每班串蒸 3 锅，可产白酒 2t 多。串蒸后的酒，总酸可达 0.9 ~ 1.5g/L，总酯量 0.3 ~ 0.7g/L，具有明显的固态法白酒风味。

三、浸蒸法

浸蒸法是用酒精浸入或加入香醅中，然后通过蒸馏把酒精与香味物质一起提取出来的方法。主要有两种形式。

（一）用酒精浸香醅

该法需专用设备浸蒸釜。它的直径为 2.2m，高为 1.95m，容积约为 7.5m³，内有间接或直接加热的蒸汽管。釜顶安装 4 层直径为 9.5m 的泡罩式蒸馏塔板，接铝制的面积为 7m² 的冷凝器。

将稀释至 45% 左右的酒精 2.5t 放入釜中，再加入 0.32t 的香醅，加热回流 1h，然后加大蒸汽，蒸出成品酒。待流酒的酒精含量为 50% 时截尾酒。成品酒中带有一定的固态法白酒风味。

（二）将酒精泼入香醅中

该法有两种形式。一是将稀释到 75% 左右的酒精直接泼入出窖后的香醅中，一起蒸馏，按正常蒸馏操作蒸酒。该酒保持了原香醅酒的风味。一般每100kg 香醅加入 75% 的酒精量不超过 10kg。加入量过多将影响蒸馏效果，增加酒精损失。二是将 50% 左右的酒精倒入已发酵完毕的窖池中，再发酵 10d 左右，取出一同蒸馏。采用该法，窖子的密封程度一定要好，以防酒精损失。一般加入的比例，酒精∶香醅为 5∶1 左右。

浸香法的优点是能使香醅中的香味物质较多地浸入酒精中。缺点是酒精损失大或耗能高，加工香醅中的一些杂味物质也极易带入酒中。故目前各企业已很少采用这种方法。

需要强调的是，液态法白酒中还有固、液勾兑白酒，是以液态发酵的白酒或食用酒精为基酒，与部分优质白酒及固态法白酒的酒头、酒尾勾兑而成的白酒。固、液结合勾兑法也是将液态发酵和传统固态发酵的优点有机结合的一种工艺方法，是目前提高液态法白酒风味最有效的方法。此处将勾兑用的固态法白酒及其酒头、酒尾看作是特殊的调香物质而将固、液勾兑白酒生产工艺列入调香法的范畴。当然固、液勾兑白酒与纯粹通过香精香料调制而成的调香白酒在质量上有明显不同。

第四节　调香白酒生产技术

一、概述

2021年5月，国家市场监督管理总局、国家标准化管理委员会发布了《白酒工业术语》（GB/T 15109—2021）及《饮料酒术语和分类》（GB/T 17204—2021）两项酒类国家标准。标准将"白酒"的定义更新为"以粮谷为主要原料，以大曲、小曲、麸曲、酶制剂及酵母等为糖化发酵剂，经蒸煮、糖化、发酵、蒸馏、陈酿、勾调而成的蒸馏酒"。标准明确了白酒不得使用食品添加剂，液态法白酒和固液法白酒不得使用非谷物食用酒精和食品添加剂。同时，将调香白酒归属为配制酒，与传统白酒类别明显区分开来，并对调香白酒进行了明确定义，即"以固态法白酒、液态法白酒、固液法白酒或食用酒精为酒基，添加食品添加剂调配而成，具有白酒风格的配制酒"。"调香白酒"因使用食品添加剂，不再属于传统"白酒"行列，这也意味着"调香白酒"将迎来全新的单独标准。

近年来，消费者对于调香白酒的关注度不断提升，"勾兑酒""粮食酒"经常成为消费热点话题，不少公众号与营销博主，也借机进行不合实际的跟风炒作，让不少消费者对于调香白酒产生了"一票否决"的态度。但是，目前调香白酒的生产仍以香型为主，质量有分级，香型无高低，无论哪种工艺、哪种香型，无论是白酒还是配制酒，都必然符合国家食品安全标准。随着调香技术的日益成熟，调香白酒的产量与消费量正逐步上升，但作为一种处于发展阶段的新产品，质量还不够完善，主要表现为放香不足、后味短、酒体欠协调，故而很有必要进行酒体设计研究。

随着分析检测手段的不断改进，尤其是近年来气相色谱、质谱、光谱的应用，我国对名优白酒中主要香味成分的研究有了显著进步，现已检测出近3000

种微量风味物质。但是,配制调香白酒时,难以做到在基酒中同时添加百余种香味物质,一般以十至二十几种香味物质为主体,选择科学的比例进行调配,但仅在基酒中添加10余种主体香味成分,其风味难以与固态法白酒媲美,可添加少量固态发酵法酿造的酒头、酒尾或采用部分优质固态法白酒弥补调香白酒香味物质的数量和种类的不足,提高产品质量。调配是一项复杂细致的工作,必须熟悉所使用的香味物质的香味特征,了解它们在调香中的作用,才能精确地搞好调香操作。

二、基础原料

(一) 食用酒精

用于调香白酒调配的食用酒精是以谷物、薯类、糖蜜或其他可食用农作物为主要原料,经发酵、蒸馏精制而成的,供食品工业使用的含水酒精。

(二) 基酒

用于调香白酒调配的基酒包括固态法白酒基酒、液态法白酒基酒和固液法白酒基酒。其中,固态法白酒基酒也称为固态法白酒原酒,是以粮谷为原料,以大曲、小曲、麸曲等为糖化发酵剂,采用固态或半固态糖化、发酵、蒸馏而成,不直接或间接添加食用酒精及非自身发酵产生的呈色呈香呈味物质,具有本品固有风格特征的白酒基酒或白酒调味酒;液态法白酒基酒也称为液态法白酒原酒,是以粮谷为原料,采用液态糖化、发酵、蒸馏所得的基酒,可添加以粮谷为原料酿造的食用酒精,不直接或间接添加非自身发酵产生的呈色呈香呈味物质的白酒基酒;固液法白酒基酒也称为固液法白酒原酒,是在固态发酵酒醅或特制香醅中加入液态法白酒或以粮谷为原料酿造的食用酒精,经串蒸或浸蒸得到的,不添加非自身发酵产生的呈色呈香呈味物质,具有本品固有风格的白酒基酒。

(三) 调味酒

调味酒是指采用特殊工艺生产制备的某一种或数种香味成分含量特别高,风格特别突出,用于弥补基酒的缺陷和提高酒体质量的酒。常具有特香、特甜、特醇、特浓、特爆、特麻等特点。它对基础酒具有平衡作用、烘托作用和添加作用。

高档调味酒作为中国白酒生产过程中重要的一环,以其"香气幽雅、绵甜醇厚、丰满细腻、风格典型"等独特个性,在中高档白酒的独特风格和自身典型体的塑造方面发挥了重要的作用,可以说对酒体风格形成起到了画龙点睛的作用。特殊风味的调味酒不仅仅是高贵典雅、口感独特的象征,而且工艺复杂、产量极少,风格典型,储存周期长,可见特殊风味调味酒的制造成本是相当高的。

常用的调味酒包括浓香型、清香型、酱香型、芝麻香型等不同风格的调味酒。例如，利用高产酯酿酒活性干酵母在白酒发酵过程中具有同步产酒生香的特点，所生成的香味物质主要为乙酸酯，特别适合于清香型调味酒的生产。酱香型酒调味酒是指采用特殊工艺生产，含有较多特定香味物质和拥有独特风味，在酱香型白酒酒体设计、勾调过程中，可以明显提高或弥补酒体在某方面的不足，加强基础酒的香味，突出其风格而使用的功能性原酒。其使用量极少，却能起到画龙点睛的作用。根据调味酒的生产工艺及感官特征，酱香型白酒调味酒一般分为：酱香调味酒、底香调味酒、醇甜调味酒、陈香调味酒、特酸调味酒5种。

（四）食品添加剂

配制调香白酒时，食品添加剂一般为白酒中所含有的主要香味物质单体。白酒中的呈香呈味物质含量及比例关系构成了白酒的不同风格，是决定白酒质量和风味的直接因素。这些风味物质包括酯类、醇类、酸类、醛酮类、杂环化合物、含氮化合物等，其中，酯类化合物是白酒中种类最多、含量最高的一类风味化合物，含量占白酒风味成分的 35% ～ 70%。白酒中的酯类物质主要有乙酸乙酯、乳酸乙酯、丁酸乙酯和己酸乙酯四大酯类，约占白酒总酯含量的90% 以上。酯类物质是区分白酒香型的重要因素，不同酯类物质的含量和比例直接影响成品白酒的风味。

常用 10 余种香味成分的香味特征见表 9-3。

表 9-3　主体香味成分的香味特征

香味成分	香味阈值 /（mg/L）	香味特征
乙酸乙酯	17	香蕉、苹果香，味辣带涩
己酸乙酯	0.076	菠萝香，味甜爽口，浓香型曲酒香
乳酸乙酯	14	香气微弱，味稍甜，适量有浓厚感
丁酸乙酯	0.15	似菠萝香，带脂肪臭，爽快可口
乙酸	2.6	有醋酸味和刺激感，爽口，微甜
己酸	8.6	较强的脂肪臭，似大曲酒气味
乳酸	<350	微酸，微甜，微涩，具有浓厚感
正丁酸	3.4	轻微的大曲酒糟香和窖泥味
异戊醇	6.5	似杂醇油味，刺舌，稍涩
仲丁醇	>10	强烈的芳香味，爽口，味短
正己醇	5.2	强烈芳香，口味持久，有浓厚感
2,3- 丁二醇	—	有甜香，使酒变绵甜，稍带苦味
丙三醇	0.1 ～ 1.0	味甜，能柔和酒体，有浓厚感
乙醛	—	略带水果香，味甜带涩，具有酒头香气

三、调香白酒调配实例

（一）清香型

1. 普通清香型调香白酒

普通食用级酒精用水调成酒精含量45%，占85%；普通4天发酵粮食白酒调成酒精含量45%，占15%。另用占上述质量5%的普通白酒酒尾，调入乙酸乙酯0.01%～0.02%，加糖5g/L。成品酒中，酒精含量45%，总酯0.8g/L左右，总酸0.5g/L左右。感官品评，该产品有明显的普通白酒风味。

2. 优质清香型调香白酒

用优级食用酒精调成酒精含量50%，占70%；用优质清香型大曲酒调成酒精含量50%，占30%；加糖0.3g/L。用清香酒尾及乙酸乙酯调整。成品酒中，总酸0.7～0.8g/L，总酯1.8～2.0g/L。

该产品有明显的老白干酒及二锅头酒风味。

（二）浓香型

1. 普通浓香型调香白酒

按食用酒精90%，优质浓香型大曲酒10%混合，每吨酒添加食用香料：己酸乙酯1400mL、乙酸乙酯800mL、乳酸乙酯600mL、丁酸乙酯150mL、乙缩醛100mL、己酸300mL、乙酸500mL、乳酸400mL。将酒精、大曲酒、香料（己酸乙酯先加一半）三者混合均匀，经活性炭柱净化处理，待净化完毕，将另一半己酸乙酯加入。酒降度后，添加陈香突出的调味酒（存贮3～5年）0.5～1.0L。

2. 优质浓香型调香白酒

优级食用酒精调成酒精含量38%，占75%；一级浓香型优质酒占23%；高酯浓香调味酒占2%。加己酸乙酯0.01%～0.03%，加糖4g/L。成品酒中，总酸0.8g/L左右，总酯2.0g/L，己酸乙酯1.2～1.5g/L。感官品评，该酒具明显的浓香酒风格，酒体干净。

（三）优质兼香型调香白酒

（1）优质食用酒精　加处理后的水，调成酒精含量36.5%，占30%。

（2）配制兼香型基酒　贵州高温大曲酱香型优质白酒（原酒度）占3%，其他酱香型优质白酒占4%～7%，浓香型优质白酒占55%～58%。几种酒混合加去离子水（33%～37%）除去浑浊后，调成酒精含量36.5%的白酒，再取此混合酒70%，36.5%食用酒精30%，混合后即为兼香型基酒。

（3）调味　用高酸调味酒调整总酸0.8～1.2g/L，用高酯调味酒调整总酯2.0～2.5g/L。

（4）加入白砂糖　3g/L。

感官品评：浓香有酱香，浓酱协调，口味较丰满，较甜，后味较长，兼香型酒的风格明显。

第十章

低度白酒生产技术

第一节　概　述

一、低度白酒的发展

　　酒精体积分数在 40% 以下的白酒称为低度白酒，它是相对我国传统白酒而言的。在传统白酒中，除广东省产的玉冰烧酒、米酒，其酒精含量约为 30% 外，其余的酒精含量都在 50% ～ 65%。主要原因是传统白酒的生产过程缺乏过滤除浊等现代净化技术，高级脂肪酸酯等醇溶性较强的物质在酒精体积分数 50% 以上时溶解度较大，不会产生浑浊现象，酒液清亮透明。

　　国际性蒸馏酒如白兰地、威士忌、伏特加、朗姆酒、金酒等的酒精含量大多在 40% 左右，如果酒精含量超过 43%，一般要掺汽水、冰块或其他饮料稀释后才饮用。随着世界饮食文化的交流发展与人们对饮食健康的日益重视，白酒低度化是大势所趋。为适应国际消费潮流，我国自 20 世纪 70 年代开始发展低度白酒，1975 年河南张弓酒厂率先研制成功的 38% 浓香型白酒，填补了我国低度白酒生产的空白。1979 年全国第 3 届评酒会上，质量上乘、酒精含量为 39% 的江苏省"双沟特液"被评为国家优质酒。1987 年，在国家经贸委、轻工业部、商务部、农业部于贵阳联合召开的全国酿酒工作会议上，确定了我国酿酒工业必须坚持优质、低度、多品种、低消耗的发展方向，并逐步实现四个转变，即高度酒向低度酒转变；蒸馏酒向酿造酒转变；粮食酒向果类酒转变；普通酒向优质酒转变。

　　为了检验 1987 年全国酿酒工业会上所提出政策的贯彻执行情况，1989 年举行了第五届全国白酒评比会。参赛的各种香型酒有 362 种，根据文件规定，除复查上一届国家名、优质酒外，其余必须是酒精含量 55% 以下的样品。参赛低度白酒的数量也有了极大的增长，由上届 8 个猛增到 128 个，占参赛酒样的比例，由上届 5.41% 上升到本届的 35.36%。低度白酒不仅数量多，而且各种香型品种齐全，突破了以往只有单一浓香型低度酒的局面。各种香型及采用不同糖化剂的白酒都有低度的产品。在酒度上除了酒精含量 38% ～ 39% 外，还有少量 28% ～ 33% 的。评比结果表明，无论哪种香型的低度酒，在保持风格、调整香气及口味的生产技术上都取得了很大的进步，成效显著。14 种低度白酒首次被命名为国家名酒，26 种低度白酒被命名为国家优质酒，这对白酒生产具有重大的指导意义。

生产低度白酒既可以降低消耗，提高经济效益，又有利于健康。经过多年努力，人们的饮酒消费习惯已逐步发生改变，市场需求的白酒产品结构也发生了较大的变化。酒精含量 41% 以上的白酒已成为当今高度酒，以往的 65% 左右酒精含量的产品其产量已很少。并形成了大部分地区以消费酒精含量 38% ～ 53% 的白酒为主，在山东及南方沿海地区的一些城市开始消费酒精含量为 28% ～ 33% 的白酒为主的格局。目前，低度白酒已成为白酒市场上的主导产品。

二、低度白酒生产的工艺路线

最初，低度白酒主要是各种香型的大曲酒，后来麸曲白酒也逐渐低度化，而新工艺白酒大多为低度酒。与传统工艺生产的玉冰烧等小曲米酒（半固态发酵、液态法蒸馏的小曲酒）等低度酒不同，低度白酒的生产均采用高度原酒和加水稀释的工艺路线。其主要原因是如延长蒸馏时间、直接蒸至低度酒的度数，则酒醅中水溶性较强的乳酸乙酯、糠醛和有机酸等物质被大量蒸入成品酒中，致使成品酒中乳酸乙酯的含量偏高、酸度增大，这就破坏了原有白酒中香气成分间的量比关系，使产品风味质量受到影响。

高度原酒加水稀释后，醇溶性较强的高级脂肪酸酯等成分就会析出而出现乳白色的浑浊物。而白酒质量标准要求应是无色透明的，无悬浮物、无沉淀、无异物。因而必须对降度后的白酒进行除浊过滤、勾兑调味等处理后，才能保持原高度酒的风格，达到低度白酒"低而不淡、低而不杂、低而不浊、酒体稳定协调"的要求。

低度白酒生产的工艺流程有二：即先降度勾调后除浊净化和先过滤除浊后降度勾调。

流程Ⅰ：优质基酒→组合→加纯净水降度→调味勾兑→除浊净化→感官品评与化验→再调味→成品。其特点是一次除浊净化（可能包括 2 至 3 种组合除浊）二次调味，不足之处是己酸乙酯等香味成分的损失较大。

流程Ⅱ：优质基酒→组合→过滤净化→加纯净水降度→调味勾兑→感官品评与化验→再过滤→成品。其特点是二次除浊一次调味，己酸乙酯等香味成分的损失相对较少，降度后的基酒可长期贮存，但二次过滤除浊的能耗相对较大，此外若再过滤时除浊较多同样需二次调味。

三、降度白酒浑浊的成因

降度白酒浑浊的成因与白酒中醇溶性物质的种类、浓度以及白酒降度用水等有关。

（一）醇溶性物质溶解度变化引起的浑浊

1977年黑龙江省轻工研究所（现黑龙江省轻工科学研究院）对"北大仓"酒冬天出现的絮状沉淀以及"玉泉"大曲酒尾上漂浮的油珠应用气相色谱进行鉴定，明确了这些物质均为高沸点的棕榈酸乙酯、油酸乙酯及亚油酸乙酯的混合物。这些物质在高度酒中的溶解度很大，白酒降度后由于溶解度减小而析出，而且它们在白酒中的溶解度随着温度的降低而减少，所以在冬季白酒更易出现白色浑浊。另外，溶解度还与酸度及金属离子的种类和含量有关。

棕榈酸乙酯、油酸乙酯、亚油酸乙酯均为无色的油状物，沸点在200℃以上，油酸乙酯及亚油酸乙酯为不饱和脂肪酸乙酯，性质不稳定，它们都能溶于乙醇，而不溶于水。西谷尚道等人对烧酒浑浊絮状物成分分析结果如下。

① 絮状物质在常温下呈半固态状，pH值处于中性附近。

② 絮状物质由90%油脂成分及5%灰分所组成。灰分是以铁为主的化合物。

③ 在油脂成分中85%是乙酯，剩余的15%是游离脂肪酸。

④ 与金属起凝聚作用的油性物质主要是脂肪酸乙酯型，而游离脂肪酸根本不起凝聚作用。

⑤ 成品烧酒的金属含量、pH值与凝聚作用密切相关。

⑥ 推测油性成分和金属的胶体化学性质与生成凝聚机制是生成絮状物质的主要原因。

⑦ 烧酒中添加金属，使金属与油性物质相凝聚，可使凝聚物被有效除去。

我国白酒中这三种高级脂肪酸乙酯含量较多，这也是香气成分上的一大特征。日本烧酒原酒中的高级脂肪酸含量与我国白酒大体相仿，但经贮存过滤后的成品酒，其含量大为降低。这三种高级脂肪酸乙酯在朗姆酒等其他蒸馏酒中含量甚微。

日本烧酒中上述三种脂肪酸乙酯含量之比一般为棕榈酸∶亚油酸∶油酸为5∶2∶3，低度白酒除了酒度降低之外，其他香气成分含量也相应地减少。另外除去绝大部分棕榈酸乙酯、油酸乙酯及亚油酸乙酯后，在口感上有后味短的不足，日本烧酒在除去这些油性成分后也味变淡薄而辛辣。

另外，研究表明温度与酒精浓度不仅对前面所指的三种高级脂肪酸乙酯的溶解度有影响，而且对白酒中的呈香酯类物质的溶解度也有一定的影响。1997年王勇等报道，在棕榈酸乙酯、油酸乙酯及亚油酸乙酯含量低于 1.0mg/kg，甚至未检出的情况下，38% 和 30% 酒精浓度浓香型低度古井贡酒在冬季严寒季节时仍发生失光现象。应用 HP5890-II 气相色谱仪和 HP5973-MSD 质谱仪对低度酒在低温下浑浊后出现的油花，经富集后进行定性分析，可得到 200 多种成分。其中主要有己酸乙酯、庚酸乙酯、辛酸乙酯、戊酸乙酯、棕榈酸乙酯、油酸乙酯、亚油酸乙酯、丁酸乙酯、己酸丙酯、己酸丁酯、己酸异戊酯、己酸己酯、己酸 13 种物质。它们的含量占总量的 93.93%，其中棕榈酸乙酯、油酸乙酯、亚油酸乙酯三者占 8.8%；己酸乙酯占 47.10%，戊酸乙酯占 9.01%，庚酸乙酯占 8.15%，辛酸乙酯占 7.42%，这四种酯就占了 71.68%。

30% 酒精浓度的古井贡酒，在除浊处理前后的醇类、酸类、羰基化合物及酯类变化情况分析结果表明，引发高度酒加水降度后出现浑浊现象的主要成分是酯类。经除浊过滤，在浓香型大曲酒中含量多的乙酸乙酯、丁酸乙酯、己酸乙酯、乳酸乙酯被除去的绝对量大，但除浊率除己酸乙酯为 21.21% 外，其余 3 种乙酯均在 7.80% 以下；其他酯类数量多，但含量相对较小。由己酸乙酯开始，随着分子量的增大，虽去除的绝对量小，但除浊率大，其中最大的为棕榈酸乙酯、硬脂酸乙酯、油酸乙酯、亚油酸乙酯 4 种，达 85% 以上。

脂肪酸类中含量多的乙酸、丁酸、己酸去除的绝对量大，其除浊率除丙酸、异丁酸较小外，其余均在 27% ~ 37%。随着碳原子的增加，除浊率增大，到碳原子为 8 的辛酸时，除浊率达 51.46%。

醇类中除 2,3- 丁二醇、糠醇除浊率高外，一般均较低，较高的正丙醇及 β-苯乙醇也仅在 13% 左右。

在所有被检出的成分中，羰基化合物除浊率普遍较低，最多的正丙醛也仅为 16.97%，糠醛为 8.38%。

综上所述，低度酒中的浑浊物质是一种包含大量的白酒香味成分的混合体。和高度白酒一样，这些物质在酒精中的溶解度随温度（酒温）而变化。当温度降低时，随溶解度下降而析出，因此，在寒冷季节，尤其是在我国北方地区就容易发生失光乃至浑浊现象。含量微少的成分随温度回升而重新溶解，具有可逆性；含量多的成分却有可能凝聚成小油滴而影响外观质量。

(二) 白酒降度用水引起的浑浊

水质硬度高容易引起浑浊，水中的钙镁离子和酒中的有机酸反应形成沉淀，水中的有机物进入酒中也容易引起浑浊沉淀。

酒中的浑浊现象，从胶体化学方面考虑，油性成分在酒里呈负电荷，相互结合以保持稳定状态。此时，若遇到带有正电荷的金属氢氧化物，将电荷中和，将出现解胶现象。于是高级脂肪酸乙酯便相互凝聚而结成絮状，引起白色浑浊。根据推算，1 分子金属可使 5 分子高级脂肪酸乙酯或 1 分子脂肪酸凝聚而出现浑浊。一般情况下，降度用水中金属离子多和酒的 pH 值偏高时，最易发生浑浊。

加浆降度用水的质量直接关系到低度白酒的外观、口感和稳定性，因此加浆降度用水的质量除符合国家饮用水的标准外，还需进行适当处理。最初，白酒降度用水大多采用离子交换软化水，离子交换可有效去除水中的钙、镁等离子，不足之处是操作不够稳定，软化水的口味常有不同程度的碱味。目前普遍使用经电渗析、反渗透等现代科技处理的高纯度去离子水，电导率 ≤ 10μS/cm，水质稳定、口味纯净，作为加浆水还可降低成品酒中固形物含量。

第二节　低度白酒的除浊

一、冷冻过滤法

冷冻法是国内研究应用推广较早的低度白酒除浊方法之一。本法是根据以三种高级脂肪酸乙酯为代表的某些香气成分的溶解度特性，在低温下溶解度降低而被析出、凝集沉淀的原理，经 −10℃以下冷冻处理，在保持低温下，用过滤棉或其他介质过滤除去沉淀物而成。此法对白酒中的呈香物质虽有不同程度的去除，但一般认为原有的风格保持较好。缺点是冷冻设备投资大，生产时能耗高。

将各类香型的高度白酒及加蒸馏水稀释成酒精浓度为 38% 的低度白酒，在 −15℃下冷冻 24h 后，在同一温度下，经 G6 砂芯漏斗进行真空抽滤，所得各种酒样用气相色谱法测定并比较其香气成分。分析结果表明，随着温度的下降，白酒中少数含量较大的香气成分有下降的趋势。如浓香型酒中的己酸乙酯，酱香型、清香型、浓香型酒中的乳酸乙酯，尤其是米香型酒中的 β- 苯乙醇下降显著。在不同香型酒中，棕榈酸乙酯、油酸乙酯、亚油酸乙酯的下降幅度不同，以酱香型最小。可见，在冷冻处理时白酒中的白色絮状物，除了上述三大高沸点脂肪酸乙酯外，还混有少量的其他香气成分。

对不同贮存酒龄的西凤酒用不同水源稀释，再经冷冻试验，观察结果表明，当原酒加水稀释至酒精含量为 60% 时，絮状悬浮物质均较轻微，仅加井水有微小悬浮，其他几种水源只是稍有失光现象；当降度至酒精浓度为 55% 时，都不同程度地出现了絮状悬浮物，而且随着时间延长而增多，但软水较井水产生的沉淀轻微。在用井水稀释不同酒龄的酒样时，经冷冻产生的絮状沉淀也不尽相同，经贮存 3 年以上的基酒，絮状沉淀较轻微，没有凝集成絮状，只有细末和烟雾沉淀。

二、吸附法

(一) 淀粉吸附法

淀粉吸附除浊是国内生产低度白酒的常用方法之一。淀粉膨胀后颗粒表面形成许多微孔，与低度白酒中的浑浊物相遇，即可将它们吸附在淀粉颗粒上，然后通过机械过滤的方法除去。淀粉分子中的葡萄糖链上的羟基，也容易与高级脂肪酸乙酯所含的氢原子产生静电作用而形成氢键，一起沉淀下来。

不同植物的淀粉粒，其大小与形状也不同，即便是同一植物的淀粉粒，其大小也有一定差距。例如玉米淀粉粒径为 $2\sim30\mu m$，小麦淀粉粒分为两群，有 $2\sim8\mu m$ 的小粒子群和 $20\sim30\mu m$ 的大粒子群。

大部分植物淀粉一般含有 20%～25% 直链淀粉和 75%～80% 支链淀粉，而糯米或糯玉米却是 100% 的支链淀粉。直链淀粉为以 α-1，4- 糖苷键结合葡萄糖分子，约 1000 个分子结合成为链状分子。一个葡萄糖分子大小约为 0.5nm，1000 个即 $0.5\mu m$。支链淀粉有分支，分子直径为 $20\sim30nm$，在葡萄糖苷内 α-1，6- 糖苷键结合占 4%，所以它比直链淀粉要大得多，葡萄糖重合度为 10 万左右。

在低度白酒生产中，淀粉的这些性质都影响着其吸附除浊作用的大小，选择对比不同原料的淀粉结果是：玉米淀粉较优，糯米淀粉更好，糊化熟淀粉优于生淀粉。

通过对淀粉吸附条件的研究表明，糊化淀粉比生淀粉吸附速度快，易于过滤，口感也较好。用糯米处理低度白酒时，当己酸乙酯含量在 2.5g/L 以下时，糊化淀粉温度为（70±2）℃，淀粉用量 0.1%，吸附时间 4h 为最佳吸附条件。

采用淀粉吸附除浊对低度白酒中其他香气成分吸附较少，对保持原酒风味有益。但当处理量大时，沉淀在容器底部的生淀粉板结较坚实（熟淀粉较松），使排渣较困难。淀粉渣可回收交车间发酵制酒。同时必须注意的是夏季酒温高，高级脂肪酸乙酯溶解度高而析出的絮状沉淀较少。虽然当时过滤后得澄清酒，但装瓶后若酒未能及时销售，放置到冬天，酒温下降，则由于溶解度降低而会再次出现失光或絮状沉淀。因此，有的酒厂在采用淀粉吸附法时加以适当的冷冻处理，可使其稳定性更好。

(二) 活性炭吸附法

活性炭除浊也是低度白酒生产厂常用的方法之一。选择适宜的酒用活性炭至关重要。活性炭的种类、使用量及作用时间，对产品的酸、酯等香气成分保留均有影响。一般生产厂采用粉末活性炭，添加量为 0.1%～0.15%，搅拌均匀后，经 8～24h 放置沉降处理，过滤后得澄清酒液。实践证明，使用优质酒用活性炭除浊，在除浊的同时还可除去酒中的苦杂味，促进新酒老熟，使酒味变柔和。

1．活性炭的作用机理

活性炭的空隙分微孔、过渡孔和大孔。每类孔隙的有效半径都有一定的范围。微孔的有效半径在 2nm 以内，其大小与分子相当，对于不同的活性炭而言，微孔容积为 0.15 ～ 0.50mL/g，它们的比表面积至少占总比表面积的 95%。过渡孔的有效半径在 2 ～ 50nm，其孔容积为 0.02 ～ 0.10mL/g，它们的比表面积不超过活性炭总比表面积的 5%。有效半径大于 50nm 的孔径为大孔，其总孔容积为 0.2 ～ 0.5mL/g，比表面积为 0.5 ～ 2m^2/g。

在活性炭吸附过程中，这三种孔隙各有各的功能。对吸附而言，微孔是最主要的，它的比表面积大，孔容积也大。因此，微孔在相当大的程度上决定某种活性炭的吸附能力。例如孔径在 2.8nm 的活性炭，吸附焦糖色好（红棕色），称为糖用活性炭。孔径在 1.5nm 的活性炭，吸附亚甲基蓝能力强（蓝色），称为工业脱色活性炭。可见微孔径的微小差异，形成了两种不同品种的活性炭。过渡孔是被吸附物质进入微孔的通道，又使蒸汽凝聚而被吸附。大孔的作用是使被吸附物质的分子能迅速地进入活性炭的微孔，也是催化剂沉积的地方。

活性炭的吸附特性不但取决于它的孔隙结构，而且还取决于它的表面化学组成。活性炭含有氧、氢、氮及锌、铁、铜等金属微量元素。这些化学组分的存在，对活性炭的吸附特性有较大的影响。如含氧活性炭有较好的促进氧化、催化、聚合的作用；含氮活性炭有较好的吸附金属及其他化合物的作用；含氢活性炭具有还原性等。活性炭表面氧的不同组合，还会影响到本身的吸附性和酸、碱性。活性炭表面的微量金属离子，对催化更具有独特效果，这也是工业上常见的。

2．酒用活性炭的选择

在低度白酒生产中，选用活性炭的基本要求与其他所有吸附剂一样，即要求经除浊处理后的白酒既能保持原酒风味，又能在一定的低温范围内不复浑浊。在浓香型低度白酒中，己酸乙酯的损失程度是一项重要指标。不同的活性炭，对己酸乙酯的吸附也不同。据测定，己酸乙酯分子直径是 1.4nm，若选用孔径为 1.4 ～ 2.0nm 的活性炭来去除低度白酒中的浑浊物，则己酸乙酯就会进入微孔而被吸附，使低度白酒风味受损。只有选用孔径大于 2.0nm 的活性炭，其微孔成为己酸乙酯的通道，活性炭不会吸附己酸乙酯，才能达到生产工艺的要求，除浊而又保质。若选用孔径小于 1.4nm 的活性炭，则己酸乙酯不能进入微孔，也不会损失己酸乙酯；但由于该活性炭大孔径少，对大离子半径的高级脂肪酸乙酯、高级脂肪酸醇等吸附较少，故必须加大炭的用量才能保证白酒在低温下不复浑浊。清香型白酒由于主体香乙酸乙酯分子直径为 0.67nm，故选取用活性炭的范围较宽，对乙酸乙酯吸附损失也少。米香型、酱香型、芝麻香型白酒中 β-苯乙醇的分子直径较大，故选择活性炭就更有讲究。事实上，任何一种活性炭，它的孔径分布都是很宽的，也就是说各种孔径都有。因此，使用任何一种活性炭生产低度白酒或多或少都要吸附一些有用物质。

使用活性炭作吸附剂时，还有一定的催陈老熟作用，能减少新酒的辛辣感，使口味变柔和。这是因为酒用活性炭表面还有较多的含氧官能团和各种微量金属及金属离子，促进了酒在贮存过程中的氧化作用。

有的活性炭能除去酒中的异味和苦味。但酒中异味各有不同，需根据实际情况选用不同孔隙结构的活性炭才能奏效。如对于糖蜜甜味，它属大离子半径物质，需选用大孔径的酒类活性炭才能除去，对新酒中的臭味，需选用小孔径的活性炭；对于酒中的苦味，应选用一种含氮的、微孔发达的碱性活性炭，其他单纯的含氮活性炭或碱性活性炭都不能除去酒中的苦味。

综上所述，生产厂必须根据本厂产品的实际情况，有针对性地选用不同品种的活性炭进行处理，才能取得应有的效果。必须注意的是任何一种活性炭不可能是万能的，必要时可采用多种活性炭结合的方法处理。

3．活性炭的使用

最初，采用粉末活性炭的间歇除浊方法较为普遍，该法去渣劳动强度较大，残存在炭渣中的白酒量多，损耗大，车间卫生也受影响。近来逐渐采用颗粒活性炭连续进出料的方法处理低度白酒。

（1）处理酒度的选择　将原酒分别稀释到 62%、60%、57% 后，进入活性炭柱，在同样流速及处理量下，经吸附后分析、品尝，再稀释至 38% 进行耐低温试验，试验结果表明，选择 60% 的酒处理低度白酒比较合适。

（2）流速的选择　处理后的低度酒质量与流速的快慢有一定的关系。处理速度快了，降度后酒中的浑浊物会处理不净，导致低度酒在低温情况下失光，以致影响产品质量；处理速度慢了，活性炭由于与处理酒接触时间长，对酒中香味物质吸附量大，处理后的酒味变短，降低产品的质量。生产中，应根据实际情况和分析检测结果确定最佳的流酒速度。

经试验，选用颗粒活性炭量与处理量之间的关系为 1∶11。当处理介质活性炭吸附达到饱和时，即停止使用。可用 95% 的食用酒精浸泡炭柱，放出浸泡液，然后再用清水冲洗，直至洗水无酒精味即可重复使用。酒精和水的洗柱混合液含有较多的香味成分，可用于勾兑普通白酒。

（三）无机矿物质吸附法

用于白酒降度用的无机矿物质吸附剂有许多种，其中应用较多是陕西产的SX-865 澄清剂，其特点是用量少，除渣方便，且酒损较少。

SX-865 是硅酸盐黏土经理化处理后加入适量的助剂（K8710 及 K8805），

按配方制备而成的一种澄清剂。它在显微镜下呈无色透明纤维状、针状集合体，主要成分为硅和镁，分子式是：MgO（Si$_{12}$O$_{30}$）·（OH）$_4$·8H$_2$O。

将凤香型原酒加水稀释至酒精浓度为38%～39%，添加0.01%～0.02%的SX-865，搅拌均匀，放置12～24h，酒液澄清后经过滤所得的凤香型低度白酒，在−5℃贮存可保持清亮透明。

用SX-865澄清剂处理的低度白酒基本上保持了原酒的风味，同时也能去除部分酒中的邪杂味。将39%酒精浓度的西凤酒800kg，均分成两份，一份加入0.01%的SX-865澄清剂；另一份加0.2%的淀粉，混匀，前者3d，后者15d后分别过滤取样，分析结果基本一致。

（四）其他吸附法

除上述方法外，也有报道采用单宁明胶法、琼脂碳酸钙法、褐藻酸钠吸附法、蛋白质分解液等各种不同的吸附法。

1．单宁明胶法

单宁与明胶能在水溶液中形成带相反电荷的胶体，它们以一定比例存在时，能通过物理化学作用，将酒中悬浮的微粒凝集，经过滤可得较清的酒液。

单宁可用温水搅拌溶解，明胶应先用冷水浸泡膨胀后，洗去杂质，再加温水，在不断搅拌下进行间接加热溶化。胶液温度应控制在50℃以下。

使用时，应先加单宁溶液，充分搅拌后，再加入所需量的明胶溶液搅拌，静置24h，然后进行过滤。

单宁与明胶的用量，应针对所处理的酒先做小试验来确定。在处理65°泸香型基酒的38°降度酒时，在100mL酒中，1%浓度的单宁液用量为0.08～0.2L；1%的明胶液用量为0.04～0.16L。

2．琼脂碳酸钙法

作用原理也是静电吸附，其用量可通过小试具体确定。在琼脂溶解液中加入少许碳酸钙，可加速低度白酒的澄清作用，经过滤可得澄清酒液。

3．褐藻酸钠吸附法

褐藻酸钠又名海藻酸钠，白色或淡黄色粉末，无臭无味，是亲水性多糖，分子量较大，缓慢溶于水，形成黏稠的胶体溶液，它本身对人体有消炎、散热的作用，对人体无害，因此可用于低度白酒的澄清处理。其澄清原理是褐藻酸钠分子中含有的羟基、羧基等基团在溶液中呈负离子状态，它们通过氢键及静电作用使酒中带正电荷的疏水性浑浊物沉淀下来，达到澄清酒质的目的。用量为降度白酒的0.05%～0.1%。由于不同香型的白酒，生产工艺不一致，质量档次也不一致，故而采用何种除浊方法应因地制宜。特别在应用吸附法时，必须根据本厂产品的具体情况，对每批量吸附剂进行实际试验后，才能确定其合理的工艺条件，以获得理想的效果。

三、离子交换法

离子交换树脂是一种用途极为广泛的高分子材料。它具有离子交换、吸附作用、脱水作用、催化作用、脱色作用等功能。

（一）作用机理

随着离子交换树脂合成技术的发展，20 世纪 60 年代开发合成了一类具有类似活性炭、泡沸石一样物理孔结构的离子交换树脂。它与凝胶孔的结构完全不同，具有真正的毛细孔结构，为了区别于凝胶孔，称它为大孔。这类树脂是将单体用大孔聚合法合成而得的，按表面极性、表面积大小、孔度及孔分布等表面性质的不同分成若干种。树脂的毛细孔体积一般为 0.5mL（孔）/g（树脂）左右，也有更大的，比表面积从每克树脂几平方米到几百平方米，毛细孔径从几十埃到上万埃（1 埃 $=10^{-10}$m），故又称大孔型吸附树脂。它具有像活性炭那样的表面吸附性能，而这种性能是由它们的结构决定的，巨大的表面积是大孔型吸附树脂最重要的结构特点。表面吸附意味着被吸附物质以范德瓦耳斯力作用固定在吸附剂表面，它包括疏水键的相互作用、偶极分子间的相互作用以及氢键等。但影响吸附的因素十分复杂，目前尚不能准确估计某种物质就一定被某种吸附树脂吸附。如某些有机物质同时具有疏水部分和亲水部分，则其疏水部分也可为非极性吸附树脂的表面吸附，亲水部分也可为极性吸附树脂的表面吸附，故吸附树脂对被吸附物质是具有选择性的。

白酒中的成分是水和酒精以及各种含量甚微的酸、醇、酯、醛等物质。因此，白酒体系是水和酒精的混合溶剂，在液相吸附过程中，实质上是溶剂与被吸附组分对吸附剂的"竞争"。从吸附原理上讲，由于几种高级脂肪酸乙酯比酒中的己酸乙酯、乳酸乙酯、乙酸乙酯等的分子量大，溶解度小，疏水程度高，容易被作为吸附剂的大孔型树脂吸附，而分子量相对较小的主体香酯的吸附量较少。从而获得清澈透明、基本保持原酒风格的低度白酒。

大孔型吸附树脂对分子的吸附作用力微弱，只要改变体系的亲水 - 疏水平衡条件，就可以引起吸附的增加或解吸。对大孔型吸附树脂来说，能溶解被吸附物质的有机溶剂，通常都可作为解吸剂。如酒精是有效的解吸剂，树脂通过解吸后获得再生，又可使用。

（二）树脂的选择

树脂种类较多，功能各异，低度白酒的处理，要求既能除浊，又不影响酒的口感。为此必须对多种树脂进行筛选。对大孔强酸树脂、大孔强碱树脂、大孔弱酸树脂以及吸附树脂处理低度白酒的实验结果研究显示：在四大类树脂中，以吸附树脂效果较好。因为强酸、强碱树脂有较强的极性，且在

pH1 ～ 14 的范围内均可离解成离子态，如酒中可交换离子与其交换，均将改变酒的酸碱度。以盐型树脂处理，虽不改变酒的酸碱度，但由于盐的存在降低了酒中的有机物的溶解度，也不利于浑浊物的去除。吸附树脂则效果显著，是理想的吸附剂。

多种吸附树脂虽均能去除低度白酒中的浑浊物而达到澄清的目的，但要做到不改变酒的风味，并不容易。白酒中含有的各种微量成分有一定的量比关系，如果在吸附浑浊物的过程中，使酒中多种微量成分的含量及其量比关系受到影响，则必然会改变酒的口感，有损于酒的风格。为此，必须进一步探索树脂结构对酒的风味的影响。

极性和非极性吸附树脂对低度白酒的口感均影响不大，但树脂的比表面积是一个重要的物理参数。比表面积大，其暴露的吸附中心多，与活性炭相似，其吸附能力大，则脱酯较多，势必会改变酒的风味。故平均孔径为 4 ～ 7nm 比表面积为 20m^2/g 以下的树脂最适宜，效果也较好。

将曲酒加水稀释到酒精浓度为 38%，经吸附树脂处理，酒中的主体酸、酯与对照样相比降低极少。经吸附树脂处理后的低度曲酒（酒精浓度为 40%）与对照样置 −10 ～ −5℃ 的温度冷冻 7 ～ 10d，树脂吸附的酒外观均清澈透明，而对照样都有不同程度的浑浊现象和沉淀产生。

（三）吸附树脂装置及主要工艺参数

树脂柱：ϕ150mm×1400mm（有机玻璃）两根。

上柱树脂：5kg（湿）。

树脂支撑料：陶瓷碎片。

流速：0.5kg/min。

吸附树脂可以反复应用，且有较好的强度，以玻璃三点法测定，承压力为 1000 ～ 1200g/ 粒（湿），故树脂强度较好。

四川省食品发酵工业研究设计院有限公司在中、低度酒试生产中，用 5kg 吸附树脂处理了 2.8t 酒，1kg 树脂可处理 500 多 kg 酒。树脂还可反复使用，若以 20 次计算，1kg 酒只增加成本约 0.01 元，经济效益显著。

（四）操作程序

一般地讲，离子交换和吸附是可逆的平衡反应。为了使平衡向右反应完全，必须使树脂与被吸附的酒液接触，被吸附后的酒液要尽快离开树脂，使平衡向右，所以管柱法使用最广泛。降度后的酒液与树脂接触，而下部树脂最后再与被上层树脂吸附的酒接触，构成色谱带。处理酒液的简单程序如下。

① 将原度酒勾兑后，加软水降度至酒精浓度为 30% ～ 39.5%。

② 用砂芯过滤粗滤酒液，将粗滤的酒液泵入高位贮桶。

③ 将酒液缓缓放入树脂柱内（柱底阀门关闭），等到一定液位时，立即开

启柱底阀门。控制每分钟流量 0.5kg（ϕ150mm×1400mm 柱），并调节流入柱内酒的液位使其基本稳定。

④ 中途停止时，树脂柱内应保持一定的液位，不能流干，否则会使树脂层产生气泡。

⑤ 低度酒经澄清后进行调味和贮存。

（五）多孔吸附树脂处理低度白酒操作注意事项

① 流速。进柱酒的流速，对酒中高级脂肪酸乙酯的吸附有一定的影响，开始时流速宜慢，然后逐步加快。

② 树脂的贮存。为了减少树脂的磨损，避免与空气中的氧接触，新购来的树脂最好是溶浸在酒精中保存。

③ 树脂的预处理。新购的树脂都会夹杂有合成过程中的低分子量聚合物，反应试剂、溶胀剂、催化剂等在生产过程中未能彻底洗去的杂质。此外，树脂在贮存、装运、包装过程中也还会引入杂质。所以在使用前都要经过洗涤和酸、碱的预处理。

洗涤的方法，最好是先用水（软水）反洗，以除去一部分悬浮杂质和不规则的树脂。然后用 95% 的酒精（二级）浸泡树脂 24h，酒精用量以高出柱内树脂层 3～5cm 为宜。如树脂异味重，可浸泡 2～3 次，每次浸泡后都要将酒精放完，再加入新酒精浸泡。用水洗去酒精，以 5% 的盐酸溶液浸泡 2～3 次（每次浸泡约 2h），用水洗去酸液，同样用 5% 的氢氧化钠浸泡 2 次，最后用水反复洗去碱液，至流出液不带碱性为止。

④ 树脂的支撑材料。为了防止树脂阻塞流出管道，在树脂柱的底层，应用陶瓷碎片填充。支撑层的高度为 5～10cm，陶瓷碎片要充分洗净后使用。

⑤ 树脂层高度。树脂层高，虽然吸附分离效果好，但树脂层越高，则压降越大，操作也不方便。一般树脂层以不超过 60cm 为宜。

⑥ 树脂的热稳定性。多孔型吸附树脂在 60℃ 以下使用是稳定的，在 0℃ 以下使用就必须注意树脂中水分的冻结问题，冻结后，树脂就会崩解。

⑦ 装柱。树脂装柱前要用水浸泡 24h，使其充分膨胀后与水搅混倾入柱内，等树脂沉降后再放去水。

⑧ 树脂层液面。在处理酒液的操作过程中，柱内树脂不应有气泡，所以必须使树脂层上部保持一定的液位。

⑨ 水分的置换。新树脂经预处理洗涤后，开始处理酒液时，可先放一部分酒液通过树脂层，如此反复 2～3 次，每次都应让酒液滴尽后，再放入新酒液。将树脂层中的水分置换后，再正式进行酒液处理操作。

⑩ 贯流点。在操作过程中如发现流出酒液浑浊，即到贯流点，说明树脂已到饱和点，应立即停止操作，将树脂再生后才能使用。

四、硅藻土过滤法

低度白酒的过滤，以往经常采用绢布、脱脂棉、滤纸、砂滤棒过滤等方法。随着低度白酒产量的增长，这些方法已不能满足生产需要，20世纪80年代引进硅藻土过滤技术后，在酿酒行业得到了广泛的应用。硅藻土过滤不仅操作简便、运行费用低，而且过滤后的白酒质量好、澄清度高，过滤效率高。

硅藻是单细胞藻类植物，生活在浅海或湖泊中，细胞壳壁为硅质，且细胞壁上具有规则排列的微孔结构，作为细胞与水体交换营养即新陈代谢的通道。硅藻死亡后，沉积于海底或湖底，经长期的地质改造便形成了类似泥土的硅藻土矿床。

硅藻个体很小，一般为 1～100μm，硅藻土的成分为非晶质的氧化硅，具有很好的化学稳定性，硅藻壳种类繁多，形态各异，有圆盘状、椭圆状、筛管状、舟形、针状、棒状和堤状等。由于壳体上微孔密集、堆密度小、比表面积大，具有较强的吸附力和过滤性能，能吸附大量微细的胶体颗粒，能滤除 0.1μm 以上的粒子和细菌。

天然硅藻土经干燥、粉碎、筛选、配料、焙烧（800～1000℃）等一系列加工后，除去内部的各种杂质，成为硅藻土助滤剂。

有多种类型的硅藻土过滤机，白酒生产常用的硅藻土过滤机有 JPD5-400 型移动式不锈钢饮料过滤机、XAST5/450-V 型硅藻土固体板精滤机等。JPD5-400 型共有 20 片滤板，每片面积为 0.26m²，总过滤面积为 5.2m²，工作压力为 100～300kPa，过滤速率为 4～9t/h。该机在过滤时，先将 100～200kg 待滤酒泵入装有搅拌器的硅藻土混合罐内，加入 1.5～2.5kg 硅藻土，硅藻土兼具过滤介质及助滤剂的双重功能。开动过滤机前，关闭生产阀，开启循环阀，循环过滤 5～10min，即可将硅藻土滤层预涂好。若这时滤出的酒液已清亮，即可关闭循环阀，开启生产阀，进行正常过滤。若发现滤出的酒液清亮度仍未达到要求，或中途停机后重新开始运转时，可先开循环阀，后关生产阀，再作循环预涂，也可补加适量的硅藻土。待滤出酒液符合要求后，再进行正常运转。一般每次新预涂硅藻土层后，可滤酒 20～50t 或更多量。该机若因滤布、隔环或密封圈损坏而滤出的酒液浑浊；或因过滤时间过长，滤酒量已太多；或因酒中浑浊沉淀物太多而过滤不久操作压力便超过规定值，酒液滤出的流量很小时。均应立即停机，进行检查并换上洁净的滤布等，待重新安置、预涂硅藻土层后，再正常运转。使用过的硅藻土一般不回收再用。

硅藻土过滤机具有过滤质量好、效率高、澄清度高、操作简便、节约费用等优点。

五、分子筛与膜过滤法

(一) 分子筛过滤

分子筛是一类具有独特优越性的化工材料，常用于有机物的分离，它能将大小不等的分子分开，白酒中一些高级脂肪酸乙酯的分子量在 300 左右，而己酸乙酯、乙酸乙酯、乳酸乙酯等的分子量在 150 以下，这是分子筛分离作用的基础。市售白酒净化器的设备为在柱式空罐中放置氧化铝分子筛、分子筛炭和凝胶三种混合介质，高度原酒流经混合介质后，再加水稀释成低度白酒。1 台 ϕ380mm×1500mm 的净化器，每小时可处理白酒 3t。

某浓香型酒的试验结果表明，72% 酒精浓度的原酒，经净化降度所得 45%、38% 的酒，口感较好，但抗冻能力稍差。55% 酒精浓度的原酒经净化降度后，抗冻能力强，但口感稍差。这表明净化时应注意对原酒酒度的选择。

(二) 超滤

超滤是一种膜分离过程。超滤膜通过膜表面微孔的筛选，达到一定分子量物质的分离。超滤对于去除微粒、胶体、细菌和多种有机物有较好的效果。超滤膜的孔径一般在 5 ~ 100nm 之间，膜表面微孔孔径大小的不同，对于所截留层物质的分子量大小也有很大的差别，在 300 ~ 300000 之间变化。

使用超滤膜处理酒精饮料时需要注意两个问题：一是膜材料的选择，由于酒是醇类，因此膜材料对醇要有稳定性；二是膜要有适宜的孔径和孔分布，以便有效地截留产生的浑浊物质。目前使用的有聚砜、聚氨酯、中空纤维等。市售的一种中空纤维超滤膜组件由两根 ϕ60mm×600mm 的小型中空纤维超滤器并联组成，生产能力为 125kg/h。处理能力较小，使用中尚需不断完善。

(三) 精密微孔膜过滤机

精密微孔膜过滤技术是 20 世纪 90 年代初美国开发的一种高科技技术，它不借助任何滤剂，由滤膜直接控制过滤精度，液体通过滤膜便能得到净化。此种装置在国外称为"冷杀菌"装置，是取代砂棒、硅藻土过滤技术的第三代换代产品。目前生产的 XMGL 系列精密微孔膜过滤机在滤白酒时采用"尼龙膜"（耐酒精、耐臭氧、易清洗）筒式滤芯为过滤元件，机组由配套泵及两个或多个不锈钢过滤器组成，集粗滤、精滤或多级过滤、自身逆反冲洗功能于一体，使用时只需选用不同规格滤芯便可达到初滤、粗滤、精滤直至除菌效果，按工作能力 3 ~ 24t/h 分为不同机组规格。

(四) 白酒净化器

白酒净化器自 1992 年使用以来，发展推广很快。其设计比较简单，由金属板材做成吸附塔体，塔内装入颗粒净化介质，即可使用。可单独使用，也可数塔串联或并联使用。白酒净化器是利用吸附原理，对白酒进行脱臭、除杂、防止产生絮状沉淀的设备。用酒泵将高度原酒打入净化器，穿过内装的吸附材料层，流出的酒即可加水降到任何度数，并且 $-30 \sim -20℃$ 时，不再返浊。白酒净化器的核心是净化吸附材料，统称介质材料。它是由多种吸附剂组成的复合配方，不同材料吸附的对象不同，不同材料各司其职，分工合作，有除浊的、有去杂的、有减少暴辣味的等，共同完成净化任务。目前净化介质主要成分是硅酸铝分子筛、氧化铝分子筛、分子筛炭、硅胶等几大类约十几个品种。白酒净化器在设计上考虑到介质与酒的接触充分、均匀，酒液靠酒泵的压力通过 1m 至数米高的净化介质层，完成有效接触，使接触高效无死角，并采用较先进的吸附过滤方式流化床。

六、其他除浊法

（一）再蒸馏法

棕榈酸乙酯、油酸乙酯、亚油酸乙酯三种脂肪酸乙酯都是高沸点物质，但它们都不溶于水。将基酒加水稀释至 30°，出现白色浑浊后，再次进行蒸馏，再去一次酒头酒尾，这样获得的酒再加水稀释便不会出现浑浊。此方法虽然能解决浑浊问题，但风味物质损失较多，热能、冷水消耗较大，也不经济，故此法目前已基本不采用。

（二）表面活性剂添加法

20 世纪 80 年代中期，抗凝剂、增溶剂之类的表面活性剂曾用于低度白酒的除浊。但生产实践表明添加后不仅使酒液泡沫多，而且带入不良的气味而影响产品的风味质量。在 30℃以上时会出现浑浊现象，而且存在固形物含量偏高等缺点。

（三）植酸除浊

植酸又名肌醇六磷酸、环己六醇六磷酸，分子式为 $C_6H_{18}O_{24}P_6$，分子量为 660.04，主要以镁、钙、钾的复盐形式存在于植物的种子中，如米糠、玉米、麸皮、大豆等。当植酸以复盐形式存在时，又名菲丁。它是一种较稳定的复盐，其溶解度很低，只有在酸性溶液中菲丁的金属离子才呈解离状态。植酸呈强酸性，在很宽的 pH 值范围内带有负电荷，对金属离子极具螯合力。植酸通过六个磷酸基团牢固地黏带正电荷的金属离子，形成植酸复盐络合物沉淀，起到了去除酒液中金属离子的作用。因此，在白酒中添加适量的植酸，既能螯合金属离子，阻止高级脂肪酸酯絮凝，又能使金属离子从高级脂肪酸酯上解离下来，维持高级脂肪酸酯的相对溶解度，达到除浊的目的。鉴于植酸对酒中金属离子的螯合机理，所以对白酒在贮存中出现的上锈变色，植酸有很好的除锈脱色效果。植酸除浊的机制不同于普通除浊法，去除造成酒液浑浊的高级脂肪酸酯（这些亦是酒中必要的香味物质），而是通过螯合金属离子，阻止了金属离子对高级脂肪酸酯絮凝的促进作用，增大了高级脂肪酸酯的溶解度，因而更能保留原酒的风格。

第三节　提高低度白酒质量的技术关键

高度白酒经加"浆"降度勾兑的低度白酒在贮存一段时间后，除出现浑浊、失光等现象外，还存在酯的水解导致口味寡淡、回味缩短、出现水味等问题，这些已成为白酒行业关注的焦点。这些主要是由于酒中香味成分含量降低，破坏了微量香味物质间的协调平衡，进而出现上述问题，不仅给企业带来巨大的经济损失，同时也制约了白酒低度化的发展。因此，如何提升低度白酒品质，保持其品质稳定性，是低度白酒急需解决的问题。

一、基础酒的选择

低度白酒生产最初是从浓香型开始，现已发展到各种香型。浓香型白酒中微量成分含量丰富，原酒加浆降度后仍可保留较多的香味成分；而且浓香型白酒的主体香味物质己酸乙酯阈值较低，低度化后仍能保持较好的原酒风格，而高度浓香型白酒的辛辣刺激感大幅减轻，符合大多数消费者的口味，于是浓香型低度白酒得到迅速发展。酱香型白酒虽酒中微量成分丰富，但其中高沸点物质、醇溶性物质的含量也较高，随着酒度的降低，香味成分的损失较大，酱香风格难以保留。清香型、米香型白酒酒中香味成分的种类和数量多数不及浓香型、酱香型白酒；加之清香型、米香型白酒的主体香味成分为乙酸乙酯和乳酸乙酯，其阈值相对较高，其中乙酸乙酯为己酸乙酯的 59 倍，乳酸乙酯为己酸乙酯的 232 倍，降度的技术难度更大，降度后的芳香、口感都明显降低，容易出现"水味"，口感变淡。其他香型白酒降度后亦会出现同样的问题。

酒的风格是酒中微量成分综合作用于口腔的结果。高度酒加水稀释后，酒中各种组分也随着酒度的降低而相应稀释，而且随着酒度的下降，微量成分含量也随之减少，彼此间的平衡、协调、缓冲等关系也受到破坏。因此，要生产优质的低度白酒，首先要有好的基酒和调味酒，也就是说要大面积提高酒的质量，使基础酒中的主要风味物质含量增加，当加水稀释后其含量仍不低于某一范围，才能保持原酒型的风格。

从某种意义上讲，优质基酒是高品质酒的命脉，更是低度高档白酒的灵魂。要勾兑出高质量的低度白酒，必须有高质量的基础酒。开发低度酒对基酒品质、生产工艺要求更加苛刻。高度酒在降度后，要保持其良好的风味风格，必须选择酸、酯、醛、醇等含量丰富且比例协调的优质基酒。如果基酒质量不过关，在勾调环节很难掩盖其缺点，从而使其降度后的低度酒难以达到酸酯成分协调、口感舒适的质量要求。

要想生产出优质的低度白酒，使其"无水味"而又"低而不淡"，基础酒的好坏是关键。调制低度白酒首先要选择口感纯正、香气突出、酯含量高的优质原酒作为基酒，以确保延长货架期，而且还要对这些基酒进行科学的组合，既要注重色谱骨架成分的协调性、合理性，又要注重微量复杂成分对酒质的影响。这就要求勾兑人员必须全面掌握本厂生产条件和产品酒的理化感官标准，按"香、浓、净、级别、风格"的顺序，对所用各种基酒进行品尝、分析、分类，然后由"小样"到"大样"，经过多次试验来确定基础酒的种类及搭配比例。对基础酒进行分类处理，使处理后的基础酒，既保持低度白酒的浓厚感，不失原酒风味；又能保持不浑浊，无色透明。质量合格的优质酒是生产合格优质低度白酒的"骨架"，做好这项工作意义非常重大。选择基础酒时除感官品尝外，还要进行常规检验，了解每坛（罐）酒的总酸、总酯、总醇、总醛，最好结合气相色谱分析数据，掌握每种酒的微量成分，特别是主体香味成分的具体情况。根据自己的实际经验，选取能相互弥补缺陷的酒，然后进行组合。勾兑时必须掌握主体香气和一般香气的协调性，不能使一种成分过分突出，失去平衡而产生异香。因此，在酒体设计时，要注重各种基酒之间的比例关系，例如：不同工艺特点的酒（老窖酒和新窖酒）、不同季节的酒、不同发酵期的酒、不同贮存期的酒、不同馏分之间的比例关系。力争做到组合的基酒降度后能够保持原有的风格，切实达到降度不降质。

对于浓香型白酒，原酒中酸、酯含量丰富，主体香味物质己酸乙酯阈值较低，当酒精体积分数降至38%时，基本上能保持原有的风味并具有芳香醇正、后味绵甜的特点，目前山东及南方沿海地区已开发出酒精体积分数为30%左右的低度白酒。对于清香型白酒，由于香味成分的含量较低，降度后风味变化较大，当酒精体积分数降至40%左右时，容易失去原来的风格，目前清香型白酒的降度酒主要是酒精体积分数为45%的降度白酒。酱香型白酒因高沸点和醇溶性成分含量较高，香味成分构成复杂，当酒精体积分数降至45%时酒味已淡薄，40%时便呈明显"水味"，因此目前市场上酱香型白酒的主流产品仍是酒精体积分数为50%以上的高度酒。综上，要生产优质低度白酒，首先要采用优质基础酒，否则是难以加工成优质低度白酒的。

二、酒体设计

各厂家酒体设计的方案和处理工艺虽有所不同，但其基本步骤大致为：先了解市场需求情况，对将要开发的产品进行定位（针对特定人群或某区域市场），结合本厂的生产、酒库存量等情况，慎选基酒和调味酒，科学合理搭配组合。因调香不是万能的，用颇具特色的各种特殊功能的调味酒进行调香调味必须是在酒体设计科学合理的基础上进行，组合基酒具有合理协调的色谱骨架成分、协调成分、复杂成分，且酒体无大的缺陷，在基本达到预期设计效果的态势上，调香则起到画龙点睛的作用。调味酒使组合的产品"锦上添花"而非"雪中送炭"。先做小样，广泛征求消费者、经销商、专业人士的意见或建议，反复推敲，确定好酒体设计方案。组合勾调好的基酒，加浆降度到事先设定的酒度后，不得有异杂怪味，并要克服"浮香""酯香""短淡""淡薄""寡淡""水味"，组合勾调时，务必要处理好水溶性较差的一些有机化合物存在引起酒体外观浑浊失光或沉淀的问题；同时，还要考虑这些有机化合物带来的香味物质种类及量比减少后，给酒体协调性、复合性、层次性、完整性、平衡性等造成的负面影响。二者是一对矛盾，但又必须处理好。做到：低而不淡、低而不杂、低而不浊、低而不解。并能在一定条件下，一定的货架期内质量稳定，不出现"失光、浑浊、沉淀、浮香、寡淡、酸败"等现象。低度白酒更偏重于所选的各种基础酒和调味酒的质量，以及酒体设计偏重于解决降度后除浊、香气不持久、口味淡薄、货架期质量的稳定上，这是与高度白酒生产侧重点的不同之处。低度白酒酒体设计一般遵循以下原则。

（一）低度白酒酒度的选择

酒度不同溶液的性质不同，白酒中的呈香呈味物质种类庞大数量繁多，这些物质在不同酒度的溶液中的物理化学性质不同。过低的酒度必然加入的水更多，酒体中的微量香味成分大大被稀释，所以，酒度越低，酒体越不稳定，因此应根据酒度不同进行酒体设计。在目前情况下，酒度尚不能太低，一般地，浓香型白酒在25°以上，清香型38°以上，酱香型在45°以上。

（二）复杂成分与典型性

根据国家相关质量标准，在可控范围内设计出合理科学完整的色谱骨架成分，有足够量的协调成分和复杂成分。提高低度白酒的质量，除有合理的色谱骨架成分和恰当的协调成分外，最关键的措施是补充足够的复杂成分的种类和量比（即复杂成分的强度）。在一定条件下，酒体的复杂成分的典型性决定了酒体的典型性。酒体的复杂成分决定酒体的质量等级。

（三）呈香呈味物质在酒体中的作用

要充分了解白酒中已检出的主要呈香呈味物质的物理化学性质，在酒体中所起的作用，呈香呈味物质放香大小、香味强度以及层次性。层次性分为空间层次与时间层次，空间层次主要由分子结构、分子量、放香值所决定；时间层次主要由放香物质的沸点所决定。

白酒中主要酯的放香大小顺序为：己酸乙酯＞丁酸乙酯＞乙酸异戊酯＞辛酸乙酯＞丙酸乙酯＞乙酸乙酯＞乳酸乙酯。它们在口腔中按时间来划分呈香呈味的先后顺序为：乙酸乙酯＞丙酸乙酯＞丁酸乙酯＞乙酸异戊酯＞戊酸乙酯＞己酸乙酯＞庚酸乙酯＞辛酸乙酯。由以上关系可以看出：表现白酒前香的化合物有乙酸乙酯、丙酸乙酯，中香的化合物有丁酸乙酯、乙酸异戊酯、戊酸乙酯、己酸乙酯，后香的化合物有庚酸乙酯、辛酸乙酯。

白酒中有机酸在呈味上依其沸点的高低产生味感的先后顺序为：乳酸＞乙酸＞丙酸＞丁酸＞戊酸＞己酸＞庚酸＞辛酸。体现前味酸的化合物有乳酸、乙酸、丙酸，中味酸的化合物有丁酸、戊酸、己酸，后味酸的化合物有庚酸、辛酸。

醇类化合物的沸点均较低，是白酒中的甜味物质和助香剂。适量的高级醇有助于白酒香味的丰满度，多元醇在白酒中呈现出绵甜、浓厚的感觉。丙三醇、2，3-丁二醇等不仅呈甜味，而且还对酒体有缓冲作用，能增加酒体的绵甜、醇厚、柔顺等感觉。

助味物质有乙醛、乙缩醛、醋𩽾、双乙酰。乙醛、乙缩醛主要起醇爽作用，助喷香。醋𩽾、双乙酰因分子结构特殊，具有缓冲除暴辣的作用。

了解了酒体中各主要香味物质的一些性质和作用，在勾调酒时，可对症下药，选取合适的基酒和调香调味酒进行精心调配。从白酒中化合物的类别、性质以及在酒体中呈香呈味的贡献来看，白酒中有分子量小、水溶性较好的低沸点的有机化合物，对人的嗅觉、味觉的刺激性大；分子量居中，在水中有一定溶解度，其沸点也居中的这类有机化合物，其香气较持久；还有分子量较大，在水中溶解度较小（是低度白酒出现失光或浑浊或沉淀等不稳定的主要因素之一，在除浊时会被除去一部分）沸点高的一类有机化合物，其香气很持久。

固态法白酒用量的差异，客观地反映了复杂成分的种类和数量即复杂强度的作用。同一酒厂库存酒的复杂成分强度一般具有如下规律：调味酒＞名酒＞优质酒＞基础酒＞一般普酒，多轮底酒＞双轮底酒＞普通底窖酒＞普通中层酒＞普通面糟酒＞丢糟酒，陈酒＞新酒，固态酒＞固液结合酒＞液态酒（全酒精调制酒），固态酒＞酒精串香酒＞酒精。

（四）严格选取基础酒及调香调味酒

要克服低度白酒香气"漂浮"、口味"寡淡"等缺陷，选择合适的基础酒和恰当的调香调味酒是关键。为了确保低度白酒在香气上有一定的持久性，口味上有一定的刺激性即低而不淡，在一定条件下又有相对的稳定性即低而不杂不浊。在选择基础酒、调香调味酒时，应尽量选择分子量居中香气较持久，沸点居中，在水中有一定溶解度的化合物含量丰富的基础酒、调香调味酒进行组合勾调。此外，选择一些含分子量小、沸点低、水溶性好的化合物较多的调香调味酒，增强对味的刺激感，克服"寡淡"的感觉。还要适当选择含分子量大、沸点高的化合物的调香调味酒进行调香调味，并控制好用量，可以增加酒体香、味的持久性。应偏重选择水溶性较好的含高沸点化合物多的调香调味酒来进行定向调香调味，这样可以避免多次调香调味引起酒体浑浊或增加酒体不稳定的因素。一般低度白酒组合勾兑调味所用的调香调味酒，应有较长的发酵期（如选用双轮底酒、多轮底酒），还要有一定的储存期（储存期长一些为佳，一般储存期不得低于一年半，最好用储存期二年以上的酒。调香调味酒储存期最好是五年以上，十年、二十年等的老陈酒有利于低度白酒口味绵长和酒体的稳定），且香气和口味都较好。勾调时，应选用一定量的老陈酒、酒头、酒尾等调香调味酒，具有较高含量的小分子化合物如醇类、醛类、有机酸类化合物，它们可以提高酒体的刺激感；它们还可以增加入口的"喷香"，并且与酒体相互协调。此外，一些挥发性较好或不挥发的有机酸类物质，在水中有一定的溶解度，可以增加酒体的香气和口味的持久性。

（五）注重乳酸乙酯、正丙醇、乙酸乙酯的含量

组合勾调低度白酒时，应在色谱骨架成分含量合理的范围内，适当选取乳酸乙酯、正丙醇、乙酸乙酯含量较高的酒或增加酒中乳酸乙酯、正丙醇、乙酸乙酯的含量。

乳酸乙酯广泛存在于中国各种香型白酒中。它是唯一既能与水又能与乙醇互溶的乙酯。它不仅在香和味上对酒体有较大贡献，它还起着助溶的作用。因乳酸乙酯的媒介作用，乙酯与水的相溶性大大提高，对克服水味有好处。乳酸乙酯是羟基酸乙酯，黏滞性远大于其他乙酯，其呈味作用远大于对香气的贡献（通常情况会压香），可以增加酒体的浓厚感。在浓香型酒体中应该遵循己酸乙酯＞乳酸乙酯的比例关系，己酸乙酯与乳酸乙酯之比 1：（0.6～0.95）为宜。如果乳酸乙酯含量过大，酒体会发闷、酒味涩或苦涩等。较高含量的乳酸乙酯可能会在一定程度上影响低度白酒的放香强度，为降低其他香气物质的嗅阈值，应该相应提高乙醛、乙缩醛的含量。

正丙醇与乳酸乙酯的情况相似。它的沸点为97.4℃，既可以与水、乙醇又可以与其他乙酯互溶。正丙醇作为一种中间溶媒，具有双重作用。正丙醇不但把不溶于水的乙酯和高级醇等带入水中，还把不溶于酯和高级醇等的水带入酯和高级醇中。所以选择基础酒时，应充分考虑到较高正丙醇含量给酒体带来的好处。所以，组合时也应选取正丙醇含量较高的酒，以便克服低度白酒的水味而提高低度白酒的质量。

乙酸乙酯的沸点与乙醇相同，在乙酯中其沸点最低，蒸气分压高，与水的相溶性较好。因此，也应选择那些乙酸乙酯含量高的酒进行组合，有利于酒体的放香。己酸乙酯与乙酸乙酯之比最好为1：（0.5～0.8），具体含量多少应以实际酒体爽净协调而定。

（六）储存期不够的酒不适合用于低度白酒勾调

若将储存期不够的酒用于低度白酒的组合勾调，酒体冲辣，味杂，而且低

度白酒水解速度明显加快，不利于低度白酒货架期稳定。所以，不要将储存期不够的酒用于低度白酒的组合勾兑调香味，更不能使用新酒勾调低度白酒。

（七）注意小样计量误差给产品质量带来的影响

做小样时，过去常用 2mL 医用注射器配合 5.5 号针头、量筒等器具进行勾调，计量粗放，很不准确，往往事倍功半。应使用 100μL 或 10μL 的色谱微量进样器或移液管等准确计量。在不同酒度基础酒组合和加浆降度时，乙醇 - 水分子间氢键缔合作用和放热反应，以及热胀冷缩等因素对体积的影响，都会影响放大样的计量准确性。因此，要重视温度对体积的影响所带来的计量误差对产品质量的影响。

（八）调香白酒勾调必须符合国家的相关质量标准

国标规定，白酒"不直接或间接添加非自身发酵产生的呈色呈香呈味物质"，即低度白酒不得添加食品添加剂，也不得使用非粮谷食用酒精。而原来使用食品添加剂和 / 或非粮谷食用酒精的新工艺白酒称为调香白酒。在低度调香白酒的组合勾调过程中，应重视食用酒精的等级、质量以及酒用香精香料的纯度、气味等，是否符合国家的相关质量标准，并重视感官检测结果是否符合要求，不符合要求的原材料坚决不用。酒精、香精香料、加浆用水等的质量与最终产品的稳定性相关。劣质酒精、香精香料、水等勾调的调香白酒质量不稳定。

（九）风味成分之间的量比关系协调合理

酒体色谱骨架成分、协调成分、复杂成分等的组成及其相互间的量比要协调合理。否则，也会造成酒体的不稳定，加速低度白酒水解酸败。

（十）选择合适的除浊方法

根据产品酒度、档次、产量及本厂实际选用合适的除浊方法。若选活性炭吸附过滤除浊，应根据酒体的情况选择好吸附剂的种类、型号、用量、吸附时间等，还要注意观察过滤机的流速，注意硅藻土是否脱落影响过滤效果。把握好粗滤、精滤，保证除浊效果。

（十一）新勾调的低度白酒应适当储存

低度白酒勾调合格后应适期储存，储存期到后，对酒体进行理化和感官检测，确定是否合格。不合格的绝不可灌装，并应重新调整直到合格，吸附过滤，适期静置储存后方可灌装。并在灌装过程中监测酒的质量波动情况，使产品质量始终处于受控状态。

三、香型融合

中国白酒虽然香型不同，但其风格特征、香味成分和工艺特点有着密切的联系。通过研究不同香型白酒的成因、工艺特点、香味成分个性、风味特征等，可以在各香型之间相互融合、取长补短，提高产品质量，开发新产品，传承创新。

低度白酒生产，最易出现的问题是"味淡""欠丰满""单调""欠浓厚"等，相互融合就不难解决这些问题。香型融合是提高低度白酒质量的重要途径。取长补短、相互协调，可弥补单一香型低度白酒的不足。

（一）各种香型白酒的相互关系

中国白酒最初认定为四大香型，即清香、浓香、酱香、米香，后逐渐发展为12种香型（先后增加了兼香、特型、凤型、药香、豉香、芝麻香、老白干香型和馥郁香型）。

对以大曲为主要糖化发酵剂生产的白酒来说，中国白酒可分为浓、清、酱三大基本香型，这种说法已成"共识"。除米香型、豉香型（以小曲为糖化发酵剂）外，余下7种香型，都是以"浓香、清香、酱香"三大基本香型为母体，以一种、两种或两种以上的香型，将制曲、酿酒工艺加以融合，结合当地地域、环境加以创新，形成各自的独特工艺，衍生出多种香型白酒。

在香型融合中，以浓香为母体的最多，如兼香、凤型、特型、馥郁型、药香型等，故以浓香型为主的生产企业，搞香型融合十分方便。

（二）淡化香型，提倡个性

香型的划分因评酒而产生，对促进白酒的发展功不可没。近年来，白酒消费市场发生了很大的变化，随着生活水平的提高，人们对生活质量的追求、对白酒消费的要求逐渐发生变化。低度白酒和降度白酒的迅速发展、基酒大流通、白酒消费群体的变化、消费者对白酒选择和评价的标准、农村市场的扩大等说明消费者对"香型"的淡化，"醇、甜、绵、净、爽"、"不口干、不上头、醒得快"应是判定好酒的标准。因此应淡化香型，提倡个性特色。

（三）香型融合为低度白酒发展提供了广阔天地

低度白酒生产，最易出现的问题是"味淡""欠丰满""单调""欠浓厚"等，香型融合就不难解决这些问题。

1. 博采众长，相互借鉴

以三大基本香型为基础，各香型之间相互学习、借鉴已普遍进行，有的是用多种香型酒组合、勾调。如清香型、米香型白酒的主体香味成分乙酸乙酯和乳酸乙酯的阈值相对较高，降度后口感变淡明显，若与含己酸乙酯较高的浓香型调味酒组合勾调，则可弥补清香类低度白酒风味变淡的缺陷。酱香型、芝麻香型白酒中微量成分丰富，其中的酱香、芝麻香、焦香阈值较低，在其他香型白酒中勾调适量的优质酱香酒或芝麻香酒，可丰富白酒风味，明显提高低度白酒的风味质量。

2. 采用多种原料酿酒

不同原料酿制的酒，其风格各不相同。一些名优白酒酒体"幽雅、绵甜柔顺、净爽"均与采用多种原料酿制有关。随着市场消费的变化，各种香型在酿造中使用多种粮谷已是明显趋势。

3．香型融合是提高低度白酒质量的重要途径

取长补短、相互协调，可弥补单一香型低度白酒不足。事实上市场上的低度白酒（包括降度酒），不少已是"香型融合"的产品。中国白酒的"香型"原来是区域消费，现在多香型的融合创新是产品走向新时代的必然趋势。只要口味符合广大消费者的要求，不必拘泥于传统香型的羁绊。我们相信，随着科学技术的发展，香型的借鉴、融合、创新，新的产品将会不断涌现。

四、减缓低度白酒贮存过程酯类物质分解的措施

白酒首先是分子溶液，同时也是胶体溶液。实践证明，因为酒体具有布朗运动、丁达尔现象、电泳现象以及在微观形态下酒体颗粒的尺寸在胶体范围内，所以中国白酒属于胶体溶液，白酒的胶体特性显示出微观世界的布朗运动，使各分子分散于酒体中，又通过范德瓦耳斯力使酒中的微量成分以团聚形式连接在一起，构成完整独特的酒体。在高度酒中，乙醇为溶剂，由于乙醇分子的特殊结构，一端为烃基而另一端为羟基，它既能溶解微量成分中的有机部分，又能很好地与水互溶。一方面高级脂肪酸乙酯由于范德瓦耳斯力与酒中的微量成分及酯类形成高分子聚合体，以团聚的形式连接在一起，高级脂肪酸乙酯的疏水性对酯类物质形成一种疏水性的保护溶胶，阻隔了水分子与酯类物质的接触；另一方面，乙醇分子的羟基与水分子结合，形成水化因子，减少了游离的水分子，这两方面的因素使得在高度白酒中虽然含有一部分水分子，但酯类等微量成分在一定时期内不易水解或者水解得非常缓慢。在低度白酒中，水为溶剂，由于高级脂肪酸乙酯的疏水性，在低度白酒中析出，造成低度白酒的浑浊，通过除浊从酒中除去，这样一方面破坏了白酒的胶体特性，使酯类物质失去了保护胶体；另一方面，水浓度的增大，乙醇浓度降低，使乙醇与水分子结合的水化因子减少，游离的水分子增多，这两个方面的因素加速了低度白酒酯类的水解。实验结果表明，低度酒的酒度越低，水解速度越快，最终导致成品酒酸度升高，风味质量下降。

除酒度外，影响低度白酒酯水解和风味质量的因素还有溶解氧、总酸总酯含量、温度、光线、金属离子等，减缓低度白酒贮存过程酯类物质水解的常见措施有以下几种。

（一）减少酒体中的溶解氧

无论是固态法白酒，还是液态法白酒，市场需要的一般成品酒度都在55°以下，因此，在酒体中酯的变化是以水解为主，酒体中的溶解氧是影响酯水解速度的关键性因素。

在白酒勾调过程中，由于酒度的调整及白酒骨架成分的补充添加，往往用压缩空气进行搅拌，加水降度。在这个过程中会溶入大量的氧气，由于氧是非常活泼的元素，溶解氧的存在从而加快了酒中酯类水解的速度，给后期的成品酒勾调工作带来一系列不确定因素，所以要稳定勾兑成品酒的优雅口感，去除溶解氧非常重要。新型白酒在勾调后三至七天口感变得粗糙、酒体空洞与溶解氧的氧化、催化反应有密切联系。

减少酒体中溶解氧的措施主要有：①不用压缩空气搅拌，改为机械螺旋搅拌，尽可能减少酒中进入氧气的机会。②加水降度时，水管口与液面要稍接触，减少加水降度时带入酒体中的氧气。③灌装时采用无空气状态下包装，即向瓶中冲入氮气，把瓶中的空气排出，然后再灌入瓶中白酒，这样瓶口就不存在空气。④瓶盖应密封良好，以免酒液挥发和空气进入。⑤酒液在瓶中的预留空间不可太大，以免瓶中的溶解氧过多，加速酒体不稳定。

（二）在不影响感官风格的前提下，适当提高白酒中总酸含量

低度浓香型白酒在贮存过程中总酸含量会随时间的延长而增加。实践证明，在勾调时稍微提高酸含量，使总酸的含量达到一个相对的饱和度，这样可以抑制低度白酒在贮存期的水解过程。

（三）避光低温阴凉保存，减缓低度白酒在贮存过程中水解速度

低度浓香型白酒在暴晒和温度高的环境下贮存，其水解速度会比在阴凉处温度低的环境下贮存要快得多。实践证实，光线和温度对低度白酒酒体的影响很大，水解过程也快。研究表明对于一般的反应，温度每升高10℃，化学反应速度增加2～4倍。

（四）采用陶缸贮存原酒或陶瓶包装促使酒体老熟，减缓低度白酒贮存期间的水解反应速度

储存白酒的容器有很多种。选择恰当的容器可以促进酒体的缔合老熟，增加酒体的稳定性。无论是何种酒度的酒，用优质陶坛储存均有利于酒体的老熟和稳定，促进酒体的陈香陈味、幽雅细腻、缔合性、平衡性。其次是不锈钢罐储存酒较好。尤其是低度白酒，绝对不能用铁罐、铝罐、血料容器、水泥池等储存。以免低度白酒产生沉淀或变色或其他异味等情况发生影响其产品风格和风味。

陶缸中含有多种微量金属元素，与优质原酒中的酸、酯、含氮化合物等微量香味成分在贮存过程中形成络合物，使酒体成为胶体溶液；采用陶质酒瓶盛装低度酒，和陶缸贮酒的原理一样，根据反应速度碰撞理论，在贮存期间，过渡元素的原子或离子能与羰基以 σ-π 配键结合形成羰基络合物。酸酯活化分子的数量远小于非陶质酒瓶贮存的酒体，从而使酯化和水解反应速度变慢。一些名优白酒实践证明，采用陶质酒瓶和玻璃瓶贮酒的酒体从感官和理化上相

比，陶质酒瓶盛酒其酒体的稳定性均优于玻璃瓶盛酒。

随着白酒基础理论研究的不断深入，对白酒"溶液"这个化学上的概念的认识前进了一大步。由于水和乙醇都是极性分子，其极性基团羟基易在溶液中形成特有的氢键，在此氢键的作用下，乙醇和水会形成新的缔合结构，即相对稳定的环状三聚体缔合结构。近年来的研究认为，白酒不是简单的"真溶液"，白酒是一种"胶体溶液"，是真溶液逐步转化成的"溶胶"。溶胶是一个较稳定的体系，因为溶胶的颗粒小，布朗运动可使它们不下沉，在动力学上具有动力稳定性，新勾调的酒体是不太稳定的，如果设法加速溶胶的形成，就可"加快"达到动态稳定状态，如何"加快"这是我们所追求的。

根据"白酒溶胶"的理论，"溶胶"的形成需要中心离子，中心离子与酒体中微量成分形成"胶核"，它的形成使白酒尽快转化成"溶胶"，并达到稳定状态形成一个完美的酒体。可见金属离子在促进酒体稳定和提高酒质方面具有重要作用，我们传统上的用陶缸存酒加速老熟，突出风味的经验也证明了这一点，陶器提供了金属离子，简言之金属离子在酒体中起到了"牵线搭桥"的作用，加强了醇分子与水分子的缔合能力。

基于这些理论，新勾调的白酒经过一种高纯合金过滤装置过滤，它可以提供丰富的金属离子，如：Zn^{2+}、Al^{3+}、Co^{3+}、Fe^{3+}、Hg^{2+}、Cu^{2+} 等。白酒本身含有大量的 H_2O、—OH、—$COOH$、—CHO、—NH_2、O_2、O^{2-} 等，上述物质可络合成更加稳定的络合物或多核的胶粒或胶团，这种酒中的络合物的形成在稳定酒体及丰满酒体的优雅风格中具有重要作用，它加强了乙醇分子与水分子的缔合度，加速酒体进入一个稳定的状态，降低了低度白酒在贮存期的水解速度。

(五) 助溶原理的应用

众所周知，高级脂肪酸具有助溶作用，因为它有亲脂性基团烷基和亲水性基团羧基。当它遇到高级脂肪酸乙酯时，亲脂性的烷基即浸入酯的内部，而亲水性羧基则在酯的外部而溶入水中，这使高级脂肪酸乙酯被高级脂肪酸转化成可溶于水的分子。由于脂肪酸的碱金属盐溶于水，其他盐不溶于水，所以酒体中钾钠离子存在不影响助溶，但钙镁离子存在使脂肪酸产生沉淀而消失。

(六) 适当提高乳酸乙酯含量，可提高酒体的缔合度

当氢原子同负电性大的氧原子形成化合物时，H 多余的作用力，吸引另一分子中负电性的原子生成分子间的氢键而缔合，由于酒精分子与水分子中均含有—OH 基团，则形成氢键而缔合。门捷列夫证实了 51.3°伏特加缔合程度最佳。由核磁共振的氢谱图也可知 52°中国白酒缔合最佳。当酒度降低后，由于酒精含量变化，缔合度也发生了变化。乳酸和乳酸乙酯均含有羟基，所以能有效提高缔合度，形成网状构型而使酒体趋于稳定。低度白酒中乳酸及乳酸乙酯含量高，不仅可改善口感，且使酒体稳定。

第十一章

白酒生产副产物的综合利用

第一节 黄浆水与底锅水的综合利用

一、黄浆水的综合利用

黄浆水是浓香型曲酒发酵过程中的必然产物。其成分相当复杂，除酒精外还含有酸类、酯类、醇类、醛类、还原糖、蛋白质等含氮化合物，另外还含有大量经长期驯养的梭状芽孢杆菌，它是产生己酸和己酸乙酯不可缺少的有益菌种。若直接排放，将对环境造成严重污染。如采取适当的措施，使黄浆水中的有效成分得到利用，则可变废为宝。不仅可减轻环境污染，而且对提高曲酒质量、增加曲酒香气、改善曲酒风味具有重要作用。

(一) 酒精成分的利用

将黄浆水倒入底锅中，在蒸丢糟时一起将其酒精成分蒸出，称为"丢糟黄浆水酒"，这种酒一般只作回酒发酵用。这种利用黄浆水的方法只是利用黄浆水中的酒精成分，而其他成分并未得到利用。

(二) 酯化液的制备与应用

1. 酯化液的制备

将黄浆水中的醇类、酸类等物质通过酯化作用，转化为酯类，制备成酯化液，对提高曲酒质量有重大作用，尤其可以增加浓香型曲酒中己酸乙酯的含量。用黄浆水制备酯化液的方法各厂不同，现举几例如下。

【例1】取黄浆水、酒尾、曲粉、窖泥培养液按一定比例混合，搅匀，于大缸内密封酯化。具体操作如下。

① 配方 黄浆水 24%～26%，酒尾（酒精含量 10%～15%）67%～70%，曲粉 2%，窖泥培养液 1%～2%，香醅 2%～3%。

② 酯化条件 pH3.5～5.5（视黄浆水的 pH 值而定，一般不必调节），温

度 32 ～ 34℃，时间 30 ～ 35d。

【例2】采用添加 HUT（生物激素）溶液制备黄浆水酯化液，HUT 溶液的主要成分是泛酸和生物素，泛酸在生物体内以 CoA 形式参加代谢，而 CoA 是酰基的载体，在糖、脂和蛋白质代谢中均起重要作用。生物素是多种羧化酶的辅酶，也是多种微生物所需的重要物质。

① HUT 溶液　取 25% 赤霉酸，35% 生物素，用食用酒精溶解；取 40% 的泛酸，用蒸馏水溶解。将上述两种溶液混合，稀释至 3% ～ 7%，即得 HUT 溶液。

② 酯化液制备　黄浆水 35%，酒尾（酒精含量 20%）55%，大曲粉 5%，酒醅 2.5%，新窖泥 2.5%，HUT 液 0.01% ～ 0.05%。保温 28 ～ 32℃，封闭发酵 30d。

【例3】利用己酸菌产生的己酸，增加黄浆水中己酸的含量，促使酯化液中己酸乙酯含量增加。菌种 10%，己酸菌液 8kg，用黄浆水调 pH4.2，酒尾调酒精含量为 8%。保温 30 ～ 33℃，发酵 30d。

2．酯化液的应用

黄浆水酯化液的应用主要有以下几个方面。

① 灌窖　选发酵正常，产量、质量一般的窖池，在主发酵期过后，将酯化液与低度酒尾按一定比例配合灌入窖内，把窖封严，所产酒的己酸乙酯含量将有较大提高。

② 串蒸　在蒸馏丢糟酒前将一定量的黄浆水酯化液倒入底锅内串蒸，或将酯化液拌入丢糟内装甑蒸馏（丢糟水分大的不可用此法），其优质品率平均可提高 14% 以上。

③ 调酒　将黄浆水酯化液进行脱色处理后，可直接用于低档白酒调味。

二、底锅水的利用

（一）制备酯化液

曲酒生产中每天都有一定数量的底锅水，气相色谱分析结果表明底锅水中含有乙酸、乙酸乙酯、乳酸乙酯、己酸乙酯以及正丙醇、异丁醇、异戊醇等成分。酒厂将底锅水自然沉淀后取上清液，加入酒尾等原料在高温下酯化可制得酯化液，用于串蒸与调酒。

串蒸方法与黄浆水酯化液相同，据报道其曲酒的优质品率平均可提高 12.5% 以上。

用于调酒时，先将底锅水酯化液过滤，再用粉末活性炭脱色处理，处理后的酯化液杂味明显减少，然后加入配制好的低档白酒中搅拌均匀，存放一周，可明显改善酒的风味。

（二）用于生产饲料酵母

五粮液酒厂将浓底锅水（加黄水串蒸后的底锅水）按 1：2 用水稀释后，添加一定量无机盐和微量元素后，30℃培养 24h，离心、烘干即得饲料酵母。用此法每吨浓底锅水可得绝干菌体 45kg，这样年产 6000t 大曲酒的工厂，每年可生产干酵母粉 200 多吨。

第二节　固态酒糟的综合利用

一、稻壳的回收与利用

（一）稻壳的回收

将白酒酒糟直接输送至酒糟分离机内与水充分混合、搅拌后稻壳与粮渣分离，然后进入稻壳脱水机脱水分离。工艺流程如图 11-1 所示。

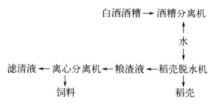

图 11-1　酒糟湿法分离稻壳的工艺流程

湿法分离可回收大部分的稻壳，但离心分离后的滤液中含有大量的营养物质，直接排放将造成环境污染。也有采用干法回收稻壳的，白酒糟经干燥后用挤压、摩擦、风选等机械方法分离稻壳。分离稻壳后的干酒糟中还含有大部分的稻壳，经粉碎后可用作各种饲料，其营养价值比全酒糟干燥饲料有所提高。

（二）稻壳的利用

回收的稻壳与新鲜稻壳以 1：1 的比例搭配，按传统工艺酿酒，产品质量与全部使用新稻壳酿制的酒比较，有一定的提高。这样既节约了稻壳，又提高了产品质量。

二、香醅培养

将正常发酵窖池的新鲜丢糟分别摊晾入床，加适量糖化酶、干酵母、大曲粉及打量水，一定温度入池发酵至第 9 天，将酯化液与低度酒尾的混合液泼入窖内，封窖发酵可得较好香醅。所得香醅可用作串香蒸馏，也可单独蒸馏得调味酒，用作低档白酒的调味。

三、生产丢糟酒

　　白酒丢糟中有一定的淀粉残留且营养成分丰富，其中含有一定的粗脂肪、粗纤维和粗蛋白。丢糟酒是以白酒糟（丢糟）作为主要原料，通过添加糖化酶、活性干酵母、曲粉等一种或多种糖化发酵剂后重新发酵、蒸馏得到的白酒。将酒糟用于丢糟酒的生产，可以充分利用酒糟中的营养物质和香气成分，提高淀粉的利用率，减少资源浪费。

　　酱香型白酒的生产采用独特的"12987"工艺，将酱香白酒七轮次取酒后的糟醅摊晾再加入酒曲，入窖升温后，封窖继续发酵一个月，起醅烤制可得翻沙酒；之后将经过破碎、润粮、蒸煮后的高粱与摊晾后的翻沙糟醅混合配料，再加入酒曲，入窖发酵一个月，开窖、起醅、蒸馏可得碎沙酒。

四、菌体蛋白的生产

　　利用酒糟生产菌体蛋白饲料，是解决蛋白质饲料严重短缺的重要途径。近年来少数名酒厂，如泸州老窖酒厂在小型试验的基础上，进行了生产性的试验，并取得了一定成绩。重庆某酒厂用曲酒糟接种白地霉生产 SCP（单细胞蛋白），粗蛋白含量达到 25.8%。目前用于生产菌体蛋白的微生物主要有曲霉菌、根霉菌、假丝酵母菌、乳酸杆菌、乳酸链球菌、枯草芽孢杆菌、赖氨酸产生菌、拟内孢霉、白地霉等，以多菌种混合培养者效果较为明显。菌体蛋白的一般生产工艺如图 11-2 所示。

菌种斜面 → 小三角瓶 → 大三角瓶 → 种子罐 ───┐

酒糟、辅料、水 → 混合、调pH → 蒸煮 → 冷却 → 接种 → 固态培养 → 出料 → 粉碎 → 筛分 → 成品

图 11-2　菌体蛋白生产的工艺流程

　　泸州老窖生物工程有限责任公司生产的多酶菌体蛋白饲料，其营养成分为粗蛋白 ≥ 30%，赖氨酸 ≥ 2%，18 种氨基酸总量 ≥ 20%，粗灰分 ≤ 13%，水分 ≤ 12%，纤维素 ≤ 18%。

　　根据四川省畜牧科学研究院养猪研究所试验，用多酶菌体蛋白饲料取代豆粕培育肥猪，其添加量为 10% ～ 15%。饲养结果表明，添加多酶菌体蛋白后，改善了饲料的适口性，增加了采食量，降低了饲料成本，提高了养猪经济效益。

五、酒糟干粉加工

　　酒糟干粉加工由于所用热源不同，干燥温度不同，干燥后加工工艺不同（粉碎或稻壳分离），再加上鲜糟质量的差异，因此加工成的干糟粉质量差别较大，饲喂效果也不相同。

（一）热风直接干燥法

皮带输送机将鲜酒糟通过喂料器送入滚筒式干燥机，同时加热炉将 650 ～ 800℃的热风源源不断地送入干燥机，湿酒糟与热风在干燥机内进行热交换，将水分不断排走，干燥尾温为 110 ～ 120℃，烘干后的酒糟从卸料器排出，去杂后粉碎、过筛、计量、装袋、封口、入库。该工艺设备简单，处理量大；其干粉成品一般含水分≤ 12%，但由于干燥温度高，易出现稻壳焦煳现象，引起营养物质的破坏。其工艺流程如图 11-3 所示。

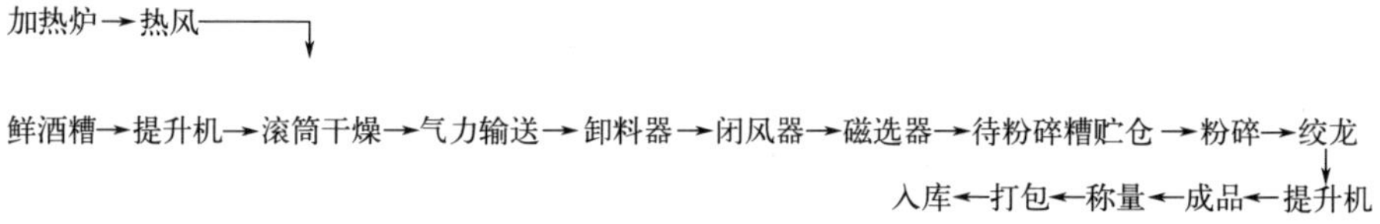

加热炉→热风
鲜酒糟→提升机→滚筒干燥→气力输送→卸料器→闭风器→磁选器→待粉碎糟贮仓→粉碎→绞龙
入库←打包←称量←成品←提升机

图 11-3　酒糟热风直接干燥的工艺流程

（二）蒸汽间接干燥法

湿酒糟经喂料机送入振动干燥机的同时，鼓风机将干热蒸汽通过干热蒸汽缓冲槽把 160 ～ 180℃的干热空气分别送入两台振动干燥床，进行连续干燥，干燥后的酒糟由自动卸料器排出，除杂后再粉碎、计量、装袋、封口、入库。该工艺干燥温度低，产品色泽好，营养破坏较少，含水量 <10%，产品质量优于直接热风干燥，但能耗大，设备处理能力不如直接热风干燥。其工艺流程如图 11-4 所示。

干热蒸汽→干热空气缓冲槽
鲜糟→喂料器→振动干燥床Ⅰ
一次干料
振动干燥床Ⅱ
二次干料→粉碎→成品

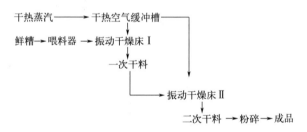

图 11-4　酒糟蒸汽间接干燥的工艺流程

（三）晾晒自然干燥法

将鲜酒糟直接摊晾于晒场，并不断扬翻以加速干燥，这种方法投资少、见效快、节能且营养物质及各种生物活性物质不易被破坏。但晒场占地面积大，受自然条件约束，不宜工业化大生产，较适合于中小酒厂使用。

六、其他

传统白酒固态发酵过程中，酿酒原料中的大部分淀粉被利用，但白酒丢糟中仍然有一定的淀粉残留（粗淀粉 10% ～ 13 %），同时还残留较多的蛋白质（粗蛋白 10% ~ 16%)、脂肪（粗脂肪 3.83% ~ 8.04%）和粗纤维（18.0% ~ 24.0%）。白酒丢糟在制曲、栽培食用菌、生产调味品、作为燃料等方面也得到广泛应用。

（一）在制曲生产中的应用

随着我国科学技术的不断进步，制曲技术也不断发展，经过前期科研工作者的大量研究，发现酒糟的营养丰富，带有一定酸度，且含有一定的制曲有益微生物，用于制曲可抑制有害菌繁殖，促进大曲发酵透彻，最终提高曲的质量，同时我国传统大曲酒固态酿造的主要副产物酒糟（亦称丢糟）的产量比较大。因此，将白酒酒糟用于大曲生产有利于提高白酒清洁生产效率。

酒糟中的残余淀粉和有机酸等可作为制曲中微生物的碳源；酒糟还可调节曲料的 pH 值，在适宜酸度条件下使有益微生物生长旺盛，同时抑制有害微生物。酒糟中含有丰富的 B 族维生素及磷元素，有利于促进制曲过程中菌体的生长及酶的代谢和糖化发酵作用的进行。袁光和等将去除了稻壳后的粮渣和小麦按 1:3 的比例混合后制曲，用于大曲酒生产，结果表明，其中淀粉的转化率提高 3.03%，出酒率提高了 3.81%，己酸乙酯的含量提高了 40%。张宝年等试验了添加部分酒糟到纯小麦制曲中，不仅可以降低制曲的成本，还能显著提高所制的曲块的各项理化指标。

（二）栽培食用菌

近年来，利用白酒丢糟培养食用菌已引起广泛重视，并已在不少地方实现了规模生产。何元丽等研究了利用多粮浓香型白酒丢糟生产猴头菇，得到的最佳培养基配方为：鲜丢糟 72%，棉籽壳 12%，木屑 10%，麸皮 4%，石膏粉 1%，过磷酸钙 1%。采用该培养基生产菌种，菌丝满袋时间、菌蕾形成时间与国内生产常用的培养基相比均缩短了 3 ~ 4d。张楷正等采用某酒厂的白酒丢糟栽培金针菇，得出的主要操作参数为：丢糟水洗后压干，袋料 pH7，木屑麸皮添加量 30%，常压灭菌 10h。在此条件下金针菇生物转化率为 74.9% 左右，菌丝生长 30d 满袋。酒糟也被用于秀珍菇栽培，优化的配方为：鲜丢糟 80%，棉籽壳 12%，麸皮 5%，石膏粉 1%，石灰 1%，蔗糖 1%。此外，关于利用白酒丢糟生产鸡腿菇、茶树菇和杏鲍菇等也有相关报道。

（三）生产调味品

与传统酿醋方式相比，采用丢糟二次发酵酿造食醋可以达到国家食醋标准的各项要求，还可降低一半以上的成本。王传荣等应用耐高温酒精活性干酵母、糖化酶和纤维素酶以鲜丢糟为原料酿造食醋，每 100kg 鲜丢糟平均产醋 33.5kg，其产品质量和卫生指标均符合国家标准；范文权等以根霉、生香酵母和醋酸菌为菌种，以鲜丢糟、麸皮和粉碎后的高粱、豆类混合发酵 50 ~ 60d 生产食醋，经加工后可获得优质食醋；廖湘萍等以白酒生产的副产物大曲酒尾和丢糟为原料，采用黑曲霉、醋酸菌为发酵菌种，半固态法酿制，得到风味纯正、香味浓郁的食醋，其口感优于麸曲醋。陆步诗等在传统酱油曲制作中添加部分白酒丢糟，成曲的蛋白酶活力、孢子数、感官指标均高于传统酱油曲；岳德宏等以白酒丢糟为原料，利用低盐固态酿造技术生产的酱油达到了国家标准的要求。

（四）作为燃料棒

1. 生产燃料棒

白酒丢糟富含生物质能，将白酒丢糟通过干燥成型转化为生物质燃料棒，是生产生物质的方式之一。白酒丢糟生产燃料棒的工艺步骤包括：酸碱中和、干燥、挤压成型和风冷干燥等。与煤炭、轻柴、天然气的燃烧比较研究结果显示，废弃丢糟燃烧具有热值较高（接近烟煤）、锅炉热效率高、尾气排放对环境污染最小、燃烧成本最低等优点，是理想的原煤替代燃料。

2. 生产沼气

酒糟富含有机酸、醇类、糖类等物质，容易被沼气微生物降解利用，可以加快发酵速度。25 左右的碳氮比无需再添加含氮物质进行调节，简化操作，降低成本。目前，利用酒糟生产沼气一个主要的问题在于发酵处于一个高温环境，在北方这样的长期低温地区难以实施，产品使用区域一般仅限周边地区，这是酒糟生产沼气没有被广泛推广的重要原因，还有待后续解决。

第三节　液态酒糟的综合利用

一、生产 DDGS

液态酒糟是液态法白酒厂或酒精厂排出的蒸馏废液，根据各生产厂家的工艺条件不同，每生产 1t 酒精含量 60%（体积比）的白酒排出 6～8t 酒糟，一般酒糟中含 3%～7% 的固形物和丰富的营养成分，应予以充分利用。目前酒糟的处理方法有多种，但不论采取哪一种方法都需要将蒸馏釜排出的酒糟先进行固液分离，得到滤渣和清液，随后再进行综合利用。

（一）DDG 与 DDS

以谷物为原料的酒糟营养丰富，干糟粗蛋白含量一般在 30% 左右，是极好的饲料资源。固液分离后的湿酒糟（滤渣）水分含量在 70% 左右，可直接作为鲜饲料喂养畜禽，也可以经干燥后制成干饲料 DDG。滤液干物质含量在 3% 左右，可部分回用拌料，以调节醅液酸度；剩余部分采用多效浓缩蒸发可得干物质含量 ≥ 45% 的浓浆，即 DDS。

（二）DDGS 生产

DDGS 是以玉米为原料，对经粉碎、蒸煮、液化、糖化、发酵、蒸馏提取酒精后的糟液，进行离心分离，并将分离出的滤液进行蒸发浓缩，然后与糟渣混合、干燥、造粒，制成玉米酒精干饲料。这是目前玉米酒精生产中普遍采用的酒糟综合利用工艺，流程如图 11-5 所示。

图 11-5　DDGS 生产的工艺流程

离心分离后酒糟分成滤渣和清液两部分，其中滤渣水分≤73%，滤液的悬浮物含量为 0.5% 左右。滤液经多效蒸发成为固形物含量为 45%～60% 的浓浆后，与滤渣混合，然后干燥、过筛、造粒、包装即得 DDGS 成品。

DDGS 属于国际畅销饲料，它不仅代替了大量饲料，而且减少了废糟、废水对环境的污染。缺点是滤液蒸发浓缩能耗高、投资大，适合于大规模酒精生产，而不适合于小型液态法白酒企业的酒糟加工。

二、废液综合利用

酒糟经固液分离后，得到的清液可用于拌料，还可用于菌体蛋白的生产和沼气发酵。

（一）废液回用

粗馏塔底排出的酒糟进行固液分离后，得到的清液中不溶性固形物含量在 0.5% 左右，总干物质含量为 3.0%～3.5%。由于清液中有些物质可作为发酵原料，有些则可促进发酵，有利于酒精生产，所以过滤清液可部分用于拌料。这样不仅节约了多效蒸发浓缩工序的蒸汽用量，减轻了多效蒸发负荷，而且替代部分拌料水，节约生产用水。

（二）菌体蛋白的生产

对固液分离得到的废液进行组分及 pH 的调整后可用于菌体蛋白（单细胞蛋白 SCP）的生产，其工艺流程如图 11-6 所示。经此工艺处理可得到含水分为 10% 左右的饲料干酵母，蛋白质含量为 45% 左右，COD_{Cr}（重铬酸盐指数）去除率为 40%～50%。

图 11-6　滤液菌体蛋白生产的工艺流程

单细胞蛋白（SCP）不仅含有丰富的蛋白质，而且还含有许多维生素和矿物质，是一种优良的饲料蛋白源。白酒废液含有微生物所需要的营养物质，这些物质被微生物利用后可以培养 SCP，同时降低废水中的污染物，是治理这类废水的一种较好的方法。

利用白酒废液培养 SCP 要实现工业化，必须将废水集中收集，一次性投资大，而且需要一定生产规模。可见，利用白酒废水培养 SCP 比较适合于大型酒厂或酒业园区。

第四节　环境保护

一、污染物的来源与排放标准

（一）污染物来源

白酒企业在生产过程中产生的主要污染物为高浓度的有机废水，其次为废气、废渣、粉尘及其他物理污染物。各种污染物均可对周围环境造成不同程度的污染，对周围的动植物（包括人类）可造成不同程度的危害。至于各种污染物具体有什么危害作用，这里不作详细叙述。表 11-1 列出了白酒企业中各种污染物的来源。

表 11-1　白酒企业中各种污染物的来源

项目	污染物	主要来源
废水	蒸馏锅底水、冷却水	酿酒车间
	洗瓶水	包装车间
	冲洗水	酿酒、制曲等车间及公共厕所
废气	粉尘	破碎、制曲、包装等车间
	二氧化硫、一氧化硫、氮氧化合物、苯并芘	燃煤锅炉
废渣	酒糟、炉渣	酿酒车间、锅炉
物理性污染物	噪声等	各车间

（二）排放标准（废水）

白酒企业产生的主要污染物一般属于二类污染物。在排污单位取样，其几个主要的控制指标最高允许排放浓度见表 11-2，其他污染物控制指标及分级标准详见有关专业资料。

表 11-2　发酵酒精和白酒生产企业水污染物排放最高允许限值

项目		直接排放	间接排放	污染物排放监控位置
COD$_{Cr}$/（mg/L）		100	70	企业废水总排放口
BOD$_5$/（mg/L）		30	80	
SS/（mg/L）		50	140	
氨氮 /（mg/L）		10	30	
总磷 /（mg/L）		1.0	3.0	
pH 值		6～9	6～9	
单位产品基准排水量 /（m³/t）	发酵酒精企业	30	30	排水量计量位置与污染物排放监控位置一致
	白酒企业	20	20	

二、污水处理

白酒生产以水为介质，产生的废水可以分为两部分：一部分为高浓度有机废水，包括蒸馏锅底水、发酵盲沟水、蒸馏工段地面冲洗水、地下酒库渗漏水、"下沙"和"糙沙"工艺操作期间的高粱冲洗水和浸泡水，是一种胶状溶液，有机物和悬浮物含量都很高，但这部分废水水量很小，只占排放废水总量的 5%；另一部分为低浓度有机废水，包括冷却水、清洗水，是废水的主体，可以回收。据分析，每生产 1t 65%（体积分数）的白酒，约耗水 60t，产生废水 48t，排污量很大。

近年来白酒行业发展日益壮大，同时带来的环境问题也日趋严重。尽管我国的白酒废水治理技术已有十余年的探索，但总体情况不尽如人意。首先，部分小型乡镇白酒厂废水没有进行有效处理直接排放；其次，大型酒业废水处理设施一次性投入高，基本上是十几万乃至上千万元人民币，工艺复杂，调试时间长，管理要求高，处理成本高。而且，许多酒厂的废水处理工艺往往没有达到预期效果或因扩建负荷不足，还需要不断改进甚至重建，有的甚至由于好氧段耗能高，工程建好却不愿坚持运行。无疑，白酒行业的发展面临"环保瓶颈"的尴尬局面。

（一）物理处理法

到目前为止，物理处理技术主要是围绕悬浮物（SS）去除进行固液分离。SS 去除法可以省去耗能较高的好氧处理环节，降低工程投资，减少运行费用。固液分离方法与设备选择是实施该技术的关键，常用的设备有沉降式卧螺离心机和微孔过滤机，应根据具体情况因地制宜地选用。

1. 机械分离技术

机械分离利用废水中有机质与水的密度差，通过离心达到固液分离。目前常用的固液分离的设备有沉降式卧螺离心机、微孔过滤机等。

一般进行固液分离的工艺是：酒精糟液→沉砂池→调节池→离心机高位槽→离心分离→出水回用拌料。

      ↓

 湿渣料→饲料

采用机械分离技术实现酒精糟液分离回用法投资少，工艺设备简单，投产快，效益好。分离效果是产固量 20% 左右，可以去除部分有机物。某些白酒厂排放出的废水浓度高，COD 浓度高，固形物含量高，比较适合采用这种方法进行处理。但出水供拌料，考虑到可能影响生产的酒质，回用次数无疑不能太多。而且湿渣料一般不能直接作为饲料，其经济效益将大打折扣。此外，该法显然并不适用于清污混排含固量相对低的废水。

2．絮凝预处理技术

絮凝法是通过合适的絮凝剂，提高废水的含固量，实现 SS 的去除。有研究表明采用絮凝法处理白酒废水可以提高废水的可生化性，提高有机物去除率。也有研究发现该法存在一些不足：絮凝剂成本高，增固量并不高而含水率上升，所得固体若作饲料则对絮凝剂的类别有限制。该法对含固量相对低的白酒废水比较适用，但絮凝剂种类、投加量等参数需要建立在实验室可行性研究的基础上，进行优化选择，尽可能地克服不利影响，提高处理效果。若能开发出处理效果好、成本较低、饲养价值高的专用絮凝剂必将大大推进该技术的发展。

（二）生化处理法

生化法是利用自然环境中的微生物的生物化学作用分解水中的有机物和某些无机毒物使之转化为无机物或无毒物的一种水处理方法。根据白酒废水的水质分析，总体属于有机废水，且有很好的可生化性。据统计，我国白酒废水的治理大多采用生化法，一般分好氧法、厌氧法和厌氧 - 好氧法等。

1．好氧法

好氧生化处理法利用好氧微生物降解有机物实现废水处理，不产生带臭味的物质，处理时间短，适用范围广，处理效率高，主要包含两种形式：活性污泥法和生物膜法。

（1）活性污泥法 活性污泥法是利用寄生于悬浮污泥上的各种微生物与废水接触，通过其生化作用降解有机物。到目前为止，传统活性污泥法以及围绕活性污泥法开发的有关技术如氧化沟、序批式活性污泥法（SBR）等，已经应用于白酒废水治理，取得明显效果。

综合分析看来传统活性污泥法动力费用高，体积负荷率低，曝气池庞大，占地多，基建费用高，通常仅适用于大型白酒企业废水处理。如何弥补其不足还有待深入研究。氧化沟操作灵活，对于白酒间歇式排放、夏季三个月停产水量减少的情况特别适应，但该技术有流速不够、推动力不足、污泥沉淀等缺点，有时供氧不足、处理效果不佳，在实践应用中尚待进一步探索完善。SBR法因其构造简单、投资省、控制灵活、污泥产率低等优点，最适用于白酒废水间歇排放、水质水量变化大的特点。但是由于没有污泥回流系统，实际运行中经常发生污泥膨胀、致密、上浮和泡沫等异常情况。如何实现反应池工况条件（溶解、温度、酸碱度）的在线控制监测还有待研究。

（2）生物膜法　生物膜法有很多优点，如水质水量适应性强、操作稳定、不会发生污泥膨胀、剩余污泥少、不需污泥回流等。尤其是生物接触氧化池比表面积大，微生物浓度高，丰富的生物相形成稳定的生态系统，氧利用率高，耐冲击负荷能力强，在白酒废水处理中常常予以采用。需要注意的是，该法有机负荷不太高，实际应用会受到一定限制。

2. 厌氧法

与好氧法不同的是，厌氧法更适用于处理高浓度有机废水，具有高负荷、高效率、低能耗、投资省，而且还能回收能源等优点，特别适用于处理白酒废液，如"黄浆水""锅底水""发酵盲沟水"等。目前主要是围绕各型反应器的研究开发并予以工程实践，如膨胀颗粒污泥床（EGSB）反应器、IC反应器、升流式污泥床（UASB）反应器等。其中UASB具有容积负荷高、水力停留时间短、能够回收沼气等优点，已经逐渐成为白酒废水厌氧消化处理的研究热点课题之一，对其设计、启动、运行和控制等已做出了大量探索。调查结果表明，UASB的实际应用还存在启动慢、管理难等问题，仍有待研究完善，欲回收沼气规模化利用，对于小型酒厂并不适用。

厌氧处理多用于营养成分相对较差的薯干酒精废液，已有成熟的工艺和设备。1t薯干酒精废糟液（不分离）可产沼气约280m^3，COD_{Cr}去除率可达86.6%，BOD_5去除率为89.6%；1t木薯酒精糟废液可产沼气约220m^3，1m^3分离滤液可产沼气12～14m^3，COD_{Cr}去除率可达90%。

3. 厌氧-好氧法

大量的白酒废水处理实践表明，高浓度白酒废水经厌氧处理后出水COD浓度仍然达不到排放标准，而若直接采用好氧处理需要大量的投资和占地，能耗高，不够经济合理。一般先进行厌氧处理，再进行好氧处理，即厌氧-好氧法，这是目前白酒废水处理过程中应用广泛、研究深入的方法。

鉴于厌氧菌与好氧菌降解有机物的机理不同，可以分析得出厌氧-好氧工艺具有明显的优越性。在厌氧阶段可大幅度地去除水中悬浮物或有机物，后续好氧处理工艺的污泥得到有效的减少，设备容积也可缩小；厌氧工艺可对进水负荷的变化起缓冲作用，为好氧处理创造较为稳定的进水条件；若将厌氧处理控制在水解酸化阶段时，不仅可提高废水的可生化性和好氧工艺的主力能力，而且可利用产酸菌种类多、生长快、适应性强的特点，运行条件的控制则更灵活。需要指出的是，厌氧 - 好氧工艺的关键是要结合白酒废水的水质水量特征，本着投资少、效益高、去除率高的原则，研究开发技术可靠、管理方便、运行成本较低的厌氧和好氧反应器进行优化组合，尽量克服不足，充分发挥各阶段优越性。

4．微生物菌剂法

采用生化法处理白酒废水，微生物是核心，通常都需要较长时间的培养与驯化。尤其是厌氧菌生长缓慢，对环境条件要求高，导致反应器启动时间长，甚至启动失败，这无疑会对处理工程造成极大的影响。微生物菌剂的开发利用成为研究的热点。而白酒废水中含有大量的低碳醇、脂肪酸，欲获得具有很好适用性的高效优势菌并且推广运用，还会面临菌种驯化、分离复杂、筛选困难的"瓶颈"，这方面的研究起步较晚，还需进一步加强应用可能性和实际工艺方面的探讨。

5．几种生化处理技术的比较与具体应用条件

白酒废水处理生化技术的比较见表 11-3。

表 11-3　白酒废水处理生化技术的比较

处理技术	优点	缺点
好氧法	不产生臭味的物质，处理时间短，处理效率高，工艺简单、投资省	人为充氧实现好氧环境，牺牲能源，运行费用相对昂贵
厌氧法	高负荷，高效率，低能耗，投资省，回收能源	多有臭味，高浓度废水处理出水仍然达不到排放标准，运行控制要求高
厌氧 - 好氧法	厌氧阶段大幅度去除水中悬浮物或有机物，提高废水的可生化性，为好氧段创造稳定的进水条件，并使其污泥有效地减少，设备容积缩小，中等投资	需要根据实际合理选择工艺，进行优化组合，建造与操作比单纯好氧或纯粹厌氧复杂，有时运行条件控制复杂，管理难
微生物菌剂法	处理系统启动快，效果好	高效优势菌株筛选难度大，技术不很成熟

（三）其他处理方法

1．电解预处理

电解氧化由阳极的直接氧化和溶液中的间接氧化的共同作用去除污染物。铁碳微电解法处理白酒废水的作用机理是基于电化学氧化还原反应、微电池反应产物的絮凝、铁屑对絮体的电富集、新生絮体的吸附以及床层过滤等综合作用。通过微电解预处理，能提高废水的可生化性，且具有适应能力强、处理效果好、操作方便、设备化程度高等优点，是近年来白酒废水处理研究的新领

域。但在实际应用中，静态铁屑床往往存在铁屑结块、换料困难等问题，往往只能作为预处理手段，尚未得以推广，还需要加强该法的设备开发与研究，为白酒废水治理提供新途径。

2．微波催化氧化法

微波磁场能降低反应的活化能和分子的化学键强度。微波辐射会使能吸收微波能的活性炭表面产生许多"热点"，其能量常作为诱导化学反应的催化剂，可为白酒废水提供一种治污思路。需要说明的是目前仅处于试验水平，实际应用中会面临电能和氧化剂费用较高的困境，降低费用是此法得到广泛应用的关键，且设备开发与运行管理也需进一步研究。

3．纳米 TiO_2 氧化法

纳米 TiO_2 能降解环境中的有害有机物，可用于污水处理，近年来已成为国际上研究的热点。该法用于白酒废水处理在我国的研究尚处于起步阶段，对于一些控制参数、治理装置开发等还有很大的研究空间。

4．膜分离技术

20 世纪 70 年代许多国家广泛开展了超滤膜的研究、开发和应用。酒糟废液通过超滤膜分离回收酵母固形物，并去除一些对发酵有害物质，出水作拌料水回用。这种闭路循环发酵工艺可以变废为宝，避免或削减污染物的排放。但是超滤膜在运行中的管理比较复杂，为防止膜堵塞，需要经常清洗和保养，冬季还需要进行保温。这无疑对该技术的应用产生了一定障碍，怎样克服不足还待研究。

5．废水种植，饲养造肥

实践表明白酒废水处理后的出水还是低度污染废水，还有丰富的无机物和有机物，在适宜温度条件下，部分生物易于繁殖，导致水体发臭变色，破坏生态环境。可以种植水上蔬菜、接种水草鱼苗、放生青蛙等建立自净能力强的生态系统田，逐级消化废水中的无机物和有机物，实现自然净化。显然该法方便，经济效益好，环保价值高。不过这种后续处理法的推广还需要对动植物物种的选择进行深入的试验研究，而且还要对生态净化系统机构的构建与管理方式进行探索。

（四）我国白酒废水治理技术展望

我国对白酒行业污染排放管理的法律、法规有待完善，尤其是个别乡镇小酒厂几乎处于无组织排放状态。但随着污染的加重、人们环保意识的增强和国家管理措施的加强，对白酒行业污染的限制将日趋严格，因此高效、成熟的白酒废水处理技术具有很大的研究前景。今后研究的重点应该是以下几方面。

1．设备研究开发

在吸收国外成果的基础上注重设备的研究开发，包括过程参数的自动控制

系统、布水布气系统等，为实现白酒废水处理产品的成套化、系列化、标准化奠定基础。特别是针对小型白酒企业间歇排放的少量废水，研究开发低成本、易管理、集约型、成套化处理工艺设备具有重要而紧迫的现实意义。

2．高效优势菌种的筛选

在原有菌种的基础上通过选择最佳生长条件，筛选出能高效降解白酒废水中各种成分的优势菌种，从而缩短反应启动时间，加快反应进程，降低能耗，提高处理效率。

3．加强处理新技术的深入研究

铁炭微电解、微波催化氧化、纳米 TiO_2 氧化等处理新技术的试验研究，可以为此类废水处理提供新的途径，但目前尚处于起步阶段，存在较大研究空间。

三、废气处理

发酵酒精生产排放的废气主要来自锅炉房。主要利用除尘设备和脱硫设备对锅炉废气进行处理。

四、废弃物处理

白酒工业的废弃物主要是酒糟和炉渣。目前关于酒糟的利用有很多，在本章的第二节和第三节已经有所介绍，另外当前炉渣的处理主要是利用炉渣制作空心砖。

五、节能减排与循环经济

（一）水、热、副产物资源循环利用

1．水资源循环再利用

通过技术改造，实现节水。①包装流水线推广循环系统；②对部分生产车间实施冷却水循环再利用；③露天大酒罐夏季喷淋实施循环水再利用系统；④热电站锅炉冲灰水循环再利用，在原沉淀池基础上进行改造，实现废水循环再利用。

2．热能回收再利用

将酿造区黄浆水集中到蒸酒车间，与蒸酒冷凝水先进行热交换，黄浆水加热后导入底锅蒸馏，冷凝水降温后循环再利用，可节水并节约蒸汽。

3．副产物循环再利用

①对煤渣、酒糟综合回收利用；②对污泥进行无害化处置，作为生物肥料使用；③对废弃包装材料、酒瓶返厂用作玻璃制造和造纸原料。

（二）清洁生产

国家环境保护总局发布的《清洁生产标准　白酒制造业》（HJ/T 402—

2007）中指出：清洁生产指不断采取改进设计、使用清洁的能源和原料、采用先进的工艺技术与设备、改善管理、综合利用等措施，从源头削减污染，提高资源利用效率，减少或者避免生产、服务和产品使用过程中污染物的产生和排放，以减轻或者消除对人类健康和环境的危害。

以汾酒为例阐述白酒酿造过程中可能产生清洁生产问题的环节，并进行清洁生产潜力分析，见表11-4。

表11-4　汾酒清洁生产潜力分析表

环　节	潜　力	原　　因
酿造工艺	不大	酒体品质与酿造特色有关，细微改动都需严密论证
产品	不大	绿色汾酒已处于国际前沿水平
原辅料	有发展潜力	正在打造绿色原粮基地
能源	有发展潜力	已在使用清洁能源，天然气锅炉等设备可以进一步升级改造，在能耗方面还可提升
机械设备	巨大	自动化酿酒及成品酒包装设备正在稳步推行中
生产过程	巨大	机械化设备改造，生产效率、效益逐步提升
废弃物	不大	固体废弃物（酒糟）直接供给周边农业发展，绿色养殖废水处理为中水，实现废水的循环利用
企业管理	潜力较大	清洁化生产的管理、标准有待进一步完善和健全
员工素质	巨大	清洁化生产意识不够，缺少相关的培训

汾酒生产过程中固体废弃物（如酒糟）供给周边农业及畜牧业发展；废水通过污水处理站处理为中水，进行灌溉、冲厕所，循环再利用；酿酒车间水冷改进为风冷，一年节约清水约30万吨，初步实现了汾酒废物"减量化、资源化、无害化"；煤改气的工作消除了以往煤炭带来的粉尘及空气的污染；原辅料来自绿色生产基地，从源头杜绝了污染；自动化酿造、成品酒包装设备不断建立、完善，生产效率逐步提高。另一方面汾酒清洁生产仍然存在不足与需要改进的地方：如使用清洁能源带来成本加大的问题，需要从节约使用能源方面进行改进；电耗也是企业发展中容易忽略的问题；粮食粉尘对环境影响等问题都需要进一步考虑。

在白酒酿造工艺整个生产过程的清洁化过程中，能源消耗（天然气和电）、环境影响（粉尘）、管理（标准）及员工素质等方面清洁生产潜力较大，并提出了创新型的改进方案，对于进一步提高企业循环经济发展水平，不断优化企业生态环境起到至关重要的作用。

第
十
二
章

白酒风味与品评

第一节　白酒风味物质的感官特征

一、白酒风味特点概述

　　白酒由乙醇、水和微量成分组成，主要成分是乙醇和水，微量成分总量约占 2%，但十分重要，它是使白酒呈香呈味、形成白酒特有风格的物质，由于这些物质的含量和比例不同，构成了白酒不同的香型和风格。目前在白酒中已经检测出 2700 多种风味化合物，其中包括酯类、醇类、酸类、内酯类、醛类、酮类、缩醛类、含硫化合物、含氮化合物、杂环化合物、芳香族化合物、烃类、萜烯类及其他类等 60 多类。根据微量成分在白酒中的含量及地位，可将其分为三大类，即白酒的骨架成分、协调成分及复杂成分。沈怡方对白酒的香气成分进行了剖析，并指出白酒的骨架化合物为酯类、醇类、酸类及醛类化合物。风味成分种类多、酸酯含量高、高级醇含量相对较低是中国白酒与国外蒸馏酒的主要区别。

　　白酒风味物质主要是在制曲和发酵过程中由微生物代谢产生的，有些可由蒸粮、蒸酒和贮存过程中的化学反应产生，有些则直接来自于酿酒和制曲原料，因此中国白酒的风味受原料、地域、生产工艺等条件的影响很大，这些条件的不同会导致形成不同风味和香型的白酒。各种香型白酒的重要风味成分有较大差异，浓香型白酒的重要风味成分主要有己酸乙酯、丁酸乙酯、戊酸乙酯、辛酸乙酯、己酸丁酯、3- 甲基丁酸乙酯、γ- 壬内酯、3- 苯基丙酸乙酯、己酸、丁酸、4- 甲基苯酚、1，1- 二乙氧基 -3- 甲基丁烷等，酱香型白酒的重要风味成分主要有己酸乙酯、3- 羟基丁酸己酯、γ- 辛内酯、γ- 十内酯己酸、苯乙酸乙酯、乙酸苯乙酯、3- 苯丙酸乙酯、异戊醇、1- 辛烯 -3- 醇、β- 大马酮、己醛、庚醛、辛醛、异戊酸、(E)-2- 癸烯、2- 甲基 -3- 呋喃硫醇、2- 异丙基 -3-

甲氧基吡嗪、2，3，5，6-四甲基吡嗪、2-甲氧基-4-甲基苯酚、2，3-二甲基-5-乙基吡嗪、2，3，5-三甲基-6-乙基吡嗪、2，3，5-三甲基吡嗪等，清香型白酒的重要风味成分主要有乙酸乙酯、辛酸乙酯、3-甲基乙酸丁酯、2-甲基丙酸乙酯、乳酸乙酯、1-辛烯-3-醇、乙酸、己酸、2-甲基丙酸、β-大马酮、苯乙醛、2-苯乙酸乙酯、二甲基三硫、3-巯基乙酸己酯等，米香型白酒的重要风味成分主要有己酸乙酯、丁酸乙酯、2-甲基丙酸乙酯、3-甲基丁酸、香兰素、3-甲基丁醛、丁酸、β-苯乙醇、3-甲基丁醇、二甲基三硫、愈创木酚等。

　　风味是评价中国白酒产品品质和竞争力的重要指标之一，国内对白酒的风味描述包括了香气、口味、口感等指标。在感官分析研究中，定量描述分析方法能够获取产品较全面丰富的感官信息，通过感官评价构建通俗易懂的风味轮，直观地表达出酒体感官描述语，有助于产品被消费者更好地感知和认可。目前，风味轮是国际普遍认可的科学有效的感官评价体系，通常以2～3层车轮形式直观表达产品风味的特性与共性，从内向外对风味进行逐层分类细化，最外层为明确特定的风味注释。国外已经有啤酒、威士忌、白葡萄酒、白兰地、清酒等"风味轮"作为一套风味特征的描述术语以及对应参比物质的评价标准，是酒类定量描述型分析标准化的重要标志。近年来，国内除了对白酒风味轮有白酒感官品评术语的描述外，也有研究者对浓香型、清香型、芝麻香型等白酒进行了风味轮的描述与建立。白酒风味轮在GB/T 33405—2016《白酒感官品评术语》中也有描述，如图12-1所示。白酒风味轮从白酒的香气、口味、口感三个基本面出发，辐射出若干指标。如鼻闻之香气，可分为原料香、发酵香、陈酿香三种，原料香又可进一步细分为粮香、高粱香、大米香、豆香、药香等。

　　白酒的香气特征千变万化，即使是相同原料、相同地域、相同生产工艺的白酒也会表现出不同的香气特征。这些香味成分的种类、含量及量比关系的改变，尤其是复杂成分、特征性香味成分的不同，决定着香气的类型或香型，更决定着白酒的质量和档次。

二、各类风味物质的感官特征

(一) 醇类物质

1. 醇类化合物的感官特征

　　在化学上，醇是分子里含有跟链烃基结合着的羟基（—OH）的化合物。按照含有羟基的数目分为一元醇、二元醇和多元醇。分子通式可写为R—OH。表12-1列出了白酒中主要醇类化合物的感官特征。

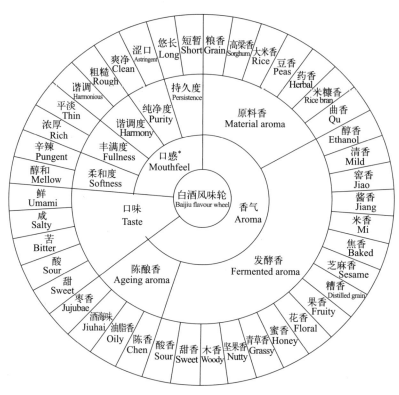

图12-1 白酒风味轮

*口感
柔和度Softness
  醇和、柔和、平顺、平和 Soft，Mellow
  辛辣、燥辣 Pungent
丰满度Fullness
  浓厚、丰满、醇厚、饱满、丰润、厚重 Rich，Heavy，Complex
  平淡、清淡、淡薄、寡淡 Thin，Light，Poor
谐调度Harmony
  谐调、平衡、协调、细腻 Harmonious，Balaneed
  粗糙、失衡 Inharmonious，Unblanced
纯净度Purity
  爽净、净爽 Clean，Pure
  涩口、欠净 Astringent
持久度 Persistence
  悠长、绵长 Long
  短暂 Short

典型白酒风格
酱香型风格 Jiang-flavour style
浓香型风格 Nong-flavour style
清香型风格 Mild-flavour style
米香型风格 Mi-flavour style
豉香型风格 Chi-flavour style
凤香型风格 Feng-flavour style
浓酱兼香型风格 Nongjiang-flavour style
老白干型风格 Laobaigan-flavour style
芝麻香型风格 Sesame-flavour style
特香型风格 Te-flavour style
董香型风格 Dong-flavour style
小曲清香型风格 Xiaoqu mild-flavour style

表12-1 浓香型白酒中主要醇类物质的感官特征

名称	感官特征
甲醇	温和的乙醇气味，刺激，灼烧感
乙醇	乙醇气味，刺激、微甜
正戊醇	略有奶油味、灼烧味，略小于乙醇气味
正丙醇	似醚臭，刺激，有苦味
正丁醇	有溶剂样气味，刺激，稍苦涩
异丁醇	微弱油臭，麻醉样气味，味刺激，苦

名称	感官特征
异戊醇	麻醉样气味，有油臭，刺激，味涩
正己醇	香气味，油状，黏稠感气味持久，味微甜
庚醇	葡萄样果香气味，微甜
β-苯乙醇	甜香气，似玫瑰气味，气味持久，微甜，带涩
糠醇	油样焦烟气味，似烤香气，微苦
2，3-丁二醇	气味微弱，黏稠，微甜
仲丁醇	类似葡萄酒气味

2. 醇类化合物的呈香呈味作用

醇类化合物的沸点比其他组分的沸点低，易挥发，可以在挥发过程中"拖带"其他组分的分子一起挥发，起到"助香"作用。醇类化合物随碳链的增加，沸点也逐渐增高，气味也逐渐持久。在浓香型白酒中含量较多的是一些小于6个碳链的醇，它们一般较易挥发，表现出微弱的脂肪气味或油臭。

醇类的味觉作用在白酒中相当重要，它是构成白酒相当一部分味觉的骨架。它主要表现出柔和的刺激感和微甜、浓厚的感觉，但有时会赋予酒体一定的苦味。正丙醇、异丁醇、异戊醇为老白干酒中的三大高级醇，适量的高级醇能够起衬托酯香的作用，使香气更丰满，在呈味方面使白酒有后劲，使味道的持续时间更长，是白酒中不可缺少的香气和口味成分。高级醇过少使白酒的味道十分淡薄，如果含量过高，会具有使人感到不愉快的苦涩怪味即"杂醇油味"。

丙三醇、2,3-丁二醇等多元醇能使酒入口甜、落口绵，使酒带有自然感，含量适当使酒体柔和丰满、浓厚。

（二）酸类物质

1. 酸类化合物的感官特征

白酒中的酸类物质都是有机酸，它是白酒中重要的呈味物质，是分子里烃基跟羧基（—COOH）直接相连接的有机化合物，分子通式可写成 R—COOH。表12-2列出了浓香型白酒中主要有机酸的感官特征。

表12-2　浓香型白酒中主要酸类物质的感官特征

名称	感官特征
甲酸	酸刺激气味，入口微有酸味，带涩
乙酸	醋酸气味，爽口带酸微甜，带刺激
丙酸	稍有酸刺激气味，入口柔和，微酸涩

名称	感官特征
丁酸	闻有脂肪臭，微酸、带甜
异丁酸	闻有脂肪臭，似丁酸气味
正戊酸	脂肪臭，微酸，带甜
异戊酸	似正戊酸的气味
己酸	较强脂肪臭，有酸刺激感，较爽口
庚酸	有强脂肪臭，有酸刺激感
辛酸	脂肪臭，稍有酸刺激感，水溶性差
油酸	较弱的脂肪气味，油味，易凝固，水溶性差
乳酸	脂肪臭，入口微酸、带涩、浓厚感

2. 酸类物质的呈香呈味作用

酸类物质是白酒中的协调成分，功能相当丰富，对白酒的贡献主要表现为以下几个方面。

（1）酸是新酒老熟的有效催化剂　浓香型白酒的一个重要生产环节，就是将新蒸馏出来的基酒入库贮存，使酒体陈化老熟。基酒中的水、醇、酸、酯等组分在贮存过程中，在 H^+ 作用下，经氢键缔合作用，形成协调的分子群，使酒体变得协调醇厚、绵软、回味无穷。因此，酸的组成情况和含量多少影响着酒的老熟能力。

（2）酸是白酒最重要的味感剂　白酒是一种消费品，因此白酒的口味如何，是衡量白酒质量水平和风格最重要的尺度之一。白酒中的微量成分主要表现为对香和对味的贡献，白酒中酸类物质主要表现为对味的贡献。它的功能有：

① 延长后味。后味指酒的味感在口腔中持久的程度，或者指味感由强到弱至基本消失这一过程的时间多少。酒体后味的长短，很大程度上取决于有机酸，尤其是一些沸点较高的有机酸，酸不足是造成酒体后味寡淡的主要原因。

② 消除酒的苦味。恰当含量的酸可使酒体丰满、醇和、自然感好；酒中缺乏酸，会使酒出现苦味，显得不柔和、不协调；酸过量，白酒可能不苦，但会使酒变得刺激、粗糙、不圆润。

③ 消除杂味。通过酸中 H^+ 的作用使其他异杂味被掩蔽或阈值增加。

④ 可出现甜味和回甜味。

⑤ 消除燥辣感，增加白酒的醇和感。

⑥ 可适当减轻中、低度白酒的水味。

（3）对白酒的香气有抑制和掩蔽作用　含酸量偏高（或较高）的酒加到含酸量正常的酒中，对正常酒的香气有明显的压抑作用，俗称压香。主要原因是过量的酸会使酒中其他物质的放香阈值增大，或者过多的酸使白酒内多种成分之间的相互组成和影响发生了较大的改变，综合反映就是白酒的放香程度在原有基础上降低了。

有机酸含量的高低是酒质好坏的一个标志，对酸的控制主要表现在两个方面，一是含量较高的几种酸的比例是否协调、合理；二是白酒中酸的总量控制在合理的范围内，过高、过低对酒质都有影响。酸量不足主要表现为酒发苦、邪杂味露头、酒不净、单调、不协调等；酸量过多，将使酒变粗糙，放香差，闻香不正，发涩。乙酸和乳酸是老白干酒中两大主要酸类，同时也是酯类的承受体，乙酸给酒带来愉快的香气和酸味，并使酒有爽快带甜的口感，乳酸使酒具有醇和浓厚感，但丁酸和己酸被视为老白干酒中不该有的成分。

（三）酯类物质

1. 酯类化合物的感官特征

酯类化合物是有机酸与醇类在分子间脱水而生成的一类化合物。它们的分子通式可表示为 R-COOR。酯类化合物是具有果实气味或独特芳香气味的挥发性物质。表 12-3 列出了浓香型白酒中主要酯类物质的感官特征。

表12-3　浓香型白酒中主要酯类物质的感官特征

名称	感官特征
甲酸乙酯	似桃香气味，刺激，带涩味
乙酸乙酯	水果香、味刺激、带涩味
丙酸乙酯	微带脂肪臭，有果香气，味略涩
丁酸乙酯	脂肪臭气味明显，有似菠萝果香气味，味涩，爽口
戊酸乙酯	较明显脂肪臭，有果香气味，味浓厚、刺舌
己酸乙酯	有菠萝果香气味，味甜爽口，带刺激涩感
庚酸乙酯	似果香气味，带有脂肪臭
辛酸乙酯	水果样气味，明显脂肪臭
癸酸乙酯	明显脂肪臭味，微弱的果香气味
乙酸丙酯	草莓香气，稀释略苦味
棕榈酸乙酯	白色结晶，微有油味，脂肪气味不明显
油酸乙酯	脂肪气味，油味
乳酸乙酯	香气弱，微有脂肪气味，味刺激，带苦、涩
丁二酸二乙酯	微弱的果香气味，味微甜，带涩、苦

名称	感官特征
苯乙酸乙酯	微弱果香，带药草气味
异戊酸乙酯	苹果样香气，味微甜，带涩
乙酸异戊酯	似苹果香、梨香
异丁酸乙酯	带苹果香
壬酸乙酯	水果味，芳香带甜

2. 酯类化合物的呈香呈味作用

酯类化合物是白酒中除乙醇和水以外含量最多的一类组分。白酒中酯类化合物多以乙酯形式存在。在白酒的香气特征中，绝大部分是以突出酯类香气为主的。由于酯类化合物在酒体中的绝对浓度与其他组分相比高出许多，而且它的阈值较低，其呈味作用也是相当重要的。在白酒中，酯类化合物在一定浓度下一般表现出微甜、带涩，并带有一定的刺激感，有些酯类还表现出一定的苦味。乳酸乙酯与乙酸乙酯（乳：乙 ≥ 0.8）为主体的自然协调的复合香气构成了老白干香型清雅的香气特征，同时乳酸乙酯使老白干酒体具有浓厚的特点。而丁酸乙酯和己酸乙酯含量极少，含量稍多，则视为异香、出格。

（四）羰基类化合物

醛和酮都是分子中含有羰基（碳氧双键）的化合物，因此又统称为羰基化合物。羰基与一个烃基相连的化合物称为醛，与两个烃基相连的称为酮。

羰基类化合物是构成白酒口味的重要呈味物质，主要赋予口味以刺激感和辣感，同时可以促香、提香。表12-4列出了白酒中主要羰基类化合物的感官特征。

低碳链的羰基化合物沸点极低，极易挥发。随着碳原子数量的增加，它的沸点逐渐增高，并且其在水中的溶解度下降。羰基化合物具有较强的刺激性气味，随着碳原子数量的增加，它的气味逐渐由刺激性气味向青草味、果实味及脂肪气味过渡。酒中的羰基化合物具有较强的刺激性口味。在味觉上，它赋予酒体较强的刺激感。

表12-4 浓香型白酒中主要羰基类化合物的感官特征

名称	感官特征
乙醛	绿叶及青草气味，有刺激性气味，味微甜，带涩
丙醛	青草气味，刺激性气味，味刺激
丁醛	绿叶气味，带微弱果香气味，味略涩，带苦
异丁醛	微带坚果气味，味刺激
异戊醛	具有微弱果香，坚果气味（似焦、烟气味），味刺激

名称	感官特征
戊醛	青草气味，带微弱果香，味刺激
己醛	果香气味，味苦，不易溶于水
庚醛	果香气味，味苦，不易溶于水
丙烯醛	刺激性气味强烈，有烧灼感
苯甲醛	有苦杏仁气味
丙酮	溶剂气味，带微弱果香，微甜，带刺激感
丁酮	溶剂气味，带果香，味刺激，带甜
丁二酮	酸馊气味，带脂肪气味及油味，味微甜，爽口
3-羟基-2-丁酮	甜样的焦糖气味，带果香味微甜，带苦

（五）缩醛类物质

缩醛类中以乙缩醛的含量最多。其含量在白酒储存老熟过程中不断增加，赋予白酒清香柔和感。

另外，白酒中重要的羰基化合物和缩醛类物质主要是乙醛和乙缩醛，它们主要功能表现为对白酒香气的平衡和协调作用，而且作用强，影响大。乙醛和乙缩醛含量的多少及它们的量比关系，将直接对白酒香气的风格水平和质量水平产生重大影响。

（六）芳香族化合物

芳香族化合物是指分子中至少含有一个苯环，具有与开链化合物或脂环烃不同的独特性质的一类化合物，都具有较强烈的芳香气味，其呈香作用很大。酒中芳香族化合物主要来源于蛋白质（氨基酸）。这类化合物一般都具有类似药草、香辛料及烟熏的气味，在白酒中含量甚微，其总量也不超过组分总量的2%，所以在酒体中的呈味作用不是很明显。

第二节　风味成分与酒质的关系

一、阈值与呈香单位

白酒中98%的成分是酒精和水，另外约2%是其他成分，这2%中的大部分微量成分赋予了白酒特有的香气和味道，因此称之为白酒的香味成分。这些香味成分在酒中的含量和比例关系，确定了白酒的香型、风格和质量。为了充分认识白酒中香味成分与酒质的关系，首先必须了解白酒中各种香味成分的感官特征、相互关系及其相关的风味化学特性。

1. 阈值

香味物质的最低检出量（浓度）称为阈值。闻香的阈值称作嗅阈值，尝味的阈值称作味阈值。阈值是检查食品中众多香味单位成分的呈香、呈味的最低浓度，阈值越低的成分其呈香呈味的作用越大。例如空气中只要含 30mg/L 的麝香，人就可以闻到。呈酱香与焦香的 HDMF［4-羟基-2,5-二甲基-3（2H）-呋喃酮］在水溶液中的阈值为 400mg/L 时活性最高。各种物质的嗅阈值，如表12-5 及表 12-6 所示。

表 12-5　各种物质的嗅阈值　　　　　　单位：mg/L

名称	香气	阈值	名称	香气	阈值
乙酸异戊酯	香蕉油香	0.039	吡啶	焦臭	0.00074
正丁醇	汗臭	0.009	硫化氢	臭鸡蛋	0.00018
苯	汽油臭	0.0088	苦马林	干草香	0.00002
乙酸乙酯	果实香	0.0036	乙硫醇	卷心菜腐臭	0.00000066

表 12-6　各种物质在不同溶媒中的嗅阈值　　　单位：mg/L

名称	水	空气	名称	水	空气
甲醇	450.000	0.450	丁酸戊酯	5	0.05
乙醇	100.000	0.100	二甲基硫	0.3	0.003
丙醇	9.000	0.009	正癸醇	0.1	0.001
丁醇	240	0.24	甲硫醇	0.02	0.0002

阈值测定时，首先要对测定物质及其标准样（单品）进行精制，最低要求要达到气相色谱标准的水平。精制后在尚未起变化之前，即迅速进行品尝测定。同时要注意有些化学合成的试剂与天然萃取的物质，即使是同一种物质，其呈味却不相同。测定阈值时，还要特别注意周围的环境，防止受温度、异味、噪音等干扰。用具要清洁，室内空气要净化。因测定方法不同，其所测结果相差很大。所以对文献上所记载的阈值，应了解它的测定方法。自己测定时，要注意注明所使用的方法及溶媒。测定时，还要测母体的空白试验以及用极性相似的溶媒试验作对照参考。

酒中各种香味物质，并不一定受含量多少所支配，若含量虽多但阈值高，则其香味成分并不一定处于支配地位。含量极微但阈值却很低时，反而会呈现强烈的香味。但也与含量及其适宜范围有关，若超过了适宜的浓度，则呈香度反而会下降。衡量香味成分在酒中呈香强弱的尺度，是由含量与阈值两方面决定的，应用分配（幅度）表来决定。只有用分配表才能在一定范围内做出有实用价值的统计。

2.呈香单位

各种香味的强弱程度称为香味强度，又称呈香单位（U）。它与阈值的关系可表示为：某种香味成分在酒中的浓度为 F（单位为 mg/L 或 μg/L），阈值浓度为 T（单位为 mg/L 或 μg/L），可以用下式表示呈香单位或香味强度。

$$U=F/T$$

式中　U——呈香单位（香味强度）；

　　　F——香味成分的浓度，mg/L 或 μg/L；

　　　T——香味阈值，mg/L 或 μg/L。

呈香呈味的基础主要是浓度（F）与阈值（T）的关系。呈香单位就是呈香浓度与阈值双方变动的结果。若能将化验与品尝在实际应用上结合起来，同时了解其单位成分所占的地位，就能为勾兑创造条件。

在同一酒精度、同样的浓度下，阈值小的香味成分，其香味强度大；阈值大的香味成分，其香味强度小。各种香味物质在单体香气和复合香气存在的情况下，因受浓度、温度、溶剂、易位等因素的影响，其呈香呈味特征不同。尤其白酒是由几百种香味成分组成的集合体，其表现出来的不仅是单体香气，更重要的是复合香气。

白酒部分风味物质在 46%（体积比）乙醇溶液中的嗅觉识别阈值见表12-7。因白酒中其他风味物质的相互影响，同一化合物在不同酒体中嗅觉识别阈值会有很大差别，因此表 12-7 中的数据只有相对意义。

表12-7　白酒部分风味物质的嗅阈值参考值

	风味物质	阈值 /（μg/L）		风味物质	阈值 /（μg/L）
酯类物质	乙酸乙酯	32551	醇类物质	正丙醇	53952
	丙酸乙酯	19019		正丁醇	2733
	丁酸乙酯	81		3- 甲基丁醇（异戊醇）	179190
	戊酸乙酯	268		2- 甲基 -1- 丙醇（异丁醇）	28300
	己酸乙酯	553		2- 庚醇	1434
	庚酸乙酯	13153		1- 辛烯 -3- 醇	6.12
	辛酸乙酯	127	酸类物质	丁酸	964
	壬酸乙酯	3150		2- 甲基丁酸	5931
	癸酸乙酯	1122		3- 甲基丁酸（异戊酸）	1045
	乳酸乙酯	128083		戊酸	389
	己酸丙酯	12783		己酸	2517

	风味物质	阈值/(μg/L)		风味物质	阈值/(μg/L)
酯类物质	2-甲基丙酸乙酯（异丁酸乙酯）	57.47	酸类物质	十二酸	9153
	3-甲基丁酸乙酯（异戊酸乙酯）	6.89		庚酸	13821
	乙酸-3-甲基丁酯（乙酸异戊酯）	93.93		辛酸	2701
	丁二酸二乙酯	353193		壬酸	3559
	乙酸香叶酯	636		癸酸	13736
醛类物质	丁醛	2901	吡嗪类物质	2-甲基吡嗪	121927
	乙缩醛	2090		2,3-二甲基吡嗪	10823
	3-甲基丁醛（异戊醛）	16		2,5-二甲基吡嗪	3201
	戊醛	725		2,6-二甲基吡嗪	790
	己醛	25		2-乙基吡嗪	21814
	庚醛	409		2,3,5-三甲基吡嗪	729
	辛醛	39		2,3,5,6-四甲基吡嗪	80073
	壬醛	122	呋喃类	糠醛	44029
	癸醛	70		2-乙酰基呋喃	58504
芳香族物质	苯甲醛	4203		5-甲基糠醛	466321
	2-苯-2-丁烯醛	471		2-乙酰基-5-甲基呋喃	40870
	苯甲醇	40927	酚类物质	苯酚	18909
	2-苯乙醇	28922		4-甲基苯酚	166
	乙酰苯	255		4-乙基苯酚	617
	4-（4-甲氧基苯)-2-丁酮	5566		愈创木酚	13
	苯甲酸乙酯	1433		4-甲基愈创木酚	314
	2-苯乙酸乙酯	406		4-乙基愈创木酚	122
	3-苯丙酸乙酯	125		4-乙烯基愈创木酚	209
	乙酸-2-苯乙酯	908		丁子香酚	21
	萘	159		异丁子香酚	22
内酯类	γ-辛内酯	2816		香兰素	438
	γ-壬内酯	90		香兰素乙酯	3357
	γ-癸内酯	10		乙酰基香兰素	5587
	γ-十二内酯	60		土味素	0.11
硫化物	二甲基二硫	9		β-大马酮	0.12
	二甲基三硫	0.4			
	3-甲硫基-1-丙醇	2110			

注：本表中嗅阈值是使用体积分数 46% 乙醇溶液作为介质。

二、风味成分与酒质特征的关系

白酒中的各种香味成分，既有各自的香味特征，又存在着相互复合、平衡和缓冲的作用。许多不同含量的单体香味成分，可以组成协调、丰满、舒适的酒体，说明它们之间在香和味的关系方面是非常复杂和微妙的。

（一）有机酸类化合物与酒质的关系

白酒中的酸类物质都是有机酸，它是形成白酒口味的主要香味成分，也是生成酯类的前体物质。有机酸类化合物大约占白酒组分（除水和乙醇外）总量的 14%～16%，它们是白酒中较重要的呈味物质。

白酒中有机酸的种类较多。大多是含碳链的脂肪酸化合物。根据碳链的不同，脂肪酸呈现出不同的电离强度，同时它们的水溶性也不同。这样，这些不同碳链的脂肪酸在酒体中电离出的 H^+ 的强弱程度也会呈现出差异，也就是说它们在酒体中的呈香呈味作用表现出不同。根据这些有机酸在酒体中的含量及自身的特性，可将它们分为三大部分。

（1）含量较高，较易挥发的有机酸　在白酒中，除乳酸外，如乙酸、己酸和丁酸都属较易挥发的有机酸，这四种酸都在白酒中含量较高，是较低碳链的有机酸。相比较而言，它们都较易电离出 H^+。

（2）含量中等的有机酸　这些有机酸一般是 3 个碳、5 个碳和 7 个碳的脂肪酸。

（3）含量较少的有机酸　这部分有机酸种类较多，大部分是一类沸点较高、水溶性差、易凝固的有机酸，碳链一般在 10 个或 10 个以上碳的脂肪酸。例如，油酸、亚油酸、棕榈酸、月桂酸等。

有机酸类化合物在白酒中的呈味作用似乎大于它的呈香作用。它的呈味作用主要表现在有机酸贡献 H^+ 使人感觉到酸味觉，并同时有酸刺激感觉。由于羧基电离出 H^+ 的强弱受到它碳链的负基团的性质影响，同时酸味的"副味"也受到碳链负基团的影响，因此，各种有机酸在酒体中呈现出不同的酸刺激和不同的酸味。在白酒中含量较高的有机酸，它们一般易电离出 H^+，易溶于水，表现较强的酸味及酸刺激感，但它们的酸味也较容易消失（不易持久），这一类有机酸是酒体中酸味的主要供体。另一类含量中等的有机酸，它们有一定的电离 H^+ 的能力，虽然提供给体系的 H^+ 不多，但由于它们一般含有一定长度的碳链和各种负基团，使得体系中的酸味呈现出多样性和持久性，协调了小分子酸的刺激感，延长了酸的持久时间。第三类有机酸在白酒中含量较少，以往人们对它的重视程度不够，但实际上它们在白酒中的呈香呈味作用十分重要。这一部分有机酸碳链较长，电离出 H^+ 的能力较小，水溶性较差，一般呈现出很弱的酸刺激感和酸味，似乎可以忽略它们的呈味作用。但是，由于这些酸具有较长的味觉持久性和柔和的口感，并且沸点较高，易凝固，黏度较大，易改变酒体的饱和蒸气压，使体系的沸点及其他组分的酸电离常数发生变化，从而影响了体系的酸味持久性和柔和感，并改变了气味分子的挥发速度，起到了调和体系口味、稳定体系香气的作用。例如：在相同浓度下，乙酸单独存在时，酸刺激感强而易消失；而有油酸（适量）存在时，乙酸的酸刺激感减小并较持久。再例如：在相同浓度下，乙酸乙酯单独存在时，气味强烈而易消失；而有适量油酸存在时，气味柔和而持久。这都说明了这一类有机酸的呈香呈味作用。

有机酸化合物的呈香作用在白酒香气上表现并不十分明显。就其单一组分而言，它主要呈现出酸刺激气味、脂肪臭和脂肪气味；有机酸与其他组分相比，其沸点较高。因此，在体系中的气味表现不突出。在特殊情况下，例如酒在酒杯中长时间敞口放置，或倒去酒杯中的酒，放置一段时间闻空杯香，我们能明显感觉到有机酸的气味特征。这也说明了它的呈香作用在于它的内部稳定作用。

(二) 酯类化合物与酒质的关系

酯类化合物是白酒中除乙醇和水以外含量最多的一类组分，在浓香型白酒中起着重要作用，但其含量及量比关系必须适宜，否则，反而影响白酒的典型风格。它约占总组分含量的60%。白酒中酯类化合物多以乙酯形式存在。在白酒的香气特征中，绝大部分是以突出酯类香气为主的。就酯类单体组分来讲，根据形成酯的酸的碳原子数的多少，酯类呈现出不同强度的气味。含 $1 \sim 2$ 个碳的酸形成的酯，香气以果香气味为主，易挥发，香气持续时间短；含 $3 \sim 5$ 个碳的酸形成的酯，有脂肪臭气味，带有果香气味；$6 \sim 12$ 个碳的酸形成的酯，果香气味浓厚，香气有一定的持久性；13 个碳以上的酸形成的酯，果香气味很弱，呈现出一定的脂肪气味和油味，它们沸点高，凝固点低，很难溶于水，气味持久而难消失。

在酒体中，酯类化合物与其他组分相比较绝对含量较高，而且酯类化合物大都属较易挥发和气味较强的化合物。因此，表现出较强的气味特征。在酒体中，一些含量较高的酯类，由于它们的浓度及气味强度占有绝对的主导作用，使整个酒体的香气呈现出以酯类香气为主的气味特征，并表现出某些酯原有的感官气味特征。例如：清香型白酒中的乙酸乙酯和浓香型白酒中的己酸乙酯，它们在酒体中占有主导作用，使这两类白酒的香气呈现出以乙酸乙酯和己酸乙酯为主的香气特征。而含量中等的一些酯类，由于它们的气味特征有类似其他酯类的气味特征，因此，它们可以对酯类的主体气味进行"修饰""补充"，使整个酯类香气更丰满、浓厚。含量较少或甚微的一类酯大多是一些长碳链酸形成的酯，它们的沸点较高，果香气味较弱，气味特征不明显，在酒体中很难明显突出它的原有气味特征，但它们的存在可以使体系的饱和蒸气压降低，延缓其他组分的挥发速度，起到使香气持久和稳定香气的作用。这也就是酯类化合物的呈香作用。

酯类化合物的呈味作用会因为它的呈香作用非常突出和重要而被忽略。实际上，由于酯类化合物在酒体中的绝对浓度与其他组分相比高出许多，而且它的感觉阈值较低，其呈味作用也相当重要。在白酒中，酯类化合物在其特定浓度下一般表现为微甜、带涩，并带有一定的刺激感，有些酯类还表现出一定的苦味。例如己酸乙酯在浓香型白酒中含量一般为 150~200mg/100mL，这呈现出甜味和一定的刺激感，若其含量降低，则甜味也会随之降低。乳酸乙酯则表现为微涩带苦，当酒中乳酸乙酯含量过多，则会使酒体发涩带苦，并由于乳酸乙酯沸点较高，使其他组分挥发速度降低，若含量超过一定范围时，酒体会呈现为香气不突出。再例如油酸乙酯及月桂酸乙酯，它们在酒体中含量甚微，但它们的感觉阈值也较小，它们属高沸点酯，当在白酒中有一定的含量范围时，它们可以改变体系的气味挥发速度，起到永久稳定香气的作用，并不呈现出它们原有的气味特征；当它们的含量超过一定的限度时，虽然体系的香气持久了，但它们各自原有的气味特征也表现出来了，使酒体带有明显的脂肪气味和油味，损害了酒体的品质。

(三) 醇类化合物与酒质的关系

醇类物质在白酒中占有重要地位，它是醇甜和助香剂的主要物质来源，也是酯类的前体物质。醇类中除乙醇外，最主要的是异戊醇、异丁醇、正己醇、正丙醇和正丁醇。浓香型白酒中醇类化合物在白酒组分中（除乙醇和水外）占 12% 左右的比例。由于醇类化合物的沸点比其他组分的沸点低，易挥发，这样它可以在挥发过程中"拖带"其他组分的分子一起挥发，起到常说的助香作用。在白酒中低碳链的醇含量居多。醇类化合物随着碳链的增加，气味逐渐由麻醉样气味向果实气味和脂肪气味过渡，沸点也逐渐增高，气味也逐渐持久。在白酒中含量较多的是一些小于 6 个碳的醇。它们一般较易挥发，表现出轻快的麻醉样气味和微弱的脂肪气味或油臭。

醇类的味觉作用在白酒中相当重要。它是构成白酒相当一部分味觉的骨架。这主要表现出柔和的刺激感和微甜、浓厚的感觉，有时也赋予酒体一定的苦味。饮酒的嗜好性大概与醇的刺激性、麻醉感和入口微甜、带苦有一定的联系。异戊醇和异丁醇是高级醇（又称杂醇油）的主要成分。它们单独存在，含量过高时，对人体的中枢神经有刺激作用。异戊醇有苦涩味，异丁醇有较强的苦味，正丙醇微苦，正丁醇略有苦味。根据检测分析茅台酒和四特酒的正丙醇含量高。适量的高级醇对构成白酒的香味物质起着非常重要的作用。多元醇在白酒中呈甜味，其中丙三醇和 2,3- 丁二醇在白酒中起缓冲作用，使酒增加绵甜、回味和醇厚感。

（四）羰基类化合物与酒质的关系

羰基化合物又称醛酮类，也是构成白酒香味的重要香味成分。羰基化合物在白酒组分中（除水和乙醇外）大约占6%~8%。低碳链的羰基化合物沸点极低，极易挥发。它比相同碳原子数的醇和酚类化合物沸点还低，这是因为羰基化合物不能在分子间形成氢键的缘故。随着碳原子数的增加，它的沸点逐渐增高，并在水中的溶解度下降。羰基化合物具有较强的刺激性气味，随着碳链的延长，它的气味逐渐由刺激性气味向青草气味、果实气味、坚果气味及脂肪气味过渡。白酒中含量较高的羰基化合物主要是一些低碳链的醛、酮类化合物。在白酒的香气中，由于这些低碳链醛、酮化合物与其他组分相比较，绝对含量不占优势，同时自身的感官气味表现出较弱的芳香气味，以刺激性气味为主。因此，在整体香气中低碳链醛、酮原始的气味特征不十分突出。但这些化合物沸点极低，易挥发，它可以"提扬"其他香气分子挥发，尤其是在酒体入口挥发时。所以，这些化合物实际起到了"提扬"香气和"提扬"入口"喷香"的作用。

羰基化合物，尤其是低碳链的醛、酮化合物具有较强的刺激性口味。在味觉上，它使酒体具有较强的刺激感，也就是人们常说的"酒劲大"的原因。这也说明酒中的羰基化合物的呈味作用主要是赋予口味以刺激性和辣感。

在白酒储存过程中，一部分乙醛被挥发，另一部分与乙醇缩合，生成乙缩醛。酮类的香气较醛类更为绵柔细腻。2,3-丁二酮（双乙酰）或3-羟基丁酮（醋嗡）在100mL白酒中含有几十毫克，就具有愉快的香味，并有类似蜂蜜的甜味。3-羟基丁酮在白酒中的作用尚不十分清楚，但以上两种酮类在名优白酒中的含量尤为突出。

（五）缩醛类化合物与酒质的关系

醛类化合物与酒的香气有密切关系，对构成酒的主要香味物质有重要作用。乙醛和乙缩醛是白酒中重要的羰基化合物和缩醛类物质。下面谈谈乙醛的作用。

1．水合作用

乙醛是一个羰基化合物，由于羰基是一个极性集团，所以乙醛易溶于水。乙醛与乙醇或水互溶。醛自发地与水发生水合反应，生成水合乙醛。

2．携带作用

要有携带作用必须具备两个条件，一是本身有较大的蒸气分压；二是与所携带的物质之间在液相气相均要有好的相溶性。乙醛跟水有良好的亲和性、较低的沸点和较大的蒸气分压。

3．阈值的降低作用

阈值不是一个固定值，在不同的环境条件下有着不同的值，乙醛的存在对白酒中的可挥发性物质的阈值有明显的降低作用。

4．掩蔽作用

合理的乙醛、乙缩醛和四大酸的含量及量比，可以大大提高白酒中各种香味成分的相溶性，掩盖了白酒中某些成分过分突出自己造成酒质不协调的弊端，这就是掩蔽作用。

（六）酚类化合物与酒质的关系

酚类化合物都具有较强烈的芳香气味（芳香酸沸点较高，气味弱），而且感觉阈值极低。这类化合物的感官特征一般都具有类似药草气味、辛香气味及烟熏气味。这类化合物在白酒中含量甚微，其总量也不超过组分总量的2%，所以它们在酒体中的呈味作用不是很明显。但值得一提的是，芳香族的酸，一般具有较高的沸点，它比相应的脂肪酸沸点还高。这些芳香酸化合物在酒中微量存在，是否在空杯的留香和对酒体香气的稳定和持久方面起一定的作用，还需今后进一步研究。

近年来人们十分重视对酚类化合物的强吞作用的研究。由于这类化合物的吞气感和感觉阈值极低，而且具有特殊的感官特征，所以，很微量的酚类化合物就会对白酒的香气产生影响。这类化合物的感官特征气味明显而且具有特殊性，易与其他类香气和合，或补充、修饰其他类香气形成更具特色的复合香气；或被其他类香气修饰形成类似它原有气味特征的香气。这类化合物在一些特殊香型白酒或某些种类白酒香气中的特殊气味特征中的作用还没有彻底研究清楚。例如，酱香型白酒香气中的所谓"酱香"气味，有人曾提出4-乙基愈创木酚是"酱香"气味的主体成分。4-乙基愈创木酚原组分的感官特征可描述为"辛香气味或类似烟熏的气味"，它被认为是酱油香气的特征组分，它的香气感觉阈值极低（小于$1\mu g/100mL$）。经研究表明，4-乙基愈创木酚的感官特征与酱香型白酒的"酱香"气味有一定的差距，将它作为酱香的主体成分，值得商榷。但至少说明4-乙基愈创木酚的感官气味特征在这类白酒香气中发挥了一定的作用。它是否与烤香气味、焦香气味、煳香气味共同和合形成了特殊的复合气味特征还不得而知，但它的气味特征易和上述气味和合，并具有与上述气味较为类似的气味特征。当然，其他酚类化合物的呈香作用也不能忽视，关于这方面的研究工作还有待进一步深入。

（七）杂环类化合物与酒质的关系

化学上将具有环状结构，且构成环的原子除碳原子外还包含有其他原子的化合物称为杂环化合物。常见的有氧、氮和硫三种原子。含氧的杂环化合物一般称作呋喃；含硫的杂环化合物称噻吩；含氮的化合物根据杂环上碳原子数的不同命名也不同。还有含两个除碳原子外的其他原子的杂环化合物。

1．呋喃类化合物与酒质的关系

呋喃类化合物可以由糖类和抗坏血酸的热分解形成；也可以由糖类和氨基酸相互作用形成。因此，可以说呋喃类化合物几乎存在于所有的食品香味之中。近几年人们开始深入研究呋喃类化合物在白酒中的呈香作用。

呋喃类化合物的感官特征主要伴以似焦糖气味、水果气味、坚果气味、焦烟气味的印象。它的气味特征较明显，香气感觉阈值极低，很容易被人察觉。白酒中含量较高的呋喃化合物是糠醛。除此之外，在研究景芝白干酒的香味组分时，又新发现了一些呋喃类化合物。这些呋喃类化合物含量很少，其总量占总组分的比例（除水和乙醇）也不超过1%。它们的呈味作用主要体现在糠醛的微甜、带苦的味觉特性上。其他呋喃类化合物含量太低，在味觉上构不成很大的呈味作用。

关于呋喃类化合物在白酒中的呈香作用方面的研究目前还不够深入。但呋喃类化合物在这方面的作用得到了相当的重视。国外学者对呋喃作用的研究提供了许多启示。酱油香气的特征组分之一是2-乙基-4-羟基-5-甲基-3（2H）-呋喃酮（HEMF）。3-甲酰基呋喃是朗姆酒的香气特征组分之一。γ-内酯，在白兰地及威士忌酒中被认作香味组分等。我们结合白酒生产的原料、工艺流程，可以推测出呋喃类化合物必然也会存在于白酒之中。因为白酒生产使用的原料是含淀粉的碳水化合物，加工过程有酸存在，有热处理过程，这些条件都能产生一定量的呋喃类化合物。另外，从对白酒的感官气味嗅辩上，我们也能感觉到一些似呋喃类化合物的焦香气味、甜气味和甜样焦糖气味的特征。这些气味特征在芝麻香型白酒和酱香型白酒香气中尤为明显。从目前对白酒的组分分析结果看，至少存在2-乙酰呋喃、2-戊基呋喃、5-甲基糠醛、糠醛等化合物，也为上述的推测提供了数据证明。因此，呋喃类化合物的呈香作用与构成具有焦香气味或类似这类气味特征的白酒香气有着某种内在联系；同时，贮酒过程中，呋喃类化合物的氧化、还原与构成陈酒香气的成熟度，也有着密切的联系。

2．吡嗪类化合物与酒质的关系

吡嗪类化合物是较广泛的分布在食品中的一类特征性组分。这类化合物主要是通过氨基酸的斯特克尔（Strecker）降解反应和美拉德反应（Millard）产生的各种类型的吡嗪类化合物。

吡嗪类化合物一般具有坚果气味、焙烤香气、水果气味和蔬菜气味等特征。从白酒中已经鉴别出的吡嗪类化合物有几十种，但绝对含量很少。它们一般都具有极低的香气感觉阈值，极易被察觉，并且其香气持久难消。近年来人们对这类化合物在白酒香气中的呈香作用非常重视。通过分析数据表明，在有较明显焦香、烟香气味的香型白酒中，吡嗪类化合物的种类及绝对含量相应较高。这说明吡嗪类化合物的气味特征影响着白酒的香气类型和风格特征。关于吡嗪类化合物如何与呋喃类化合物、酚类化合物相互作用，如何赋予白酒香气的特殊风格方面的研究还有待深入进行。

（八）含硫化合物的感官特征及呈香呈味作用

含硫化合物是指含有硫原子的碳水化合物。它包含链状和环状的含硫化合物。葱、蒜、蘑菇等食品中的含硫化合物较多。一般含硫的化合物香气阈值极低，很容易被人察觉。它们的气味非常典型，一般表现为恶臭和令人不愉快的气味，气味持久难消。在浓度较稀时，其气味表现较能令人接受，有葱蒜样气味；极稀浓度时，则有咸样的焦煳气或蔬菜气味。目前，从白酒中检出的含硫化合物只有几种，除杂环化合物中的噻吩外，还有硫醇和二硫、三硫化合物等。它们在白酒中含量极微。如在景芝白干酒中检出的3-甲硫基丙醇、3-甲硫基丙酸酯，它们被认作是该类酒的特征性组分。研究人员曾对3-甲硫基丙醇与3-甲硫基己醇进行感官嗅辩，发现在浓度很稀时，3-甲硫基丙醇有似咸样煳香或焦香气味，也有似咸样酱（菜）香的气味特征；3-甲硫基己醇则有似腐败样泥臭气味特征。根据含硫化合物的一些气味特征，能否猜测它的呈香作用与一些酒中的所谓"窖泥"气味和"咸酱"气味，或修饰焦香、煳香气味有着某种联系，有待今后研究解决。

第三节 各香型白酒的风味特征

一、浓香型白酒

浓香型白酒是我国白酒中产量最大，品种最多，覆盖面最广的一类白酒。浓香型白酒的香味成分，以酯类成分占绝对优势，无论在数量上还是在含量上都居首位，它是这类香型成分的主体，大约占总香味成分含量的60%。其中己酸乙酯的含量又是各微量成分之冠，是除乙醇和水之外含量最高的成分。它不仅绝对含量高，而且阈值较低，在味觉上还带甜味、爽口。因此，己酸乙酯的高含量、低阈值，决定了这类香型白酒的主要风味特征。在一定的比例浓度下，己酸乙酯含量的高低，标志着这类香型白酒品质的好坏。除己酸乙酯外，浓香型白酒酯类成分中含量较高的还有乳酸乙酯、乙酸乙酯、丁酸乙酯和戊酸乙酯，它们的浓度在 $10 \sim 200mg/100mL$ 数量级。其中，己酸乙酯与乳酸乙酯浓度的比例在（1∶0.6）～（1∶0.8）。己酸乙酯与乙酸乙酯的比例在（1∶0.5）～（1∶0.6）（有些酒乙酸乙酯也可以略高于乳酸乙酯），己酸乙酯与丁酸乙酯的比例在 1∶0.1 左右。其他含量较低的酯还有棕榈酸乙酯、油酸乙酯、亚油酸乙酯、庚酸乙酯、辛酸乙酯、甲酸乙酯、丙酸乙酯等等。值得注意的是，浓香型白酒的香气是以酯类香气为主的，尤其突出己酸乙酯的气味特征。因此，酒体中己酸乙酯与其他酯类的比例关系将会影响这类香型白酒的典型香气风格，特别是与乳酸乙酯、乙酸乙酯和丁酸乙酯的比例。

有机酸类化合物是浓香型白酒中重要的呈味物质，它们的绝对含量仅次于酯类含量，为香味成分总量的 14% ～ 16%，总酯含量的 25%，其浓度在 140 ～ 160mg/100mL 数量级。主要有乙酸、己酸、乳酸、丁酸、丙酸、戊酸、异戊酸、异丁酸、棕榈酸、油酸、亚油酸等等。其中乙酸、己酸、乳酸、丁酸的含量最高，其总和占总酸的 90% 以上。己酸与乙酸的比例一般在（1∶1.1）～（1∶1.5），己酸与乳酸的比例在（1∶0.5）～（1∶1）之间，己酸与丁酸的比例在（1∶0.2）～（1∶0.5）之间，浓度大小的顺序一般为乙酸 > 己酸 > 乳酸 > 丁酸。总酸含量的高低对浓香型白酒的口味有很大的影响，它与酯含量的比例也会影响酒体的风味特性。若总酸含量低，酒体口味淡薄，总酯含量也相应不能太高，否则酒体显得"头重脚轻"；总酸含量太高也会使酒体口味变得刺激、粗糙、不柔和、不圆润。另外酒体口味持续时间的长短，很大程度上取决于有机酸，尤其是一些高沸点有机酸。

醇类化合物是浓香型白酒中又一重要呈味物质，它的总含量仅次于有机酸含量，占第三位，约为香味成分总量的 10% ～ 12%。醇类突出的特点是沸点低、易挥发、口味刺激，有些醇带苦味。醇的含量应与酯含量有一个恰当的比例，一般在 1∶5 左右。在醇类化合物中，各成分的含量差别较大，以异戊醇含量最高，各醇类成分的浓度顺序一般为：异戊醇 > 正丙醇 > 异丁醇 > 仲丁醇 > 正己醇 > 正戊醇。其中异戊醇与异丁醇对酒体口味影响较大，两者比例大约在 3∶1。多元醇在浓香型白酒中含量较少，它们大多刺激性较小，较难挥发，并带有甜味，对酒体可以起到调节口味刺激性的作用，使酒体口味变得浓厚而醇甜。

羰基化合物在浓香型白酒中的含量不多，就单一成分而言，乙醛和乙缩醛的含量最多，一般在 10mg/100mL 以上，其次是双乙酰、醋嗡、异戊醛等，其浓度大约在 4 ～ 9mg/100mL 左右。羰基化合物多数具有特殊气味。乙醛与乙缩醛在酒体中处于同一化学平衡，其比例一般在（0.5∶1）～（0.8∶1）之间；双乙酰和醋嗡带有特殊气味，较易挥发，它们与酯类香气作用，使香气平衡、协调、丰满，并能促进酯类香气的挥发，在一定范围内，它们的含量稍多能提高浓香型白酒的香气品质。

其他类化合物成分在浓香型白酒中也有检出，如吡嗪类、呋喃类、酚类、含硫化合物等，这些化合物在浓香型白酒中含量甚微。浓香型白酒香气中的糟香、窖香乃至最高境界的陈味与哪一类或哪几类化合物相关联仍是一个谜，这有待于今后的进一步研究。

二、清香型白酒

清香型白酒又称汾香型白酒，其香味成分总含量远低于浓香型白酒。其代表产品是山西的汾酒。

酯类化合物仍然是清香型白酒中占绝对优势的一类成分。清香型白酒的总酯含量与总酸含量的比值，超过了浓香型白酒相应的比值，它们的比值大约在5.5∶1，这是清香型白酒香味成分的一个特征。在酯类化合物中，主要是乙酸乙酯和乳酸乙酯，它们含量的总和占总酯含量的90%以上，其中乙酸乙酯含量最高，乳酸乙酯次之，这是清香型白酒香味成分的另一个特征。乙酸乙酯和乳酸乙酯的绝对含量以及它们的量比关系对清香型白酒的风格特征有很大的影响。乙酸乙酯易挥发，气味特征明显，它在酒中含量高，阈值低，该香型白酒突出了乙酸乙酯的气味特征。而乳酸乙酯沸点较高，如果其含量过高或超过了乙酸乙酯的含量，使得乙酸乙酯的挥发性降低，酒体中乙酸乙酯气味突出的特征将会受到抑制。所以，在清香型白酒中，乙酸乙酯与乳酸乙酯应有一个恰当的浓度比例。一般乙酸乙酯与乳酸乙酯的浓度比例为（1∶0.6）～（1∶0.8）。

清香型白酒中有机酸类化合物主要是以乙酸和乳酸含量最高，它们含量的总和占总酸含量的90%以上，其余的有机酸类化合物含量较少，其中丙酸与庚酸相对稍多些。乙酸与乳酸是清香型白酒酸含量的主体，它们各自的浓度范围在20mg/100mL数量级以上，乙酸与乳酸浓度的比值在（1∶0.6）～（1∶0.8）。清香型白酒总酸含量一般在60～120mg/100mL，太高或太低都会影响这类白酒的口味特征。

醇类化合物是清香型白酒很重要的呈味物质。在清香型白酒中，醇类化合物在各成分中所占的比例较高。在醇类化合物中，异戊醇、正丙醇和异丁醇含量较高。从绝对含量上看，这些醇与浓香型白酒相应醇含量相比并没有突出的地方，但它们占总醇量的比例或占总成分含量的比例却远远高于浓香型白酒，其中正丙醇和异丁醇较为突出。清香型白酒的味觉特征很大程度上与醇类化合物的含量及比例有直接关系，醇类化合物形成了清香型白酒的口味特征。

清香型白酒中羰基类化合物含量不多，其中以乙醛和乙缩醛含量最高，它们含量的总和占羰基化合物总量的90%以上。乙醛与乙缩醛具有较强的刺激性口味，特别是乙缩醛具有干爽的口感特征。它与正丙醇共同构成了清香型白酒爽口的味觉特点。因此，清香型白酒成分中，应特别注意醇类化合物与乙醛、乙缩醛对口味的作用特点。

清香型白酒中其他类化合物的含量极微量，气味特征表现不突出。值得一提的是，在贮存时间很长的清香型白酒香气中也有一种"陈酒"的香气，即陈味，同时，还带有糟香气味。这些气味特征与哪一类化合物成分相关，还需进一步研究。

三、酱香型白酒

酱香型白酒又称茅香型白酒，它是我国独特的酒种，也是世界上珍奇的蒸馏酒。其代表产品是贵州的茅台酒。

酱香型白酒中酯类化合物种类很多，从低沸点的甲酸乙酯到中沸点的辛酸乙酯，直到高沸点的油酸乙酯、亚油酸乙酯。总酯含量比浓香型白酒低，含量最高的酯类化合物是乙酸乙酯和乳酸乙酯，己酸乙酯低于浓香型白酒，一般在30～50mg/100mL。己酸乙酯在众多种类的酯类化合物中并没有突出它自身的气味特征。同时与其他成分香气相比较，酯类化合物在酱香型白酒香气中的表现也不十分突出。

酱香型白酒中有机酸类化合物总量很高，明显高于浓香型白酒和清香型白酒。在有机酸成分中，乙酸含量最高，乳酸含量也较高，它们各自的绝对含量是各类香型白酒相应成分含量之冠。同时，有机酸的种类也很多，除主要的乙酸、乳酸外，己酸、丁酸也不少，异丁酸、异戊酸以及含碳原子较多的庚酸、辛酸、壬酸也有一定量，不饱和的油酸、亚油酸含量也较高。在品尝酱香型白酒时，能明显地感觉到酸味，这与它的总酸含量高、乙酸与乳酸的绝对含量高有直接的关系。

酱香型白酒中醇类化合物含量高。高级醇含量比浓香型白酒高一倍以上。正丙醇与仲丁醇含量高于一般大曲酒，沸点较高的庚醇、辛醇也比其他香型白酒高。尤以正丙醇含量最高，这与酱香型白酒的爽口有很大关系。同时，醇类含量高还可以起到对其他香气成分"助香"和"提扬"的挥发作用。

酱香型白酒中的羰基化合物中醛酮含量大，醛酮类化合物总量是各类香型白酒相应成分含量之首。乙醛、乙缩醛，特别是糠醛含量极为突出，与其他各类香型白酒含量相比是最多的。还有异戊醛、丁二酮也是含量最多的。这些化合物的气味特征中多少有一些焦香与煳香的特征，这也许是形成酱香型白酒酱香的重要原因。

酱香型白酒中检出的其他类化合物有芳香族化合物苯甲醛、4-乙基愈创木酚、酪醇等，苯甲醛含量高于其他香型白酒。吡嗪类化合物如吡嗪、三甲基吡嗪、四甲基吡嗪等，以四甲基吡嗪为主，高于其他香型白酒。这些香味成分应与酱香的气味有关。

酱香型白酒富含高沸点化合物，是各香型白酒相应成分之冠。这些高沸点化合物包括高沸点的有机酸、有机醇、有机酯、芳香酸和氨基酸等。高沸点化合物的存在，明显地改变了香气的挥发速度和口味的刺激程度。品尝酱香型白酒，我们能感觉到的是柔和的酸细腻感和醇甜感，这与高沸点化合物对口味的调节作用有很大关系。特别是它的空杯留香，与高沸点化合物的存在有直接关系。酱香型白酒富含高沸点化合物这一特点，是决定其某些风味特征的一个很重要的因素。

四、米香型白酒

广西桂林三花酒是米香型白酒的典型代表，采用先培菌糖化后发酵的半固态发酵工艺，在我国有悠久的历史。

米香型白酒香味成分有如下几个特点：

① 香味成分总含量较少。

② 主体香味成分是乳酸乙酯和乙酸乙酯及适量的 β- 苯乙醇。

③ 酯类化合物中，乳酸乙酯的含量最高，乙酸乙酯次之，它们含量之和占总酯量的 90% 以上，两者的比例为（2：1）～（3：1）。

④ 醇类化合物总含量高于酯类化合物总含量。其中异戊醇含量最高，正丙醇和异丁醇的含量也相当高，异戊醇和异丁醇的绝对含量超过了浓香型白酒和清香型白酒中相应成分的含量。

⑤ β- 苯乙醇含量较高，其绝对含量也超过了浓香型白酒和清香型白酒相应成分的含量，米香型白酒国家标准规定 β- 苯乙醇含量须大于等于 30mg/L。

⑥ 酸类化合物中，以乳酸含量最高，其次为乙酸，它们含量之和占总酸量的 90% 以上，两者比例接近其相应酯类比例。

⑦ 羰基化合物含量较低。

五、凤香型白酒

凤香型白酒是指具有西凤酒香气风格的一类白酒，其代表产品是陕西的西凤酒。由于它的贮酒容器特殊，首次从它的成分中检出了氨基类化合物。

凤香型白酒的香味成分有以下几个特点：

① 凤香型白酒香味成分的构成，从整体上讲介于浓香型白酒和清香型白酒之间。香味成分总量低于浓香型白酒和清香型白酒，总酯含量明显低于浓香型白酒，略低于清香型白酒。

② 酯类化合物中，乙酸乙酯含量最高，其绝对含量明显低于清香型白酒，它的含量一般在 80 ～ 160mg/100mL 之间，乳酸乙酯含量一般为 80 ～ 100mg/10mL。己酸乙酯含量明显低于浓香型白酒，一般在 10 ～ 50mg/100mL 之间，过高或过低都会影响凤香型白酒的典型风格。丁酸乙酯的含量也明显低于浓香型白酒，为 3 ～ 8mg/100mL。同时，乙酸乙酯与己酸乙酯、乳酸乙酯也有一个恰当的比例，其中乙酸乙酯：己酸乙酯 =（1：0.15）～（1：0.25），乙酸乙酯：乳酸乙酯 =（1：0.6）～（1：0.8）。

③ 醇类化合物含量较高，这是其成分中很重要的一个特点，并影响着这类白酒的风味，它的总醇含量明显高于浓香型白酒和清香型白酒。在醇类成分中，异戊醇含量最高，正丙醇、异丁醇、正丁醇含量也较高。总醇与总酯的比例大约在 0.55∶1。凤香型白酒在总成分及总酯含量相对较低的情况下，有如此高含量的醇类成分，必然会在它的香气中突出醇香的气味特征，构成凤香型白酒醇香秀雅的特点。

④ 酸类化合物以乙酸、乳酸、丁酸和己酸为主，丁酸和己酸的含量明显低于浓香型白酒。

⑤ 凤香型白酒含有较多的特征性成分乙酸羟胺和丙酸羟胺，这与它使用的特殊贮酒容器酒海有直接关系，这使得凤香型白酒的固形物含量较高。

六、特香型白酒

特香型白酒是指具有四特酒风格的一类白酒，代表产品是江西的四特酒。

特香型白酒香味成分有如下几个特点：

① 酯类成分含量与其他成分含量相比是最多的，因此它的香气还是突出酯类的复合香。其中乳酸乙酯含量出众，居各种乙酯类之首，其次是乙酸乙酯，第三为己酸乙酯。

② 四特酒富含奇数碳脂肪酸乙酯，其含量是各类香型白酒相应成分之冠。这些奇数碳脂肪酸乙酯包括丙酸乙酯、戊酸乙酯、庚酸乙酯和壬酸乙酯。除戊酸乙酯绝对含量小于己酸乙酯外，其余的奇数碳脂肪酸乙酯的含量均大于它相邻的偶数碳脂肪酸乙酯。

③ 庚酸乙酯含量较高，它与己酸乙酯含量的比例为 1∶2.5 左右，庚酸乙酯的绝对含量和它在酯类成分中所占的比例是各类香型白酒中较大的，又有较低的阈值，所以，庚酸乙酯的气味特征必然会在其酯类香气中表现出来，这也是特型酒香味成分及风味的一大特点。另外，丙酸乙酯含量也超过了丁酸乙酯的含量。丙酸乙酯和壬酸乙酯在特型酒中的绝对含量是各类香型白酒相应成分之首。

④ 含有大量的正丙醇。正丙醇与丙酸、丙酸乙酯之间具有极好的相关性。

⑤ 含有高含量的高级脂肪酸乙酯，总量超过其他白酒近一倍，相应的高级脂肪酸含量也较高。这类高级脂肪酸及其乙酯主要是指 14 ~ 18 个碳的脂肪酸及其乙酯。它们在特香型酒的口味柔和与香气持久中起到了相当大的作用。

七、芝麻香型白酒

芝麻香型白酒以山东景芝白干酒为代表，主要是指该香型白酒的香气特征具有类似焙炒芝麻的香味特征。

芝麻香型白酒香味成分有如下几个特点：

① 芝麻香型白酒就其酯类、醇类和酸类化合物来讲，并没有什么独特的地方，它介于浓香、清香和酱香型白酒相应成分之间。但由于一些特征性成分的绝对含量与相互之间的量比关系，又使芝麻香型白酒与上述三大香型白酒的风味有较大的差异。

② 丁二酸二乙酯、丙酸乙酯、苯甲醇和 β- 苯乙醇在芝麻香型白酒中含量较高。

③ 吡嗪类化合物以四甲基吡嗪含量较高，含量比较稳定。吡嗪类化合物在芝麻香型白酒香气中作用较为突出。

④ 呋喃类化合物类似吡嗪类化合物，含量低于酱香型白酒，略低于兼香型白酒，但明显高于浓香或清香型白酒。呋喃类化合物大多具有甜样的焦香气味，与吡嗪类化合物气味混合，形成独特的焦香香气，在芝麻香型白酒香气中起着不可忽视的作用。

⑤ 总酯含量相对较低。因此，芝麻香型白酒中吡嗪类和呋喃类化合物的香气作用必然会突出地表现出来。

⑥ 检出了三种含硫化合物分别是：3- 甲硫基丙醇、3- 甲硫基丙酸乙酯和二甲基三硫，它们是芝麻香型白酒中很特殊的特征性成分。在制定芝麻香型白酒标准时，已经将 3- 甲硫基丙醇列为一项指标。

八、浓酱兼香型白酒

所谓浓酱兼香型白酒，是指兼具浓香型和酱香型白酒的风味特点，而又协调统一，自成一体，具有自身典型风格的白酒。浓酱兼香型白酒分为两类，一类是酱中带浓，代表产品是湖北的白云边酒；另一类是浓中带酱，代表产品是黑龙江的玉泉酒。

浓酱兼香型白酒在标志浓香和酱香型白酒特征的一些化合物成分含量上恰好落在浓香与酱香型白酒之间，较好地体现了其浓、酱兼而有之的特点。但是某些成分含量并不介于浓、酱之间，有些成分比较特殊，它的含量高出浓香与酱香型白酒相应成分许多倍，这也表明了浓酱兼香型白酒具有除了浓、酱兼而有之以外的个性特征。

在酱中带浓的白云边酒中，庚酸含量较高，是酱香型白酒的 10 倍以上，是浓香型白酒的 7 倍左右，相应的庚酸乙酯含量也较高；2- 辛酮的含量虽然仅在 1mg/L 数量级，但它的含量要高出浓香和酱香型白酒许多倍；丁酸、异丁酸和乙酸异戊酯含量也要比浓香和酱香型白酒高出许多。

而在浓中带酱的玉泉酒中，己酸乙酯含量比白云边酒高出近 1 倍，己酸含量超过了乙酸含量，而白云边酒则是乙酸含量大于己酸含量，从某种意义上讲玉泉酒更偏向浓香型的特点。此外，玉泉酒的乳酸、戊酸和丁二酸含量较高；正丙醇含量较低，只有白云边酒的一半左右；正己醇含量高达 40mg/100mL；糠醛含量高出白云边酒近 30%，比浓香型白酒高出近 10 倍，与酱香型白酒较接近；β-苯乙醇含量较高，比白云边酒高出 33%，与酱香型白酒接近；丁二酸二乙酯含量比白云边酒高出许多倍。当然，白云边酒的几种突出特征性成分含量的特点玉泉酒也具备。

九、董香型白酒

董香型的代表产品是贵州遵义的董酒。董酒是我国独特的酒种，以其幽雅舒适恰当的药香闻名于世，也是我国老八大名酒之一。在香气风格上明显区别于其他类香型白酒的香气。1983 年以来，贵州遵义董酒厂与贵州省轻工业科学研究所进行了二期董酒香型研究探讨工作，对董酒生产工艺、香味成分及量比关系、风格进行了深入研究，还请中国科学院昆明植物研究所及清华大学分析中心对董酒香味成分和药香进行了分析研究。

董酒由于其独特的酿酒工艺，在香味成分上表现出如下几个特点：

① 总酸含量高。总酸含量是其他名白酒的 2～3 倍。丁酸含量超群，超过了任何一种香型白酒的丁酸含量。总酸大于总酯，这一点与其他各类香型白酒的成分构成刚好相反。

② 丁酸乙酯含量高。丁酸乙酯与己酸乙酯之比为其他名白酒的 3～4 倍。这一特点很明显地反映到它的香气特征中带有较突出的丁酸乙酯的气味特征。

③ 高级醇含量高。其中主要是正丙醇和仲丁醇含量较高。总醇含量超过了总酯含量，这一点与米香型白酒有相似之处。

④ 乳酸乙酯含量低。大约是其他各类香型白酒相应成分的 35%～50%。

十、豉香型白酒

所谓豉香，这是一种俗称，与一般食品中的豉香概念不同，它是属于米香型白酒的"斋酒"（浸泡肥肉前的基酒）香气与浸泡肥肉工艺产生的特殊气味所组成的复合香气，是豉香型白酒特有的香气特征。其代表产品是广东的玉冰烧酒。

豉香型白酒香味成分有以下几个特点：

① 香味成分整体结构与一般米香型白酒相类似，但由于其基酒酒度较低，因此，在绝对含量上与一般米香白酒相比含量较低，即酸酯含量较低。总酯一般为 0.3～0.5g/L，总酸一般为 0.2～0.3g/L。

② β-苯乙醇含量高，为各香型白酒之冠，比米香型白酒高出近 1 倍。

③ 固形物含量明显高于一般米香型白酒，高级脂肪酸乙酯类化合物有相应

减少。

④ 确认了庚二酸和壬二酸及其二乙酯为其特征性香味成分。

豉香型白酒的特征香味成分包括 β- 苯乙醇、庚二酸二乙酯、辛二酸二乙酯、壬二乙酯、苯甲醇、3- 甲硫基 -1- 丙醇。它们都有一定的含量范围。其中醇类是豉香型白酒生产中大酒饼的特定氨基酸经过发酵过程复杂的微生物作用而形成，而二元酸的酯类是斋酒在浸肉过程随着脂肪的氧化降解形成的二元酸与醇类结合所生成的，它们都与豉香型白酒特殊的生产工艺密切相关，是形成豉香型白酒典型风格的关键所在。

十一、老白干香型白酒

老白干香型是新确立的一种香型，其代表产品是河北的衡水老白干酒。

老白干香型白酒与清香型和凤香型白酒有明显的不同，其香味成分具有以下几个特点：

① 老白干香型白酒的主要酯类物质是乳酸乙酯、乙酸乙酯和少量的丁酸乙酯、己酸乙酯，其中乳酸乙酯：乙酸乙酯 =（1.5 ～ 2）：1，己酸乙酯稍高于清香型白酒而低于凤香型酒，是老白干香型区别于清香型和凤香型的重要特征。

② 老白干香型白酒乙酸含量低于清香型白酒，乳酸、戊酸、己酸含量高于清香型白酒，这是其又一独特之处。

③ 高级醇含量高于清香型白酒，特别是异戊醇含量达 45mg/100mL 以上，正丙醇含量也高于清香和凤香型白酒。

④ 醛酮类化合物高于清香型白酒，乙缩醛含量明显高于清香型白酒。

衡水老白干酒具有"醇香清雅，具有乳酸乙酯、乙酸乙酯为主体的自然协调的复合香气，酒体谐调、醇厚甘冽、回味悠长"的独特风格。其风格的形成取决于酒中风味物质的种类和含量。这些风味物质绝大部分为有机化合物，根据其含量可分为色谱骨架成分（含量大于 2 ～ 3mg/100mL）和复杂成分。

十二、馥郁香型白酒

典型的馥郁香型白酒应具有的风格是：无色透明、芳香秀雅、绵柔甘冽、醇厚细腻、后味怡畅、香味馥郁、酒体净爽。

"馥"指香气，"馥郁"是香气浓郁的意思。以馥郁香型白酒代表酒鬼酒为例，它兼具"泸型"之芳香、"茅型"之细腻和"清香"之纯净，其酿酒发酵工艺集浓、酱、清工艺之所长，把清香型小曲酒和浓香型大曲酒工艺有机地结合在一起。其风味物质中乙酸乙酯和己酸乙酯含量突出，两者呈平行的量比关系。另外乙缩醛含量较高，还存在四甲基吡嗪等含氮化合物。馥郁香型白酒具有"色清透明、诸香馥郁、入口绵甜、醇厚丰满、香味协调、回味悠长"的典型风格。"前浓、中清、后酱"是其独特的口味特征。

通过多年对香味组分和风味特征的研究表明，对于某一香气类型来说，它并不是单一的香气，而是由多个具有特殊气味特征的小香气类别复合而成。这说明这类香型香气所对应的化合物类别也是多样的，而不是某一种化合物所能决定的。因此，又提出了某类香气或香型代表的特征性化合物的概念。所谓特征性化合物是指在食品风味中起关键性作用的化合物类别。它可以是一类化合物，也可以是几类或几种化合物的集合体。例如：在浓香型白酒中，它的香气主要是突出酯类的气味特征，它的特征性化合物是己酸乙酯。但这类香型的香气并不完全是酯类香气，诸如所谓的"糟香气味""泥香气味""陈酒香气味""发酵香"等香气类别同样存在于整体香气之中，它们的特征性化合物究竟是什么？至今还未找到满意的答案。

从白酒香味的本质来说，"平衡"是关键。不论哪种酒，好喝的一定是各种香味成分协调的。也就是说，酒中酸、酯、醇及其他微量成分的量比关系决定了酒的品质。而这些物质的含量又与该酒生产的原料、生产工艺有关；实际上生产原料、生产工艺是由地域特点决定的。说到底白酒生产是一个微生物发酵的过程，主要的香味成分是在发酵过程中形成的。生产原料是微生物的培养基，也是底物；生产工艺就是培养微生物的条件。原料与条件都对产物的形成有影响。更何况白酒生产是多种微生物的混合作用。当条件变化时，对不同种类微生物的影响是不一样的，其复杂性可想而知。所以，"香气舒适独特，香味协调，醇和味长"的酒就是好酒。

通过对以上各种有"特点"的酒的剖析，可以知道所谓"好酒"没有一定之规，重要的是"好喝"而又"与众不同"。其实要做到"有特色"并不很难。各地地理条件不同，气候特征不一样，做出来的酒自然就会有差别。当然有些地方客观条件就适于酿酒，比如四川、贵州。总之，如果确实是在"酿"，而不仅仅是"造"，千酒一味的现象就不会存在。

第四节　白酒的品评

一、白酒品评的意义和作用

白酒品评又叫尝评和鉴评，是利用人的感觉器官（视觉、嗅觉和味觉）按照各类白酒的质量标准来鉴别白酒质量优劣的一门检测技术。它具有快速而又准确的特点，到目前为止还没有被任何分析仪器所替代，是国内外用以鉴别食品内在质量的重要手段。

（一）品评的特点

1．快速

白酒的品评，不需要通过样品处理而直接观色、闻香和品味。根据色、香、味的情况确定风格。这个过程短则几分钟，长则半小时即可完成。具有灵敏度高的感觉器官并掌握了品评技巧的人，很快就能判断出某一种白酒的质量好坏。

2．准确

人的嗅觉和味觉的灵敏度较高。在空气中存在 1/3000 万 g/L 的麝香的香气都能被人嗅闻出来。乙硫醇只要有 6.610^{-8}mg/L 也能被人感受到。可见对某种成分来说，人的嗅觉甚至比气相色谱仪的灵敏度还要高。

3．方便

白酒品评只需要酒杯、品酒桌、品酒室等简单的工作条件，就能完成对几个、几十个、上百个样品的质量鉴定。方便简洁的特点非常突出。

4．适用

品评对新酒的分级、出厂产品的把关、新产品的研发、市场消费者喜爱品种的认识都有重要的作用。而且品酒师的专业品评与消费者的认知度如果一致，那么会对产品的消费产生重要的影响。

然而，感官品评也不是十全十美的，它受地区性、民族性、习惯性以及个人爱好和心理等因素的影响，同时难于用数字表达，因此感官品评不能代替化验分析，而化验分析因受香味物质、温度、溶剂、异味和复合香的影响，只能准确测定含量，因而对呈香、呈味及其变化也不能准确的表达，所以，化验分析代替不了品评，只有两者有机结合起来，才能发挥更大作用。

（二）品评的作用

1．品评是确定质量等级和评选优质产品的重要依据

对工厂、企业来说，应快速地进行半成品检验，加强过程控制，以便量质摘酒，分级入库、贮存。确保产品质量的稳定和不断提高。为此，须建立一支过硬的品评酒技术队伍，既能品评成品酒，又能品评新酒，把住生产（入库）及成品（出厂）两道质量关口。

国家机关和管理部门通过举行评酒会，检评质量、分类分级、评选优质产品、颁发质量奖证书等活动，对推动白酒行业的发展和产品质量的提高起到了很大的作用。

2．品评是指导生产的有力措施

根据品评发现生产中的问题，从而指导生产技术，所以说它是生产的眼睛。品评也是一门科学。通过品评，还可以掌握酒在贮存过程中物理和化学变化规律，为稳定提高产品质量提供依据。

3．品评是产品定型的先决条件

勾兑和调味能巧妙地把基础酒和调味酒合理搭配，使酒的香味达到平衡、谐调，提高典型风格。勾调效果，需要通过品评来判断和检验。品评是勾兑和调味的前提和保证，能加快检验勾兑和调味的效果，而勾兑、调味是实现产品定型的技术手段。勾兑和调味可以从以下五个方面完善酒的质量。

（1）典型性　白酒的典型性又称为风格和酒体，是构成白酒质量的重要组成部分。在不同香型的酒种中，都具有不同的典型风格，同一香型的白酒中，也各具不同的风味特征。比如，浓香型白酒，虽然都具有己酸乙酯为主体的复合香气，但因其产地、工艺不同，而出现了不同的流派。其一是具有纯正的己酸乙酯为主体的复合香气的流派；其二，是具有己酸乙酯为主体的略带陈味的复合香气的流派。在每个流派中，不同的产品因产地不同也具有不同的典型性。通过品评勾兑和调味，要突出白酒的典型风格。

（2）平衡性　白酒是由数百种香味成分组成的集合体，保持各种香味成分之间的平衡、谐调才是保持酒质稳定的基础。只有通过品评知晓酒体香味是否优雅，才能使白酒的香味成分保持适宜的量比关系，维持香气和口味之间的平衡。

（3）缓冲性　在白酒香味成分中，有部分物质对香气有助香作用，从香味角度来说，也可称为缓冲作用。白酒中起缓冲作用的物质尚不明确，但经试验，多元醇，特别是环己六醇有明显的缓冲作用，2,3-丁二醇和双乙烷等也可能有类似作用。经验证明，加入少量甜味大的酒就能使酒柔和。因此，通过品评、勾兑和调味，使白酒的香味谐调绵软，是缓冲作用所致。

（4）缔合性　白酒在贮存过程中，水和酒精的分子之间或水、酒精与其他香味成分分子之间产生缔合作用，形成缔合群体。这样减少了酒精的刺激性，从而使人感到酒味柔和。因此，在品评勾兑时，适当勾入不同贮存期的酒，发挥贮存期长而使酒柔和的作用，从而使酒体和谐，香味浑然。

（5）谐调性　白酒中某些香味成分对酒中的各种成分的谐调，能产生重要影响，如适量的醛类可以促进酒的香气的挥发；酸类可以促进香气与味之间的谐调。所以在品评调味时巧妙运用谐调物质含量高的酒，对基础酒调味处理，就可以实现酒中香和味的谐调，使酒体更完美。

以上酒质诸方面的提高是品评、勾兑调味协同作用的结果。品评是前提，勾调是手段，缺少任何一方均不会产生这样的效果。

4．品评是鉴别假冒伪劣商品的手段之一

在流通领域里，假冒名、优白酒的商品冲击市场，屡见不鲜。这些假冒伪劣商品的出现，不仅使消费者在经济上蒙受损失，而且使生产企业的合法效益和产品声誉受到严重的侵犯和损害。实践证明，结合理化分析，利用感官品评是识别假冒伪劣酒的直观而又简便的方法。

二、人体感觉器官及其特征

品评是依靠个人的感觉器官来进行的，了解感觉器官的生理特点有助于更客观地看待品评的作用，即所谓"眼观其色、鼻闻其香、口尝其味"。

1．视觉器官及其特征

视觉是由眼、视神经和视觉中枢的共同活动完成的。眼是视觉的外部器官，是以光波为适宜刺激的特殊感官。外界物体发出的光，透过眼的透明组织发生折射，在眼底视网膜上形成物像；视网膜感受光的刺激，并把光能转变成神经冲动，再通过视神经将冲动传入视觉中枢，从而产生视觉。所以眼兼具折光成像和感光换能两种作用。在不同的光照条件下，眼睛对被观察物的感受性是不同的。所以感官分析应在相同的光照条件下进行。对于评酒室来说，要有标准照度。

酒的外观鉴定，包括色调、光泽（亮度）、透明度、清亮、浑浊、悬浮物、沉淀物等，都是用视觉器官——眼来观察的。在没有色盲、视觉正常的人的眼光下和观察方法正确、光度适宜、环境良好等条件下，对酒样的观察是能得到正确的效果的。

2．嗅觉器官及其特征

人能感觉到香气，主要是由于鼻腔上部嗅觉上皮的嗅觉细胞起作用，在鼻腔深处有与其他颜色不同的黄色黏膜，这里密集分布着像蜂巢状排列的嗅细胞。当有气味的分子，随着空气吸入鼻腔，接触到嗅膜后，溶解于嗅腺分泌液或借助化学作用而刺激细胞，从而发生神经传动，通过传导至大脑中枢，发生嗅觉。当鼻做平静呼吸时，吸入的气流几乎全部经下鼻道进入，以致有气味的物质不能到达嗅区黏膜，所以感觉不到气味，为了获得明显的嗅觉，就必须做适当吸气或多次急促吸气和呼气。最好的方法是头部略为下低，酒杯放在鼻下，让酒中香气自下而上进入鼻孔，使香气在闻的过程中容易在鼻甲上产生涡流，使香味分子多接触嗅膜。一般来说，人的嗅觉还是比仪器灵敏得多。

嗅觉适应（也叫嗅觉疲劳）是指当气味物质作用于嗅觉器官一定时间后嗅觉器官感受性降低的现象。所谓"入芝兰之室，久而不闻其香"就是这个道理。嗅觉的相互作用：当有几种不同的气味同时存在，感觉器官可以有不同的反应，一种气味掩盖了另一种气味称为掩蔽效应；气味彼此抵消以至无味称为中和作用；当然也有可能互不影响，也有可能产生一种新气味。

3．味觉器官及其特征

味蕾是人的味感受器，味蕾由味觉细胞和支持细胞组成。味蕾大部分分布在舌面，小部分在软腭和咽喉。舌的不同部位对味觉有不同的敏感性。舌尖对甜味敏感，舌根则对苦味敏感，舌前两侧对咸味敏感，舌后两侧对酸味敏感。唾液有助于引起味感觉，一种解释是说因为只有溶于水中的物质才能刺激味蕾；另一种说法是唾液中的酶帮助传达基本味觉。碱性磷酸酶传达甜味和咸味，脱氢酶传达酸味，核糖核酸酶传达苦味。

味觉有如下特征：味觉与嗅觉密切相关，人们都知道口腔和鼻腔是相通的，所说的"香味"实际包含着"香气和口味"，因为嗅觉和味觉是互相影响的。品酒时，从口腔咽下酒后，就会产生呼气动作，使带有气味的分子向鼻腔运动，因而产生了回味。味觉适应是指某种物质在口腔里维持一段时间后，引起感觉强度逐渐降低的现象。如果连续吃三块糖，会觉得最后一块糖不如第一块甜就是这个道理。味觉的相互作用包括味的对比作用，如吃完有苦味的东西再吃甜的会觉得更甜；味的消杀作用，如把酸的和甜的东西混合后，原来的酸味和甜味都会减弱；味的相乘作用，如具有鲜味的谷氨酸和鸟苷酸混合后鲜味会大大增强。味觉还与温度有关，酸味的敏感度随温度升高而升高；苦味和咸味的敏感度随温度升高而降低；而甜味受温度的影响不大。

生理学上认为基本味觉有四种：甜、酸、苦、咸，后来认为"鲜"是第五味。辣和涩都不属于基本味觉，它们是神经末梢受到刺激后的感觉。辣又可分为火辣和辛辣。火辣是在口腔中引起烧灼感，辛辣是除作用于口腔黏膜外，还能刺激嗅觉器官，如芥末。涩是口腔黏膜蛋白质被凝固而引起的收敛感觉。

三、酒中的呈味物质与相互作用

(一) 对酒中呈味物质的认识

在酿酒工业中常用酸味、甜味、咸味、苦味、辣味、鲜味、涩味等来说明不同的现象，找出影响质量的因素。为了准确地进行判断，先要熟悉不同的单一香味成分的特征，然后在检查白酒的风味时，才能在复杂成分混合的情况下，正确加以辨认。

下面将口味与物质的关系分别介绍如下。

1. 酸味物质

酒中的酸味物质均属有机酸（人为添加的除外），例如白酒中的乙酸、乳酸、丁酸、己酸及其他高级脂肪酸等；果露酒中的柠檬酸、苹果酸、酒石酸等；黄酒中的琥珀酸、氨基酸等。无机酸、有机酸及酸性盐的味，都是 H^+ 起作用。入口感觉到的酸味，由于唾液的稀释，这些酸的缓冲性和酸味的持续性，其呈味时间的长短及实际上食品的味与生成的味等均有差别。在相同 pH 的情况下，酸味强度的顺序如下：

醋酸 > 甲酸 > 乳酸 > 草酸 > 无机酸。

各种酸有不同的固有味，例如，柠檬酸有爽快味，琥珀酸有鲜味，醋酸具有愉快的酸味，乳酸有生涩味。酸味物质为饮料酒必要的成分，能给予爽快的感觉，但酸味过多过少均不适宜，酒中酸味适中可使酒体浓厚、丰满。

2．甜味物质

甜味物质种类甚多，所有具有甜味感的物质都由一个负电性的原子（如氧、氨等）和发甜味团、助甜味团构成（如甘油，发甜味团为 $CH_2OH—CHOH—$，助甜味团为 $CH_2OH—$），酒中常带有甜味，是因酒精本身含有的—OH 的影响。羟基数增加，其醇的甜味也增加，其甜味强弱顺序如下：

乙醇＜乙二醇＜丙三醇＜丁四醇＜戊五醇＜己六醇。

多元醇不但产生甜味，还能给酒带来丰富的醇厚感，使白酒口味软绵。除醇类外，双乙酰具有蜂蜜样浓甜香味，能赋予酒浓厚感。酒中还含有多种氨基酸，大量氨基酸具有甜味，D- 氨基酸多数是甜的，D- 色氨酸的甜度是蔗糖的35 倍；而 L- 氨基酸中，苦的占多数，但 L- 丙氨酸、L- 脯氨酸却是甜的。

3．咸味物质

具有咸味的全部都是盐类，但盐类并不等于食盐。盐类有甜味也有苦味，盐类大部分都有一些咸味。白酒中的咸味，多由加浆水带来。如果加浆水中含无机盐类较多，则带异杂味，不爽口，而且会产生大量沉淀，必须考虑除去。

4．苦味物质

苦味在口味上灵敏度较高，而且持续时间长，经久不散，但常因人而异。酒中的苦味物质是酒精发酵时酵母代谢的产物，如酪氨酸生成酪醇，色氨酸生成色醇，特别是酪醇含量在二万分之一时尝评就有苦味。

制曲时经高温，其味甚苦，这与酵母产生苦味的道理差不多。根据我国白酒生产的经验，制曲时霉菌孢子较多，酿酒时加曲量过多或发酵温度过高等，都会给成品酒带来苦味。此外，高级醇中的正丙醇、正丁醇、异丁醇、异戊醇和 β- 苯乙醇等均有苦涩味。

苦味物质中，常含有苦味肽，由疏水性的氨基酸或碱性氨基酸组成的二肽，差不多都呈现苦味。苦味物质的阈值是比较低的，而且持续性强，不易消失，所以常常使人饮之不快。在酒的加浆用水中，含有碱性金属的盐类或硫酸根的盐类，它们中大多数都是苦味物质。一般说来，盐的阳离子和阴离子的原子量越大，越有增加苦味的倾向。

5．辣味物质

辣味不属于味觉，是刺激鼻腔和口腔黏膜的一种痛觉。酒的辣味，是由于灼痛刺激作用于痛觉神经纤维所致。在有机化合物中，凡分子式具有：—CHO（如丙烯醛、乙醛）、—CO—（丙酮）、—CH＝CH—（如阿魏酸）、—S—（如 C_2H_5SH 乙硫醇）等原子团的化合物都有辣味。白酒中的辣味，主要来自醛类、杂醇油、硫醇，还有阿魏酸。

6．涩味物质

涩味是通过麻痹味觉神经而产生的，它可凝固神经蛋白质，使舌头黏膜的蛋白质凝固，产生收敛性作用，使味觉感到涩味，使口腔里、舌面上和上腭有不滑润感。果酒中的涩味物质主要是单宁。白酒中的涩味是由醛类、乳酸及其酯类等产生的，还包括木质素及其分解的酸类化合物——阿魏酸、香草酸、丁香酸、丁香醛、糠醛等以及杂醇油，其中尤以异丁醇和异戊醇的涩味重。白酒中的辣味和涩味物质是不可避免的，关键是要使某些物质不能太多，并要与其他微量成分比例协调，通过贮存、勾兑、调味掩盖，使辣味和涩味感觉减少。

7．咸、甜、酸、苦诸味的相互关系

咸味由于添加蔗糖而减少，在1%～2%食盐浓度下，添加7～10倍量的蔗糖，咸味大部分消失。甜味由于添加少量的食盐而增大；咸味可因添加极少量的醋酸而增强，但添加大量醋酸时咸味减少。在酸中添加少量食盐，可使酸味增强。苦味可因添加少量食盐而减少，添加食糖也可减少苦味。总之，咸、甜、酸、苦诸味能相互衬托而又相互抑制。

(二) 口味物质的相互作用

1．中和

两种不同性质的味觉物质相混合时，它们失去各自独立味道的现象，称为中和。

2．抵消

两种不同性质的味觉物质相混合时，它们各自的味道都被减弱的现象，称为抵消。

3．抑制

两种不同性质的味觉物质相混合时，其中一种味道消失，另一种味道出现的现象，称为抑制。

4．加强效果

两种稍甜物质相混合时，它们的刺激阈值的浓度增加一倍，这种现象在酸味物质中也存在。

5．增加感觉

在一种味觉物质中加入另一种味觉物质，可以使人对前一种味觉物质的感觉增加的现象，称为增加感觉。经试验，在测定前5min，用味精溶液漱口后，人对于甜味、咸味的灵敏度不变，但对酸味和苦味的灵敏度增加，即为增加感觉现象，这对评酒影响很大。所以在尝评酒之前不要吃过多的味精食品，以免影响评酒结果。

6．变味

同一种味觉物质在人的舌头上停留时间的长短不同，人对该味觉物质的味

觉感受也不同的现象，谓之变味。例如，评酒时若用硫酸镁溶液漱口，开始是苦味，25~30s后变为甜味。

7．混合味觉

各种味觉物质互相中和、抵消、抑制和加强等给人的一种综合感觉，称为混合味觉。一般来说，甜、酸、苦容易发生抵消，甜与咸能中和，酸与苦有时则是既不中和也不能抵消。

总之，味觉的变化是随着味觉物质的不同而有变化。为了保证各种名优白酒的质量与风味，使产品保持各自的特色，必须掌握好味觉物质的相互作用和酒中微量香味成分的物理特征。

四、白酒的香与味

白酒中的各种香味成分主要来源于粮食、曲药、辅料、发酵、蒸馏和贮存，形成了如糟香、窖香、陈味、浓香等不同的香气和风味，但原辅料质量不过关、白酒发酵过程中管理不善、容器设备工具不干净或污水等会使原酒出现怪杂味，如糠味、臭味、苦味、腥味、尾水味、尘土味、酸味、霉味、油哈喇味、橡皮味、涩味以及黄水味等。这些异杂味有的是原料引起的，有的是生产过程中产生的，有的是受设备的影响而带到酒中的。

白酒中的杂味成分，现在能有效地检验出来的还不多，尚有许多工作要做。香味与杂味之间并没有明显界限，某些单体成分原本是呈香的，但因其过浓，使组分间失去平衡，以致香味也变成了杂味；也有些本应属于杂味，但在微量情况下，可能还是不可缺少的成分。因此，在浓香型原酒的品评当中，需要有效地鉴别出其中的杂味，做出相应的处理，避免造成不必要的损失。

（一）白酒主要香气

香气是指正常工艺生产白酒呈现的气味，包括粮香（多粮香）、高粱香、大米香、豆香、药香、米糠香、曲香、醇香、清香、窖香、酱香、米香、焦香（焙烤香）、芝麻香、糟香、果香、花香、蜜香、青草香（生青味）、坚果香、木香、甜香、酸香、陈香、油脂香、酒海味、枣香等。

1．粮香（多粮香）

高粱、大米、小麦等多种粮谷原料经发酵蒸馏使白酒呈现的类似蒸熟粮食的香气特征。多是酿酒原料粮食本身所带有的香气，在白酒的蒸馏过程中被带入酒体，不同粮食的特征香气成分差别很大，大多为低沸点的醛、酮、酯、醇、酸及杂环化合物等。

2．高粱香

高粱经发酵蒸馏使白酒呈现类似蒸熟高粱的香气特征。高粱蒸煮时产生的香气成分中烷烃物质很多，但可以肯定烷烃类物质不是高粱蒸煮的主要香气成分，检出的几种酯和酸也不是高粱蒸煮的主要香气成分，杂环类、酮类、醛类、醇类化合物可能是高粱蒸煮时产生的主要香气成分。

3．大米香

大米等经糖化发酵使白酒呈现类似蒸熟大米的香气特征。在米香型白酒中存在较广，在白酒蒸馏过程中被带入酒体，在蒸煮的酿酒大米中检测出的重要呈香化合物有：3，5-辛二烯-2-醇、2-辛烯-1-醇、1-辛烯-3-醇、2，3-辛二酮、呋喃酮、3-羟基-2-丁酮、2，4，4-三甲基呋喃酮、2-己烯醛、6-甲基-2-羟基苯甲醛、2-丁基-2-辛烯醛。

4．豆香

豌豆、黄豆等豆类经发酵蒸馏使白酒呈现的类似豆类的香气特征。清香型白酒大曲在制造过程中会加入相当比例的豌豆作为原料，且豌豆皮薄黏性大，结块后水分、热量不易散出，不利于微生物繁殖，也因为如此，豌豆本身的香气特征得以保留，出现在后续制成的成品酒中。

5．药香

制曲环节中加入中药材使白酒呈现的类似中药材的香气特征。董酒在生产酿造时使用大、小曲作糖化发酵剂，制曲时添加中药材，采用特殊的窖泥材料，采用独特的串香工艺。在制取小曲时添加95味中草药，制取大曲时添加40味中草药，这些中草药经发酵蒸馏带入酒中形成酒中丰富的呈香呈味成分，使得其口感具有酯香幽雅，微带舒适药香，入口醇和浓郁，饮后甘爽、味长的特点。

6．米糠香

大米经发酵蒸馏使特香型白酒呈现类似米糠的香气特征。特香型白酒以优质大米作为白酒的酿造原料，并且不经粉碎，采用整粒与酒醅混蒸的生产工艺，因此在生产过程中融合了大量大米原料发酵的香气，并在蒸馏制酒的过程中进入酒体。

7．曲香

大曲、麸曲或小曲等经参与发酵使白酒呈现的香气特征。酒曲既是白酒酿造过程中的糖化剂和发酵剂，又是白酒酿造过程中的生香剂，在白酒酿造中具有提供复合曲香物质及其呈香前体物质的作用，复合曲香物质来源于制曲原料中的蛋白质、脂肪以及淀粉等物质的降解，其复合曲香是由氨基酸、脂肪酸、多糖及其聚合物等多种物质共同形成。

8．醇香

白酒中醇类成分呈现的香气特征，醇类物质的香气作用在酒中相当重要，它是构成酒体相当一部分香气成分的骨架。白酒中高级醇的含量和种类更是决定了酿造酒的特征香味物质和口感，适量高级醇在呈味方面使酒体柔和丰满、浓厚，使味道的持续时间长。含量过少使白酒口感单薄，过高易引起剧烈头痛，对人体健康造成不良影响。

9. 清香

白酒中以乙酸乙酯为主的多种成分呈现的香气特征，在清香型白酒中较为明显，其口感清新淡雅，纯正、柔和、绵甜，诸味协调，余味爽净。

10. 窖香

白酒采用泥窖发酵等工艺产生的以己酸乙酯为主的多种成分呈现的香气特征。窖泥是白酒功能菌生长繁殖的载体，包含了大量微生物，可为酿酒提供大量的香味物质，对半成品酒中微量香味成分的形成及其量比关系协调起着十分重要的作用，影响着半成品酒的质量。通常利用底香调味酒窖底香突出的特点来调节酒体的芳香，利用其甜爽感来调节酒体的爽口度，利用其酒体醇厚的特点来调节酒体醇厚度和协调感等。

11. 酱香

采用高温制曲、高温堆积发酵的传统酱香酿造工艺使白酒呈现的香气特征。

12. 米香

米香型白酒中以大米为原料糖化发酵产生的乳酸乙酯、乙酸乙酯、β-苯乙醇为主的多种成分显现的香气特征。

13. 焦香（焙烤香）

白酒呈现的类似烘烤粮食谷物的香气特征。焙烤过程中会发生美拉德反应，使谷物具有焦香或焦糊味。酱香型白酒和芝麻香型白酒酿造工艺中的高温制曲、高温堆积和高温流酒等过程都会产生焦香成分，其中吡嗪和糠醛是影响焦香风味的重要物质。

14. 芝麻香

白酒呈现的类似焙炒芝麻的香气特征。芝麻香型的白酒是新中国成立后发现的一种新型创新类白酒，具有清香白酒的纯正清香、浓香白酒的柔和饱满和酱香白酒的淡雅细腻的风味。挥发性的丁、戊、己（酯、醇、酸）是芝麻香型白酒主要贡献者，尤其是 2-糠硫醇和甲缩醛。

15. 糟香

白酒呈现的类似发酵糟醅的香气特征。糟香的香气，有窖香混杂在里面，也有发酵之后的醅糟的香气混杂在里面，它是一个复合的气味。它包括投粮和辅料本身的香气，这些物质和母糟通过微生物作用以后的产物的气味，共同形成了糟香。

16. 果香

白酒呈现的类似果类的香气特征。白酒中的酯类物质的香气如己酸乙酯、乙酸乙酯、乳酸乙酯、丁酸乙酯、戊酸乙酯等都是水果类香气，呈现出如苹果、梨、柠檬、葡萄柚、柑橘、青柠檬、醋栗、葡萄、凤梨、瓜类等香气。

17．花香

白酒呈现的类似植物花朵散发的香气特征。花香，是指植物的花在开放成熟过程中所释放出的香气，微观层面下依托于化学物质而产生作用，比如酯类、醛类、有机酸类、内酯类、萜类、醇类、羰基类化合物以及氨基酸等，因此，花香是一种复杂多变的复合型香气。

18．蜜香

白酒呈现的类似蜂蜜的香气特征。蜂蜜是指蜜蜂采集植物的花蜜、分泌物或蜜露，与自身分泌物结合后，经充分酿造形成的天然甜味物质，富含葡萄糖、果糖以及酶、维生素、矿物质等多种微量成分。酯类、醇类起主要贡献。

19．青草香（生青味）

白酒呈现的类似树叶青草类香气特征。草及叶子散发出的沁人心脾清新的气味。

20．坚果香

白酒呈现的类似坚果类的香气特征。酒中所蕴含的那一丝辛香的坚果风味，包括花生、杏仁、核桃、榛子的风味，这些风味总是会伴随酒液在我们的味蕾和喉咙上驻留许久，带来令人难以忘怀的愉悦。

21．木香

白酒呈现的类似木材的香气特征。

22．甜香

白酒呈现类似甜味感受的香气特征。白酒的甜味主要来源于醇类，特别是多元醇类等。甜味来自醇基，当物质的羟基增加，其醇的甜味也增加，多元醇的甜味随着羟基增加而加强。如丁四醇的甜味比蔗糖大 2 倍，己六醇的甜味更强。此外，多元醇都是黏稠体，均能给酒带来丰满、浓厚感，使酒口味绵长。

23．酸香

白酒中挥发性酸类成分所呈现的香气特征。碳原子少的有机酸少量可助香，如乙酸带有愉快的酸香和酸味，丁酸有窖泥香且带微甜，己酸有窖泥香且带辣味，丙酸气尖味酸而带甘，乳酸香气微弱而使酒质醇和浓厚，过多则发涩。

24．陈香

陈酿工艺使白酒自然形成的老熟的香气特征。

25．油脂香

陈肉坛浸工艺使豉香型白酒呈现的类似脂肪的香气特征。

26．酒海味

酒海贮存工艺使凤香型白酒呈现的香气特征。

27．枣香

陈酿工艺使老白干香型白酒呈现的类似甜枣的香气特征。研究表明呈现枣香香气的物质有：月桂酸乙酯、苯丙酸乙酯、十四酸乙酯，这些物质在中国各香型白酒中普遍存在，但强度不同。

(二) 白酒主要滋味

滋味是指味觉器官感受到白酒风味物质的刺激而产生的感觉，主要包括甜味、酸味、苦味、咸味、鲜味。

1．甜味

白酒中某些物质（例如多元醇）呈现的类似蔗糖的味觉特征。可降低酒体的糙辣味，缓冲和掩盖杂味，可使其酒质绵甜爽净，香味协调及平衡。

2．酸味

白酒中某些有机酸呈现的类似醋的味觉特征。白酒必需也必然具有一定的酸味物质，并与其他香味物质共同组成白酒的固有芳香。白酒中酸类以脂肪酸为主，还常以乙酸含量最多，其次是丙酸、乳酸、己酸等，有机酸既有香气，又是呈味物质。

3．苦味

白酒中某些物质呈现的类似苦杏仁的味觉特征。引起白酒苦味的主要物质为糠醛、高级醇、酪醇、丙烯醛等。其苦味物质来源有原料辅料选择不当、配料使用不当、酒曲使用过量、工艺操作控制不当、环境不清洁等。

4．咸味

白酒中某些盐类呈现的类似食盐的味觉特征。研究表明，褐色部分比例较大的大曲更容易在发酵过程中产生咸味，酸性的环境可以减弱褐色大曲产生咸味的代谢活动，但不能完全抑制，发酵液中的酸类、酯类等香味物质的气味可以掩盖咸味。

5．鲜味

白酒中某些物质呈现的类似味精的味觉特征。鲜味作为五种基本滋味之一，对食品滋味和品质有着重要的贡献，近年来被人们广泛关注。白酒中的鲜味物质，可能包括但不限于呈味游离氨基酸、核苷酸以及鲜味寡肽。

(三) 白酒主要异味

异味是指白酒品质降低或沾染杂物所呈现的非正常气味或味道，主要包括糠味、霉味、生料味、辣味、硫味、汗味、哈喇味、焦煳味、黄水味、泥味等。

1．糠味

白酒呈现的类似生谷壳等辅料的气味特征。糠腥味夹带着霉味给人带来不愉快粗糙的感觉，其原因可能是原料辅料不新鲜、不干燥、已经霉烂，或者采购的原料符合标准但是存储不得当。

2．霉味

白酒呈现的类似发霉的气味特征。霉味多来自霉变的原料、辅料，其在生产过程中未及时被剔除带入酒醅中，也因窖池管理不善出现窖皮泥干裂、漏气、烧窖、上层酒醅霉变引起酒中的霉味、苦涩味从而影响酒质，怪杂霉味的酒虽经长期储存也不能减轻霉味。

3．生料味

白酒呈现的类似未蒸熟粮食（生粮）的气味特征。白酒中生料味形成的原因可能是，原料没有经过蒸煮直接进行发酵，或者是粮食浸泡时间短，水温低，粮食没有充分吸水，不能充分糊化，蒸不过心，在发酵过程中粮食始终不能糖化，生粮味被带到酒中。

4．辣味

白酒呈现的辛辣刺激性的气味特征。在发酵不正常时常在蒸馏操作中有刺眼的辣味，蒸出的新酒燥辣，贮存后辣味会大为减少。

5．硫味

白酒呈现的类似硫化物的气味特征。主要由硫化氢、硫醇、丙烯醇和丙烯醛及其酯类等物质引起。其中硫化氢主要通过微生物代谢分解胱氨酸、半胱氨酸和含硫蛋白质产生，本身呈臭鸡蛋气味，且阈值极低，若在发酵过程中稍有不慎就会出现硫化氢的味道；丙烯醇和丙烯醛具有强烈的臭味，由乳酸菌与酵母菌甘油发酵产生；硫醇主要由酵母在发酵过程中以半胱氨酸和二氧化硫为底物代谢合成。

6．汗味

白酒呈现类似汗液的气味特征。丁酸、戊酸、己酸及其醇类三者都具有汗臭味，而丁酸尤为突出，正丁酸为奶酪的腐败臭味，新白酒的臭味主要来自丁酸及其醇、醛类物质。

7．哈喇味

白酒呈现的类似油脂氧化酸败的气味特征。白酒的风味和油味是不相容的，白酒中出现微量的油味特别是油哈喇味会严重损害白酒的质量，一般来讲含脂肪较多的原料，发酵后极容易生成高级脂肪酸和乙酯。其主要成分应该是酒中的亚油酸乙酯被氧化分解成壬二酸半醛乙酯，其会产生油臭味。

8．焦煳味

白酒呈现类似有机物烧焦煳化的气味特征。生产浓香型大曲酒和酱香型大曲酒制高温大曲操作不得法加之用曲超量会使酒呈明显的焦香而欠酱香风格，呈现出曲药的苦味。而曲管理不善也会霉变甚至让酒带有杂粮味和曲的霉臭焦味，如果每天不清洗底锅、勤换底锅水就会使蒸馏出的酒呈异味及焦煳味。

9．黄水味

白酒呈现类似黄水的气味特征。黄水酸涩十分难喝，白酒中的黄水味形成的原因可能是，酒醅发酵产生的黄水积存在窖池的底部，底部的黄水较多，蒸馏时，这部分酒醅的黄水味被拖带出来。或者是底锅直接进行串蒸带来的。

10．泥味

白酒呈现类似窖泥的气味特征。普通白酒生产用砖窖及水泥窖经常换窖泥感染杂菌则会产生臭泥味，浓香型大曲白酒的窖若选用泥土不当或碱性较大或腐殖质少等则筑成的人工窖会使酒呈泥味和泥腥味。

提高白酒质量的措施，就是"去杂增香味"。如能除去酒中的杂味干扰，相对地也就提高了白酒的香味。在生产实践中，去杂大都比增香困难很多。去杂、增香两者是统一的，既是技术问题，也是管理问题。两者相对而言，去杂，管理占的比重大。增香，技术占的比重大。在工艺上，原辅料应蒸透，要搞好清洁卫生工作，加强管理，缓慢蒸馏，按质摘酒，分级贮存，做好酒库，包装管理。即生产全过程都不能马虎，否则就会出现邪杂味而降低了产品质量。

香味与杂味之间并没有明显界限，某些单体成分原本是呈香的，但因其过浓，使组分间失去平衡，以致香味也变成杂味；也有些本应属于杂味，但在微量情况下，可能还是不可缺少的成分。

要防止邪杂味突出，除加强生产管理外，在勾调时还应注意利用相乘作用与相杀作用，掩盖杂味出头，使酒味纯净。这取决于勾调人员的水平。但酒质基础太差，杂味是难以掩盖的。

一般沸点低的杂味物质多聚积于酒头。其多为挥发性物质，如乙醛、硫化氢、硫醇、丙烯醛等。另有一部分高沸点物质则聚积于酒尾，如番薯酮、油性物质等。酒头和酒尾中尚有大量的香味成分，可以分别贮存，在勾调上是有价值的。如果措施不当，就容易出现除杂的同时也把香味除掉的情况。

若白酒中杂味过分突出，想依靠长期贮存来消除，或用好酒掩盖是相当困难的。低沸点成分在贮存过程中，由于挥发而减少或消除；高沸点物质也有的被分解。但有些稳定的成分，例如糠醛，不但没有变化，反而由于乙醇被蒸发而相对被浓缩了。

白酒是一种带有嗜好性的酒精饮料，亦是一种食品。对食品的评价，往往在很大程度上要以感官品评为主，白酒的质量指标，除了理化、卫生指标外，还有感官指标，对感官指标的评价，要由评酒员来进行品尝鉴别，酒的品评工作是非常重要的。

五、白酒的一般品评方法

对白酒的评价包括色、香、味、格四方面。

(一) 观色

白酒应是无色的，清亮透明，无悬浮物，无沉淀物的液体（酱香型酒可有微黄色）。观察色泽时可以白纸做底来对比，在观察透明度、有无悬浮物及沉淀物时要将酒杯举起，对光观察。

(二) 闻香

无论何种香型，质量上乘的白酒都应是香气纯正宜人，无邪杂味。闻香时酒样的装量要一样多，一般在 1/2 ~ 2/3 杯。酒杯与鼻子的距离在 2cm 左右。对酒吸气，吸气强度要均匀。先粗闻，然后按香气从弱到强将酒样排队后再闻。如果有气味不正的酒样将其放在最后。对香气相近的样品不好判断时，可把酒样滴到手上，借助体温使酒液增加挥发性帮助做出准确判断。

(三) 尝味

现在大多数人对白酒的口味要求已从原来的"够劲"转向"柔和"。入口绵甜、香味协调、余味悠长的酒受到欢迎。尝酒时每个酒样的入口量都要保持一致：一般不超过 2mL。注意酒液入口时要稳，使酒先接触舌尖，然后是舌两侧，最后是舌根，让酒布满舌面并仔细辨别味道。酒咽下后要张口吸气再闭口呼气来品酒的后味。酒样尝味的顺序与闻香时的排序要一致，先淡后浓，有异常口味的放到最后再尝。

(四) 鉴格

对一般的人来说酒的"风格"似乎不可思议。就像人的"风度"一样仁者见仁，智者见智。在白酒的质量标准中关于风格的描述是"具有本品的风格"，什么是"风格"呢？

风格是酒的色、香、味全面品质的综合反应，就是该酒典型的风味特征，是酒既抽象又具体的总体特征的体现。每一个白酒产品都有其独特风格，并且应该长期稳定。

同种香型不同等级的酒，其口味差别主要表现在是否绵甜、醇厚、丰满、细腻、谐调、爽净、回味等。任何香型的白酒，口味纯正、余味爽净是基本要求。优质酒不应有明显的爆辣、后苦、酸涩和任何邪杂味。

六、白酒评酒的计分标准

白酒评比一般采用 100 分制，色占 10 分、香占 25 分、味占 50 分、风格占 15 分（表 12-8）。评酒时，评酒员根据自己的实际感受，对样品的色、香、味、格进行全面的鉴别，视具体情况给予扣分。

表 12-8　白酒评酒记录表

酒样编号	评酒计分				总分100分	评语	名次
	色10分	香25分	味50分	风格15分			

计分标准如下：

① 色（10分）

无色透明	10
浑浊	−4
沉淀	−2
悬浮物	−2
带色（除淡黄色外）	−2

② 香（25分）

具备本香型的特点	25
放香不足	−2
香气不纯	−2
香气不正	−2
带有异香	−2
有不愉快的气味	−4
有杂醇油味	−5
有其他臭味	−7

③ 味（50分）

具有本香型的口味特点	50
欠绵软	−2
欠回甜	−2
淡薄	−2
冲辣	−3
后味短	−2
后味淡	−2
后味苦	−3
涩味	−5

焦煳味	−5
辅料味	−5
稍子味	−5
杂醇油味	−5
糠腥味	−5
其他邪杂味	−6

④ 风格（15分）

具有本香型的特有风格	15
风格不突出	−5
偏格	−5
错格	−5

七、品酒环境与评酒员素养

（一）对环境的要求

环境对感官分析有两方面的影响：一是对分析人员产生影响；二是影响分析样品的品质，例如温度对样品的影响就比较显著。

品酒环境的基本要求是：清洁整齐，空气新鲜，采光及照明符合要求。室内温度18～22℃，相对湿度50%～60%，噪声小于40dB。品酒桌上应铺白色台布并有上下水系统。使用无色透明的无花玻璃杯。品酒室要远离食堂、车间、卫生间等有干扰气味的地方。

评酒时间以上午9～11时，下午3～5时为宜。考虑到温度会影响对香味的感觉，各轮次酒样的温度要尽量保持一致。

（二）对评酒员的要求

评酒员应具有对色、香、味灵敏的感觉。感觉的敏锐与否，与遗传有关，也与训练有关。一个好的评酒员除天生具备敏锐的感觉外，还要努力学习并在实践中不断积累经验，全面提高能力。评酒员要注意保护自己的感觉器官，不吃刺激性强的食物，不酗酒，加强身体锻炼，预防疾病。评酒时不使用化妆品。评酒员要有良好的职业道德、社会责任感以及实事求是和认真负责的工作态度。

1. 努力提高专业能力，实现"四力"

（1）检出力　品评师应具有灵敏的视觉、嗅觉和味觉，对色、香、味有很强的辨别能力——检出力。这是品评师应具备的基本条件。

（2）识别力　在提高检出力的基础上，品酒师应能识别各种香型白酒及其优缺点。

（3）记忆力　通过不断地训练和实践，广泛接触各种类型的白酒，在品评过程中不断提高自己的记忆力，如重复性和再现性等。

（4）表现力　品酒师应在识别力和记忆力中找出问题的所在，并有所发挥。不仅以合理打分来表现色、香、味和风格的正确性，而且能把抽象的东西，用简练的语言描述出来，这种能力称为表现力。

2．努力达到"一专多能"，做到"四懂"

（1）懂工艺

（2）懂分析

（3）懂勾调

（4）懂贮存

3．品酒应坚持四项原则

（1）大公无私　品酒师要对所品评的酒负责，力求无偏见，掌握标准，客观评酒，要有实事求是和认真负责的工作态度。

（2）努力提高品评技术　品酒师要加强基本功训练，广泛接触各类型白酒，既要有熟练的品评技能，又要有准确、简练的评述能力。

（3）懂生产工艺　品酒师必须加强业务学习，扩大知识面，熟悉生产工艺特点。通过品评，找出质量差距，分析质量问题原因，指导酿酒生产。

（4）坚持原则　品酒师必须掌握产品标准和产品风格，评酒时要坚持用科学、客观、公正的态度，不受外界干扰和影响，敢于实事求是和认真负责。

白酒相关标准

附录一　白酒产品标准（摘要）

一、浓香型白酒（GB／T 10781.1—2021）

（一）术语和定义

GB/T 15109、QB/T 4259 界定的以及下列术语和定义适用于本文件。

1. 浓香型白酒（nongxiangxing baijiu）

以粮谷为原料，采用浓香大曲为糖化发酵剂，经泥窖固态发酵，固态蒸馏、陈酿、勾调而成的，不直接或间接添加食用酒精及非自身发酵产生的呈色呈香呈味物质的白酒。

2. 酸酯总量（sum of total acid and total ester）

单位体积白酒中总酸和总酯的总含量。

（二）要求

1. 感官要求

高度酒、低度酒的感官要求应分别符合附表 1 和附表 2 的规定。

附表 1　高度酒感官要求

项目	优级	一级
色泽和外观	无色或微黄，清亮透明，无悬浮物，无沉淀[①]	
香气	具有以浓郁窖香为主的、舒适的复合香气	具有以较浓郁窖香为主的、舒适的复合香气
口味口感	绵甜醇厚，谐调爽净，余味悠长	较绵甜醇厚，谐调爽净，余味悠长
风格	具有本品典型的风格	具有本品明显的风格

①当酒的温度低于 10℃时，允许出现白色絮状沉淀物质或失光，10℃以上时应逐渐恢复正常。

附表 2　低度酒感官要求

项目	优级	一级
色泽和外观	无色或微黄，清亮透明，无悬浮物，无沉淀^①	
香气	具有较浓郁的窖香为主的复合香气	具有以窖香为主的复合香气
口味口感	绵甜醇和，谐调爽净，余味较长	较绵甜醇和，谐调爽净
风格	具有本品典型的风格	具有本品明显的风格

① 当酒的温度低于10℃时，允许出现白色絮状沉淀物质或失光，10℃以上时应逐渐恢复正常。

2．理化要求

高度酒、低度酒的理化要求应分别符合附表3和附表4的规定。

附表 3　高度酒理化要求

项目			优级	一级
酒精含量 /%			$40^①$~68	
固形物 /（g/L）		≤	$0.40^②$	
总酸 /（g/L）	产品自生产日期≤一年的执行的指标	≥	0.40	0.30
总酯 /（g/L）		≥	2.00	1.50
己酸乙酯 /（g/L）		≥	1.20	0.60
酸酯总量 /（mmol/L）	产品自生产日期＞一年执行的指标	≥	35.0	30.0
己酸＋己酸乙酯/（g/L）		≥	1.50	1.00

① 不含40%。
② 酒精含量在40%~49%的酒，固形物可小于或等于0.50g/L。

附表 4　低度酒理化要求

项目			优级	一级
酒精含量 /%			25~40	
固形物 /（g/L）		≤	0.70	
总酸 /（g/L）	产品自生产日期≤一年的执行的指标	≥	0.30	0.25
总酯 /（g/L）		≥	1.50	1.00
己酸乙酯 /（g/L）		≥	0.70	0.40
酸酯总量 /（mmol/L）	产品自生产日期＞一年执行的指标	≥	25.0	20.0
己酸＋己酸乙酯/（g/L）		≥	0.80	0.50

二、清香型白酒（GB／T 10781.2—2022）

（一）术语和定义

GB/T 15109 界定的以及下列术语和定义适用于本文件。

清香型白酒（qingxiangxing baijiu）

以粮谷为原料，采用大曲、小曲、麸曲及酒母等为糖化发酵剂，经缸、池等容器固态发酵，固态蒸馏、陈酿、勾调而成，不直接或间接添加食用酒精及非自身发酵产生的呈色呈香呈味物质的白酒。

（二）要求

1. 感官要求

应符合附表5的规定。

附表5　感官要求

项目	特级	优级	一级
色泽和外观	无色或微黄，清亮透明，无悬浮物，无沉淀，无杂质①		
香气	清香纯正，具有陈香、粮香、曲香、果香、花香、坚果香、芳草香、蜜香、醇香、焙烤香、糟香等多种香气形成的幽雅、舒适、和谐的自然复合香，空杯留香持久	清香纯正，具有粮香、曲香、果香、花香、坚果香、芳草香、蜜香、醇香、糟香等多种香气形成的清雅、和谐的自然复合香，空杯留香长	清香正，具有粮香、曲香、果香、花香、芳草香、醇香、糟香等多种香气形成的复合香，空杯有余香
口味口感	醇厚绵甜，丰满细腻，协调爽净，回味绵延悠长	醇厚绵甜，协调爽净，回味悠长	醇和柔甜，协调爽净，回味长
风格	具有本品的独特风格	具有本品的典型风格	具有本品的明显风格

① 当酒的温度低于10℃时，允许出现白色絮状沉淀物质或失光，10℃以上时应逐渐恢复正常。

2. 理化要求

应符合附表6的规定。

附表6　理化要求

项目		特级	优级	一级
酒精含量 /%		21.0 ～ 69.0		
固形物 /（g/L）		≤ 0.50		
总酸 /（g/L）	产品自生产日期≤一年执行的指标	≥ 0.50	≥ 0.40	≥ 0.30
总酯 /（g/L）		≥ 1.10	≥ 0.80	≥ 0.50
乙酸乙酯 /（g/L）		≥ 0.65	≥ 0.40	≥ 0.20
总酸＋乙酸乙酯＋乳酸乙酯①/（g/L）	产品自生产日期 > 一年执行的指标	≥ 1.60	≥ 0.60	≥ 0.40

① 按酒精含量45.0% 折算。

三、酱香型白酒（GB／T 26760—2011）

（一）术语和定义

下列术语和定义适用于本文件。

酱香型白酒（Jiang-flavour Chinese spirits）

以高粱、小麦、水等为原料，经传统固态法发酵、蒸馏、贮存、勾兑而成的，未添加食用酒精及非白酒发酵产生的呈香呈味呈色物质，具有酱香风格的白酒。

（二）技术要求

1．感官要求

高度酒、低度酒的感官要求应分别符合附表 7 和附表 8 的规定。

附表 7　高度酒感官要求

项目	优级	一级	二级
色泽和外观	无色或微黄，清亮透明，无悬浮物，无沉淀①		
香气	酱香突出，香气幽雅，空杯留香持久	酱香较突出，香气舒适，空杯留香较长	酱香明显，有空杯香
口味	酒体醇厚，丰满，诸味协调，回味悠长	酒体醇和，协调，回味长	酒体较醇和协调，回味较长
风格	具有本品典型风格	具有本品明显风格	具有本品风格

①当酒的温度低于 10℃时，允许出现白色絮状沉淀物质或失光，10℃以上时应逐渐恢复正常。

附表 8　低度酒感官要求

项目	优级	一级	二级
色泽和外观	无色或微黄，清亮透明，无悬浮物，无沉淀①		
香气	酱香较突出，香气较优雅，空杯留香久	酱香较突出，空杯留香好	酱香较明显，有空杯香
口味	酒体醇和，协调，味长	酒体柔和协调，味较长	酒体较柔和协调，回味尚长
风格	具有本品典型风格	具有本品明显风格	具有本品风格

①当酒的温度低于 10℃时，允许出现白色絮状沉淀物质或失光，10℃以上时应逐渐恢复正常。

2．理化指标

高度酒、低度酒的理化指标应分别符合附表 9 和附表 10 的规定。

附表 9　高度酒理化指标

项目		优级	一级	二级
酒精含量（20℃）/%		45~58①		
总酸（以乙酸计）/（g/L）	≥	1.40	1.40	1.20
总酯（以乙酸乙酯计）/（g/L）	≥	2.20	2.00	1.80
己酸乙酯/（g/L）	≤	0.30	0.40	0.40
固形物/（g/L）	≤	0.70		

① 酒精含量实测值与标签标示值允许差为 ±1.0%。

附表10　低度酒理化指标

项目	优级	一级	二级
酒精含量（20℃）/%	32~44①		
总酸（以乙酸计）/（g/L）　≥	0.80	0.80	0.80
总酯（以乙酸乙酯计）/（g/L）≥	1.50	1.20	1.00
己酸乙酯/（g/L）　　　≤	0.30	0.40	0.40
固形物/（g/L）　　　　≤	0.70		

① 酒精含量实测值与标签标示值允许差为 ±1.0%。

四、米香型白酒（GB/T 10781.3—2006）

（一）术语和定义

下列术语和定义适用于本标准。

米香型白酒（Rice-flavour Chinese spirits）

以大米等为原料，经传统半固态法发酵、蒸馏、陈酿、勾兑而成的，未添加食用酒精及非白酒发酵产生的呈香呈味物质，具有以乳酸乙酯、β-苯乙醇为主体复合香的白酒。

（二）要求

1．感官要求

高度酒、低度酒的感官要求应分别符合附表11和附表12的规定。

附表11　高度酒感官要求

项目	优级	一级
色泽和外观	无色，清亮透明，无悬浮物，无沉淀①	
香气	米香纯正，清雅	米香纯正
口味	酒体醇和，绵甜、爽冽，回味怡畅	酒体较醇和，绵甜、爽冽，回味较畅
风格	具有本品典型的风格	具有本品明显的风格

① 当酒的温度低于10℃时，允许出现白色絮状沉淀物质或失光，10℃以上时应逐渐恢复正常。

附表12　低度酒感官要求

项目	优级	一级
色泽和外观	无色，清亮透明，无悬浮物，无沉淀①	
香气	米香纯正，清雅	米香纯正
口味	酒体醇和，绵甜、爽冽，回味较怡畅	酒体较醇和，绵甜、爽冽，有回味
风格	具有本品典型的风格	具有本品明显的风格

① 当酒的温度低于10℃时，允许出现白色絮状沉淀物质或失光，10℃以上时应逐渐恢复正常。

2．理化要求

高度酒、低度酒的理化要求应分别符合附表 13 和附表 14 的规定。

附表 13　高度酒理化要求

项目		优级	一级
酒精含量 /%		41 ～ 68	
总酸（以乙酸计）/（g/L）	≥	0.30	0.25
总酯（以乙酸乙酯计）/（g/L）	≥	0.80	0.65
乳酸乙酯 /（g/L）	≥	0.50	0.40
β- 苯乙醇 /（mg/L）	≥	30	20
固形物 /（g/L）	≤	0.40[①]	

① 酒精含量 41%~49% 的酒，固形物可小于或等于 0.50g/L。

附表 14　低度酒理化要求

项目		优级	一级
酒精含量 /%		25 ～ 40	
总酸（以乙酸计）/（g/L）	≥	0.25	0.20
总酯（以乙酸乙酯计）/（g/L）	≥	0.45	0.35
乳酸乙酯 /（g/L）	≥	0.30	0.20
β- 苯乙醇 /（mg/L）	≥	15	10
固形物 /（g/L）	≤	0.70	

五、凤香型白酒（GB/T 14867—2007）

（一）术语和定义

下列术语和定义适用于本标准。

凤香型白酒（Feng-flavour Chinese spirits）

以粮谷为原料，经传统固态法发酵、蒸馏、酒海陈酿、勾兑而成的，未添加食用酒精及非白酒发酵产生的呈香呈味物质，具有乙酸乙酯和己酸乙酯为主的复合香气的白酒。

（二）要求

1．感官要求

高度酒、低度酒的感官要求应分别符合附表 15 和附表 16 的规定。

附表15　高度酒感官要求

项目	优 级	一 级
色泽和外观	无色或微黄，清亮透明，无悬浮物，无沉淀[①]	
香气	醇香秀雅，具有乙酸乙酯和己酸乙酯为主的复合香气	醇香纯正，具有乙酸乙酯和己酸乙酯为主的复合香气
口味	醇厚丰满，甘润挺爽，诸味谐调，尾净悠长	醇厚甘润，谐调爽净，余味较长
风格	具有本品典型的风格	具有本品明显的风格

① 当酒的温度低于10℃时，允许出现白色絮状沉淀物质或失光，10℃以上时应逐渐恢复正常。

附表16　低度酒感官要求

项目	优 级	一 级
色泽和外观	无色或微黄，清亮透明，无悬浮物，无沉淀[①]	
香气	醇香秀雅，具有乙酸乙酯和己酸乙酯为主的复合香气	醇香纯正，具有乙酸乙酯和己酸乙酯为主的复合香气
口味	酒体醇厚谐调，绵甜爽净，余味较长	醇和甘润，谐调，味爽净
风格	具有本品典型的风格	具有本品明显的风格

① 当酒的温度低于10℃时，允许出现白色絮状沉淀物质或失光，10℃以上时应逐渐恢复正常。

2．理化要求

高度酒、低度酒的理化要求应分别符合附表17和附表18的规定。

附表17　高度酒理化要求

项目		优级	一级
酒精含量 /%		41～68	
总酸（以乙酸计）/（g/L）	≥	0.35	0.25
总酯（以乙酸乙酯计）/（g/L）	≥	1.60	1.40
乙酸乙酯 /（g/L）	≥	0.6	0.4
己酸乙酯 /（g/L）		0.25～1.20	0.20～1.0
固形物 /（g/L）	≤	1.0	

附表18　低度酒理化要求

项目		优级	一级
酒精含量 /%		18～40	
总酸（以乙酸计）/（g/L）	≥	0.20	0.15

项目		优级	一级
总酯（以乙酸乙酯计）/（g/L）	≥	1.00	0.60
乙酸乙酯 /（g/L）	≥	0.4	0.3
己酸乙酯 /（g/L）		0.20~1.0	0.15~0.80
固形物 /（g/L）	≤	0.9	

六、特香型白酒（GB/T 20823—2017）

（一）术语和定义

GB/T 1510 界定的以及下列术语和定义适用于本文件。

1．红褚条石（strip stone in dark reddish-brown）

由丹霞地貌中的红色砂砾岩制成的条状石材。

2．特香型白酒（texiangxing baijiu）

以大米为主要原料，以面粉、麦麸和酒糟培制的大曲为糖化发酵剂，经红褚条石窖池固态发酵，固态蒸馏、陈酿、勾调而成的，不直接或间接添加食用酒精及非自身发酵产生的呈色呈香呈味物质的白酒。

3．酸酯总量（sum of total acid and total ester）

单位体积白酒中总酸和总酯的总含量。

（二）要求

1．感官要求

高度酒、低度酒的感官要求应分别符合附表 19 和附表 20 的规定。

附表 19　高度酒感官要求

项目	优级	一级
色泽和外观	无色或微黄，清亮透明，无悬浮物，无沉淀[①]	
香气	幽雅舒适，诸香协调，具有浓、清、酱三香，但均不露头的复合香气	诸香尚协调，具有浓、清、酱三香，但均不露头的复合香气
口味口感	柔绵醇和，醇甜，香味谐调，余味悠长	味较醇和，醇香，香味谐调，有余味
风格	具有本品典型的风格	具有本品明显的风格

① 当酒的温度低于 10℃时，允许出现白色絮状沉淀物质或失光，10℃以上时应逐渐恢复正常。

附表 20　低度酒感官要求

项目	优级	一级
色泽和外观	无色或微黄，清亮透明，无悬浮物，无沉淀[①]	
香气	幽雅舒适，诸香协调，具有浓、清、酱三香，但均不露头的复合香气	诸香尚协调，具有浓、清、酱三香，但均不露头的复合香气

项目	优级	一级
口味口感	柔绵醇和，醇甜，香味谐调，余味悠长	味较醇和，醇香，香味谐调，有余味
风格	具有本品典型的风格	具有本品明显的风格

①当酒的温度低于10℃时，允许出现白色絮状沉淀物质或失光，10℃以上时应逐渐恢复正常。

2．理化要求

高度酒、低度酒的理化要求应分别符合附表21和附表22的规定。

附表21　高度酒的理化要求

项目		优级	一级
酒精含量/%			45～68
酸酯总量/（mmol/L）	≥	32.0	24.0
丙酸乙酯/（mg/L）	≥	20.0	15.0
固形物/（g/L）	≤	0.70	—

附表22　低度酒理化要求

项目		优级	一级
酒精含量/%			25~45①
酸酯总量/（mmol/L）	≥	24.0	15.0
丙酸乙酯/（mg/L）	≥	15.0	10.0
固形物/（g/L）	≤	0.90	—

① 不包括45%。

七、芝麻香型白酒（GB/T 10781.9—2021）

（一）术语和定义

GB/T 15109界定的以及下列术语和定义适用于本文件。

1．芝麻香型白酒（zhimaxiangxing baijiu）

以粮谷为主要原料，或配以麸皮，以大曲、麸皮等为糖化发酵剂，经堆积、固态发酵、固态蒸馏、陈酿、勾调而成的，不直接或间接添加食用酒精及非自身发酵产生的呈色呈香呈味物质，具有芝麻香型风格的白酒。

2．堆积（duiji）

将入池发酵前的物料堆放一定时间的工艺过程。

（二）要求

1．感官要求

高度酒和低度酒的感官要求分别应符合附表23和附表24的规定。

附表 23 高度酒感官要求

项目	优级	一级
色泽和外观	无色或微黄，清亮透明，无悬浮物，无沉淀①	
香气	芝麻香幽雅纯正	芝麻香纯正
口味、口感	醇和细腻，香味谐调，余味悠长	较醇和，余味较长
风格	具有本品典型的风格	具有本品明显的风格

① 当酒的温度低于 10℃时，允许出现白色絮状沉淀物质或失光，10℃以上时应逐渐恢复正常。

附表 24 低度酒感官要求

项目	优级	一级
色泽和外观	无色或微黄，清亮透明，无悬浮物，无沉淀①	
香气	芝麻香幽雅纯正	芝麻香纯正
口味、口感	醇和谐调，余味悠长	较醇和，余味较长
风格	具有本品典型的风格	具有本品明显的风格

① 当酒的温度低于 10℃时，允许出现白色絮状沉淀物质或失光，10℃以上时应逐渐恢复正常。

2．理化要求

高度酒和低度酒的理化要求分别应符合附表 25、附表 26 的规定。

附表 25 高度酒理化要求

项目		优级	一级
酒精含量①/%		40②~68	
己酸乙酯/（g/L）		0.1~1.2	
乳酸乙酯/（g/L）		≥0.6	
固形物/（g/L）		≤0.7	
总酸/（g/L）	产品自生产日期一年内（包括一年）执行的指标	≥0.5	≥0.3
总酯/（g/L）		≥2.2	≥1.5
乙酸乙酯/（g/L）		≥0.6	≥0.4
酸酯总量/（mmol/L）	产品自生产日期大于一年执行的指标	≥38.0	≥25.0
乙酸乙酯＋乙酸/（g/L）		≥1.2	≥1.0

① 酒精含量实测值与标签标示值允许差为 ±1.0%。
② 不含 40%。

附表 26 低度酒理化要求

项目	优级	一级
酒精含量①/%	25~40	

项目		优级	一级
己酸乙酯 /（g/L）		0.1~0.8	
乳酸乙酯 /（g/L）		≥ 0.3	
固形物 /（g/L）		≤ 0.9	
总酸 /（g/L）	产品自生产日期一年内（包括一年）执行的指标	≥ 0.4	≥ 0.2
总酯 /（g/L）		≥ 1.8	≥ 1.2
乙酸乙酯 /（g/L）		≥ 0.5	≥ 0.3
酸酯总量 /（mmol/L）	产品自生产日期大于一年执行的指标	≥ 28.0	≥ 20.0
乙酸乙酯 + 乙酸 /（g/L）		≥ 1.0	≥ 0.8

① 酒精含量实测值与标签标示值允许差为 ±1.0%。

八、浓酱兼香型白酒（GB/T 10781.8—2021）

（一）术语和定义

GB/T 15109 界定的以及下列术语和定义适用于本文件。

浓酱兼香型白酒（nongjiangjianxiangxing baijiu）

以粮谷为原料，采用一种或多种曲为糖化发酵剂，经固态发酵（或分型固态发酵）、固态蒸馏、陈酿、勾调而成的，不直接或间接添加食用酒精及非自身发酵产生的呈色呈香呈味物质，具有浓香兼酱香风格的白酒。

（二）要求

1．感官要求

应符合附表 27 的规定。

附表 27　感官要求

项目	优级	一级
色泽和外观	无色或微黄，清亮透明，无悬浮物，无沉淀①	
香气	浓酱香气谐调，幽雅，陈香突出	浓酱香气谐调，舒适
口味口感	丰满细腻，绵甜爽净，回味悠长	醇甜爽净，柔和，回味绵长
风格	具有本品典型风格	具有本品明显风格

① 当酒的温度低于 10℃时，允许出现白色絮状沉淀物质或失光，10℃以上时应逐渐恢复正常。

2．理化要求

应符合附表 28 的规定。

附表 28　理化要求

项　目		优　级	一　级
酒精含量 /%		25.0~68.0	
固形物 /（g/L）	≤	0.60	
总酸[①] /（g/L）	产品自生产日期≤一年执行的指标	≥	0.60	0.40
总酯[①] /（g/L）		≥	1.60	1.00
己酸乙酯[①] /（g/L）		0.60~2.00	0.60~1.80
酸酯总量[①] /（mmol/L）	产品自生产日期＞一年执行的指标	≥	35.0	30.0
己酸 + 己酸乙酯[①] /（g/L）		≥	1.20	0.80

[①] 按 45.0% 折算。

九、董香型白酒（DB52/T 550—2013）

（一）术语和定义

1．董香型白酒

以高粱、小麦、大米等为主要原料，采用独特的传统工艺制作大曲、小曲，用固态法大窖、小窖发酵，经串香蒸馏，长期储存，勾调而成的，未添加食用酒精及非白酒发酵产生的呈香呈味物质，具有董香型风格的白酒。

2．串香蒸馏（串香工艺）

根据生产不同酒质要求，有三种串香方法：

复蒸串香法：将蒸馏出的酒放入锅底，用香醅进行串蒸。

双醅串香法：将酒醅放入甑下部，香醅覆盖在上面进行串蒸。

双层串香法：采用双层甑柄，下层放酒醅，中间用甑柄隔开，上层放香醅进行串蒸。

（二）要求

1．感官要求

高度酒、低度酒的感官要求应分别符合附表 29 和附表 30 的规定。

附表 29　高度酒感官要求

项目	要求
色泽和外观	无色（或微黄色）、清澈透明，无悬浮物，无沉淀[①]
香气	香气幽雅，董香舒适
口味	醇和浓郁，甘爽味长
风格	具有董香型白酒典型风格

[①]当酒的温度低于10℃时，允许出现白色絮状沉淀物质或失光，10℃以上时应逐渐恢复正常。

附表 30　低度酒感官要求

项目	要求
色泽和外观	无色（或微黄色）、清澈透明，无悬浮物，无沉淀①
香气	香气优雅，董香舒适
口味	醇和柔顺，清爽味净
风格	具有董香型白酒典型风格

① 当酒的温度低于 10℃时，允许出现白色絮状沉淀物质或失光，10℃以上时应逐渐恢复正常。

2．理化要求

高度酒、低度酒的理化要求应分别符合附表 31 和附表 32 的规定。

附表 31　高度酒理化要求

项目	指标
酒精含量 /%	42.0~68.0
总酸 /（g/L）	≥ 0.90
总酯 /（g/L）	≥ 0.90
丁酸乙酯 + 丁酸 /（g/L）	≥ 0.30
固形物 /（g/L）	≤ 0.50

附表 32　低度酒理化要求

项目	指标
酒精含量 /%	25.0~42.0
总酸 /（g/L）	≥ 0.70
总酯 /（g/L）	≥ 0.70
丁酸乙酯 + 丁酸 /（g/L）	≥ 0.20
固形物 /（g/L）	≤ 0.70

十、豉香型白酒（GB/T 16289—2018）

（一）术语和定义

GB/T 15109 界定的以及下列术语和定义适用于本文件。

1．豉香型白酒 (chixiangxing baijiu)

以大米或预碎的大米为原料，经蒸煮，用大酒饼作为主要糖化发酵剂，采用边糖化边发酵的工艺，经蒸馏、陈肉酝浸、勾调而成的，不直接或间接添加食用酒精及非自身发酵产生的呈色呈香呈味物质，具有豉香特点的白酒。

2．大酒饼（da jiu bing）

以大米和大豆为主要原料，接种曲种，经培养制成的块状酒曲。

3．陈肉酝浸（steeping process with chen rou）

基酒在存有经加热至熟、在酒中浸泡一定时间而成的肥猪肉的容器中进行储存陈酿的工艺过程。

（二）要求

1．感官要求

高度酒、低度酒的感官要求应符合附表33和附表34的规定。

附表33　高度酒感官要求

项目	优级	一级
色泽和外观	无色或微黄，清亮透明，无悬浮物，无沉淀①	
香气	豉香纯正，清雅	豉香纯正
口味口感	醇和甘冽，酒体丰满、谐调，余味爽净	入口较醇和，酒体较丰满、谐调，余味较爽净
风格	具有本品典型的风格	具有本品明显的风格

① 当酒的温度低于15℃时，可出现沉淀物质或失光，15℃以上时应逐渐恢复正常。

附表34　低度酒感官要求

项目	优级	一级
色泽和外观	无色或微黄，清亮透明，无悬浮物，无沉淀①	
香气	豉香纯正，清雅	豉香纯正
口味口感	醇和甘滑，酒体丰满、谐调，余味爽净	入口较醇和，酒体较丰满、谐调，余味较爽净
风格	具有本品典型的风格	具有本品明显的风格

① 当酒的温度低于15℃时，可出现沉淀物质或失光，15℃以上时应逐渐恢复正常。

2．理化要求

高度酒、低度酒的理化要求应符合附表35和附表36的规定。

附表35　高度酒的理化要求

项目		优级	一级
酒精含量 /%		40~60	
酸酯总量 / (mmol/L)	≥	14.0	12.0
β-苯乙醇 / (mg/L)	≥	25	15
二元酸（庚二酸、辛二酸、壬二酸）二乙酯总量 / (mg/L)	≥	0.8	
固形物 / (g/L)	≤	0.60	

附表36 低度酒理化要求

项目		优级	一级
酒精含量 /%		18~40①	
酸酯总量 /（mmol/L）	≥	12.0	8.0
β- 苯乙醇 /（mg/L）	≥	40	30
二元酸（庚二酸、辛二酸、壬二酸）二乙酯总量 /（mg/L）	≥	1.0	
固形物 /（g/L）	≤	0.60	

①不包括40%。

十一、老白干香型白酒（GB/T 20825—2007）

（一）术语和定义

下列术语和定义适用于本标准。

老白干香型白酒（Laobaigan-flavor Chinese spirits）

以粮谷为原料，经传统固态法发酵、蒸馏、陈酿、勾兑而成的，未添加食用酒精及非白酒发酵产生的呈香呈味物质，具有以乳酸乙酯、乙酸乙酯为主体复合香的白酒。

（二）要求

1. 感官要求

高度酒、低度酒的感官要求应符合附表37和附表38的规定。

附表37 高度酒的感官要求

项目	优级	一级
色泽和外观	无色或微黄，清亮透明，无悬浮物，无沉淀①	
香气	醇香清雅，具有乳酸乙酯和乙酸乙酯为主体的自然谐调的复合香气	醇香清雅，具有乳酸乙酯和乙酸乙酯为主体的复合香气
口味	酒体谐调、醇厚甘洌、回味悠长	酒体谐调、醇厚甘洌、回味悠长
风格	具有本品典型的风格	具有本品明显的风格

①当酒的温度低于10℃时，允许出现白色絮状沉淀物质或失光，10℃以上时应逐渐恢复正常。

附表38 低度酒的感官要求

项目	优级	一级
色泽和外观	无色或微黄，清亮透明，无悬浮物，无沉淀①	
香气	醇香清雅，具有乳酸乙酯和乙酸乙酯为主体的自然谐调的复合香气	醇香清雅，具有乳酸乙酯和乙酸乙酯为主体复合香气
口味	酒体谐调、醇和甘润、回味较长	酒体谐调、醇和甘润、有回味
风格	具有本品典型的风格	具有本品明显的风格

①当酒的温度低于10℃时，允许出现白色絮状沉淀物质或失光，10℃以上时应逐渐恢复正常。

2．理化要求

高度酒、低度酒的理化要求应符合附表 39 和附表 40 的规定。

附表 39　高度酒的理化要求

项目		优级	一级
酒精含量 /%		41 ～ 68	
总酸（以乙酸计）/（g/L）	≥	0.40	0.30
总酯（以乙酸乙酯计）/（g/L）	≥	1.20	1.00
乳酸乙酯 / 乙酸乙酯	≥	0.8	
乳酸乙酯 /（g/L）	≥	0.5	0.4
己酸乙酯 /（g/L）	≤	0.03	
固形物 /（g/L）	≤	0.5	

附表 40　低度酒的理化要求

项目		优级	一级
酒精含量 /%		18 ～ 40	
总酸（以乙酸计）/（g/L）	≥	0.30	0.25
总酯（以乙酸乙酯计）/（g/L）	≥	1.00	0.80
乳酸乙酯 / 乙酸乙酯	≥	0.8	
乳酸乙酯 /（g/L）	≥	0.4	0.3
己酸乙酯 /（g/L）	≤	0.03	
固形物 /（g/L）	≤	0.7	

十二、馥郁香型白酒（GB/T 10781.11—2021）

（一）术语和定义

GB/T 15109 界定的以及下列术语和定义适用于本文件。

馥郁香型白酒（fuyuxiangxing baijiu）

以粮谷为原料，采用小曲和大曲为糖化发酵剂，经泥窖固态发酵、清蒸混入、陈酿、勾调而成的，不直接或间接添加食用酒精及非自身发酵产生的呈色呈香呈味物质，具有前浓中清后酱独特风格的白酒。

（二）要求

1．感官要求

应符合附表 41 的规定。

附表 41　感官要求

项目	优级	一级
色泽和外观	无色或微黄，清亮透明，无悬浮物，无沉淀[①]	
香气	陈香、窖香、曲香、蜜香、焙烤香、芳草香等多香馥郁幽雅，诸香协调舒适	窖香、曲香、蜜香、糟香、焙烤香等复合香气突出
口味口感	绵甜细腻、醇厚丰满、酒体净爽、回味悠长	醇甜、柔和、协调爽净
风格	具有本品典型风格	具有本品明显风格

[①] 当酒的温度低于10℃时，允许出现白色絮状沉淀物质或失光，10℃以上时应逐渐恢复正常。

2. 理化要求

应符合附表42的规定。

附表 42　理化要求

项目		优级	一级
酒精含量 /%		25.0~68.0	
总酸＋总酯[①]/（g/L）	≥	2.60	2.20
总酸[①]/（g/L）	≥	0.60	0.30
己酸乙酯/乙酸乙酯		0.70~1.60	
固形物/（g/L）	≤	0.60	0.80

[①] 以45.0％酒精度折算。

附录二　白酒主要风味物质嗅觉识别阈值参考值

嗅觉识别阈值评价人员由行业专业评酒委员组成，使用体积分数46%vol乙醇溶液作为介质，按照 GB/T 33406—2016《白酒风味物质阈值测定指南》标准中最优估计阈值方法进行计算，供专业品评人员参考（附表43）。

附表 43　部分风味物质的嗅觉识别阈值参考值

风味物质		阈值 /（μg/L）	风味物质		阈值 /（μg/L）
酯类物质	乙酸乙酯	32 551	醇类物质	正丙醇	53 952
	丙酸乙酯	19 019		正丁醇	2 733
	丁酸乙酯	81		3-甲基丁醇（异戊醇）	179 190

风味物质		阈值/(μg/L)	风味物质		阈值/(μg/L)
酯类物质	戊酸乙酯	268	酸类物质	丁酸	964
	己酸乙酯	553		2-甲基丁酸	5 931
	庚酸乙酯	13 153		3-甲基丁酸（异戊酸）	1 045
	辛酸乙酯	127		戊酸	389
	壬酸乙酯	3 150		己酸	2 517
	癸酸乙酯	1 122		十二酸	9 153
	乳酸乙酯	128 083	吡嗪类物质	2-甲基吡嗪	121 927
醛类物质	丁醛	2 901		2,3-二甲基吡嗪	10 823
	3-甲基丁醛（异戊醛）	16		2,5-二甲基吡嗪	3 201
	戊醛	725		2,6-二甲基吡嗪	790
	己醛	25		2-乙基吡嗪	21 814
芳香类物质	苯甲醇	40 927		2,3,5-三甲基吡嗪	729
	2-苯乙醇	28 922		2,3,5,6-四甲基吡嗪	80 073
	2-苯乙酸乙酯	406	酚类物质	愈创木酚	13

附录三　食品安全国家标准— 蒸馏酒及其配制酒　（GB 2757—2012）

（一）范围

本标准适用于蒸馏酒及其配制酒。

（二）术语和定义

1．蒸馏酒

以粮谷、薯类、水果、乳类等为主要原料，经发酵、蒸馏、勾兑而成的饮料酒。

2．蒸馏酒的配制酒

以蒸馏酒和（或）食用酒精为酒基，加入可食用的辅料或食品添加剂，进行调配、混合或再加工制成的，已改变了其原酒基风格的饮料酒。

（三）技术要求

1．原料要求

应符合相应的标准和有关规定。

2．感官要求

应符合相应产品标准的有关规定。

3．理化指标

理化指标应符合附表 44 的规定。

附表 44　理化指标

项目		指标		检验方法
		粮谷类	其他	
甲醇^① / (g/L)	≤	0.6	2.0	GB/T 5009.48
氰化物^①（以 HCN 计）/ (mg/L)	≤	8.0		GB/T 5009.48

①甲醇、氰化物指标均按 100% 酒精含量折算。

4．污染物和真菌毒素限量

① 污染物限量应符合 GB 2762 的规定。

② 真菌毒素限量应符合 GB 2761 的规定。

5．食品添加剂

食品添加剂的使用应符合 GB 2760 的规定。

（四）标签

① 蒸馏酒及其配制酒标签除酒精度、警示语和保质期的标识外，应符合 GB 7718 的规定。

② 应以"%vol"为单位标示酒精度。

③ 应标示"过量饮酒有害健康"，可同时标示其他警示语。

④ 酒精度大于等于 10%vol 的饮料酒可免于标示保质期。

附录四　白酒工业术语（GB/T 15109—2021）

（一）范围

本文件规定了白酒工业的基本术语和定义。

本文件适用于白酒行业的生产、科研、教学及其他有关领域。

（二）规范性引用文件

本文件没有规范性引用文件。

（三）术语和定义

1．主要原辅料

（1）粮谷　grain　谷物和豆类的原粮和成品粮。

（2）谷物　cereal　禾本科草本植物种子。

注：包括稻谷、小麦、玉米、高粱、大麦、青稞等。

（3）高粱　sorghum; kaoliang; milo　禾本科草本植物栽培高粱作物的果实。籽粒有红、黄、白等颜色，呈扁卵圆形。

注：亦称红粮、小蜀黍（shǔshǔ）、红棒子，可按其粒质分为糯性高粱和非糯性高粱。

（4）小麦　wheat　禾本科草本植物栽培小麦的果实。呈卵形或长椭圆形，腹面有深纵沟。

注：按照小麦播种季节的不同分为春小麦和冬小麦；按小麦籽粒的粒质和皮色分为硬质白小麦、软质白小麦、硬质红小麦、软质红小麦。

（5）玉米　maize; corn　禾本科草本植物栽培玉米的果实。籽粒形状有马齿形、三角形、近圆形、扁圆形等，种皮颜色主要为黄色和白色。

注：亦称玉蜀黍、大蜀黍、棒子、包谷、包米、珍珠米。按其粒形、粒质分为马齿型、半马齿型、硬粒型、爆裂型等类型。

（6）米　milled rice; white rice; rice　稻谷经脱壳碾去皮层所得的成品粮的统称。

注：可分为籼米、粳米和糯米，糯米又分为籼糯米和粳糯米。

（7）豌豆　peas　豆科草本植物栽培豌豆荚果的种子。球形，种皮呈黄、白、青、花等颜色，表面光滑，少数品种种皮呈皱缩状。

注：亦称麦豆、毕豆、小寒豆、淮豆。

（8）青稞　hulless barley　禾本科草本植物栽培大麦一个变种的果实，成熟后果实和颖壳易于脱落与分离。

注：又称裸大麦。

（9）大麦　barley　禾本科草本植物栽培大麦的颖果。

注：包括皮大麦和裸大麦。

（10）麦麸　wheat bran　小麦加工成面粉的副产物，可作为制麸曲的原料。

注：又称麸皮。

（11）稻壳　rice hull　稻谷在加工大米时脱下的外壳，可作为酿造白酒过程中的辅料。

（12）谷糠　millet hull　谷子在加工小米时脱下的外壳，可作为酿造白酒过程中的辅料。

2．生产设备、设施及器具

（1）制曲设备与设施

① 曲模　brick shaped model　曲坯成型用的模具。

② 制曲机　raw starter maker　将制曲原料压制成曲坯的机械设备。

③ 曲房　fermentation room　培养曲的房间。

注：又称发酵室。

④ 储曲房　store room　曲库　储存曲块的专用房间。

（2）发酵容器

① 窖池　fermentation pit　固态法发酵容器之一，用黄泥、条石、砖、水泥、木材等材料建成，形状多呈长方体。

② 发酵缸（罐）　fermentation vat　糖化发酵容器之一，用陶土烧制或金属材料制成。

注：埋在地下的缸称为地缸。

③发酵槽　fermentation tank　固态发酵容器之一，以金属材料制成。

（3）蒸馏、蒸煮相关设备

① 甑　distilling pot　蒸粮、蒸酒和清蒸辅料的固态蒸馏设备，由木材、石材、水泥、金属等材料制成，由甑盖、甑桶、甑箅、底锅等部分组成。

② 装甑机　equipment for loading alcoholic fermentative material　用于装甑的设备。

③ 蒸饭机　rice still　使用蒸汽加热的方式将米蒸煮成饭并降温的设备。

④ 蒸馏釜　still　使用蒸汽加热的方式进行蒸酒的设备，用金属材料制成。有卧式、立式，单釜或双釜等类型。

注：又称蒸馏甑。

⑤ 过气筒　vapour guide　连接甑、蒸馏釜与冷却器的过气导管。

⑥ 冷却器　distillate cooler　将蒸出的酒蒸气冷却成酒液的设备，用不锈钢等金属材料制成。

注：又称冷凝器。

⑦ 晾糟设备　distiller's grain cooling equipment　用于出甑物料晾冷、打散疏松的设备。

注：主要有晾堂、晾糟机、晾糟床、晾糟棚。

（4）陈酿设备

① 陶坛（缸）　pottery jar　传统的贮酒容器，用陶土烧制而成。

② 不锈钢贮酒罐　baijiu store stainless steel tank　不锈钢制成的贮酒容器。

③酒海　big conservator for baijiu storage　用藤条编制或木材制成，以猪血等物质配成黏合剂，用麻纸等裱糊，再以蜂蜡等涂抹内壁，干燥后用于贮酒的容器。

④ 贮酒池　baijiu store pool　用混凝土建成，内壁涂食品级涂料，或贴以陶板、玻璃、瓷板、不锈钢等材料，用作贮酒的大型容器。

3．制曲

（1）糖化发酵剂 sacchariferous and fermentative agent 以大米、小麦、大麦、豌豆等为原料，在一定温度、湿度环境下，经培养富集多种微生物而成的，用于酿酒糖化和发酵的制剂。

① 大曲 daqu 酿酒用的糖化发酵剂，一般为砖形的块状物。

A．高温曲 high temperature daqu 在制曲过程中，最高品温控制大于60℃而制成的大曲。

B．中温曲 medial temperature daqu 在制曲过程中，最高品温控制在50~60℃而制成的大曲。

C．低温曲 low temperature daqu 在制曲过程中，最高品温控制在40~50℃而制成的大曲。

a．清茬曲 qingcha daqu 曲块断面茬口清亮的低温曲。

b．后火曲 houhuo daqu 曲块断面茬口火色较重的低温曲。

c．红心曲 hongxin daqu 曲块断面茬口有明显火红心的低温曲。

② 曲母 ripe starter for inoculation 在制曲时，作种子用的少量优质曲。

注：又称母曲。

③ 小曲 xiaoqu 酿酒用的糖化发酵剂，多为较小的圆球、方块、饼状。

注：部分小曲在制造时加入了中草药，故又称药曲或酒药。

④ 大酒饼 da jiu bing 以大米和大豆为主要原料，接种曲种，经培养制成的块状酒曲。

⑤ 麸曲 fuqu 以麦麸为原料，采用纯种微生物接种制备的一类糖化剂或发酵剂。

注：按生产工艺一般分为帘子曲、通风曲。

A．帘子曲 fuqu incubated on bamboo curtain 已接入曲种的物料平铺在竹帘子上，通过调节温度和湿度培养制备的麸曲。

B．通风曲 fuqu prepared by blown wind 在长方形池或圆盘制曲机中控制通风培养制备的麸曲。

⑥ 强化曲 fortified qu 在制曲配料过程中，添加优质曲母或者某些微生物菌种，培菌发酵制作出来的某项性能较突出的大曲。

（2）酒母 yeast culture 含有大量活性酵母的人工培养物。

4．酿酒

（1）固态发酵法 solid state fermentation 以固态蒸料糊化、固态糖化、固态发酵、固态蒸馏生产白酒的工艺。

（2）液态发酵法 liquid state fermentation 以液态蒸煮糊化、液态糖化、液态发酵、液态蒸馏生产白酒的工艺。

（3）半固态发酵法　semisolid fermentation　采用先固态培菌、固态糖化、液态发酵，或半固态边糖化边发酵，蒸馏生产白酒的工艺。

（4）原窖法　ferment in the same pit order way　本窖发酵后的糟醅，经出窖系列操作后，重新放回原来的窖池内发酵的工艺。

（5）跑窖法　ferment in the different pit order way　本窖发酵后的糟醅，经出窖系列操作后，放到另外的窖池内发酵的工艺。

（6）老五甑法　old five-pot order way　将发酵完毕的酒醅按工艺要求，分成五甑、蒸酒的传统生产工艺，是续糟法的一种工艺。

（7）清蒸清烧　distilling raw and fermented material apart and then fermenting apart　原料和酒醅分别蒸料和蒸酒的工艺。

（8）清蒸混入　distilling raw and fermented material apart and then fermenting together　原料和辅料清蒸后与酒糟混合入窖发酵的工艺。

（9）混蒸混烧　distilling raw and fermented material together　原辅料和酒醅混合在一起同时蒸料和蒸酒的工艺。

（10）清糟（楂）法　unmixed distilland order way　单独立糟（楂）、单独蒸酒的工艺。

（11）续糟（楂）法　mixed distilland order way　原料和发酵好的酒醅混蒸混烧，蒸粮和蒸酒在甑内同时进行的工艺。

（12）辅料清蒸　steaming of adjunct material　为消除稻壳等辅料的异杂味和杂菌进行的蒸料操作。

（13）清蒸二次清　double separating distilling raw and fermented material　原料清蒸，辅料清蒸，清楂发酵，清蒸流酒，一次投粮、两次发酵、两次蒸酒的工艺。

（14）粮粉（楂、糁）　crushed grains　酿酒原料经粉碎后的粉粒。

（15）堆积　dui ji　将入池发酵前的物料堆放一定时间的工艺过程。

（16）立糟　establish order　新投产时，粮粉经拌料、蒸煮糊化、加糖化发酵剂，第一次酿酒发酵的操作。

注：又称立楂、立排、立窖、立醅。

（17）下沙　sorghum first added in jiang-flavour baijiu production　酱香型白酒酿酒生产的第一次投料过程。

（18）造沙　sorghum secondly added in jiang-rlavour baijiu production　酱香型白酒酿酒生产的第二次投料过程。

注：又称插沙。

（19）轮次　rounds　酱香型白酒生产中原料经投料（下窖）、蒸煮、摊晾、拌曲、堆积发酵、入窖发酵、蒸馏的生产过程。

（20）轮次酒　baijiu distilled in a round　经过一个轮次发酵后蒸馏得到的酒。

（21）酒醅　alcoholic fermentative material　已发酵完毕等待配料、蒸酒的物料。

（22）酒糟　distilled alcoholic fermentative material　酒醅蒸馏取酒之后的物料。

（23）粮糟　mixture of raw and fermented materials　在配糟时，按工艺的配料比加入原料的物料。

注：又称粮楂、粮醅。

（24）回糟　refermentation grains　酒醅蒸酒后，只加糖化发酵剂，再次发酵的物料。

注：又称红糟、面糟。

（25）丢糟　spent grains　不再用于酿酒发酵的物料。

（26）培菌糟　distilland after inoculation and cultivation　在小曲酒生产中，将蒸熟的原料经摊晾后拌入小曲，在缸中或箱上培菌糖化后的物料。

（27）开窝　construct digging　米香型白酒生产过程中，熟料下曲入缸后，在物料中间均匀地挖一个空穴，使空气流通，便于微生物繁殖和糖化的操作。

（28）排　cycle　从新原料投料开始至发酵、蒸酒完成的一次酿酒生产周期。

（29）掉排　abnormal decreasing productivity　生产过程中出现一排或连续几排生产不正常，出酒率和酒质明显下降的现象。

（30）上甑　operating process of steaming fermented material　将待蒸物料铺撒入甑桶的操作过程。

注：又称装甑。

（31）跑气　alcoholic steam wasted in the air　上甑过程中，酒蒸气明显逸出物料层表面的现象。

注：又称亮气。

（32）塌气　sink　上甑蒸酒时，蒸气突然减少，使甑内酒醅下陷，造成酒醅中的酒蒸不出来，或酒度低，流酒尾时间拖长的现象。

（33）溢甑　dashing out of boiling water in still　底锅水煮沸后冲出甑篦的现象。

（34）大汽追尾　drive out remanent alcohol　蒸酒将结束时，加大蒸汽量或加大火力，蒸出酒醅中残余香味物质，同时利于粮谷的糊化的操作。

（35）掐头去尾　cutting-out both end of the distillate　在蒸酒时，截取酒头和酒尾的操作。

（36）酒花　distillate foam　白酒在流酒或振摇后，液面溅起的泡沫。

注：俗称酒花。根据酒花的形状、大小、持续时间，可判断酒液酒度的高低。

（37）量质摘酒　gathering distillate according to the quality　蒸馏流酒过程中，根据流酒的质量情况确定摘酒（分级）时机的操作。

（38）酒头　initial distillate　蒸馏初期被取出的酒度较高的馏出物。

（39）酒尾　last distillate　蒸馏后期截取出的酒度较低的馏出物。

（40）地温　ground temperature　酿酒车间入窖窖池（地缸）周边地面的温度。

（41）踩窖　trampling fermentation material　等发酵物料进入窖内后及时铺平，根据季节，人工适当踩压，以免发酵物料间存留过多的空气的一道操作工序。

（42）封窖　sealing of fermentation pit　以专用的材料（黏土、塑料布等）或设备将窖面密封，隔绝空气以进行发酵的操作。

（43）窖泥　pit mud　附着于窖壁或窖底的含有酿酒微生物的泥土。

（44）窖皮泥　sealing mud　用于封窖的黏土。

注：又称封窖泥。

（45）打量水　sprinkling amount of hot water　当蒸粮完成后，泼入一定温度的水的操作。

（46）烟水　splash water　当蒸粮达到一定程度时，向甑桶内物料进行泼水的操作。

（47）下曲　scattering fermentation agent　将糖化发酵剂均匀混入摊晾好的物料中的操作。

注：又称撒曲、拌曲。

（48）摊晾　rapid cooling　使出甑的物料迅速均匀地冷却至下曲温度的操作。

（49）窖帽　fermentation materials above the ground　封窖后入窖物料高出窖平面的部分。

（50）跌窖　sinking of fermenting grains　发酵期间，窖帽或窖顶面下跌的现象。

注：又称跌头。

（51）清窖　maintain sealing mud　封窖后所采取的保持封窖材料密闭的定期操作。

（52）开窖鉴定　identification after fermentation　开窖后，对出窖酒醅、黄水进行鉴定，总结上排配料和入窖条件的优缺点，以确定下排配料和入窖条件。

（53）滴窖　exuding fermented liquid　在起窖时，沥去黄水的操作。

（54）黄水　huangshui fluid　发酵期间，逐渐渗于发酵容器底部的棕黄色液体。

注：又称黄浆水。

（55）吹口　observing tunnel　物料进入发酵容器后，用以了解物料的发酵状况的观察口。

（56）发酵周期　fermentation cycle　物料入窖（缸、罐）后，从封窖（缸、罐）到出窖（缸、罐）的这一段时间。

（57）香醅　xiang pei　将酒醅重新配料经特殊工艺再次进行固态发酵后制成的风味成分含量丰富的物料。

（58）串香（串蒸）　distilling aroma of distilland　在甑中以含有乙醇的蒸气穿过固态发酵的酒醅或特制的香醅，使馏出的酒中增加香气和香味的工艺操作。

（59）浸蒸　immersion and distillation　将固态发酵酒醅或特制香醅与液态法白酒或谷物食用酿造酒精进行混合、浸渍、蒸馏的工艺操作。

（60）双轮底　double fermented bottom grains　白酒生产中，发酵正常的窖底母糟不经蒸馏取酒，于窖底再次发酵的工艺操作。

（61）勾兑调味　blending　勾调　把具有不同香气、口味、风格的白酒，按不同比例进行调配，使之符合一定标准，保持白酒特定风格的生产工艺。

（62）陈酿　ageing　在贮酒容器中贮存一定时间，使酒体谐调、口感柔和的生产工艺。

（63）原酒损耗　loss of crude baijiu　原酒在贮存或陈酿过程中，由于酒体挥发等因素造成原酒自然减少的现象。

（64）陈肉酝浸　steeping process with chen rou　基酒在存有经加热至熟、在酒中浸泡一定时间而成的肥猪肉的容器中进行贮存陈酿的工艺过程。

（65）生态酿酒　brewing ecotypically　保护与建设适宜酿酒微生物生长、繁殖的生态环境，以安全、优质、节能、低耗为目标，最终实现资源利用最大化和循环使用。

5．成品及半成品

（1）白酒　baijiu　以粮谷为主要原料，以大曲、小曲、麸曲、酶制剂及酵母等为糖化发酵剂，经蒸煮、糖化、发酵、蒸馏、陈酿、勾调而成的蒸馏酒。

（2）大曲酒　daqu baijiu　以大曲为糖化发酵剂酿制而成的白酒。

（3）小曲酒　xiaoqu baijiu　以小曲为糖化发酵剂酿制而成的白酒。

（4）麸曲酒　fuqu baijiu　以麸曲为糖化剂，加酒母发酵酿制而成的白酒。

（5）混合曲酒　mixed qu baijiu　以大曲、小曲、麸曲等其中两种或两种以上糖化发酵剂酿制而成的白酒，或以糖化酶为糖化剂，加酿酒酵母等发酵酿制而成的白酒。

（6）固态法白酒　traditional baijiu　以粮谷为原料，以大曲、小曲、麸曲等为糖化发酵剂，采用固态发酵法或半固态发酵法工艺所得的基酒，经陈酿、勾调而成的，不直接或间接添加食用酒精及非自身发酵产生的呈色呈香呈味物质，具有本品固有风格特征的白酒。

（7）液态法白酒　liquid fermentation baijiu　以粮谷为原料，采用液态发酵法工艺所得的基酒，可添加谷物食用酿造酒精，不直接或间接添加非自身发酵产生的呈色呈香呈味物质，精制加工而成的白酒。

（8）固液法白酒　traditional and liquid fermentation baijiu　以液态法白酒或以谷物食用酿造酒精为基酒，利用固态发酵酒醅或特制香醅串蒸或浸蒸，或直接与固态法白酒按一定比例调配而成，不直接或间接添加非自身发酵产生的呈色呈香呈味物质，具有本品固有风格的白酒。

（9）浓香型白酒　nongxiangxing baijiu　以粮谷为原料，采用浓香大曲为糖化发酵剂，经泥窖固态发酵，固态蒸馏、陈酿、勾调而成的，不直接或间接添加食用酒精及非自身发酵产生的呈色呈香呈味物质的白酒。

（10）清香型白酒　qingxiangxing baijiu　以粮谷为原料，采用大曲、小曲、麸曲及酒母等为糖化发酵剂，经缸、池等容器固态发酵，固态蒸馏、陈酿、勾调而成，不直接或间接添加食用酒精及非自身发酵产生的呈色呈香呈味物质的白酒。

（11）米香型白酒　mixiangxing baijiu　以大米等为原料，采用小曲为糖化发酵剂，经半固态法发酵、蒸馏、陈酿、勾调而成的，不直接或间接添加食用酒精及非自身发酵产生的呈色呈香呈味物质的白酒。

（12）凤香型白酒　fengxiangxing baijiu　以粮谷为原料，采用大曲为糖化发酵剂，经固态发酵、固态蒸馏、酒海陈酿、勾调而成的，不直接或间接添加食用酒精及非自身发酵产生的呈色呈香呈味物质的白酒。

（13）豉香型白酒　chixiangxing baijiu　以大米或预碎的大米为原料，经蒸煮，用大酒饼作为主要糖化发酵剂，采用边糖化边发酵的工艺，经蒸馏、陈肉酝浸、勾调而成的，不直接或间接添加食用酒精及非自身发酵产生的呈色呈香呈味物质，具有豉香特点的白酒。

（14）芝麻香型白酒　zhimaxiangxing baijiu　以粮谷为主要原料，或配以麸皮，以大曲、麸曲等为糖化发酵剂，经堆积、固态发酵、固态蒸馏、陈酿、勾调而成的，不直接或间接添加食用酒精及非自身发酵产生的呈色呈香呈味物质，具有芝麻香型风格的白酒。

（15）特香型白酒　texiangxing baijiu　以大米为主要原料，以面粉、麦麸和酒糟培制的大曲为糖化发酵剂，经红褚条石窖池固态发酵，固态蒸馏、陈酿、勾调而成的，不直接或间接添加食用酒精及非自身发酵产生的呈色呈香呈味物质的白酒。

（16）兼香型白酒　jianxiangxing baijiu　以粮谷为原料，采用一种或多种曲为糖化发酵剂，经固态发酵（或分型固态发酵）、固态蒸馏、陈酿、勾调而成的，不直接或间接添加食用酒精及非自身发酵产生的呈色呈香呈味物质，具有兼香风格的白酒。

（17）浓酱兼香型白酒 nongjiangjianxiangxing baijiu 以粮谷为原料，采用一种或多种曲为糖化发酵剂，经固态发酵（或分型固态发酵）、固态蒸馏、陈酿、勾调而成的，不直接或间接添加食用酒及非自身发酵产生的呈色呈香呈味物质，具有浓香兼酱香风格的白酒。

（18）老白干香型白酒 laobaiganxiangxing baijiu 以粮谷为原料，采用中温大曲为糖化发酵剂，以地缸等为发酵容器，经固态发酵、固态蒸馏、陈酿、勾调而成的，不直接或间接添加食用酒精及非自身发酵产生的呈色呈香呈味物质的白酒。

（19）酱香型白酒 jiangxiangxing baijiu 以粮谷为原料，采用高温大曲等为糖化发酵剂，经固态发酵、固态蒸馏、陈酿、勾调而成的，不直接或间接添加食用酒精及非自身发酵产生的呈色呈香呈味物质，具有酱香特征风格的白酒。

（20）董香型白酒 dongxiangxing baijiu 以高粱、小麦、大米等为主要原料，按添加中药材的传统工艺制作大曲、小曲，用固态法大窖、小窖发酵，经串香蒸馏，长期储存，勾调而成的，不直接或间接添加食用酒精及非自身发酵产生的呈色呈香呈味物质，具有董香型风格的白酒。

（21）馥郁香型白酒 fuyuxiangxing baijiu 以粮谷为原料，采用小曲和大曲为糖化发酵剂，经泥窖固态发酵、清蒸混入、陈酿、勾调而成的，不直接或间接添加食用酒精及非自身发酵产生的呈色呈香呈味物质，具有前浓中清后酱独特风格的白酒。

（22）固态（半固态）法白酒原酒 crude traditional baijiu 以粮谷为原料，以大曲、小曲或麸曲为糖化发酵剂，采用固态发酵法或半固态发酵法工艺所得的，不直接或间接添加食用酒精及非自身发酵产生的呈色呈香呈味物质，具有本品固有风格特征的白酒基酒或白酒调味酒。

（23）液态法白酒原酒 crude liquid fermentation baijiu 以粮谷为原料，采用液态发酵法工艺所得的基酒，可添加谷物食用酿造酒精，不直接或间接添加非自身发酵产生的呈色呈香呈味物质的白酒基酒。

（24）固液法白酒原酒 crude traditional and liquid fermentation baijiu 在固态发酵酒醅或特制香醅中加入液态法白酒或谷物食用酿造酒精，经串蒸或浸蒸得到的，不直接或间接添加非自身发酵产生的呈色呈香呈味物质，具有本品固有风格的白酒基酒。

（25）调香白酒 flavored baijiu 以固态法白酒、液态法白酒、固液法白酒或食用酒精为酒基，添加食品添加剂调配而成，具有白酒风格的配制酒。

（26）基酒 crude baijiu 经发酵、蒸馏而得到的未经勾调的酒。

注：又称原酒。

（27）组合酒 combined baijiu 按一定质量标准，将不同的基酒进行调配而成的酒。

（28）调味酒 prominent quality baijiu 采用特殊工艺生产制备的某一种或数种香味成分含量特别高，风格特别突出，用于弥补基酒的缺陷和提高酒体质量的酒。

参考文献

[1] 贾思勰. 齐民要术 [M]. 上海：上海古籍出版社，2020.

[2] 朱肱. 北山酒经 [M]. 上海：上海书店出版社，2016.

[3] 苏东坡. 东坡酒经 [M]. 广东：广州出版社，2003.

[4] 宋应星. 天工开物 [M]. 重庆：重庆出版社，2021.

[5] 缪希雍. 神农本草经疏 [M]. 北京：中医古籍出版社，2017.

[6] 轻工业部食品工业管理局. 四川糯高粱小曲酒操作法 [M]. 北京：中国轻工业出版社，1959.

[7] 轻工业部食品工业管理局. 烟台酿制白酒制作法 [M]. 北京：中国轻工业出版社，1965.

[8] 周恒刚. 白酒生产工艺学 [M]. 北京：中国轻工业出版社，1982.

[9] 沈怡方. 液体发酵法白酒生产 [M]. 北京：中国轻工业出版社，1983.

[10] 吴衍庸. 浓香型曲酒微生物技术 [M]. 成都：四川科学技术出版社，1987.

[11] 徐庭超. 白酒生产工艺学 [M]. 哈尔滨：酿酒杂志社，1989.

[12] 赵元森. 低度白酒工艺 [M]. 北京：中国商业出版社，1989.

[13] 梁雅轩，廖鸿生. 酒的勾兑与调味 [M]. 北京：中国轻工业出版社，1989.

[14] 彭明启. 白酒蒸馏技术 [M]. 成都：四川科学技术出版社，1992.

[15] 肖冬光，丁勾成，邹海晏. 酿酒活性干酵母的生产与应用技术 [M]. 呼和浩特：内蒙古人民出版社，1994.

[16] 陆寿鹏. 白酒工艺学 [M]. 北京：中国轻工业出版社，1994.

[17] 熊子书. 酱香型白酒酿造 [M]. 北京：中国轻工业出版社，1994.

[18] 康明官. 白酒工业新技术 [M]. 北京：中国轻工业出版社，1995.

[19] 吴建平. 小曲酒酿造法 [M]. 北京：中国轻工业出版社，1995.

[20] 秦含章. 白酒酿造的科学与技术 [M]. 北京：中国轻工业出版社，1997.

[21] 李大和. 浓香型大曲酒生产技术 [M]. 北京：中国轻工业出版社，1997.

[22] 陈功. 固态法白酒生产技术 [M]. 北京：中国轻工业出版社，1998.

[23] 沈怡方. 白酒生产技术全书 [M]. 北京：中国轻工业出版社，1998.

[24] 周恒刚. 老窖泥培养 [M]. 北京：中国计量出版社，1998.

[25] 周恒刚，徐占成. 白酒生产指南 [M]. 北京：中国轻工业出版社，2000.

[26] 康明官. 小曲白酒生产指南 [M]. 北京：中国轻工业出版社，2000.

[27] 调忠辉，尹昌树. 新型白酒生产技术 [M]. 成都：四川科学技术出版社，2001.

[28] 李大和. 新型白酒生产与勾调技术问答 [M]. 北京：中国轻工业出版社，2001.

[29] 黄平，张吉焕. 凤型白酒生产技术 [M]. 北京：中国轻工业出版社，2003.

[30] 金凤燮，安家彦. 酿酒工艺与设备选用手册 [M]. 北京：化学工业出版社，2003.

[31] 赖高淮. 新工艺白酒勾调技术与生产工艺 [M]. 北京：中国轻工业出版社，2004.

[32] 于景芝. 酵母生产与应用手册 [M]. 北京：中国轻工业出版社，2005.

[33] 谭忠辉，尹昌树. 新型白酒生产技术 [M]. 成都：四川科学技术出版社，2007.

[34] 夏延斌.食品风味化学［M］.北京：化学工业出版社，2008.

[35] 李大和.低度白酒生产技术：第2版［M］.北京：中国轻工业出版社，2010.

[36] 王延才.白酒酿酒师职业（资格）培训教材：助理酿酒师［M］.北京：中国酿酒工业协会，2010.

[37] 王延才.白酒酿酒师职业（资格）培训教材：酿酒师［M］.北京：中国酿酒工业协会，2010.

[38] 王延才.白酒酿酒师职业（资格）培训教材：高级酿酒师［M］.北京：中国酿酒工业协会，2010.

[39] 肖冬光，赵树欣，陈叶福，等.白酒生产技术：第2版［M］.北京：化学工业出版社，2011.

[40] 泸州老窖集团有限责任公司.泸型酒技艺大全［M］.北京：中国轻工业出版社，2011.

[41] 徐岩.中国白酒关键技术研究进展：首届中国白酒学术研讨会论文集［C］.北京：中国轻工业出版社，2011.

[42] 李大和.白酒酿造培训教程［M］.北京：中国轻工业出版社，2013.

[43] 范文来，徐岩.酒类风味化学［M］.北京：中国轻工业出版社，2014.

[44] 余乾伟.传统白酒酿造技术：第2版［M］.北京：中国轻工业出版社，2017.

[45] 高景炎.清香类型白酒生产工艺集锦［M］.北京：中国质检出版社/中国标准出版社，2018.

[46] 邓子新.中国酒曲制作技艺研究与应用［M］.北京：中国轻工业出版社，2018.

[47] 赵金松.小曲清香白酒生产技术［M］.北京：中国轻工业出版社，2018.

[48] Fan W，Xu Y，Qian M. Current practice and future trends of aroma and flavor research in Chinese Baijiu［M］// Sex，smoke，and spirits：The role of chemistry.American chemical society，2019：145-175.

[49] 徐兴海.酒与酒文化［M］.北京：中国轻工业出版社，2021.

[50] 辛秀明.丙酸菌的筛选、分离及在特型酒生产中的应用［D］.南昌：南昌大学，2011.

[51] 刘明.感官分析、风味化学与智能感官技术评价白酒香气的研究［D］.南京：南京农业大学，2012.

[52] 李玮黎.西凤酒酒醅中乙酸菌的分离鉴定及其生理生化特性研究［D］.杨凌：西北农林科技大学，2014.

[53] 邢爽.白酒发酵过程中酯类物质形成机理的研究［D］.天津：天津科技大学，2018.

[54] 杨帆.酱香型白酒中乳酸代谢机理及调控策略的研究［D］.无锡：江南大学，2020.

[55] 肖冬光，李维，刘芳志，等.新型固态发酵生产浓香型白酒的方法：CN105087287B［P］.2020-07-10.

[56] 肖冬光，唐取来，郭学武，等.一种液态发酵生产米香型白酒的方法：CN104450399B［P］.2016-06-15.

[57] 肖冬光，李晶晶，陈叶福，等.一种液态发酵生产清香型白酒的方法：CN105176744B［P］.2018-06-19.

[58] 肖冬光，马红霞，郭凯凯，等.新型固态发酵生产酱香型白酒的方法：CN105087286B［P］.2017-09-22.

[59] 张坤，艾金忠，孟庆宇，等.固态法麸曲清香型白酒连续蒸馏系统及蒸馏方法：

CN107012059A［P］.2017-08-04.

[60] 颜昌轩.产甲烷菌在酿酒中的独特作用［J］.微生物学通报，1990，17(01)：44.

[61] 高素洁，曹亚彬，郭丽妹.己酸菌的分离筛选及发酵条件的研究［J］.生物技术，1997
（1）：35-37.

[62] 高平.红枣白酒的生产工艺［J］.山西食品工业，1997(04)：25-26.

[63] 徐立新，徐开成，王春梅.产酸菌的分离纯化［J］.酿酒科技，2001(5)：23-24.

[64] Guichard E. Interactions between flavor compounds and food ingredients and their influence
on flavor perception［J］. Food Reviews International，2002，18(1)：49-70.

[65] 沈怡方.白酒中四大乙酯在酿造发酵中形成的探讨［J］.酿酒科技，2003(05)：28-31.

[66] 廖昶.特香型白酒勾兑浅议［J］.酿酒科技，2004(2)：44-46.

[67] Zhang W X，Qiao Z W，Shigematsu T，et al. Analysis of the bacterial community in Zaopei
duringproduction of Chinese Luzhou-flavor liquor［J］.Journal of the institute of brewing，
2005，113(2)：215-222.

[68] 熊子书.中国三大香型白酒的研究（三）清香·杏花村篇［J］.酿酒科技，2005(7)：
17-21.

[69] 韩珍琼，程道梅.浓香型大曲酒窖泥己酸菌纯培养条件的研究［J］.中国酿造，2005，
24（12）：19-22.

[70] 张保建，高铁路，贾志刚，等.红枣营养保健白酒酿造新技术研究［J］.河北林业科技，
2006(02)：12-13.

[71] 崔利.酱香型白酒中吡嗪类化合物的生成途径及环节［J］.酿酒，2007，34(5)：39-40.

[72] 陈翔，滕抗，胡海洋，等.白酒酿造原料对酒体风味影响的试验及讨论［J］.酿酒，
2008(01)：19-22.

[73] 陈翔，王亚庆，邵海燕.己酸菌纯种培养与混合培养技术在窖泥生产中的应用［J］.酿
酒，2009，36(3)：35-37.

[74] 杜礼泉，王远成，饶家权，等.窖泥复合功能菌液培养及应用的研究［J］.酿酒，
2009，36(5)：35-36.

[75] 许兆棠，黄亚东，张恒.固态发酵法生产白酒的连续蒸馏设备的设计［J］.中国酿造，
2009，28（8）：105-109.

[76] 吴生文，曾伟，黄小晖，等.特香型酒糟醅及大曲中丙酸产生菌的筛选［J］.酿酒科技，
2009(12)：58-61.

[77] 王俪鲆，张良，刘来雁，等.泸州古酿酒窖池中两株产甲烷杆菌比较研究［J］.应用与
环境生物学报，2010，16（6）：840-844.

[78] 曹新志，黄春萍，熊俐，等.共培养对己酸菌生长代谢影响的初步研究［J］.中国酿造，
2010(11)：35-38.

[79] Agler M T，Wrenn B A，Zinder S H，et al. Waste to bioproduct conversion with undefined
mixed cultures：the carboxylate platform［J］. Trends Biotechnol，2011，29(2)：70-78.

[80] 侯小歌，杜红阳，李学思，等.宋河大曲中醋酸菌的分离鉴定及产酸特性［J］.中国酿
造，2011(04)：112-115.

[81] 吴生文，辛秀明，邓丹雯，等.丙酸菌的分离鉴定及对特型酒风格风味的影响［J］.中
国食品添加剂，2011(04)：130-134+199.

［82］徐岩，吴群，范文来，等.中国白酒中四甲基吡嗪的微生物产生途径的发现与证实［J］.酿酒科技，2011(07)：37-40.

［83］蒲岚，游玲，何琴，等.8株窖泥链霉菌对酸、乙醇的适应性研究［J］.中国酿造，2011(07)：61-64.

［84］庄世文，付俊淑，黄金海.酵母菌酯类化合物关键酶基因的研究进展［J］.食品工业科技，2012，33（2）：433-435.

［85］付立业，谌永前，周剑丽，等.细菌麸曲通风制曲生产要点［J］.酿酒科技，2012(3)：52-53.

［86］曾婷婷，章肇敏，吴生文，等.芽孢杆菌对特香型白酒风味风格的影响研究［J］.酿酒科技，2012(07)：32-34.

［87］雷光电，姚万春，唐玉明，等.泸州老窖窖泥中重要功能菌群分布及代谢产物研究［J］.酿酒科技，2012(11)：54-57.

［88］邵虎，黄亚东.隧道式智能化架式制曲装置开发与应用［J］.酿酒科技，2012(12)：61-63.

［89］侯小歌，王俊英，李学思，等.宋河白酒发酵糟醅中厌氧及兼性厌氧菌的分离与鉴定［J］.周口师范学院学报，2013，30(02)：65-69.

［90］成剑峰，郭文娟，胡红娟.一株耐酸酵母菌的分离及性能测定［J］.中国酿造，2013，32(06)：39-42.

［91］任道群，唐玉明，姚万春，等.多菌株共酵培养优质窖泥的研究［J］.中国酿造，2013，32(6)：61-64.

［92］李建，叶翔.酒糟综合利用多元化研究［J］.中国酿造，2013，32(12)：121-124.

［93］钱冲，廖永红，张弦，等.白酒生产机械自动化技术应用进展［J］.中国酿造，2013，32(12)：5-8.

［94］王印召，吴正云，杨健，等.白酒丢糟资源化利用的研究进展［J］.酿酒科技，2013(9)：86-89.

［95］任剑波，姚万春，唐玉明，等.窖泥复合功能菌液培养配方研究［J］.酿酒，2014，41(5)：47-50.

［96］Tao Y，Li J B，Rui J P，et al. Prokaryotic communities in pit mud from different-aged cellars used for the production of Chinese strong-flavored liquor［J］. Appl Environ Microbiol，2014,80(7)：2254-2260.

［97］张良栋，孟思栋，田建平，等.浓香型固态发酵白酒自动上出甑蒸馏装置研究［J］.酿酒科技，2015(12)：82-84.

［98］蔡鹏飞，王凤丽，夏晓波，等.关于大曲代谢产生咸味风味的初步研究［J］.酿酒，2015，42(04)：25-27.

［99］刘昕，刘洪波，曾荣妹，等.董酒风味香气特征研究进展［J］.酿酒科技，2016(12)：3.

［100］王旭亮，陈耀，李红，等.多种微生物共存下的空间位阻效应［J］.酿酒科技，2016，1：1-9.

［101］王喆，贺友安，汪陈平，等.圆盘制曲机在根霉曲生产上的应用研究［J］.酿酒科技，2016(2)：77-79.

［102］彭兵，祝熙，李忠奎，等.窖泥高产己酸菌分离鉴定及培养条件优化的研究［J］.中

国酿造，2016，35(05)：43-46.

[103] 王帅帅，朱秋劲，黄丹丹，等.计算机技术在白酒生产及酒类饮品下游营销中的应用 [J].中国酿造，2016，35(6)：15-19.

[104] 袁华伟，赵猛，蒋君，等.窖泥中产丁酸菌的筛选、鉴定及生长性能研究 [J].酿酒 科技，2017(05)：35-40.

[105] 赵长青，徐莎，杨阳，等.浓香型白酒酿造大曲及糟醅中功能芽孢杆菌的筛选 [J]. 食品工业科技，2017，38(07)：151-155.

[106] 郭凯凯，肖楠，肖冬光.高产酯酿酒活性干酵母在清香型调味酒中的应用 [J].酿酒 科技，2017，7：80-83.

[107] Jin G，Zhu Y，Xu Y. Mystery behind Chinese liquor fermentation [J]. Trends in Food Science & Technology，2017，63：18-28.

[108] 邢爽，魏志阳，郭学武，等.不同香型大曲酯化酶的特性分析 [J].现代食品科技， 2018，34(05)：87-92.

[109] 王永亮，张治刚，张彪，等.枣味白酒的酿造工艺初探 [J].酿酒科技，2018(05)： 99-101.

[110] 王奕芳，周容，张明春，等.白酒中重要的功能化合物吡嗪的研究进展 [J].酿酒， 2018，45(6)：20-23.

[111] 李雷辉，汪日伟，温显斌.基于红外视觉的智能装甑系统的撒料区域的高效检测算法 设计 [J].天津理工大学学报，2018，34(6)：49-53.

[112] 谢圣凯，陈建新.窖泥中己酸菌的筛选及其运用 [J].酿酒科技，2018(09)：44-51.

[113] 王莉，陈良强，杨帆，等.酱香型白酒耐乳酸酵母的筛选及特性研究 [J].中国酿造， 2018，37(12)：28-32.

[114] 罗青春，赵东，乔宗伟，等.一株高效降解正丙醇的放线菌的筛选与鉴定 [J].酿酒 科技，2018，(12)：74-77.

[115] Douglass A P，Offei B，Braun-Galleani S，et al. Population genomics shows no distinction between pathogenic Candida krusei and environmental Pichia kudriavzevii：One species， four names [J]. PLoS Pathog，2018，14(7)：e1007138.

[116] Cui D，Zhang Y，Xu J，et al. PGK1 Promoter library for the regulation of acetate ester production in saccharomyces cerevisiae during Chinese Baijiu fermentation [J]. Journal of Agricultural and Food Chemistry，2018，66(28)：7417-7427.

[117] Du H，Wang X，Zhang Y，et al. Exploring the impacts of raw materials and environments on the microbiota in Chinese Daqu starter [J]. International Journal of Food Microbiology，2019，297：32-40.

[118] 卢君，山其木格，唐平，等.耐酸酵母菌株的筛选及其在酱香白酒酿造过程中的应用 研究 [J].酿酒科技，2019(10)：106-111.

[119] 吴成，王春晓，王晓丹，等.高通量测序技术在酿酒微生物多样性研究中的应用 [J]. 食品科学，2019，40 (03)：348-355.

[120] 杜鑫.贵州麸曲酱香型白酒采用菌种及制曲工艺特点 [J].酿酒，2019，46（4）：45-47.

[121] 马宇，黄永光.清酱香型白酒挥发性风味组分及香气特征 [J].食品科学，2019，40 （20）：241-248.

[122] 关凯乐，韩培杰，周森，等.低温大曲酵母菌分离和计数培养方法优化 [J].菌物学报，2019，38(07)：1191-1201.

[123] 郭学武，范恩帝，马冰涛，等.中国白酒中微量成分研究进展 [J].食品科学，2020，41(11)：267-276.

[124] 马冰涛，范恩帝，李泽霞，等.老白干香型白酒酿造微生物菌群及其与微量成分的关系 [J].北京工商大学学报（自然科学版），2020，38(2)：20-33+40.

[125] 王欢，席德州，黄永光，等.酱香型白酒机械化酿造不同轮次堆积发酵细菌菌群结构多样性分析 [J].食品科学，2020，41(02)：188-195.

[126] 尹峤，刘波.酱香绵柔回甜调味酒的生产及应用 [J].酿酒科技，2020，8：51-55.

[127] 李梦婷，许德富，敖宗华，等.高酸调味酒酿造研究综述 [J].中国酿造，2020，39(12)：20-23.

[128] 王亚庆，朱青.谈特殊风味调味酒工艺技术在白酒生产中的研究与应用 [J].酿酒，2020，47(4)：75-79.

[129] Hu Z，Lin L，Li H，et al. Engineering Saccharomyces cerevisiae for production of the valuable monoterpene d-Limonene during Chinese Baijiu fermentation [J]. Journal of Industrial Microbiology and Biotechnology，2020，47(1)，511-523.

[130] 游玲，郑佳，兰俊，等.减压蒸馏对浓香型白酒主要风味组分的拆分规律 [J].食品与发酵工业，2020，46(1)：16-22.

[131] 麻颖垚，胡萍，孙利林，等.不同研究方法在白酒微生物多样性研究中的应用 [J].食品与发酵科技，2020，56(3)：78-83.

[132] 雍茜浩，赵婷，刘君，等.酿酒酵母醇酰基转移酶的研究进展 [J].中国酿造，2020，39(10)：30-36.

[133] 刘杰，任博，王家法，等.圆盘制曲机的结构、自动化控制以及在白酒行业中的应用 [J].酿酒科技，2020(3)：46-49.

[134] 范光森，王允中，刘朋肖，等.醇酰基转移酶催化合成白酒中的乙酸乙酯研究进展 [J].中国食品学报，2020，20(11)：294-304.

[135] 李超，王金晓，冯鹏鹏，等.己酸菌选育及在浓香型白酒生产中的应用 [J].中国酿造，2020，39(8)：1-6.

[136] 王丽花，郑福平，高晓娟，等.白酒风味成分与感官评价的研究进展 [J].中国酿造，2020，39(08)：7-12.

[137] 杨平，蔡小波，黄孟阳，等.基酒中异味物质及其控制措施研究 [J].酿酒科技，2020(10)：38-44.

[138] Sakandar H A，Hussain R H，Khan Q F，et al. Functional microbiota in Chinese traditional Baijiu and Mijiu Qu (starters)：A review [J]. Food Research International，2020，138：109830.

[139] Wang B，Wu Q，Xu Y，et al. Synergistic effect of multiple saccharifying enzymes on alcoholic fermentation for Chinese Baijiu production [J]. Applied and Environmental Microbiology，2020，86：e00013-20.

[140] Zheng N，Jiang S，He Y，et al. Production of low-alcohol Huangjiu with improved acidity and reduced levels of higher alcohols by fermentation with scarless ALD6 overexpression

yeast [J] . Food Chemistry，2020，321：126691.

[141] Wang L，Fan S，Yan Y，et al. Characterization of potent odorants causing a pickle-like off-odor in Moutai-aroma type Baijiu by comparative aroma extract dilution analysis，quantitative measurements，aroma addition，and omission studies [J] . Journal of agricultural and food chemistry，2020，68(6)：1666-1677.

[142] 张瑞景，汪江波，蔡凤娇，等.白酒糟生产丢糟酒的研究进展 [J] .中国酿造，2020，39(6)：17-21.

[143] 王丽花，郑福平，高晓娟，等.白酒风味成分与感官评价的研究进展 [J] .中国酿造，2020，39(08)：7-12.

[144] 杨平，蔡小波，黄孟阳，等.基酒中异味物质及其控制措施研究 [J] .酿酒科技，2020(10)：38-44.

[145] 王珍，张永利，孟勤燕，等.耐高温高产酒精酵母的筛选及其大曲生产应用研究 [J] .酿酒科技，2020(01)：107-114.

[146] 李依阳，张宿义，杨红军，等.酿酒废弃物资源化利用研究进展 [J] .酿酒科技，2021(7)：102-105.

[147] 曹敬华，陈萍，杨林，等.传统白酒生产的现代化改造及新技术 [J] .酿酒，2021，48(4)：19-23.

[148] 张颖，周红英，柳忠彬，等.清香型白酒酿造过程节能减排方案设计 [J] .四川轻化工大学学报（自然科学版），2021，34(1)：29-33.

[149] 向丽萍，范斌强，杨志龙，等.一株耐酸性酿酒酵母的筛选鉴定及特性 [J] .食品与机械，2021，37(06)：51-55.

[150] 许银，杨强，张龙，等.高产乙酸乙酯酵母菌的筛选及其在清香型小曲白酒生产中的应用 [J] .中国酿造，2021，40(08)：76-80.

[151] 陈仁远，李小波，王相勇，等.调味酒风味成分分析 [J] .中国酿造，2021，40(4)：187-191.

[152] 柳习月，朱琪，杨帆，等.多组学解析酱香型大曲风味物质的形成 [J] .食品与发酵工业，2021，47（22）：35-41.

[153] 牛云蔚，李雯慧，肖作兵.白酒风味物质分析研究进展 [J] .食品科学技术学报，2021，39(02)：23-31.

[154] 宋柯，王大俊，陈传青.白酒味苦原因分析及防止措施研究 [J] .酿酒科技，2021(12)：56-60.

[155] 山其木格，唐平，王丽，等.微生物分析技术及其在酱香型白酒中的应用进展 [J] .中国酿造，2021，40(5)：18-25.

[156] 史改玲，郭莹，李景辉，等.LLE-GC-MS-SIM 检测白酒中 9 种微量功能成分 [J] .食品科学，2021，42(20)：114-119.

[157] 唐平，卢君，毕荣宇，等.赤水河流域不同地区酱香型白酒风味化合物分析 [J] .食品科学，2021，42 (06)：274-281.

[158] 王柏文，吴群，徐岩，等.中国白酒酒曲微生物组研究进展及趋势 [J] .微生物学通报，2021，48(5)：1737-1746.

[159] 唐伟斌，王海丽，宫彬彬，等.浓香型白酒窖泥中产己酸菌的研究进展 [J] .中国酿造，

2021，40(12)：12-16.

［160］张晓宇，郭子贤，吕育财，等.浓香型白酒生态系统中己酸菌研究进展［J］.食品与
发酵工业，2021，47（12）：302-308.

［161］魏亚楠，王金晓，林良才，等.适量产乙酸酯酿酒酵母菌株的选育［J］.食品与发酵工
业，2021，47（13）：98-106.

［162］石应国，杨生智，朱浩，等.固态白酒减压蒸馏规律及其对风味的影响研究［J］.酿
酒科技，2021(11)：31-35.

［163］王丽，王凡，唐平，等.不同调味酒对酱香型白酒感官特征的作用研究［J］.食品与
发酵工业，2021，47(23)：125-133.

［164］李景辉，郭莹，张颖，等.高产酯菌株的筛选及其在酱香型白酒堆积发酵中的应用［J］.
中国酿造，2021，40(10)：168-173.

［165］Sun，J，Wang，Z，Sun，B. Low quantity but critical contribution to flavor：Review of
the current understanding of volatile sulfur-containing compounds in Baijiu［J］. Journal of
Food Composition and Analysis，2021，103：104079.

［166］Wang Z，Ji X，Wang S，et al. Sugar profle regulates the microbial metabolic diversity
in Chinese Baijiu fermentation［J］. International Journal of Food Microbiology，2021，
359：109426.

［167］Wu Q，Zhu Y，Fang C，et al. Can we control microbiota in spontaneous food fermenta-
tion? -Chinese liquor as a case example［J］. Trends in Food Science & Technology，
2021，110：321-331.

［168］Xiao C，Yang Y，Lu Z，et al. Daqu microbiota exhibits species-specifc and periodic
succession features in Chinese baijiu fermentation process［J］. Food Microbiology，2021，
98：103766.

［169］张群.白酒中口腔感知风味物质研究［J］.食品与生物技术学报，2021，40(10)：112.

［170］向玉萍，邱树毅，曹文涛，等.酱香型白酒核心产区大曲中霉菌的分离及鉴定［J］.
食品与发酵科技，2021，57(02)：56-65.

［171］田德雨，闫子茹，危晶晶，等.清香型白酒酿造微生物和风味物质的研究进展［J］.
中国酿造，2021，40(04)：20-25.

［172］朱丽萍，杨强，江威，等.清香型小曲白酒霉菌菌群解析与酶活特性研究［J］.食品
与发酵工业，2022，48(07)：70-77.

［173］Duan J，Yang S，Li H，et al. Why the key aroma compound of soy sauce aroma type baijiu
has not been revealed yet［J］. LWT，2022，154：112735.

［174］谢军，罗惠波，曾勇，等.中国白酒产业蒸馏装置的演变历程及研究现状［J］.中国
酿造，2022，41(2)：9-14.

［175］Li Y，Liu S，Zhang S，et al. Spatiotemporal distribution of environmental microbiota in
spontaneous fermentation workshop：The case of Chinese Baijiu［J］. Food Research
International，2022，156：111126.

［176］丁吉娟，刘飞，顾航，等.甲烷代谢古菌分离培养研究进展［J］.微生物学通报，
2022，49(06)：2266-2280.

［177］GB/T 10781.2—2022.

［178］GB/T 10781.3—2006.

［179］GB/T 14867—2007.

［180］GB/T 20825—2007.

［181］GB/T 26760—2011.

［182］GB 2757—2012.

［183］DB52/T 550—2013.

［184］DB52/T 867—2014.

［185］GB/T 33405—2016.

［186］GB/T 33406—2016.

［187］DB14/T 1187—2016.

［188］GB/T 20823—2017.

［189］GB/T 16289—2018.

［190］T/AHFIA 010—2018.

［191］GB/T 10781.9—2021.

［192］GB/T 10781.8—2021.

［193］GB/T 10781.1—2021.

［194］GB/T 10781.11—2021.

［195］GB/T 15109—2021.

［196］GB/T 17204—2021.